过程设备与工业应用丛书

传热技术、设备与工业应用

廖传华　李海霞　尤靖辉　著

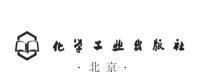

化学工业出版社

·北京·

《传热技术、设备与工业应用》是"过程设备与工业应用丛书"的一个分册，本书在系统介绍传热设备和传热过程机理的基础上，分别详细介绍了热风炉、管壳式换热器、板式换热器、螺旋板式换热器、热管换热器、蒸发器与余热锅炉的工作特性、设计原理、用途及评价。

　　《传热技术、设备与工业应用》不仅适合石油、化工、生物、制药、食品、医药、环境、机械等专业的高等学校的教师、研究生及高年级本科生阅读，同时对相关行业的工程技术人员、研究设计人员也会有所帮助。

图书在版编目（CIP）数据

传热技术、设备与工业应用/廖传华，李海霞，尤靖辉
著．—北京：化学工业出版社，2017.12
　（过程设备与工业应用丛书）
　ISBN 978-7-122-29916-1

　Ⅰ．①传…　Ⅱ．①廖…②李…③尤…　Ⅲ．①换热器-
研究　Ⅳ．①TK172

中国版本图书馆 CIP 数据核字（2017）第 136410 号

责任编辑：卢萌萌　仇志刚　　　　　　　加工编辑：汲永臻
责任校对：王素芹　　　　　　　　　　　装帧设计：王晓宇

出版发行：化学工业出版社（北京市东城区青年湖南街 13 号　邮政编码 100011）
印　　装：三河市延风印装有限公司
787mm×1092mm　1/16　印张 26¼　字数 654 千字　2018 年 6 月北京第 1 版第 1 次印刷

购书咨询：010-64518888(传真：010-64519686)　　售后服务：010-64518899
网　　址：http://www.cip.com.cn
凡购买本书，如有缺损质量问题，本社销售中心负责调换。

定　　价：158.00 元

前 言

FOREWORD

传热现象广泛存在于大自然中，可以说，传热过程是所有过程发生和发展中必不可少的共性问题之一，研究各种传热现象的发生过程及相关的传热设备对进一步提高工农业生产效率和国民经济水平具有重大意义。为此，在江苏高校品牌专业建设工程资助项目（PPZY2015A022）的资助下，我们著写了这本《传热技术、设备与工业应用》。除理论阐述外，还针对各种供热与换热设备列举了工业应用实例，具有很强的实践性，力求使读者能通过本书的学习，对目前过程工业中涉及的传热设备及其应用特性有一个概括性的了解。

全书共分10章。第1章根据过程工业的工作条件，提出了对传热过程和设备的要求；第2章对传热过程的基本理论进行了介绍；第3章对以水为介质的供热设备——锅炉进行了介绍；第4章对以空气为介质的供热设备——热风炉进行了介绍；第5章对管壳式换热器进行了介绍；第6章对板式换热器进行了介绍；第7章对螺旋板式换热器进行了介绍；第8章对热管换热器进行了介绍；第9章对蒸发器进行了介绍；第10章对工业过程中广泛应用的余热锅炉进行了介绍。

全书由南京工业大学廖传华、南京科技职业学院李海霞和南京三方化工设备监理有限公司尤靖辉著，其中第1章、第2章、第4章、第8章、第9章由廖传华著，第3章、第5章、第10章由李海霞著，第6章、第7章由尤靖辉著。全书由廖传华统稿。

全书从选题到材料的收集整理、文稿的编写及修订等方面都得到了南京工业大学黄振仁教授的大力支持，在此深表感谢。南京三方化工设备监理有限公司赵清万、许开明、李志强，南京工业大学李政辉对本书的编写工作提出了大量宝贵的建议，南京朗润机电进出口公司朱海舟提供了大量图片资料，研究生赵忠祥、闫正文、王太东、李洋、刘状、汪威、李亚丽、廖玮、宗建军等在资料收集与文字处理方面提供了大量的帮助，在此一并表示衷心的感谢。

本书的编写与修订工作历时三年，虽经多次审稿、修改，但由于作者水平有限，不妥及疏漏之处在所难免，敬请广大读者不吝赐教。在编写过程中参考了大量的相关资料，在此谨对原文作者致以衷心的感谢。

著者
2017年8月于南京工业大学

目录
CONTENTS

第3章　锅炉

第4章　热风炉

第5章　管壳式换热器

第6章　板式换热器

第7章　螺旋板式换热器

第8章　热管换热器

第9章　蒸发器

第10章　余热锅炉

第1章

绪　论

由于受物料存在状态及分子或原子间相互作用的限制，过程工业生产几乎无法在自然条件下进行，必须在一定的温度条件下通过改变物质的存在状态（物理变化）和化学特性（化学变化），才能生产出满足一定使用需要的产品。因此，为保证过程工业的正常进行，传热设备必不可少。

根据传热设备在过程工业中所起的作用，可分为两种类型：换热设备和供热设备。用于为工业过程提供热量或热介质的装置称为供热设备；用于两种或两种以上流体间、流体和固体间、固体粒子间或者具有不同温度的同一种流体间进行热量（或焓）传递的装置称为换热设备。

1.1　供热设备的主要类型

根据供热介质的不同，可将过程工业中应用最为广泛的供热设备分为锅炉和热风炉。

1.1.1　锅炉

锅炉是供热之源，主要用以产生蒸汽和热水。通常将工业和供暖用的锅炉称为供热锅炉，以区别于用于动力和发电的动力锅炉。

锅炉的主要作用是为过程工业提供一定温度的蒸汽或热水，根据提供产物的不同，锅炉可分为蒸汽锅炉和热水锅炉。

锅炉由锅与炉两部分组成，其中锅是进行热量传递的汽水系统，由给水设备、省煤器、锅筒及对流束管等组成；炉是将燃料的化学能转化成热能的燃烧设备，由送风机、引风机、烟道、风管、给煤装置、空气预热器、燃烧装置、除尘器及烟囱等组成。

燃料在炉子里燃烧产生高温烟气，以对流和辐射的方式通过汽锅的受热面将热量传递给汽锅内温度较低的水，产生热水或蒸汽。为了充分利用高温热量，在烟气离开锅炉前，先让其通过省煤器和空气预热器，对汽锅的进水和炉子的进风进行预热。

为了保证锅炉安全工作，锅炉上还应配备安全阀、压力表、水位表、高低水位报警器及超温超压报警装置等。

锅炉的分类有多种方法，一般情况下可从以下角度对锅炉进行分类。

(1) 按用途分类

锅炉按用途可分为电站锅炉、工业锅炉、生活锅炉等。电站锅炉用于发电，工业锅炉用于工业生产，生活锅炉用于采暖和热水供应。

(2) 按结构分类

按结构形式，可分为火管锅炉（锅壳锅炉）、水管锅炉和水火管锅炉。火管锅炉中，烟气在管内流过；水管锅炉中，汽水在管内流过。

(3) 按容量大小分类

按容量大小，可将锅炉分为大型锅炉、中型锅炉和小型锅炉。习惯上，蒸发量大于100t/h的锅炉为大型锅炉，蒸发量为 20～100t/h 的锅炉为中型锅炉，蒸发量小于 20t/h 的锅炉为小型锅炉。

(4) 按蒸气压力分类

按出口工质压力可分为常压锅炉、微压锅炉、低压锅炉、中压锅炉、高压锅炉、超高压锅炉、亚临界压力锅炉、超临界压力锅炉和超超临界压力锅炉。常压锅炉的表压为零；微压锅炉的表压为几十个帕斯卡；低压锅炉的压力一般小于 2.5MPa；中压锅炉的压力一般为5.9MPa；高压锅炉的压力一般为 9.8MPa；超高压锅炉的压力一般为 13.73MPa；亚临界压力锅炉的压力一般为 16.67MPa；超临界压力锅炉的压力为 23～25MPa；超超临界压力锅炉的压力一般大于 27MPa。发电用锅炉的工作压力一般都为中等压力以上。

(5) 按工质在蒸发系统中的流动方式分类

按蒸发受热面内工质的流动方式可分为自然循环锅炉、强制循环锅炉、直流锅炉和复合循环锅炉。自然循环锅炉具有锅筒，利用下降管和上升管中工质密度差产生工质循环，只能在临界压力以下应用。直流锅炉无锅筒，给水靠水泵压头一次通过受热面，适用于各种压力。强制循环锅炉在循环回路的下降管与上升管之间设置循环泵用以辅助水循环并作强制流动，又称辅助循环锅炉或控制循环锅炉。复合循环锅炉是介于强制循环锅炉和直流锅炉之间的一种锅炉。它在高负荷时按直流锅炉模式运行，而在低负荷时按强制循环锅炉模式运行，循环泵只在低负荷下工作。

(6) 按燃料或能源种类分类

按所用燃料或能源种类不同，可分为固体燃料锅炉、液体燃料锅炉、气体燃料锅炉、余热锅炉和生物质燃烧炉。

(7) 按燃烧方式分类

按燃烧方式的不同，锅炉可分为火床燃烧锅炉、火室燃烧锅炉、流化床燃烧锅炉和旋风燃烧锅炉。

(8) 按排渣方式分类

按排渣方式，锅炉可分为固态排渣锅炉和液态排渣锅炉。固态排渣锅炉中，燃料燃烧后生成的灰渣呈固态排出，是燃煤锅炉的主要排渣方式。液态排渣锅炉中，燃料燃烧后生成的灰渣呈液态从渣口流出，在裂化箱的冷却水中裂化成小颗粒后排入水沟中冲走。

(9) 按烟气压力分类

按炉膛烟气压力可分为负压锅炉、微正压锅炉和增压锅炉。负压锅炉中炉膛压力保持负压，有送、引风机，是燃煤锅炉的主要型式。微正压锅炉中炉膛表压力为 $2\sim5kPa$，不需引风机，宜于低氧燃烧。增压锅炉中炉膛表压力大于 $0.3MPa$，用于配蒸汽-燃气联合循环。

（10）其他分类法

除上述常规的分类方法外，还有其他的一些分类法，如：

按锅筒数目可分为单锅筒和双锅筒锅炉，锅筒可纵置或横置。现代锅筒型电站锅炉都采用单锅筒型式，工业锅炉采用单锅筒或双锅筒型式。

按整体外形可分为倒 U 形、塔形、箱形、T 形、U 形、N 形、L 形、D 形、A 形等。D 形、A 形用于工业锅炉，其他炉型一般用于电站锅炉。

按锅炉房型式可分为露天、半露天、室内、地下或洞内布置的锅炉。工业锅炉一般采用室内布置，电站锅炉主要采用室内、半露天或露天布置。

按锅炉出厂型式可分为快装锅炉、组装锅炉和散装锅炉，小型锅炉可采用快装型式，电站锅炉一般为组装或散装。

▶ 1.1.2　热风炉

热风炉的用途是为过程工业提供一定温度的热空气，是气流干燥、喷雾干燥、流化干燥、塔式干燥等装置的主要辅助设备，也是温室及家畜饲养场加温的主要设备，广泛应用于农业生产、农产品及食品加工、冶金、建材等行业。当热风炉产生的热风被用来干燥物料时，热风加热被干燥物料并蒸发水分，然后带走水蒸气，热风炉性能的好坏直接影响到干燥设备的技术经济指标；当热风炉产生的热风被用来加热温室及饲养场时，热风的主要目的是加热环境中的空气，使其适合动植物生长，此时热风炉的性能将影响环境条件的控制，最终影响到动植物的生长。除个别情况外，几乎所有利用热风炉的场合对热风都要求洁净、无污染。

长期以来，根据不同的需要以及燃料的不同，人们开发了各种各样的热风炉。目前，用于热风炉的热源主要有天然气、煤、电、油以及太阳能。加热形式主要有直接烟道气式和间接换热式。换热器的类型更是复杂多变，有无管式、列管式及热管式等。在功率上有大型和小型之分。

热风炉可根据燃料、燃烧方式和加热方式来分类。

根据燃料类型可分为固体燃料热风炉、液体燃料热风炉、气体燃料热风炉。

根据燃料或热源的不同可分为燃生物质材料热风炉、燃煤热风炉、燃油热风炉、燃气热风炉、电加热器和太阳能集热器等。

根据加热形式分主要有直接烟道气式热风炉和间接换热式热风炉。间接换热式热风炉根据热载体的不同可分为导热油加热炉、蒸汽热风炉、烟气热风炉等。根据换热器形式的不同可分无管式热风炉、列管式热风炉、热管式热风炉等。

固体燃料在炉中的燃烧方式基本有三种：铺层燃烧、悬浮燃烧和沸腾燃烧，与之相应的燃烧设备分别称之为层燃式热风炉、悬燃式热风炉和沸腾燃烧式热风炉。层燃式热风炉又分为手烧式热风炉、链条式热风炉和往复式炉排热风炉。

根据司炉方式可分为机烧式热风炉和手烧式热风炉。

根据炉体结构可分为卧式热风炉和立式热风炉。

根据炉排的分布形式可分为水平炉排热风炉和倾斜炉排热风炉。

根据功率大小可分为大型热风炉和小型热风炉。功率在 100 万大卡（1×10^6 kcal, 1cal＝4.18J）以上为大型热风炉，功率在 100 万大卡以下的为小型热风炉。

1.2 换热设备的主要类型

在换热设备中，用得最多的是管壳式换热器。在传统的折流板换热器获得广泛应用的前提下，由于工艺要求、能源危机和环境保护等诸多因素，传热强化技术和换热器的现代设计方法获得了飞速发展，设计人员已经开发出了多种新型换热器，以满足各行各业的需求。例如，为了适应加氢装置的高温高压工艺条件，螺纹锁紧换热器、密封环换热器、金属垫圈式换热器技术获得了快速发展，并在乙烯裂解、合成氨、聚合和天然气工业中得到了大量应用，可达到承压 35MPa、承温 700℃ 的工艺要求；为了回收石化、原子能、航天、化肥等领域使用燃气、合成气、烟气等所产生的大量余热，产生了各种结构和用途的废热锅炉用以回收热能；为了解决换热器日益大型化所带来的换热器刚度增大、振动破坏等问题，纵流式换热器获得了飞速的发展和应用，不仅提高了传热效果，也有效克服了由于管束振动引起的换热器破坏现象。另外，各种新结构高效换热器、高效重沸器、高效冷凝器、双壳程换热器也大量涌现。

总体而言，换热设备在工业过程中的应用体现在以下几个方面：

① 反应物料的加热或冷却；

② 产品的冷凝或冷却；

③ 反应热量的取出或供应；

④ 液体的蒸馏、气化或稀溶液的蒸发；

⑤ 工业余热（废热）的回收和热能的综合利用。

▶1.2.1 换热设备的主要类型

换热设备根据热量传递方法的不同，可以分为间壁式、直接接触式和蓄热式三大类。

(1) 间壁式换热器

温度不同的两种流体通过隔离流体的器壁进行热量传递，两流体之间因有器壁分开，故互不接触，这是过程工业生产经常要求的条件，也是应用最广泛的类型。

(2) 直接接触式换热器

又称混合式，冷流体和热流体在进入换热器后直接接触传递热量。这种方式对于工艺上允许两种流体可以混合的情况下是比较方便而有效的，如凉水塔、文氏管、喷射式冷凝器等。

(3) 蓄热式换热器

又称蓄热器，是一个充满热体（如格子砖）的蓄热室，热容量很大。温度不同的两种流体先后交替地通过蓄热室，高温流体将热量传给蓄热体，然后蓄热体又将这部分热量传给随后进入的低温流体，从而实现间接的传热过程。这类换热器的结构较为简单，可耐高温，常用于高温气体的冷却或废热回收，如回转式蓄热器和切换阀门式蓄热器。

现代过程工业生产中应用的换热设备，绝大多数为间壁式换热器。在间壁式换热器中，传热过程的不同、操作条件的差异、流体性质的各种特点以及间壁材料的制造加工性能等因素决定了传热设备的结构类型是多种多样的。

▶ 1.2.2 换热设备的选型

换热设备的类型很多（见表 1-1），各种形式都有它特定的应用范围。在某一种场合下性能很好的换热器，如果换到另一种场合，传热效果和性能则可能会有很大的改变。因此，针对具体情况正确地选择换热器的类型是很重要和很复杂的工作。

换热设备选型时需要考虑的因素是多方面的，主要是：a. 流体的性质；b. 流量及热负荷量；c. 操作温度、压力及允许压降的范围；d. 对清洗、维修的要求；e. 设备结构材料、尺寸和空间的限制；f. 价格。

流体的性质对换热器类型的选择往往会产生重大的影响，如流体的物理性质（比热容、热导率、黏度）、化学性质（如腐蚀性、热敏性）、结构情况以及是否有磨蚀颗粒等因素都对传热设备的选型有影响。例如硝酸的加热器，由于流体的强腐蚀性决定了设备的结构材料，从而很快就限制了可能采用的结构范围。如对于热敏性大的液体，能否精确控制它在加热过程中的温度和停留时间往往就成为选型的主要前提。流体的清净程度和是否易结垢，有时在选型上往往也起决定性作用，如对于需要经常清洗换热面的物料就不能选用高效的板翅式或其他不可拆卸的结构。

表 1-1　换热设备的结构分类

换热设备的分类	间壁式	管壳式	列管式	固定管板式	刚性结构	用于管壳温差较小的情况（一般≤50℃），管间不能清洗
					带膨胀节	有一定的温度补偿能力，壳程只能承受较低压力
				浮头式		管内外均能承受高压，可用于高温高压场合
				U形管式		管内外均能承受高压，管内清洗及检修困难
				填料函式	外填料函	管间容易泄漏，不宜处理易挥发、易燃易爆及压力较高的介质
					内填料函	密封性能差，只能用于压差较小的场合
				釜式		壳体上部有个蒸发空间，用于再沸、蒸煮
				双套管式		结构比较复杂，主要用于高温高压场合或固定床反应器中
			套管式			能逆流操作，用于传热面较小的冷却器、冷凝器或预热器
			蛇管式	沉浸式		用于管内流体的冷却、冷凝，或者管外流体的加热
				喷淋式		只用于管内流体的冷却或冷凝
		紧凑式	板式			拆洗方便，传热面能调整，主要用于黏性较大的液体间换热
			螺旋板式			可进行严格的逆流操作，有自洁作用，可用作回收低温热能
			板翅式			结构十分紧凑，传热效果很好，流体阻力大，主要用于制氧
			伞板式			伞形传热板结构紧凑，拆洗方便，通道较小，易堵，要求流体干净
			板壳式			板束类似于管束，可抽出清洗检修，压力不能太高
	直接接触式					适用于允许换热流体之间直接接触
	蓄热式					换热过程分两段交替进行，适用于从高温炉气中回收热量的场合

同样，换热介质的流量、操作温度、压力等参数在选型时也很重要，例如板式换热器虽然高效紧凑，性能很好，但是由于受结构和垫片性能的限制，当压力或温度稍高时，或者流量很大时，这种型式就不适用了。

需要注意的是，随着生产技术的进步，各种换热器的适用范围也在不断地发展。如对于高温高压的换热过程，以前主要选用结构简单的蛇管或套管换热器，但这些类型换热器的流体处理量小，价格高，不能适应现代大型化装置的需要，因此随着结构材料和制造工艺的发展，列管换热器已广泛应用于高温高压的场合。

1.3 传热设备的材料

在进行传热设备设计时，对传热设备各种零、部件的材料，应根据设备的操作压力、操作温度、流体的腐蚀性能以及对材料的制造工艺性能等的要求来选取。当然，最后还要考虑材料的经济合理性。一般为了满足设备的操作压力和操作温度，即从设备的强度或刚度的角度来考虑，是比较容易达到的。但对于材料的耐腐蚀性能，有时往往成为一个复杂的问题。如在这方面考虑不周到，选材不妥，不仅会影响传热设备的使用寿命，而且也大大提高了设备的成本。材料的制造工艺性能则与传热设备的具体结构有密切关系。

一般换热设备用的材料，可分为金属材料和非金属材料，而金属材料又可分为黑色金属和有色金属。

(1) 黑色金属及其合金

① 碳钢　价格低，强度较高，对碱性介质的化学腐蚀比较稳定，对酸很容易被腐蚀，在无耐腐蚀性要求的环境中应用是合理的。碳钢按除氧的程度又可分为沸腾钢、半镇静钢和镇静钢等。

沸腾钢：容易产生偏析，有焊接裂纹产生的可能性。

镇静钢：由于加工工艺性能良好，焊接性能好，被广泛地用作传热设备的各种零部件的材料。

② 低合金钢　在碳钢中加入少量的 Cr、Mo 等元素，以增加高温时的强度，并作为耐腐蚀钢在高温高压的氢介质环境中使用。力学性能和组织均有足够的稳定性，无热脆现象，冷加工性和焊接性良好。

(2) 不锈钢

① 马氏体不锈钢　对铁离子、亚硫酸气体、硫化氢和环烷酸等均有耐腐蚀性，但对染料水溶液、混合气体等的耐腐蚀性低。由于含碳较高，故强度和硬度较高，而耐腐蚀和耐热性则稍有降低。马氏体组织由于热处理有淬硬性，焊接时由于热影响产生变形应力，容易开裂。

② 铁素体不锈钢　对氧化性酸，尤其是硝酸，有很好的耐腐蚀性。在碱性溶液、无氯盐水、苯和洗涤剂中也都有良好的耐腐蚀性，切削性良好。但厚板焊接容易脆裂，且焊后有晶间腐蚀的倾向，不宜用于厚度较大或低温使用的部件。

③ 奥氏体不锈钢　有稳定的奥氏体组织，具有良好的耐腐蚀性和冷加工性能。

④ 耐热钢　按用途分为抗氧化钢、热强钢及汽阀钢；按组织分为铁素体钢、马氏体钢；按加工方法分为热轧、锻制及热处理。

⑤ 低温用钢　按规定适用于设计温度≤-20℃的钢。

(3) 有色金属及其合金

① 铜及铜合金　铜具有很好的导热性、导电性，塑性也好，其强度随温度升高而降低，在温度较低时，铜的强度反而升高，低温冲击韧性好，故在深冷低温设备中应用较多，并广泛用作传热设备。铜在不浓的硫酸或亚硫酸中耐腐蚀。在稀的和中等浓度的盐酸、醋酸、氢氟酸和其他非氧化性酸中有较高的稳定性。铜在苛性碱中，由于形成保护膜而相当稳定。铜在许多气体中被腐蚀。

铜镍合金在国外广泛地用作传热管，作为高温高压管壳式换热器所选用的材料。

铜和铜合金在国外也作为板式换热器中板片的材质。

② 铝及铝合金　铝在大气中容易生成透明和致密的氧化物覆盖膜，故铝在水、大气、中性溶液和弱酸性溶液中稳定性都很高。铝的耐腐蚀性与纯度有关，纯度越高，耐腐蚀性越强。铝的导热性和导电性均好，富有压延性，加工性能好。

铝和铝合金在板翅式换热器制造中用得很多，有时也可用于板式换热器中作为板片的材料。螺旋板换热器根据使用条件也可用铝合金材料制造。热管所用的管子也可采用铝作为材料。

③ 镍及镍合金　镍的物理机械性能很好，强度高，塑性好。镍在所有碱类中都特别耐腐蚀，这是由于它能在碱液中生成黑色的氧化物保护膜。镍对氯气或盐酸也耐腐蚀，但耐氧化性酸、氧化酸式盐较差。镍在许多有机酸中耐腐蚀。

镍合金被推荐使用在高温高压的传热设备中。

④ 复合钢板　具有强度高和耐腐蚀性好的性能，对昂贵的耐腐蚀性材料消耗少，较经济。覆层板材的厚度通常为 2～3mm，占总厚度的 10% 或 20%。一般复合钢板以低碳钢作母材，复合 18-8 型不锈钢，此外有蒙乃尔、海军黄铜（复合铝板）和钛等。不锈钢复合钢板和碳钢一样能够冷加工与热加工，可是对加热温度和焊接方法要特别注意。

（4）稀有金属材料

为了解决一些特殊条件下传热设备的材质问题，在传热设备的制造中，已开始采用某些稀有金属如钛、钽和锆及其合金。这些材料通常以薄板、薄壁管和复合板的形式提供使用。由于这些材料都具有高的耐腐蚀性能，虽然价格昂贵，仍在某些场合下得到了推广使用。

（5）非金属材料

非金属材料除了在一般金属材料制的传热设备中用作垫片以外，在处理腐蚀性介质的条件下，已开始用来作为新型材料传热设备的部分材质，而达到耐热防腐蚀的效果，其中较为广泛的是石墨、玻璃和陶瓷等。近年来，用聚四氟乙烯塑料作为传热设备的材料得到了广泛的发展和应用。

① 石墨　具有许多优良的物理化学特性，有特别高的化学稳定性，在有机溶剂及无机溶剂中均不溶解，酸和碱在通常条件下对它不起作用，具有良好的导热性和导电性。它的线性膨胀系数小，在高温下不易变形，对温度变化的敏感性小，能够很好地承受热冲击。同时，由于它与大多数垢层的线膨胀系数相差很大，所以垢层容易清洗，甚至能够自行脱落。石墨具有很大的孔隙率（30%左右），必须用各种树脂来浸渍石墨，以消除孔隙成为不透性的石墨，才能用来制造传热设备。不透性石墨机械加工性能好，易于加工到准确的精度。但它的机械强度低，不抗弯曲和拉伸，且有脆性，易脆裂。此外，它具有各向同性，在设计和制造中必须加以考虑。

② 玻璃　一般用来制造传热设备的玻璃材料为硼硅玻璃和石英玻璃等，而不能用普通的钠钙玻璃，这是由于后者热稳定性差的缘故。玻璃具有光滑的表面，透明，容易清洗，对流体的阻力小。它具有高的耐腐蚀性，但它是脆性材料，在加工和安装使用时必须加以注意。

③ 聚四氟乙烯塑料　它的商品名称叫"泰氟隆"。由于它耐腐蚀性很强，素有"塑料王"之称，对强腐蚀性介质如浓硝酸、浓硫酸、王水、过氧化氢、盐酸和苛性碱等都是耐腐蚀的，大部分溶剂都不能使它溶解，只有熔融的苛性碱对它有腐蚀作用。使用温度为 -180～250℃。该塑料表面非常光滑不易结垢，但它的力学性能较差，导热性能低，因此，应采用薄壁管以减小热阻，采用小直径管可以保证强度和提高单位传热设备体积中的传热表面积。

1.4　传热设备的防腐蚀

传热设备的目的是为了传热，经常与腐蚀性介质接触的传热设备表面积很大，为了保护金属不遭受腐蚀，最根本的方法是选择耐腐蚀的金属或非金属材料，但同时对应用最广泛的钢铁材料设备采用防腐蚀措施也是十分必要的。有时在设计传热设备时，根据所处理介质的腐蚀性，已考虑到选用合适的耐腐蚀材料，但如制造时焊接方法不当，则在焊缝及其附近亦易发生腐蚀。另外，在入口端的管端，由于介质的涡流磨损与腐蚀共存而经常发生管端腐蚀；管子内侧存在异物沉积或粘着产生点腐蚀等。这样也要求采用一些必要的防腐蚀措施。关于金属材料的防腐蚀措施，对传热设备来说，一般有以下几种方法。

（1）防腐蚀涂层

在金属材料表面，通过一定的涂覆方法，覆盖上一层耐腐蚀的涂料保护层，以避免金属表面与腐蚀介质直接接触。这是一种最经济和有效的方法，一般多用于防止气体介质（特别是大气）腐蚀。所用涂料大部分为有机高分子胶体的混合物溶液，如红丹防锈漆和清漆等，以及聚三氟氯乙烯和氯化聚醚等涂料。

（2）金属保护层

在金属材料表面，通过一定的方法覆盖上一层耐腐蚀性较强的金属或合金。常见的有衬里、金属堆焊和金属喷镀等。如加氢裂解装置中的管壳式换热器，壳体内表面为了防止氢的腐蚀，都必须采用奥氏体不锈钢进行衬里或大面积堆焊或使用同样材料的复合钢板等。而高压管板，通常用带状焊丝进行不锈钢堆焊。又如在制氢换热器中管束的每一根管子的管端，采用了保护衬里，即插入一个带有圆弧翻边的耐热保护套，并焊在管板上。

（3）电化学保护

这种方法可分为阴极保护和阳极保护。阴极保护是利用外加直流电源，使金属表面上的阳极变为阴极而达到保护作用。此法耗电量大，费用高，用得不多。阳极保护是把被保护的设备接以外加电源的阳极，使金属表面生成钝化膜，从而达到保护。这种方法只有当金属在该介质中能钝化时才能应用，而且技术复杂，因此也用得不多。

（4）添加缓蚀剂

在腐蚀性介质中，加入少量的某些物质，而这些物质能使金属的腐蚀大为降低，甚至停止。这类物质称为缓蚀剂。缓蚀剂加入后，以不影响生产工艺和产品质量为原则。

1.5　传热设备设计的一般考虑

（1）传热设备设计的基本要求

设计传热设备时，最基本的要求是：

① 热量能有效地从一种流体传递到另一种流体，即传热效率高，单位传热面上能传递的热量多。在一定的热负荷下，也即每小时要求传递热量一定时，传热效率（通常用传热系数表示）越高，需要的传热面积越小。当然是指在相同的传热温度差下作比较。

② 换热器的结构能适应所规定的工艺操作条件，运转安全可靠，严密不漏，清洗、检修方便，流体阻力小。

③ 要求价格便宜，维护容易，使用时间长。

在现代过程工业中所使用的换热设备往往需要频繁的清洗和检修，停车的时间多，造成的经济损失有时会比换热器的价格更大，因此，如果换热器能够设计得合理，可以保证连续运转的时间长，同时能减少功率消耗，则换热器本身价格虽然略高一些，但总的经济核算也可能是有利的。

（2）终端温差

传热设备的终端温差通常是由工艺过程的需要而决定的。当换热的最终温度可以选择时，其数值对换热器是否经济合理有很大的影响。因为它关系到传热设备的传热效率，所以选择时应多方面考虑。适当的换热器终端温差一般可参考下列推荐的范围。

① 热端的温差应该在 20℃以上；

② 用水或其他冷却介质冷却时，冷端温差可以小一些，但一般不低于 5℃；

③ 当冷却或冷凝工艺流体时，冷却剂的进口温度应该比流体中最高结冰组分的冰点要高 5℃以上，以免在传热壁面上结冰；

④ 空冷器的最小温差不小于 20℃；

⑤ 对含有惰性组分的流体冷凝时，冷却剂的出口温度至少要比冷凝组分的露点温度低 5℃。

（3）流速

提高流速以增加流体的湍流程度，可以提高传热效率，同时也可以减轻污垢沉积，从而延长使用的周期。但流速过大，也会导致传热设备的磨蚀和产生振动，影响使用寿命；此外，功耗也将随流速增大而增加，在能量消耗上是不利的。

（4）压力降

换热器压力降的大小关系到换热器面积和操作费用的多少。

（5）传热总系数

传热面两侧的对流传热系数如果差别很大时，则较小一侧成为控制传热的主要方面。设计换热器时，应尽量增大较小一侧的对流传热系数，最好使两侧的对流传热系数值大体相当，这样比较有利。

增加对流传热系数的方法有以下几个。

缩小通路截面积，以增大流速；在通路内增设挡板或促进湍流的插入物，以提高湍流程度；在管壁上加翅片，不仅为了提高湍流程度，同时也增加了传热面积；用强化传热表面，如各种形状的沟槽表面，或是有多孔性的表面，这对于冷凝、沸腾等有相变化的传热过程而言，可以获得相当大的对流传热系数。

（6）污垢系数

换热器在使用期间，在壁面生成污垢，这是经常遇到的实际问题。结垢速度和工作介质的物性、操作温度以及流速大小有关。降低污垢系数的主要途径有：改进水质（冷却侧）；消除通道内可能产生有局部旋涡的死区；增加流速；避免局部温度过高等。

（7）结构标准

换热器设计应尽量选用标准设计，型式和结构材料，避免用特殊的机械规格，以减少造价，同时也便于维修和更换部件。

增大换热器的管长和适当地缩小管径可以降低单位传热面的造价。对于腐蚀性强的工艺介质而言，为了避免部件使用寿命过短，维修过于频繁，在设计时可以适当增加管子和其他部件的厚度。在这种情况下，往往不能采用标准设计，而需加以修改。

第2章

传　热

传热，即热量的传递，是自然界中普遍存在的一种现象，在工程技术领域中广泛应用。无论在能源、宇航、化工、动力、冶金、机械、建筑等工业部门，还是在农业、环境保护等部门都会涉及很多传热问题。

2.1　传热的方式和方法

过程工业与传热过程的关系尤为密切，因为无论是生产中的反应过程，还是物理过程（即化工单元操作），几乎都伴有热量的传递。传热在过程工业中的应用主要有以下几个方面。

（1）为化学反应创造必要的条件

化学反应是化工生产的核心，几乎所有的化学反应都要求有一定的温度条件，例如：合成氨的操作温度为 470～520℃；氨氧化法制备硝酸过程中氨和氧的反应温度为 800℃ 等。为了达到要求的反应温度，必须先对原料进行加热，而这些反应都是明显的放热反应，为了保持最佳反应温度，又必须及时移走放出的热量；若是吸热反应，要保持反应温度，则需及时补充热量。

（2）为单元操作创造必要的条件

对某些单元操作过程（如蒸发、结晶、蒸馏和干燥等）往往需要输入或输出热量，才能保证操作的正常进行。如蒸馏操作中，为使塔釜内的液体不断汽化从而得到操作所必需的上升蒸气，需要向塔釜内的液体输入热量，同时，为了使塔顶出来的蒸气冷凝得到回流液和液体产品，又需要从塔顶冷凝器中移出热量。

（3）提高热能的综合利用和余热的回收

如在合成氨的生产过程中，合成塔出口气体的温度很高，为将反应产物与原料气加以分离必须要降温，为提高热量的综合利用和回收余热，可用其加热循环气。

（4）减少设备的热量（或冷量）损失

为减少设备的热量（或冷量）损失，以降低生产成本，提高劳动保护条件，往往需要对设备和管道进行保温。因此，传热设备不仅在化工厂的设备投资中占有很大的比重，而且它们所消耗的能量也是相当可观的。

现代过程工业生产中对传热的要求可分为两种情况：一种是强化传热，如各种换热设备中的传热，要求传热速率快，传热效果好；另一种是削弱传热，如设备和管道的保温，要求传热速率慢，以减少热量（或冷量）的损失。

传热过程既可连续进行也可间歇进行。对于前者，传热系统（例如换热器）中的温度仅随位置变化而不随时间变化，此种传热称为稳定传热，其特点是系统中不积累能量（即输入的能量等于输出的能量），传热速率（单位时间传递的热量）为常数。对于后者，传热系统中各点的温度既随位置变化又随时间变化，此种传热称为不稳定传热。对连续生产中的传热大多可视为稳定传热。

2.1.1 传热的基本方式

根据传热机理的不同，热量传递有三种基本方式：热传导、对流传热和辐射传热。传热可依靠其中的一种或几种方式进行。无论以何种方式传热，热量总是由高温处向低温处传递。

（1）热传导

热传导又称导热，是不同温度的物体之间通过直接接触，或同一物体中不同温度的各部分之间，由于分子、原子或自由电子等微粒的热运动而发生的热量传递，导热一般发生于固体、静止的流体或与层流流体流动方向相垂直的传热。

（2）对流传热

流体微团发生相对位移，将热量由一处转移到另一处的传热过程。

（3）辐射传热

物体将热能以电磁波的形式辐射传递，即由于物体自身具有一定的温度而使电子在核外轨道上跃迁，辐射出电磁波。物体的温度越高，热辐射的能力也越强。

2.1.2 工业传热的方法

根据工作原理和设备结构种类的不同，现代过程工业生产中的传热方法可分为以下三种。

（1）间壁式传热

间壁式传热是现代过程工业生产中普遍采用的一种方法。在设备中，冷热两种流体以间壁（或隔板）隔开，使高温和低温流体介质分别在间壁两边流动。在流动过程中，高温流体首先将热量传到间壁表面，然后由间壁侧将热量传导到另一侧，最后又从间壁另一侧的表面将热量传给被加热的冷流体。使用这样的方法来完成传热的设备叫间壁式换热器。这类换热器种类很多，如套管式换热器、夹套反应釜、螺旋板式换热器等。

图 2-1 所示为套管式换热器，由两个直径不同的同心套管组成，形成管内和管间两个空间，其中小管内流过一种介质，内、外

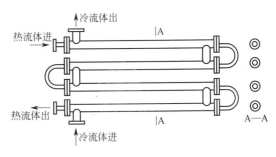

图 2-1　套管式换热器

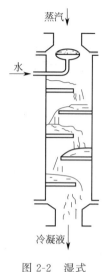

图 2-2 湿式
混合冷凝器

管构成的环形空间流过另一种介质，实现冷热流体的传热。间壁式传热适合于不能直接混合的两种流体间的传热，这在过程工业生产中有着最广泛的应用。

（2）混合式传热

混合式传热是让冷、热两种流体直接接触与混合来实现传热的方法，效率高、设备简单，如混合式冷凝器、喷淋式冷却塔和冷却吸收塔等。

图 2-2 所示为湿式混合冷凝器。此种换热器适于水蒸气的冷凝，或用于两种流体直接接触混合冷凝的场合。

（3）蓄热式传热

通过器内填充物壁面周期性的加热和冷却来完成冷热两股流体间的热量传递，这种设备称蓄热式换热器。器内装有耐火砖之类的固体填充物，用来贮蓄热量。具体工作过程如下：当热流体流经蓄热器时，加热填充物吸收热量，贮蓄在填充物内；然后切换流体，使冷流体流入蓄热器，填充物把贮存的热量又传给冷流体。使冷热两种流体交替流过填充物，利用器内填充物来贮蓄热量和放出热量，达到冷热两种流体交换热量的目的。这种方式适用于气体介质间的传热。蓄热式传热在切换两种流体时，难免不发生混合现象，对于要求介质不含杂质的过程工业，如制药生产中很少使用这种传热方式。

▶ 2.1.3　稳定传热和不稳定传热

在传热过程中，若各处的温度仅随位置变化而不随时间变化，则称该传热过程为稳定传热。例如，在正常生产条件下，一台连续运行的间壁换热器中，冷热两种流体在进出口部位具有稳定的流量和不变的温度值；虽然在器内流体的温度沿着壁面有变化，但与流体流动方向垂直的任意一个截面上流体各点的温度有一个确定的数值，不随时间变化。

相反，在传热过程中，各点的温度或其他参数既随时间变化，又随位置变化，称为不稳定传热。本章只讨论稳定传热过程。在过程工业生产中，连续过程在正常操作时，可看作稳定传热，而间歇操作都为不稳定传热。本章讨论的传热问题在没有特别指明时均为连续稳定传热。

2.2　导热

▶ 2.2.1　傅里叶定律

傅里叶（Fourier）定律是热传导的基本定律。对于一个由均匀材料构成的平壁导热，经验表明在单位时间内通过平壁的导热速率与垂直热流方向的导热面积及导热壁两侧的温度差成正比，与平壁厚度成反比。如图 2-3 所示，固体中的导热可用微分方法来研究，设平壁薄层厚度为 dn，以微分表示，则

$$q \propto \frac{A\,dT}{dn} \tag{2-1}$$

引入常数 λ 改写成等式有

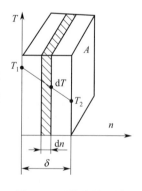

图 2-3　固体中的导热

$$q = -\lambda A \frac{\mathrm{d}T}{\mathrm{d}n} \tag{2-2}$$

式中　λ——比例系数，称作热导率，W/(m·K)；

　　　A——垂直于热流方向的导热面积，m^2；

　　$\mathrm{d}T$——厚度为 $\mathrm{d}n$ 的导热层两侧的温度差，K；

　　$\mathrm{d}n$——导热层的厚度，m。

式右边负号的意义表明热流方向总是与温度降低的方向一致。

▶ 2.2.2　热导率

根据式(2-1)，热导率 λ 的物理意义是：当 $A=1m^2$、$\mathrm{d}n=1m$、$\mathrm{d}T=1K$ 时，导热速率等于热导率。

热导率是各种物质的一项物理性质，其大小取决于物质自身的性质，它是物质导热性能的标志，热导率值愈小，导热性能越差，反之则物体的导热性能越好。它与物质的组成、密度、温度及压力有关。工程中所用各种物质的热导率，一般由实验测定。各种实验表明：金属的热导率最大，其次为非金属固体，液体又次之，而气体最小。如银在 273K 的 $\lambda=418W/(m·K)$，而空气在 273K 时的 $\lambda=0.0244W/(m·K)$。

（1）固体的热导率

金属是固体中良好的导热体。如 373K 下纯铜的 λ 值为 $377W/(m·K)$，黄铜的 λ 值为 $104W/(m·K)$。制造过程设备常用的碳素钢的 $\lambda=45W/(m·K)$，而 293K 时不锈钢的 $\lambda=16W/(m·K)$。热导率随温度的改变而变化。

非金属的建筑材料或隔热材料的热导率一般很小，其 λ 值常是随着密度增大而提高，也随着温度的升高而增大，这一情况与金属是不同的。

表 2-1 列出了部分固体物质在 273～373K 时的 λ 值。

表 2-1　某些固体物质在 273～373K 时的 λ 值

金属材料		建筑或绝热材料	
物　　质	$\lambda/[W/(m·K)]$	物　　质	$\lambda/[W/(m·K)]$
铜	384	混凝土	1.28
铝	204	耐火砖	1.04①
黄铜	93	玻璃	0.7～0.81
青铜	64	松木	0.14～0.38
铸铁	46.5～93	保温砖	0.12～0.21
碳素钢	46.5	石棉	0.15
铅	34.8	锯木屑	0.7
不锈钢	17.4	软木片	0.047
		绒毛毯	0.047
		建筑用砖	0.7～0.51

① 温度在 1073～1373K 时。

（2）液体的热导率

实验证明，非金属液体中水的热导率最大。图 2-4 所示为 14 种常见液体的热导率随温度变化的曲线。除水和无水甘油以外，其余液体的热导率随着温度升高略有减小。混合溶液的热导率应由实验测定，若缺乏实验条件，可取纯溶液的 λ 值进行估算。

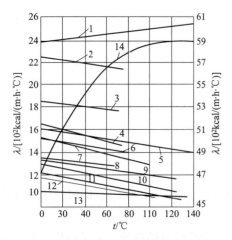

图 2-4　某些液体的 λ 值

1—无水甘油；2—蚁酸；3—甲醇；4—乙醇；
5—苯胺；6—醋酸；7—丙酮；8—丁醇；9—硝基
苯；10—苯；11—甲苯；12—二甲苯；13—凡士
林油 [图中右坐标 $1kcal/(m \cdot h \cdot ℃) =$
$1.163 W/(m \cdot K)$；$1cal = 4.1868J$]；14—H_2O

有机混合溶液的热导率估算式如下：

$$\lambda_m = 0.9 \sum x_{mi} \lambda_i \qquad (2-3)$$

式中　λ_m——混合液的热导率，$W/(m \cdot K)$；

x_{mi}——混合液中第 i 组分液体的质量分数；

λ_i——混合液中第 i 组分液体的热导率，$W/$ $(m \cdot K)$。

（3）气体的热导率

气体的热导率随温度升高而增大，在一般情况下随压强变化不大，可忽略不计。在高于 19.6MPa 或低于 0.00266MPa 的压力下，不能忽略压力对热导率的影响，此时 λ 值随压力增高而增大。气体的热导率一般在 $0.93 \sim 0.58 W/(m \cdot K)$ 之间，可见气体对导热不利，但对隔热有利。工业上采用的保温瓦、玻璃棉就是因为它们内部有较大的空隙并存在着空气，因而热导率很小，被广泛用作保温绝热材料。

表 2-2 中列出了一些气体在不同温度下热导率 λ 的值。

表 2-2　某些气体在大气压下的 λ 值与温度的关系

温度/K	$\lambda / [10^3 W/(m \cdot K)]$						
	空气	N_2	O_2	蒸汽	CO_2	H_2	NH_4
273	24.4	24.2	24.6	16.1	14.6	174	16.2
323	27.8	26.7	29.0	19.8	18.6	186	—
373	32.4	31.4	32.8	23.9	22.8	216	21.0
473	39.2	38.4	40.6	33.0	30.8	258	25.8
573	46.0	44.7	47.9	43.3	39.0	299	30.4

◼2.2.3　单层和多层平壁导热

（1）单层平壁导热

图 2-5 所示单层平壁导热取自图 2-3 的剖切面。壁的厚度为 δ，两侧表面温度为 T_1、T_2，设 $T_1 > T_2$，温度只沿垂直于壁面的方向变化，平壁面积为 A，设两壁面温度相差不大，热导率 λ 取作常数。在稳定导热条件下，式（2-2）中的 q、A 为常数，把公式 $q = -\lambda A \dfrac{\mathrm{d}T}{\mathrm{d}n}$ 分离变量并积分：

$$-\frac{q}{\lambda A} \int_0^\delta \mathrm{d}n = \int_{T_1}^{T_2} \mathrm{d}T \qquad (2-4)$$

则有

$$-\frac{q}{\lambda A} \delta = T_2 - T_1 \qquad (2-5)$$

整理得：

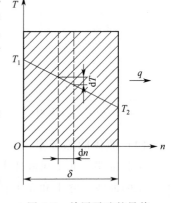

图 2-5　单层平壁的导热

$$q = \frac{\lambda A}{\delta}(T_1 - T_2) \tag{2-6}$$

式（2-6）为单层平壁稳定导热速率方程式，而且可改写成：

$$q = \frac{T_1 - T_2}{\dfrac{\delta}{\lambda A}} = \frac{\Delta T}{R_\lambda} \tag{2-7}$$

式中单层平壁导热的热阻 R_λ：

$$R_\lambda = \frac{\delta}{\lambda A} \tag{2-8}$$

将式（2-7）与电路的欧姆定律比较，即导热速率、温度差、热阻与电流、电位差、电阻两者进行类比是容易理解的。应用热阻的概念来分析传热过程，为建立复杂的传热速率方程提供了极大的方便。

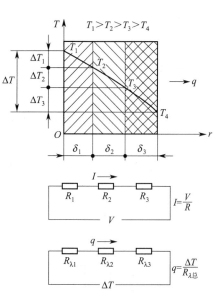

图 2-6　多层平壁的导热

（2）多层平壁导热

由若干层不同的材料组成的复合壁为多层壁。图 2-6 所示的是由三种不同材料组成的三层平壁的剖面图，各层厚度分别为 δ_1、δ_2、δ_3，热导率分别为 λ_1、λ_2、λ_3，复合壁两侧面的温度分别为 T_1 和 T_4，假定层与层之间紧贴，接触良好，则交界面的温度为 T_2 和 T_3，所以三层平壁温度的变化由三段折线组成。

借助单层平壁导热速率方程，并与串联电路类比，可直接写出三层平壁的总导热速率方程式：

$$q = \frac{\Delta T}{R_{\lambda总}} \tag{2-9}$$

式中　q——导热速率，W；

　　　ΔT——三层平壁总温度差，又称传热推动力，K；

　　　$R_{\lambda总}$——导热总热阻，为各层热阻之和，K/W。

由图 2-6 可知

$$\Delta T = \Delta T_1 + \Delta T_2 + \Delta T_3 = (T_1 - T_2) + (T_2 - T_3) + (T_3 - T_4) = T_1 - T_4 \tag{2-10}$$

总热阻由三个串联的分热阻构成，即

$$R_{\lambda总} = R_{\lambda1} + R_{\lambda2} + R_{\lambda3} = \frac{\delta_1}{\lambda_1 A} + \frac{\delta_2}{\lambda_2 A} + \frac{\delta_3}{\lambda_3 A} \tag{2-11}$$

对于更多层的平壁导热，式（2-9）中的 ΔT 和 $R_{\lambda总}$ 可以依此类推。

考虑单位面积上的导热速率时，可用物理量热流强度 q_F（W/m²）表示。此时单层平壁的热流强度 q_F 为：

$$q_F = \frac{q}{A} = \frac{\Delta T}{\dfrac{\delta}{\lambda}} = \frac{T_1 - T_2}{\dfrac{\delta}{\lambda}} \tag{2-12}$$

二层平壁的热流强度 q_F 为：

$$q_F = \frac{q}{A} = \frac{\Delta T}{\dfrac{\delta_1}{\lambda_1} + \dfrac{\delta_2}{\lambda_2}} = \frac{T_1 - T_3}{\dfrac{\delta_1}{\lambda_1} + \dfrac{\delta_2}{\lambda_2}} \tag{2-13}$$

......

依此类推，可得 n 层平壁的热流强度 q_F 为：

$$q_F = \frac{q}{A} = \frac{T_1 - T_{n+1}}{\dfrac{\delta_1}{\lambda_1} + \dfrac{\delta_2}{\lambda_2} + \cdots + \dfrac{\delta_n}{\lambda_n}} \tag{2-14}$$

■ 2.2.4 单层和多层圆筒壁导热

（1）单层圆筒壁导热

圆筒壁导热与平壁导热的不同点仅在于传热面积随半径的改变而变化，导热面积不是常量。

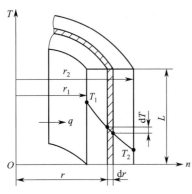

图 2-7 单层圆筒壁的导热

设圆筒内壁温度高于外壁温度，即 $T_1 > T_2$，热流的方向沿半径指向外壁。研究内半径为 r_1、外半径为 r_2、长度为 L 的薄壁圆筒的导热问题，截出如图 2-7 所示的部分筒壁。T 轴与圆筒轴线重合，n 沿半径方向。在圆筒壁的半径 r 处并沿半径方向取微小厚度 dr 的圆筒，其导热面积 $A = 2\pi r L\, dr$，小薄层壁的温度变化为 dT，设材料的热导率为 λ，可将式（2-2）写为：

$$q = -\lambda A \frac{dT}{dn} = -2\pi r L\lambda \frac{dT}{dr} \tag{2-15}$$

负号仍表示热流的方向与温度降低的方向一致。

整理得圆筒稳定导热条件下的速率方程式

$$q = \frac{2\pi L\lambda (T_1 - T_2)}{\ln \dfrac{r_2}{r_1}} = \frac{2\pi L\lambda (T_1 - T_2)}{\ln \dfrac{d_2}{d_1}} \tag{2-16}$$

式中 d_1——圆筒的内壁直径，m；

d_2——圆筒的外壁直径，m。

对长度为 L 的单层圆筒，把式（2-16）改写如下：

$$q = \frac{2\pi L\lambda (T_1 - T_2)}{\ln \dfrac{r_2}{r_1}} = \frac{(T_1 - T_2)}{\dfrac{\ln \dfrac{r_2}{r_1}}{2\pi L\lambda}} \tag{2-17}$$

其中单层圆筒的导热热阻可表示为：

$$R_\lambda = \frac{\ln \dfrac{r_2}{r_1}}{2\pi L\lambda} \tag{2-18}$$

如引入单层圆筒内外壁面的某种平均面积 A_m，可将其导热速率方程写成与平壁导热速率方程相似的形式：

$$q = \frac{T_1 - T_2}{\dfrac{r_2 - r_1}{\lambda A_m}} \tag{2-19}$$

把式（2-19）与式（2-16）相比较，可知

$$\frac{2\pi L\lambda\left(T_1-T_2\right)}{\ln\dfrac{r_2}{r_1}}=\frac{\lambda A_{\mathrm{m}}\left(T_1-T_2\right)}{r_2-r_1} \tag{2-20}$$

由此即可得出：

$$A_{\mathrm{m}}=2\pi L\,\frac{r_2-r_1}{\ln\dfrac{r_2}{r_1}}=2\pi r_{\mathrm{m}}L \tag{2-21}$$

则

$$r_{\mathrm{m}}=\frac{r_2-r_1}{\ln\dfrac{r_2}{r_1}} \tag{2-22}$$

式中　A_{m}——圆筒壁内外表面的对数平均面积，m^2；

　　　r_{m}——圆筒壁的对数平均半径，m。

对于薄层圆筒，当 $\dfrac{r_2}{r_1}<2$ 时，可取 $r_{\mathrm{m}}=\dfrac{r_1+r_2}{2}$ 的算术平均值作近似计算。这是因为当 $\dfrac{r_2}{r_1}=2$ 时，r_{m} 的值用 $r_{\mathrm{m}}=\dfrac{r_1+r_2}{\ln\dfrac{r_2}{r_1}}$ 与用 $r_{\mathrm{m}}=\dfrac{r_1+r_2}{2}$ 计算的结果，误差不超过 4%；当 $\dfrac{r_2}{r_1}<$ 1.3 时，其误差不超过 0.5%，所以在这种情况下，用算术平均值计算具有足够的精确度，并使计算大为简化。

（2）多层圆筒壁

图 2-8 所示为三层圆筒壁的导热，各层壁面温度分别为 T_1、T_2、T_3、T_4，各层的半径分别为 r_1、r_2、r_3、r_4。处理这类问题，可借用多层平壁导热的推导方法，并应用总热阻等于各分热阻之和的方法计算。

$$q=\frac{\Delta T}{R_{\lambda\text{总}}}=\frac{T_1-T_4}{R_{\lambda1}+R_{\lambda2}+R_{\lambda3}}=\frac{T_1-T_4}{\dfrac{\ln\dfrac{r_2}{r_1}}{2\pi L\lambda_1}+\dfrac{\ln\dfrac{r_3}{r_2}}{2\pi L\lambda_2}+\dfrac{\ln\dfrac{r_4}{r_3}}{2\pi L\lambda_3}} \tag{2-23}$$

即

$$q=\frac{2\pi L\left(T_1-T_4\right)}{\dfrac{1}{\lambda_1}\ln\dfrac{r_2}{r_1}+\dfrac{1}{\lambda_2}\ln\dfrac{r_3}{r_2}+\dfrac{1}{\lambda_3}\ln\dfrac{r_4}{r_3}} \tag{2-24}$$

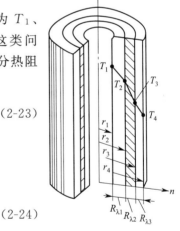

图 2-8　三层圆筒壁的导热

对于 n 层圆筒壁导热的计算，可按上式类似的方法写出导热速率方程式。

2.3　对流传热

对流传热是指流体流过固体表面时，流体与固体表面之间发生热量传递的过程。它包括固体表面与紧靠壁面的流体质点之间、靠壁面处存在的流体层流内层的热传导和流体的主流体部分的对流三个传热过程，以流体层流内层的导热热阻为最主要。

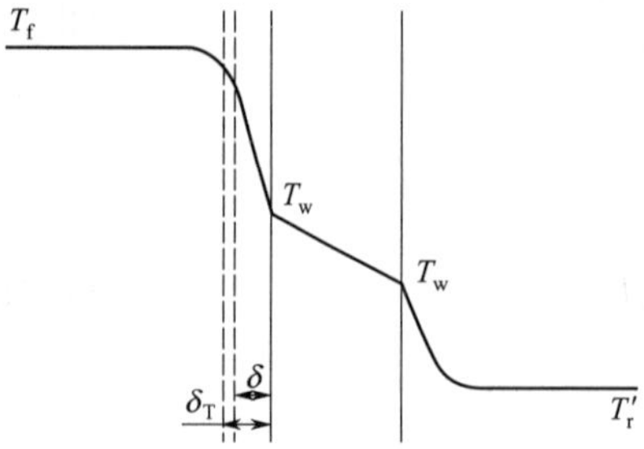

图 2-9　对流传热的温度分布

⬛ 2.3.1　对流传热方程式

如图 2-9 所示，温度为 T_f 的流体流过温度为 T_w 的固体壁面，在流体与固体壁面之间发生对流传热，图中所示流体的温度降主要集中于靠壁面处的薄层——层流内层，这说明了对流传热的绝大部分热阻集中于该层之中，因此对流传热实质上是层流内层的导热问题，利用式(2-3)，当 $T_f > T_w$ 时，可将对流传热的速率方程写成：

$$q = \frac{\lambda_f}{\delta_T} A (T_f - T_w) \tag{2-25}$$

式中　q——对流传热速率，W；

A——对流传热面积，m^2；

T_f——流体的主体温度，K；

λ_f——流体的热导率，$W/(m \cdot K)$；

δ_T——对流传热边界层的有效膜厚度（用 δ_T 而不采用边界层厚度 δ 是要考虑全部对流热阻）；

T_w——与流体接触的壁面温度，K。

因为边界层的导热问题比较复杂，δ_T 较难确定，所以令 $\alpha = \frac{\lambda_T}{\delta_T}$，称 α 为对流传热系数或膜系数，$W/(m^2 \cdot K)$。式(2-25) 可写成

$$q = \alpha A (T_f - T_w) = \frac{T_f - T_w}{\frac{1}{\alpha A}} = \frac{T_f - T_w}{R_h} \tag{2-26}$$

式中　R_h——对流传热热阻，$R_h = \frac{1}{\alpha A}$。

对流传热系数 α 的物理意义在于：当温度差为 1K、对流传热面积为 $1m^2$ 时，对流传热的传热速率就是对流传热系数 α。式(2-26) 就是对流传热方程式，也称牛顿冷却定律。

计算对流传热速率 q 的关键是要知道 α。换言之，研究对流传热就变成研究对流传热系数 α。

影响对流传热的诸因素，概括为如下几个方面：

① 流体流动的类型　前已述及，壁面处有效膜厚 δ_T 集中了全部对流热阻，而 Re 的增大使 δ_T 减小，从而提高了对流传热系数。

② 强制对流和自然对流　流体在外力的作用下被迫流动的对流传热是强制对流；由于流体内部的温度差而产生的流体密度差异导致的流体对流传热称为自然对流传热。一般强制对流有较大的流速。

③ 流体的物性参数　如热导率、黏度 μ、比热容 C、密度 ρ 等会影响 α 的大小。

④ 固体壁面的几何因素　传热面的形状、大小以及与流体流动的相对位置，几何因素的不同会引起 α 的变化。如圆管、平板、管束为水平、竖直或斜放，流体在圆管内或管外流动都将影响对流传热。

▶2.3.2 对流传热系数的关联式

为讨论对流传热系数的计算,先在表 2-3 中列举不同对流传热条件下对流传热系数 α 的大致范围,以便先有个数量大小的概念。

表 2-3 对流传热系数 α 的大致范围

流体种类和对流传热方式	α / [W/(m² · K)]	流体种类和对流传热方式	α / [W/(m² · K)]
空气自然对流	3.5～7	水受迫对流	3500～9300
水自然对流	230～380	常压水沸腾放热	4650～116000
空气受迫对流	23～116	水蒸气膜状冷凝	4650～11600
水蒸气受迫对流	58～175	有机液体膜状冷凝	580～2300
油受迫对流	58～525		

α 的一般数学表达式如下:

$$\alpha = f(\mu, \rho, C, \lambda, u, L, \Delta T \cdots) \tag{2-27}$$

因为影响 α 的因素很多,谋求建立一个既满足各种对流传热条件又都能求出 α 的数值的通式是很难实现的。利用因次分析的理论,经过分析将影响因素组成若干个无量纲数群,并通过实验求解这些数群之间的关系,得到在各种具体条件下计算 α 的具体数群关联式。表 2-4 中给出了参与对流传热过程的物理量。

表 2-4 参与对流传热过程的物理量

物理名称及符号		单位符号	量 纲 式
对流传热系数	α	W/(m² · K)	$[M][T]^1[\Theta]^1$
对流传热特性尺寸	L	m	$[L]$
(管内径、外径或平板高度)			
平均流速	u	m/s	$[L][T]^{-1}$
流体动力黏度	μ	kg/(m · s)	$[L]^1[M][T]^1$
流体热导率	λ	W/(m · K)	$[L][M][T]^3[\Theta]^1$
流体比热容	C	J/(kg · K)	$[L]^{-2}[T]^{-3}[\Theta]^{-1}$
流体密度	ρ	kg/m³	$[L]^3[M]$

对于无相变化的对流传热过程,在求算对流传热系数 α 时涉及的无量纲数如表 2-5 所列。

表 2-5 四个无量纲数群的符号和含义

数的名称	符 号	数 群	含 义
努塞尔数	Nu	$\dfrac{\alpha L}{\lambda}$	表示对流传热系数的数,包含对流传热系数
普兰特数	Pr	$\dfrac{C\mu}{\lambda}$	表示与传热有关的流体物性的数,亦称物性数
雷诺数	Re	$\dfrac{Lu\rho}{\mu}$	确定流体流动型态的数,又称流型数
格拉斯霍夫数	Gr	$\dfrac{\beta g \Delta T L^3 \rho^2}{\mu^2}$	表示自然对流影响的数,亦称升力数

表 2-5 中的 ΔT 为流体与壁面间温度差,g 为重力加速度,β 为流体的体积膨胀系数 (K^{-1})。在不同条件下,上述数群有不同的函数关系式,但归纳起来有如下的通式:

$$Nu = f(Re, Pr, Gr) = KRe^A Pr^B Gr^C \tag{2-28}$$

式中,K、A、B、C 为特定的常数。

自然对流传热时，

$$Nu = f(Pr, Gr) \tag{2-29}$$

强制对流传热时，

$$Nu = f(Re, Pr) \tag{2-30}$$

应用上述的一般数群关系式求 α 时，还必须依靠大量实验测定出不同情况下的对流传热的具体函数关联式，实际上就是用实验数据归纳出关系式中的常数 K 和指数 A、B、C。确定了 K 和 A、B、C 的关联式是一类纯经验公式，每一个公式只适用于特定的范围，因此在使用时要特别注意下列各点。

① 应用范围　关联式的应用范围不应超出实验范围，主要指 Re、Pr 数要在一定范围之内。

② 特征尺寸　指表示传热面特征的几何尺寸 L 如何取，L 取值的大小直接影响 Re 等三个数的大小。

③ 定性温度　Re 等各数中涉及的流体物理性质大都随温度而变化，定性温度是各个物性取值的根据。

已经总结出的对流传热关联式种类和数量很多，其余的在需要时请参阅专著。

▶ 2.3.3　无相变时的对流传热系数

2.3.3.1　流体在圆形直管内作强制湍流对流传热

(1) 适用于气体及黏度不大于水黏度两倍的液体

此时的关联式如下：

$$Nu = 0.023 Re^{0.5} Pr^n \tag{2-31}$$

或写成

$$\alpha = 0.023 \frac{\lambda}{d} \left(\frac{du\rho}{\mu}\right)^{0.8} \left(\frac{C\mu}{\lambda}\right)^n \tag{2-32}$$

参照表 2-5，对于圆管 $Nu = \dfrac{\alpha d}{\lambda}$，在上式中流体被加热时，取 $n = 0.4$；流体被冷却时，取 $n = 0.3$。

式(2-31)及式(2-32)的应用条件为：

① $Re > 10^4$；

② $Pr = 0.6 \sim 160$；

③ 管长与管内径之比 $L/d > 60$，当 $L/d < 30$ 时应将计算的 α 值乘以校正系数 $\left[1 + \left(\dfrac{L}{d}\right)^{0.7}\right]$，因为这种情况下用本式计算的 α 值偏低；

④ μ 小于两倍常温水的 μ 值。

定性温度：取流体进、出口温度的算术平均值。

特征尺寸：Re、Pr 数中的 L 取管的内径 d。

(2) 适用于黏度较大的液体

此时的对流传热系数 α 由式(2-33)计算：

$$\alpha = 0.027 \frac{\lambda}{d} \left(\frac{du\rho}{\mu}\right)^{0.8} \left(\frac{C\mu}{\lambda}\right)^{\frac{1}{3}} \left(\frac{\mu}{\mu_m}\right)^{0.14} \tag{2-33}$$

式中　$\left(\dfrac{\mu}{\mu_m}\right)^{0.14}$——处理热流方向的修正项；

μ_{m}——具有壁温的流体黏度。

公式(2-20)的应用条件是：

① $Re>10^4$；

② $0.7<Pr<16700$；

③ $L/d>60$。

实际应用中，对于液体，被加热时，$\left(\dfrac{\mu}{\mu_{\mathrm{m}}}\right)^{0.14}=1.05$；被冷却时，$\left(\dfrac{\mu}{\mu_{\mathrm{m}}}\right)^{0.14}=0.95$。

对于气体，μ 变化小，不论加热或冷却，$\left(\dfrac{\mu}{\mu_{\mathrm{m}}}\right)^{0.14}$ 均取作1。

若 $\dfrac{L}{d}<60$ 时，计算的 α 值乘以校正系数 $\left[1+\left(\dfrac{L}{d}\right)^{0.7}\right]$。

特征尺寸：取管内径 d。

定性温度：取流体进、出口的主体温度的算术平均值（μ_{w} 值除外）。

（3）流体在圆形弯管内作强制对流传热

此时流体的流动类似于汽车在弯道上行驶，流体处在离心力场之中促使流体的扰动增加，对流传热系数比在直管内大。α 的计算式是应用直管的公式求出 α 后，再乘以校正系数 Φ_{k}。

$$\Phi_{\mathrm{k}}=1+1.77\frac{d}{R} \tag{2-34}$$

即

$$\alpha'=\Phi_{\mathrm{k}}\alpha=\left(1+1.77\frac{d}{R}\right)\alpha \tag{2-35}$$

式中　α'——弯管中的对流传热系数，$W/(m^2 \cdot K)$；

　　　α——直管内的对流传热系数，$W/(m^2 \cdot K)$；

　　　d——圆管直径，m；

　　　R——弯管中心线的曲率半径，m。

2.3.3.2　流体在管外作强制对流传热

流体在管外流过时，分为流体流过单管和管束，过程工业生产用的传热设备中，最典型的是流体垂直流过管束。管束的管子排列分为直列和错列两种，而错列又分为正三角形错列和正方形错列两种。如图 2-10 所示。

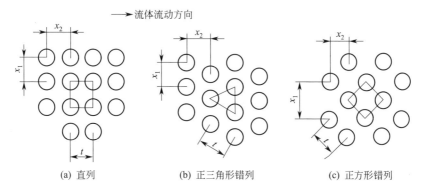

(a) 直列　　　　　　　(b) 正三角形错列　　　　　　　(c) 正方形错列

图 2-10　管束的排列方式

流体横掠直列和正三角形错列管束时，对流传热系数按下式计算：

$$Nu = C\varepsilon Re^n Pr^{0.4} \tag{2-36}$$

式中　C、ε、n——特定常数，其值见表2-6，ε、n 视管束的管子排列方式而异。

表 2-6　式（2-36）中 C、ε、n 的数值

排数	直 列		错 列		C
	n	ε	n	ε	
1	0.6	0.171	0.6	0.171	$\dfrac{x_1}{d} = 1.2 \sim 3$ 时，$C = 1 + 0.1 \times \dfrac{x_1}{d}$
2	0.65	0.151	0.6	0.228	
3	0.65	0.151	0.6	0.290	$\dfrac{x_1}{d} > 3$ 时，$C = 1.3$
4	0.65	0.151	0.6	0.290	

适用条件：$Re = 5000 \sim 70000$；$\dfrac{x_1}{d} = 1 \sim 5$；$\dfrac{x_2}{d} = 1.2 \sim 5$；$d$ 为管子外径。

定性温度：流体横掠管束进、出口温度的算术平均值。

特征尺寸：管子外径 d。流速取每排最窄通道处的流速，错列方式按管间最狭窄处的距离在 $x_1 - d$ 和 $2(t - d)$ 之中，取小者。

由表2-6可知：第一排管子，不论直列和错列，n 和 ε 相同，即 α 也相同；从第二排管子开始，错列的 ε 值较大，故错列比直列的 α 值大，这是因为流体在错列的管束间流过时受到阻挡，湍动增强所致；自第三排以后，直列和错列的 α 值基本上不再变化。

由于各排管子的对流传热系数不同，应按下式求平均值，即

$$\alpha_m = \frac{\alpha_1 A_1 + \alpha_2 A_2 + \alpha_3 A_3 + \cdots}{A_1 + A_2 + A_3 + \cdots} \tag{2-37}$$

式中　α_1、α_2、$\alpha_3 \cdots$——第一列、第二列、第三列……的对流传热系数，W/(m² · K)；
　　　A_1、A_2、$A_3 \cdots$——第一列、第二列、第三列……的管外传热面积，m²；
　　　α_m——平均对流传热系数，W/(m² · K)。

▶ 2.3.4　有相变时的对流传热系数

2.3.4.1　蒸气冷凝

（1）蒸气冷凝方式

当饱和蒸气与低温壁面接触时，蒸气放出潜热，在壁上冷凝成液体。蒸气冷凝可分为两种方式：膜状冷凝与滴状冷凝。

① 膜状冷凝　若冷凝液体能润湿壁面并形成完整的液膜，将传热壁面完全覆盖，称作膜状冷凝，如图 2-11（a）所示。

② 滴状冷凝　若冷凝液能润湿壁面，由于液体表面张力的作用，冷凝液在壁面上形成许多液滴并沿壁面下流，称滴状冷凝，如图 2-11（b）所示。

滴状冷凝时，大部分壁面直接暴露在蒸气中，没有液膜阻碍对流传热，因此滴状冷凝时的传热系数 α 比膜状冷凝时高。但过程工业生产中多为膜状冷凝。

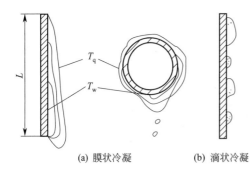

(a) 膜状冷凝　　(b) 滴状冷凝

图 2-11　蒸气冷凝的方式

（2）膜状冷凝的对流传热系数

如图 2-12 所示，当饱和蒸气接触到低温壁面时，蒸气冷凝成饱和温度下的液体沿壁面向下流动。壁面上一旦形成液膜，蒸气的冷凝只能在液膜的表面上进行，这时蒸气冷凝放出的潜热只能通过液膜才能传给壁面。这层液膜往往成为主要热阻。

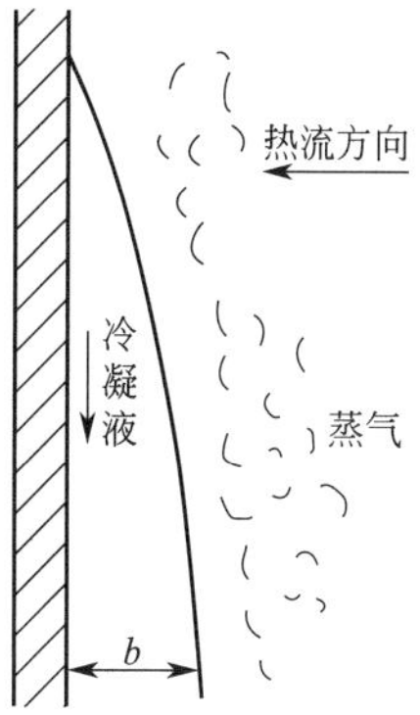

当液膜的热导率 λ 已确定时，α 取决于冷凝液膜的厚度 δ，显然液膜越薄越好。饱和水蒸气的 α 值很大，一般可取 $5000\sim10000\mathrm{W/(m^2 \cdot K)}$。

① **蒸气在垂直管内、外或板一侧冷凝**　膜状冷凝时的对流传热系数关联式如下：

$$\alpha = 1.13\left(\frac{\gamma\rho^2 g\lambda^3}{\mu L \Delta T}\right)^{0.25} \tag{2-38}$$

图 2-12　膜状
冷凝过程

式中　γ——冷凝液的汽化潜热，$\mathrm{kJ/kg}$；

L——特征尺寸，取垂直管、板的高度。

经验式（2-38）是在层流条件下得出的，若 L 较大或壁面的热流强度 $q_\mathrm{f}\left(=\dfrac{q}{A},\mathrm{W/m^2}\right)$ 较大时，因为自上而下冷凝液积累的结果，在离管、板顶端一定距离处，流动会变成湍流。冷凝液在壁面流下时的层流或湍流的区分以 Re 小于或大于 1800 为准，经过变换的 Re 数计算式如下：

$$Re = \frac{4M}{\mu} = \frac{\dfrac{4w_\mathrm{s}}{b}}{\mu} \tag{2-39}$$

式中　M——冷凝负荷，等于单位长度润湿周边上冷凝液的质量流量，$M = \dfrac{w_\mathrm{s}}{b}$，$\mathrm{kg/(s \cdot m)}$；

w_s——冷凝液的质量流量，$\mathrm{kg/s}$；

b——冷凝液的润湿周边，m。

于是可以推导出：

当 $Re<1800$ 时，

$$\alpha\left(\frac{\mu^2}{\rho^2 g\lambda^3}\right)^{\frac{1}{3}} = 1.88\,Re^{-\frac{1}{3}} \tag{2-40}$$

当 $Re>1800$ 时，

$$\alpha\left(\frac{\mu^2}{\rho^2 g\lambda^3}\right)^{\frac{1}{3}} = 0.0077Re^{0.44} \tag{2-41}$$

令式（2-40）和式（2-41）中的

$$\alpha^* = \alpha\left(\frac{\mu^2}{\rho^2 g\lambda^3}\right)^{\frac{1}{3}} \tag{2-42}$$

α^* 被称作冷凝数，因而也是无量纲量。

式（2-38）～式（2-42）的定性温度、冷凝液的汽化潜热取其饱和温度 T_s 时的值，其他的均取液膜表面温度（T_q）与壁面温度（T_w）的算术平均值。

② **蒸气在水平管（或管束）外冷凝**　蒸气在单根水平管外冷凝时的对流传热系数关联式如下：

$$\alpha = 0.725 \left(\frac{\gamma \rho^2 g \lambda^3}{\mu L \Delta T} \right)^{0.25} \tag{2-43}$$

或

$$\varepsilon' = \alpha \left(\frac{\mu^2}{\rho^2 g \lambda^3} \right)^{\frac{1}{3}} = 1.51 Re^{-\frac{1}{3}} \tag{2-44}$$

特征尺寸：d 为管外径。

定性温度：取蒸气温度与壁温的算术平均值。

蒸气在水平管束上冷凝时，由于从第二排管以下各管受到上面管子滴下冷凝液的影响，液膜增厚，传热效果变差，应计算管束的平均对流传热系数。对于顺排或错排的管束，即直列和错列，平均对流传热系数按单根管计算的 α 乘以一个校正系数，即

$$\alpha_n = \varepsilon_n \alpha \tag{2-45}$$

式中　α_n——管束的平均对流传热系数；

　　　α——管束第一排单根管的对流传热系数；

　　　ε_n——排数 n 校正系数，可从图 2-13 中查得。

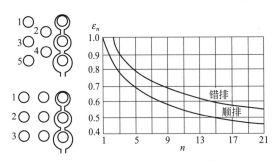

图 2-13　顺排和错排时 α 的校正系数 ε_n

（3）影响冷凝传热的因素

① 冷凝液膜两侧的温度差 ΔT；

② 冷凝液物性的影响，如 ρ、μ、λ；

③ 蒸气流速和流向的影响；

④ 冷凝壁面的影响；

⑤ 蒸气中含不凝性气体的影响。若蒸气中含有空气或不凝性气体，壁面附近将逐渐形成一层气膜，热阻会迅速增大，α 会急剧下降。当蒸气中含 1% 的空气时，α 将降低 60%，所以在冷凝器或蒸气管道的上方常装有排气阀，以便能及时排除空气或其他不凝性气体。

2.3.4.2　液体的沸腾

液体在加热过程中，常伴有液相转变为气相，即液相内部发生气泡或气膜的沸腾过程。工业上液体沸腾有两种：一种是液体在壁面上受热沸腾，称大容器沸腾；另一种是液体在管内沸腾，即在管壁处发生沸腾，又称管内沸腾。管内沸腾机理较为复杂，下面讨论大容器沸腾。

（1）液体的沸腾曲线

在容器内液体饱和蒸气沸腾随温度差 $\Delta T = T_w - T_s$ 而变化。T_w 为壁面温度，T_s 为沸腾液体的饱和蒸气温度。对容器中常压下水的沸腾曲线作如下分析。

如图 2-14 中所示为水的沸腾曲线，表示温度差 ΔT 与 $q_F = q/A$ 和 α 的关系。

图 2-14 中 a 区间的曲线 AB 段，表示温差较小，只产生少量汽化核心，气泡长大速度很慢，流动边界层扰动较小，属于自然对流阶段。该阶段内，随 ΔT

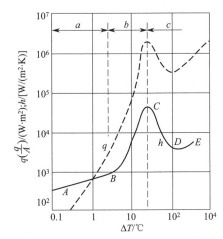

图 2-14　水的沸腾曲线

实线：α；虚线：q_F

a—自然对流；b—泡状沸腾；c—膜状沸腾

的增加，q_F 和 α 增加很小。

图 2-14 中 b 区间的曲线 BC 段，随 ΔT 增大时，汽化核心数增加，有比较快的气泡长大速度，使液体对流加剧，ΔT 稍有增加，q_F 和 α 提高很快，属于泡状（或泡核）沸腾阶段。

在图 2-14 的 c 区间中，过了 C 点以后，当继续增大 ΔT 时，气泡数目骤增，以致来不及脱离表面而相互汇合成一层气膜，将加热表面遮盖，因为蒸气的热导率很小，热阻大，使曲线 CD 段中的 q/A 和 α 值下降显著，这时称膜状沸腾。曲线上 C 点对应的 ΔT 为临界温度差。此时在单位时间内、单位面积上所传递的热量称为临界热通量（或临界热流强度），曲线上 C 点是由泡状沸腾向膜状沸腾过渡的转折点。在大气压下水的 $\Delta T_c = 25\,℃$，$\alpha_c = 50000\,\mathrm{W/(m^2 \cdot K)}$，$q_F = 1.25 \times 10^6\,\mathrm{W/m^2}$。

图 2-14 中的 D 点以后，热流强度回升，这是由于壁温过高，辐射传热的影响显著增加，DE 段表示稳定膜状沸腾阶段。

（2）其他液体的沸腾曲线

其他液体在不同压力下的沸腾曲线与水的这一曲线相似，只是临界点的数值不相同而已。表 2-7 中列出了某些液体的临界热通量。

表 2-7　某些液体的临界热通量

液　　体	加热表面	临界温度差/K	临界热负荷/(kW/m²)
水	铬	25	910
乙醇-水 50%（分子）	铬	29	595
乙醇	铬	33	455
正丁醇	铬	44	455
异丁醇	镍	44	370
丙酮	铬	25	455
异丙醇	铬	33	340
四氯化碳	铜	—	180
苯	铜	—	170～230

❖ 2.3.5　对流和辐射的联合传热

在过程工业生产中，许多设备的外壁温度往往高于周围环境的温度，热量是由壁面以对流和辐射两种方式散失于周围大气中，如换热器、反应釜和塔类设备及蒸气管道等都要安装绝热保温层，减少热损失。

令 α_T 为对流-辐射联合传热系数，$\mathrm{W/(m^2 \cdot K)}$。根据对流传热速率方程和辐射传热速率方程可计算出设备的热损失。

对于有保温层的设备和管道，外壁对周围的联合传热，总的热损失速率方程为：

$$q = \alpha_T A (T_w - T) \tag{2-46}$$

式中　q——向周围散失的热量，W；

　　　α_T——联合传热系数，$\mathrm{W/(m^2 \cdot K)}$；

　　　A——保温设备最外层的面积，$\mathrm{m^2}$；

　　　T_w——保温设备外层的温度，K；

　　　T——周围的环境温度，K。

（1）空气自然对流

对平壁保温层：

$$\alpha_T = 9.8 + 0.07(T_w - T) \tag{2-47}$$

对圆筒壁保温层：

$$\alpha_T = 9.4 + 0.052(T_w - T) \tag{2-48}$$

上两式适用于 $T_w < 150℃$。

（2）空气沿粗糙壁面强制对流

当空气流速 $u \leqslant 5m/s$ 时：

$$\alpha_T = 6.2 + 4.2u \tag{2-49}$$

当空气流速 $u > 5m/s$ 时：

$$\alpha_T = 7.8u^{0.78} \tag{2-50}$$

【例 2-1】 平壁设备外表面上包扎有保温层，设备内流体平均温度为 154℃，保温层外表面温度为 40℃，保温材料的热导率为 $0.098W/(m^2 \cdot K)$，设备周围环境温度为 20℃。试求保温层厚度。设传热总热阻集中在保温层内，其他热阻可忽略。

解 平壁保温层外联合传热系数为：

$$
\begin{aligned}
\alpha_T &= 9.8 + 0.07(T_w - T) \\
&= 9.8 + 0.07 \times (40 - 20) \\
&= 11.2W/(m^2 \cdot K)
\end{aligned}
$$

单位面积散失的热量为：

$$\frac{q}{A} = \alpha_T(T_w - T) = 11.2 \times (40 - 20) = 224W/m^2$$

保温层厚度 b 为：

$$q = \frac{\lambda}{b}(T_内 - T)$$

$$224 = \frac{0.098}{b} \times (154 - 20)$$

$$b = 0.059m$$

对于不同的保温材料，其厚度应通过计算以选取最经济的厚度，减少投资费用。若是根据经验选取的保温层厚度，应查有关手册。

2.4　间壁两侧流体的传热

现代过程工业生产中最常见的传热是位于间壁两侧的高温、低温流体之间的热量传递，这种以对流-导热-对流方式进行的传热称作间壁式传热。除了直接加热或冷却外，间壁式传热具有被加热物料与加热载体或者被冷却、冷凝物料与冷凝剂相互之间不发生混合的特点，因此间壁式传热在过程工业中得到了广泛的应用，如供热设备中的间接加热热风炉、换热设备中的间壁式换热器等，尤其是间壁式换热器在工厂换热器中占了极大的比重。

▶ 2.4.1　总传热速率方程

（1）总传热速率方程式

由式(2-2)，总传热速率方程应为：

$$\text{传热速率}(q) = \frac{\text{传热总推动力}}{\text{传热总阻力}} \tag{2-51}$$

对于具有对流-导热-对流传热方式的间壁式换热，其总推动力应与间壁两侧流体的温度差有关，而总阻力则与对流-导热-对流各个分热阻有关。与导热、对流传热一样，实验表明，间壁式换热的传热速率 q 与两侧流体的温度差以及传热面积的大小成正比，即

$$q \propto A \Delta T \tag{2-52}$$

因此可将总传热速率方程写成：

$$q = KA \Delta T_m \tag{2-53}$$

式中　q——间壁式换热器的传热速率，W；

　　A——间壁式换热器的传热面积，m^2；

　　ΔT_m——间壁式换热器两侧流体的平均温度差，K；

　　K——比例常数，即总传热系数，$W/(m^2 \cdot K)$。

式(2-53) 也可写成：

$$q = \frac{\Delta T_m}{\dfrac{1}{KA}} = \frac{\Delta T_m}{R_总} \tag{2-54}$$

式中　$R_总$——对流-导热-对流的总热阻，$R_总 = \dfrac{1}{KA}$。

（2）总传热系数的物理意义

式(2-53) 给出了总传热系数 K 的物理意义：在 $\Delta T_m = 1K$、$A = 1m^2$ 时，对流-导热-对流传热的传热速率在数值上等于 K，热阻越小，q 越大。

下面将分别讨论间壁式换热的传热总推动力和总热阻，最后使式(2-2) 得以具体化，因此传热基本原理的核心问题就是总传热速率方程式。

▶2.4.2　换热器的热量衡算

在现代过程工业中，为了设计或选用符合生产工艺要求的换热器，很重要的一点是先求得换热器的热负荷——传热速率，对此可以使用热量衡算方法。由于高温流体释放热量的传热速率与低温流体吸收热量的传热速率相等，因此用高温或低温流体中的任何一个都可能求得，并且由此求得另一流体的流量或出口状态的温度。

流体进入和离开换热器的热状态变化有显热和潜热两种，后者指流体发生了相的变化。在进行热量衡算时，必须切记各种物料在液相、0℃时的热焓量为0。

（1）由于流体温度的改变引起的显热变化

这种情况时流体不发生相态的变化，根据流体比热的定义不难得到：

$$q = w_s C (T_2 - T_1) \tag{2-55}$$

式中　q——流体因温度变化而产生的传热速率，规定 $q > 0$ 为该流体吸热，而 $q < 0$ 为该流体放热，kW；

　　w_s——流体的质量流量，kg/s；

　　C——流体的比热容，$kJ/(kg \cdot K)$；

　　T_1——流体发生温度变化时的初始温度，K；

　　T_2——流体发生温度变化时的最终温度，K。

（2）由于流体相态改变引起的潜热变化

潜热的变化指同温度下物质由一种相态变化为另一种相态时吸收或释放的热量。以液体

在同温度下气化为例：

$$q = \gamma w_s \tag{2-56}$$

式中　q——流体因相态的变化所产生的传热速率，同样可规定 $q > 0$ 为该流体吸热，反之
　　　　　为放热，kW；

　　　γ——流体的气化潜热（$\gamma > 0$），kJ/kg；

　　　w_s——流体的质量流量，kg/s。

❧ 2.4.3　传热推动力与两流体的流向

　　间壁式换热器的传热总推动力与两侧流体的温度差有关。在讨论各种导热和对流传热的
速率时，推动力都是温度差。但是间壁式换热器中的两种流体沿着间壁两侧流动时，按各处
的温度变化情况可分为两种：一种是恒温稳定传热；另一种是变温稳定传热。对于前者，例
如用恒压下的水蒸气加热沸腾的有机液体，间壁两侧的流体都有恒定的温度，且温度不随时
间发生变化，即任意时刻在任意位置上的温度差均相等。设热流体的温度为 T，冷流体的
温度为 T'，则传热推动力为

$$\Delta T = T - T' \tag{2-57}$$

　　作为后者，变温稳定传热则要复杂些。它也有两种情况：第一种是间壁一侧流体恒温，
另一侧流体变温，例如苯蒸气在恒压下被水冷凝成同温的液体，苯为恒温而水为变温；第二
种是间壁两侧流体均变温。不论哪种情况，间壁各处的两侧温度差都是变值（图 2-15），采
用什么样的方法求出变温稳定传热的平均温度差（ΔT_m），并以此作为式(2-2)的推动力是
首先要讨论的问题。

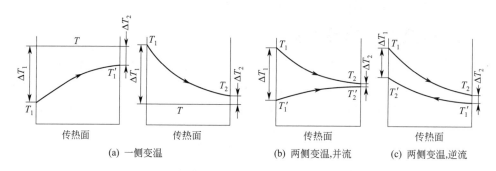

(a) 一侧变温　　　　　(b) 两侧变温，并流　　　　(c) 两侧变温，逆流

图 2-15　变温稳定传热时两侧温差随壁面位置的变化

（1）间壁式换热器中两流体的流向

　　若将图 2-15 中变温传热的两种流体中的任何一种流体的进出口位置互换，壁面各处的
两侧温差将会发生明显改变。两流体的进出口相对位置对传热速率的影响是十分明显的，这
就是间壁式换热器中两流体的相对流向问题。

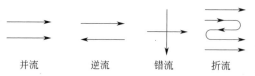

并流　　　逆流　　　错流　　　折流

图 2-16　间壁换热器中两种流体的流向

　　按照间壁式换热器间壁两侧高温和低温流体相对流动方向的不同，可分为下列四种流向，如图 2-16 所示。

　　并流为冷热两种流体在间壁两侧同向平行流动。

　　逆流为冷热两种流体在间壁两侧以相反方向平行流动。

错流为冷热两种流体在间壁两侧互相垂直的方向流动。

折流又分为简单折流和复杂折流，简单折流是指间壁两侧的流体中，其中一种流体只沿一个方向流动，而另一种流体先沿一个方向流动，然后又折回以相反的方向流动，如图 2-16 中的折流；复杂折流是指两种流体均作折流，或既有折流又有错流的情况。

（2）变温稳定传热时的对数平均温度差

在图 2-15 中，间壁两侧的流体均作变温稳定传热，与薄壁圆筒的对数平均半径一样，可以导得此类情况下两种流体的传热平均温度差。

$$\Delta T_{\mathrm{m}}=\frac{\Delta T_1-\Delta T_2}{\ln\dfrac{\Delta T_1}{\Delta T_2}}=\frac{(T_1-T_1')-(T_2-T_2')}{\ln\dfrac{T_1-T'}{T_2-T'}} \tag{2-58}$$

具体应用时，总是把换热器中的两端温度差值较大者作为 ΔT_1，小的作为 ΔT_2。当 $\Delta T_1/\Delta T_2 \leqslant 2$ 时，ΔT_{m} 的值同样可用算术平均值代表，如 $\Delta T_{\mathrm{m}}=\dfrac{\Delta T_1+\Delta T_2}{2}$。

（3）错流和折流时的传热

并流和逆流是间壁式换热器的基本流向，实际上，流体的流向常常是既有并流又有逆流，这就是前面所述的折流和错流的流向。这类换热器的 ΔT_{m} 值介于并流与逆流之间，其计算方法是利用单流程流体作逆流流动时的平均温度差 $\Delta T_{\mathrm{m逆}}$ 为基数乘以校正系数 $\varphi_{\Delta T}$（<1），计算出对应的平均温度差 ΔT_{m}。

$$\Delta T_{\mathrm{m}}=\varphi_{\Delta T}\times \Delta T_{\mathrm{m逆}} \tag{2-59}$$

校正系数 $\varphi_{\Delta T}$ 是两个辅助量 P、R 的函数，即 $\varphi_{\Delta T}=f(P,R)$，这里的 P、R 的计算取值如下：

$$P=\frac{T_2'-T_1'}{T_2-T_1'}=\frac{冷流体的温升}{两流体最初温度差} \tag{2-60}$$

$$R=\frac{T_1-T_2}{T_2'-T_1'}=\frac{热流体的冷却程度}{冷流体的加热程度} \tag{2-61}$$

校正系数 $\varphi_{\Delta T}$ 可根据相应的 P 和 R 两个参数值从图 2-17 查找，图 2-17(a)～(d) 四种曲线簇分别相应于 1、2、3、4 壳程，管程均为 2、4、6、8 等多程管壳换热器（列管换热器）。对于错流情形可从图 2-18 中的曲线簇查出的 $\varphi_{\Delta T}$ 值。

从图 2-17 和图 2-18 中的曲线看出，$\varphi_{\Delta T}$ 的值均小于 1，校正后的 ΔT_{m} 值均比逆流时的 $\Delta T_{\mathrm{m逆}}$ 小，设计时 $\varphi_{\Delta T}$ 不宜小于 0.8，否则传热推动力过小，经济上不合算。

（4）流体的流向分析

① 对数平均温度差的影响　从式(2-59) 可知，两流体的初、终温度确定后，逆流流向的平均温度差最大。逆流的温度差大于并流，而错流或折流时的 T_2 要在 $\Delta T_{\mathrm{m逆}}$ 的基数上乘以小于 1 的系数 $\varphi_{\Delta T}$，因此在选择两流体流向时首先应考虑逆流流动。过程工业生产中选用并流是为了工艺上要求控制被冷却或被加热物料的最终温度，从图 2-15(b) 可知，对于料液被加热时因终温过高发生分解等变化，或料液冷却时因终温低易结晶而堵塞换热器的场合，并流可将低温流体的出口温度 T_2' 控制在高温流体的出口温度 T_2 以下（$T_2'<T_2$），也可将高温流体的出口温度 T_2' 控制在低温流体的出口温度 T_2 以上（$T_2'>T_2$）。

从传热速率方程 $q=KAdT_{\mathrm{m}}$ 可知，当传热速率 q 一定时，逆流时具有最大的 T_2 而所需的传热面积最小，使换热器结构紧凑，减少设备投资。

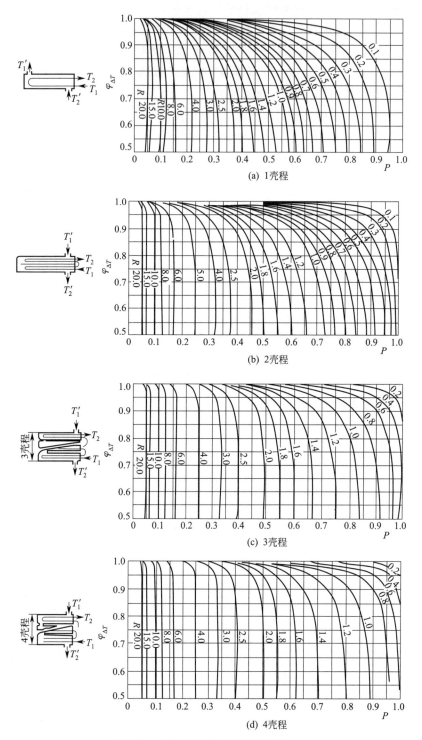

图 2-17　对数平均温度差校正系数 $\varphi_{\Delta T}$

② 对加热剂或冷却剂的消耗量的影响　假若不计换热器的热损失，则 $q_热 = q_冷 = q$，有

$$w_{s热} C_热 (T_1 - T_2) = w_{s冷} C_冷 (T_2' - T_1') \tag{2-62}$$

以加热时 $w_{s热}$ 的消耗量为例：

$$w_{s热} = \frac{w_{s冷} C_冷 (T_2' - T_1')}{C_热 (T_1 - T_2)} \tag{2-63}$$

式中　$w_{s热}$，$w_{s冷}$——热、冷流体的质量流量，kg/h；

　　　$C_热$，$C_冷$——热、冷流体的定压比热容，kJ/（kg·K）；

　　　T_1、T_2——热流体的进、出口温度，K；

　　　T_1'、T_2'——冷流体的进、出口温度，K。

式（2-46）表明：加热时，若冷流体的 $w_{s冷}$、T_1'、T_2' 及热流体的 T_1 一定时，则热流体质量流量的大小仅由 T_2 决定；T_2 越大，则 $w_{s热}$ 越大；T_2 越小，则 $w_{s热}$ 越小。如图 2-15 所示，并流时 T_2 恒大于 T_2'；而逆流时，T_2 有可能小于 T_2'，T_1' 又是 T_2 的最小极限值，显然，$w_{s热并}$ 大于 $w_{s热逆}$，逆流时热流体的消耗量比并流时少。同理也可推知，冷却时逆流操作所需冷却剂的消耗量比并流时少。

在生产上除特殊情况外，一般均选用逆流操作，错流和折流的 ΔT_m 介于逆流与并流之间，也经常被选用，它可使设备结构紧凑，又因流体作错流或折流流动时，流向的改变频繁，可提高湍流状态，以使设备具有较大的总传热系数。

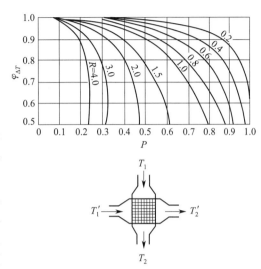

图 2-18　错流时对数平均温度差的校正系数 $\varphi_{\Delta T}$

▶2.4.4　总传热系数

本节讨论总传热速率方程的总热阻求算方法。由 $R_总 = \dfrac{1}{KA}$ 可知，核心问题是求得 K 值。

在前面较为详细地讨论了导热和对流传热的基础上，可以顺利地得出 K 的计算公式。

（1）总传热系数 K 的计算

间壁式换热的总热阻是三个分热阻之和：

$$R = R_{h外} + R_\lambda + R_{h内} \tag{2-64}$$

对于圆筒形间壁换热：

$$q = \frac{T_f - T_w}{R_{h外}} = \frac{T_f - T_w}{\dfrac{1}{\alpha_外 A_外}} \tag{2-65}$$

且

$$q = \frac{T_w - T_w'}{R_\lambda} = \frac{T_w - T_w'}{\dfrac{\delta}{\lambda_壁 A_m}} \tag{2-66}$$

和

$$q = \frac{T_w' - T_f'}{R_{h内}} = \frac{T_w' - T_f'}{\dfrac{1}{\alpha_内 A_内}} \tag{2-67}$$

式中　$R_{h外}$、R_λ、$R_{h内}$——圆筒外对流、圆筒壁导热、圆筒内对流的热阻，K/W；

　　　　$A_外$、A_m、$A_内$——圆筒外表面、圆筒平均表面、圆筒内表面面积，m^2；

　　　　　$\lambda_壁$——导热层固体的热导率，W/(m·K)。

结合上述各式可导出圆筒形间壁换热过程的总传热速率方程：

$$q = \frac{T_f - T'_f}{\dfrac{1}{\alpha_外 A_外} + \dfrac{\delta}{\lambda_壁 A_m} + \dfrac{1}{\alpha_内 A_内}} \tag{2-68}$$

总传热热阻为：

$$R_总 = \frac{1}{KA} = \frac{1}{\alpha_外 A_外} + \frac{\delta}{\lambda_壁 A_m} + \frac{1}{\alpha_内 A_内} = R_外 + R_\lambda + R_内 \tag{2-69}$$

① 当圆筒直径趋于无穷大，传热面成为平壁时，式(2-69)可写成：

$$\frac{1}{K} = \frac{1}{\alpha_外} + \frac{\delta}{\lambda_壁} + \frac{1}{\alpha_内} \tag{2-70}$$

② 当传热面为圆柱面时，两侧壁的表面积不相等，可分别表示成以内、外表面或壁平均表面面积为基准的各种总传热系数 K。

以管外壁表面为基准时，式(2-70)可写成：

$$\frac{1}{K_外 A_外} = \frac{1}{\alpha_外 A_外} + \frac{\delta}{\lambda_壁 A_m} + \frac{1}{\alpha_内 A_内} \tag{2-71}$$

或

$$\frac{1}{K_外} = \frac{1}{\alpha_外} + \frac{\delta A_外}{\lambda_壁 A_m} + \frac{A_外}{\alpha_内 A_内} \tag{2-72}$$

这里 $K_外$ 是以管外壁表面 $A_外$ 为基准的总传热系数。也可类似写出 $\dfrac{1}{K_m}$ 与 $\dfrac{1}{K_内}$ 的表达式：

$$\frac{1}{K_m} = \frac{A_m}{\alpha_外 A_外} + \frac{\delta}{\lambda_壁} + \frac{A_m}{\alpha_内 A_内} \tag{2-73}$$

$$\frac{1}{K_内} = \frac{A_内}{\alpha_外 A_外} + \frac{\delta A_内}{\lambda_壁 A_m} + \frac{1}{\alpha_内} \tag{2-74}$$

当管壁较薄或管径较大时，一般可近似看作 $d_外 = d_m = d_内$，$A_外 = A_m = A_内$，可直接用平壁公式(2-70)计算。通常在设计计算中，都以外表壁面 $A_外$ 为基准。

③ 换热设备在使用过程中，常会生成垢层，厚度不大，但热阻很大，如生成1mm厚的水垢可相当于40mm厚钢板的热阻。垢层严重影响传热效果，设计换热器时应首先把结垢的影响考虑进去。

平壁两侧出现的垢层，其实质仍然是导热问题，但是垢层厚度较薄，且随着操作时间的推延而逐渐增厚，计算多有不便。为此用污垢热阻 $R_{垢内}$ 和 $R_{垢外}$ 表示，或用 $\dfrac{1}{\alpha_{垢内}}$ 和 $\dfrac{1}{\alpha_{垢外}}$ 表示，式(2-72)需写成：

$$\frac{1}{K_外} = \varepsilon \frac{1}{\alpha_外} + \frac{1}{\alpha_{垢外}} + \frac{\delta A_外}{\lambda_壁 A_m} + \frac{A_外}{\alpha_{垢内} A_内} + \frac{A_外}{\alpha_内 A_内} \tag{2-75}$$

或

$$\frac{1}{K_外} = \frac{1}{\alpha_外} + R_{垢外} + \frac{\delta A_外}{\lambda_壁 A_m} + R_{垢内} \frac{A_外}{A_内} + \frac{A_外}{\alpha_内 A_内} \tag{2-76}$$

称 $\alpha_垢$ 为污垢系数，它与对流传热系数有相同的单位。在过程工业中常用到的液体及气体的污垢系数见表 2-8 和表 2-9。

表 2-8　部分种类气体及蒸气的污垢系数 $\alpha_{垢}$

介　　质	$\alpha_{垢}/[\,W/(m \cdot K)\,]$	介　　质	$\alpha_{垢}/[\,W/(m \cdot K)\,]$
水蒸气(不含油)	5800~11600	乙醇蒸气	∞
轻有机物蒸气	1160	制冷剂蒸气(含油)	2900
酸性气体	5.80	工业用溶剂及有机载热体	5800
HCl 气体	1920	蒸气	
常压空气	5800~11600	潮湿空气	3770
压缩空气	2900		

表 2-9　部分种类液体的污垢系数 $\alpha_{垢}$

介　　质	$\alpha_{垢}/[\,W/(m^2 \cdot K)\,]$	介　　质	$\alpha_{垢}/[\,W/(m^2 \cdot K)\,]$
海水(<50C)	1390[①]	冷冻盐液	1390
一般的水	1680~2900	苛性碱液	2900
优质的水	2900~5800	盐酸	∞
载热剂油及制冷剂	5800	一般稀无机物液	1160[①]
20%NaCl 液	1620[①]	乙醇	5800
25%CaCl₂ 液	1390[①]	轻有机化合物	5800

① 表示比较安全的系数。

④ 尽管式(2-76)有五个串联热阻，但它们的数量级往往是不一样的，常常是一两个热阻具有较大的数值，称这一两个热阻为关键热阻。关键热阻对总热阻的大小有决定性的作用，在实际问题中，为了降低总热阻的阻值，应当设法降低关键热阻的阻值；如果不这样做，只去降低那些非关键热阻，总热阻是不可能降低的。

(2) K 的实测或估算

K 值的计算比较繁琐，如果在现场能进行实测也是一种好方法，甚至有时候在现场进行粗略的估算也可能是有用的。例如用手感受一下温度、了解物料的流量等。

应用总传热速率方程式 $q=KA\Delta T_m$，若能确定传热速率 q、传热面积 A 及 ΔT_m，就可计算出 K 值。在测试装置中，用孔板流量计或转子流量计测出流体的流量，用温度计测出两种流体进、出口的温度值，从手册中查出冷、热流体的定压比热容，进行热量衡算即可算出传热过程中的传热速率 q 及 ΔT_m，根据传热速率方程计算出 K 值。

该方法对于检查正在运行中的换热器的传热能力是否变坏很有帮助，把测定的 K 值与制造厂家出厂时规定的 K 值比较，可评价器壁的结垢情况。

(3) 换热器总传热系数 K 的经验数据

表 2-10 和表 2-11 中列出了管壳式换热器 K 的经验值，更多的经验 K 值可从手册及文献中查找。积累这一类数据对现代过程工业是十分有用的。

表 2-10　无相变时管壳式换热器的 K 值

管　　内	管　　间	$K/[\,W/(m^2 \cdot K)\,]$
水(0.9~1.5m/s)	净水(0.3~0.6m/s)	580~700
水	水(流速较高时)	815~1160
冷水	轻有机物 $\mu<0.5$cP	410~815
冷水	中等有机物 $\mu=0.5$~1cP	290~700
盐水	轻有机物 $\mu<0.5$cP	230~580
有机溶剂	有机溶剂 $\mu=0.3$~0.55cP	200~230
水	气体	12~280

表 2-11　有相变时管壳式换热器的 K 值

管　内	管　间	K/[W/(m²·K)]
水	水蒸气	1160～4000
水溶液 $\mu=2cP$ 以下	水蒸气	1160～4000
水溶液 $\mu=2cP$ 以上	水蒸气	570～2800
水	有机蒸气及水蒸气	580～1160
水	饱和有机溶剂蒸气(常压)	580～1160

2.5　换热器

换热设备是实现物料之间热量传递的设备。换热器是过程工业中重要的设备之一。一个好的换热设备设计一般应满足如下要求:

① 在给定的工艺参数条件（流体的流量、温度等）下，达到要求的传热量和流体出口温度（即符合工艺要求），即合理地实现所规定的工艺条件;

② 采用传热速率大、流体流动压力降小、传热面积小的换热设备，以取得最佳经济效益;

③ 设备安全可靠;

④ 便于制造、安装、操作和维护。

换热器的类型很多，特点不一，可根据生产工艺要求进行选择。

2.5.1　换热器的类型

依据换热原理和实现热交换的方法，换热器可分为间壁式、混合式及蓄热式三类，其中以间壁式换热器应用最为普遍。

2.5.1.1　间壁式换热器

其特点是冷热两流体间用固体壁隔开，以使两种流体不相混合而通过固体壁面进行热量传递，这种换热器在工业上应用最为广泛。间壁式换热器按传热面的形状及结构特点又可分为管式换热器（如套管式、喷淋蛇管式、管壳式等）、板面式换热器（如板式、螺旋板式等）和扩展表面式（如板翅式、管翅式等），其中以管式换热器中的管壳式换热器最为普遍。

(1) 管壳式换热器

也称列管式换热器，如图 2-19 所示，是间壁式换热器中应用最为广泛的一种。管壳式换热器（或称列管式换热器）在圆筒形壳体中放置了由许多管子组成的管束，管子的两端固定在管板上，壳体内安装了折流板以增加壳程流速，提高传热效率，是目前应用最广泛的一种换热设备。图 2-20 为管束在管板上固定的局部图示，一般采用胀接。根据需要，管壳式换热器可以采用水平或立式安装。

图 2-19 所示的管壳式换热器，因为管内流体自管束的一端进入，一次穿过管束并从另一端流出，而称为单程管壳换热器。许多情况下，由于管内流体的流速太低，影响了总传热系数的提高，此时可在两端的封头内添置适当的隔板，使流体先后流经各部分管束。图 2-21 中管内流体先通过管束的一半管子，又从左封头改变流向通过另一半管子，流体质点在管内所走的路程是管束长的两倍，称这个管壳换热器的管程为双程。

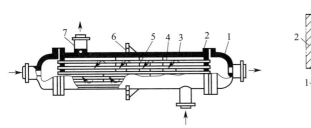

图 2-19　管壳式换热器

1—封头；2—管板；3—壳体；4—管束；

5—折流板；6—耳架；7—接管

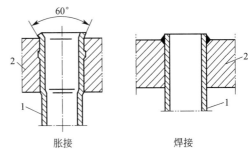

胀接　　　　　焊接

图 2-20　管子与管板连接的放大图

1—管子；2—管板

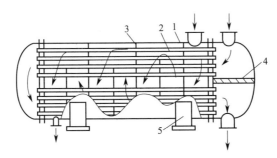

图 2-21　双程管壳换热器

1—壳体；2—管束；3—挡板；4—隔板；5—鞍座

当增加隔板的数量和布置后，管程数还可增加，如表 2-12 所列的四程、六程、八程等。换热器中每个管程的管子数应大致相等。

表 2-12　管程隔板的设置与管程数

项目	程　数						
	1	2	4		6		8
流动程序							
管箱隔板							
介质返回侧隔板							

壳内一般不设横向隔板而成为多壳程，一般多壳程是指多个相同的管壳换热器的串联使用。为了增加壳程流速、增强流体的湍动，提高壳程对流传热系数，在壳程内设置挡板（折流板），其形式为图 2-22 所示的三种：圆缺形、弓形和环盘形。图 2-23 表示设置圆缺形挡板（缺口在水平方向排列时）及环盘挡板后的壳体内流体流向。

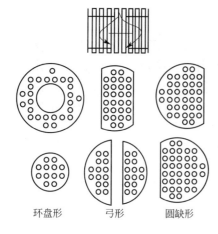

环盘形　　弓形　　圆缺形

图 2-22　折流板的形式

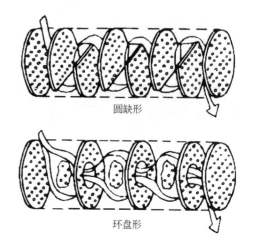

圆缺形

环盘形

图 2-23　挡板间的流动情况

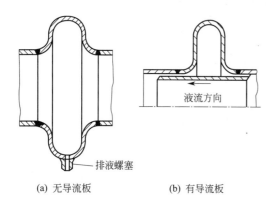

　排液螺塞

(a) 无导流板　　(b) 有导流板

图 2-24　波纹膨胀节

由于换热器内两种流体有明显的温度差异，因此管束和外壳的热膨胀程度显著的不同，产生管束、外壳、管板间的热应力。当热应力达到一定值时，可使管子发生弯曲变形，甚至从管板上拉脱，使换热器损坏。为此，当管子与壳体的温度相差 50℃ 以上时，应采用热补偿措施，以减少热应力。一般采用在换热器的外壳中间部位加装波纹膨胀节来调整热膨胀量，减少热应力，如图 2-24 所示。由于这种结构简单，在管子与外壳温差低于 60～70℃ 和壳程压力不高的操作条件下得到了广泛的应用。

　　管壳式换热器的突出优点是：单位体积设备所能提供的传热面积大，结构坚固，尤其适合在高温、高压、大型装置中应用。常用的管壳式换热器有固定管板式、浮头式、U 形管式等结构形式。固定管板式换热器结构简单，造价低，但只适合于冷热两种流体温差不大的场合，且壳程不易清洗或检修；浮头式换热器管子受热或冷却时可以自由伸缩，适合于冷热两种流体温差较大的场合，且便于清洗和检修，但结构较复杂，造价较高；U 形管式换热器的每根管子都弯成 U 形，所以只有一块管板，管程至少为两程。这种结构较浮头式简单，同样可用于温差较大的场合，但管程不易清洗。

　　各种类型的管壳式换热器以及其他类型的换热器，我国已有系列化标准，设计时参数的选定应参照有关标准。

　　（2）夹套式换热器

　　这种换热器构造简单，如图 2-25 所示。换热器的夹套安装在容器的外部，夹套与器壁之间形成密封的空间，为载热体（加热介质）或载冷体（冷却介质）的通路。夹套通常用钢或铸铁制成，可焊在容器上或者用螺钉固定在容器的法兰或器盖上。

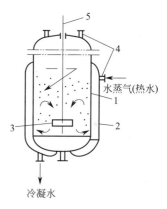

水蒸气(热水)

冷凝水

图 2-25　夹套换热器

1—内筒体；2—夹套；

3—叶轮；4—接管；5—轴

夹套式换热器常用作反应器、物料贮罐、蒸发器、结晶器等，主要应用于过程的加热或冷却。根据需要，夹套内可以在不同的时间分别通入热水、蒸汽、冷却水、冷冻盐水，以满足槽内不同时期的加热、冷却的需要。在用蒸汽进行加热时，热汽由上部接管进入夹套，冷凝水则由下部接管流出。作为冷却器时，冷却介质（如冷却水）由夹套下部的接管进入，而由上部接管流出。

这种换热器的传热系数较小，传热面又受容器的限制，因此适用于传热量不大的场合。反应釜的内筒常用不锈钢或碳钢，夹套材料主要是价格低的碳钢。为了提高其传热性能，可在容器内安装搅拌器，使器内液体作强制对流；为了弥补传热面的不足，还可在器内安装蛇管等。

夹套换热器的总传热系数 K 的经验值如表 2-13 所列。

表 2-13　夹套换热器的 K 值

作用	夹套内流体	釜中流体	器壁材料	$K/[W/(m^2 \cdot K)]$	备　注
用作 冷却器	水	硝基乙苯	钢	164	有搅拌(冷却结晶)
	水	普鲁卡因 NaCl	搪玻璃	135	有搅拌(冷却盐析)
	盐水	普鲁卡因溶液	搪玻璃	171	有搅拌(冷却盐析)
	盐水	溴化钾液	搪玻璃	198	有搅拌(冷却结晶)
	水	培养基	钢	215	有搅拌
	盐水	发酵液	钢	144	有搅拌
	盐水	四氯化碳	不锈钢	391	有搅拌
用作 加热器	水蒸气	溶液		390～1160	双层刮刀式搅拌
	水蒸气	水	钢	835	无搅拌
	水蒸气	溴化钾液	搪玻璃	357	有搅拌(加热精制)
	水蒸气	加热至沸腾的水	钢	1060	无搅拌
用作 蒸发器	水蒸气	液体		290～1740	罐中无或有搅拌
	水蒸气	水	钢	1060～1400	无搅拌
	水蒸气	苯	钢	700	无搅拌
	水蒸气	二乙胺	钢	490	无搅拌

（3）蛇管式换热器

当传热速率较大，需要大的传热面积时，夹套换热不能满足要求，可考虑浸入式蛇管换热。如图 2-26 所示，盘管安装在壳体内，形成蛇管内、外两种流体的流动空间。槽式容器内部也可设置适当的蛇管换热装置，有时还可将夹套、蛇管同时使用。

蛇管的形状是将直管加工成各种曲线形状的连续叠加状态，如螺旋状或盘管状态，其圈数多少可根据需要而定。制作蛇管的材料有碳钢、不锈钢、铝材、铅材、玻璃、塑料等。为防止蛇管在使用中变形，均把蛇管固定在各种支架上，并把伸出壳体外的管端固定在壳体上。蛇管的形状如图 2-27 所示，根据需要也可制作成其他形状。

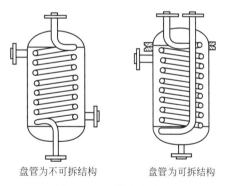

盘管为不可拆结构　　　盘管为可拆结构

图 2-26　蛇管式换热器

蛇管式换热器可分为两类，即沉浸式蛇管换热器和喷淋式换热器。

① 沉浸式蛇管换热器　蛇管多以金属管子弯制成，或制成适应容器要求的形状，沉浸在容器中。两种流体分别在蛇管内、外流动而进行热量交换。

这种蛇管换热器的优点是结构简单、价格低廉、便于防腐蚀、能承受高压，主要缺点是

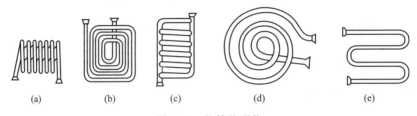

(a)　　　　(b)　　　　(c)　　　　(d)　　　　(e)

图 2-27　蛇管的形状

由于容器的体积较蛇管的体积大得多，故管外的总传热系数值较小。如在容器内加搅拌器或减少管外空间，则可提高传热系数。

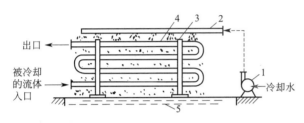

图 2-28　喷淋式换热器

1—冷却水泵；2—淋水管；3—支架；4—蛇管；5—排水

② 喷淋式换热器　喷淋式换热器如图 2-27（e）所示，多用作冷却器。单排或多排固定在支架上的蛇管排列在同一垂直面上，热流体在管内流动，自最下管进入，由最上管流出。操作运行状态如图 2-28 所示。冷水由最上面的多孔分布管（淋水管）流下，分布在蛇管上，并沿其两侧下降至下面的管子表面，最后流入水槽而排出。冷水在各管表面流过时，与管内流体进行热交换。这种设备常放置在室外空气流通处，冷却水在空气中汽化时，可带走部分热量，以提高冷却效果。它和沉浸式蛇管换热器相比，还具有结构简单，安装方便，便于工作与检修和清洗、传热效果较好等优点，其缺点是体积较大，常安装在室外操作，喷淋不易均匀。管外对流传热系数比沉浸式大，这是由于部分冷却水被汽化的结果。

蛇管换热器的 K 值范围如表 2-14 所示。

表 2-14　蛇管换热器的 K 值范围

用　　途	管内流体	管外流体	$K/[W/(m^2 \cdot K)]$	备　　注
用作冷却器	水（管材合金钢）	水状液体	370～530	自然对流
	水（管材合金钢）	水状液体	590～880	强制对流
	水（管材铅）	稀薄有机中间体	1600	涡轮搅拌 95r/min
	油	油	6～8	自然对流
	油	油	11.6～58	强制对流
	汽油	水	67～160	
	苯（钢）	水	97	
	甲醇	水	230	
用作加热器	水蒸气（合金钢）	水状液体	570～1150	自然对流
	水蒸气	水状液体	850～1550	强制对流
	水蒸气	轻油	220～260	自然对流
	水蒸气	轻油	340～630	强制对流
	水蒸气（铅）	水	400	有搅拌
用作蒸发器	水蒸气	液体	1160	
	水蒸气	乙醇	2300	
	水蒸气	水	1750～4700	水为自然对流
	水蒸气（铜）	水	1750～2500	长蛇形管

应指出，在夹套式或沉浸式换热器的容器内，流体常处于不流动的状态，因此在某瞬间

容器内各处的温度基本相同，而经过一段时间后，流体的温度由初温变为终温，故属于不稳定传热过程。这些换热器仍为一些中小型工厂所广泛采用。

③ 套管式换热器　套管式换热器系用管件将两种尺寸不同的标准管连接成为同心圆的套管，然后用 180°的回弯管将多段套管串联而成，如图 2-1 所示。每一段套管称为一程，程数可根据传热要求而增减。每程的有效长度为 4～6m，若管子太长，管中间会向下弯曲，使环形中的流体分布不均匀。

套管换热器的优点为：构造较简单；能耐高压；传热面积可根据需要而增减；适当地选择管内、外径，可使流体的流速较大，且双方的流体作严格控制的逆流，有利于传热。

缺点为：管间接头较多，易发生泄漏；单位换热器长度具有的传热面积较小。故在需要传热面积不太大而要求压强较高或传热效果较好时，宜采用套管式换热器。

2.5.1.2　混合式换热器

这种类型的换热器主要用于气体的冷却（有时兼作除尘、增湿或减湿等用）及蒸气的冷凝，故又称为混合式冷却器或冷凝器。其特点是被冷凝（或冷却）的蒸气直接与水（或冷流体）接触进行换热，因此传热效果较好。此外设备结构简单，易于防腐蚀。必须指出，仅在允许冷、热流体互相混合时，才能应用混合式换热器。

2.5.1.3　蓄热式换热器

蓄热式换热器又称蓄热器，器内装有固体填充物（如耐火砖等）。冷、热流体交替地流过蓄热器，利用固体填充物来积蓄和释放热量而达到换热的目的。通常由两个并联的蓄热器交替使用。

蓄热器结构简单，且可耐高温，因此多用于高温气体的加热。其缺点是设备体积庞大，且不能完全避免两种流体的混合，所以这类设备在过程工业生产中使用得不太多。

2.5.1.4　翅片式换热器

翅片式换热器的构造特点是在管子表面上装有径向或轴向翅片。当两种流体的对流传热系数相差很大时，例如用水蒸气加热空气，此传热过程的热阻主要在气体和壁面间的对流传热方面。若气体在管外流动，则在管外装置翅片，既可扩大传热面积，又可以增剧流体的湍动，从而提高换热器的传热效果。一般来说，当两种流体的对流传热系数之比为 3：1 或更大时，宜采用翅片式换热器。

翅片的种类很多，按翅片的高度不同，可分为高翅片和低翅片两种，其中低翅片一般为螺纹管。高翅片适用于管内、外对流传热系数相差较大的场合，现已广泛应用于空气冷却器上。低翅片适用于两流体的对流传热系数相差不太大的场合，如黏度较大的液体的加热或冷却等。

2.5.1.5　螺旋板式换热器

如图 2-29 所示，螺旋板式换热器是由两块薄金属板焊接在一块分隔挡板（图中心的短板）上并卷成螺旋形而构成的。两块薄金属板在器内形成两条螺旋形通道，在顶、底部上分别焊有盖板或封头。进行换热时，冷、热流体分别进入两条通道，在器内作严格的逆流流动。

因用途不同，螺旋板式换热器的流道布置和封盖有下面几种型式。

（1）Ⅰ型结构

两个螺旋流道的两侧完全为焊接密封的Ⅰ型结构，称为不可拆结构，如图 2-30（a）所示。两流体均作螺旋流动，通常冷流体由外周流向中心，热流体从中心流向外周，即完全逆流流动。这种型式主要用于液体与液体间的传热。

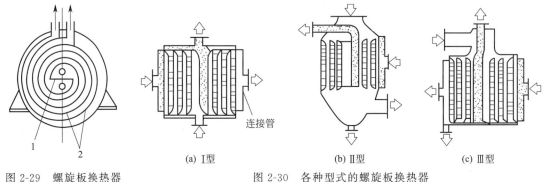

图 2-29　螺旋板换热器
　　的螺旋形流道
1—隔板；2—传热板

图 2-30　各种型式的螺旋板换热器

(a) Ⅰ型　　　　　(b) Ⅱ型　　　　　(c) Ⅲ型

(2) Ⅱ型结构

Ⅱ型结构如图 2-30(b) 所示。一个螺旋流道的两侧为焊接密封，另一流道的两侧是敞开的，因而一流体在螺旋流道中作螺旋流动，另一流体则在另一流道中作轴向流动。这种型式适用于两流体的流量差别很大的场合，常用作冷凝器、气体冷却器等。

(3) Ⅲ型结构

Ⅲ型结构如图 2-30(c) 所示。一种流体作螺旋流动，另一种流体是轴向流动和螺旋流动的组合，适用于蒸气的冷凝冷却。

螺旋板换热器的直径一般在 1.6m 以内，板宽 200～1200mm，板厚 2～4m，两板间的距离为 5～25mm。常用材料为碳钢和不锈钢。

螺旋板换热器的优点如下。

① 总传热系数高　由于流体在螺旋通道中流动，在较低的雷诺数下即可达到湍流（一般 $Re=1400～1800$，有时低到 500），并且选用较高的流速（对液体为 2m/s，气体为 20m/s），故总传热系数较大。螺旋板换热器总传热系数经验值如表 2-15 所示。

表 2-15　螺旋板换热器的 K 值

介　　质	K/[W/(m²·K)]	介　　质	K/[W/(m²·K)]
水-水(两侧流速均在 1.5m/s 左右)	1740～2205	有机物-有机物	350～810
水-盐水	1160～1740	气-盐水	35～70
水-98%硫酸或发烟硫酸	一般为 520～700，流速高时可达 1160 以上	水蒸气-清水	1510～1740
		水蒸气-液体	1510～3020

② 不易堵塞　由于流体的流速较高，流体中悬浮物不易沉积下来，并且任何沉积物将减小单流道的横断面，因而速度增大，对堵塞区域又起冲刷作用，故螺旋板换热器不易被堵塞。

③ 能利用低温热源，能精密控制温度　这是由于流体流动的流道长及两流体完全逆流的缘故。

④ 结构紧凑　单位体积的传热面积约为列管式换热器的 3 倍。

螺旋板式换热器的缺点如下。

① 操作压强和温度不宜太高　目前最高操作压强为 2MPa，温度约为 400℃ 以下。

② 不易检修　因整个换热器为卷制而成，一旦发生泄漏，修理内部很困难。

2.5.1.6　板式换热器

板式换热器主要由一组长方形的薄金属板平行排列、夹紧组装于支架上而构成。两相邻板片的边缘衬有垫片，压紧后可以达到密封的目的，且可用垫片调节两板间流体通道的大小。每块板的四个角上，各开一个圆孔，其中有两个圆孔和板面上的流道相通，另外两个圆孔则不相通，它们的位置在相邻的板上是错开的，以分别形成两流体的通道。冷、热流体交替地在板片两侧流过，通过金属板片进行换热。每块金属板面冲压成凹凸规则的波纹，以使流体均匀流过板面，增加传热面积，并促使流体湍动，有利于传热。

板式换热器的优点：结构紧凑、单位体积设备提供的传热面积大；总传热系数高，如对低黏度液体的传热，K 值可高达 7000W/(m^2·K)；可根据需要增减板数以调节传热面积；检修和清洗都较方便等。

板式换热器的缺点：处理量不大；操作压强比较低，一般低于 1500kPa，最高不超过 2000kPa；因受垫片耐热性能的限制，操作温度不能太高，一般对于合成橡胶垫圈的温度不超过 130℃，压缩石棉垫圈不超过 250℃。

2.5.1.7　板翅式换热器

板翅式换热器的结构形式很多，但其基本结构元件相同，即在两块平行的薄金属板（称平隔板）间，夹入波纹状的金属翅片，两边经侧条密封，组成一个单元体。将各单元体进行不同的叠积和适当地排列，再用钎焊给予固定，即可得到常用的逆、并流和错流的板翅式换热器的组装件，称为芯部或板束，然后将带有流体进、出口的集流箱焊到板束上，就成为板翅式换热器。目前常用的翅片形式有光直型翅片、锯齿型翅片和多孔型翅片等。

板翅式换热器的主要优点：

① 总传热系数高，传热效果好　由于翅片在不同程度上促进了湍流并破坏了传热边界层的发展，故总传热系数高。同时冷、热流体间换热不仅以平隔板为传热面，而且大部分热量通过翅片传递，因此提高了传热效果。

② 结构紧凑　单位体积设备提供的传热面积一般能达到 2500m^2，最高可达 4300m^2，而列管式换热器只有 160m^2。

③ 轻巧牢固　因结构紧凑，一般用铝合金制造，故重量轻。在相同的传热面积下，其重量约为列管式换热器的十分之一。波纹翅片不单是传热面，又是两板间的支撑，故其强度很高。

④ 适应性强、操作范围广　由于铝合金的热导率高，且在零度以下操作时，其延性和抗拉强度都可提高，故操作范围广，可在 220℃ 至绝对零度范围内使用，适用于低温和超低温的场合。适应性也较强，既可用于各种情况下的热交换，也可用于蒸发或冷凝。操作方式上可用于逆流、并流、错流或错逆流同时并存等。此外，还可用于多种不同介质在同一设备内进行换热。

板翅式换热器的缺点：

① 由于设备流道很小，故易堵塞而增大压强降；且换热器内一旦结垢，清洗和检修很困难，所以处理的物料应较洁净或预先进行净制。

② 由于隔板和材料都由薄铝片制成，故要求介质对铝不发生腐蚀。

2.5.2　换热器内流体流程和流速的选择

（1）流程的选择

在换热器中，选择哪一种流体走管程，哪一种流体走壳程，这对设备的合理使用非常重要。选择流程时要考虑：不洁或易结垢的物料应走易于清洗的一侧，对于直管管束，一般走管程；需要提高流速以增大传热系数的流体应走管程；腐蚀性或压力高的流体应走管程；深冷低温流体应走管程；被冷却流体和饱和蒸汽一般走壳程；黏度大或流量小的流体，以走壳程为宜，因壳程中一般设有折流板，易于达到湍流。

以上各点常常不可能同时满足，应首先抓住主要方面，如压力、腐蚀性、清洗要求等，再兼顾其他要求。

（2）流速的选择

流速直接影响传热系数，但流速增大，又将使流体阻力增大，因此，换热器内适宜的流速应通过经济核算选择。表 2-16 列出的常用流速范围，可供参考。

表 2-16　管壳式换热器内常用流速范围

流体种类	流速/(m/s)	
	管程	壳程
一般液体	0.5～3	0.3～1.5
易结垢液体	>1	>0.5
气体	5～30	3～15

2.5.3　各种间壁式换热器的比较

在过程工业生产中，经常要求在各种不同的条件下进行热量交换，例如操作压强高达 200MPa，温度在 -250～1500℃ 的范围内变化，某些流体的腐蚀性又特别严重等，因此，对换热器的要求也必然是多种多样的。每种类型的换热器都有其优点。选择换热器类型时，要考虑的因素很多，例如材料、压强、温度、温度差、压强降、结垢腐蚀情况、流动状态、传热效果、检修和操作等。对同一种换热器而言，在某种情况下使用是好的，而在另外的情况下，却不能令人满意，甚至根本不能使用。现在虽然新型换热器不断出现和使用日趋广泛，但是老式的换热器（如蛇管式和夹套式换热器）仍有其适用的场合，如在釜式反应器中的换热，而其他类型的换热器就难以完成此种传热任务。列管式换热器在传热效果、紧凑性及金属耗量方面不如新型换热器（如板式、螺旋板式换热器），但它具有结构坚固，可在高温、高压下操作及材料范围广等优点，因此列管式换热器仍然是使用最普遍的。当操作温度和压强都不是很高，处理量又不太大，或处理腐蚀性流体而要求用贵金属材料时，就宜采用新型的换热器。总之，采用什么类型的换热器，要视具体情况，综合考虑择优选定。

2.5.4　传热的强化途径

所谓强化传热过程，就是指提高冷、热流体间的传热速率。从传热速率方程不难看出，增大传热系数 K、传热面积 S 或平均温度差都可提高传热速率。在换热器的设计和生产操作中，或换热器的改进中，大多从这三方面来考虑强化传热过程。

（1）增大传热面积 S

增大传热面积可以提高传热速率。但应指出，增大传热面积不应靠加大设备的尺寸来实现，而应从设备的结构来考虑，提高其紧凑性，即单位体积内提供较大的传热面积。改进传热面的结构，如用螺纹管、波纹管代替光滑管，或采用翅片管换热器、板翅式换热器及板式换热器等，都可增加单位体积设备的传热面积。例如板式换热器，每立方米体积可提供的传热面积为 $250\sim1500\mathrm{m}^2$，而管壳式换热器单位体积的传热面积为 $40\sim160\mathrm{m}^2$。

（2）增大平均温度差 Δt

增大平均温度差，可以提高传热速率，但是平均温度差的大小主要取决于两流体的温度条件。一般来说，流体的温度为生产工艺条件所规定，可变动的范围是有限的。当换热器中两侧流体均变温时，采用逆流操作可得到较大的平均温度差。螺旋板式换热器和套管式换热器可使两流体作严格的逆流流动。

（3）增大总传热系数 K

增大总传热系数也可以提高传热速率。已知总传热系数的计算公式为

$$K=\cfrac{1}{\cfrac{1}{\alpha_\mathrm{i}}+R_\mathrm{si}+\cfrac{b}{\lambda}+R_\mathrm{so}+\cfrac{1}{\alpha_\mathrm{o}}} \tag{2-77}$$

由上式可见，要提高 K 值，就必须减小各项热阻。但因各项热阻所占的比重不同，因此应设法减小对 K 值影响较大的热阻。减小热阻的方法有。

① 加大流速，增强流体湍动程度，减小传热边界层中滞流内层的厚度，以提高对流传热系数，即减小对流传热的热阻。例如增加列管换热器的管程数和壳程中的挡板数，均可提高流速；板式换热器的板面压制成凹凸不平的波纹，流体在螺旋板式换热器中受惯性离心力的作用，均可增加湍动程度；在管内装入麻花铁、螺旋圈或金属丝片等添加物，亦可增强湍动，且有破坏湍流底层的作用。与此同时，应考虑由于流速加大而引起流体阻力的增加及设备结构复杂、清洗和检修困难等问题，即不能片面地要求提高对流传热系数，而不顾及其他。

② 防止结垢和及时地清除垢层，以减小垢层热阻。例如增加流速可减弱垢层的形成和增厚；易结垢的流体在管内流动，以便于清洗；采用机械或化学的方法或采用可拆卸换热器的结构，以便于清除垢层。

从以上分析可知，强化传热的途径是多方面的，但对某实际的传热过程，应作具体分析，即抓住影响强化传热的主要矛盾，并结合设备结构、动力消耗、检修操作等予以全面考虑，采取经济而合理的强化传热的方法。

参 考 文 献

[1]　何燕，张晓光，孟祥文．传热学［M］．北京：化学工业出版社，2015.

[2]　张靖周，常海萍．传热学［M］．第 2 版．北京：科学出版社，2015.

[3]　刘彦丰，高正阳，梁秀俊．传热学［M］．北京：中国电力出版社，2015.

[4]　黄善波．传热学［M］．东营：中国石油大学出版社，2014.

[5]　张兴中，黄文，刘庆国．传热学［M］．北京：国防工业出版社，2011.

[6]　[日] 圆山重直．传热学［M］．北京：北京大学出版社，2011.

[7]　邓元望，袁茂强，刘长青．传热学［M］．北京：中国水利水电出版社，2010.

[8]　王保国．传热学［M］．北京：机械工业出版社，2009.

[9]　[美] Incropera F. P. 著．传热和传质基本原理［M］．北京：化学工业出版社，2007.

[10]　任世锋．传热学［M］．北京：冶金工业出版社，2007.

[11]　陶文铨．传热学［M］．西安：西北工业大学出版社，2006.

[12]　张天孙．传热学［M］．北京：中国电力出版社，2006.

[13]　[美] J. P. Holman. Heat Transfer［M］．北京：机械工业出版社，2005.

第**3**章

锅 炉

锅炉是利用燃料燃烧放出的热能或其他热源加热给水或其他工质（如导热油），以获得规定参数（温度、压力）和品质（杂质含量等符合要求）的蒸汽、热水和其他热介质（导热油）的设备。蒸汽，不仅用作将热能转变成机械能的工质，产生动力，用于发电等，也用作载体，为工业生产、采暖通风空调等方面提供所需的热量。通常，把用于动力和发电方面的锅炉叫做动力锅炉，发电的又称为电站锅炉；把用于工业、采暖和生活方面的锅炉，称为供热锅炉，又称工业锅炉。

动力锅炉所产生的工质是水蒸气，蒸汽压力和温度都比较高，现代化电站锅炉的蒸汽压力不小于3.9MPa，过热温度不低于450℃，且日益向高压、高温和大容量方向发展。例如与1000MW汽轮发电机组相配套的国产超超临界锅炉，其蒸汽产量为3033t/h，蒸汽压力为26.25MPa，过热蒸汽的温度高达605℃。

供热锅炉的工质有蒸汽、热水（特殊场合用导热油）。工业锅炉广泛应用于现代生产和人民生活的各个领域，如化工、纺织、造纸、机械、食品加工、医药、建材等行业。生产工艺需要的大量蒸汽或者热能，建筑物的采暖、通风、农业温室、城市集中供应热水等需要的热能，均可通过供热锅炉来提供。供热锅炉的目的是供热，除生产工艺上有特殊要求外，其产生的蒸汽（或热水）的压力和温度都不高，容量也无需过大。无论是工业用户，还是采暖用户，一般都是利用蒸汽凝结时放出的汽化潜热，因此大多数供热锅炉都是生产饱和蒸汽，出口压力一般不超过2.5MPa。

3.1 供热锅炉的基本构造和性能参数

供热锅炉由汽锅和炉子两大部分组成。燃料在炉子中燃烧，将化学能转化为热能；所产生的燃烧产物——高温烟气则通过汽锅金属受热面将热量传递给汽锅内温度较低的水，水被加热或进而沸腾汽化，产生蒸汽或特定参数的热水。锅炉房设备是保证锅炉源源不断地生产蒸汽或热水而设置的，诸如输煤除渣机械、储油和加压加热设备、燃气调压装置、送引风机、水泵和测量控制仪表等，使锅炉安全可靠、经济有效地为用户提供蒸汽或热水。

▶ 3.1.1 锅炉的构成

锅炉是由一系列的设备构成，大体可分为主要部件和辅助设备两个方面。

锅炉的主要部件有：

① 燃烧设备　将燃料和燃烧所需空气送入炉膛并使燃料着火稳定，燃烧良好。

② 炉膛　保证锅炉燃料燃尽并使出口烟气温度冷却到对流受热面能够安全工作的数值。

③ 炉墙　是锅炉的保护外壳，起密封和保温作用。小型锅炉的重型炉墙也可起支承锅炉部件的作用。

④ 锅筒　将锅炉各受热面联结在一起并和水冷壁、下降管等组成水循环回路。锅筒储存汽水，可适应负荷变化，内部设有汽水分离装置以保证汽水品质，直流锅炉无锅筒。

⑤ 水冷壁　是布置在炉膛内的辐射受热面。它直接与火焰接触，保护炉墙，同时吸收燃料释放的热量，降低炉膛温度，调节炉膛的出口温度，是锅炉的主要受热面。

⑥ 空气预热器　加热燃料用的空气，以加强着火和燃烧；吸收烟气余热，降低排烟温度，提高锅炉效率。

⑦ 省煤器　利用锅炉尾部烟气的热量加热给水，以降低排烟温度，并起到节约燃料的作用。

⑧ 构架　支承和固定锅炉部件。

锅炉的辅助设备主要有：

① 引风设备　通过引风机和烟筒将锅炉运行中产生的烟气送往大气。

② 除尘设备　除去锅炉烟气中的飞灰。

③ 燃料供应设备　存储和运输燃料功能。

④ 给水设备　由给水泵将经过水处理设备处理后的给水送入锅炉。

⑤ 除尘除渣设备　从锅炉中除去灰渣并运走。

⑥ 送风设备　通过送风机将空气预热器加热后的空气输往炉膛及磨煤装置应用。

⑦ 自动控制设备　自动检测、程序控制、自动保护和自动调节。

▶ 3.1.2 供热锅炉的基本构造

按锅炉炉内燃烧过程的气体动力学原理，锅炉有四种不同的燃烧方式，对应于四种不同类型的锅炉：火床燃烧方式和层燃炉、火室燃烧方式和室燃炉、旋风炉燃烧方式和旋风炉、流化床燃烧方式和流化床锅炉。供热锅炉以层燃炉和室燃炉为主，流化床锅炉在燃用劣质燃料时采用，旋风炉极少在供热锅炉上应用。

图 3-1 所示为一台燃煤的 SHL 型供热锅炉，也称双锅筒横置链条炉排锅炉。

图 3-2 所示为一台燃油（气）的 WNS 型供热锅炉。

对图 3-1 所示的 SHL 型燃煤供热锅炉，汽锅的基本构造是由锅筒（又称汽包）、管束、水冷壁、集箱和下降管等组成的一个封闭汽水系统；炉子包括煤斗、炉排、炉膛、挡渣器、送引风装置等，是燃烧设备。

对图 3-2 所示的 WNS 型燃油（气）锅炉，仅有汽锅，没有管内走水的管束；炉子由炉膛、燃烧器和浸在水空间的烟管组成。

此外，为了保证锅炉的正常工作和安全，蒸汽锅炉还必须装设安全阀、水位表、高低水

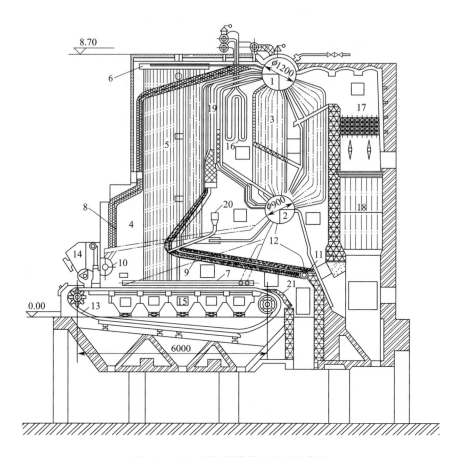

图 3-1　SHL 型锅炉结构和组成示意图

1—上锅筒；2—下锅筒；3—对流管束；4—炉膛；5—侧墙水冷壁；6—侧墙水冷壁上集箱；
7—侧墙水冷壁下集箱；8—前墙水冷壁；9—后拱（后墙水冷壁）；10—前墙水冷壁下集箱；
11—后墙水冷壁下集箱；12—下降管；13—链条炉排；14—炉前加煤斗；15—风仓；16—蒸汽过热器；
17—省煤器；18—空气预热器；19—烟囱及防渣管；20—二次风管；21—挡渣器（老鹰铁）

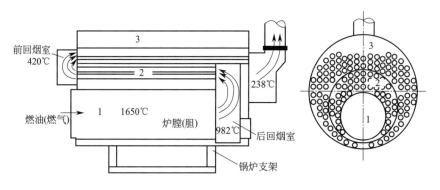

图 3-2　WNS 型燃油/气锅炉结构示意图及受热面布置

1—炉膛（胆）；2—烟管；3—汽锅

位警报器、压力表、主汽阀、排污阀、止回阀等热工仪表和自控设备；还有为消除受热面上积灰以利传热的吹灰器，以提高锅炉运行的经济性。

▶ 3.1.3　供热锅炉的工作过程

供热锅炉的工作包括三个同时进行着的过程：燃料的燃烧过程、烟气向水（或蒸汽）的传热过程和水的受热汽化过程（蒸汽的产生过程）。

（1）燃料的燃烧过程

对于图3-1所示的SHL型燃煤供热锅炉，供热锅炉的炉子位置在汽锅的前下方，此种链条炉排炉是供热锅炉中应用较为普遍的一种燃烧设备。燃料在加煤斗中借自重下落到炉排面上，炉排借电动机通过变速齿轮箱减速后由链轮来带动，犹如皮带运输机，将燃料带入炉内。燃料一面燃烧，一面向后移动；燃烧需要的空气由风机送入炉排腹中风仓后，向上穿过炉排到达燃料层，进行燃烧反应形成高温烟气。燃料最后烧尽成灰渣，在炉排末端被挡渣器（俗称老鹰铁）铲除于灰渣斗后排出，这整个过程称为燃烧过程。

对于图3-2所示WNS型燃油（气）供热锅炉，其燃烧过程与SHL型燃煤供热锅炉不同，它没有炉排，在卧置的锅筒内有一具有弹性的波形火筒，火筒前端配置燃油或燃气燃烧器，火筒向后通过烟箱与烟管（又称火管）管束相连，火筒与烟管均浸没在锅筒内的水空间里。从燃烧器喷入的燃料和空气的混合物在火筒内即可完成燃烧过程生成烟气向后流动。

燃烧过程进行得完善，是锅炉正常工作的根本条件。要保证良好的燃烧必须要有高温环境、必需的空气量和空气与燃料的良好混合接触。为了保证锅炉内燃烧的持续正常进行，还得连续不断地供应燃料、空气和排出烟气、灰渣，为此，就需要配备送、引风设备和运煤出渣设备。

（2）烟气向水（汽等工质）的传热过程

燃料在炉膛内燃烧释放出大量热量，产生高温烟气，炉内温度极高。图3-1中，在炉膛的四周墙面上，都布置一排水管，俗称水冷壁。高温烟气与水冷壁进行强烈的辐射换热，将热量传递给管内工质。随后在引风机和烟囱的引力作用下，烟气向炉膛上方流动。烟气流出烟窗（炉膛出口）并掠过防渣管后，就冲刷蒸汽过热器——一组垂直布置的蛇形管受热面，使汽锅中产生的饱和蒸汽在其中受烟气加热而过热。烟气流经过热器后又掠过连接在上、下锅筒间的对流管束，在管束间设置了折烟墙使烟气呈"S"形曲折地横向冲刷，再次以对流方式将热量传递给管束内的工质。烟气的温度沿途降低，最后进入尾部烟道，与省煤器和空气预热器内的工质进行热交换后，以经济的较低烟温排出锅炉。省煤器实际上是给水预热器，它和空气预热器一样，都设置在锅炉尾部（低温）烟道，以降低排烟温度，提高锅炉效率，从而节省了燃料。

对于图3-2中的卧式内燃室燃烧炉来说，浸没在水中的火筒内壁是主要的辐射受热面，是第一回程，烟气经尾部烟箱进入左、右两侧烟管，向炉前流动，是第二回程。烟气至前烟箱汇集后，进入火筒上部的烟管向后流动，即为第三回程。因为没有省煤器和空气预热器，最后排烟温度略高于SHL型。

（3）水的受热和汽化过程

蒸汽的生产过程，主要包括水循环和汽水分离过程。经过水处理的锅炉给水是由水泵加压，先流经布置在尾部烟道中的省煤器而得到预热，然后进入汽锅。

图3-1所示的SHL型燃煤供热锅炉工作时，汽锅中的工质是处于饱和状态下的汽水混合物。位于烟温较低区段的对流管束因受热较弱，汽水工质的密度较大；而位于烟气高温区的水冷壁和对流管束，因受热强烈，相应地工质的密度较小；从而密度大的工质从上流入下

锅筒或下集箱,而密度小的工质向上流入上锅筒,形成了锅水的自然循环。此外,为了组织水循环和进行疏导分配的需要,于炉墙外还设有不受热的下降管,借以将工质引入水冷壁的下集箱,而通过上集箱的汽水引出管将汽水混合物导入上锅筒。借助上锅筒内装设的汽水分离设备,以及在锅筒本身空间里的重力分离作用,将汽水混合物进行分离;蒸汽在上锅筒顶部引出后进入蒸汽过热器中,而分离下来的水仍回落到上锅筒下半部的水空间。汽锅中的水循环保证了与高温烟气相接触的金属受热面得以冷却而不会烧坏,是锅炉能长期安全可靠运行的必要条件。汽水混合物的分离设备则是保证蒸汽品质和蒸汽过热器可靠工作的必要设备。

在图 3-2 所示的 WNS 型燃油(气)供热锅炉中,靠汽锅中的受热面布置,最高温的炉胆布置在汽锅的最下面,往上是温度依次降低的第二回程烟管和第三回程烟管,因此水空间下部受热强、上部受热弱,下部受热强的水向上流动,上部受热弱的水向下流动,形成了较规则的自然对流和循环,借助汽锅上部装设的汽水分离设备,以及汽空间中的重力分离作用,使汽水混合物得到了分离;蒸汽在锅筒顶部引出后进入汽缸或者直接送往用户,分离下来的水仍继续循环蒸发。

3.1.4 供热锅炉的性能参数

为了表示锅炉的构造、燃用燃料、燃烧方式、容量大小、参数高低以及运行经济性等特点,常用下列的锅炉基本特性参数来描述。

(1) 蒸发量、热功率

蒸发量是指蒸汽锅炉每小时所生产的额定蒸汽量,用以表征蒸汽锅炉容量的大小;如为生产热水的锅炉,其容量可用额定热功率来表征。

所谓额定蒸发量或者额定热功率是指锅炉在额定蒸汽参数(压力、温度)、额定给水温度和使用设计燃料时,保证一定热效率条件下的最大连续蒸发量(或产热量)。蒸发量常用符号 D 来表示,单位为 t/h(或 kg/s),供热锅炉的蒸发量一般为 0.1~65t/h。热功率常用符号 Q 来表示,单位是 MW。热功率与蒸发量之间的关系,可用式(3-1)表示:

$$Q = 0.000278D(h_q - h_{gs}) \tag{3-1}$$

式中 Q——锅炉的热功率,MW;

D——锅炉的蒸发量,t/h;

h_q——蒸汽的焓,kJ/kg;

h_{gs}——给水的焓,kJ/kg。

对于热水锅炉,

$$Q = 0.000278G(h''_{rs} - h'_{rs}) \tag{3-2}$$

式中 G——热水锅炉每小时送出的水量,t/h;

h'_{rs}——锅炉进水的焓,kJ/kg;

h''_{rs}——锅炉出水的焓,kJ/kg。

(2) 蒸汽(或热水)参数

锅炉的蒸汽参数是指锅炉出口处蒸汽的额定压力(表压力)和温度。额定压力和温度是锅炉设计时规定的蒸汽压和温度。对生产饱和蒸汽的锅炉来说,一般只标明蒸汽压;对生产过热蒸汽(或热水)的锅炉,则需标明压力和蒸汽(或热水)的温度。蒸汽压常用符号 P 表示,单位为 MPa;蒸汽温度常用符号 t 表示,单位是℃或 K。

锅炉的蒸汽压和温度是指过热器主汽阀出口处的过热蒸汽压和温度。对于无过热器的锅炉，用主汽阀出口处的饱和蒸汽压力和温度表示。锅炉给水温度是指进省煤器的给水温度，对无省煤器的锅炉指进锅炉锅筒的水的温度。对产生饱和蒸汽的锅炉，蒸汽的温度和压力存在一一对应的关系。其他锅炉，温度和压力不存在这种对应关系。

供热锅炉的容量、参数，既要满足生产工艺上对蒸汽的要求，又要便于锅炉房的设计、锅炉配套设备的供应以及锅炉本身的标准化，因而要求有一定的锅炉参数系列。我国目前所用的蒸汽锅炉参数系列见表 3-1，热水锅炉参数系列见表 3-2。表中标有符号"△"处所对应的参数即为优先选用的锅炉系列。锅炉设计时的给水温度有三种，分别是 20℃、60℃ 和 104℃，后者是除氧后的温度，可结合用户的具体情况选定。

表 3-1 蒸汽锅炉参数系列（GB/T 1921—2004）

额定蒸发量/(t/h)	额定蒸气压（表压力）/MPa											
	0.1	0.4	0.7	1.0	1.25			1.6		2.5		
	额定蒸汽温度/℃											
	饱和	饱和	饱和	饱和	饱和	250	350	饱和	350	饱和	350	400
0.1	△	△										
0.2	△	△	△									
0.3	△	△	△									
0.5	△	△	△	△								
0.7		△	△	△								
1		△	△	△								
1.5			△	△								
2			△	△	△			△				
3			△	△	△			△				
4			△					△			△	
6				△	△	△	△	△	△	△		
8				△	△	△	△	△	△	△		
10				△	△	△	△	△	△	△	△	△
12				△	△	△	△	△	△	△	△	△
15				△	△	△	△	△	△	△	△	△
20				△	△	△	△	△	△	△	△	△
25						△	△	△	△	△	△	△
35						△	△	△	△	△	△	△
65											△	△

表 3-2 热水锅炉参数系列（GB/T 3166—2004）

额定热功率/MW	额定出水压力（表压力）/MPa											
	0.4	0.7	1.0	1.25	0.7	1.0	1.25	1.0	1.25	1.25	1.6	2.5
	额定出水温度/进水温度/℃											
	95/70				115/70			130/70		150/90		180/110
0.05	△											
0.1	△											
0.2	△											
0.35	△	△										
0.5	△	△										
0.7	△	△	△	△	△							
1.05	△	△	△	△	△							
1.4	△	△	△	△	△							
2.1	△	△	△	△	△							

额定热功率/MW	额定出水压力（表压力）/MPa											
	0.4	0.7	1.0	1.25	0.7	1.0	1.25	1.0	1.25	1.25	1.6	2.5
	额定出水温度/进水温度/℃											
	95/70				115/70			130/70		150/90		180/110
2.8	△	△	△	△	△	△	△	△	△	△		
4.2		△	△	△	△	△	△	△	△	△		
5.6		△	△	△	△	△	△	△	△	△		
7			△	△	△	△	△	△	△	△		
8.4					△	△	△	△	△	△		
10.5					△	△	△	△	△	△		
14				△	△	△	△	△	△	△	△	
17.5					△	△	△	△	△	△	△	
29.3					△	△	△	△	△	△	△	△
46					△	△	△	△	△	△	△	△
58					△	△	△	△	△	△	△	
116										△	△	△
174											△	△

（3）受热面蒸发率、受热面发热率

锅炉受热面是指汽锅和附加受热面等与烟气接触的金属表面积，即烟气与水（或蒸汽）进行热交换的表面积。受热面面积的大小，工程上一般以烟气放热的一侧为基准来计算，用符号 H 表示，单位为 m^2。

$1m^2$ 受热面每小时所产生的蒸汽量称为锅炉受热面的蒸发率，用 D/H $[kg/(m^2 \cdot h)]$ 表示。但各受热面所处的烟气温度水平不同，它们的受热面蒸发率也有很大的差异。例如炉内辐射受热面的蒸发率可达 $80kg/(m^2 \cdot h)$ 左右，对流管受热面的蒸发率只有 $20 \sim 30kg/(m^2 \cdot h)$。因此，对整台锅炉的总受热面来说，这个指标只反映蒸发率的一个平均值。鉴于各种型号锅炉的参数不尽相同，为便于比较，将 1 个标准大气压下的干饱和蒸汽（焓值为 $2680kJ/kg$）作为标准蒸汽，将锅炉的实际蒸发量 D 换算为标准蒸汽蒸发量 D_{bz}，受热面蒸发率就可用 D_{bz}/H 表示，其换算公式为：

$$\frac{D_{bz}}{H} = \frac{D(h_q - h_{gs})}{2680H} \times 10^3 \tag{3-3}$$

对于热水锅炉，通常采用受热面发热率这个指标来表征，它指的是 $1m^2$ 热水锅炉受热面每小时所生产的热功率（或热量），用符号 Q/H 表示，单位为 MW/m^2。

供热蒸汽锅炉，D/H 一般在 $30 \sim 40kg/(m^2 \cdot h)$；热水锅炉的 Q/H，一般在 $0.02325MW/m^2$。

受热面蒸发率或发热率越高，则表示传热好，锅炉所耗金属量少，锅炉结构也紧凑。这一指标常用来表示锅炉的工作强度，但还不能真实反映锅炉运行的经济性；如果锅炉排出的烟气温度很高，D/H 值虽大，但未必经济。

▶ 3.1.5 锅炉的评价指标

锅炉的评价指标通常用经济性、可靠性及机动性三项指标来表示。

（1）经济性

锅炉的经济性主要指热效率、成本、煤耗和厂用电量等。

① 热效率　锅炉的热效率是表征锅炉运行经济性的主要指标，是指锅炉每小时有效利用于生产热水或蒸汽的热量占输入锅炉全部热量的百分数，即锅炉的有效利用热量 Q_1 占输入热量 Q_r 的百分比，

$$\eta = \frac{Q_1}{Q_r} \times 100\% \tag{3-4}$$

锅炉的有效利用热量 Q_1 是指单位时间内工质在锅炉中所吸收的总热量，包括水和蒸汽吸收的热量以及排污水和自用蒸汽所消耗的热量。而锅炉的输入热量 Q_r 是指随每千克或每立方米燃料输入锅炉的总热量以及用外来热源加热燃料或空气时所带入的热量。

锅炉热效率高，说明这台锅炉在燃用 1kg 相同燃料时，能生产更多参数相同的热水或蒸汽，因此能节约燃料。目前我国生产的燃煤供热锅炉，其热效率在 $60\% \sim 85\%$，燃油、燃气供热锅炉，其热效率在 $85\% \sim 92\%$。

实践证明，如果锅炉的蒸发量降低到额定蒸发量的 60% 时，锅炉的热效率会比额定蒸发量时的热效率低 $10\% \sim 20\%$。只有锅炉的蒸发量在额定蒸发量的 $80\% \sim 100\%$ 时，其热效率为最高。因此，锅炉在额定蒸发量的 $80\% \sim 100\%$ 范围内才最为经济。

② 成本　锅炉的成本一般用钢材消耗率来表示，即锅炉单位蒸发量所耗用的钢材的重量，单位为 t/(t·h)。目前生产的供热锅炉的钢材消耗率在 $2 \sim 6$t/(t·h) 左右。

锅炉参数、循环方式、燃料种类及锅炉部件结构对钢材消耗率均有影响。增大单机容量和提高蒸汽参数是减少金属消耗量和投资费用的有效途径。

在保证锅炉安全、可靠、经济运行的基础上应合理降低钢材消耗率，尤其是耐热合金钢材的消耗率。锅炉钢架占大型锅炉金属耗量很大比重，用水泥立柱不仅可大量节省钢材，而且可在现场浇灌，建设周期比钢结构缩短。

③ 耗电量　供热锅炉产生 1t 蒸汽或热水耗用电的度数 [kW·h/(t·h)]，称为锅炉的耗电量。

计算锅炉耗电量时，除了锅炉本体配套的辅机外，还涉及破碎机、筛煤机等辅助设备的耗电量。耗电量的多少与锅炉辅机设备的配置选型密切相关，尤其是燃料制备系统，还受燃料品种、燃烧方式的影响。目前生产的供热锅炉的耗电量一般在 10kW·h/(t·h) 左右。

锅炉不仅要求热效率高，而且也要求钢材消耗量低，运行时耗电量少。但是，这三个方面常是相互制约的，因此，衡量锅炉总的经济性应从这三方面综合考虑，切忌片面性。

(2) 可靠性

锅炉可靠性常用下列三种指标来衡量。

① 连续运行时间，即两次检修之间的运行时间，h；

② 事故率 $= \dfrac{\text{事故停用时间}}{\text{运行总时间} + \text{事故停用时间}} \times 100\%$；

③ 可用率 $= \dfrac{\text{运行总时间} + \text{备用总时间}}{\text{统计期间总时间}} \times 100\%$。

(3) 机动性

随着现代社会生活方式的变化，用户对锅炉的运行方式提出了更多的新要求，也就是要求锅炉运行有更大的灵活性和可调性。机动性的要求是：快速改变负荷，经常停运及随后快速启动的可能性和最低允许负荷下持久运行的可靠性。这些要求已成为锅炉产品的重要性能指标。另外，对于燃煤锅炉，煤质降低、燃用劣质燃料和燃料品种改变等都会降低机组的机动性。

3.2　蒸汽锅炉

蒸汽锅炉按其烟气与受热面的相对位置，分烟管锅炉、烟管水管组合锅炉和水管锅炉三类。烟管锅炉的特点是烟气在火筒和为数众多的烟管内流动换热；水管锅炉是水在管内流动，烟气在管外流动而进行换热；烟管水管组合锅炉则是两者兼而有之，介于烟管锅炉和水管锅炉之间的一种锅炉。

▶ 3.2.1　烟管锅炉

烟管锅炉，也称火管锅炉，目前广泛使用于蒸汽需要量不大的用户，以满足生产和生活的需要。

烟管锅炉按其锅筒放置方式，分立式和卧式两类，它们在结构上的共同特点都是有一个大直径的锅筒，其内部有火筒和为数众多的烟管。

（1）立式烟管锅炉

立式烟管锅炉有竖烟管和横烟管等多种型式。因它的受热面布置受到锅筒结构的限制，容量一般较小，蒸发量大多在 0.5t/h 以下，可以配置燃煤、燃油和燃气各种燃烧设备。对于燃煤锅炉，通常配置手烧炉，为改善燃烧以节约燃料和减少烟尘对环境的污染，大多采用双层炉排手烧炉或配置简单机械加煤装置，如抽板顶升加煤机等。

① 立式套筒锅炉　图 3-3 所示为一配置燃油炉的立式套筒锅炉。该锅炉由美国富尔顿锅炉厂生产，因此也称富尔顿锅炉。内筒中，炉膛为辐射受热面，外筒为对流受热面。内外筒之间的两端用环形平封头围封，构成此型锅炉的汽、水空间——汽锅。油燃烧器装置在顶部，燃烧所需的空气由位于炉顶的送风机切向送入，油燃烧产生的高温烟气在炉内强烈旋转并自上而下流至锅炉底部，然后从布置在底部的烟气出口折返进入外筒和锅炉外壳内侧保温层（炉墙）之间的环形烟道向上，纵向冲刷带肋片的外筒受热面，最后烟气通过上部出口排入烟囱。为了延长高温烟气在炉胆的逗留时间和提高火焰的充满度，此型锅炉的炉胆内还设置有环形火焰滞留器，使之燃烧充分和强化传热。

这种锅炉的标准规模为 4～100 锅炉马力（63～1565kg/h），其结构简单，制造方便，水容量相对其他立式烟管锅炉大，能适应负荷变化，且对水质要求也不高，但烟气流程较短，排烟温度较高。为提高锅炉效率，这种锅炉也有将外筒所带直形肋片改为螺旋形的，增加烟气扰动和延长烟气流程以改善传热。

② 立式烟管锅炉　图 3-4 所示为一配置双层炉排手烧炉的立式横烟管锅炉。水冷炉排管和炉胆内壁的一部分构成了锅炉的辐射受热面；横贯锅筒的众多烟管为锅炉的主要对流受热面。

煤由人工通过上炉门加在水冷炉排上，在上、下炉排上燃烧后生成的烟气经炉膛出口进入下烟箱，而后纵向冲刷流经第一、二水平烟管管束，最后汇集于后上烟箱再经烟囱排入大气。为进一步降低排烟温度，也有在后上烟箱上方增设余热水箱的型式。

此型锅炉除横烟管外，也有布置竖烟管和横水管的组合型式，它们都具有结构紧凑、占地小，不需要砖工，便于安装和搬迁等优点，但因炉膛内置，为内燃式炉子，在燃用低质煤时会因炉温较低，难以燃烧和燃尽，热效率和出力都将有所降低。所以，此型锅炉只适宜燃用较好的烟煤。

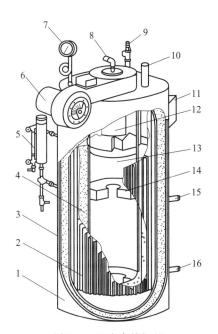

图 3-3 立式套筒锅炉

1—锅炉外壳；2—高效隔热层（炉墙）；3—外筒；

4—内筒；5—水位表；6—送风机；7—压力表；

8—进油管；9—安全阀；10—蒸汽阀；11—烟气

出口；12—燃烧器；13—炉膛；14—滞留器；

15—进水管；16—排污管

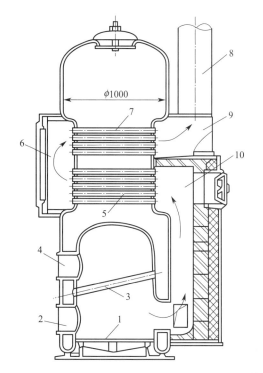

图 3-4 立式烟管锅炉

1—下炉排；2—下炉门；3—水冷炉排；

4—上炉门；5—第一烟管管束；

6—前烟箱；7—第二烟管管束；

8—烟囱；9—后上烟箱；

10—后下烟箱

（2）卧式烟管锅炉

这类锅炉根据炉子所在位置，分炉子置于锅筒内的内燃式和炉子置于锅筒外的外燃式两种。目前国产的多数系内燃式，配置有链条炉、燃油炉和燃气炉等多种燃烧设备。图 3-5 所示为一配置链条炉排的 WNL4-1.3-A 型卧式烟管锅炉。

在卧置的锅筒内有一具有弹性的波形火筒，火筒内设置了链条炉排。锅筒左、右侧及火筒上部都布置了烟管；火筒和烟管都沉浸在锅筒内的水容积里，锅炉的上部约 1/3 空间是汽容积，炉排以上的火筒内壁是主要辐射受热面，而烟管为对流受热面。

烟气在锅炉内呈三个回程流动，故也称三回程锅炉。燃烧后的烟气在火筒内向后流动，为烟气第一回程；烟气经后烟箱导入左、右侧烟管，向炉前流动，是第二回程；烟气至前烟箱汇集后，进入火筒上部的烟管向后流动，为第三回程，最后经省煤器由引风机排入烟囱。

这种锅炉的容量有 2t/h 和 4t/h 两种，水容量较大，能适应负荷变化；对水质要求也低。由于采用机械通风，流经烟管的烟速较高，强化了传热，锅炉的热效率可达 70％以上。此外，这种锅炉的本体、送风机、链条炉排以及变速装置等组装在底盘上整体出厂，结构紧凑，运输和安装较为方便。

但是，卧式烟管锅炉因烟管多而长，刚性大，烟管与管板的接口容易渗漏；烟管之间距离小，清除水垢困难；由于烟管水平设置，易积烟灰，妨碍传热，通风阻力大；因是内燃式炉子，燃烧条件较差，不宜燃用低质煤；炉排的装拆、维修也不甚方便。

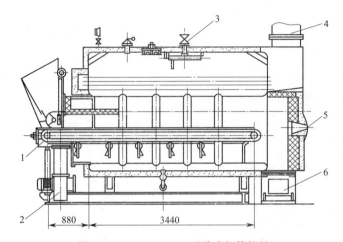

图 3-5　WNL4-1.3-A 型卧式烟管锅炉
1—链条炉排；2—送风机；3—主汽阀；4—烟气出口；5—检查门；6—出渣小车

图 3-6 所示是一配置燃油炉或燃气炉的此型锅炉，燃烧和运行工况较为良好。火筒中部采用波形结构以减少刚性。为强化传热，烟管采用 φ51mm×3mm 无缝钢管碾压而成的双面螺纹管。据试验资料，当烟速为 35m/s 时，双面螺纹管的传热系数为光管的 1.42 倍，阻力为光管的 1.9 倍。炉膛内为微正压燃烧（约 2000Pa），锅炉可以不用引风机。在炉膛前部，通常用耐火材料砌筑拱璇，以达到蓄热、稳定燃烧和增强辐射的目的。

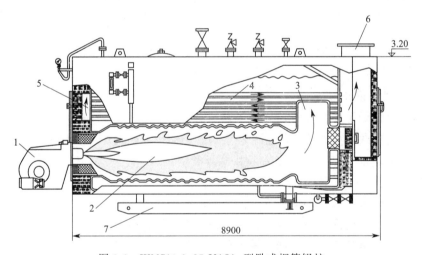

图 3-6　WNS10-1.25-Y(Q) 型卧式烟管锅炉
1—燃烧器；2—炉膛；3—后烟箱；4—火管管束；5—前烟箱；6—烟囱；7—锅炉底座

图 3-7 所示是一台与众不同的燃油锅炉。其不同之处在于：①虽然同为三回程，但它的第二回程只是一根大直径钢管，仅作高温烟气由后返前的通道用；②第三回程的对流管是将两根钢管套在一起经热挤压而成，里面的管子以其折叠的纵向筋条构成一个 2.5 倍于普通钢管的受热面，因此相比相同容量的锅炉，结构尺寸大为缩小；③它装置的燃烧器具有引导烟气再循环的功能（布设在炉板内，不占地方），有效提高了燃烧效率和减少了污染物的排放；④此型的供热锅炉（容量较大）是分体式的，燃烧室和对流受热面分别构建为上、下两个圆筒体，可以单独搬运，特别适合空间窄小的场地安装使用；⑤它有一个带菜单引导的自控、

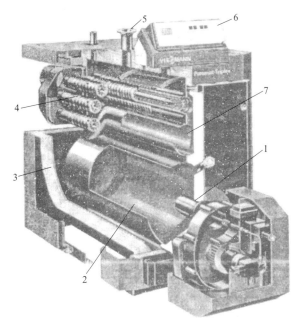

图 3-7　立式套筒锅炉

1—燃烧器；2—燃烧室（第一回程）；3—高效隔热层；4—带鳍片多层对流烟管
（第三回程）；5—主蒸汽管；6—调节装置操作仪；7—烟管（第二回程）

调节操作仪和炉顶行走平台；⑥根据用户要求，还可以提供带可滑行的燃烧器滑座，以使供热锅炉的安装、维修以及燃烧器的调整十分方便。

▶ 3.2.2　烟管水管组合锅炉

烟管水管组合锅炉是在卧式外燃烟管锅炉的基础上发展起来的一种锅炉。如图 3-8 所示，它在锅炉外部增设左右两排 $\phi63.5mm\times4mm$ 水冷壁管，上、下端分别接于锅筒和集箱。左右两侧集箱的前后两端分别装接有一个大口径（$\phi133mm\times6mm$）的下降管，与水冷壁管一起组成了一个较为良好的水循环系统。此外，在锅炉后部的转向烟道内还布置了靠墙受热面——一排后棚管，其上端与锅筒后封头相接，下端接于集箱；而后棚管的集箱则又通过粗大的短管与两侧水冷壁集箱接通，构成了后棚管的水循环系统。可见，烟管构成了该锅炉的主要对流受热面，水冷壁管和大锅筒下腹壁面则为锅炉的辐射受热面。

图 3-8 所示为一 KZL4-1.3-A 型锅炉，由于炉膛移置于锅筒外面，构成了一个外燃炉膛，其空间尺寸不再受到限制，燃烧条件有所改善。它采用轻型链带式炉排，由液压传动机构驱动和调节。炉膛内设前、后拱，前拱为弧形吊拱，后拱为平拱，前、后拱对炉排的覆盖率分别为 25% 和 15%。炉排下设分区送风风室，风室间用带有弹簧的钢板分隔。燃烧形成的高温烟气从后拱上方左侧出口进入锅筒中的下半部烟管，流动至炉前再经前烟箱导入上半烟管，最终在炉后汇集，经省煤器和除尘装置由引风机排入烟囱。烟气的流动也是经过三个回程。燃尽后的灰渣落入灰槽，由螺旋出渣机排出；漏煤则由炉排带至炉前灰室，由人工定期排出。

这种锅炉的蒸发量有 0.5t/h、1t/h、2t/h、4t/h 等多种规格。由于水冷壁紧密排列，为减薄炉墙和用轻质绝热材料创造了条件，使炉体结构更加紧凑，可组装出厂，因此，这种

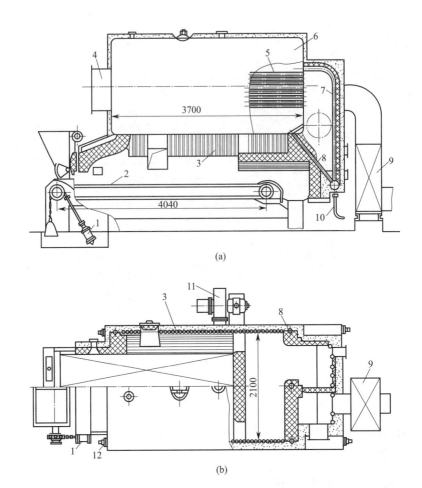

(a)

(b)

图 3-8　KZL4-1.3-A 型锅炉

1—液压传动装置；2—链带式链条炉排；3—水冷壁管；4—前烟箱；

5—烟管；6—锅筒；7—后棚管；8—下降管；9—铸铁省煤器；

10—排污管；11—送风机；12—侧集箱

锅炉俗称快装锅炉，应用较为普遍，曾占全国工业锅炉相当大的比例，对我国工业锅炉的技术进步和节约能源起了一定的作用。但它毕竟是以众多烟管为主体的一种锅炉，锅壳内有一个小烟室，而小烟室不仅制造工艺复杂，烟气流通局部阻力大，对于锅壳底部锅水的排污也有阻碍；实际运行中也存在煤种适应性较差，出力不足，运行热效率偏低等现象，而且炉拱形式、分段配风、侧密封以及炉墙保温结构等也都存在一定的缺陷，目前仅在特殊行业，如木材干燥中仍有生产与应用。

为了克服上述缺点，对 KZL 型锅炉进行了改进，开发了烟、水管卧式快装链条炉排锅炉，如图 3-9 所示。它的锅筒偏置，烟气的第二回程为水管对流管束，第三回程则由烟管束组成，尾部布置有铸铁省煤器。燃烧设备采用大块炉排片链条排炉，分仓送风；炉排传动则采用双速四挡调速装置。同时，该锅炉还配有高、低水位报警和超压保护等安全装置。

此型锅炉由于采用偏置锅筒的结构形式，加之锅筒底部又设置护底砖衬，使锅筒下腹筒壁不再受炉膛高温的直接辐射，从而提高了锅炉的安全性。在较高大的炉膛中，设置了低而长的后拱（炉排覆盖率约为 40%）及弧形前拱（覆盖率约为 25%），煤种适应性较好。采用了大块炉排片，工作寿命延长，炉排漏煤损失有所减小。此外，因炉膛容积较大，第二回程

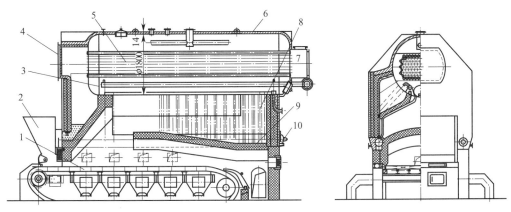

图 3-9 新型 DZL 型锅炉

1—链条炉排；2—煤斗；3—前管板；4—前烟箱；5—烟管束；

6—锅壳；7—后烟箱；8—水冷壁管；9—后拱；10—防焦箱

又布置以烟速较低的水管对流管束烟管，使大量粗粒飞灰沉降其中，有助于降低锅炉本体出口的烟尘浓度。再者，此型锅炉的保温结构有两层：在水冷壁管外侧先增砌薄型耐火墙，其外再敷以硅酸铝纤维毡，从而改善了炉体保温和密封性能。

全国在役工业锅炉中，DZL 型锅炉所占比例较大。多年运行实践和热工复测结果表明，它的结构较为合理，安全可靠性好；燃烧稳定，能保证出力，运行热效率可达 77%～81%；排烟的黑度和含尘浓度都符合国家有关规定；而且煤种适应能力也较强。所不足的是，金属耗量高，约为同容量 KZL 型锅炉的 1.5 倍；制造复杂，耗工较多，以致制造成本过高，使其推广受到一定限制。

除采用链条炉排外，卧式外燃水火管锅炉还有采用抛煤机倒转链条炉排的锅炉，以及往复炉排炉。

3.2.3 水管锅炉

水管锅炉与烟管锅炉相比，在结构上没有特大直径的锅筒，富有弹性的弯水管替代直烟管，不但节约金属，更为提高容量和蒸汽参数创造了条件。在燃烧方面，可以根据燃用燃料的特性自如处理，从而改善了燃烧条件，使热效率有较大的提高。从传热学观点看，可以尽量组织烟气对水管受热面作横向冲刷，传热系数比纵向冲刷的烟管要高。此外，因水管锅炉有良好的水循环，水质一般又都经严格处理，所以即便在受热面蒸发率很高的条件下，金属壁也不致过热而损坏。加上水管锅炉受热面的布置简便，清垢除灰等条件也比烟管锅炉好，因此它在近百年中得到了迅速发展。

水管锅炉型式繁多，构造各异。横水管锅炉中水管呈水平或微斜布置对水循环很不利，而直水管锅炉中水管挺直，刚性大而缺乏弹性，对缓解热应力和制造应力不利，因此目前均为竖弯水管锅炉。竖弯水管锅炉按锅筒数目有单锅筒和双锅筒之分；按锅筒放置形式又可分为立置式、纵置式和横置式；按管子的布置方位可分为横水管锅炉和竖水管锅炉；按管子的形状可分为直水管锅炉和弯水管锅炉。

(1) 立置式水管锅炉

① 自然循环锅炉　这是一种锅筒立置，由环形的上、下集箱和焊接其间的直水管组成的燃油锅炉，其结构如图 3-10 所示。直水管沿环形上下集箱圆周布置有内外两层，内层包

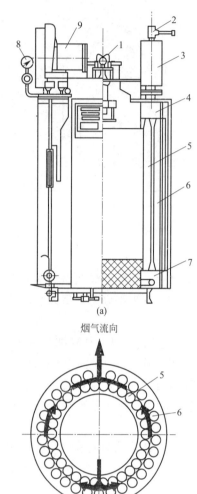

图 3-10　立置式水管锅炉
1—燃烧器；2—主蒸汽阀；
3—汽水分离器；4—上环形集箱；
5—水冷壁管；6—对流管束；
7—下环形集箱；8—压力表；
9—送风机

围的空间为炉膛，内外两层之间竖直的"狭缝"为烟气的对流烟道。小容量的此型锅炉的直水管为光管，较大容量锅炉的直水管外侧焊有鳍片。

燃烧器置于炉顶，燃料油由燃烧器喷出着火后在炉膛中燃烧放热，经与由内圈直管内侧管壁组成的辐射受热面换热后，烟气通过靠炉前侧的炉膛出口，分左右两路进入对流烟道并环绕向后流动，横向冲刷由内管外侧和外管内侧壁面组成的对流受热面，在炉后汇合进入出口烟箱，最后经烟囱排入大气。

锅炉的给水由下集箱进入，沿直水管向上，边流动边吸热，汽水混合物进入上集箱，蒸汽经汽水分离器分离后，通过主蒸汽阀送往用户。分离下来的水则通过下降管道流回下集箱，形成水的自然循环回路。

锅炉炉膛水冷程度大，炉内温度较低，能抑制和减少NO_x的形成，有利于环境保护；而且结构简单、体积小、占地少，采用微电脑全自动控制，操作也十分方便。但由于它的水容量小，当外界负荷变化或间断给水时，汽压变化较大；同时对给水水质要求较高，除垢清垢困难。

此型锅炉国产产品有多种规格，蒸发量为 $100\sim400kg/h$，蒸气压为 $0.7\sim1.2MPa$；外形尺寸（长×宽×高）为 $0.965m\times0.715m\times1.525m$（小的），$2.815m\times2.230m\times4.0m$（大的）。

② 强制循环直流锅炉　直流锅炉是指给水在水泵压头作用下，顺序一次通过加热、蒸发和过热各个受热面便产生额定参数的蒸汽的锅炉。工况稳定时，直流锅炉的给水量等于蒸发量，循环倍率为 1，因此，对给水水质和参数控制以及锅炉安全的要求很高，这也是以往低参数小型锅炉不采用直流锅炉的原因所在。

图 3-11 所示是一台双套筒直流燃油锅炉，由单根盘管旋绕成两个直径不同的同心圆筒体构成。内筒的内侧包围的空间为炉膛，其壁面为该锅炉的辐射受热面；内筒外侧面和外筒全部筒壁为对流受热面。

由图 3-11 可见，此型锅炉烟气为三回程，装置于炉顶的燃烧器向下喷雾燃烧，至炉底为第一回程；烟气折返向上在内外筒之间的通道流至炉顶为第二回程；烟气再次折返向下流经外筒与外壳保温层（炉墙）之间的通道（第三回程）后，最后由下侧出口流出至烟囱。

给水从总体上说是经历先下后上两个回程，即从外筒上端进入，盘绕向下流至外筒下端后进入内筒下端，再盘绕向上流至内筒上端成为蒸汽流出。此型锅炉的盘管管径采用内筒小、外筒大的形式，同样较好地适应了汽水受热膨胀，从而减缓其流速和流动阻力。

此型锅炉的烟气经历了三个回程，流程长，可自如地布置对流受热面；烟气与给水为逆向流动，强化了对流换热，能有效降低和控制排烟温度，提高锅炉效率。再者，受热面设计为弹性结构，由盘管组成，承受压力变化和热膨胀能力大为改善。当然，它也存在直流锅炉的共有缺点，即水质要求高，泵的耗电大。

此型锅炉也有卧式设计的，炉膛部分仍为"双套筒"形式，但在炉膛后端的一段圆柱形空间里，向里、向后多布置了几层（圈）盘管作为对流（部分辐射）受热面，前视形似盘式蚊香，这些受热面接受部分辐射热，烟气横向冲刷它们后折返并分左右两路进入内、外筒组成的烟道，至炉前端再折返入外筒、外壳保温层组成的烟道，也呈三回程流动。与立式相比，燃烧器置于炉前，更便于操作和检修，而且盘管可从炉前方方便地抽出，克服了立置式直流锅炉吊出盘管时锅炉房需有较大高度空间的缺点。

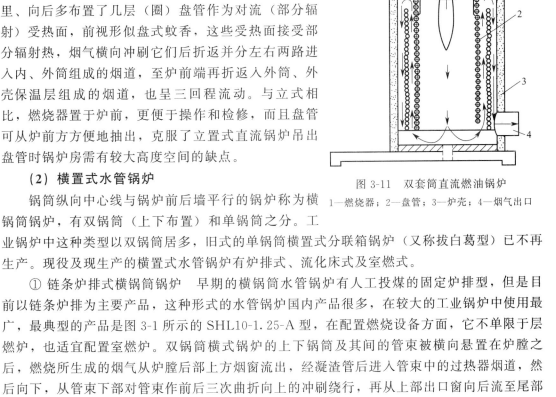

图 3-11　双套筒直流燃油锅炉
1—燃烧器；2—盘管；3—炉壳；4—烟气出口

（2）横置式水管锅炉

锅筒纵向中心线与锅炉前后墙平行的锅炉称为横锅筒锅炉，有双锅筒（上下布置）和单锅筒之分。工业锅炉中这种类型以双锅筒居多，旧式的单锅筒横置式分联箱锅炉（又称拔白葛型）已不再生产。现役及现生产的横置式水管锅炉有炉排式、流化床式及室燃式。

① 链条炉排式横锅筒锅炉　早期的横锅筒水管锅炉有人工投煤的固定炉排型，但是目前以链条炉排为主要产品，这种形式的水管锅炉国内产品很多，在较大的工业锅炉中使用最广，最典型的产品是图 3-1 所示的 SHL10-1.25-A 型，在配置燃烧设备方面，它不单限于层燃炉，也适宜配置室燃炉。双锅筒横式锅炉的上下锅筒及其间的管束被横向悬置在炉膛之后，燃烧所生成的烟气从炉膛后部上方烟窗流出，经凝渣管后进入管束中的过热器烟道，然后向下，从管束下部对管束作前后三次曲折向上的冲刷绕行，再从上部出口窗向后流至尾部烟道，依次流过省煤器和空气预热器后排出锅炉。这种锅炉 20t/h 的蒸发量很常见，已具有中、大型锅炉的特点：燃烧设备机械化程度高，受热面高效齐全，锅炉效率高；但锅炉整体性差，构架和炉墙复杂，金属耗量较大。在蒸发量不大时，也配用往复炉排，如 SHW4-10 型。

② 沸腾燃烧式横锅筒锅炉　除炉排炉外，锅筒横置式水管锅炉还有沸腾燃烧式，图 3-12 为一循环流化床结构简图，可燃用粒径为 0～8mm 的石煤、煤矸石等一类低发热量燃料。炉膛不分沸腾段和悬浮燃烧段，其出口直接与分离器相接。来自炉膛的高温烟气经分离器进入对流管束，而被分离下来的飞灰则经回料器重新返回炉内，与新添加的煤一起继续燃烧，并再次被气流携带出炉膛，如此往返不断地"循环"。调节循环灰量、给煤量和风量，即可实现负荷调节，燃尽的灰渣则从炉子下部的排灰口排出。

该循环流化床锅炉的本体由流化床炉膛四周的水冷壁、上下横置的锅筒间的对流管束及尾部鳍片式铸铁省煤器组成。有的回料器处还布置有外置式换热器，回收灰的余热，并使蒸汽过热。

③ 双锅筒横置式室燃炉　图 3-13 为 SHS20-2.5/400-A 型锅炉，是双锅筒横置式室燃炉的一种典型产品，配用煤粉炉。如果从烟气在锅炉内部的整个流程来看，锅炉本体恰被布置成"M"形，所以这种锅炉也称为 M 形水管锅炉（也有称其为"Ⅱ"形的）。

这台锅炉的前墙上并排布置着两个煤粉喷燃器，炉膛的内壁全布满了水冷壁管——全水冷式，以充分利用辐射换热。炉膛后墙上部的烟气出口烟窗，水冷壁管被拉稀，形成防渣管。炉底由前、后墙水冷壁管延伸弯制成冷灰斗。

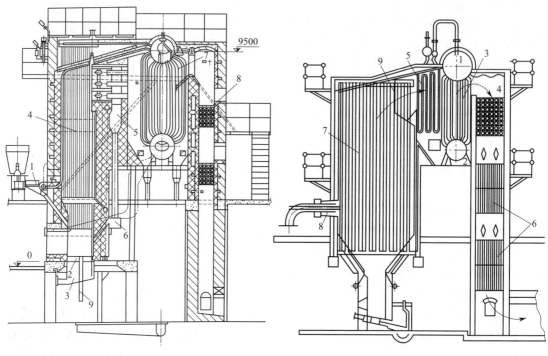

图 3-12　循环流化床结构简图

1—给煤装置；2—布风板；3—风室；4—炉膛；

5—气固分离器；6—回料器；7—对流管束；

8—省煤器；9—排灰口（冷灰管）

图 3-13　SHS20-2.5/400-A 型锅炉

1—上锅筒；2—下锅筒；3—对流管束；4—省煤器；

5—蒸汽过热器；6—空气预热器；7—水冷壁；

8—燃烧器；9—防渣管

煤粉经喷燃器喷入炉膛燃烧，高温烟气穿过后墙上方的防渣管进入蒸汽过热器，转180°再冲刷对流管束，而后经钢管式省煤器、空气预热器离开锅炉本体。炉内烟气中的灰粒经冷灰斗粒化后借自重滑落入渣室，用水力冲渣器除去。

双锅筒 M 形水管锅炉，配置煤粉炉是较合适的，因为煤粉呈悬浮燃烧需要较大的炉膛空间，在采用 M 形布置时不受对流管束的牵制。当然，燃油燃气也同样适合。

（3）纵置式水管锅炉

锅筒纵向中心线与锅炉前后墙垂直的锅炉称为锅筒纵置式水管锅炉，有双锅筒（上下布置）和单锅筒之分，也以双锅筒型居多。过去也存在手烧式固定炉排炉，目前多被机械式炉排所取代。

① 单锅筒纵置式水管锅炉　这种单筒锅炉的结构特点在于其锅炉管束不是直接由上部锅筒和下部大直径集箱连成，而是采用组合式，即先在较小直径的上、下两集箱之间安装上数排管子构成一个组件，然后将若干组件的上集箱沿锅筒长度与锅筒垂直连接，各组件的下集箱则通过连接管与一个在锅筒下方、并与之平行的汇合集箱垂直地相连，汇合集箱则通过若干下降管与锅筒相连。这种锅炉本体的形式最适用于烟气作二回程流动，因此常用于抛煤机倒转链条炉排的燃烧（DZD 型），但也可采用其他燃烧装置。从前往后看，DZD 型锅炉本

体的外形很像"A"字，因此又称为 A 形锅炉，或人字形锅炉。A 形锅炉的突出优点是结构紧凑、对称、容易制成快装、金属耗量小，其缺点是锅炉管束布置受结构限制，其制造和维修比较麻烦。

DZD 形锅炉与前述 DZL 型锅炉的最主要区别是锅筒内没有烟管，且对流管束呈对称布置。

A 形锅炉的容量一般在 2～20t/h，最大容量可达 45t/h，图 3-14 所示为一台 DZD20-2.5/400-A 型抛煤机倒转链条炉排锅炉。锅筒位于炉膛的正上方，两组对流管束对称地设置于炉膛两侧，构成了 A 或人字形布置形式。炉内四壁均布置有水冷壁，前墙水冷壁的下降管直接由锅筒引下，后墙及两侧墙水冷壁的下降管则由对流管束的下集箱引入；两侧的水冷壁下集箱又兼作链条炉排的防渣箱。

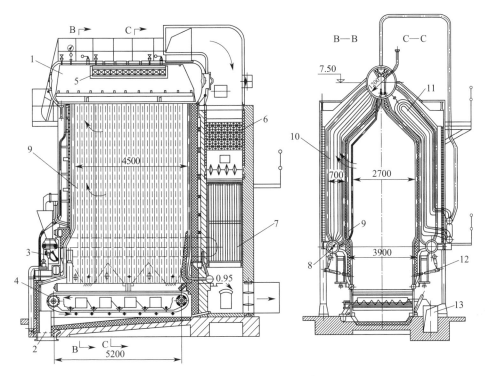

图 3-14　DZD20-2.5/400-A 型锅炉

1—锅筒；2—落灰槽；3—机械风力抛煤机；4—倒转链条炉排；5—汽水分离器；6—铸铁省煤器；7—空气预热器；
8—对流管束下集箱；9—侧水冷壁；10—对流管束；11—蒸汽过热器；12—飞灰回收再燃装置；13—风道

为了保证有足够大的炉膛体积和流经对流管束的烟速，同时也便于从运行的侧面窥视和操作，采用对流管束短、水冷壁管长的锅炉结构，对流管束下集箱的标高比炉排面高；由于高温的炉膛被对流管束包围，两侧炉墙所接触的烟气温度较低，这不但减少了散热损失，而且为配置较薄的轻质炉墙提供了可能性。

此型锅炉配置了机械风力抛煤机和倒转链条炉排，新煤大部分抛向炉膛后部，并在此开始着火燃烧。随着链条炉排的由后向前逐渐移动，煤也逐渐烧尽，最后灰渣在锅炉前端落入灰渣斗。炉内高温烟气经靠近前墙的左右两侧的狭长的烟囱进入对流烟道，烟气由前向后流动，横向冲刷对流管束。蒸汽过热器就布置在右侧前半部对流烟道中，是对流受热面的一部分。在炉后的顶部，左右两侧的烟气相汇合，折转 90°向下，依次流过铸铁省煤器和空气预热器，经除尘器最后排入烟囱。

由于采用了抛煤机，此炉型内不设置前、后拱，并由于燃料在抛洒过程中就受热焦化，并在抛煤机的风力作用下，部分细屑燃料悬浮于炉膛空间燃烧，从而可以提高炉排可见热强度，即可减缩炉排面积，但这种细屑的粒径较大，燃烧条件远不及煤粉炉优越，往往来不及燃尽就飞离炉膛；在对流烟道底部虽设置了飞灰回收再燃装置，可把沉降于烟道里的含炭量较高的飞灰重吹入炉内燃烧，但飞灰不完全燃烧热损失仍旧较大。因此，此型锅炉要求配置有高效除尘装置，不然将会对周围环境造成较为严重的烟尘污染。

燃用油和气的单锅筒纵置式 A 形锅炉如图 3-15 所示，采用全密封承重底盘，由于燃用油和气，锅炉采用两回程微正压燃烧，并且整体快装出厂，所以有些生产厂家又称之为 KDZS 型快装水管锅炉。该类型蒸汽锅炉的额定蒸发量为 20～50t/h，额定蒸气压为 1.0～3.82MPa，额定蒸汽温度为饱和或过热蒸汽温度 250～450℃。该型结构也有热水锅炉。

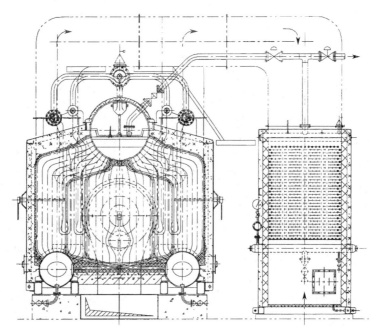

图 3-15　A 形锅炉

② 双锅筒纵置式水管锅炉　在这种锅炉中，上下平行布置的两个锅筒之间装有锅炉管束，两个锅筒的纵向中心线与锅炉的纵向中心线相平行。锅炉的燃烧设备多采用抛煤机手摇炉排、链条炉排或振动炉排，近年来也广泛采用沸腾炉。这种锅炉的结构特点是烟气横向冲刷管束，传热好、紧凑、对称，宜用于整装或叠装。这种水管锅炉的产品形式很多，按照锅炉管束与炉膛布置的相对位置不同，可分为 D 形（锅炉管束旁置）和 O 形（锅炉管束后置）两种布置结构。

a. 双锅筒纵置式 D 形水管锅炉　双锅筒纵置式水管锅炉大多采用 D 形。这是因为在这类锅炉中，炉膛布置在锅炉的一侧，上、下锅筒及其间的锅炉管束布置在另一侧面与炉膛并列，对流管束与炉内水冷壁的布置看起来像"D"，因而称为 D 形布置。

图 3-16 所示为一台配置链条炉的 D 形锅炉。炉膛在右，四周均布水冷壁，左右侧水冷壁管的上端直接接于上锅筒，下端则分别接于前、后下集箱，兼作防焦箱；前后水冷壁分别通过上、下集箱与锅筒相连，构成四个独立的水循环回路系统。因锅炉组装出厂，为了有效

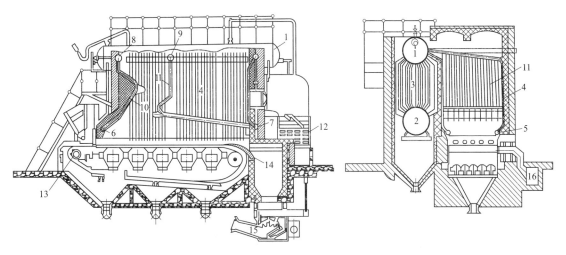

图 3-16　SZL4-1.25-P 型锅炉（D 形锅炉）

1—上锅筒；2—下锅筒；3—对流管束；4—侧水冷壁；5—侧集箱；6—前下集箱；7—后下集箱；
8—前上集箱；9—后上集箱；10—前水冷壁；11—后水冷壁；12—省煤器；13—链条炉排；
14—排渣板；15—马丁出渣机；16—风道

降低运输高度，前后水冷壁的上集箱是直接径向插入上锅筒的。

采用双锅筒 D 形布置，除了具有水容量大的优点外，对流管束的布置也较方便，只要用改变上下锅筒之间的距离、横向管排数目和管间距等方法，即可把烟速调整在较为经济合理的范围内，节约燃料和金属。另外，D 形锅炉的炉膛可以狭长布置，利于采用机械化炉排和燃油炉、燃气炉。2～6t/h 的锅炉一般采用链条炉排、往复炉排、振动炉排等燃烧设备，6t/h 以上的锅炉配置链条炉排或燃油、燃气炉。

图 3-17 所示是天津宝成集团生产的 D 形燃油、燃气锅炉，它的炉膛与纵置双

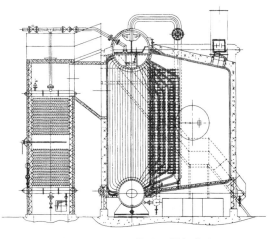

图 3-17　SZS 型燃油、燃气蒸汽
锅炉（D 形锅炉）

锅筒和胀接其间的管束所组成的对流受热面烟道平行设置，各居一侧。炉膛四壁均布水冷壁管，其中一侧水冷壁管直接引入上锅筒，封盖了炉顶，犹如"D"字。在对流烟道中设置折烟隔板，以组织烟气流对管束的横向冲刷。折烟隔板有垂直和水平微倾布置两种，后者多用于少灰的燃油锅炉。

图 3-17 所示的 D 形锅炉采用三回程微正压燃烧，散装出厂。该类蒸汽锅炉的额定蒸发量为 20～100t/h，额定蒸气压为 1.0～3.80MPa，额定蒸汽温度为饱和或过热蒸汽温度 250～450℃。

b. O 形抛煤机纵置锅筒水管锅炉　使用抛煤机时除上述的 A 形单锅筒锅炉外，也有双锅筒纵置式水管锅炉，通常采用炉膛在前，锅炉管束前后布置的形式，从炉前（正面）看，居中的纵置双锅筒及其间的锅炉管束呈现为"O"的形状，因此常称为 O 形锅炉。图 3-18

所示 SZL 型锅炉上锅筒长、下锅筒短，上锅筒延伸至整个锅炉的前后长度，两侧水冷壁上端弯曲后微向上倾斜，直接接入上锅筒，呈"人"字形连接，形成双坡形炉顶，居中的双锅筒及其间的锅炉管束呈"O"形，采用链条炉排。它在制造厂组装成两大部件出厂，以锅炉受热面为主体组成上部大件，以燃烧设备为主体组成下部大件；省煤器则另外布置于锅炉后面，现场安装方便，就位后接上烟道、汽、水管道以及必要的仪表附件即可投入运行。

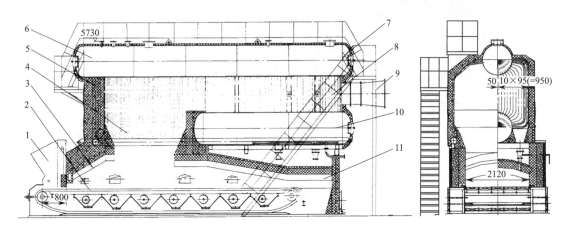

图 3-18 SZL 型锅炉（O 形锅炉）

1—煤斗；2—链条炉排；3—前拱；4—侧墙水冷壁；5—下降管；6—上锅筒；7—第一对流管束；

8—第二对流管束；9—烟气出口至省煤器；10—下锅筒；11—后拱

　　SZL 型长短包蒸汽锅炉在炉膛四周密排布置水冷壁，在后端上下锅筒之间布置有对流管束。在炉膛和对流管束之间的烟道中设置燃尽室。燃烧后的高温烟气从炉膛后侧进入燃尽室，在对流烟道内顺着折烟墙呈"U"形流动，横向冲刷管束，之后引至尾部单独布置的鳍片式铸铁省煤器，再进入除尘器而由引风机经烟囱排入大气。上锅筒也可以为短锅筒，此时两侧水冷壁分别设置上集箱，再由汽水引出管将上集箱和锅筒连通。水冷壁下端分别接有下集箱，借下降管构成水的循环流动。

　　该锅炉的燃烧设备是链条炉排，采用一齿差无级变速齿轮箱驱动，可任意调节炉排速度以适应负荷波动的需要。锅炉采用双侧进风，通风均匀，并配有刮板式出渣机除灰渣。

　　此型锅炉具有结构紧凑、金属耗量低、水容积大及水循环可靠等特点，它的制造和部件总装均在制造厂完成，既能保证质量，又可缩短现场安装周期。此外，它的锅炉房可以单层布置，从而节省锅炉房的基建投资。

　　SZL 型蒸汽锅炉的额定蒸发量为 6～25t/h，额定蒸汽压为 0.7～1.6MPa，额定蒸汽温度为饱和过热蒸汽温度 250～410℃。

　　除蒸汽锅炉外，此型锅炉还有热水锅炉。抛煤机加活动炉排（手摇翻转炉排）以及抛煤机加倒转链条炉排两种炉型，容量分别可达 10t/h 和 20t/h。

　　对于沸腾燃烧纵置式锅筒锅炉，还有单锅筒的，如 DZF10-13/250 型锅炉。

（4）角管式水管锅炉

　　角管式水管锅炉通常只设置一个锅筒，横置或纵置。它在锅炉四角布置以 4 根大直径厚壁下降管与锅筒、水冷壁、上下集箱、旗形对流受热面以及加强梁等组成框架式结构。它利用管路系统作为整台锅炉的骨架，由其承载锅炉的全部重量，所以也称管架式锅炉或无钢架锅炉。

图 3-19 所示为一典型的角管式水管锅炉管路系统，在锅炉的四角由 4 根大直径下降管与集箱等组成锅炉承重的构架。4 根下降管的下端与锅炉受热面的所有下集箱沟通，汽水混合物沿受热面上升进入上集箱，并在其中进行汽水的初步分离，蒸汽通过上集箱顶部的引导管进入集汽管，最后进入锅筒。分离出来的饱和水经前、后下降管再供给蒸发受热器（上升管）参加下一循环。其他类型的水管锅炉的循环倍率很大，约为 85～150，进入锅筒的汽水混合物流量相当可观，但角管式锅炉因其汽水混合物在上集箱中进行了初分离，使很大一部分饱和水不回到上锅筒，大大减少了锅筒的汽水分离负荷。在相同的分离空间和分离高度的条件下，角管式锅炉的饱和蒸汽品质相比其他锅炉大为提高。由于减少了汽水混合物对锅筒内锅水的扰动，对保持锅炉水位的稳定十分有利。此外，饱和水的动能没有在锅筒内释放，直接进入下降管或再循环管再循环，增加了循环有效压力，对提高水循环安全性也起到了积极作用。

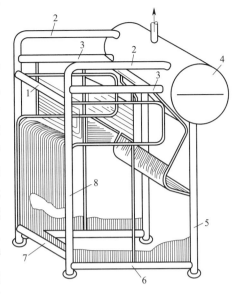

图 3-19 角管式水管锅炉的管路系统
1—横下集管；2—蒸汽引导管；3—纵上集箱；
4—锅筒；5—下降管；6—纵下集箱；
7—横下集箱；8—再循环管

此型锅炉的炉膛四周及中间隔墙采用膜式水冷壁全密封结构。膜式水冷壁通常由 $\phi60mm×4mm$ 的无缝钢管与 20mm 宽的扁钢焊接而成。在对流烟道中布置有旗式对流受热面，大量对流受面管子自后烟道中膜式水冷壁管子引出，组成形似一面面旗帜，旗式受热面管子一般为 $\phi38mm×4mm$ 的无缝钢管。

采用旗式对流受热面是角管式锅炉的又一结构特点。这种结构省却了一只下锅筒，上锅筒也不必钻开密集的密孔，从而减薄了锅筒厚度、降低了钢耗。同时，旗式受热面管子与膜式水冷壁管子的焊接条件大为改善，且使锅筒置于烟道之外成为可能，不受烟气冲刷。大量旗式受热面被封闭在膜式水冷壁烟道中，没有穿墙管，也就不存在漏风情况。旗式受热面的应用，既节约了钢材，改进了工艺，降低了制造成本，还有利于提高锅炉的运行效率。

由于采用膜式水冷壁全封闭结构，炉墙不与火焰和高温烟气接触，使炉墙变得十分简单，只需在水冷壁外侧敷设一定厚度的轻质保温材料，外面再包以外护板，整台锅炉外形美观整洁。轻质保温材料还可以随水冷壁一起胀缩，避免了重型锅炉炉墙处理不当时发生开裂漏风现象，同时也为锅炉基础减轻了载荷。

角管式水管锅炉引进的链条炉排也是鳞片式炉排，但它具有自己的特点，与传统的鳞片式炉排在结构上有着很大的不同：①炉排片的高宽比较大，冷却性能好，煤种适应能力强，可以燃用烟煤，也适合无烟煤的燃用；②通风截面较小，通风间隙分布均匀，风仓内的风压比传统鳞片式炉排的分段风室高 100～200Pa，保证了炉排送风的均匀性；③炉排片设计倾角为 45°，而传统的鳞片式炉排片的倾角是 60°，因其独特的构造，有效地防止了漏煤，漏煤损失可降低一半以上；④炉排片制造精度高，装配间隙小，密封性能好，能在炉排下建立起较高的风压，同时也减少了故障的发生；⑤炉排片极少发生掉片现象，即使发生个别炉排片掉落，也不必停止炉排运行，可方便地将备用炉排片换上。

我国目前运行着的链条炉排锅炉大部分采用分仓式进风结构，存在严重的配风不均匀性。通常是进风侧由于静压低进风量少，使之燃烧不完全，而另一侧则风量过剩。角管式锅炉采用等压风仓结构，鳞片式炉排的炉排面下是一个大的等压风仓，实施统仓送风。一次风经由两侧送入，等压风仓和炉排面之间布置有若干组可调节的小调风门，外面有一个手柄，通过连杆可调节一组调节风门。通过调节这些小调风门的开度，即可控制煤随炉排移动时各个燃烧阶段所需的供风量，做到合理配风。这样，既有利于控制空气过量系数，提高燃烧中心的温度和燃烧效率，也有效减少了固体不完全燃烧损失。

由于角管式锅炉独特的技术优势，特别是 DHL 系列的角管式锅炉已在我国得到广泛应用，形成了蒸汽锅炉和热水锅炉两大系列，并正向大容量方向发展。蒸汽锅炉的容量已从 10t/h 发展到 220t/h，热水锅炉已从 7MW 发展到了目前的 160MW。

3.3　热水锅炉

在采暖工程中，热媒有热水和蒸汽两种。由于热水与蒸汽相比泄漏量小、管路损失小，取暖具有节约燃料（可节约燃料 20%～30%）、易于调温、运行安全和供暖房间温度波动小等优点，同时国家对热媒又作了政策性规定，要求大力发展热水供暖系统，因此，作为直接生产热水的设备——热水锅炉随之得到了迅速的发展。

与蒸汽锅炉相比，热水锅炉的最大特点是锅内介质不发生相变，始终都是水。为防汽化，保证安全运行，其出口水温通常控制在比工作压力的饱和温度低 25℃ 左右。正因为如此，热水锅炉无需蒸发受热面和汽水分离装置，一般也不设置水位表，有的连锅筒也没有，结构比较简单。其次，传热温差大，受热面一般不结水垢，热阻小，传热情况良好，热效率高，既节约燃料，又节省钢材，钢耗量比同容量的蒸汽锅炉约可降低 30%。再者，对水质要求较低（但须除氧，并注意补给水处理以避免锅炉严重结垢而烧损受热面），受压元件工作温度低，又无需监视水位，热水锅炉的安全可靠性较好，操作也较简便。

热水锅炉的结构形式与蒸汽锅炉基本相同，也有烟管（锅壳式）、水管和烟、水管组合式三类。按生产热水的温度，可分为低温热水锅炉和高温热水锅炉两类，前者送出的热水温度一般不高于 95℃，后者的出口水温则高于常压下的沸点温度，通常为 130℃，高的可达 180℃。但是在这类锅炉中由于没有蒸汽锅炉汽水那样大的密度差，所以热水在锅内的流动方式是最关键的。通常热水锅炉可按热水的流动方式分为强制流动（直流式）和自然循环以及二者均具的复合循环几大类。

▎3.3.1　强制流动热水锅炉

强制流动热水锅炉是靠循环水泵提供动力使水在锅炉各受热面中流动换热的。这类锅炉通常不设置锅筒，受热面由多组管和集箱组合而成，结构紧凑，制造、安装方便，钢耗量少，也称为直流式热水锅炉，我国早期生产的热水锅炉和国外大容量热水锅炉大多采用这种强制流动的方式。

此型热水锅炉以往习惯称为强制循环热水锅炉，其实水在锅内并非循环流动，而是作一次性通过的强制流动；只有在整个供热系统内，热水才是强制循环流动的。根据锅炉中水和烟气的相对流向，强制流动热水锅炉的受热面有顺流式、逆流式和混流式三种布置形式。顺流式锅炉中水和烟气的流动方向一致，即系统回水由锅炉前端进入，热水在尾部受热面末端引出。这种布置形式，水和烟气之间温差小，传热效果差，但尾部受热面因内侧水温较高，有利于防止低温腐蚀和积灰。逆流式热水锅炉，由尾部受热面进水，锅炉前端出水，其优缺点正好与顺流式相反。混流式热水锅炉介于二者之间，受热面布置既有顺流部分，又有逆流部分。由于烟气侧的低温腐蚀是热水锅炉有待解决的严重问题之一，所以目前生产的强制流动热水锅炉一般采用顺流式或混合式布置。

强制流动热水锅炉没有锅筒，水容积小，运行时水质又较差，如果设计不尽完善，会发生结垢、爆管等危及锅炉安全的事故，因此，对于强制流动热水锅炉，《热水锅炉安全技术监察规程》明确规定，必须进行水力计算，以保证锅炉受热面布置的合理和工作的安全可靠。

设计时，要使每一回路的各平行并列管受热均匀，尽量减少由于受热不均匀而造成的热偏差。由于热水锅炉的集箱效应——沿集箱长度方向静压变化是造成平行并列管流量偏差的重要因素，要正确选择连接方式，如采用分散引入及分散引出系统等；尽可能加大集箱直径，必要时可在受热管子进口处加装节流圈，以减少并联管组各管子之间的流速和出口水温偏差。为避免管组中的水发生流量的多值性，水冷壁中的水不宜采用上升—下降两行程或更多行程的结构形式。此外，强制流动热水锅炉的流动阻力要适当，不同受热面的管内平均水速一般在表 3-3 所列数值范围内选取，锅炉总阻力大体控制在 $0.1 \sim 0.15 \mathrm{MPa}$ 之间。

表 3-3　不同受热面的管内平均水速

受热面工况	平均水速/（m/s）	受热面工况	平均水速/（m/s）
下降流动受热面较弱的水冷壁	1.0～1.2	下降流动的对流受热面管	1.0～1.2
下降流动受热面较强的水冷壁	1.5～1.6	上升流动的对流受热面积	0.5～0.8
上升流动的所有水冷壁	0.6～0.8		

强制流动热水锅炉的受热面系统有串联和关联两种。串联布置时水速、流量易于控制，运行比较安全，但行程长，流动阻力较大。一些小容量热水锅炉，常采用并联方式，但要特别注意水流量分配的均匀性，不然个别并列管中可能会发生汽化，从而影响锅炉的正常运行。

在运行中遇到突然停电、停泵时，因强制流动热水锅炉水容积小，其适应能力差，极易由于炉子，特别是层燃炉的热惰性使受热面管内的水汽化；同时锅炉及热网的压力随停泵而降低，局部地区的管网也可能发生汽化而引起水击，危及设备的安全。因此，此型锅炉应有可靠的停电保护措施。

根据长期运行经验，强制流动热水锅炉的有效停电保护措施有采用其他办法向锅炉补水、设置放汽阀放汽、选用适当的管径和加快炉膛冷却等。停电时，可采用汽动水泵补水；对低压、低温热水锅炉也可用自来水或高位水箱补水，对高压、高温热水锅炉，则可用压力罐或高位水塔补水，以降低锅内水温，减少产汽量。采用放汽阀放汽时，停电后待锅炉压力上升至一定值即开启安装在锅炉每一回路顶部的人工放汽阀或自动放汽阀，使锅炉压力保持在较低值，以便利用自来水等其他水源向锅炉补水。需要注意的是恢复供电后，要先开补给水泵充水，同时通过放汽阀将余汽排尽，再启动循环水泵投入正常运行。适当选用受热面管子的直径可使突然停电后管中水的速度降至接近于零，有利于管内的水自身形成自然对流来冷却管壁。水冷壁管的内径一般要求不小于 45mm，对流受热面管的内径则应不小于 32mm。当遇上停电、停泵时，锅炉的送、引风机也停止工作，此时，应立即打开炉膛上的所有门孔、省煤器的旁通烟道等；对于小型层燃热水锅炉，还可采用压火等紧急措施以加速

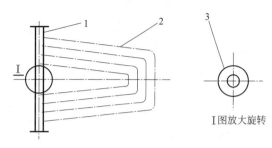

图 3-20　角管式锅炉的屏架型旗式受热面
1—旗杆集箱；2—旗式受热面；3—隔板

炉膛冷却。

　　角管锅炉是二战时期德国为了战地供热需要而出现的汽车锅炉。为了便于运输和缩小体积、节省钢材，原设计角管锅炉均采用膜式水冷壁和旗式对流受热面。屏架型旗式受热面如图 3-20 所示，其形状如同旗帜一样，多组旗式受热面布置在炉膛后部。辐射受热面循环回路的下降管与旗式受热面竖立的旗杆——集箱可以作为受热面部件的支撑柱，代替了锅炉钢架，节省钢材，角管锅炉的名称也由此而来。

　　在旗式受热面循环回路设计中，旗杆内焊有的隔板上开有约 10mm 的小孔，如图 3-20 中部件Ⅰ的放大旋转所示，其主要作用在于，当因停电或某种故障循环水泵突然停止运转时，旗杆中的小孔所能流通的通道成了旗杆式受热面循环回路的下降管，旗杆与受热面组成了自然循环回路，由此具有良好的停电保护性能。

　　图 3-21 所示的 QXL14-1.0/115-AⅡ型角管式锅炉取消了膜式水冷壁，选配适用我国Ⅱ、Ⅲ类烟煤的前后拱。旗式受热面管子尺寸加大一号，原直径 38mm 的管子改用直径为 45mm，其水路连接如图 3-22 所示。

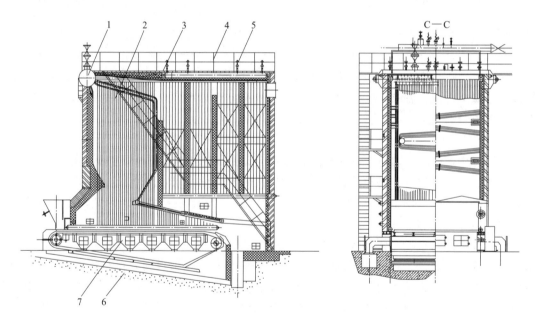

图 3-21　QXL14-1.0/115-AⅡ型角管式锅炉
1—锅筒；2—水冷壁；3—钢架；4—平台扶梯；5—阀门；6—锅炉基础；7—炉排

　　锅炉进水直接进入第一组旗式受热面下集箱作上升流动，在第二组旗式受热面作下降流动，在第三组旗式受热面作上升流动，经第四组旗式受热面作下降流动进入炉膛后墙水冷壁下集箱。水在旗式受热面中的流动与烟气流呈顺流布置。进入后墙水冷壁的水作上升流动，进入到两侧墙水冷壁上集箱。经过两侧墙水冷壁下降流动后，进入前墙水冷壁上升流动进入锅筒，由锅筒汇集后离开锅炉。

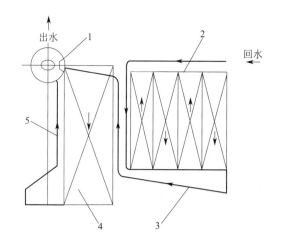

图 3-22　QXL14-1.0/115-A Ⅱ 型角
管式锅炉的水流程图
1—锅筒；2—旗式受热面；3—后墙水冷壁；
4—侧墙水冷壁；5—前墙水冷壁

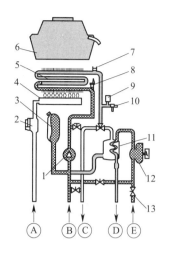

图 3-23　壁挂式强制循环热水锅炉结构示意图
Ⓐ—燃气入口；Ⓑ—采暖回水；Ⓒ—采暖供水；
Ⓓ—生活热水出口；Ⓔ—冷水入口
1—循环水泵；2—燃气阀；3—膨胀水箱；4—燃烧器；
5—主换热器；6—烟箱；7—水安全恒温器；8—排气阀；
9—加热系统安全阀；10—系统排水阀；11—热水换热器；
12—水保护器；13—调节阀

由于是强制循环，无论是辐射受热面还是对流受热面内水的流动速度都较高，均达到 0.7m/s 以上，锅炉的流动阻力较大。其不足是无法清洗受热面管内的水垢和烟垢，难以长久保证锅炉的运行热效率。

DHL（QXL）型角管系列热水锅炉的额定功率为 14～87MW，额定出水压力为 0.7～1.6MPa，额定出水/进水温度为 95～150℃/70～90℃。

图 3-23 所示为一壁挂式强制循环热水锅炉的结构简图，它是集供暖和生活热水供应于一体的全自动家用热水锅炉，主要由燃烧、通风、热交换、水循环及自动控制等系统组成。

此型锅炉燃用天然气或液化石油气，经由燃气调节阀调节送至燃烧器燃烧。燃烧所需空气全部从室外吸入，燃烧生成的烟气由顶部烟箱集中排至室外大气，即采用的是平衡通风方式，吸、排气筒为一同心套管，外层套管为吸入空气的通道，内管则排放热烟气，它们利用热烟气和空气的密度差作为流动循环动力，随着热负荷的大小进行自动调节。满负荷运行时，产生的烟气量大，流动压力大，吸入供燃烧的空气量也大，反之则烟气量和空气量都减少。

此型锅炉采用大气式不锈钢制燃烧器，保证火焰燃烧充分、完全，燃烧效率在 93% 以上。主换热器为铜制复合式换热器，采用特殊结构和工艺，具有较高的传热性能和较长的使用寿命，且能减少水垢的形成，换热效率达到 92.2%。锅炉内置高性能三级调速、自动排气的循环水泵，为供暖系统和生活用水提供循环动力，保证锅炉产生的热量及时、快速地输送至用户。为了给供热系统提供膨胀空间，锅炉内置有一个 8L 的膨胀水箱。

壁挂式燃气热水锅炉一般为满足家庭热水和供暖的需要而配置，锅炉运行的安全特别重要。因此，它设置有熄火、起压、缺水、限温、过热、防冻以及防止倒风等一系列保护和自动控制装置。水流开关向控制系统传输用户热水需求的信号，决定锅炉的工作状态，并根据水流大小的变化相应地调整火焰，确保生活热水温度的恒定；水流开关要求的最小流量为 2.5L/min。水压开关是保证系统运行最低压力的装置，正常情况下，当系统初始压力达到 0.8～1.0bar 时，水压开关才能测到信号，锅炉才能正常启动和运行，从而始终保证锅炉处于有压运行状态。当锅炉由于运行不正常导致热交换热器内部温度超过 88℃时，极限温度控制器发出指令，燃气阀门关闭，锅炉停止工作。万一极限温度控制器失灵，换热器内部温度继续上升，当超过 100℃时，安全温度控制器启动，立即关闭燃气阀，强制锅炉停运。

该锅炉是以提供生活热水优先、兼顾供暖的壁挂式燃气锅炉，其结构紧凑、体积小，安装方便——悬挂在超过人体高度的墙壁上即可；可以省去中间换热环节带来的能量损失，也没有常规供热系统的管网和设备的漏损与散热损失，提高了能源利用率。此外，家用壁挂式锅炉燃用的是洁净的天然气或液化石油气，排放烟气中的 SO_2 和 NO_x 含量很少，有利于保护环境。

壁挂式燃气热水锅炉的容量一般为 11.6～34.9kW。

3.3.2 自然循环热水锅炉及其改型

自然循环热水锅炉，其锅内水的循环流动主要是靠下降管和上升管中的因水温不同而引起的密度差，但因水的密度随温度的变化不大，且锅内水的温升又有限，与蒸汽锅炉的自然循环以水、汽的密度差为基础相比较，热水锅炉自然循环的驱动力——流动压头要小得多，因此，采用自然循环方式的热水锅炉，水循环的可靠性是关键。

在自然循环热水锅炉中，由下降管和上升管等组成的闭合系统称为回路。任何一台锅炉都是由若干回路组成的，根据理论和实践经验，为保证自然循环热水锅炉水循环的安全可靠，首先要合理设计循环回路，尽可能使回路结构简单。如水冷壁垂直布置，尽量直接引入锅筒，而不采用带上联箱的结构；水冷壁与对流受热面不宜共用一个下集箱；对于层燃炉，当采用前、后拱管时，应适当加大下降管和上升管的截面比等，其目的是有效降低循环回路的流动阻力。其次，要合理配置锅内装置，包括回水引入管、回水分配管、热水引出管、集水管、集水孔隔板装置等，便于组织锅内水的混合和分配，以降低下降管入口水温和使上升管出口水温均匀并增大欠热，防止上升管内产生过冷沸腾；同时，也可使热水在锅筒长度方向上较为均匀地引出。第三，要尽可能增大循环回路的高度和适当放大下降管和上升管的截面比（一般不小于 0.45），以提高循环流动压头，加快循环流动速度。

(1) 卧式烟管热水锅炉

图 3-24 是一台燃油、气的烟管热水锅炉，主要由锅壳、前后管板和炉胆、折烟室、封头和烟管组成。此型锅炉的前后封头不同：前封头是平封头，后封头是凸封头。管板和锅壳以及炉胆和凸形封头之间是全焊接结构。烟气也是三回程：燃烧器在前端，火焰在炉胆内由前向后流动是第一回程；第二回程由后向前流动，经过前端的折烟箱再向后流动为第三回程。由于烟气温度高、体积流量大，第二回程的烟管直径比第三回程大。

此型热水锅炉的回（进）水设于前上方，出水口在后上方，低温的回水被安装在入口处的引射装置喷射，迅速与热水混合，提高温度，进入到锅水的自然循环中，加热成高温热水后引出。此型锅炉是纯自然循环锅炉，但是它没有水管结构，且回水入口处的引射装置起到促进循环的效果。

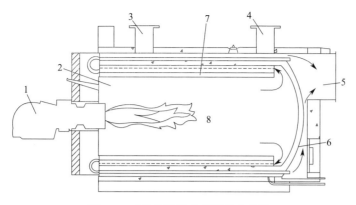

图 3-24　WNS 型卧式烟管热水锅炉

1—燃烧器；2—炉膛；3—回（进）水管（口）；4—热水出口管；

5—烟气出口管；6—封头；7—烟管管束；8—炉胆

（2）快装自然循环热水锅炉及其改型

图 3-25 所示为 DZL 型快装自然循环热水锅炉，其额定热功率为 1.4MW，允许工作压力为 0.7MPa，额定出水/进水温度为 95/75℃，设计煤种为 Ⅱ 类烟煤，采用上部纵置单锅壳水火管组合结构。锅炉受压件由上置单锅壳、下置两集箱（两侧各一个）以及在锅壳与两集箱之间布置的水管受热面组成。水管规格为 $\phi51\text{mm}\times3\text{mm}$，其中一部分水管由锅壳最下部引入锅壳，并在其上部浇筑有耐火隔墙，形成"翼形烟道"结构；其他水管则从翼形烟道内引入锅壳，这样暴露在炉膛内的水管形成了炉膛辐射受热面，而在翼形烟道内的部分则构成了第一级水管对流受热面。锅壳内布置有螺纹烟管受热面，作为第二级对流受热面。

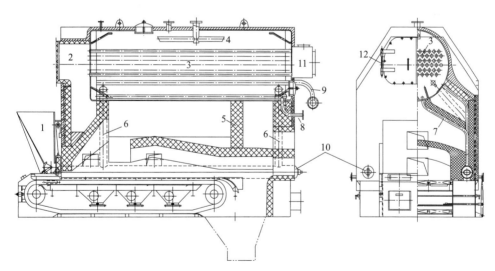

图 3-25　DZL1.4-0.7-95/70-AⅡ型自然循环热水锅炉

1—煤斗；2—前烟箱；3—螺纹烟管；4—集水管；5—隔墙；6—下降管；7—上升管；

8—排污管；9—回水管；10—下集箱；11—后烟箱；12—水位计

高温烟气先经燃尽室后转弯进入两侧翼形烟道，冲刷水管对流受热面，将烟温降至750℃左右，然后进入螺纹烟管受热面，纵向冲刷螺纹烟管后烟温已降至合理排烟温度，经后烟箱汇集后，进入除尘器等设备处理后由烟囱排入大气。

该型锅炉由于采用了"翼型烟道"技术，使锅壳底部被翼型烟道保护起来，免受高温辐射，并且使锅壳下部容易产生泥渣沉积的"死水区"变为"活水区"（构成翼型烟道的上升管是由锅筒下部引入的），同时翼型烟道又使前管板烟温由炉膛出口的 1000℃左右（老型 DZL 产品高温区管板的烟气温度）降低到 750℃左右（烟温高于 800℃是产生管板裂纹的必要条件），因此翼型烟道技术是新一代 DZL 型锅炉的最重要的技术特征，它同时解决了"肚皮鼓包"和"管板裂纹"的问题；同时该型锅炉采用了单回程螺纹烟管，强化传热、减少烟气回程、减小管端焊缝应力，所以该型锅炉取消了省煤器，同时使锅壳直径明显缩小，降低了锅炉高度。

在水循环方面，大口径集中下降管的应用，增大了下降管与上升管的截面比；简单的水循环回路，使热负荷均匀；增大下集箱直径，减小了集箱效应；采用回水引射技术，增加了上升管循环水速；部分回水引向高温管板，防止前管板发生过冷沸腾。因此，该型锅炉水循环安全可靠，而且由于锅炉结构简单、水容量大且采用自然循环方式，因此锅炉循环泵运行电耗低，锅炉停电保护性能好。

锅炉后拱尾部的燃尽室对炉内烟尘进行粗分离，降低了原始排尘浓度，满足国家标准要求。锅炉配套新型链带式轻型炉排，采用双侧送风风道及双侧调风风室，结合强辐射型锅炉前、后拱，保证煤的强化燃烧及燃尽，提高燃烧效率。

当容量增大时，例如 DZL1.0-1.0-115/70-AⅡ型锅炉，除采用上述技术外，为了保证水循环，采用了下降管入口引射方式，增加了水冷壁上升管的水流量，将上升水流动速度提高到 0.4m/s 以上，这对防止高温段水冷壁受热面内发生过冷沸腾是十分有利的。

由于下降管入口引射装置的作用，该型锅炉结构虽然是自然循环热水锅炉，但在循环水泵的运行状态下，锅炉内水管部分的水循环则变为了强制循环。水的流动行程是固定的，即：锅炉进水分配管→引射喷嘴→下降管→集箱→水冷壁上升管→锅筒→烟火管→集水管→热水引出管。由进水至出水的整个流程是在循环水泵提供的流动压头下完成的。由于引射作用而被卷吸入下降管的水量，虽然自始至终在下降管与上升管中不断循环，但造成这种循环的流动压头仍然是来自循环水泵提供的流动压头。一旦循环水泵停止运转时，锅炉的水循环马上又转入了自然循环流动，因此该型锅炉具有良好的停电保护性能。

（3）下置锅壳式水火管热水锅炉

水火管锅炉一直占据着我国工业锅炉生产数量第一的位置，尤其是近十多年来，大容量水火管燃煤热水锅炉发展迅速，单机热功率已发展到 29MW、46MW、58MW、70MW、91MW，甚至于发展到 116MW。在大型锅炉上采用螺纹烟管，具有结构简单、传热系数大、布置紧凑、安装检修方便、不漏风等诸多优势，近年来发展起来的 DZL 型下置锅壳式热水锅炉就是此类锅炉，在大型热水锅炉市场占有率很高。

DZL 型下置锅壳热水锅炉采用上置单锅壳，下置多锅壳（内有火管）、纵置式、链条炉排结构，由于下置多锅壳，已经不是传统的 DZL 锅炉的概念。炉膛布置在前部，由两侧下集箱与上锅筒之间布置的水冷壁管，前后集箱与上锅筒之间布置的前后拱水冷壁管围成，后拱还布置一个上联箱。烟气出口设在后拱上联箱上部的两侧。锅炉的后部两侧各设有一个侧后集箱，与上锅筒之间布置有燃尽室水冷壁管。上锅筒与下锅壳之间布置有一组大节距对流管束，对流管束的两侧布置有隔烟墙，靠近锅炉后墙一端的两侧布置有烟气进口，靠近后拱一端为烟气出口，并与后拱、两侧隔墙、锅壳前部隔墙一起围成一个烟室，使烟气均匀分布到下部锅壳内布置的烟管中，经烟管后的烟气进入后烟箱。锅炉的水冷壁采用光管结构时，炉墙采用改良型重型炉墙；锅炉的水冷壁采用膜式水冷壁时，炉墙采用轻型炉墙与全护板结构。钢架起支撑锅炉和加固炉墙的作用。锅炉的燃烧方式为层燃方式，燃烧设备采用鳞片式炉排或横梁式炉排。DZL 型下置锅壳式热水锅炉如图 3-26 所示。

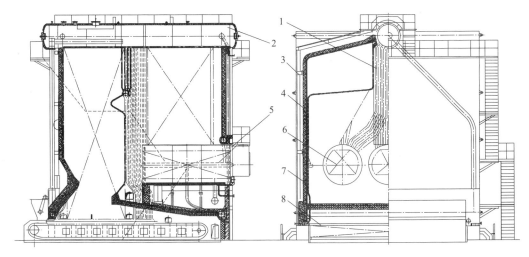

图 3-26　DZL 型下置锅壳式热水锅炉

1—对流管束；2—锅筒；3—钢架；4—炉墙；5—锅壳；6—烟火管；7—水冷管；8—炉排

91MW 及以上的大吨位锅炉采用独立双炉排及风室等压送风技术，并在两炉排之间布置有水冷防焦箱及水冷壁管。DZL 型下置锅壳热水锅炉的主要特点表现在：

① 采用下置锅壳技术，配合主钢架支撑，虽然锅炉的钢耗略有增加，但锅炉的结构稳定性、抗震性能等得到很好的保证，且锅壳底部不受热，解决了锅壳底部鼓包的问题。

② 降低前管板入口烟温至 600℃ 以下，预防了管板裂纹问题；还使烟管进出口烟气温差降低到 450℃ 左右，使进口烟速低于常规设计值 5m/s 左右，而出口烟速高于常规设计值 5m/s 左右，解决了烟管入口磨损、出口积灰的问题。

③ 采用下置锅壳给水，渣、垢直接沉积在不受热的下锅壳底部，使水管部分水质得到进一步提高，降低了水管爆管的可能性，并能适应循环水中夹带泥沙的工况。

④ 不设置传统的空气预热器，炉膛主燃区温度更容易控制在合理值，NO_x 的生成量会有一个较低值。

⑤ 锅炉在炉膛和燃尽室采取两次沉降结构；沿烟气流程实现 4 次烟速的突变；沿烟气流程实现两次 90°、两次 180° 的烟气流动方向的改变，这些均为典型的炉内烟尘惯性分离结构，不但有很好的烟尘分离效果，并且烟气阻力很低。烟气进入到水管对流管束之前，已经完成了主要的烟尘分离，因此，该系列锅炉的大量对流受热面均处于较洁净的烟气环境下。

3.3.3　复合循环热水锅炉

复合循环热水锅炉的辐射受热面为自然循环，对流受热面则采用强制流动（直流）方式工作。对流受热面采用蛇形管结构，相当于蒸汽锅炉中的钢管省煤器。图 3-27 所示的 DHL29-1.6/150/90-AⅢ 型热水锅炉是这类锅炉的一种典型形式。锅炉为单锅筒横置式链条炉，受热面呈门形布置，由自然循环的辐射受热面——水冷壁和强制循环的对流受热面——

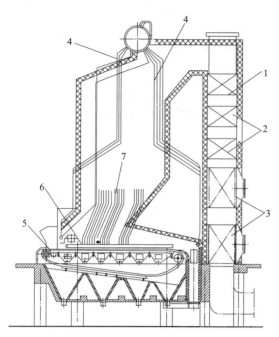

图 3-27　DHL29-1.6/150/90-AⅢ型热水锅炉

1——级省煤器；2—二级省煤器；3—空气预热器；
4—下降管；5—炉排；6—下集箱；7—水冷壁

钢管省煤器叠加而成；两侧墙水冷壁前后组成两个独立的循环回路，因此水冷壁辐射受热面共有 6 个独立的循环回路，对流受热面为蛇形钢管省煤器，分两级布置在竖井内，尾部烟道设置有两级管式空气预热器。

燃烧设备采用大鳞片式链条炉排，两侧进风，适应Ⅲ类烟煤燃烧，采用低而长的后拱（倾角为 11°），与前拱配合以达到加强气流扰动和改善炉膛充满度的目的。烟气在后上方沿炉膛宽度均匀地进入水平过渡烟道，再转折向下，依次流经对流受热面和空气预热器后排至炉外。

对于燃用含硫量较高的燃料，为防止低温区对流受热面的腐蚀，采用回水先进炉内辐射受热面——水冷壁，后经锅筒再进对流受热面的流动方式，以提高尾部受热面的壁温，同时又可避免汽化、水击事故的发生。进水在锅筒内被进水分配管送到两侧下降管区域，在炉膛水冷壁 6 个独立的循环回路中依靠自然循环流动吸热后，又汇集到锅筒。

为了保证出水均匀，可将出水沿锅筒长度直接引出顶棚管进入尾部钢管省煤器强制循环流动。整个省煤器包括 3 个蛇形管组，其中一级为一组，二级为二组。为了降低在省煤器受热面内的流动阻力，两级省煤器并联，最后由省煤器出口联箱出水；为了保证两级省煤器的出口水温相近，在Ⅱ级省煤器入口处装有调节流量的节流孔板，整个锅炉水的流向与烟气的流向呈顺流布置。

对于容量大于 29MW 的热水锅炉，锅炉本体结构一般均采用"Π"形布置，其结构特点是：①由于炉膛辐射受热面循环系统是自然循环，需要有较高的流动压头来保证循环系统的安全可靠性，而炉膛高度越高，流动压头越大；②较高的炉膛高度保证了额定的炉膛容积，这对于保证一定的炉膛容积热强度是十分有利的，从而能够保证炉内正常的燃烧过程。值得注意的是，同形式的锅炉，当热容量增大时，为了保障安全，水路全部采用强制循环，如 DHL58-1.6/150/90-AⅢ型锅炉在锅筒内部设有隔板，把锅筒分成不同的水空间，以形成固定的循环回路，循环回路上均设有循环泵。尽管整体受热面采用强制循环，但是各个受热面都有相应的下降管与锅筒相连，保证在循环泵停运形成所有回路各自独立的自然循环，使受热面及时被冷却而得到保护。

总的来说，这类锅炉由于部分受热面采用了自然循环方式，工作或者停电时形成了局部的自然循环，具有一定的"自补偿"特性，处于热负荷较强区域的受热面能自动提高循环流动速度以加强对管壁的冷却，从而可有效防止局部管段发生过冷沸腾，提高了锅炉工作的可靠性。此外，因水容积较大，其停电保护能力也得到了一定的增强。

图 3-28 所示为 DHL46-1.6/130/70-AⅢ型角管式热水锅炉，也是一台复合循环热水锅炉。布设于炉膛四周的膜式水冷壁与锅筒、下降管和下集箱组成一个自然循环系统；布设于

后烟道的若干组旗形对流受热面则由循环泵驱动为强制循环系统。

前已提及，角管式锅炉结构上的特点在于一个双重作用的管架系统，它把锅筒、下降管、集箱等水循环系统和构架支撑集于一身，无单独构架或悬吊，稳定性和抗震性好。

此型锅炉的本体由炉膛和后烟道组成，炉膛四周和中间分隔隔墙均采用膜式水冷壁，为全密封结构，几乎没有漏风，不用笨重的耐火和保温砖墙，大大减轻了锅炉的重量。单锅筒设置在炉外，不受热；锅筒内设置有隔板，以防止经由进水集箱送入的热网回水（70℃）与已加热的供水（130℃）串混。由于采用大直径的下降管，且垂直布置，水循环良好。

通道内布置旗式对流受热面，它是大量对流受热面管子自竖直的旗杆及后烟道中膜式水冷壁管引出，组成像一面面旗帜的受热面。对流弯管与旗杆采用焊接连接，上、下接口之间的旗杆中设置有节流孔板，以使水沿旗面方向流动，又不至于在旗杆中形成死区。旗式对流受热面的应用，不仅节约了钢材，改进和简化了制造工艺，降低了成本，也有利于提高锅炉的运行效率。

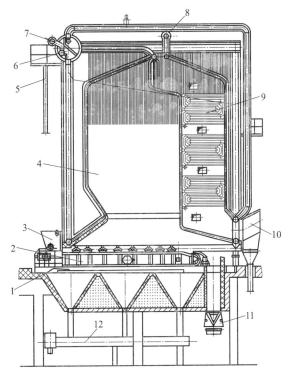

图 3-28　DHL46-1.6/130/70-AⅢ型自然循环角管式热水锅炉

1—炉排；2—等压风仓；3—煤斗；4—炉膛；5—平台扶梯；
6—锅筒；7—进水集箱；8—出水集箱；9—旗式受热面；
10—出口烟道；11—除渣装置；12—除灰装置

鳞片式炉排结构下设大的等压风仓，已经预热的空气由两侧送入，由装置在等压风仓与炉排之间的若干组调节小风门调节。这些调节风门沿炉排宽度方向的开度都一样，其进风量和风压都相同，燃烧特别均匀，有利于控制空气过量系数，既提高了燃烧中心温度和燃烧效率，也减少了固体不完全燃烧损失。

3.4　汽水两用锅炉

蒸汽锅炉的作用是向用户提供一定压力和温度的蒸汽，热水锅炉的作用是向用户提供一定温度的热水。对于要求同时供应热水和蒸汽的，则可采用汽水两用锅炉。

3.4.1　热水和蒸汽同时供应

要同时得到蒸汽和热水，有以下五种办法。

① 分别设置蒸汽锅炉和热交换器，如图3-29所示。这种办法投资较大，热损失也较大。产生的蒸汽进入分汽缸后沿蒸汽管道向用户供汽。一部分蒸汽通过减压阀进入集中热交换站，将系统的回水加热，供应用户所需的热水。蒸汽管路及热交换站的凝结水，分别由凝

水管道送回凝结水箱内。热交换站采用两级加热形式，热水回路回水进入凝结水冷却器，初步加热后再送汽水换热器，凝结水冷却器和汽水换热器的管道上均设有旁通管，以便调节水温和维修。

② 锅炉设置有蒸汽和热水两个独立循环回路，如图 3-30 所示。这种锅炉的蒸汽回路用外置分离器代替锅筒，以减少金属耗用量，并且启动迅速。供应热水和蒸汽的热量按比例固定同步。

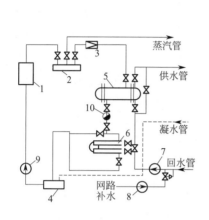 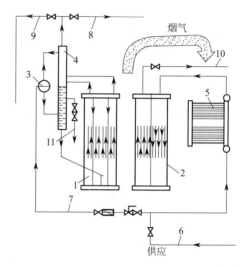

图 3-29　供热系统图

1—蒸汽锅炉；2—分汽缸；3—减压阀；4—凝结水箱；
5—汽水换热器；6—凝结水冷却器；7—热水网路循环水泵；
8—热水网路补给水泵；9—锅炉给水泵；10—疏水器

图 3-30　汽水两用锅炉系统图

1—蒸汽回路炉膛水冷壁；2—热水回路炉膛水冷壁；
3—平衡容器；4—外置式分离器；5—热水回路对流管束；
6—热网回水；7—蒸汽回路给水；8—工艺用汽；
9—去换热器余汽；10—热水出口；11—连续排污

③ 用蒸汽锅炉加大排污的方式引出饱和水，然后和旁路回水混合来达到所需热水的温度。这种方式除回水水质要求较好、水处理设备庞大外，排污时易带入蒸汽，因此并不经济和安全。

④ 利用蒸汽空间设置管束，通过蒸汽凝结放热来加热回路的热水。由于蒸汽凝结换热系数很大，受热面可以做得很小。热水和蒸汽是两个独立的回路，在保持一定的压力下，热水和蒸汽可任意调节，水质要求低。可以根据不同要求生产出生活用水和饮用水等，如图 3-31 所示。

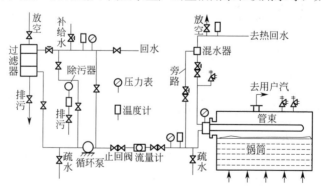

图 3-31　汽水两用锅炉供热系统图

⑤ 蒸汽锅炉尾部设置真空相变换热器。这种系统锅炉产生的蒸汽全部供给用户。通过真空相变换热器，使热媒水在真空封闭容器中沸腾，蒸汽遇到铜管冷凝放热将热量传给铜管内的低温水，蒸汽变成水落下，再汽化，如此反复，进行传热，得到生产用蒸汽和生活用热水。这种办法传热效果好，没有腐蚀又安全，但系统比较复杂。

▶ 3.4.2 汽水两用锅炉的运行调节

在锅筒内增加了管束时，则所带走的热量直接反映在蒸汽负荷上，蒸汽和热水产量存在着相互关系，因此掌握蒸汽锅炉的特性，能有助于指导锅炉操作运行管理。汽水两相锅炉运行调节的方法有压力调节法及控制传热面积法两种。

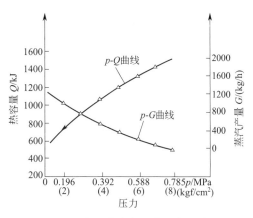

图 3-32　压力调节热水和蒸汽产量关系图

（1）压力调节法

就是在锅炉运行中，人为地使蒸气压升高或降低来调节热水容量的大小。这种方法简单，操作方便，但常常受到生产工艺的限制，只能在生产工艺或生活用汽对蒸汽压波动要求不高的场合下采用。

压力调节热水和蒸汽产量的关系如图 3-32 所示。

调节方法是：

① 纯供汽时，切断管束进出口阀门，打开管束进口管路上的疏水阀门，排出凝结水，其他运行与蒸汽锅炉相同。

② 纯供热水时，打开热水系统阀门，关闭管束旁路、疏水阀和蒸汽出口阀门，使水量达到额定值，热水温度随蒸汽压升高而升高，并用汽压来调节燃料量。

③ 汽水同时供应时，将汽水管路打开，如汽水负荷同时调节时，可用蒸气压来调节汽量，出水温度可用回水量来调节。如果不是同步，且热水负荷小于蒸汽负荷时，可打开旁路，减小进水量，提高出水温度，减小温差，降低热水负荷；如果热水负荷大于蒸汽负荷，则略打开蒸汽出口阀门，重复以上步骤。

（2）控制传热面积法

就是把受热面积分成几组，并联使用，以达到通过控制传热面积投入多少来调节热水负荷的目的。这种方法操作较为复杂，但它不受生产工艺的限制。

3.5　特种锅炉

特种锅炉是一类具有特殊功能、特殊用途、特殊燃料或者锅炉所使用的工质不是水而是其他流体的锅炉，它与常规锅炉相比，无论是结构型式、受热面布置，还是工作原理均有其独特的地方。这类特种锅炉包括有余热锅炉、真空锅炉、冷凝锅炉、生物质锅炉、垃圾锅炉、导热油锅炉、电锅炉和核能锅炉等。

需要说明的是，由于余热锅炉的种类繁多，应用广泛，因此另作专门的介绍，本节仅讲述其他形式的特种锅炉。

▶3.5.1 真空锅炉

真空锅炉是利用真空状态下水的沸腾汽化与冷凝过程，将燃料燃烧产生的热量间接加热供取暖或生活所需热水的换热设备，全称为真空相变热水锅炉。

图 3-33 所示为真空相变热水锅炉结构示意图。此型锅炉的汽锅密闭，由自动真空装置抽吸形成一个负压腔体。它分上、下两大部分，上半部为蒸汽空间，也称负压蒸汽室，其内装置有冷凝换热器；下半部充注锅水，其结构与普通多回程烟管锅炉一样，由燃烧室和蒸发受热面组成。

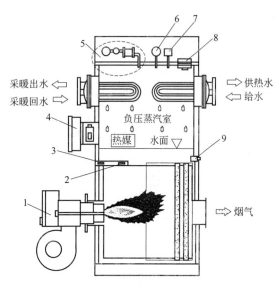

图 3-33 真空相变热水锅炉结构示意图

1—燃烧器；2—缺水温度敏感器；3—过热温度敏感器；
4—控制器；5—智能自动抽气装置；6—压力表；
7—压力开关；8—熔解栓；9—锅水温度敏感器

锅炉运行时，燃料（油或气）由燃烧器喷入炉内燃烧，高温烟气经与水冷壁和对流管束换热后排入大气。锅水在真空状态下被加热至沸腾、汽化，产生相应压力下的饱和蒸汽。上升进入负压蒸汽室的蒸汽与冷凝换热器管束接触，由于换热器内的水温低，蒸汽即在其表面冷凝而放出汽化潜热，将热量间接地传递给被加热的水；热水则连续不断地送往用户供供暖和生活使用。蒸汽冷凝形成的水滴，跌落至下部的锅水之中，重新被加热、汽化。锅水就这样不断地在锅内真空状态下进行着"加热→蒸发→冷凝→再加热"的循环工作。

真空相变热水锅炉的正常工作温度在 90℃ 左右，相应的真空度为 −31kPa。锅炉的锅水是预先经过软化、除盐、脱氧处理的净水，它在出厂前一次性充注完成，在封闭的锅内循环过程中不添加、不减少，也即在使用寿命内不需要补充或更换。因此，此型锅炉内不会结垢和腐蚀，正常使用寿命可达 20 年以上，比常规热水锅炉的寿命高出一倍左右。

由于此型锅炉是在负压状态下运行的，没有爆炸的危险，安全性极佳。即使冷凝换热器因外界压力产生泄漏或发生意外故障，装设在其上的控制器、水温控制、过热开关以及真空压力开关等都会动作将电源自动切断，确保锅炉运行的安全。由于它不属于压力容器，就无需经压力容器规范的各种检查验证和操作人员的上岗资格审查；布设地点也不受限制，如地下室、地面层、楼层中或屋顶处均可安装运行。

低压饱和蒸汽在负压蒸汽室里与冷凝换热器进行的是相变换热，传热系数远高于常规套管式换热器的水-水对流换热，换热性能好，能有效提高热效率，此型锅炉的热效率可高达 90% 以上。

真空相变热水锅炉由于特殊的结构型式，可一机多用，换热器回路可设计为单、双、三甚至五回路，同时提供多路及不同温差的热水，供应空调、供暖、生活热水以及泳池、宾馆酒店等热水的需要；也可为各类工矿企业提供生产工艺所需的热水。

此型锅炉可模块化设计，采用高性能换热组件，结构紧凑，机体小，易于运输和安装。

▶3.5.2 冷凝锅炉

在燃煤、燃油和燃气工业锅炉设计制造时，为了避免和防止锅炉尾部受热面腐蚀和堵灰，排烟温度一般不低于180℃，高者可达250℃，烟气中的水蒸气是以气态形式随烟气排入大气的；高温烟气排放不但造成大量热能的浪费，同时还给尾部烟气净化处理带来困难，不利于环境保护。

随着科学技术的发展和耐腐蚀材料工业的进步，人们利用反向思维，干脆将锅炉的排烟温度降低到足够的水平，让排烟中呈过热状态的水蒸气在换热面上冷凝而释放出汽化潜热。这种利用降低排烟温度获取显热和烟气中水蒸气冷凝放出汽化潜热的换热设备，称之为冷凝锅炉，它有效降低了排烟热损失，锅炉的热效率得以大幅度提高。

燃料的组成成分中都含有氢元素，不论它是以化合物还是以单质形式存在，燃烧过程中它将生成水，水吸收汽化潜热后变为水蒸气而随烟气排入大气，造成极大的热能浪费。燃料中的气体燃料（氢含量最多）燃烧时生成的烟气中水蒸气所占份数最大，液体燃料次之，固体燃料最小。也即燃气、燃油锅炉的烟气中可资源利用回收的汽化潜热最多。

以一台燃用天然气的锅炉为例，若锅炉给水或热网回水的温度为20℃，排烟温度降至30℃以下，烟气中80%以上的水蒸气被冷凝将释放出汽化潜热均为3000kJ/m³；由于排烟温度比常规锅炉的低许多，还可回收烟气的显热约1100kJ/m³，从而使锅炉热效率提高13%左右。假若排烟温度进一步降低至烟气中的水蒸气全部冷凝放出汽化潜热，如此按燃料的低位发热量来计算，锅炉的热效率可高达100%，节能效果十分显著。

燃料燃烧会产生大量的CO_2、SO_2和NO_x，它们排入大气会引起温室效应和形成酸雨，对环境产生破坏作用。对于冷凝锅炉，因在冷凝排除烟气中水蒸气的同时，还将吸附除去大部分PM2.5以下的烟尘和有害气体，对保护环境具有重要的积极作用。

与常规锅炉一样，冷凝锅炉也有多种分类方法。但由于冷凝锅炉最显著的特点是装设有将烟气中水蒸气凝结下来的换热器，通常称之为冷凝换热器。按冷凝换热的方式，它可分为直接接触式和间接接触式两类，前者是指在加热过程中，冷却介质（通常为水）直接与烟气通过喷淋、浸没等方式接触，从而完成冷凝换热过程。直接接触式冷凝换热的优点在于消除了换热器壁面热阻，最大限度地实现传热传质的强化传热过程；缺点是水与烟气直接接触将烟气中的有害物质吸收，必将会增加废水处理成本，若处理不当还会造成二次污染。

图3-34所示即为一台直接接触式冷凝锅炉示意图。这台冷凝锅炉装设有喷淋式冷凝换热器，喷淋室与锅炉的二次热媒循环管路相连，喷淋水呈阶梯式下落并穿过孔板小孔与烟气逆向流动。这种喷淋式冷凝换热器可与常规锅炉配套使用，适宜用于旧锅炉改造；也可用于吸收工业窑炉或大型内燃机排气的余热，作为余热回收装置。它的缺点是冷凝换热器与配件长期与酸性喷淋水相接触，腐蚀严重，使用寿命较短，一般采用抗腐蚀的铸铁、铝合金和不锈钢制作。

间接接触式冷凝换热器，也称间壁式冷凝换热器，与常规热交换器相似。图3-35所示的就是这种冷凝锅炉的典型型式，其内布设有主换热器和副换热器两组换热设备。它的主换热器采用普通铸铁锅炉结构设计，燃料燃烧产生的高温烟气在管内向上流动与管内的锅水换热；后侧的副换热器采用铝制光管和肋片管，被冷凝的烟气则在管外向下流动进行换热，烟气最后由引风机抽引送入烟囱排入大气。

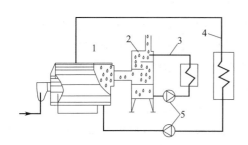

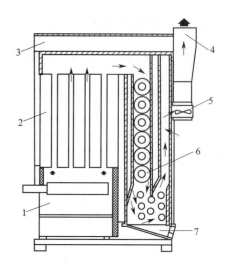

图 3-34　喷淋冷凝式锅炉示意图
1—锅炉本体；2—喷淋冷凝式换热器；3—二次热媒循环
（环路用于游泳池水加热）；4—供暖系统循环回路；5—泵

图 3-35　间壁式冷凝式锅炉
1—炉膛；2—主换热器；3—集水箱；4—排烟口；
5—引风机；6—副换热器；7—冷凝液收集装置

冷凝锅炉的冷凝换热段处于低温区，其冷凝释放的汽化潜热属于低温热能，若要加以利用，所需的换热面积要大大超过常规换热设备，设备投资费用较高；同时，冷凝液的露点腐蚀严重，也威胁着冷凝换热器和附件工作的安全。这也是传统燃油、燃气锅炉并没有对烟气中水蒸气的汽化潜热加以利用的主要原因。但在目前全世界能源紧缺和环境容量日益减少的双重压力下，随着科学技术的发展和高效燃烧技术、强化传热技术和耐腐蚀材料工业的不断进步，从节能减排的角度考虑，采用冷凝式换热的冷凝锅炉日显活力，应用前景广阔。

3.5.3　生物质锅炉

生物质锅炉是以生物质为燃料，将其燃烧产生的热量来生产蒸汽或热水的热工设备，用于供热和发电。

我国是农业大国，据 2010 年统计，农作物秸秆的产量已达 7.26 亿吨，薪柴和林业废弃物资源中，可资源开发利用的量每年不少于 6 亿吨。每年因无法处理的剩余农作物秸秆在田间直接焚烧的约有 2 亿吨，既造成资源的浪费，又增强了温室效应和严重的环境污染。因此，我国已经于 2006 年开始实施《中华人民共和国可再生能源法》，为生物质能等再生能源的经济、有效利用提供了制度和法律保证。

农作物秸秆、林业废弃物如树枝、木屑、锯末等都是密度小，体积膨松，大量堆积，难以处置。要用作锅炉燃料，世界上通用的办法是采用生物质成型技术，即将它们通过粉碎、干燥、机械加压等工艺过程，把松散、细碎的秸秆等农林废弃物压制成结构紧密的颗粒状或棒状的生物质燃料，称为生物体固体成型燃料（简称 BMF）。BMF 的密度较加工前大 10 倍左右，便于贮存和运输。它是一种新型的清洁燃料，没有任何添加剂和黏结剂，既可解决农村的基本生活用燃料，也可代替煤炭直接用于城市的传统锅炉。

生物质燃料的资源分布范围广而分散，带有明显的季节性；品种类别多，性质差异大；质地松软，密度小，含水率变化大；具有低灰分、低含硫量、高水分和低热值的特点。因此，它在锅炉中燃烧后排放的烟尘、SO_2、NO_x 远低于化石能源燃烧的排放量，是我国目前大力提倡的可再生能源资源。

当今用于供热和发电的生物质锅炉，采用的主要燃烧型式是层燃锅炉和流化床锅炉。层状燃烧是生物质燃料常见的燃烧方式，层燃锅炉的炉排主要有往复炉排、水冷振动炉排及链条炉排等，以前者最为适用。层燃锅炉在结构上相对于传统锅炉，炉膛空间较大，同时布置合理的二次风，更有利于生物质燃料燃烧时瞬间析出的大量挥发分的充分燃烧。由于层燃锅炉的炉排面积较大，炉排的运动速度和振动频率均可以随燃烧情况即时调整，使生物质在炉内有足够的停留时间进行完全燃烧。但层燃锅炉的炉内温度一般可达 1000℃ 以上，因生物质燃料的灰熔点较低，易造成结渣。同时，在燃烧过程中对锅炉配风的要求较高，如处置不当将会影响锅炉的燃烧效率。

采用层燃技术研制开发的生物质锅炉，结构简单、操作方便，投资和行费用都相对较低。图 3-36 所示为一台"室燃＋层燃"燃烧方式的生物质（秸秆）锅炉。它的燃烧设备是在角管式锅炉炉排的基础上，结合生物质燃料的燃烧特性而开发的鳞片式链条炉排，燃烧所需的空气由统仓等压风室提供。为了保证其对炉层有较强的穿透力以强化燃烧，等压风室的风压高于传统炉排的风压约 100～200Pa。该锅炉的独特之处还在于它采用"室燃＋层燃"的燃烧方式，即燃料在炉前进料口由可调式二次风送入炉膛，在一次风的配合下，被粉碎的秸秆在炉内呈悬浮和半悬浮状燃烧，未燃尽的秸秆回落到炉排上继续燃烧燃尽。因此，它的炉膛高度设计得比传

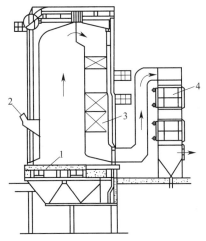

图 3-36　75t/h 炉排型秸秆锅炉
1—链条炉排；2—加料口；
3—省煤器；4—空气预热器

统锅炉要高，延长燃料在炉内的停留时间，以保证其悬浮燃烧和层状燃烧的顺利进行。

用于发电生物质锅炉，大多采用流化床燃烧方式，它与层状燃烧的区别在于燃料呈颗粒状处于流化床进行燃烧反应和换热。生物质燃料的水分较高，采用流化床技术有利于生物质燃料的完全燃烧，可有效提高燃料的燃烧效率。另外一个特点是，流化床锅炉还可以采用砂子、高铝砖屑、燃煤炉渣等充作流化介质，以形成蓄热量大、温度高的密相床层，为高水分、低热值的生物质燃料提供较为优越的着火条件，依靠床层内剧烈的传热传质过程以及燃料在炉内有较长的逗留时间，如此生物质燃料可得以充分燃尽。此外，流化床锅炉的炉内温度比常规锅炉低，通常维持在 850～900℃ 左右，加之伴随料层的扰动作用，所以炉床内不易结渣。再者，它属于低温燃烧，这样既有利于掺混入的石灰石与燃料中的硫发生反应，达到最佳的脱硫效果，空气的分级送入又造成低温缺氧的燃烧环境，降低了 NO_x 的生成量。

生物质流化床锅炉对送入炉内燃烧的燃料尺寸有严格的要求，同时需要对生物质燃料进行干燥、粉碎或压制等一系列预处理，使其形状、尺寸均一化，以保证生物质燃料在炉内的正常流化运行。对于诸如谷壳、花生壳、木屑、锯末一类密度小、结构松软的生物质燃料，为保证炉内有足够的蓄热料层，常需不间断地添加石英砂、高铝砖屑或炉渣等添加物，因此燃尽后的飞灰具有较高的硬度，会加剧锅炉受热面的磨损。此外，为了维持一定的床料流化速度，锅炉风机的耗电量较大，运行成本相对较高。

生物质燃烧技术和燃烧设备的研究开发最早始于北欧一些国家，随后是美国和日本，在 20 世纪 30 年代分别研制出螺旋压缩机、机械活塞式成型机及相应的燃烧设备。到了 20 世

纪 90 年代，日本、美国和欧洲一些国家生物质成型燃料锅炉已经定型，形成了产业化，推广应用于加热、干燥、供热和发电等多个领域。我国起步较晚，从 20 世纪 80 年代引进螺旋推进式秸秆成型机开始，生物质压缩成型技术和燃烧设备的研究开发也已有将近 40 年的历史，特别是近年来，由于我国环境保护要求日益严格和能源紧缺，生物质燃料锅炉的研制工作加快了步伐，目前已取得了一些阶段性的进展。

▶ 3.5.4　垃圾锅炉

随着我国经济的迅速发展和城市人口的日益增多，城市生活垃圾的产量也急剧增加，如何妥善处理城市生活垃圾已成为当前社会迫切需要解决的重大课题。

目前，我国以至国外广泛应用的城市生活垃圾处理方法有三种：填埋、堆肥和焚烧。以往传统的填埋处理占了相当大的比例，它不仅要占用大量的土地，其渗滤液和挥发性气体还会对土壤、水源和空气造成污染，破坏环境和生态平衡。自 20 世纪 70 年代中期开始，人们逐渐认识到垃圾是一种可资源利用的资源，特别是在世界性的能源紧缺的压力下，发达国家更加重视城市生活垃圾的资源化、能源化利用，大力推进垃圾分类收集，着力发展垃圾焚烧发电或供热、填埋气体回收以及垃圾综合利用等技术，形成了城市生活垃圾资源化产业，并得到了迅速发展。

鉴于能源和土地资源的日益紧缺，对城市生活垃圾采取焚烧处理并利用余热的方法倍受重视，应用日渐广泛。与传统的卫生填埋和堆肥相比，垃圾焚烧发电或供热的处理方法能有效减少 80%～85% 以上的垃圾重量和体积，节约填埋用地，降低污染，并取得能源效益，实现城市生活垃圾的减量化、无害化和资源化。焚烧技术作为一种有效的垃圾处理工艺，预计在相当长的时期内将是垃圾处理的主导技术之一。

垃圾锅炉，也称垃圾焚烧锅炉，是根据生活垃圾的物状、成分和燃烧特性而设计的专用热工设备。目前城市生活垃圾焚烧锅炉主要有循环流化床锅炉和往复炉排锅炉两种型式。循环流化床锅炉因其具有燃料适应性强、燃烧效率高、燃烧稳定、低 NO_x 排放等优点而得到了广泛的应用，但它在焚烧生活垃圾时，要求垃圾的颗粒和重度的差异不能太大；对高黏度半流体状的污泥、厨余等生活垃圾难以实现流化床燃烧，因此，流化床焚烧锅炉为保证入炉垃圾顺利产生流态化和正常运行，对生活垃圾要进行严格的预处理，即需装备一套完整的垃圾预处理装置。此外，供应燃烧所需空气的风压要求较高，风机电耗大；投资高，运行操作复杂。

垃圾焚烧锅炉常采用往复炉排锅炉为燃烧设备，主要考虑到城市生活垃圾在加热、干燥过程中，当温度达到一定值时会发生软化变形，阻碍燃料层间的通风，恶化燃烧。而倾斜往复炉排在推动燃料向前运动的过程中有十分有效的自翻身拨火作用，且能使垃圾层均匀，燃烧稳定，也易于燃尽。而且，这种焚烧方式无需对入炉垃圾作严格的预处理，垃圾处理效率很高，比较适合于城市生活垃圾的焚烧处理。

图 3-37 所示是一台日处理垃圾量为 160t、额定蒸发量为 10t/h、额定蒸汽压力为 2.5MPa、额定蒸汽温度为 370℃、给水温度为 105℃ 及冷空气温度为 25/120℃ （蒸汽-空气加热器）的垃圾焚烧锅炉的总体结构图。它的主要燃料为城市生活垃圾，其设计燃料的收到基水分和灰分分别为 48% 和 15.55%，低位发热量为 5024kJ/kg。

这台垃圾锅炉采用单锅筒自然循环膜式水冷壁结构。垂直烟井内布置高、中、低温蒸汽过热器，尾部烟道则布置有省煤器和空气预热器，其燃烧设备为逆推式往复炉排。为了保证

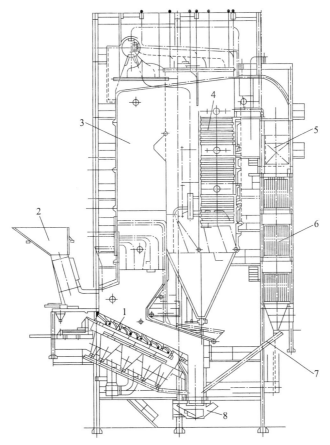

图 3-37 垃圾焚烧锅炉总体结构

1—逆推式往复炉排；2—垃圾料斗；3—炉膛；4—蒸汽过热器；

5—省煤器；6—空气预热器；7—落灰管；8—马丁出渣机

入炉垃圾的迅速干燥、燃烧和稳定，炉膛下部采用绝热炉膛，以维持炉内高温环境，并配以前、后拱和二次风，组织合理的炉内空气动力场。炉膛四周布置膜式水冷壁作为辐射受热面，吸收高温烟气的热量来产生蒸汽。膜式水冷壁外敷保温层和金属波纹外护板，密封性能好，外形美观。

垂直烟井内的高、中、低温过热器，将饱和蒸汽进一步加热至额定温度（370℃）以满足汽轮机进汽质量的要求。在高、中、低温过热器之间，还装置有二级喷水减温器，以便在生活垃圾热值或外界负荷波动时用以调节蒸汽温度。

按尾部烟气流程，省煤器布置在先，其后为空气预热器，以充分利用烟气余热加热给水，既考虑到避免金属的低温腐蚀又有效降低排烟温度。布置其后的空气预热器采用大口径铸铁管制造，抗腐蚀能力强，不易堵灰。冷空气经蒸汽-空气加热器加热到120℃后，40％的空气直接作为二次风送入炉膛，剩下的60％则再经铸铁式空气预热器进一步加热到250℃后，送到炉排下风室作为一次风供燃料燃烧。

为保持锅炉受热面清洁和减轻积灰，在蒸汽过热器和省煤器处均布置有蒸汽吹灰器。进料装置由料斗、关断门和喉口组成。锅炉出渣采用液压传动的马丁式出渣装置。

该垃圾焚烧锅炉的特点，在于针对垃圾热值较低、水分偏高的实际情况，采取了以下一些特殊措施：①设计时布置蒸汽-空气加热器，提高一次风的温度（250℃），以促使垃圾及时干燥、着火燃烧；②采用逆推式往复炉排，其炉排倾角为 26°，在逆推往复运动时使得垃圾层整体在沿炉排下落位移过程中，经历强有力的搅拌松动、干燥、主燃烧、后燃烧等阶段，从而强化了燃烧；③炉膛下部采取绝热措施以维持炉内较高的烟气温度，因炉体较高，使其在炉内停留时间延长（1～3s），有利于消除烟气中的有害物质；④烟气在炉内流经四个回程，有利于捕集烟气中的灰粒，即相当于起着炉内除尘器的作用，减轻了尾部受热面的磨损，也有效降低了锅炉本体的烟尘原始排放浓度；⑤采用在三级蒸汽过热器中间设置二级喷水减温的方法，第一级为粗调，第二级为细调，从而确保汽轮机要求的过热蒸汽温度，有利于提高汽轮发电机组的热效率。

通过采取以上技术措施，垃圾锅炉保证垃圾的燃尽率大于 97%，生活垃圾热值在 3980～6280kJ/kg 范围内，可以不设置燃油辅助装置稳定燃烧，保证蒸汽参数。

▶ 3.5.5　导热油锅炉

导热油锅炉，也称有机载体锅炉。常规锅炉的工质是水，导热油锅炉的工质是导热油，又名有机载热体或热传导液，是用于间接传热目的的所有有机物质的统称。按其产品来源，导热油分矿物型和合成型两类，前者为石油精制过程中某一馏程的产物，特点为黏度大，可使用寿命短，易结垢、结焦；后者是通过化学工艺合成的，成分物质相对单一，具有热稳定性好、使用温度范围大、寿命长及可再生等特点。

导热油锅炉主要是为工农业生产工艺提供间接加热的一种直流式特种热工设备。按导热油在锅炉内工作的物态不同，它分液相导热油锅炉和气相导热油锅炉两种。液相导热油锅炉与热水锅炉相似，导热油在锅内被加热的过程中不发生相变，当加热到预定温度后仍呈液相被送往热用户，在管内以自身的显热与管外介质或物料进行换热，而后流回锅炉再次被加热，如此循环往复地工作。气相导热油锅炉则与蒸汽锅炉相似，导热油被加热后会汽化生成导热油蒸气，与外界换热时被冷凝而释放出汽化潜热，冷却后的导热油重回锅炉加热、汽化，周而复始，循环不已地运行。由于液相闭路循环的换热系统不渗漏，热损失小，节能效果显著和运行成本低等原因，因此应用最多最广的是液相导热油锅炉。

导热油锅炉及其供热系统，最大的特点是在几乎常压的条件下可获得很高的工作温度。它在常压下加热到 340℃ 而不汽化，要是用常规锅炉使蒸汽达到相同的温度，饱和压力为 14.93MPa（表压），也即可以大大降低高温加热系统的工作压力和安全要求，提高锅炉和供热系统运行的可靠性。而且，它可以在更宽的温度范围内满足不同温度加热、冷却的工艺需求，或在同一个系统中用一种导热油同时实现高温加热和低温冷却的工艺要求，从而可以降低系统和操作的复杂性。

首先，与蒸汽锅炉相比较，导热油锅炉液相循环加热，无冷凝排放热损失，供热系统的效率高，可节能 34%～45%。其水处理设备及系统可以简化或省略，在水资源贫缺地区可以代替以水为介质的蒸汽锅炉供热。

其次，导热油锅炉加热稳定，并能精确调控温度，在锅炉和管路中的热载体（导热油）温度稳定，没有像蒸汽锅炉系统中蒸汽温度波动较大的情况发生。

再者，作为热载体的导热油，无毒、无味，也无环境污染，使用寿命长。而且，此型锅炉投资小，易于制造，运行费用也低。因此，导热油锅炉现已广泛应用于诸如石化、纺织印染、轻工、建材、食品制药、筑路沥青及蔬菜脱水等需要高温的工农业生产领域。

导热油锅炉的燃料可以是煤、油、气或电能，导热油为热载体由循环泵驱动强制液相循环，将其热能输送给用热设备，经间接换热降温后返回锅炉重新加热，是一种典型的直流式特种锅炉。它的结构型式、燃烧方式、受热面布置和传热过程与传统锅炉相同，也分立式和卧式两个大类。

图 3-38 所示为一卧式燃油的导热油锅炉结构示图，它采用进口的低 NO_x 燃烧器，燃油在炉内充分燃烧燃尽；受热面为盘管结构，富有弹性，可以自由胀缩；高温烟气经三回程流动进行换热后离开炉体，其后可布设尾部受热面将烟气温度进一步降低以节约能源。

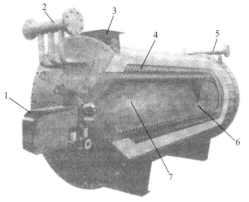

图 3-38　燃油导热油锅炉结构示图
1—燃烧器；2—导热油进口集箱；3—排烟出口；
4—对流受热面；5—导热油出口集箱；
6—辐射受热面；7—炉膛

此型导热油锅炉选用先进的触摸屏电脑控制器和数码电脑控制器进行全自动控制，具有自动点火、自动温度调节和液位极值、超温、熄火保护等功能。它整体快装出厂，外形简洁美观。

液相导热油锅炉供热系统的组成和工艺流程如图 3-39 所示。

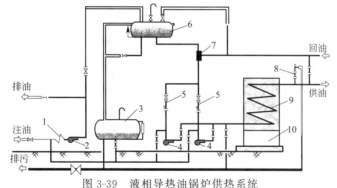

图 3-39　液相导热油锅炉供热系统
1—Y 形油过滤器；2—齿轮注油泵；3—储油罐；4—循环泵；5—油过滤器；
6—膨胀箱；7—油气分离器；8—安全阀；9—锅炉受热面；10—导热油锅炉

3.5.6　电热锅炉

电热锅炉是将电能转化为热能，把水加热至有压力的热水或蒸汽，或将有机载热体（导热油）加热到一定参数（温度、压力）向外输出具有额定工质的一种热工设备。世界上第一台电热锅炉于 20 世纪 40 年代末在美国研制成功并设计生产，到 20 世纪 50～60 年代，电热锅炉已在先进发达国家普遍应用。我国起步稍晚，到 20 世纪 80 年代中期才开始投入生产，应用于供暖、中央空调和热水供应。

电热锅炉按其结构型式，可分为立式和卧式两种。按其电热元件的不同，有电阻式、电极式和电磁感应式三种。

电阻式电热锅炉是利用电流通过电阻产生热量来加热锅水，以生产热水或蒸汽。目前国内采用最多的电阻式电加热元件是电热管，它的绝缘要求高，冷态绝缘电阻≥10MΩ，热态泄漏电流≤10mA/kW；应能承受 50Hz、1500V 的交流电压，1min 不被击穿。电热管单位表面积的功率在 3～8W/cm^2 之间，一般较大容量的电热管做成多头形式，功率可达 30kW。

它的优点是结构简单，对于纯电阻型的，其转换过程中没有能量损失。显而易见，电热管是该型电热锅炉的核心，它的性能质量高低将直接影响电热锅炉的运行可靠性和使用寿命。

电极式电热锅炉是电流从一个电极引入并通过锅水到另一个电极，锅水就相当于一个通电的电阻被加热或沸腾汽化产生蒸汽。调节电极沉浸锅水中的深度，即可改变输入的功率；当锅水水面低于电极时，输入的电功率为零，即电极没有电流通过，所以锅炉不会烧干锅。

与电阻式电热锅炉相比较，电极式电热锅炉有诸多优势：锅炉锅筒内没有众多的电热管，使得锅炉体积大幅度减小；锅炉容量不再受电热管数量的限制；发热面积特别大，无论水容积多大，锅炉启动都十分迅速；锅筒内不再需要电热管的支撑和固定装置，结构简单，制造成本低，售价可降低约1/3，有强大的市场竞争优势；电极不是发热元件，锅筒内不易结垢，锅炉运行安全性高，使用寿命也长；由于是以锅炉水作为导电介质，电极式锅炉对水质要求低，一般无需进行水的软化处理，节省了运行费用。

电磁感应式电热锅炉是利用电流流过带有铁芯的线圈产生交变磁场，在不同的材料中产生涡流电磁感应而发生热量来加热水或生产蒸汽。由于它存在感抗，转换中会产生无功功率，功率因数小于1，一般只适用于小容量的电热锅炉。

图 3-40　电阻式电热锅炉结构示图
1—前盖板（封头）；2—电热元件；
3—安全阀；4—主蒸汽阀；5—给水泵；
6—炉体保温层；7—电热管束

电热锅炉本体主要由钢制壳体（锅筒）、电加热管、进水管、蒸汽出口管、安全阀及检测仪表等组成。图 3-40 所示为一台电阻式加热方式的电热锅炉，它采用电阻式管状电热元件加热，结构上易于叠加组合，控制灵活，更换方便。目前电热锅炉基本上都采用这种电热管加热式锅炉。

采用电热管加热的电热锅炉，其电气特点是锅水不带电。只有当锅炉电热管漏水或爆裂时，才会使锅水带电，称为漏电。另外，受电热锅炉电热管绝缘层绝缘程度的影响，也会存在一定的漏电电流。根据国家标准，电热锅炉的漏电电流应不大于 0.5mA，所以电热锅炉电气线路上都应设置漏电保护装置，确保锅炉运行安全。

电热管是电热锅炉的核心组件，它由金属管、电阻丝、填料、引出棒和连接固定座等组成。金属管采用镍铬不锈钢管材，其内填充高温无机 MgO 粉作为绝缘材料，使用寿命一般超过 5000h，可保证电热锅炉运行 3 个供暖季，并耐硬水、酸和热冲击腐蚀。当前最为重要的课题是要尽快改善国产电热管的质量和提高其使用寿命，使之寿命能接近或达到世界先进水平（8000～10000h），保证电热管使用 5 个供暖季以上，为开拓高质量的电热锅炉产品市场空间打下坚实的基础。

随着改革的深入和产业结构调整，我国供电峰谷差值逐年加大，必须"削峰填谷"，决定实行峰谷不同电价的政策，大幅度降低低谷电价，这为电热锅炉的应用和发展提供了有力的技术经济和政策的支持。因此，蓄热式电热锅炉得到大力推广和应用。

蓄热式电热锅炉分整体式和分散式两类。前者是将电热锅炉、蓄热器、蒸馏水生产装置等结合为一体。锅炉筒体下部插入电热管，上部为蒸汽空间，结构紧凑。利用蒸汽降压时自发产汽的原理，贮存多余蒸汽或供应所贮蒸汽。供热系统蓄水温度一般在 $180\sim200℃$ 之间，蒸气压力为 $1\sim1.4MPa$。它体积小，蓄热能力大，特别适用于医院、学校、宾馆酒店和制药企业等需要蒸汽、开水、蒸馏水及供暖等多种负荷的场所。

分散式蓄热式电热锅炉，实际上是除锅炉本体外再配置一台蓄热器。当供电负荷处于低谷时段，电热锅炉满负荷运行，此时产生热能的富裕部分贮存于蓄热器；当供电负荷增大并处于高峰时段，电热锅炉让其低负荷运行或停止运行，由贮存在蓄热器中的热水或蒸汽向供热系统供热。这样，它既能起到削峰填谷的部分作用，又充分利用廉价的低谷电力，降低了运行费用，达到经济运行的目的。

与传统的燃煤、燃油和燃气锅炉相比，电热锅炉的主要优点是结构简单，仅是装有电加热管的容器，即只有"锅"，没有"炉"；最洁净，无任何烟尘和有害气体排放，对环境为"零"污染；热效率高，比燃油、燃气锅炉还高，通常在95%以上；无噪声，没有鼓风机、引风机及燃烧器产生的噪声；维修费用和维修难度低，没有较多的转动机械；自动化程度高且易于实现；运行安全可靠，具有超压、超温、超电流、短路、缺相和断水等多项自动保护。但它也有缺点：①由高级能源（电能）转化为低级能源（热能），从能源的品位上讲是不合算的；②初始投资较高，它牵涉到电网改造及设备配置等工程和安装分时计度电表两个方面；③运行费用目前还较高，虽可充分利用廉价的低谷电价进行蓄热运行，但许多城市条件尚不具备，或制定了优惠政策，但因种种原因未能得到实施和推广。

▶ 3.5.7　核能锅炉

核能在人类生产和生活中的应用主要形式是核能发电，这是利用核裂变所释放出的热量进行发电的方式，它与火力发电极其相似，只是以核反应堆及蒸汽发生器来代替火力发电的锅炉，以核裂变能代替矿物燃料的化学能。

核电厂由核岛（主要是核蒸汽供应系统）、常规岛（主要是汽轮发电机系统）和电站配套设施三大部分组成。图3-41所示的即为压水堆核电厂发电原理和总体构成。

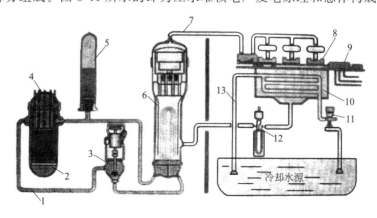

图 3-41　核电厂发电原理和总体构成图

1—回路系统；2—核反应堆；3—主冷却剂泵；4—控制棒及驱动机构；5—稳压器；6—蒸汽发生器；

7—二回路系统；8—汽轮机；9—发电机；10—凝汽器；11—冷却泵；12—给水泵；13—循环水管

核岛，实际上就是一台核能锅炉，利用核能产生蒸汽。它主要由核反应堆、主冷却剂泵、稳压器、蒸汽发生器以及安全壳等组成。

核反应堆，又称原子反应堆，因其能承受高压，所以也叫反应堆压力容器。它通常是个圆柱体，放置堆芯和堆内构件，防止放射性外泄的高压设备，其寿命决定了核电站的寿命。

堆芯又称活性区，是压水反应堆的心脏，可控的链式裂变反应在这里进行，同时它也是个强放射源。堆芯结构主要由核燃料组件和控制棒组件组成。核燃料组件内的燃料元素棒（U-235）按正方形排列，按一定间距垂直安放在堆芯的下栅栏板上。以广东大亚湾核电站900MW级压水堆为例，该堆芯共有157个横截面呈正方形的燃料组件，其中53个核燃料组件中插有控制棒组件。控制棒组件是控制参与核反应的中子数量，即控制核反应功率的物件，它由驱动机构将其提升或插入来实现核电厂启动、负荷改变和停闭（停堆）等工况——快速的反应性变化。

核燃料在堆芯内发生可控裂变反应产生大量的热能（相当于锅炉的炉子），由主冷却剂泵将冷却剂（通常为水）强制循环通过堆芯被加热至327℃、15.5MPa的高温高压水，载出堆芯热能的高温高压水被送往蒸汽发生器（相当于锅炉的汽锅），流经装置于其内的立式倒U形管束（也有直管和螺旋管的），通过管壁将热量传递给倒U形管束外的二回路冷却水。释放热量后的主冷却剂又被主泵送回堆芯重新加热，再次送到蒸汽发生器。主冷却剂这样不断地在密闭的回路中循环流动，它被称为一回路。

一回路压力，目前一般取值在14.7～15.7MPa之间，通常以稳压器内蒸气压为准。一回路冷却剂进反应堆压力容器的温度一般为280～300℃，出口温度为310～330℃；进出口的温升控制在30～40℃。当单个环路的电功率为300MW时，一回路冷却剂流量可达5000～24000t/h。

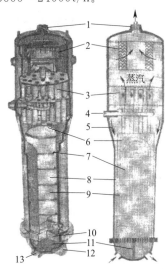

图3-42　蒸汽发生器结构

1—蒸汽出口管；2—蒸汽干燥器；
3—旋叶式汽水分离器；4—给水管；
5—水流；6—防振条；7—管束支撑板；
8—管束围板；9—倒U形管束；
10—管板；11—隔板；12—冷却
剂出口；13—冷却剂入口

主冷却剂泵（主泵）是反应堆的"心脏"。在主系统充水时，利用主泵赶气；在开堆前，利用主泵循环升温以达到开堆所需的温度（280℃）条件。在反应堆正常运行时，冷却剂由反应堆流出经主管道送往蒸汽发生器，把热量传递给二回路侧的给水，然后再由主泵送回反应堆进行循环。

稳压器，又称压力平衡器，是用来控制反应堆系统压力变化的重要设备。在正常运行时，它起着保持一回路冷却剂压力的作用；当发生事故时，提供超压保护。稳压器里装设有加热器和喷淋系统，当反应堆里压力过高时，喷洒冷水降压以避免容积沸腾；当堆内压力过低时，加热器自动开启电源加热使水蒸发以增高压力。

蒸汽发生器是核电厂中一、二回路的枢纽（如图3-42所示）。它将反应堆产生的裂变热量通过冷却剂传递给二回路侧的给水，使其产生蒸汽为汽轮发电机组提供动力，将热能转化为电能。蒸汽发生器的另一作用是在一、二回路之间构成防止放射性外泄的第二道防护屏障，倒置U形管束是反应堆冷却剂压力边界的组成部分。

蒸汽发生器内二回路水为自然循环，其倒U形管束套筒将二回路水分隔为上升通道和下降通道。下降通道内为低温给水与汽水分离器分离出来的饱和水的混合物，上升通道内为汽水混合物。凭借单相与两相液体的密度差导致套筒两侧产生压差，以驱动下降通道中的水不断流向上升通道。

从构造组成看，蒸汽发生器分预热段、蒸发段、过热段及汽水分离段几部分。蒸发段装设有外径为 19.05mm 的传热管约 5000 根，重达 50t；管束套筒下端用支承块支承，使套筒下端留有空隙，供下降通道的水进入管束区。汽水分离段布置有一级和二级分离器，前者为旋叶式，后者为六角形带钩波形板分离器。

二回路汽水进入蒸汽发生器是通过给水环形管分配，其中 80% 给水流向热侧，20% 给水流向冷侧。为减轻蒸汽发生器内部的腐蚀，设有排污系统进行连续排污。

安全壳，也即核反应堆厂房，是核电站的标志性建筑，核蒸汽供应系统的所有带强放射性的关键设备、阀门及管道全部装置其中。它是用来控制和限制放射性物质从反应堆扩散出去。万一发生罕见的反应堆一回路水外泄事故时，安全壳是防止裂变产物外逸的最后一道屏障。它能承受地震、飓风、飞机坠落等多种冲击，是核电站的"保护神"，一般为内衬钢板的预应力混凝土厚壁容器。

由于核能发电不会造成大气污染和增加地球温室效应的 CO_2，而且核燃料能量密度大、体积小，运输与储存方便等原因，在全球范围内核能发电装机容量日增。根据规划，到 2020 年，我国运行的核电装机总容量将达 40000MW，未来我国核电发展年均增速为 9.9%。

3.6 辅助受热面

锅炉本体中除汽锅和炉子两大基本组成部分外，还设置有辅助受热面——蒸汽过热器、省煤器和空气预热器。显然，各辅助受热面是根据具体情况，按实际需要选择增设的。例如供热锅炉除生产工艺有要求或热电联供，一般较少设置蒸汽过热器，而省煤器则已作为节能装置被普遍采用。对于大、中型锅炉来说，这些辅助受热面都已成为不可缺少的重要组成部分。

▶ 3.6.1 蒸汽过热器

蒸汽过热器是把饱和蒸汽加热成为具有一定温度的过热蒸汽，同时在锅炉允许的负荷波动范围内以及工况变化时保持过热蒸汽温度正常，并处在允许的波动范围之内。电站锅炉的过热蒸汽温度根据技术经济比较确定，如压力为 34.5MPa 的超临界压力锅炉，过热蒸汽温度可高达 650℃ 左右。供热锅炉的过热蒸汽温度较低，一般不超过 400℃，其允许波动范围为 +10～−20℃，因而所需受热面不多，也无需采用耐热钢。

蒸汽过热器的结构如图 3-43 所示，由蛇形无缝钢管管束和进、出口及中间集箱等组成。由汽锅生产的饱和蒸汽引入过热器进口集箱，然后分配经各并联蛇形管受热升温至额定值，最后汇集于出口集箱由主蒸汽管送出。

根据布置位置和传热方式，过热器可分为对流式、半辐射式和辐射式三种。对流式过热器位于对流烟道，吸收对流放

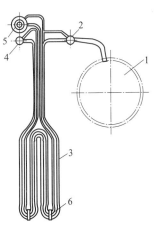

图 3-43　垂直式蒸汽过热器构造简图

1—锅筒；2—进口集箱；
3—蛇形管；4—中间集箱；
5—出口集箱；6—夹紧箍

热；半辐射式（屏式）过热器位于炉膛出口，呈挂屏型，吸收对流放热和辐射放热；辐射式（墙式）过热器位于炉膛墙上，吸收辐射放热。供热锅炉采用的都是对流式过热器。

对流式蒸汽过热器按蛇形管的放置形式可分为立式和卧式两种。国内目前以采用立式放置的居多，它支吊比较简便、可靠，也不易积灰或结渣，但疏水和排气性差，停炉时易积水腐蚀管壁，启动时管内空气积滞易烧坏管子。卧式过热器则正好相反，疏水排气方便，支吊困难。如果按管子排列方式，过热器分顺列和错列两种，顺列布置的传热系数小于错列布置，错列布置的管壁磨损比顺列严重。

如果按照蒸汽与烟气的流动方向，过热器又有顺流、逆流、双逆流和混合流等多种型式，如图 3-44 所示，其中以逆流布置的传热温差最大，但因出口管段所处的烟温和内侧气温都最高而工作条件较差；顺流式传热温差最小，又使金属耗量增大。所以要综合考虑确定，一般常采用混合流的形式。

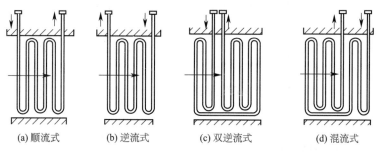

(a) 顺流式　　(b) 逆流式　　(c) 双逆流式　　(d) 混流式

图 3-44　根据烟气与蒸汽相对流动方向划分的过热器型式

由于蒸汽过热器内侧流过的是过热蒸汽，它不单是锅炉各受热面中温度最高的工质，而且放热系数也最小，其工作条件最差。为改善过热器金属材料的工作条件，避免使用昂贵的合金管材，过热器不应布置在烟温很高的区域；另一方面又应兼顾到保持有合理的传热温差，供热锅炉的过热器一般布置在烟温为 850～950℃ 的烟道中。

过热器并联蛇形管的数目与管外烟气流速和管内蒸汽流速有关。烟气流速以管子少受磨损和不易积灰的原则来选定，一般在 5～10m/s；而蒸汽流速则以保证管壁金属有足够良好的冷却、流动阻力又不宜过大的原则来选取，供热锅炉一般为 15～25m/s。由于蒸汽冷却金属的能力不仅取决于蒸汽速度，也与其密度有关，因此采用流速和密度的乘积——质量流速作为指标是最为合理的。当过热器置于烟温较高的烟道或过热蒸汽温度较高时，可采用较高的流速，但以总的蒸气压降应不超过过热蒸气压的 8%～10% 为宜。

过热器蛇形管一般采用外径 28～42mm 的无缝钢管制作，呈顺列布置，其横、纵向节距与管径之比分别在 2.2～3.4 和 2.5～5.0 之间。各根蛇形管组成的平面布置成与前墙平面垂直，这样使各平行蛇形管沿烟道深度方向的吸热相同，并消除沿烟道高度的烟温偏差。有时，也将过热器分成两级，中间设置集箱，并将蒸汽左右交叉混合，以减少烟道宽度方向温度偏差的影响。在小型锅炉中，如烟道宽度较大，为提高管内蒸汽流速，可将过热器受热面沿烟道宽度分成串联的几段，同时也减少了沿烟道宽度的温度偏差。

3.6.2　省煤器

省煤器是锅炉给水的预热设备，利用锅炉尾部烟气的热量来加热锅炉给水。它是现代锅炉中不可缺少的受热面，通常装置在锅炉尾部烟道中，吸收烟气的对流热，个别的情况有与水冷壁相间布设的，以吸收炉膛的辐射热。

装设省煤器可有效降低排烟温度，减少排烟损失而提高锅炉热效率，节约燃料。同时，由于提高了给水温度，就减少了锅筒壁与给水之间的温差而引起的热应力，改善了锅筒的工作条件，有利于提高锅筒的使用寿命。再者，对于供热锅炉，省煤器一般采用铸铁制造，可降低锅炉造价。

进入省煤器的给水温度一般都不高，仅 $30\sim50℃$，即便是采用大气式热力除氧的给水，水温虽已达 $105℃$ 左右，但省煤器中的平均水温仍然要比汽锅中饱和水温度低几十度。在相同烟温下，装置省煤器比依靠增大蒸发受热面——对流管束可获得较大的传热温差。同时，省煤器中的水是借水泵强制流动，使它布置得很紧凑，水流自下而上与烟气呈逆向流动，加之省煤器可采用带鳍片铸铁管或小直径钢管，传热系数也大。由于传热系数和温差的提高，当需降低数值相同的尾部排烟温度时，所需的省煤器受热面仅约为蒸发受热面的一半，且单位受热面的价格也较低廉。所以，现在国内凡蒸发量 $D\geqslant1t/h$ 的锅炉，出厂时都随带省煤器；蒸发量小于 $1t/h$ 的锅炉，用户一般也常自行装置省煤器或余热水箱。

省煤器按制造材料的不同，可分铸铁省煤器和钢管省煤器；按给水被预热的程度，则可分为沸腾式和非沸腾式两种。在供热锅炉中使用得最普遍的是铸铁省煤器，它由一根根外侧带有方形鳍片的铸铁管通过 $180°$ 弯头串接而成，如图 3-45 和图 3-46 所示。水从最下层排管的一侧端头进入省煤器，水平来回流动至另一侧的最末一根，再进入上一层排管，如此自下向上流动受热后送入上锅筒。烟气则由上向下横向冲刷管簇，与水逆流换热。

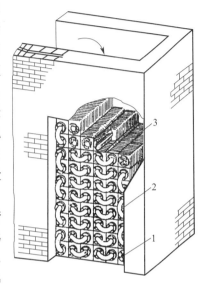

图 3-45　铸铁省煤器安装组合简图
1—省煤器进水口；2—铸铁
连接弯头；3—铸铁鳍片管

水在省煤器中受热的过程中，溶于水中的气体会析出形成气泡。为了能及时将气泡带出，非沸腾式省煤器中水速一般不得低于 $0.3m/s$；对于沸腾式省煤器，水速不宜低于 $1m/s$。当省煤器一路进水时，如流速过大，可连接两个或更多的进水口，组成并联进水管路，将水速调整到合理值。流经省煤器的烟气速度，通常是在布置省煤器时，通过选择合理的横向管排数和管长加以调整，烟速一般在 $8\sim11m/s$，它已兼有一定的吹扫积灰能力。

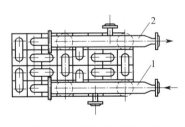

图 3-46　铸铁省煤器组件
1—进水口；2—出水管

铸铁省煤器因铸铁性脆，承受冲击能力差而只能用作非沸腾式省煤器，其出口水温至少应比相应压力下的饱和温度低 $30℃$，以保证工作的安全可靠。铸铁省煤器还由于铸造工艺的局限，管壁较厚，体积和重量都较大，鳍片间毛糙容易积灰、堵灰而难于清除。此外，它的所有铸铁管全靠法兰弯头连接，不仅安装工作繁重，又易渗水漏水。但是，铸铁省煤器对管内水中的溶解氧和管外烟气中硫氧化物一类的腐蚀性气体有较好的抗蚀能力，对高速灰粒也有较强的耐磨性能，这又成为铸铁省煤独具的优点。

为了保证、监督铸铁省煤器的安全运行，在其进口处应装置压力表、安全阀及温度计；在出口处应设安全阀、温度计及放气阀；在进、出口之间装旁路管，如图3-47所示。进口安全阀能够减弱给水管路中可能发生水击的影响；出口安全阀能在省煤器汽化、超压等运行不正常时泄压，以保护省煤器。放气阀则用以排除启动时省煤器中的大量空气。

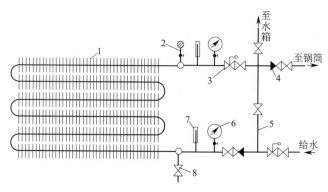

图 3-47　铸铁省煤器附件及管路
1—省煤器管；2—放气阀；3—安全阀；4—止回阀；
5—旁路阀；6—压力表；7—温度计；8—排污阀

在锅炉启动时，也即从锅炉生火到送出蒸汽这段时间内，常常是不连续进水的。为保护省煤器不致过热而损坏，按理应在省煤器入口与上锅筒之间装设不受热的再循环管，使锅筒、再循环管、省煤器和锅筒之间形成自然循环。但供热锅炉一般都不设置这一再循环管，而是让烟气从旁通烟道绕过省煤器或从省煤器出口接一再循环管，将省煤器出水送回给水箱。假若不装再循环管，则只有打开锅炉排污阀放水，这将造成热量的浪费。

当省煤器损坏、漏水而锅炉又不能马上停炉时，省煤器应能和汽锅切断隔绝，给水则改由另设的旁路管直接送往锅筒，确保给水的供应。

在容量较大的供热锅炉上，采用给水热力除氧处理或给水温度较高时，铸铁省煤器加热温度就受到了限制；另外，给水除氧既然解决了金属腐蚀问题，此时可采用钢管省煤器，优点是工作可靠，体积

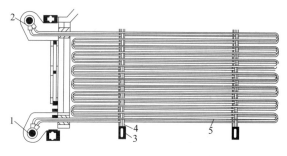

图 3-48　钢管省煤器
1—进口联箱；2—出口联箱；3—支撑梁；
4—支架；5—蛇形钢管

小，重量轻。

钢管省煤器由并列的蛇形管组成，如图3-48所示，通常用外径为 25～42mm 的无缝钢管制作，呈错列布置，上、下两端分别与出口集箱和进口集箱连接，再经出水引出管直接与锅筒连接，中间不设置阀门。由于钢管的承压能力好，钢管省煤器可以用作沸腾式省煤器，但最大沸腾度应不超过 20%，否则流动阻力太大。

▶ 3.6.3　空气预热器

空气预热器，简称空预器，是利用锅炉尾部烟气的热量加热燃料燃烧所需空气的换热

设备。

当锅炉给水采用热力除氧或锅炉房有相当数量的回水时，因给水温度较高而使省煤器的作用受到限制，省煤器出口排烟较高，此时设置空气预热器，可以有效降低排烟温度，减少排烟热损失；同时提高燃烧所需空气的温度，又可改善燃料的着火和燃烧过程，从而降低各项不完全燃烧损失，提高锅炉热效率。这对燃烧难以着火的煤，如多水分、多灰分以及低挥发分等一类煤，其作用越加明显。此外，由于排烟温度的降低，它也改善了引风机的工作条件，可以降低引风机的电耗。

空气预热器按传热方式可分为导热式和再生式两类。导热式空气预热器，烟气和空气各有自己的通道，热量通过传热壁面连续地由烟气传给空气。在再生式空气预热器中，烟气和空气交替流经受热面，烟气流过时将热量传给受热面并积蓄起来，随后空气流动时，受热面将热量传给空气。导热式空气预热器有板式和管式两种，供热锅炉大多采用的是导热式的管式空气预热器。

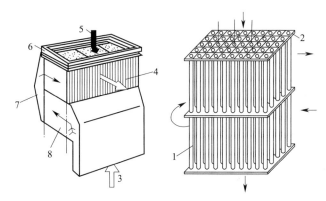

图 3-49　空气预热器结构示意图
1—烟管管束；2—管板；3—冷空气入口；4—热空气出口；
5—烟气入口；6—膨胀节；7—空气连通罩；8—烟气出口

管式空气预热器有立式和卧式之分。图 3-49 所示为一立式空气预热器，它是由许多竖列的有缝薄壁钢管和管板组成，管子上、下端与管板焊接，形成方形管箱结构。烟气在管内自上而下流动，空气则在管外作横向冲刷流动。如果空气需要作多次交叉流动，则可在管箱中间设置相应数目的中间管板作为间隔。

空气预热器常用管径为 $30 \sim 40 mm$、壁厚为 $1.2 \sim 1.5 mm$ 的管子。从传热观点来看，管径越小越好，但管径小易造成堵灰。管子采用错列布置，常用的管子节距比为：$S_1/d = 1.5 \sim 1.75$，$S_2/d = 1.0 \sim 1.25$。对于一定的管径，S_1 和 S_2 越小，对传热越有利，结构也越紧凑。当管径为 $40 mm$ 时，管箱高度应不高于 $5 m$，以保证管箱的刚度并便于管内清理。

空气预热器的管子根数及管距取决于烟气流速。一般情况下，烟速在 $10 \sim 14 m/s$，空气流速一般取烟气流速的 $45\% \sim 55\%$。烟速过低，不利于传热，也易导致烟灰沉积；烟速过高，流动阻力增大，使通风设备电耗增加。为了使烟气对管壁的放热系数接近于管壁对空气的放热系数，以获得空气预热器最高的传热系数，设计时烟气流速应尽可能调整到空气流速的 2 倍左右。

空气预热器的管箱是通过下管板支承在空气预热器的框架上，框架又再与锅炉构架相连。在运行时，管子直接受热温度较高，其膨胀伸长量要比外壳大，而外壳则又比锅炉构架的伸长量大，因此，管板与外壳、外壳与锅炉构架之间都必须装设由薄钢板制作的补偿器，又名膨胀节，以补偿各部件间的不同伸缩，既允许各部件相对移动，又能有效防止漏风。

卧式空气预热器由水平管簇组成，空气在管内流动，烟气则在管外横向掠过，使管外积灰便于清除，有时也可用水冲洗。

▶ 3.6.4 尾部受热面烟气侧的腐蚀

烟气中含有水蒸气和硫酸蒸气。当烟气进入尾部烟道时，因烟温降低可能使蒸汽凝结，也可能蒸汽遇到低温受热面——省煤器和空气预热器的金属壁而冷凝。水蒸气在受热面上冷凝会引起氧腐蚀，硫酸蒸气的凝结液与金属接触则发生酸腐蚀，这两种腐蚀称为低温腐蚀。

低温腐蚀主要发生于空气预热器中的冷空气入口段。对于供热锅炉，由于给水温度一般都比较低，在省煤器中也会发生低温腐蚀。低温腐蚀的程度与燃料成分、燃烧方式、受热面布置以及工质参数等多种因素有关。

硫是燃料中的有害元素，燃烧时生成 SO_2，其中约有 $0.5\%\sim7\%$ 会进一步转化为 SO_3。随着烟气的流动，SO_3 又同水蒸气结合生成硫酸蒸气，如凝成酸液将对受热面产生严重腐蚀。可见，燃料的含硫量越高，引起金属腐蚀的可能性就越大。

水蒸气的露点温度，随烟气中水蒸气含量的高低而变，但一般都不高，在 $30\sim60℃$ 之间。可是，当烟气中含有 SO_3 时，哪怕含量仅为 0.005% 左右，它与水蒸气形成的硫酸蒸气的露点就会很高，甚至达 $150℃$ 左右。这样，当尾部受热面的壁温低于酸露点时，硫酸蒸气就会凝结，引起这部分受热面金属的严重腐蚀，可能导致空气泄漏，大量空气经泄漏点短路进入烟气中，影响燃烧所需空气量，并使送、引风机负荷增加，增大电耗。此外，硫酸液还会与受热面上的积灰起化学反应，形成硫酸钙为基质的水泥状物质，这样的积灰呈硬结状，会堵住管子或管间通道，引风机阻力增大；还会使排烟温度升高，锅炉出力下降；严重时被迫停产。

根据研究，烟气中 SO_3 形成的数量，不仅与燃料含硫量有关，还与燃烧温度、空气过量系数、飞灰性质和数量等有关。当燃烧温度高，空气过量系数又大时，由于火焰中氧原子浓度高，烟气中的 SO_3 含量就大为增加；烟气中飞灰的粒子具有吸收 SO_3 的作用，所以在燃油炉中，因飞灰少，炉膛温度高，特别是当烟气中含有较多的钒氧化物时，它对 SO_2 继而氧化成 SO_3 的反应有催化作用，这些都将使炉膛中形成的 SO_3 含量增多，致使尾部受热面低温部分发生严重的腐蚀。

由此可知，锅炉低温受热面腐蚀的根本原因是烟气中存在有 SO_3 气体，发生腐蚀的条件是金属壁温低于烟气露点温度。因此，必须采用技术措施，如进行燃料脱硫，控制燃烧以减少产生 SO_3，使用添加剂（如石灰石、白云石等）加以吸收或中和烟气中的 SO_3 以及提高金属壁烟，避免结露，都可有效减轻或防止低温腐蚀与堵灰。但由于技术和经济的原因，目前国内采用最多的办法是提高壁温，即相应提高排烟温度。严格地讲，如要避免受热面金属腐蚀，壁温应比酸露点高出 $10℃$ 左右。这样，排烟温度将大为提高，显然是不经济的。因此，目前为了减轻尾部受热面腐蚀，只能要求受热面的壁温不低于烟气中水蒸气的露点。

在供热锅炉中，空气预热器最下端的金属壁温最低，此处烟气温度为排烟温度，入口空气温度是冷空气温度。由于排烟温度受经济性的制约不可随意提高，常采取把空气预热器进风口高置于炉顶的做法，使进风温度增高，从而提高金属壁温以减少腐蚀。此外，也有将空气预热器的最底下一节，即空气的第一通道与其他部分分开制作，便于受腐蚀后修补或调换更新。

3.7　锅炉安全附件

根据《锅炉安全技术监察规程》，锅炉必须安装锅炉安全附件，包括安全阀、压力测量装置、水（液）位测量与示控、温度测量装置、排污和放水装置等安全附件，以及安全保护装置和相关的仪表等。其中，安全阀、压力测量装置——压力表和水（液）位测量与示控装置——水位表是保证锅炉安全运行的基本附件，统称锅炉三大安全附件，也是操作人员进行正常操作的耳目。

▶ 3.7.1　安全阀

安全阀是一种自动泄压报警装置。当锅炉的工作压力超过允许工作压力时，安全阀会自动开启，迅速泄放出足够多的蒸汽，同时发出音响警报，警告司炉人员，以便采取必要措施，降低锅炉压力。当锅炉内压力下降至允许工作压力时，安全阀又会自动关闭，从而使锅炉能在允许的工作压力范围内安全运行，防止锅炉因超压而引起爆炸。在热水锅炉上安装安全阀，是当锅炉因汽化等原因引起超压时，能够起到泄压、报警作用。可见，安全阀选配得当，操作正确，就可避免发生锅炉超压事故。

根据规程，每台锅炉至少应当装设两个安全阀（包括锅筒和蒸汽过热器安全阀）。对于额定蒸发量≤0.5t/h 的蒸汽锅炉、额定蒸发量<4t/h 且装设有可靠的超压联锁保护装置的蒸汽锅炉和额定功率≤2.8MW 的热水锅炉，可以只装设一个安全阀。此外，在蒸汽再热器出口、直流蒸汽锅炉过热器系统中两级间的连接管截止阀前以及多压力等级余热锅炉的每一压力等级的锅筒和蒸汽过热器上，也应当装设安全阀。

安全阀应当铅直安装，并且应当安装在锅筒、集箱的最高位置。为了不影响安全阀动作的准确性，在安全阀和锅筒之间或者安全阀与集箱之间，不应当装设有取用蒸汽或热水的管路和阀门。当采用螺纹连接的弹簧安全阀时，安全阀应当与带有螺纹的短管相连接，而短管与锅筒或者集箱筒体的连接应当采用焊接结构。

安全阀有静重式、弹簧式、杠杆式和控制式（脉冲式、气动式、液压式和电磁式等）多种型式。对于额定工作压力≤0.1MPa 的蒸汽锅炉，一般可以采用静重式安全阀或者水封安全装置；热水锅炉上装设有水封安全装置时，可以不装设安全阀。但需注意的是，水封安全装置的水封管内径不得小于 25mm，其上不应装设阀门，且应采取防冻措施。

杠杆式安全阀和弹簧式安全阀是供热锅炉最常用的。杠杆式安全阀是利用杠杆原理制作而成的，如图 3-50 所示。它通过阀杆将重锤的重力作用在阀芯上，当锅炉蒸汽压力大于重锤和力臂的乘积时，阀芯就被顶起，蒸汽排出。反之，阀门关闭，排汽停止。此型安全阀的开启压力可借移动重锤与阀芯的距离来调整。由于它结构简单，动作灵活准确，又易于调节，因此应用很广泛，甚至连大型高压锅炉也常配置使用。但此型安全阀装设时需保持杠杆水平。

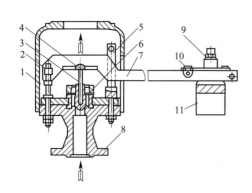

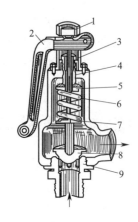

图 3-50　重锤杠杆式安全阀

1—阀罩；2—支点；3—阀杆；4—力点；

5—导架；6—阀芯；7—杠杆；8—阀座；

9—固定螺丝；10—调整螺丝；11—重锤

图 3-51　弹簧式安全阀

1—阀帽；2—提升手柄；3—调整螺丝；

4—阀杆；5—上压盖；6—弹簧；

7—下压盖；8—阀芯；9—阀座

弹簧式安全阀如图 3-51 所示。它是利用弹簧变形时产生的弹力通过阀杆作用在阀芯上面制成的安全阀，其弹簧的弹力大小则靠调节螺丝的松紧来加以调整。当锅炉蒸汽压超过弹簧弹力时，弹簧即被压缩，阀杆上升而阀门开启，蒸汽迅即排出。

弹簧式安全阀结构紧凑，灵敏轻便，可在任意位置安装，能承受振动而不泄漏。但由于弹簧的弹性会随时间和温度的变化而改变，可靠性较差。

弹簧式安全阀按其阀芯在开启时的提升高度，又可分为全启式安全阀和微启式安全阀两种。如以 d 表示安全阀的阀座内径，h 为阀芯的提升高度，则 $h \geq \dfrac{d}{4}$ 的称为全启式，当 $h \leq \dfrac{d}{20}$ 时，称为微启式。

微启式安全阀的阀芯与阀座密封面外径一致或略大。当蒸汽流出时，阀芯受到向上的托力，只升高 1.2～2mm；而全启式安全阀在其阀芯上有较大阀盘，当蒸汽流出时，可产生的

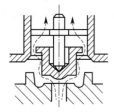

图 3-52　全启式安全阀阀芯的开启

上托力较大，使阀芯升高较多，如图 3-52 所示。因此，全启式安全阀的启闭比较缓和，排汽量大，回座性好，适用气体介质的泄压；而微启式安全阀阀芯启闭动作快速，一般适合液体介质的泄压。所以，在应用上，蒸汽安全阀都采用全启式安全阀，省煤器或其他水管系统上则采用微启式安全阀。

蒸汽锅炉锅筒和过热器上的安全阀的总排放量应当大于额定蒸发量，对于电站锅炉应大于锅炉最大连续蒸发量，并保证在锅筒和蒸汽过热器的所有安全阀开启后，锅筒内的蒸汽压不得超过设计压力的 1.1 倍。

蒸汽过热器和再热器出口处的安全阀的排放量，应能保证在该排放量下过热器和再热器有足够的冷却，不致将其烧损。

为了保证在安全阀排汽后锅炉压力不致继续升高，蒸汽锅炉安全阀流道直径应当≥20mm。

对于热水锅炉，其安全阀的泄放能力，与蒸汽锅炉一样应当满足所有安全阀开启后锅炉内的压力不超过设计压力的 1.1 倍。

蒸汽锅炉安全阀和热水锅炉安全阀的整定压力应分别按表 3-4 和表 3-5 的规定进行调整

和校验。

表 3-4　蒸汽锅炉安全阀的整定压力

额定工作压力/MPa	安全阀整定压力/MPa	
	最低值	最高值
$p \leqslant 0.8$	$p+0.03$	$p+0.05$
$0.8 < p \leqslant 5.9$	$1.04p$	$1.06p$
$p > 5.9$	$1.05p$	$1.08p$

注：p 为锅炉工作压力，MPa。它是指安全阀装置地点的工作压力，对于控制安全阀是指控制源接出地点的工作压力。

表 3-5　热水锅炉安全阀的整定压力

最低值/MPa	最高值/MPa
$1.1p$，但不小于 $p-0.07$	$1.12p$，但不小于 $p+0.10$

安全阀启闭压力差一般应为整定压力的 $4\%\sim7\%$，最大不超过 10%。如整定压力小于 0.3MPa 时，最大启闭压力差为 0.03MPa。

根据《蒸汽锅炉安全技术监察规程》规定，锅炉上必须有一个控制安全阀，按表 3-4 中较低的整定压力进行调整；对有蒸汽过热器的锅炉，控制安全阀则必须装置在过热器出口集箱上，以保证安全阀开启时过热器的安全阀先开启，并有蒸汽流过，避免过热器烧损。为防止安全阀的阀芯与阀座粘住，应定期对安全阀做手动排放试验。试验时，锅筒内的压力应不小于安全阀开启压力的 75%。

此外，蒸汽锅炉安全阀应装设排汽管，且应当直通安全地点，以防止排汽伤人；同时要有足够的流通截面积，保证排汽畅通；还应将其固定，不应当有任何来自排汽管的外力施加到安全阀上。安全阀排汽管上如果装有消声器，其结构应当有足够的流通截面积和可靠的疏水装置。在安全阀排汽管的底部，应装有接到安全地点的疏水管，在疏水管上不应装设阀门。

热水锅炉的安全阀应当装设排水管（如果采用杠杆式安全阀，应当增加阀芯两侧的排水装置），排水管要直通安全地点，其上不允许装设阀门，并且应有防冻措施。

在用锅炉的安全阀每年至少校验一次，校验一般在锅炉运行状态下进行。校验项目为整定压力、回座压力和密封性等，校验后，上述校验结果应当记入锅炉安全技术档案。

锅炉上的任一安全阀经校验后，应当加锁或铅封，校验后的安全阀在搬运或安装过程中，不能摔、砸和碰撞。

锅炉运行中安全阀应当定期进行排放试验，试验间隔一般不得大于一个小修间隔。运行中的锅炉安全阀不允许解封，严禁采用加重物、移动重锤位置或将阀芯卡死等手段任意提高安全阀的整定压力或者使安全阀失效，危及锅炉的安全。

▶3.7.2　压力表

压力表是用以测量和显示锅炉汽、水系统工作压力的仪表。根据《蒸汽锅炉安全技术监察规程》规定，蒸汽锅炉必须装有与锅筒蒸汽空间直接相通的压力表，以监视锅炉在允许的工作压力下安全运行。在给水管的调节阀前、可分式省煤器出口、过热器和主蒸汽阀之间，都应装设压力表。

对于热水锅炉，除锅筒外，在进水阀出口、出水阀进口、循环泵的进出口都应装设压力表。对于燃油锅炉、燃煤锅炉的点火油系统的油泵进口（回油）及出口；燃气锅炉、燃煤锅炉的点火气系统的气源进口及燃气阀组稳压阀（调压阀）后均应装设压力表，以监视其运行状况，便于调整，保证锅炉的正常安全运行。

锅炉常用的压力表为弹簧管式压力表，它构造简单、准确可靠，安装和使用也很方便。为了目视清晰，压力表的安装位置距操作平面不超过 2m 时，压力表的表盘直径应不小于 100mm。压力表的量程应根据工作压力选用，一般为工作压力的 1.5～3.0 倍，最好选用 2 倍。压力表的精度应不低于 2.5 级，对于 A 级锅炉，压力表精度应不低于 1.6 级。而且，压力表应装设在便于观察和吹洗的位置，并且应当防止受到高温、冰冻和震动的影响，同时保证有足够的照明亮度。

锅炉蒸汽空间设置的压力表应有存水弯管或者其他冷却蒸汽的措施；热水锅炉的压力表也应有缓冲弯管，弯管内径不应小于 10mm。压力表与弯管之间应装设三通阀门，以便吹洗管路、卸换和校验压力表。

压力表的装设、校验和维护应符合国家计量部门的规定。压力表装用前应校验，并在刻度盘上划红线表示工作压力；压力表装用后每半年至少校验一次，校验后必须铅封，并注明下次校验的日期。

▶ 3.7.3　水位表

水位表是用以显示锅炉水位的一种安全附件。操作人员通过水位表监视锅炉水位，控制和调节锅炉进水，或凭此调整和校验锅炉给水自控系统的工作，避免发生缺水和满水事故。

每台蒸汽锅炉的锅筒上至少应当装设两个独立的直读式水位表。额定蒸发量≤0.5t/h 的锅炉、额定蒸发量≤2t/h 且装有一套可靠的水位示控装置的锅炉和装有两套各自独立的远程水位测量装置的锅炉，可以只装设一个直读式水位表。

常见的水位表有玻璃管和平板式两种。玻璃管水位表由汽、水连接管，汽、水旋塞，玻璃管及放水旋塞等部件组成。它结构简单，价格低廉，但容易破裂，因此必须加装安全防护罩，以免万一玻璃破裂时汽水伤人。用于锅炉上的这种水位表，玻璃管的公称直径有 15mm 和 20mm 两种。

玻璃板式水位表是由金属框盒、玻璃板、汽和水旋塞以及排水旋塞组成。这种玻璃板具有耐热、耐碱腐蚀的性能，而且在内外温差较大的情况下，能承受其弯曲应力，加之在玻璃板观察区域的平面上又制作有几条纵向槽纹，形成加强筋肋，所以不易横向断裂，比较安全可靠，不再需要装设防护罩。

由于锅炉水位正常与否直接影响着锅炉的安全运行，所以水位表上应醒目地刻画有最高和最低安全水位的标记。水位表的最高和最低水位，应严格依据锅炉结构设计的规定，不得任意更改、随意变动。

为了防止形成假水位，水位表和锅筒之间的汽、水连接管的内径不得小于 18mm。当连接管长度大于 500mm 或有弯曲时，内径应适当放大，以保证水位表的灵敏、准确。对于汽连接管，应能自动向水位表疏水，水连接管则应朝锅筒方向倾斜，使之能自动向锅筒疏水，防止形成假水位。通常，在汽、水连接管上应装置阀门，正常运行时则必须把阀门全开，确保水位指示的可靠性。

水位表应安装在便于观察的地方，且要有良好的照明，易于检查和冲洗。如水位表距离操作面高于 6m 时，应加装远程显示装置或者水位视频监视系统，其信号应当各自独立取出。用远程显示装置监视水位的锅炉，控制室内应有两个可靠的远程水位显示装置，运行中还必须保证有一个直读式水位表正常工作。

锅炉运行时，水位表需经常冲洗，水位表应有放水旋塞和接到安全地点的放水管，防止汽水烫人事故的发生。

▶ 3.7.4 高低水位警报器

高低水位警报器是一种当锅内水位达到最高或最低允许限度时，能自动发出报警信号的装置。高低水位警报器的构造型式有多种，按照所装部位的不同，可分装在锅筒内的和锅筒外的两类，但它们的工作原理都是利用浮体随锅内水位的升降变化而自动发出警报信号的，从而提醒操作人员注意水位的变化，及时采取有效措施，防止发生缺水和满水事故。

图 3-53 所示为一装置于锅筒外的高低水位警报器，由筒体内的杠杆、竖杆、连杆、重锤、吊架、限位杆、针形阀和汽笛等部件组成。重锤Ⅰ被固定在左侧竖杆上，而重锤Ⅱ则被固定在右侧竖杆上；重锤Ⅰ、Ⅱ体积相等，质量不同，Ⅱ略大于Ⅰ。

当锅内水位处于正常水位时，重锤Ⅱ沉浸于水中，重锤Ⅰ悬于蒸汽空间，杠杆保持平衡，针形阀处于关闭状态，汽笛无声响。当锅内水位上升到最高水位时，重锤Ⅰ浸入水中受到水的浮力作用而将左侧竖杆向上推，使杠杆左端上翘，从而打开针形阀，汽笛啸叫发生警报。当锅内水位下降至最低水位时，重锤Ⅱ露出水面，浮力减小，此刻重锤Ⅱ下沉而将右侧竖杆向下拉，杠杆右端下降，针形阀开启使汽笛鸣响，发生报警信号。

可以看出，这种警报器不论锅内水位是到达最高水位还是最低水位，都由同一个汽笛发声警报，因此要求操作人员首先要认真检查和判别，严防误操作造成事故。

此外，还有电导式水位报警器，其原理是借锅水的导电性，使继电器回路闭合，输出信号作为报警及控制之用。

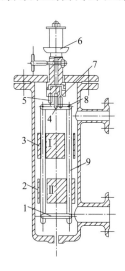

图 3-53　高低水位警报器
1—连杆；2—重锤Ⅱ；3—重锤Ⅰ；
4—吊架；5—限位杆；6—汽笛；
7—针形阀；8—杠杆；9—竖杆

参 考 文 献

[1] 辛广路 . 工业锅炉运行与节能减排操作实务 [M] . 北京：机械工业出版社，2015.
[2] 陈媛，卢爱珍，张磊 . 锅炉运行问答 [M] . 北京：化学工业出版社，2015.
[3] 吴味隆 . 锅炉及锅炉房设备 [M] . 第 5 版 . 北京：中国建筑工业出版社，2014.
[4] 于洁，韩淑芬 . 锅炉运行与维护 [M] . 北京：北京理工大学出版社，2014.
[5] 李学忠，孙伟鹏 . 锅炉运行 [M] . 北京：中国电力出版社，2014.
[6] 樊泉桂 . 锅炉原理 [M] . 北京：中国电力出版社，2014.
[7] 简安刚 . 锅炉运行 300 问 [M] . 北京：中国电力出版社，2014.
[8] 章德龙 . 超超临界火电机组培训系列教材：锅炉分册 [M] . 北京：中国电力出版社，2013.
[9] 周强泰 . 锅炉原理 [M] . 第 3 版 . 北京：中国电力出版社，2013.
[10] 韩志成 . 锅炉运行技术问答 [M] . 北京：中国电力出版社，2013.
[11] 姜锡伦，郭建华，冯进利 . 锅炉运行与检修技术 [M] . 北京：中国电力出版社，2013.
[12] 单志翔 . 锅炉设备检修 [M] . 北京：中国电力出版社，2013.

[13] 陈刚.锅炉原理[M].武汉:华中科技大学出版社,2012.

[14] 张磊,廉根宽.大型锅炉运行[M].北京:中国电力出版社,2011.

[15] 同济大学主编.锅炉与锅炉房[M].北京:中国建筑工业出版社,2011.

[16] 张蕾,冯飞,涂中强.锅炉设备及运行[M].北京:化学工业出版社,2011.

[17] 朱全利.锅炉设备系统及运行[M].北京:中国电力出版社,2010.

[18] 陈衡,王云刚,赵钦新,等.燃煤锅炉低温受热面积灰特性实验研究[J].中国电机工程学报,2015,A1:118~124.

[19] 张成,朱天宇,殷立宝,等.100MW燃煤锅炉污泥掺烧试验与数值模拟[J].燃料科学与技术,2015,21(2):114~123.

[20] 左为恒,周腾飞,王向阳.改进的燃煤锅炉风机系统解耦控制[J].计算机应用,2015,35(A2):131~133.

[21] 余廷芳,李鹏辉.基于神经网络的 NO_x 燃煤锅炉排放预测及优化[J].热力发电,2015,44(4):112~115.

[22] 陈天杰,姚露,刘建民,等.某些前后墙对冲燃煤锅炉贴壁风优化方案的数值模拟[J].中国电机工程学报,2015,35(20):5265~5271.

[23] 张朴.电厂燃煤锅炉燃烧系统的热效率建模与优化[D].南京:南京工业大学,2015.

[24] 武海鹏.300MW燃煤锅炉低氧燃烧改造数值模拟[D].武汉:华中科技大学,2015.

[25] 朱天宇.100MW燃煤锅炉煤粉与污泥混烧数值模拟[D].武汉:华中科技大学,2015.

[26] 王志欣.燃煤锅炉排放气体中有害污染物的模拟研究[D].银川:宁夏大学,2015.

[27] 郝向辉.大型燃煤锅炉低温烟气余热综合利用及节能分析[D].北京:华北电力大学,2015.

[28] 吕旭阳.330MW燃煤锅炉低 NO_x 燃烧技术及数值模拟研究[D].北京:华北电力大学,2015.

[29] 王文欢,潘秉超,王爱晨,等.燃煤锅炉掺烧褐煤的经济性与环保特性分析[J].锅炉技术,2014,45(2):67~71.

[30] 游卓,王智华,周志军,等.1000MW燃煤锅炉富氧燃烧改造及 NO_x 排放的数值模拟[J].浙江大学学报(工学版),2014,48(11):2080~2086.

[31] 张胜军,许明海,王莉,等.燃煤锅炉脱汞技术研究进展[J].环境污染与防治,2014,36(7):74~79.

[32] 陈冬林,吴康,曾稀.燃煤锅炉烟气除尘技术的现状及进展[J].环境工程,2014,32(9):70~73.

[33] 王鹏,柳传晖,廖海燕,等.200MW富氧燃烧锅炉传热特性研究[J].动力工程学报,2014,7:507~511.

[34] 徐瑞丽.基于PLC的燃煤锅炉智能温控系统设计[J].煤炭技术,2014,33(3):164~166.

[35] 赵举贵.600MW超临界燃煤锅炉燃烧优化的数值模拟[D].北京:华北电力大学,2014.

[36] 刘永付.污泥干化与电站燃煤锅炉协同焚烧处置的试验研究[D].杭州:浙江大学,2014.

[37] 刘玉娇.燃煤锅炉配煤优化问题的研究[D].西安:西安理工大学,2014.

[38] 于龙.既有燃煤锅炉安全性评价研究[D].天津:天津大学,2014.

[39] 夏文静,衡丽君,何长征,等.660MW超超临界燃煤锅炉降低CO排放的实验研究[J].热能动力工程,2014,29(1):58~64.

[40] 耿春梅,陈建华,王歆华,等.生物质锅炉与燃煤锅炉颗粒物排放特征比较[J].环境科学研究,2013,26(6):666~671.

[41] 赵新贞.燃煤锅炉节能控制系统的设计与开发[D].东营:中国石油大学(华东),2013.

[42] 张知翔,张智超,曳前进,等.燃煤锅炉露点腐蚀实验研究[J].材料工程,2012,40(8):19~23.

[43] 陆炳,孔少飞,韩斌,等.燃煤锅炉排放颗粒物成分谱特征研究[J].煤炭学报,2011,36(1):1928~1933.

[44] 许春伟.Omega型烟气流程的燃油锅炉内燃烧与传热研究[D].大连:大连理工大学,2015.

[45] 何金桥,曹雄,孙志成,等.燃油锅炉油雾燃烧过程中炭烟的排放特性[J].过程工程学报,2015,15(3):468~472.

[46] 黄明锋,刘晓静.燃油锅炉节能技术改造研究[J].科技创新与应用,2015,4:36~37.

[47] 张邢,栾泉.燃油锅炉节能改造的应用效果分析[J].节能,2015,2:74~75,3.

[48] 王潇.燃油锅炉改烧天然气应用分析[J].设备管理与维修,2015,6:54~57.

[49] 李玲玲.一种燃油锅炉的燃料油与雾化蒸汽的比值控制方案[J].中国科技纵横,2014,2:182~184.

[50] 孙学勇,李广华,李清平.燃油锅炉燃烧不充分的原因分析及技术改进[J].中国设备工程,2014,8:63~64.

[51] 于洪涛.燃油锅炉系统节能仿真设计实施[D].大连:大连理工大学,2013.

［52］　杨明月．燃油锅炉改烧燃气的环境影响及经济效益分析［D］．广州：华南理工大学，2013.

［53］　苏振东．燃油锅炉系统节能降耗［J］．大众科技，2013，15（5）：70～72.

［54］　张景顺．燃油锅炉改造成燃气锅炉安全经济运行的分析［J］．华章，2013，14：352～354.

［55］　江旭．热效率简单测试应用于燃油锅炉节能减排研究［J］．中国高新技术企业，2013，8：27～29.

［56］　宋园园．富氧燃烧方式下燃油锅炉燃烧特性的研究［D］．济南：山东大学，2012.

［57］　刘桃．燃油锅炉改烧高炉煤气的燃烧技术研究与数值模拟［D］．湘潭：湘潭大学，2012.

［58］　史建涛．燃油锅炉烟气泄漏原因浅析［J］．江苏安全生产，2012，4：48～50.

［59］　周江尧．200t/h 燃油锅炉的检验与检修［J］．特种设备安全技术，2012，2：49～50.

［60］　姚志鹏．燃油锅炉散热损失测量与计算［J］．上海计量测试，2012，39（3）：57，63.

［61］　张宇．小型燃油锅炉颗粒物排放产生原因及处理方法［J］．中国石油和化工标准与质量，2012，32（12）：215，220.

［62］　于延科，林其钊，崔运静，等．利用辐射提高燃油锅炉热效率的研究［J］．工业加热，2011，40（5）：31～36.

［63］　于延科．基于无焰燃烧的燃油锅炉节能改造研究［D］．合肥：中国科学技术大学，2011.

［64］　李柳强．燃油锅炉热效率及影响分析［J］．节能技术，2011，29（2）：134～136.

［65］　卢银菊．浅谈燃油锅炉［J］．科技信息，2011，20：587～589.

［66］　聂陈翰．基于无焰燃烧的小型燃油锅炉研究［D］．合肥：中国科学技术大学，2010.

［67］　张传名，郑晓康，刘建忠，等．低挥发分水煤浆燃烧特性及其在燃油锅炉上的应用［J］．中国电机工程学报，2009，29（8）：34～39.

［68］　姚芝茂，欧阳朝斌，滕云，等．燃油锅炉燃烧过程 SO_2 的生成与排放特征［J］．环境工程学报，2009，3（11）：2037～2042.

［69］　庞继宁．针形管式水管燃油锅炉故障实例分析［J］．航海技术，2008，B5：61～63.

［70］　周俊虎，李晓辉，李艳昌，等．燃油锅炉受热面灰沉积过程及组分分布特性［J］．中国电机工程学报，2007，27（5）：49～55.

［71］　周宏伟，张振国，毕硕本．全自动燃油锅炉［J］．油气田地面工程，2006，25（11）：58～59.

第 **4** 章

热风炉

热风炉是用于气流干燥、喷雾干燥、流化干燥、塔式干燥等装置的主要辅助设备，也是温室及家畜饲养场加温的主要设备，广泛应用于农业生产、农产品及食品加工、冶金、建材等行业。当热风炉产生的热风被用来干燥物料时，热风将被干燥物料加热蒸发水分，然后带走水蒸气，热风炉性能的好坏直接影响到干燥设备的技术经济指标；当热风炉产生的热风被用来加热温室及饲养场时，热风的主要目的是加热环境中的空气，使其适合动植物生长，此时热风炉的性能将影响环境条件的控制，最终影响到动植物的生长。除个别情况外，几乎所有利用热风炉的场合都要求热风洁净、无污染。

4.1 热风炉的技术参数及特性

长期以来，根据不同的需要以及燃料的不同，人们开发了各种各样的热风炉。目前用于热风炉的热源主要有天然气、煤、电、油以及太阳能。加热形式主要有直接烟道气式和间接换热式。换热器的类型更是复杂多变，有无管式、列管式及热管式等。在功率上有大型和小型之分。

热风炉可根据燃料、燃烧方式和加热方式来分类。

根据燃料类型可分为固体燃料热风炉、液体燃料热风炉、气体燃料热风炉。

根据燃料或热源的不同可分为燃生物质燃料热风炉、燃煤热风炉、燃油热风炉、燃气热风炉、电加热器和太阳能集热器等。

根据加热形式分主要有直接烟道气式热风炉和间接换热式热风炉。间接换热式热风炉根据热载体的不同可分为导热油加热炉、蒸汽热风炉、烟气热风炉等。根据换热器形式的不同可分无管式热风炉、列管式热风炉、热管式热风炉等。

固体燃料在炉中的燃烧方式基本有三种：铺层燃烧、悬浮燃烧和沸腾燃烧，与之相应的燃烧设备分别称之为层燃式热风炉、悬燃式热风炉和沸腾燃烧式热风炉。层燃炉又分为手烧式热风炉、链条式热风炉和往复式炉排热风炉。

根据司炉方式可分为机烧式热风炉和手烧式热风炉。

根据炉体结构可分为卧式热风炉和立式热风炉。

根据炉排的分布形式可分为水平炉排热风炉和倾斜炉排热风炉。

根据功率大小可分为大型热风炉和小型热风炉。功率在 100 万大卡（1×10^6 kcal，1cal＝4.18J）以上为大型热风炉，功率在 100 万大卡以下的为小型热风炉。

▶ 4.1.1 热风炉的技术参数及评价指标

（1）温度

热风炉的温度参数主要有：燃烧温度、烟气出口温度、热风温度、换热器壁温度。

燃烧温度为燃料燃烧时燃烧产物的温度，可近似认为是产生的烟气温度。燃料不同，燃烧温度也不同。

烟气出口温度是热风炉的排烟温度，排烟温度低说明换热效率高。

热风温度是指热风炉能将洁净空气加热到的温度，热风温度是选择热风炉的一个重要指标，一般情况下热风温度与燃料的燃烧状况、空气量及空气入口温度有关。

换热器壁温度涉及采用什么材质，换热器最高器壁温度在主要换热段烟气入口处。

若

$$\alpha_1 > \alpha_2 \quad T_B \rightarrow T_{wi}$$
$$\alpha_1 < \alpha_2 \quad T_B \rightarrow T_{si}$$

$$T_B = \frac{\alpha_1 T_{wi} + \alpha_2 T_{si}}{\alpha_1 + \alpha_2} = \frac{T_{wi} + T_{si}\dfrac{\alpha_2}{\alpha_1}}{1 + \dfrac{\alpha_2}{\alpha_1}} = \frac{T_{si} + T_{si}\dfrac{\alpha_1}{\alpha_2}}{1 + \dfrac{\alpha_1}{\alpha_2}} \tag{4-1}$$

式中 α_1——空气侧对流传热系数，kJ/(m²·s·K)；

α_2——烟气侧对流传热系数，kJ/(m²·s·K)；

T_{wi}——空气温度，K；

T_{si}——烟气温度，K；

T_B——壁面温度，K。

所以，在一定的温度条件下，两侧谁的对流传热系数大，器壁温度 T_B 就接近那边的温度。为了降低器壁温度，可适当提高冷空气侧的对流传热系数。T_B 与空气入口温度、烟气入口温度、烟气黑度有关，烟气入口温度高对强化传热有好处。有时为了降低器壁温度 T_B，不得不人为降低烟气入口温度，因此采用较大的空气过剩系数。

（2）热风炉的风量和供热量

供热量是热风炉最重要的技术参数，它须与干燥工艺所要求的热量平衡。更确切地说，干燥工艺首先要确定的是风量和温度，这两者一旦确定，供热量就确定了。

热风炉的供热量可按下式进行计算

$$Q_2 = V_2 (T_{wo} c_{po} - T_{wi} c_{pi}) \tag{4-2}$$

式中 V_2——标准状态下空气的体积流量（由于工艺上给出的往往是热状态下的体积流量，因此必须首先换算成标准状态下的空气流量）；

T_{wo}——热风炉的出口空气温度（此温度并非工艺要求的温度，往往要高于工艺要求的温度。因为热风炉与干燥机之间连接管道有散热损失，设计时不能忽略），℃；

c_{po}——热风炉出口空气的比热容；

T_{wi}——热风炉的进口空气温度，℃；

c_{pi}——热风炉进口空气的比热容。

(3) 热风炉的热工指标

从热工的角度来看，一台好的热风炉主要考察温度效率、热效率、单位生产率等参数。

① 温度效率 热风炉的温度效率为热风炉出口温度与燃料实际燃烧温度之比。

$$\eta_T = \frac{T_{wo}}{T_s} \tag{4-3}$$

式中 η_T——热风炉的温度效率，%；

T_{wo}——热风炉出口温度，℃；

T_s——燃料实际燃烧温度，℃。

T_s 与燃料的理论燃烧温度和炉子自身的特点有关，目前尚不能准确计算出，只能凭经验计算：

$$T_s = \eta_s T_{li} \tag{4-4}$$

式中 T_{li}——燃料燃烧的理论温度，℃；

η_s——炉温系数。

T_{li} 可通过理论计算得出，它与燃料种类、发热量、空气过剩系数、助燃空气温度有关；热风炉的炉温系数 η_s 尚无经验数据，只能参考其他类工业炉数据估计。η_s 估计得准确与否是十分重要的，直接影响炉内辐射传热计算、炉壁及管道的温度、传热面积等重要参数。

② 热效率 热效率是空气所获得热量与燃料燃烧发热量之比。

$$\eta_h = V_2 \frac{T_{wo} c_{po} - T_{wi} c_{pi}}{B Q_{DW}^y} = V_2 \frac{T_{wo} c_{po} - T_{wi} c_{pi}}{V_1 T_s c_{ps}} \tag{4-5}$$

式中 c_{po}——空气出口时的平均比热容，kJ/(m³·℃)；

c_{pi}——空气入口时的平均比热容，kJ/(m³·℃)；

V_1——烟气的流量，m³/h；

V_2——空气的流量，m³/h；

T_{wo}——空气出口温度，℃；

T_{wi}——空气入口温度，℃；

T_s——烟气的温度，℃；

c_{ps}——烟气的平均比热容，kJ/(m³·℃)；

B——燃料量，kg/h 或 m³/h；

Q_{DW}^y——燃料低位热值，kJ/kg 或 kJ/m³。

只有当 $V_2 c_{pi} = V_1 c_{ps}$，且 $T_{wi} = 0$ 时，温度效率才等于热效率。

热风炉热效率是衡量热风炉运行经济性的主要指标，是燃料发热量与热损失之差。热风炉有以下几项热支出：加热空气需要的热量、排烟带走的热量、炉体散热、炉渣带走的热量、其他热支出。热损失有化学不完全燃烧损失、机械不完全燃烧损失、排烟热损失、灰渣热损失、炉体散热损失等。值得注意的是炉体散热损失和排烟热损失主要影响炉子的热效率。

③ 单位生产率 单位生产率一般可用单位质量生产率和单位体积生产率表示。

单位质量生产率 [kJ/(h·t·℃)]，是指冷热气体介质平均温差为 1℃，在 1h 内每吨热风炉中的传热量。该数值越大，说明热风炉所用材料越少。

单位体积生产率 [kJ/(h·m³·℃)]，是指冷热气体介质平均温差为 1℃，在 1h 内每立方米热风炉中的传热量。该数值越大，说明热风炉占地面积或所占空间越小。

④ 气体阻力损失　热风炉内有烟气通道和空气通道，在温度和流量一定时，速度越大，流经路线越长，几何形状越复杂（如拐弯多，特别是180°以上拐弯），阻力损失越大。要保证两种气体的流动通畅，减少通风设备的动力消耗，必须对流体通道进行合理设计，一般情况下要尽量减少180°拐弯，因为它的局部阻力系数至少为2，所以具有空气回程的设备不可太多。为了增加对流传热系数，不适当地增大速度，必然使阻力急剧增加，因为阻力与速度的平方成正比。

⑤ 传热系数　传热系数 K 是换热器主要的性能参数，传热系数高，换热效率高，所以热效率也高。

$$K = \frac{1}{\frac{1}{\alpha_1} + \frac{1}{\alpha_2} + \frac{\delta}{\lambda} + R_4} = \frac{1}{R_1 + R_2 + R_3 + R_4} \tag{4-6}$$

式中　R_1——烟气侧热阻；

R_2——空气侧热阻；

R_3——金属壁面热阻；

R_4——烟尘热阻。

a. 减少烟气热阻的方法是器壁能承受一定温度时，尽量提高烟气温度和增加烟气黑度。高发热值燃料、合适的空气过剩系数均可提高烟气温度；烟气中的 CO_2、H_2 含量高，微颗粒含量多，有效射线长度都增加烟气黑度。一般地，燃料及燃烧静力学计算确定后，R_1 主要决定于有效射线长度。从这个意义上讲，热风炉主要换热段烟气侧不应有任何射线障碍物，而现在许多炉子在炉膛设换热管是不合适的。

b. 空气侧热阻随空气侧流动附面层厚度减少而减少。空气侧的湍流度越大，附面层越薄。增加湍流度的办法是：提高空气侧流速，频繁改变流动方向，附设干扰物等。

c. 金属壁面热阻的数值很小，对 K 影响不大，可忽略。

d. 燃煤热风炉在运行一段时间后，烟气侧表面会积存烟尘，而烟尘的热导率很小，因而会形成较大热阻。有资料表明，1mm厚的烟尘可减少传热系数12％，目前国内多数热风炉不能清理烟尘。虽然设计时的指标很好，但炉子表面很快积存烟尘，达不到设计指标，炉子很快老化。所以设计清除烟尘便利的热风炉是维持炉子的正常工作状态、保持合适的热效率的必要条件。

在提高综合传热系数 K 时，需要注意以下两点：

a. 不能盲目地减小热阻，必须分析空气侧和烟气侧谁的热阻大，哪个大减小哪个最有效。

b. 设置肋片，增加传热面积，哪边的热阻大，肋片设在哪边。肋片结构合理可增加传热量，但不合理的设计则会影响传热。对于矩形直肋，其效率为0.6左右时，肋片质量轻，最省材料。对于不同的传热系数和肋片材质，存在一个最佳肋片高度和肋片厚度。更重要的是存在一个最佳肋间距，它使器壁温度最低，传热量最大，空气温度最高。

▶ 4.1.2　热风炉的特性

4.1.2.1　直接加热热风炉的特性

直接加热热风炉的特点是燃料燃烧后的烟气直接用于加热干燥，不通过换热器。烟气温度可达800℃，设备成本较低，热损失小。该种方法燃料的消耗量约比用蒸汽或其他间接加热器的少一半左右，因此，在不影响产品质量的情况下，应尽量使用直接加热。

直接加热热风炉的燃料主要有固体燃料，如煤、焦炭、生物质燃料等；液体燃料，如轻柴油、重油等；气体燃料，如城市煤气、天然气、液化气、生物质气等。燃料经燃烧反应后得到的高温燃烧气体进一步与外界空气接触，混合到某一温度后直接进入干燥室，与被干燥物料相接触，加热、蒸发水分，从而获得干燥产品。

（1）固体燃料热风炉

固体燃料热风炉主要以煤炭为原料，虽然近年来开发了一些新型燃料，但应用很少。虽然相对来说燃料价格比较便宜，但其热效率较低，对环境污染较大，需专人看管而且劳动强度大，很难进行自动控制；而且燃烧过程不稳定，炉温不均匀，因而烟道气温度不均匀，烟气量也有波动，对于某些热敏性较高的被干燥物料，将直接影响产品的质量和产量。

固体燃料的燃烧方式主要有层燃式、悬燃式和沸腾式。

① 层燃炉 主要燃烧固体燃料。燃料铺在炉箅上，与通过炉箅缝隙送入燃料层的空气接触燃烧。大部分燃料在炉箅上面燃烧，少量的细煤末和挥发性成分在炉膛空间燃烧。灰渣排到灰坑里。燃料在层燃炉中的燃烧速率取决于燃料的表面积大小和送入空气的速度。因为炉膛中储藏了大量的燃料，因此有充分的蓄热能力，保证了层燃炉所特有的燃烧稳定性。

层燃炉具有结构简单、操作方便的特点，常用于中小容量的热风炉。

层燃炉的燃料层结构有一定的规律性。手烧燃煤热风炉的新燃料加在灼热的焦炭上面后，经过预热、干燥、挥发物析出等过程，在炉内进行燃烧。焦炭层是主要的放热区域，其温度最高。燃料中灰分在燃烧中形成的熔融的灰渣，从焦炭层向下流，遇冷空气后被冷却，在炉箅上部凝固成固态灰渣。这层灰渣可以保护炉箅不受高温的影响，并使空气分配得更均匀。空气过剩系数的变化随燃料层高度增加越来越小。温度最高点是在灼热焦炭层的上部，因此层燃炉中燃料的燃烧可明显地分为新燃料层、燃烧焦炭层和灰渣层，而每层中进行着燃烧的一个阶段。

链条式和往复移动炉排式燃煤热风炉可以实现机械上煤和清渣，适用于大功率热风炉。这两种热风炉炉排上的燃料层分四个区域：新燃料区、挥发物析出和燃烧区、焦炭燃烧区和灰渣燃尽区。四个区域中的燃烧强度不同：新燃料区基本不燃烧，只是对燃料加温；灰渣燃尽区由于燃料的耗尽，燃烧强度也很低；焦炭燃烧区内的燃烧强度最大，耗氧量也最大。因此，在设计这两种热风炉时要注意根据燃料燃烧的不同阶段，设计进风口，选择风速。

在层燃炉中，燃料层的厚度、燃料的颗粒大小对燃烧的经济性有重要影响。燃料层厚，会增加还原区的厚度和燃料层的阻力，使空气量减少，烟气中 CO 含量增加；燃料层薄，阻力小，空气量增加，烟气量也相应变大，烟气损失大。大块燃料与空气的接触面积小，化学反应缓慢；小块燃料与空气的接触面积大，燃烧反应加快，但颗粒太小又会造成燃烧阻力大，影响通风，或被气流吹起，造成火口，使飞灰中可燃物增加。因此，根据燃料种类和燃烧方式选用合理的燃料层厚度和颗粒度是保证燃料完全燃烧的关键。

综上所述，针对一定的煤种，燃料层厚度应该基本不变，因此热风炉的负荷调节不能依靠改变燃料层的厚度，而应通过改变通风强度来改变。

② 悬燃炉 其燃烧方式与层燃炉不同，燃烧时，燃料在炉膛中处于悬浮状态。悬燃炉适用于气体燃料、液体燃料和粉状固体燃料（煤粉）。燃料经过喷燃器与空气混合后一起送到炉膛内燃烧。由于燃料是经过磨制或雾化的很小的颗粒，因此与空气的接触面积较大，这就改善了燃料与空气的混合条件，可以在较短的时间内燃尽。因此，悬燃炉具有燃烧效率

高、热强度大、负荷调节方便等优点，是当今大、中容量锅炉和热风炉普遍采用的一种燃烧方式。

③ 沸腾炉 沸腾炉是一种新的燃烧方式。从燃烧的特点来看，沸腾燃烧是层燃和悬燃结合起来的一种燃烧方式。运行时，煤先被破碎成8～12mm以下的颗粒再送进炉膛，高速空气从炉底通过配风板上的风帽，把燃料层吹起来。由于炉膛形状为锥形，下小上大，上部风速比下部风速小，燃料在炉膛的下部被气流带起，在炉膛的上部由于气流速度减小而又重新落下，形成了煤粒上下翻动的沸腾层。煤粒在沸腾段上下运动并相互碰撞，加强了与空气的混合，强化了燃烧过程。

悬燃炉和沸腾炉在大、中型锅炉中应用比较多，但工艺比较复杂，设备投资也大。悬燃炉由于要燃烧油、气或煤粉，作为干燥用的热风炉受到限制。沸腾炉由于特殊的燃烧工艺，很难应用到中小型热风炉上。层燃炉结构简单，操作方便，比较适合作为农产品干燥的能源，因此目前热风炉的燃烧方式主要是层燃式，属于层燃炉。目前应用较多的形式是手烧燃煤热风炉和机烧燃煤热风炉。

（2）液体燃料热风炉

液体燃料热风炉以液体燃料为原料，应用最多的是燃油炉。

燃油热风炉以重油或柴油为燃料，与燃煤热风炉相比，除燃油价格要贵一些外，其他一切特点都要优于燃煤热风炉，如不需要专人看管、炉温均匀、很容易实现自动控制、基本上不污染环境，对于一些热敏性较大、本身价格较高的被干燥物料，燃油热风炉是保证产品质量和产量的基本要求。另外，有关资料表明，从节能的角度来看，在正常生产、操作和充分预热空气和煤气的情况下，与直接燃煤炉相比，燃油炉节能最多，煤气发生炉次之，而烧煤最浪费能源。煤炉、煤气炉、油炉三种炉子的能源消耗之比为1：0.96：0.61。

以柴油为能源的加热炉，如果燃烧器性能优良，燃烧充分，可采用直接加热方式，用于粮食及农产品的干燥。如果燃烧不充分，则使空气受到污染，烟气不能直接使用，烘干成本增加。

煤和重油燃烧的空气含有害成分较多，一般不采用直接加热方式干燥粮食及农产品，但可以用于干燥建材等一些工业品。

电能是一种清洁能源，应用的方法很多，工业上很多场合直接利用电能接触或辐射加热干燥物料，是一种直接加热方式，技术也比较成熟。

4.1.2.2 间接加热热风炉的特性

间接式热风加热装置主要适用于被干燥物料不允许被污染或应用于要求热风温度较低的热敏性物料的干燥，如食品、制药、精细化工等行业。

适用于热风干燥的热风间接加热装置主要有三种类型：烟道气（燃煤、燃油、燃气）间接加热装置、蒸汽（导热油）间接翅片加热装置和热管加热装置，其他还有电加热热风装置。

燃煤间接加热热风炉能够提供无污染的、清洁的热空气，是适用于各种干燥的主要加热装置。

当前用于燃煤（气）的间接加热热风炉多为无管式（套管式）和列管式两种。

（1）无管式热风炉

无管式热风炉主要由炉膛和套筒式换热器组成，这种形式的热风炉一般炉膛和换热器为一体，体积小，热损失小，但存在与炉膛直接接触的换热器顶板容易烧穿及不易修复等缺点。

直流式热风炉换热器是无管式间接换热热风炉的一种形式，集燃烧与换热为一体，以炉体高温部位进行换热的间接加热技术。烟气和空气各走其道，加热绝对无污染，热效率高达60%～75%，升温快、体积小、安装方便、使用寿命长、输出最高温度可达300℃以上。同时采用了烟气纵向冲刷散热片和负压抽吸式排烟方式，使换热部位不积灰，无需清理，热性能稳定。

（2）列管式热风炉

列管式热风炉中的换热器由管簇组成，烟气通过管子与纯净空气进行换热。由于列管式热风炉存在换热管负荷不均匀，直接接触火焰的换热管寿命短，不足500h；容易结垢，不易清洗；热效率低等不足，需经常更换，同时体积较大，造价偏高。

燃油间接换热热风炉由燃油器和高温板式换热器或低温管式换热器组合而成。如果将高温换热器和低温换热器有机地组合在一起，则效果更好。由于高低温换热器采用了不同的换热形式，使总体换热器设计更为合理，系统能源利用率可达60%以上。可配备完整的自动操作系统和控制系统，使其操作简便，控制灵敏，输出介质的温度可控制在设定温度值的±5℃范围内，性能十分稳定。通过配风，调节其工作温度，最高可达450℃以上，同时使用寿命长。

导热油热风炉是以煤、重油（轻油）或可燃性气体作为燃料，将导热油作热载体的热风发生装置。它利用循环油泵强制液相循环，将热能输入翅片加热器内，再来加热空气用作干燥热风。经过换热后的导热油则重新返回加热炉被加热，周而复始。

蒸汽式热风炉是以蒸汽为热源，利用换热器加热冷空气的热风产生装置，其优点是洁净，但需要蒸汽发生装置，设备成本高，体积庞大。

热管式热风炉换热器是采用热管作为传热元件产生100～550℃的洁净空气。燃烧炉（燃煤、燃油）生成800～1000℃的高温烟气，经过除尘器除尘后，再经过热管换热器，其热交换温度降至150℃左右，进入引风机由烟囱排出。来自鼓风机的常温空气在热管换热器中与烟气逆流换热至550℃左右，然后去干燥工段。热管式热风炉的主要特点是：洁净空气温度较高，可达550℃；检修维护方便，不需要停车检修；热损失小，热效率高，可达70%以上；安全可靠，寿命长，比一般高温热风炉的寿命长5～8倍；设备成本相对较高。

电加热器由电热元件和加热箱体两部分组成，是通过电阻元件，如电阻丝、碳化硅棒或辐射元件等，使电能转变成热能的一种热风加热装置，其主要特点是：使用方便，无环境污染，结构简单，制作方便，控制温度精度较高，可达±0.5℃。对电容量富裕地区特别适合，但干燥消耗能源较大，一般不采用电作为干燥热源。

太阳能空气集热器是将太阳能转化成热能的装置，一般由吸热体、盖板、保温层和外层构成。太阳辐射能转换为热能主要是在吸热体上进行，吸热体首先吸收太阳辐射，将辐射能转换成自身的热能，使自身温度升高。当室外空气流经吸热体时，通过对流换热，加热冷空气。由于太阳能受气候、环境和季节的影响很大，目前太阳能集热器仅在一些太阳能富集地区零星使用。

4.2 直接加热热风炉

直接加热热风炉就是只有燃烧器，没有换热器，燃料燃烧后，直接利用烟道气为加热介质的热风炉。燃料经燃烧反应后得到的高温烟气进一步与外界空气接触，混合到一定温度后直接进入干燥室，与被干燥物料相接触，加热、蒸发水分，从而获得干燥产品。该方法的燃料消耗量约比用蒸汽或其他间接加热器减少一半左右，因此，在不影响产品质量（清洁度）的前提下，应尽量使用直接加热热风炉。

4.2.1　固体燃料直接加热热风炉

固体燃料有两种，即煤及生物质固体燃料，因燃料特性有一定的差异，所以燃烧装置的结构也不尽相同。煤的燃烧方法主要有两种：块煤的层状燃烧法和粉煤的悬浮燃烧法。目前大都采用块煤的层状燃烧法，即煤在炉排上保持一定的厚度进行燃烧。

4.2.1.1　块煤直接加热热风炉

用于直接加热空气的块煤燃烧炉的结构如图 4-1 所示，主要由炉膛、沉降室和混合室组成。沉降室和炉膛之间为燃尽室，这里保持着较高的温度，使可燃性挥发气体燃烧完全。燃料从炉门加入，在炉排上形成燃烧层。燃料燃烧时所需的空气由出灰门进入，通过炉排和燃烧层，使燃料燃烧。灰渣则通过炉缝隙落入灰坑，从出灰门排出。炉膛中的燃烧产物（烟道气）经燃尽室充分燃烧和沉降室分离炉灰、火花后，进入混合室（连接风道），同来自冷风口的冷空气混合达到要求温度后，通过通风机吸出并被送入干燥设备的热风室中。二次空气先由炉排下面侧壁上的小孔进入空气隔层预热，然后由炉膛上方侧壁的小孔进入炉膛，从而使炉膛中未燃尽的挥发物或由气流带上来的细小炭粒进一步燃尽。

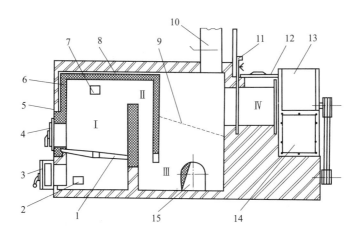

图 4-1　燃煤直接加热热风炉示意

Ⅰ—炉膛；Ⅱ—燃尽室；Ⅲ—沉降室；Ⅳ—混合室

1—炉排；2—二次风进口；3—出灰门；4—炉门；5—红砖炉壁；6—耐火砖内衬；7—二次风出口；
8—空气隔层；9—火花扑灭装置；10—烟囱；11—炉气出口门；12—冷风门；
13—风机；14—风机出口；15—清灰门

为了避免带走沉降下来的炉渣和火花，冷空气进口应设在沉降室及其他火花扑灭装置之后，并高于沉降室。

炉膛在开始生火时，所产生的大量煤烟可经通道进入烟囱排到大气中。同时，在干燥设备暂时停机或发生故障时，烟道气也可从烟囱导出。

热空气温度的调整可通过对冷风门、热风门的调节实现。

直接加热空气的燃煤炉只适合于使用无烟煤作燃料，以减少对物料的污染。

4.2.1.2 粉煤直接加热热风炉

粉煤直接加热热风炉的系统工艺流程如图 4-2 所示。在该流程中对粉煤含水率的限制是输送和燃烧的需要；而磁选、筛分对粒度的限制是为了保护磨煤设备和提高其使用寿命；粗碎工序则是从有利于煤的自然干燥方面考虑的。对于我国北方地区符合含水率要求的煤，该工序可以省略。流程中的关键是燃烧部分，而排烟和除灰的设备是该流程最大的与众不同之处。

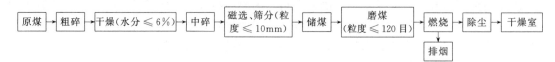

图 4-2　粉煤直接加热热风炉系统的工艺流程

按工艺流程设计的系统总体结构如图 4-3 所示。其工作原理如下。

将在煤场粗碎、干燥后的煤加入破碎输送机，破碎至粒度≤10mm，经固定式磁选筛自动磁选和筛分后，再由斗式提升机送至储煤仓备用。煤仓与风扇式磨煤机将煤磨成粒度≤120 目的煤粉，用自身产生的一次风通过输煤管自动送往燃烧器；煤粉在燃烧器内经高温燃烧和汽化反应后，以半汽化状态喷入炉体内实现完全燃烧；燃烧过程产生的粉煤灰，部分由排渣机构自行排出，部分随烟气经热风除尘器排出，还有少量随着烟气进入干燥塔内。图中的排烟装置仅用于炉子冷态点火过程的短暂排烟。

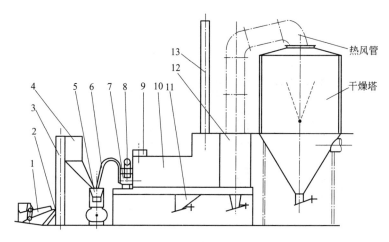

图 4-3　粉煤直接加热热风炉系统结构简图

1—破碎输送机；2—固定式磁选筛；3—斗式提升机；4—储煤仓；5—风扇式磨煤机；6—输煤管；
7—预燃式燃烧器；8—助燃风管；9—配风管；10—炉体；11—排渣机构；12—热风除尘器；13—排烟装置

该系统结构紧凑，造价低。采用煤粉预燃式燃烧器，可像燃油、燃气热风炉一样用油棉纱点火，自由调节炉温。炉膛排渣机构的设计和风扇式磨煤机的选用使系统的燃料从煤粉的加入到燃烧、排渣等全过程均在封闭状态下连续自动完成。

(1) 燃烧室结构

煤粉或煤粉与重油联合燃烧室可分为立式喷燃燃烧室和卧式燃烧室两种，分别如图 4-4 和图 4-5 所示。

为了使燃烧更充分，便于排烟和除渣，有的煤粉直接加热热风炉设有 3 个室，即主燃烧室、副燃烧室和混合室。

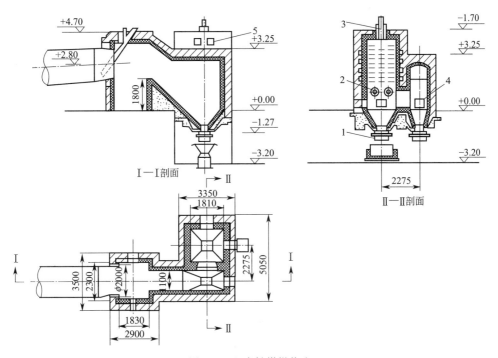

图 4-4　立式粉煤燃烧室

1—除灰门；2—风量调节器；3—粉煤燃烧器；4—炉门；5—防爆阀

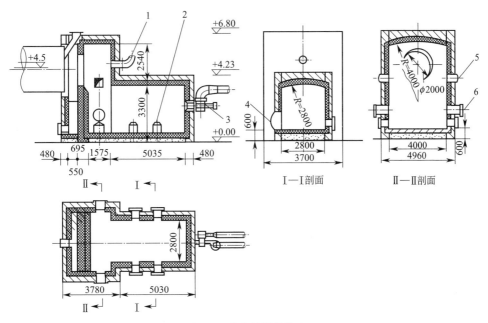

图 4-5　卧式粉煤燃烧室

1—热风管；2—除灰门；3—粉煤燃烧器；4—人孔门；5—防爆阀；6—风量调节器

　　从燃烧器喷入的细煤粉以悬浮状态集中在主燃烧室燃烧。空气过剩系数 α 设计在 $1.5\sim$ 2.0 范围可调，使室内始终保持超氧化性气氛。该室设计温度可达 1300℃ 以上，实际操作需考虑灰熔点等因素，一般控制在略低状态。

第**4**章　热风炉　**111**

副燃烧室的作用是提高未燃挥发物以及气体和固体未完全燃烧产物 CO 等的燃尽率。炉内结构设计决定了主燃烧室的火焰只能经 90°转向，分成两股进入副燃烧室，使燃料在炉内停留时间加长，并加强了气体扰动和空气助燃作用，使燃烧更为完全。该室的设计空间不大，结构设计上主要是避免因局部气流不畅导致温度过高，造成结渣。

从副燃烧室出来的 1000℃以上的烟气，在混合室与配风机输送的冷风混合，变成干燥器所需的进风温度后，送入热风管路。在设计时，应使其具有一定的高度空间，以便同时起到沉降室的作用。

有时为了加强炉内气体的扰动，提高燃烧效率，在炉内还设有炉膛二次风装置。由高压风机分出的二次风以 50m/s 的速度穿过主燃烧室的火焰中心，从底部进入副燃烧室。炉膛二次风的设置使炉膛内的气体发生涡流，混合更完全，从而延长了气体燃烧时间，改进了空气助燃作用，减少化学、机械不完全燃烧损失。同时，炉膛二次风的设置也是控制和提高炉内空气过剩系数 α 的有效手段，使挥发物和不完全燃烧产物达到完全燃烧。

（2）煤粉直接加热热风炉排渣的结构

在煤粉直接加热热风炉系统设计上，如果仅解决燃烧问题而不解决排渣和除灰问题，就无法使系统工作连续和对产品及环境无影响。

煤粉直接加热热风炉运行中，炉膛中生成的炉渣数量及其排除方式直接影响系统工作的连续性，因此，在炉体结构设计中需着重考虑的是减少炉内熔渣的形成，其次是排渣结构。

对炉内结构的研究主要集中在：降低灰渣温度和缩短灰渣在炉内的停留。其结构特点是：在副燃烧室下部设置自行排渣斗，燃尽的灰渣和来不及形成大块的熔渣靠自重落入渣斗，迅速降温，自行排出。在主燃烧室设置降温吹渣装置，建立起底部沿壁风，高速吹扫沉降的灰渣。为了提高吹渣效率，主燃烧室底部设计成向渣斗倾斜，即使吹渣装置不开启，燃烧器喷出的高速气流也能将大部分炉膛沉降物吹入渣斗。

炉膛局部结构的设计要注意燃烧器与炉体的连接处和主、副燃烧室之间连接处等的气流流畅，避免产生涡流，使局部温度过高造成熔渣。理论和实践证明，这种熔渣会逐渐结成坚硬的板块并不断扩大，最终影响正常燃烧。

排渣结构设计主要考虑其自动化程度，最简单实用的办法就是炉膛下部加渣斗，使炉内的灰渣能自行落入斗内，靠自身重量打开渣斗下部的板阀自行泄出，如图 4-6 所示。其设计具有以下特点：①渣斗的出渣口设在副燃烧室下部；②渣斗的进渣口延伸到混合室；③主燃烧室不设渣斗。

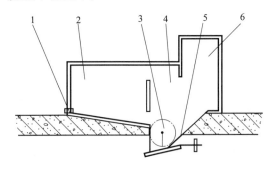 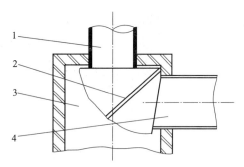

图 4-6　炉内自行降温排渣示意图

1—吹渣装置；2—主燃烧室；3—振打机构；
4—副燃烧室；5—渣斗；6—沉降室（混合室）

图 4-7　排烟装置示意

1—烟囱；2—阀板；
3—混合室；4—热风管

另外，针对热风炉可能会因操作失误出现块状结渣不能自行排出的情况，可在渣斗进口处设有人工振打机构，各炉室亦应设有出渣炉门，以备特殊情况的出渣和日常维护观察之用。

（3）烟尘处理系统

煤粉直接加热热风炉在冷态点火和炉温偏低等情况下会有许多完全未燃或未完全燃尽的煤粉随烟气进入热风管道，即使在正常燃烧的情况下，也有大量的飞灰随烟气进入干燥室内，严重影响被干燥物料的质量。因此，烟尘处理是煤粉直接加热热风炉系统设计中必须解决的问题。

排烟装置是在煤粉直接加热热风炉的混合室上部设置可由人工控制的烟气切换阀门和烟囱，如图 4-7 所示。

冷态点火时，为了避免含有大量煤粉的燃气进入干燥室，必须关闭热风管口的进风通道，同样，在煤粉热风炉正常运行时，为了防止热风从烟囱外漏，也必须关闭排烟通道。在排烟装置中充当这一任务的是烟气切换阀门，其工作原理是：当煤粉直接加热热风炉冷态点火时，入口放下阀板，关闭热风管进口。此时，煤粉直接加热热风炉点火成功，炉内煤粉燃烧正常，烟囱无黑烟排出时，拉起阀板，烟囱被关闭，热风转换路径，经热风管进入干燥室。

煤粉直接加热热风炉正常燃烧时，炉内煤粉在燃烧器一、二次旋转风和炉膛二次风的强劲搅动下，迅速燃烧成灰烬，其中相对较小的颗粒在配风和抽风的共同作用下，以悬浮状态随烟气进入热风管道。热风除尘器的设置是为了减少进入干燥室内的这部分灰量，使其对产品的影响降至最低点。

煤粉直接加热热风炉中的煤灰约有 25％随热风进入烟道，热风除尘器可除去其中的 60％以上。运行实践表明，这 60％的飞灰不但粒度相对较大，而且单位重量的含碳量也是进入干燥室内飞灰的 2 倍。可见在热风的出口设置除尘器是必要的。

热风除尘器设置在热风炉与干燥室之间的热风管路上，因此对其保温绝热性有很大的要求。尽管它的设置会增加设备投资并带来一些热损失，但它给产品质量带来的效益可弥补这一缺陷。

直接加热热风炉是利用燃烧产生的烟气直接干燥物料的，因此燃料燃尽率的高低直接影响干燥物料的质量。对煤粉直接加热热风炉来说，燃尽率的要求更为严格，因此在煤粉直接加热热风炉的运行过程中，要严格控制热风炉的工作状态，使其工作在最佳状态。

尽管在煤粉直接加热热风炉的系统中设置了排烟和除尘装置，除去了大部分烟尘，但总有部分烟尘随热风进入干燥室，污染被干燥物料。因此煤粉直接加热热风炉仅能用于一些对防污染要求不高的物料的干燥，如陶瓷粉料、水泥粉料等，对农产品及高纯度的物料的干燥则不宜采用煤粉直接加热热风炉。

4.2.1.3　生物质燃料直接加热热风炉

生物质燃料的一般特点是水分高、灰分少、挥发分高、发热值偏低、形状不规则，除一些农产品果实的外壳（稻壳、核桃壳）和果核（玉米芯、桃核等）可直接燃烧外，其他的燃料如秸秆、树枝等在燃烧前必须经过处理，以便能够布料并保证燃烧的均匀。

理论上来说，块煤、粉煤、油或气体燃烧装置都可以燃烧生物质燃料，但由于生物质燃料特有的燃烧特性，在这些燃烧装置中燃烧生物质燃料还存在许多问题，如粉状燃烧时，首先应将其制成粉末，但由于生物质燃料是非脆性材料，磨制时易生成纤维团而不是粉状，而且需要预先干燥，而干燥高水分的生物质燃料则需要消耗大量的热。因此，目前针对生物质燃料的特性开发了一些专用燃烧装置。

（1）生物燃料燃烧装置的特点

① 生物质燃料层状燃烧装置　可以采用与块煤同样形式的层状燃烧装置，如图 4-8 所示。国内也有一些企业将燃煤炉改造成燃生物质燃料的实例，如图 4-9 所示。

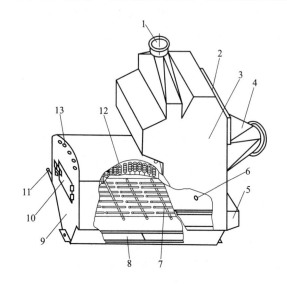

图 4-8　燃柴热管空气加热炉结构示意

1—烟气出口；2—冷空气入口；3—列管换热器；
4—热空气出口；5—二次风风道；6—二次风口；
7—活动炉排；8—清灰插板；9—落灰室；10—投柴门；
11—活动炉排扳手；12—热管；13—副进风口

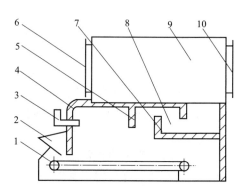

图 4-9　燃煤燃稻壳两用炉结构示意

1—自动炉排；2—加燃料口；3—喷射器；
4—前拱；5—储能花墙；6—冷空气入口；
7—后拱；8—除尘室；9—换热器；
10—热空气出口

但采用层状燃烧炉燃烧生物质燃料，燃料通过料斗送到炉排上时，不可能像煤那样均匀分布，而是容易在炉排上形成料层疏密不均，从而导致布风不匀，薄层处空气短路，不能用来充分燃烧，厚层处需要大量空气用于燃烧，但由于这里阻力较大，因而空气量较燃烧所需的空气量少，这种布风不利于燃烧和燃尽。

由于生物质的挥发分很高，一方面，在燃烧的开始阶段，挥发分大量析出，需要大量空气用于燃烧，如果此时空气不足，可燃气体与空气混合不好将会造成气体不完全燃烧损失急剧增加。同时，由于生物质比较轻，容易被空气吹离床层而带出炉膛，这样造成固体不完全燃烧损失很大，因而燃烧效率很低。另一方面，当生物质燃料含水率很高时，水分蒸发需要大量的热量，干燥及预热过程需要较长时间，所以生物质燃料在床层表面很难着火，或着火推迟，不能及时燃尽，造成固体不完全燃烧损失很高，导致加热装置的燃烧效率与热效率均较低，实际运行的层状燃烧装置的热效率有的低达 40％。另外，一旦燃尽后，由于灰分很少，不能在炉排上形成灰层以保护后部的炉排不被过热，从而导致炉排被烧坏。

目前国内外大多采用倾斜炉排的生物质燃料燃烧炉，炉排有固定和振动两种。这种堆积燃烧型炉结构简单，但热效率低，燃烧时温度难以控制，劳动强度大。

生物质燃料燃烧产生的烟气由于含有害成分较少，因此烟道气可直接用来干燥产品，也可以采用二次加热的方式生产洁净热空气，所用的换热器可以是无管式、列管式，也可采用热管式。

② 生物质燃料流化床燃烧装置　流化床反应器具有混合均匀、传热和传质系数大、燃烧效率高、有害气体排放少、过程易于控制、反应能力高等优点，因此利用流化床反应器对生物质进行热化学处理越来越受到人们的关注。然而，单独的生物质形状不规则，呈线条状、多边形、角形等，当量直径相差较大，受到气流作用容易破碎和变形，在流化床中不能单独进行流化。以锯末为例，气流通入到以纯锯末为流化物的流化床中，床中将出现若干个弯曲的沟流，大部分气体从中溢出，无法实现正常的流化。通常加入廉价、易得的惰性物料如沙子、白云石等，使其与生物质构成双组分混合物，从而解决了生物质难以流化的问题。

采用流化床燃烧方式时，密相区主要由媒体组成，生物质燃料通过给料器送入密相区后，首先在密相区与大量媒体充分混合，密相区的惰性床料温度一般在 $850\sim950℃$ 之间，具有很高的热容量，即使生物质燃料的含水率高达 $50\%\sim60\%$，水分也能迅速蒸发，使燃料迅速着火燃烧。加上密相区内燃料与空气接触良好，扰动强烈，因此燃烧效率显著提高。

生物质燃料媒体流化床的一个关键问题是如何选择媒体种类与尺寸，如何得到流化速度。Azner 分别在直径 14cm、30cm 的流化床中系统研究了谷类秸秆、松针、锯末、不同尺寸的木块切片与砂、硅砂、FCC 构成的双组分混合物的最小流化速度，发现硅砂适宜尺寸在 $200\sim297\mu m$，白云石在 $397\sim630\mu m$，FCC 在 $65\mu m$。混合物的最小流化速度随生物质占混合物的体积比在 $2\%\sim50\%$ 之间缓慢上升，达到 50% 后急剧上升，而达到 $75\%\sim80\%$ 时混合物体系不再流化。已有的预测混合物最小流化速度的关联式都与各单个组分的最小流化速度有关，而单一生物质的流化速度无法得到，造成原有的关联式不能应用。而且，不同生物质双组分流化曲线形状差异很大，也不易得到通用预测式。因此，应通过试验确定生物质与惰性颗粒双组分混合物的最小流化速度。

生物质燃料流化的另一个问题是它与惰性物料的混合、分离。生物质在流化床中处理时要求二者混合均匀，避免分离。Rasul 以甘蔗渣与砂的粒径比、密度比分别为横、纵坐标，得出该双组分混合物的混合-分离图，对其他生物质双组分混合物具有一定的参考价值。

目前采用流化床燃烧生物质已工业化。瑞典通过将树枝、树叶、森林废弃物、树皮、锯末和泥炭的碎片混合，然后送到热电厂，在大型流化床锅炉中燃烧利用。其生物质能达到 $55kW\cdot h$，占总能耗的 16.1%。虽然生物质的含水率高达 $50\%\sim60\%$，锅炉的热效率仍可达 80%。美国爱达荷能源公司生产的媒体流化床锅炉，其供热为 $(1.06\sim1.32)\times10^6 kJ/h$。该系列锅炉对生物质的适应性广，燃烧效率高达 98.5%，环保性能好，可在流化床内实现脱硫，装有多管除尘器和湿式除尘器，烟气排烟浓度小于 $24.42 mg/m^3(N)$。我国哈尔滨工业大学开发的 12.5t/h 甘蔗渣流化床锅炉、4t/h 稻壳流化床锅炉、10t/h 碎木和木屑流化床锅炉也得到应用，燃烧效率可达 99%。

③ 生物质燃料扩散燃烧装置　扩散燃烧装置的燃烧方法是利用机械动力或风力将粉碎后的生物质燃料（稻壳、细碎秸秆等）分散，然后在空气中燃烧。由于生物质燃料和空气在燃烧室中的接触较为充分，所以燃烧完全，温度也较稳定。

a. 生物质多室燃烧装置　其结构如图 4-10 所示，采用了变截面炉膛多室燃烧，顶部进料，底部不通风等措施，燃料从紊流度最大部位进入燃烧室，使大颗粒燃料与小颗粒燃料分离。

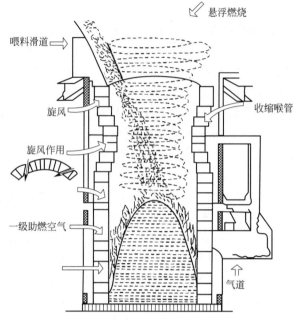

图 4-10　生物质多室燃烧装置

　　旋风作用使小颗粒燃料与大颗粒燃料分离，并处于悬浮燃烧状态，较重燃料颗粒才能落到炉底料堆。因无细小颗粒，空气与辐射热能穿透料堆，40％的燃料在悬浮状态下完成燃烧。细小颗粒燃料不进入床底燃烧堆，便于空气流通和辐射热传递，使燃料能快速干燥和燃烧。在炉底不通空气的情况下，也能获得较高的燃尽率。

　　二级助燃空气从喉管处切向进口引入，产生旋流，使燃料和空气充分混合。一级助燃空气从炉膛下部反射墙上的小孔引入。收缩喉管加强空气的速度和紊流度。各室气道的调节门分开，便于控制和各室清理。

　　b. 生物质同心涡旋燃烧装置　其结构如图 4-11 所示，由炉膛、液压柱塞进料器、切向进风装置等组成，其特点是炉算在炉底一侧，底部不进风，空气从上部切向进入，排气采用喷射原理，并利用空气层隔热。

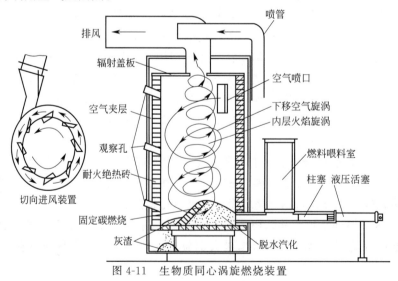

图 4-11　生物质同心涡旋燃烧装置

工作时，助燃空气从顶部的进气口切向进入炉膛，形成向下运动的旋涡，在下降过程与火焰中的挥发气体和燃料微粒相混合。由于外部旋涡的作用，内部火焰也形成一个向上的强烈涡流。在涡流作用下，火焰中未燃烧的燃料颗粒和灰粒被向外分离，进入外层旋涡后被重新带回炉底。

同心旋涡的作用一方面是增加挥发气体和空气的混合程度，延长燃烧时间，使燃料充分燃烧，另一方面是利用离心分离原理，减小烟气中的灰粒。

燃料从炉膛一侧由柱塞推入，在炉箅上逐渐由入口向出灰口运动。在运动中依次完成脱水、挥发分燃烧和固定碳燃烧三个过程。由于炉底不通风，加之同心旋涡的净化作用，烟气比较洁净。试验结果表明，烟气平均温度为500℃，最高达700℃，热效率为50%～80%，平均值为64%，排气无味、清洁。

c. 生物质两级涡旋燃烧装置 其结构如图4-12所示，由第一燃烧室、第二燃烧室、进料装置等组成。其特点是有两级涡旋燃烧室、切向进气、底部进料并预热空气等。燃料进入第一燃烧室，完成脱水、挥发分汽化、固定碳燃烧。挥发气体进入第二燃烧室后才开始燃烧。

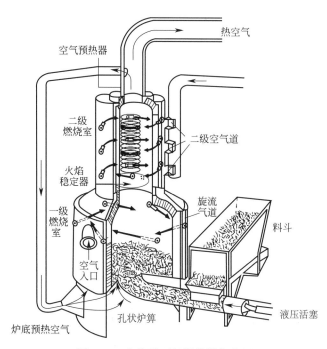

图 4-12 生物质两级涡旋燃烧装置

d. 生物质倾斜炉排涡旋燃烧装置 其结构如图4-13所示，采用倾斜炉排使进料更容易。燃烧过程在一个主燃烧室和两个辅助燃烧室中完成。进入燃烧室的空气经炉壁预热到93～205℃。排气采用喷射原理，可避免泄漏，且进风、排气共用一个风机。试验表明，一级燃烧室的温度可达750～800℃，二级燃烧室的温度可达850～1350℃。出口烟气温度控制在100～150℃。

如果除尘比较彻底，以上三种形式的生物质燃烧装置都可用来直接加热热风，但层状燃烧装置中由于存在不完全燃烧，烟气中含有较多的有害气体，所以目前主要是用在间接加热热风炉上；流化床燃烧装置由于设备造价较高，操作条件控制比较复杂，目前主要用在锅炉

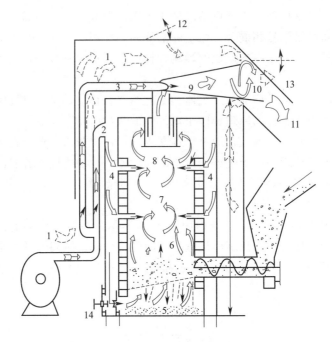

图 4-13　生物质倾斜炉排涡旋燃烧装置

1—环境空气；2—助燃空气；3—空气喷嘴；4—预热空气；5—炉底空气；

6——级燃烧和热解；7—二级燃烧和涡流；8—三级燃烧和涡流；

9—喷流嘴；10—烟气与空气混合；11—混合空气送入干燥机；

12—通风门；13—排气门；14—排灰门及炉底进气控制装置

和汽化炉上；扩散燃烧装置虽然燃烧比较完全，但造价较高，操作复杂，在国外得到应用，但在国内应用还较少。

（2）生物质燃料燃烧装置设计原则

为了满足谷物干燥要求，并保证良好的性能，设计秸秆燃烧炉时要遵循以下一般原则：结构简单，制造容易，成本低，需工少，操作保养方便；燃烧完全，烟气质量好，热效率高；兼顾除干燥以外的各种用途和对不同燃料的适应性。

燃烧质量取决于炉膛温度、燃烧时间、炉膛内紊流度和混合程度、空气燃料比、燃料本身的物理性质。一些设计经验表明，当秸秆含水率高时，进料速度不能过大；若进料太多，不能及时脱水、挥发和燃烧，将引起燃烧不完全；炉膛内壁要用反射率较高的材料制成，使达到的辐射热能反射回火焰中心，促进燃烧；当炉膛温度高于 800℃时，燃料燃烧后产生的炉渣会熔化（燃料经常带土），熔化后易黏附在炉排上，堵塞通风孔，使燃烧状况恶化。为避免上述状况，炉渣排放前的温度应控制在 800℃以下；进气量要充足，一方面保证完全燃烧；另一方面可避免炉渣熔化；可能时最好对燃料进行预处理，如压扁、切碎，以扩大空气与燃料的接触面积，使燃烧更迅速。

▶4.2.2　液体燃料直接加热热风炉

工业中常用的液体燃料有轻油、重油和渣油。

由于重油和渣油含杂质较多，而且燃烧控制比较困难，存在不完全燃烧，因此大多用在间接加热。有些陶瓷、水泥等的干燥加热也采用直接重油燃烧或重油和煤粉混合燃烧。

由于轻油易于燃烧，污染较小，因此燃油加热炉大多采用直接加热方式，尤其是用于干燥农产品或温室加热的场合，在干燥装置中直接燃烧时，大部分采用0#轻柴油。

（1）燃烧器系统结构

燃烧器系统主要包括：油储槽、油过滤器、流量计、喷油嘴、供油泵、油压调节阀及油配管等，其工作原理如图4-14所示，其工作过程是：接通电源，燃烧器的电机转动，同时带动鼓风机和油泵，且在喷油嘴前的点火棒产生电弧，但并不立即喷油，而是对燃烧室进行吹扫数秒钟，吹走可能存在的有害气体之后，再喷油点火，进入燃烧阶段。此过程约10～15s，如点火不成功，电眼在20s左右探测不到火焰，燃烧器本身的控制器将切断电源并点亮报警指示灯。辅助装置油配管如图4-15所示。

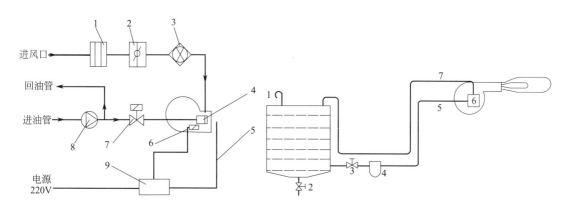

图 4-14　燃油燃烧器工作原理
1—进风口；2—风门；3—鼓风机；4—喷油嘴；5—点火棒；
6—电眼；7—电磁阀；8—油泵；9—控制器

图 4-15　油配管示意
1—透气孔；2—排污阀；3—油箱开关阀；4—滤油器；
5—进油软管；6—油泵；7—回油软管

（2）直接加热燃油热风炉结构及特性

图4-16所示为一移动式直接加热燃油热风炉。工作时，燃油经燃烧器喷射燃烧，产生的高温烟气与进入的外界空气混合成要求的温度后，被风机压入（或吸入）干燥装置，对物料进行干燥。这种形式的燃油空气加热炉结构比较简单，把全部燃烧的热量都基本加到要加热的空气中，热效率较高。

燃烧器是整个系统的关键部件，一般情况下，燃烧器的运行压力很低，仅200Pa左右，为微正压燃烧。燃烧器工作

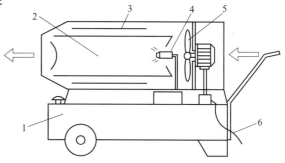

图 4-16　移动式直接加热燃油热风炉结构示意
1—油箱；2—燃烧室；3—辐射板；
4—燃烧器；5—风机；6—电源线

时，接通电源，燃烧器的电机转动，同时带动鼓风机和油泵，且在喷油嘴前的点火棒产生电弧，但并不立即喷油，而是对燃烧室进行吹扫数秒钟，吹走可能存在的有害气体之后，再喷油点火，进入燃烧阶段。此过程约10～15s，如点火不成功，电眼在20s左右探测不到火焰，燃烧器本身的控制器将切断电源并点亮报警指示灯。

相对来讲，一台干燥设备对热风炉所提供风源温度稳定性的要求远高于其他性能，特别

是干燥热敏性物料，这一点尤其重要。因此，如何控制和保证温度的稳定是完成炉子设计后最重要的问题。

① 电气控制　在燃烧器电气回路上串接二位式温控仪。采用这种方法，在控温点设定后，热风温度将在控温点附近波动，波动幅度及周期取决于燃烧器输出功率、燃烧室内烟气的热容量、风机的风量、炉子的保温性能及温控仪的不灵敏区等。对工质是水的锅炉来说，由于水的热容量很大，其波动幅度很小，且周期很长，因而对水温可能没有大的影响，但对于热风炉来说，由于工质是空气，其热容量远远低于水，所以其对热风温度的影响就不容忽视了，相应地，波动周期也很短（可能只有几十秒或几分钟）。一方面，风温的波动也许满足不了干燥的需要；另一方面，从燃烧器本身的工作原理来看，如此高的点火频率也是不允许的，极容易损坏燃烧器。因此，在使用过程中，一般把电气控制方式作为监控温度上限的保护手段。

② 燃烧器功率控制　如果把风机、热风炉、干燥设备等一起构成一个完整的系统，那么整个系统在正常、稳定的工作状态时，系统对燃烧器的功率输出要求是一个定值。因此，只要调整燃烧器，使其连续燃烧的输出功率与系统的要求相平衡，就可以稳定地控制热风炉的热风温度。燃烧器的输出功率是连续可调的，这要通过更换喷油嘴和调节油泵压力来实现，并且应注意：首先应使整个系统稳定地工作，初步找出燃油消耗量（功率消耗）；其次，选择对应的喷油嘴型号，以保证燃烧效果；最后，在观察风温的同时，调节油泵的压力，使温度稳定在需要值，且燃烧器不停机即可。

图 4-17 所示为用于水泥生料烘干的燃油热风炉，其炉体是一个钢结构的双层壳体，壳体内砌筑内衬，壳体的夹层为冷却风通道，由急冷风机供给的冷风经此风道与炉内的高温热气流汇合，混合后的热风经热风道进入干燥机；内衬由耐火浇注料砌筑而成，用于隔热并保护钢壳体，其内的炉膛是热风炉进行热交换的主要场所；燃烧器采用法国皮拉德燃烧器；燃烧室主要由整流座、整流罩、套管、壳体、叶片机构组成，是放置燃烧器并将燃油雾化喷入炉膛的装置；燃气室与炉体和燃气风机相连，在与燃气风机的接口处设置手动调节阀，以调节供入的气流大小，该部件主要起供燃烧室空气的作用；急冷风机为燃油热风炉的主要风源，由它提供的冷风除冷却内衬外，其余大部分是对炉膛内的热风进行混合以降低出炉热风的温度；燃气风机为燃烧室及炉膛中的燃油的燃烧提供足够的空气；换气风机点火时由该风机提供少量空气，同时也对燃烧器进行清洁，点火后即可停止工作；点火孔设置于炉体头部

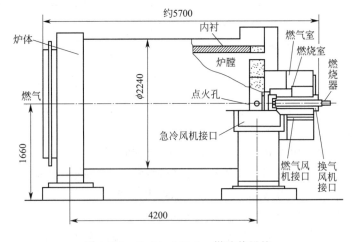

图 4-17　$\phi 2.24\mathrm{m} \times 5.7\mathrm{m}$ 燃油热风炉

外侧,用于人工点火。该燃油热风炉的主要技术参数见表 4-1。

表 4-1　ϕ2.24m×5.7m 燃油热风炉的主要技术参数

项　目	技术参数		项　目	技术参数	
热风炉	有效容积/m³	12.5	急冷风机	型号	4-72No10D
	最大输出热量/(kJ/h)	22.15×10⁶		风量/(m³/h)	35529
	热风温度/℃	≤670		风压/Pa	1187
	最大流量/(m³/h)	40000		电动机功率/kW	18.5
燃料	名称	10#轻柴油	燃气风机	型号	4-72No1bc
	低位热值/(kJ/h)	41800		风量/(m³/h)	13529
	运动黏度/mPa·s	≤8		风压/Pa	2637
	消耗量/(kg/h)	600		电动机功率/kW	15
燃烧器	型号	MCRC	换气风机	型号	4-72No4A
	燃油消耗量/(kg/h)	150~60		风量/(m³/h)	824
	燃油压力/MPa	1.6~4		风压/Pa	3584
				电动机功率/kW	2.2
			总质量/kg		18500

图 4-18 所示为另一型号的用于水泥生料烘干的燃油热风炉,其炉体是一个钢结构的单层壳体,主要起固定内衬的作用;内衬由耐火浇注料砌筑而成,其厚度比耐火砖砌筑的内衬要厚,重量也大一些;用国产 SB-200 中低压空气射流多级雾化燃油器;点火孔设置在炉体头部燃烧器下方,用于人工点火;由一台风机为点火及燃油的燃烧提供空气。表 4-2 是该燃油热风炉的主要技术参数。

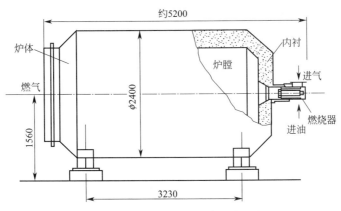

图 4-18　ϕ2.2m×5.2m 燃油热风炉

表 4-2　ϕ2.2m×5.2m 燃油热风炉的主要技术参数

项　目	技术参数		项　目	技术参数	
热风炉	有效容积/m³	9	燃烧器	型号	SB-200
	最大输出热量/(kJ/h)	8.36×10⁶		空气压力/Pa	6000~13000
	热风温度/℃	≤700		燃油消耗量/(kg/h)	60~385
				燃油压力/MPa	0.08~0.3
燃料	名称	10#轻柴油	风机	型号	4-72No7.1D
	低位热值/(kJ/h)	41800		风量/(m³/h)	5532
	运动黏度/mPa·s	≤8		风压/Pa	11868
	消耗量/(kg/h)	225		电动机功率/kW	37
			总质量/kg		23800

图 4-19 所示为另一种结构的直接式燃油热风炉。燃油借助燃烧器在燃烧室中燃烧，所产生的高温烟气与来自室外且经过环形孔板均流后在环形通道内由前向后流动的空气在混合室中混合，达到所需温度后由热风出口输送到用热设备。

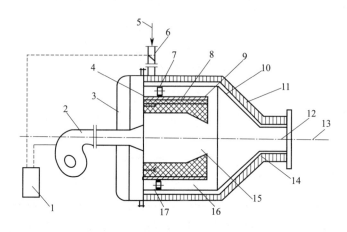

图 4-19　直接式燃油热风炉

1—控制柜；2—燃烧器；3—前壳体；4—加固件；5—空气入口；6—调节风门；
7—环形孔板；8—燃烧室砌体；9—内壳体；10—外壳体；11—外包装板；
12—热风出口；13—热风；14—混合室；15—燃烧室；
16—环形冷空气通道；17—轻型隔热材料

燃烧室用耐高温材料砌筑或用耐高温不定形材料现场浇筑。为了保持炉膛部分的坚固性，采用加固件来加固。起均流作用的环形孔板和内壳体采用耐热钢制作。在外壳体和外包装板之间，填有较厚的轻型隔热材料。在燃烧室砌体与外壳之间，设置有环形冷空气通道以降低炉膛砌体的温度，延长其使用寿命，同时也可降低隔热层外表面温度以减少散热损失。

燃油热风炉使用过程中应注意：烟气风机应能够克服风道阻力，使燃烧器在点火时更加可靠。如果设置排烟烟囱，则建议高出炉体 5m，这样加大自生风，利于克服风道中的阻力，烟筒口应加风帽防止倒烟；包括热风炉自身及到干燥设备的热风管都应认真做好保温工作，使环境对系统的影响降低到最小；虽然燃烧器自身带有 200 目的过滤器，但远远不够，建议在进油口装设 250～300 目的滤网，并且进油管不要插入油箱太深，防止吸入油箱底部的水；燃烧器风门是控制空气过剩系数的唯一途径。在燃烧过程中，应仔细调节到烟筒不冒黑烟并且不影响点火性能为止，万不可有风大火大的想法。

▌4.2.3　气体燃料直接加热热风炉

由于燃气在喷嘴附近几乎可以燃尽，所以气体燃料直接加热热风炉不需要很大的燃烧室，一般情况下留下一个比较小的空间就可以了，主要问题是要根据烟道气送风机压头的大小选择喷嘴，以获得稳定的燃烧。

虽然煤气燃烧完全，产物中污染物也少，但是由于燃气不像燃油、燃煤或固体生物质燃料那样便于运输和储存，必须经过管道输送。虽然液化石油气可以用罐装，运输方便，但价格太高，因此，目前煤气加热热风炉只是在能够比较容易得到燃料的地方应用，如油田、气田、钢厂附近、城市煤气管网延伸到的地方等。另外，使用煤气容易爆炸和泄漏，危险性大，安全操作也是必须考虑的，所以目前煤气热风炉使用不普遍。

图 4-20 所示为燃天然气热风炉的简图，主要由风机、喷枪和燃烧室三大部分组成。喷枪又包括扩散式枪体和喷嘴，燃烧室包括外筒体和风罩。对干燥器有决定意义的是风罩和喷嘴两部件的设计。在不同的干燥器上应分别设计不同结构的风罩。360t/d 级浮法窑烤窑时采用了三种：第一种是分段锥管式，用于投料口；第二种是分段圆孔式，用于熔化部末端；第三种是分段长孔式，用

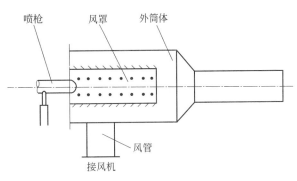

图 4-20　天然气低压热风炉结构

于冷却部。三种结构的共同之处便是从火根段到火梢段的进风孔尺寸逐渐增大，目的是稳定燃烧火焰，使助燃风形成多股细流与天然气流以不同夹角相遇，增大燃烧面积，减少回火现象。喷嘴设计成中心主火孔和与之呈一定角度的环形火孔组成多孔喷嘴形式，不同尺寸的喷嘴分别用于不同部位的热风器中。喷嘴的多孔形式设计目的是使天然气迅速扩散，且使不同方向的热气流形成速度差，加强天然气的充分对流混合。实践表明，对于低压热风器有：①天然气喷枪喷嘴口径大一些，热负荷更大，热风温度更高；②相同发生器使用较高风压的风机，配风效果更好，燃烧更迅速；③天然气在分段圆孔、分段长孔式风罩中的燃烧效果一样，火焰稳定；在分段锥管式风罩中的燃烧速率稍慢，但混合效果较好。

图 4-21 所示为一直热式燃气纸浆模塑烘干线示意。烘箱上部安装一套燃天然气热风炉，配自动燃气燃烧机一台，选配长沙颜氏节能技术研究所生产的天然气燃烧器。热风炉燃烧室由优质耐热钢卷制焊接而成，内衬特殊的耐火材料。热风炉内框架采用焊接结构，框架材料选用 12♯ 和 8♯ 槽钢。考虑燃烧时的状况，为了利于天然气在炉膛内的良好燃烧，热风炉炉膛的结构在出风口部位设计成一定的弧形。炉膛筒体的结构材料为耐热变形性能较好的 1Cr25Ni20Si2，炉膛内衬耐火材料。热风炉排风出口处安装测温控制仪，以便随时掌握热风炉内的温度，随时调控。热风炉外层、夹层设保温隔热层，层内安装硅酸铝纤维，保温隔热，这样保证了炉体外表面温度低于 60℃，达到国家有关标准。

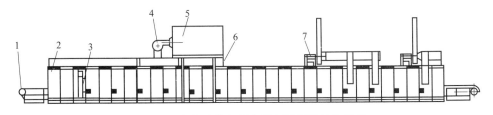

图 4-21　直热式燃气纸浆模塑烘干线结构示意

1—输送链装置；2—烘干线烘箱；3—热风循环系统；4—自动燃气燃烧机；5—热风炉；6—测温控制仪；7—抽湿风机

4.3　间接加热热风炉

随着人们对粮食及其他产品质量要求的不断提高，无污染的间接加热热风炉被广泛应用

在干燥行业中，间接加热热风炉的效率问题也越来越受到人们的重视。间接加热热风炉结构设计的优劣直接关系到其经济性和效率。

4.3.1 间接加热热风炉的基本设计计算

间接加热热风炉的设计计算主要包括换热器和炉膛计算两大部分。换热器是间接加热热风炉的主要构件，其性能的优劣直接影响到热风炉的热效率及其他经济指标。

(1) 加热空气流量的确定

加热空气的质量流量为：

$$m_a = \frac{Q}{T_{a1} c_{pfm,T_{a1}} - T_0 c_{pfm,T_0}} \tag{4-7}$$

式中　m_a——加热空气的质量流量，kg/h；

　　Q——换热器的总换热量，kJ/h；

　　T_{a1}——换热器的热空气出口处温度，K；

$c_{pfm,T_{a1}}$——T_{a1} 温度下空气的平均比热容，kJ/(kg·K)；

　　T_0——换热器空气进口处温度，一般为环境温度，K；

c_{pfm,T_0}——T_0 温度下空气的平均比热容，kJ/(kg·K)。

加热空气的体积流量为：

$$V_a = \frac{m_a}{\rho_a} \tag{4-8}$$

式中　ρ_a——T_{a1} 温度下空气的密度，kg/m³。

(2) 换热器的基本设计计算公式

换热器的总换热面积为：

$$A_s = \frac{Q}{K \Delta T_m} \tag{4-9}$$

式中　A_s——换热器的总换热面积，m²；

　　Q——换热器的总换热量，J/s；

　　ΔT_m——有效传热温差，℃；

　　K——传热系数，W/(m²·K)。

① 有效温度 ΔT_m

在间接加热式换热器中，烟气与工质的流动可采用逆流、顺流或横流。烟气与工质的温度一般是沿流动路线变化的，因此有效传热温差必须采用对数平均温度：

$$\Delta T_m = \frac{\Delta T_{im} - \Delta T_{ex}}{\ln \dfrac{\Delta T_{im}}{\Delta T_{ex}}} \tag{4-10}$$

式中　ΔT_m——对数平均温差，K；

　　ΔT_{im}——换热器中烟气进口处与工质的温差，K；

　　ΔT_{ex}——换热器中烟气出口处与工质的温差，K。

当 $\dfrac{1}{2} < \dfrac{\Delta T_{im}}{\Delta T_{ex}} < 2$ 时，有效传热温差用算术平均温差就能满足一般精度要求：

$$\Delta T_m = \frac{1}{2}(\Delta T_{im} + \Delta T_{ex}) \tag{4-11}$$

② 传热系数 K　其一般采用经验数据或实验数据，可参考传热手册。较精确的值可根据换热壁面两侧的对流、辐射传热系数及壁面的热导率进行计算。

传热系数 K 的基本计算公式如下：

$$K = \cfrac{1}{\cfrac{1}{\alpha_{sm}} + \cfrac{\delta_{rb}}{\lambda_{rb}} + \cfrac{\delta_{di}}{\lambda_{di}} + \cfrac{1}{\alpha_{ai}}} \tag{4-12}$$

式中　λ_{rb}——换热壁热导率，J/(m·s·K)；

λ_{di}——灰污热导率，J/(m·s·K)；

α_{sm}——烟气侧对流传热系数，J/(m²·s·K)；

α_{ai}——空气侧对流传热系数，J/(m²·s·K)；

δ_{rb}——灰污厚度，m；

δ_{di}——换热壁厚度，m。

由于烟气侧存在辐射和对流两种传热形式，所以

$$\alpha_{sm} = \alpha_{con} + \alpha_{ra} \tag{4-13}$$

式中　α_{con}——烟气侧对流传热系数，J/(m²·s·K)；

α_{ra}——烟气侧辐射传热系数，J/(m²·s·K)。

空气侧只考虑对流传热。

（3）对流传热系数的基本计算

对流传热系数可用准数方程描述，用于对流传热的准数方程主要有努塞尔数、雷诺数和普朗特数。

努塞尔数 Nu 表示对流传热强度

$$Nu = \frac{\alpha_{con} d_{eq}}{\lambda} \tag{4-14}$$

式中　α_{con}——烟气侧对流传热系数，对于空气侧为 α_{si}；

d_{eq}——传热部件的当量直径，m；

λ——热导率，J/(m·s·K)。

由上式可知，对流传热系数为：

$$\alpha_{con} = \frac{\lambda Nu}{d_{eq}} \tag{4-15}$$

只要知道努塞尔数 Nu，就可以求出对流传热系数 α_{con}。努塞尔数 Nu 可用雷诺数 Re 和普朗特数 Pr 表示。

雷诺数 Re 表示流体流动状态：

$$Re = \frac{u d_{eq}}{\mu} \tag{4-16}$$

式中　u——气流速度，m/s；

μ——气流运动黏度，m²/s。

普朗特数 Pr 表示流体物性影响的大小：

$$Pr = \frac{\mu}{\alpha} \tag{4-17}$$

式中　α——导温系数，m²/s，$\alpha = \dfrac{\lambda}{c_p \rho}$；

ρ——流体密度，kg/m³；

c_p——定压比热容，J/(kg·K)。

热导率和运动黏度与温度有关，在温度 T 时由下列公式求出：

对烟气

$$\lambda_{sm} = [2.253 + 0.0086(T_{sm,av} - 273.15)] \times 10^{-2} \tag{4-18}$$

$$\mu_{sm} = [0.1756(T_{sm,av} - 273.15) - 2.9214] \times 10^{-6} \tag{4-19}$$

对空气

$$\lambda_{ai} = 0.0244 + 0.0000684(T_{ai,av} - 273.15) \tag{4-20}$$

$$\mu_{ai} = [11.3615 + 0.1255(T_{ai,av} - 273.15)] \times 10^{-6} \tag{4-21}$$

式中　$T_{sm,av}$——烟气平均温度，K；

　　　$T_{ai,av}$——空气平均温度，K。

当量直径 d_{eq} 是换热面的几何尺寸，流体在圆管内流动时，d_{eq} 为圆管外径；边长为 a 的正三角形管，$d_{eq} = 0.577a$；边长为 a 和 b 的矩形管，$d_{eq} = \dfrac{2ab}{a+b}$；套管，$d_{eq} = d_{外} - d_{内}$。

4.3.2　无管式热风炉

为提高换热系数，扩大换热面积，在实践中出现了无管式热风炉，其具有造价低、结构简单、适应性强、热效率高等特点，主要适用于被干燥物料不允许被污染的场合，如奶粉、药品、合成树脂、精细化工等物料的加工。此种加热装置将烟道气作为热载体，通过无管式换热器的套筒或多头导向螺旋板等金属壁的传热来加热空气。无管式换热器在大、中、小型热风炉中均有广泛应用，其结构必须根据具体条件及物料特性进行合理选择和设计。目前国内已有定型设备可供直接选用。

4.3.2.1　无管式热风炉的分类

无管式热风炉主要由燃料供给机构、炉膛、换热器和烟囱等部分组成，如图4-22所示。工作

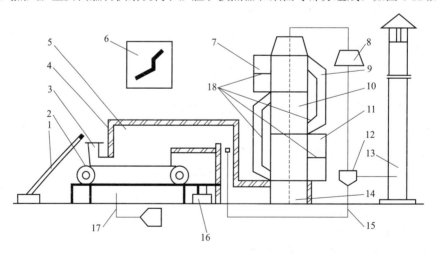

图 4-22　RL-500 型无管式热风炉结构

1—自动上煤机；2—自动炉排；3—煤斗；4—前炉；5—炉膛；6—电器系统；7—防雨器；
8—除尘器；9—空气连通道；10—换热器；11—空气尾道；12—引风机；13—烟囱；
14—后炉；15—余热回收系统；16—出渣机；17—冷风系统；18—均流板

时，燃料由上煤机加入煤斗，经自动炉排定量加入炉膛，在炉膛内充分燃烧，产生的高温烟气进入换热器进行热交换，换热后的烟气一部分被回收循环使用，一部分经烟道从烟囱排出。

无管式热风炉有以下几种类型。

① 根据所用燃料可分为燃煤式、燃气式等。燃煤式热风炉的燃料来源丰富，燃料费用低，但热风炉结构复杂且尺寸较大、卫生条件差、污染大。燃油式、燃气式热风炉的结构简单且尺寸相对较小，卫生条件好、无污染或基本无污染，但燃料费用高。

燃煤式热风炉中根据其加煤的方式和自动化程度可分为手烧式和自动加煤式。手烧式热风炉的结构简单、造价低、占地面积小，但操作劳动强度大、生产效率较低。自动加煤式热风炉的生产效率较高、劳动强度低，但其结构复杂、尺寸较大、造价较高、占地面积大。

② 根据热风炉换热部分的结构形式可分为套筒式和螺旋板式。套筒式热风炉是指由在同一轴心的多个具有不同直径的金属筒组成换热器换热面的热风炉。烟道气与空气分别在由具有不同直径的同心金属筒壁间流动，以实现烟道气与空气的热交换。套筒式热风炉的结构紧凑，尺寸相对较小，换热效果好，但积尘清除困难，不便于维修和维护。

螺旋板式热风炉是指烟道气与空气的通道分别由导向螺旋状金属板组成的热风炉。导向螺旋状金属板为热交换面，以实现烟道气与空气的隔离和烟道气与空气间的热交换。

③ 根据其放置形式分为立式和卧式。立式热风炉占地面积小，一般为中小型热风炉。卧式热风炉占地面积较大，一般为大中型热风炉。

④ 根据热风炉与换热器的配置形式可分为分体式和整体式。一般大中型热风炉均采用分体式结构，其特点是运输、安装和维护方便。中小型热风炉一般采用整体式结构，其特点是结构紧凑，占地面积小，安装方便。

4.3.2.2 无管立式热风炉

立式无管热风炉的换热装置在炉膛的正上方，呈直立状态。换热器形式主要有套筒式和螺旋板式。立式无管式热风炉结构如图 4-23 所示。炉箅上的煤在炉膛内燃烧，烟气上

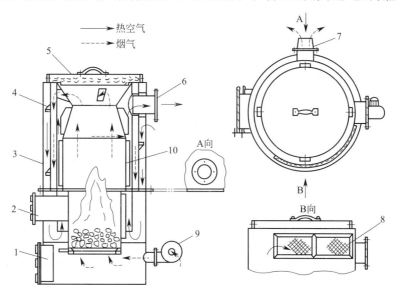

图 4-23　立式无管式热风炉结构

1—出灰口；2—加煤口；3—炉体；4—螺旋导风板；5—炉盖；6—热风出口；
7—排烟口；8—外界空气进口；9—助燃小风机；10—肋片

升通过烟气通道，向下从排烟口排出。空气从进气口进入外层空气通道，向下进入内层空气通道，向上从热风出口排出。空气和烟气通过炉壁进行间接换热，可得到无污染的热空气。

立式无管式热风炉的形式很多，常见的有以下几种。

（1）JGL 系列燃煤间接加热热风炉

它主要由热风炉、除尘装置、烟气引风机和烟囱等组成，如图 4-24 所示。

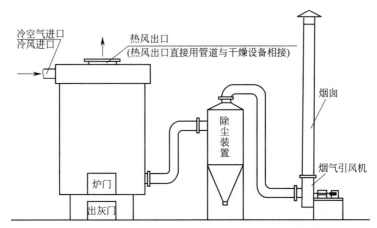

图 4-24　JGL 系列燃煤间接加热热风炉安装示意

（2）SKGRL 高效节能热风炉

该系统由热风炉、鼓风机、空气调节阀、测温及控温器件、引烟机和烟气调节阀等组成。炉子外形构造如图 4-25 所示，为立式圆筒形结构。

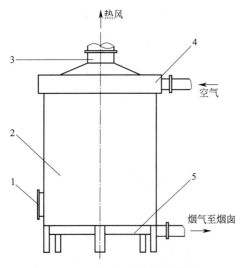

图 4-25　SKGRL 高效节能热风炉
1—炉门；2—炉体；3—热风出口管；
4—空气集箱；5—烟气集箱

（3）H. RF 系列热风炉

其为立式热风炉，如图 4-26 所示。

（4）LRF 系列新型高效热风炉

其为立式热风炉，如图 4-27 所示。

（5）JRF 系列套筒式热风炉

JRF 系列套筒式高效间接加热通用热风炉为立式热风炉，有手烧（A 型）和机烧（B 型）两种方式。

（6）螺旋板式燃煤间接加热热风炉

RFLX-1680 型螺旋板式燃煤间接加热热风炉的燃煤炉与换热器是两体结构，它是由燃煤炉，上、中、下 3 段组成的螺旋板式换热器和配套系统组成，如图 4-28 所示。其工作过程是：

在引烟机的配合下，燃煤在燃煤炉中得到充分燃烧，产生的高温烟气进入换热器实现热交换，换热后的烟气进入烟囱，烟气流经烟囱时一部分热量被回收，一部分经烟囱排出。环境空气由烟囱的外层进入，空气在流过烟囱外层时吸收一部分热量，然后由鼓风机送入换热器，空气在换热器中进行热交换，经热交换后的热空气从换热器上部的管道出口供给需要热风的设备。

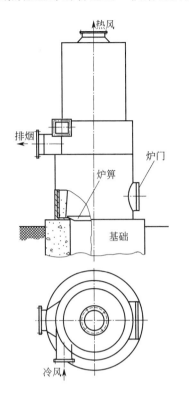

图 4-26　H. RF 系列热风炉示意

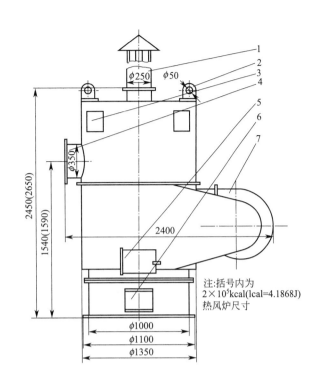

注:括号内为
2×10^5kcal(1cal=4.1868J)
热风炉尺寸

图 4-27　LRF 系列新型高效热风炉

1—烟囱；2—吊耳；3—检修孔；4—出风口；

5—加煤口；6—清灰门；7—风机

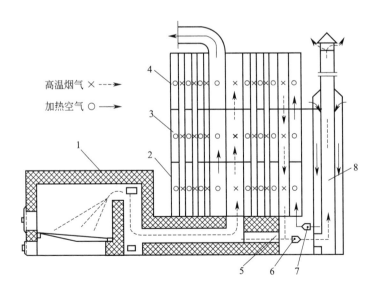

图 4-28　RFLX-1680 型螺旋板式燃煤间接加热热风炉

1—燃煤炉；2—换热器下段；3—换热器中段；4—换热器上段；

5—活门；6—引风机；7—鼓风机；8—烟囱

4.3.2.3　无管卧式热风炉

无管卧式热风炉采用炉灶与换热器分开的结构，整体呈水平布置，如图4-29所示。炉灶及换热器均用正压形式，空气从炉条缝隙通过，穿过煤层进入炉体，烟气经沉降室进入换热器烟道。换热器采用四周进风、中间出风的方案。炉体结构简单，灰尘对换热器污染较少，寿命长，热风炉的热效率在75%以上。炉体采用耐火砖、保温层、红砖三层结构，增加了保温性，可节省钢材，并使卧式热风炉在炉体占地面积大、散热面积大的情况下，散热损失较小。

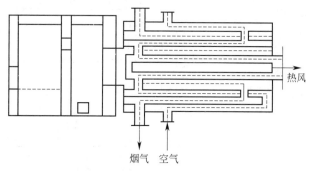

图 4-29　无管卧式热风炉结构简图

无管卧式热风炉的主要特点有：

① 热风炉采用卧式结构，并增加炉膛的保温性，能使燃料燃烧彻底，并且灰尘在沉降室沉降大部分。

② 套筒式换热器内层可增加一圆筒，以增加烟气靠近侧壁的流动速度，也就是增强流体的湍流程度，减少层流层的厚度，从而增强传热，提高综合给热能力。

③ 增设散热片，使换热面积增加，热阻减少，增强传热效果。

④ 钢材耗用量少，能满足10万大卡的热风炉钢耗材1t以下的常规要求。

⑤ 清洗时需停机进行，清洗较困难。

⑥ 炉体占地面积大，但在结构上注意增加炉体的保温性，所以散热并不大，但使用时受场地条件的限制较大。

工业领域中常见的无管卧式热风炉主要有以下几种。

（1）WRFL-320 型无管卧式热风炉

该热风炉由燃煤炉和换热装置两部分组成，如图4-30所示。由于热风炉的单位时间供热量大，因此两部分采用了分体结构，避免了换热器的烧损。燃煤炉采用机烧形式，供热均匀。燃煤炉由往复炉排、上煤机、除渣机、前拱、上拱、后拱、通风道及沉降室

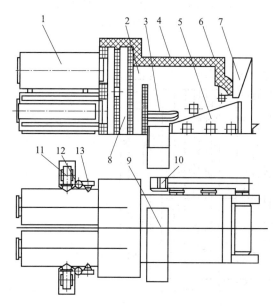

图 4-30　WRFL-320 型无管卧式热风炉结构
1—换热器；2—燃煤炉；3—后拱；4—上拱；
5—往复炉排；6—前拱；7—上煤机；
8—沉降室；9—除渣机；10—助燃风道；
11—热风机；12—烟囱；13—助燃风机

等组成。换热装置由 4 台 3344MJ/h 换热器、4 台热风机、4 台助燃风机和烟囱等组成。

燃煤炉内层用耐火砖、耐火水泥、耐火土、玻璃粉和铁粉砌筑,通过燃烧增加了炉体的坚固性、炉内结构的光滑程度和折射热量的能力;耐火砖的外侧用保温砖或珍珠岩砌筑成保温层,减少了热量损失;最外层以槽钢为骨架砌筑上红砖,保证了燃煤炉的整体稳定性。换热装置为 4 台 3344MJ/h(80 万大卡)换热器,与使用单台 13.376GJ/h(320 万大卡)的换热器相比,避免了结构的过于庞大,并降低了加工难度及成本。

工作时,先启动炉排调速电机,使炉排达到合适的往复运动速度,然后启动上煤机使燃煤均匀散落在炉排上。当整个炉排铺满煤后,向炉膛内加入木屑等易燃物并点燃,同时启动出渣机、热风机及燃煤炉进风风机,使燃煤迅速燃烧起来。通过上煤机落到炉排上部的燃煤在炉前拱辐射热的作用下能及时燃烧,并在往复炉排的作用下,燃煤均匀地向下运动,同时上拱的辐射热加速了燃煤的燃烧。当燃煤达到炉排尾部时,在后拱辐射热的作用下使剩余的燃煤得以充分燃烧,避免了燃煤的浪费,而炉渣则由除渣机排出。通过调整上煤机进煤口的大小及改变往复炉排的运动速度,即可随时调整单位时间的燃煤量。

燃煤燃烧产生的高温烟气在助燃风机的负压作用下,通过沉降室内的沉降(利用烟气的速度与向下运动的方向使烟气中的灰尘沉降)后进入换热器内,经过两个往返回程由烟囱排出机外;冷空气则在热风机作用下由换热器一端的进气孔进入换热器内,经过三个回程的与高温烟气间接换热后,由换热器的端面通过热风管道供给热风使用设备。

为了减少换热器的体积及增大换热面积,在换热器内壁上焊有许多小散热片。此外,根据热风使用设备的要求,不仅需要保持热风温度的稳定,还要能根据需要随时调节热风温度。因此,在换热器上装有温控仪来控制助燃风机的启动与关闭,当热风温度超过允许值时,温控仪控制助燃风机关闭,减少进入换热器内的热量,使热风温度下降;反之,则使热风温度上升,以保证热风温度在允许的范围内变化,实现了热风温度的自动控制。当需要改变热风温度时,只需转动温控仪上的温度旋钮至所需温度即可。

(2) WRFL-2500 型无管卧式热风炉

其结构如图 4-31 所示,由炉体、卧式换热器组成。其工作过程是:炉膛内的煤燃烧后产生的高温烟气经过沉降室重力除尘后进入换热器烟道,在换热器内往返两个回程,由风机

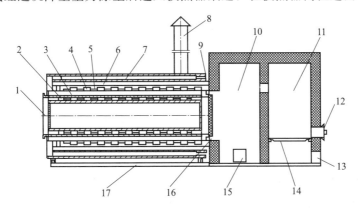

图 4-31　WRFL-2500 型无管卧式热风炉结构

1—热风出口;2—高温段空气夹层;3—高温段烟气夹层;4—肋片;5—中温段空气夹层;
6—中温段烟气夹层;7—低温段空气夹层;8—烟气出口;9—冷空气入口;10—沉降室;
11—炉膛;12—炉门;13—出灰门;14—炉排;15—清灰门;16—高温烟气入口;17—底座

送入除尘器进一步除去细小粉尘后排入大气中。新鲜空气由换热器一端进入，在换热器内经三个回程后由热风机送入风管，进入热风使用设备。

该机有如下设计特点：

① 分体组合式结构。热风炉采用燃烧室与换热器分体组合式结构，燃烧高温部位与换热器分开，避免了燃烧室与换热器为一体的套筒式热风炉炉膛内壁易氧化甚至烧漏的现象，提高了热风炉的整体寿命和工作可靠性，且便于运输、安装和维护。

② 新型通风流程筒式夹套换热器。换热器采用冷空气沿最外夹层圆周方向均匀进风、中心夹层出风的新型通风流程。换热器的最外夹层设计成冷空气通道，是为了降低换热器外壁的散热损失，提高热效率，在空气夹层侧壁布置了足够多的肋片，以增强空气侧的传热效果。新型通风流程使换热器结构简单，增强了换热均匀性。

③ 其他设计措施。为减少对空气的污染，在炉膛后部设计了沉降室以消烟除尘，并设计了二次燃烧进风装置及配套除尘器。

4.3.2.4 分体式热风炉

分体式热风炉的炉灶与换热器是分开的，如图 4-22 所示的 RL-500 型热风炉。

(1) 结构和工作原理

该机主要由前炉、后炉、换热器和配套装置等组成，如图 4-22 所示。燃料经自动上煤机、煤斗和自动炉排加入炉膛，在炉膛内充分燃烧，产生的高温烟气进入换热器进行热交换；换热后的烟气一部分被回收循环，一部分经烟道从烟囱排走，其流程如图 4-32 所示。

空气→炉膛；炉膛→出渣机

煤→上煤机→煤斗→炉膛→沉降室→后炉→换热器→引风机→烟道→烟囱

图 4-32 分体式热风炉的工作流程

空气由防雨器进入换热器，在空气连通道和均流板的作用下，经两次折流转向与烟气进行热交换后，经输送管道供给需热设备。

该炉结构新颖，采用多头异向螺旋槽管换热，热效率可达 75%以上，单位热量费用低。该炉能燃用低值煤、劣质煤，发热量为 1025×10^4 kJ/kg 左右、灰渣占 50%以上的土无烟煤，黏结性大（可大于 5）、挥发分高（可大于 40%）的煤，还可燃用稻壳、秸秆、玉米芯等。该炉是谷物干燥和粮食处理厂的新型、大容量、无污染热源，可以连续输出具有适宜温度和热量的洁净热风，从根本上保证烘干（或加热）物的品质，广泛适用于食品、药材、烟草和农副产品烘干，还可作为取暖、温室及纺织、印染、喷漆等工业用热源。

(2) 技术设计特点

① 为了强化换热，采用了多头异向螺旋槽换热技术，热流体（烟气）每秒钟在换热器内可变换 4 次旋向，大大加强了热流体的湍流程度，传热效果可提高 30%～40%。

② 螺旋槽设计成外凹内凸形，既增加了热流体（烟气）和冷流体（空气）双侧的换热面积，又改善了削弱流体换热的流动边界层的低换热状态。

③ 该炉中冷流体的流量较大，而且折流转向次数多。为了改善其流动的均匀性，在换热器的空气连通道中设置了均流板。

④ 流体的流速是换热器的重要参数，为了得到最佳的冷流体流速，对各节换热器的结构尺寸进行了优化设计，从而保证了冷流体从低温入口（上节）到高温出口（下节）流速的稳定性。

⑤ 该炉采用的是高温"气-气"式换热器，热流体温度高、流量小，所以热量较难换出，尤其是换热器出、入口处温差高达 680℃以上，虽然流体质量没变，但其体积变化很大，约 1 倍，因此采用了分节设计法，系统地设计每一节换热螺旋管的根数和直径，适应了热流体流量随温度而变化的规律，保证了流体流速的稳定。冷、热流体优化和分节设计后，在同样的传热面积下，传热效果可提高 10%以上。

⑥ 在换热器与炉体的结合部分，即金属与非金属的结合部分，由于受高温后膨胀系数不同，容易产生裂纹而造成泄漏。为了解决泄漏问题，在设计中采取了两项措施：一是把换热器设计成全金属全封闭式，并设置了"膨胀密封体"，对膨胀作用可缓冲、吸收，还能起到密封作用；二是换热器的冷热流体均采用了负压引风，且高温烟气侧的压力远远低于热空气侧的压力，因此烟气不会泄漏到热空气中去。由于解决了泄漏问题，保证了热风的洁净，因此对烘干、加热物无污染。

⑦ 该炉还采用了全封闭式双层保温措施和余热回收装置，大大减少了散热损失，回收余热 40%以上，使其热效率提高到 75%以上。

4.3.2.5 燃油热风炉

燃油无管式热风炉由燃烧器、燃烧室、风道、烟道等组成，如图 4-33 所示。正常工作时，燃烧器把火焰喷入燃烧室，在燃烧室内以微正压燃烧，并通过辐射放热的形式把燃烧产生的热量大部分传给燃烧室壁，而燃烧室又主要以对流传热的形式把热量传给风道中的冷空气，从而达到加热空气的目的。烟道中的烟气则以对流换热的形式对外、内层风道中的空气加热，最后在 250℃以下排入空中。

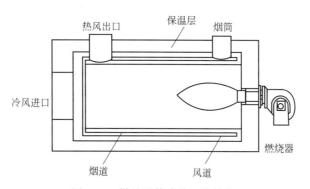

图 4-33　燃油无管式热风炉结构

改进型燃油无管式热风炉主要由燃烧器、换热器、轴流风机和电控柜组成，工作原理如图 4-34 所示。燃油经燃烧器雾化后，在炉膛内与燃烧器助燃风机鼓入的新鲜空气充分混合、燃烧，由于高温烟气密度小，其在炉膛内自然升腾，实现回流，而后进入换热片中。由于烟气在炉膛内实现回流，相当于增加了有效烟程，使炉膛的换热强度增加一倍。换热片采用薄钢板焊接结构，热传导速率快，换热面积大，提高了换热效率。由于轴流风机送入的新鲜空气与高温烟气在换热腔内实现间接热交换，所以可产生洁净的热空气。控制部分根据预设温度，自动控制风机和燃烧器的开闭，保持了热风温度的稳定。

热风炉换热部件一般分为板式结构和列管结构。列管焊接后强度大，受热后应力分布比

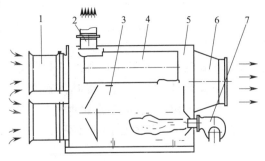

图 4-34 改进型燃油无管热风炉工作原理
1—风机;2—烟囱;3—炉膛;4—换热片;
5—换热腔;6—出风口;7—燃烧器

较均匀,但清理烟灰比较困难,同时,增加单位体积内的换热面积也很困难。若为了降低成本,减小换热管半径,势必增加清烟难度;若为增加换热面积而增加肋片,则必然增大制造成本。板式结构则克服了这些不足,同时由于换热板还可以选用薄板冲压成形,因而有效增加了热传导速率,有利于提高整机热效率。因此,该机换热部件选用板式结构。

炉膛与热风炉壳体因材料不同,热胀冷缩不一致,将导致炉膛与热风炉壳体之间产生很大的热应力,若不能很好解决,则导致换热片开焊,产生漏烟现象。解决的办法一是燃烧器一端的炉膛支腿紧固,而封头一端的炉膛支腿松置,使炉膛沿轴线方向可自由伸缩;二是加大热风炉壳体与烟囱的配合间隙,使烟囱沿炉膛的轴线方向能伸缩移动。

由于制造工艺等各种原因,炉膛和换热片可能会出现漏烟现象,进而直接影响被加热环境的质量。解决的办法一是提高焊接质量,选用不锈钢焊条,焊接方式选用氩弧气体保护焊;二是加强炉膛及换热片漏烟检测,采用煤油渗透的方法检测焊口是否正常。

4.3.3　列管式热风炉

列管式热风炉是间接加热热风炉中的一种较为常用的结构形式,具有造价低、结构简单、适应性强、安装维修方便等特点,主要适用于需要洁净热空气的场合,如奶粉、药品、合成树脂、精细化工等物料的干燥。此种加热装置将烟道气作为热载体,通过列管式换热器金属壁的热传导实现对空气的加热。

4.3.3.1　列管式热风炉的分类

列管式热风炉是指热风炉的换热器是由多根换热管按一定次序排列组成、烟道气与空气分别在管外和管内流动以实现烟道气和空气热交换的列管式换热器,其主要构造有炉膛、列管式换热器、烟道、烟囱等,如图 4-35 所示。在间接加热式的列管式热风炉中,换热器最根本的作用是将烟道气的热量通过管壁传递到温度相对较低的空气(热风)一侧,以实现对空气的加热。

实际应用中,为适应各种具体工作条件和环境的要求,列管式热风炉可分为以下几种类型。

① 根据其加煤的方式和自动化程度可分为手烧式(参见图 4-36)和自动加煤式(参见图4-37、图4-38)。

② 根据热风炉放置形式可分为立式和卧式。立式是指将列管式换热器置于炉膛的正上方组成

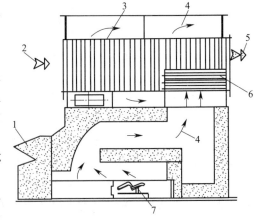

图 4-35　改进型燃油列管式热风炉工作原理
1—喂入斗;2—冷空气;3—碳钢列管束;4—烟气;
5—热空气;6—合金钢列管束;7—自动炉排

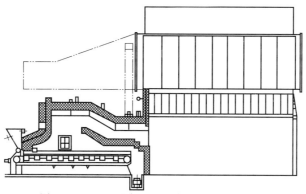

图 4-36　LJ系列多级式燃煤热风炉结构简图

一体的列管式热风炉。排管式和套管式热风炉均可设计成立式结构形式，多用于热功率小于 5×10^6 kcal/h 的中小型热风炉。卧式是指换热器与炉膛分别并列布置，由烟道连接，多用于热功率大于 5×10^6 kcal/h 的大中型热风炉。

③ 根据热风炉与换热器的配置形式可分为整体式和分体式。整体式是指炉膛与换热器制作为一体，多用于热功率小于 5×10^6 kcal/h 的中小型热风炉。整体式具有安装方便，占地面积较小等优点，但制造工艺复杂且不便于维护。分体式是指炉膛与换热器分别制作，在使用现场再组装为一体，多用于热功率大于 5×10^6 kcal/h 的大中型热风炉。分体式具有制造工艺简单，便于维护等优点，但占地面积较大。

4.3.3.2　列管立式热风炉

(1) 列管立式热风炉的结构及工作原理

该种类型的热风炉主要由自动炉排、炉膛沉降室、换热器、除尘器和烟囱等部分组成。换热器为列管式，在炉体的正上方，呈直立状态，如图 4-35 所示。

燃料由自动炉排定量送入炉膛，在炉膛内得以充分燃烧。燃烧后产生的高温烟气经过重力降尘后，先进入三层交叉排列的耐高温合金钢管外侧，把高温烟气降到碳钢的安全温度后，再进入碳钢列管束内侧，通过三个折流回流后经烟囱排出。冷空气由换热器一端进入碳钢列管束外侧（呈湍流状），在流动过程中与列管束内侧的烟气进行充分换热后，从换热器的另一端供给所需供热的设备。

自动炉排采用机械往复炉排，其特点是对燃料的适应性好，尤其是对黏结性较强、含灰量较多且难于着火的劣质煤，更能发挥其长处。炉排自动送煤拨火，可使劳动强度大大降低。由于热风炉炉膛内近于绝热燃烧，炉温很高，所以在炉排设计中选用高硅耐热球墨铸铁材料和加厚炉排片的特殊结构，以确保炉排的运行安全和寿命。

前后拱采用异型砖砌成弧形。前拱采用 30°倾角，主要作用是合理组织烟气流动，将燃料火床面辐射热和部分火焰辐射热传递到新加燃料的着火区，利于燃料的燃烧。后拱采用 17°倾角，具有合理的长度和高度，目的是将大量高温烟气和炽热炭粒输送到燃料的燃烧区，以保证高温燃烧；它的另一个作用是确保燃尽区保温促燃，以便大幅度降低灰渣热损失。

(2) 典型列管立式热风炉

LJ 系列多级式燃煤热风炉主要由炉体、链条炉排、主换热器、前置换热器等组成，如图 4-36 所示。

原煤经过上煤机进入炉前的储煤斗，随着链条的缓慢移动，经煤闸板进入炉膛，通过预热、燃烧、燃尽各段，在鼓风机的作用下，完成整个燃烧过程。燃烧过程产生的高温烟气经换热器管程与空气换热后变成废气，通过引风机由烟囱排出。

这种热风炉的设计特点是：

① 炉膛设计合理，使煤燃烧充分，热效率达70%以上，炉渣的含碳量低于15%；

② 燃煤炉采用全机械化作业，供热稳定，节省劳动力；

③ 炉体采用钢构架拉筋，高温区采用高铝耐火砖，其耐火温度在2000℃左右，使其能够承受炉体载体及高温操作中所产生的应力作用；

④ 换热器与燃烧室距离恰当，布置合理，既有效利用了炉膛的辐射热，又能使换热器离开高温区，延长使用寿命，同时也减少了占地面积；

⑤ 为防止换热器高温烧坏，延长主换热器的使用寿命，在炉体的后部、换热器的前部设置了前置换热器；

⑥ 主换热器采用多回程热交换，采用螺旋管，在高温区受热面积大，能最大限度地利用燃烧中产生的热量，且在热交换过程中能够形成湍流，使燃烧热量能够被充分利用；

⑦ 带有余热回收装置，可节约能源；

⑧ 烟气走管内，空气走管外，进行逆流换热，可产生洁净热空气。热风管内还设有均风装置，保证了热风温度的均匀与稳定；

⑨ 采用电子监控设备，可随时根据外界条件的变化而调整热风炉的工作状态。

4.3.3.3 卧式热风炉

(1) RFW-180型卧式热风炉

RFW-180型卧式热风炉采用单流程卧式结构，换热体有专门的膨胀措施，换热体的空气侧设有散热肋片。采用直送式螺旋加煤机构，可实现间隙式自动加煤，炉内设有倾斜炉排。冷空气从换热体的高温区压入（采用错流加顺流的换热方式），有利于延长换热体的使用寿命。烟气经沉降室除尘及余热利用后，由引烟机排入烟囱。其特点是耗材省、效率高、功耗低、装拆检修方便、使用寿命长，而且由于这类炉子的安装高度比较容易安排，对消烟除尘也较有利。

(2) DRL-120型卧式稻壳热风炉

DRL-120型卧式稻壳热风炉主要由存料房、提送料系统、定量排料器、换热器、除尘器、炉体和烟囱等组成，如图4-37所示。

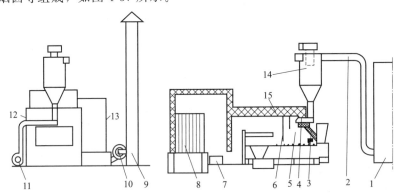

图 4-37 DRL-120型卧式稻壳热风炉结构

1—存料房；2—送料管；3—定量排料器；4—喷料管；5—燃烧室；6—挡料板；7—排尘口；8—换热器；9—烟囱；10—除尘器；11—鼓风机；12—热风出口；13—空气进口；14—卸料器；15—炉体

提送料系统采用了负压气力输送方式，稻壳从存料房通过送料管经卸料器和定量排料器进入喷料管，在鼓风机的作用下稻壳被喷入炉内燃烧室进行悬浮燃烧。在挡料板的作用下稻壳减速行进，增加了稻壳的燃烧时间，使稻壳燃烧彻底。稻壳燃烧产生的高温烟气经过沉降室沉降后进入换热器，而烟尘则留在沉降室底部，定期由排尘口排出。换热器由 3 节组成，呈并列布置，稻壳燃烧产生的高温烟气按 1→2→3 节的顺序进入换热器内，并在换热器管内进行两次折流后经除尘器进入烟囱；而空气由换热器的空气进口按 3→2→1 节的顺序通过换热器管壁外腔，与高温烟气进行逆流间接热交换，产生的热空气由热风出口进入用热设备。

归纳起来，这类卧式稻壳热风炉具有如下结构特点：

① 提送料系统采用了气力输送方式，造价降低，运行成本降低，故障减少；

② 定量排料器可根据要求定量向燃烧室供给稻壳，以确保燃烧均衡，热风温度平稳，同时定量排料器流量可调，可以适应不同热风温度的要求；

③ 炉内设有两个挡料板，可降低稻壳的行进速度，保证稻壳燃烧彻底；

④ 高温烟气在换热器管内两次折流及采用逆流换热，换热效率明显提高；

⑤ 设有除尘设备，净化了烟气，达到了环保要求；

⑥ 配有自动炉排等装置，可根据需要使用燃煤。

(3) 直烧列管式热风炉

直烧列管式热风炉是在炉膛中用火焰直接加热换热管而加热管内的空气产生热风，主要由炉箅、换热管、风机等组成，如图 4-38 所示。

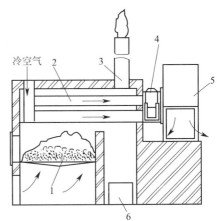

图 4-38　直烧列管式热风炉结构
1—炉箅；2—换热管；3—烟囱；
4—热风室；5—风机；6—灰门

4.3.3.4　分体式热风炉

分体式热风炉是指炉膛与换热器分别制作，在使用现场再组装为一体，多用于热功率大于 5×10^6 kcal/h 的大中型热风炉。分体式具有制造工艺简单，便于维护等优点，但占地面积较大。

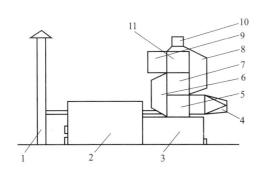

图 4-39　SJH 系列立式热风炉
1—烟囱；2—前炉；3—后炉；4—热风出口；5—换热器 a；
6—左空气连通道；7—换热器 b；8—右空气连通道；
9—冷风入口；10—烟气通道；11—换热器 c

(1) SJH 系列立式热风炉

SJH 系列立式热风炉（手烧炉）是一种新型多用途热源装置，属间接加热方式，对烘干物无污染，且具有节省能源的特点。该炉采用多头异向螺旋槽管换热技术，热效率可达 75％以上，主要性能指标达到国内先进水平。该炉对燃料适应性强，可连续输出具有适宜温度和热量的无污染热风，保证了烘干物的品质，可广泛用于谷物、食品、药材、烟草等农副产品及工业物料的烘干，还可用作取暖、温室及印染、喷漆等工业热源。

该系列热风炉主要由前炉、后炉、换热器、空气连通道、烟气通道、旁通烟道、热风出口、冷风入口、离心风机及引风机等组成,如图 4-39 所示。

(2)SJH-160 型卧式热风炉

SJH-160 型卧式热风炉(手烧炉)在是 SJH-160 型立式热风炉的基础上改进的,保留了立式炉的优点。与立式炉相比,具有安装方便、造价低、性能安全可靠等特点,尤其是 3 节换热器芯的安装不需用吊车即可安装,此外换热器芯管内壁的除灰也方便易行。

该炉主要由炉体、烟囱、烟道、换热器(由 3 节换热器组成)、冷风入口、热风出口及引风机等组成,如图 4-40 所示。

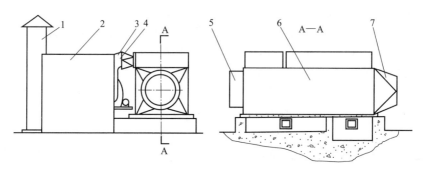

图 4-40 SJH-160 型卧式热风炉
1—烟囱;2—主炉体;3—烟道;4—引风机;5—冷风入口;6—换热器;7—热风出口

空气由冷风入口依次进入第 3、2、1 节换热器管壁外腔,通过与流经第 1、2、3 节换热器管内的烟气进行热交换,产生热风供给需热设备。烟气流经第 1、2、3 节换热器时,经过两次折流,使热交换完全,热效率提高。

4.3.4 热管式热风炉

热管作为一种高导热性能的传热装置,自 20 世纪 60 年代在美国诞生以来,其应用范围日益扩大,现在已广泛应用于航天工业、动力工程、能源工程、医药及化学工程等领域。随着现代工业技术的不断发展,热管技术也越来越广泛的渗入到各个工业领域中,发挥出越来越重要的作用。

热管式热风炉是将热风炉产生的热量供给热管换热器,再由热管换热器直接供给被加热装置的供热设备。热管及热管换热器是热管式热风炉的核心部件,其结构的优劣、质量的好坏,直接决定着热管式热风炉质量的好坏,因此在对热管式热风炉的设计研究中,热管及热管换热器的设计就显得尤为重要。

4.3.4.1 热管的工作原理及其结构

(1)热管的工作原理

热管是一种具有极高导热性能的传热元件。它通过在全封闭真空管内工质的蒸发与冷凝来传递热量,具有极高的导热性、良好的等温性、冷热两侧的传热面积可以任意改变、可以远距离传热以及温度可控等一系列优点。热管的典型结构如图 4-41 所示,它由管壳、毛细吸液芯和工作介质组成。管内抽成 $1.3 \times 10^{-1} \sim 1.3 \times 10^{-4}$ Pa 的真空,充以液体,使之填满毛细材料的微孔并加以密封。管子的一端为蒸发段,另一端为冷凝段,根据需要,中间可设一绝热段。蒸发段吸收热流体热量,并将热量传给工质(液态),工质吸热后以蒸发与沸腾的形式变为蒸汽,在微小压差作用下流向冷凝段,同时凝结成液体放出汽化潜热,并传给冷流体。冷凝液借助于毛细作用力或重力回流至蒸发段。工质如此循环的同时，也将热量由一端传向另一端。由于是相变传热，因此，热管内部热阻很小，能以较小的温差获得较大的能量。而且由于管内抽成真空，所以工质易于沸腾，热管启动迅速。在热管的冷热两侧均可加装翅片以强化传热。热管不受热源类型的限制，如火焰、电加热器、日光照射或其他热源都可能成为其应用的热源。

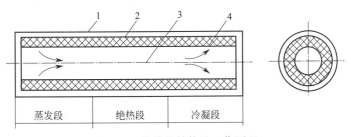

图 4-41　热管的结构及工作原理

1—热管壳；2—热管芯；3—蒸汽流；4—液体

（2）热管的结构

热管结构简单、无运动部件、操作无噪声、质量轻、工作可靠、寿命长。

热管尺寸形状可以多样化，虽然热管的外形一般为圆柱形，但也可以根据需要制成各种各样的形状，也可把热管制成整体构件的一部分，单向传热的热管可以当作热流阀使用。图4-42 所示为一些典型的热管外形示意。

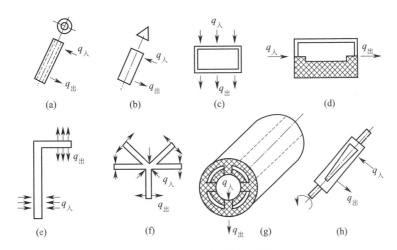

图 4-42　热管的各种结构形状

① 如图 4-42（a）所示的热管，具有很大的长径比，在管子的内壁贴有多孔材料制成的吸液芯，是典型的多孔吸液芯热管。

② 如图 4-42（b）所示的热管，具有较大的长径比，但吸液芯结构是容器内壁的缝隙，管子为异形管，横断面呈三角形，三角形顶尖的缝隙起吸液芯的作用。

③ 如图 4-42（c）所示的热管，管的横断面呈矩形，热量从一面输入，从另一面输出，此种结构称为"汽室"或"热板"。

④ 如图 4-42（d）所示的热管，该热管的特点是液体回流路线和蒸汽流动路线被机械地分开，不致出现液滴被蒸汽携带的问题。

⑤ 如图4-42（e）所示的热管为异形热管，加热段和冷却段成90°弯曲，如果转弯处用波纹弹性管（即柔性热管）连接，弯曲角度可以按需要改变。柔性热管还可适应于具有振动的环境。

⑥ 如图4-42（f）所示的热管为异形热管，中心汇合处为加热段，5个异形部分是冷却段。

⑦ 如图4-42（g）所示的热管为径向传热热管，吸液芯放置在内圆管和外圆管之间，并靠吸液芯辐条将内外圈吸液芯连通起来，热量可从内圆管传向外圆管，也可以从外圆管传向内圆管。

⑧ 如图4-42（h）所示的热管为旋转热管，内部空腔具有一定的锥度，液体借助于旋转所产生的离心力的分力返回到加热段。

（3）热管的主要特性

① 传热能力强　热管的传热主要是依靠工质相变潜热的吸收与释放，由于工质的汽化潜热一般都很大，因此不需要很多的工质蒸发就能带走大量的热量。

② 具有良好的等温性和恒温性　由于热管内充满饱和蒸汽，其温度的变化很小，因此热管表面的温度变化也很小。当热流密度很小时，热管表面可近似看作是等温面。利用热管的等温性可以展平物体的温度。一种充有惰性气体的热管（可控热管），当输入热量变化时可相应地改变冷端的散热面积，于是冷端输出的热量也就相应地发生了变化，从而使热端的温度保持恒定。热管的这一特性，使其在恒温方面得到了广泛应用。

③ 改变热流密度　由于热管输入和输出的热流密度同其蒸发段和冷凝段的面积成比例，因此可以通过蒸发段和冷凝段面积的适当设计，使热管将低热流密度输入变化为高热流密度输出，反之亦然。例如利用热管换热器可将太阳能的低热流密度输入转化为高热流密度输出，以供使用，亦可将高温排气的高热流密度输入转化为低热流密度输出，来加热取暖用的空气等。

4.3.4.2　热管的分类

热管的分类方法很多，常用的分类方法有两种。

（1）按工作温度分类

① 深冷热管　在-50℃以下工作的热管称为深冷热管。深冷热管所采用的工质有氦、氢、氖、氮、氧、甲烷、乙烷等。

② 低温热管　在-50~50℃范围内工作的热管称为低温热管。低温热管可采用的工质有氟里昂、氨、丙酮、甲醇、乙醇、水等。

③ 中温热管　在50~350℃范围内工作的热管称为中温热管，适合用于工业排气余热回收方面，但它的工质选择却很困难。目前这类热管可采用的工质有导热姆A、水银、铯、水以及钾-钠混合液等，但都不理想。

④ 高温热管　在350℃以上工作的热管称为高温热管。高温热管的工质一般均采用液态金属，如钾、钠、锂、银等。

（2）按冷凝液回流方式分类

① 吸液芯热管　吸液芯热管是最初发明并最早使用的热管（见图4-41）。在这种热管中，冷凝液依靠毛细力回流到蒸发段。它的突出特点是可在失重的情况下工作。

吸液芯结构具有多种不同的形式，如图4-43所示。若依材料的组合，可以把吸液芯分为同种材料吸液芯，见图4-43中的（a）~（f）和异种材料吸液芯，见图4-43中的（g）~（j）

两类。

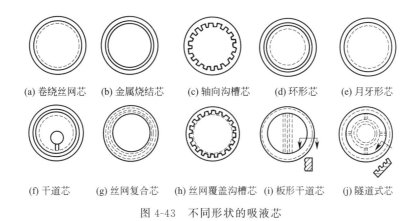

图 4-43　不同形状的吸液芯

a. 如图 4-43(a) 所示的是最普遍的卷绕丝网芯，这种结构中液体流动阻力与丝网卷绕的松紧有关。由于芯子中充满液体，因此热阻较大。

b. 图 4-43(b) 是金属烧结吸液芯，它具有较小的热阻。由于烧结金属的孔比较小，因而有可能在汽液交界面处形成较大的毛细压力，但是由于内部孔小，液体的回流阻力也就增大。

c. 图 4-43(c) 是轴向沟槽吸液芯，实践证明，这种芯子无论对中、低温热管，还是对液态金属热管都具有良好的性能，热阻较低，流动阻力也较小。

d. 图 4-43(d) 和图 4-43(e) 都属于环形结构，其特点是液体的回流阻力小，但热阻较大（液体热导率小的情况下）。

e. 图 4-43(f) 是干道吸液芯结构，由于有干道的存在，因此可以减少吸液芯的厚度，同时，因为液体可以在干道中回流，因而液体的流动阻力也可以减少，但是这种结构的干道必须具有"自启动"能力，即干道在启动或者部分干涸的情况下有自身充满工作液体的能力。

f. 图 4-43(g) 是由不同目数的丝网组成的复合吸液芯，在气-液交界面上采用细网格的丝网，以产生较大的毛细压力，用较粗网格的丝网组成液体流动通道，以形成较低的液体流动阻力。这种形式的吸液芯有较大的传热能力，但当工作流体的热导率较小时，其热阻仍然较大。

g. 图 4-43(h) 是丝网覆盖沟槽吸液芯，它的特点是用细网格的丝网来改善芯子的性能，以形成较大的毛细泵抽力，而轴向沟槽可以保证较低的液体流动阻力，沟槽的凸出部分可使其径向热阻减小。

h. 图 4-43(i) 是一种复合的吸液芯结构。一块板式的芯子插在具有内螺纹的壳体内，板的表面有细网格的丝网层，以形成很大的毛细压头，板内层的粗网格丝网作为液体流道和提供"自启动"能力，壁上的螺纹沟槽是为确保液体在圆周方向上分布均匀，并能有效地径向传热。

i. 图 4-43(j) 是一种压力自吸式高性能的芯子，内壁的螺纹沟槽可使热阻减小，丝网形成的辐条和隧道芯子具有很细的毛细通道，即使在隧道芯子的液体完全被排干的情况下，它们依靠表面张力也能吸入液体。当隧道内的液体被抽空的时候，隧道内将含有饱和蒸汽，这里的蒸汽是与主蒸汽通道隔开的。因此，这里的饱和压力对应于隧道芯子内液体表面温度下的饱和压力。当热管被加热时，隧道芯子内的饱和压力要比主蒸汽通道的压力低，因为通过隧道芯子流动的液体来自冷却段，它是与该处蒸汽温度相当的一种饱和液体，而这时的液体是过冷的，所以形成了压力差，这个压力差使液体流进隧道并完全充满。

② 重力热管　重力热管没有吸液芯，其工作原理如图 4-44 所示。在一个密闭的容器内充有一定数量的工质，工质数量约占容器内腔容积的 20%，由于热管内有很高的真空度，壳体内的工质处于饱和的汽-液两相共存状态。管内工质在蒸发段接受流体（例如烟气）的热量使工质受热汽化变成蒸汽，由于存在微小压差，故蒸汽在腔中上升通过绝热段到达热管上部的冷凝段，并向管外冷流体（例如空气）放出潜热，重新凝结于内壁面。依靠重力作用，液滴沿壁往下流动到达热管下部的蒸发段一端，从而完成一个循环，这样反复不断地循环，热管就把热量从热端传到了冷端。重力热管的传热具有单向性，其突出优点是结构简单、成本低廉、工作可靠。目前应用较为普遍的是工作温度为 50～300℃ 的常温热管（钢-水热管）。重力热管通常垂直放置，亦可附加较简单的毛细结构，作为重力的补充，这样的热管通常称为重力辅助热管。

③ 离心热管　离心热管是利用离心力使冷凝液回流到蒸发段的热管，它也不需要吸液芯，如图 4-45 所示。它是由一内径不同的空心轴组成，内径大的一端为蒸发段，其空腔内具有一定的真空度，并充有少量的工作液体（工质）。当热管旋转时，工作液体会覆盖在旋转热管的内壁面上，形成一个环形液膜，由于热端的液体蒸发作用，使得液膜变薄，所产生的蒸汽流向冷凝端放出潜热而凝结成液体，从而使液膜增厚。冷凝液受离心力作用沿着内壁面回流到蒸发段。这样连续地蒸发、蒸汽流动、凝结与液体的回流就把热量从加热段输送到了冷却段。离心热管通常用于旋转部件的冷却，利用空心轴或旋转体的内腔作为热管的工作空间。离心热管结构简单、价格低廉，也是单向传热的热管。

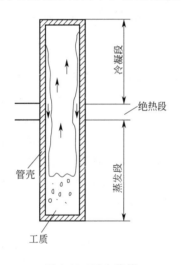

图 4-44　重力热管

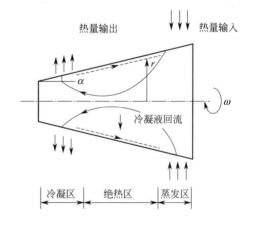

图 4-45　离心热管

4.3.4.3　热管式热风炉的特点和分类

热管式热风炉的工作过程是将热风炉产生的热量以高温热管作为传热元件传给热管换热器，产生 100～700℃ 的洁净空气，由热管换热器直接供给被加热设备。热风炉（燃煤、燃油、燃农作物秸秆等）生成 800～1200℃ 的高温烟气，经过除尘器除尘后，经过热管换热器的热交换后，温度降至 150℃ 左右进入引风机由烟囱排出。来自鼓风机的常温空气在热管换热器中与烟气逆流换热至 550～700℃ 后去干燥工段。其主要特点如下：

① 冷却段和加热段的长度比、翅片密度及两段传热面积可以人为调节，以强化冷却段的换热，使壁温降低；

② 高温区及低温区可采用不同结构的热管，可采用不同的工质；

③ 管子可以拆卸，安装方便，容易解决热膨胀问题；

④ 烟气侧是管子外部换热，因而积灰比较容易清理；

⑤ 由于气-气换热采用了翅片管，使单管传热功率大大增加，使得整体结构比较紧凑。

图 4-46 所示为常用的用于干燥的热管式热风炉的一般形式。热管式热风炉的主要工作部件为热管及热管组成的热管换热器，一般由加热器、各种热管换热器、干燥塔、鼓风机、引风机、除尘器等部件组成。目前国内已有燃煤式热管热风炉、燃油式热管热风炉、热媒式热管热风炉（导热油式热管热风炉）及燃烧生物质燃料的热管热风炉等。

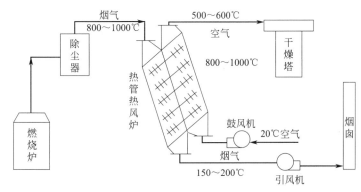

图 4-46　热管式热风炉干燥

4.3.4.4　燃煤热管热风炉

(1) 燃煤热管热风炉实例一

图 4-47 所示为燃煤热管热风炉的结构示意。由于炉膛烟气温度一般可达 1300℃ 左右，这样高温的烟气具有很强的辐射能力，如直接进入热管换热器，即使采用高温萘热管并通过调节冷热端的长度比和翅片间距等手段来降低冷端的换热热阻，烟气进口前几排的热管仍有可能因管壁温度过高而产生氧化、热变形、裂纹，使管子开裂泄漏或由于内部的工质压力过高而产生超压爆管事故。采用烟气再循环系统，把排出炉外的烟气通过循环风机加压后送到炉子的中前部和高温烟气均匀混合后，再进入热管换热器，不仅可使热管的工作可靠性、安全性大大提高，确保热管热风炉的正常运行，而且不会降低炉子的热效率。

燃煤热管热风炉的热管换热器中各个热管元件是独立工作的，即使某根热管因磨损、氧化、腐蚀、热变形等原因而穿透，也仅仅是该根热管失效而不至于烟气贯通；而且即使数根热管失效，对整台热风炉额定工作性能的影响并不太大，可保证热空气与烟气互不掺混，这对食品加工、医药、纺织印染等行业尤为重要。

热管换热器具有独特的结构，每根热管采用弹簧压紧或拉紧固定方式，既保证中间管板的气密性，又能使热管在温度较大时自由膨胀，不致引起热管和隔板的弯曲变形。同时采用烟气再循环系统，使进口烟气的温度大大降低，热膨胀量进一步下降，从而较好地解决了受热面的热膨胀问题。另外，热管换热器采用纯逆流布置，可提高传热平均温差 ΔT、减少传热面积、提高空气的出口温度。

采用热管传热元件，通过调节冷热端的长度比和翅片间距来改变冷热端的传热热阻，可以提高尾部热管热端管壁的温度，降低尾部受热面的低温腐蚀，使排烟温度降得更低，可达 150～160℃，从而使热风炉的热效率达 75%～80%。

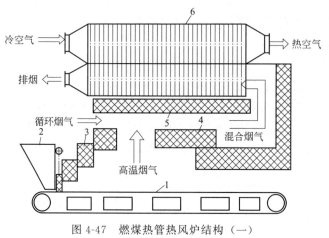

图 4-47　燃煤热管热风炉结构（一）

1—链条炉排；2—煤斗；3—前拱；
4—后拱；5—混合拱；6—热管换热器

（2）燃煤热管热风炉实例二

该实例为用于粮食干燥的燃煤热管热风炉，因其具有先进的机械化燃烧设备及强化燃烧措施，克服了手烧炉燃烧不稳定、冒黑烟、不完全燃烧损失大和劳动强度高的弊病，采用热管及传热强化技术，大幅度提高了使用寿命和热效率，降低了流阻。它采用了"积木"组合型结构，便于制造、安装和维护，具有实用性强、使用寿命长、高效节能、能燃用劣质煤、污染小和机械化程度高等特点。

热风炉的结构如图 4-48 所示，由炉体、热管换热器和列管式换热器三部分组成。其工作过程如下：在机械炉排上的煤燃烧后形成高温烟气，通过沉降室重力除尘后进入热管换热器的加热段，热量通过热管上部的冷凝段将新鲜空气加热。在热管换热器中把烟气温度降到对碳钢管的安全温度后，烟气又进入列管式换热器，在此换热器中将空气进一步加热供干燥设备使用。

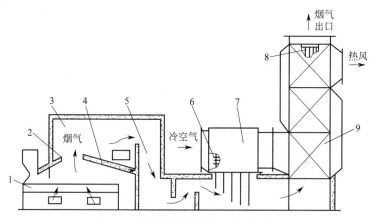

图 4-48　燃煤热管热风炉的结构（二）

1—往复炉排；2—前拱；3—炉膛；4—后拱；5—沉降室；
6—热管；7—热管换热器；8—碳钢管；9—列管式换热器

这种燃煤热管热风炉的设计特点如下。

① 积木组合式结构。为了便于制造、安装、使用和维护，热风炉采用积木组合式结构，即炉体、热管换热器、列管换热器各成一体，根据不同情况、不同条件组合安装。

大多数热风炉存在炉膛出口段换热面易被烧坏致使炉龄短的缺点，这是因为炉膛出口处的烟气温度高达 1200～1400℃，而烟气与空气的传热系数又很低，高温换热面的壁温可达 600～700℃以上，普通碳钢经不起这么高的温度，如采用耐热合金钢作换热面，又将导致制造成本升高。许多炉子采用掺入过量冷空气的办法降低炉膛出口温度，但这会导致热风炉效率大大降低。利用热管可以很好地解决这一问题。热管是在管内抽真空后充入工质的传热元件，工作时，工质以蒸发-冷凝过程在管内反复循环，不断将热量从加热段传至冷凝段。由于热管内部工质是以传热最强的相变过程工作的，因此它几乎是在等温下传递极高的热流密度。为了降低造价，采用廉价的碳钢-水重力式热管组成热管换热器，并将碳钢-水热管用于炉膛出口高温段。尽管炉膛出口温度达 1200℃以上，但通过适当调节各排热管的热冷段长度比及精心优化设计，可确保热管安全工作，从根本上解决了传统热风炉高温换热面容易烧毁的问题，保证了热风炉的寿命；而且热管极其优良的热工性能使热风炉流阻低，热效率大大提高。

② 机械化燃烧设备。设计中采用机械水平往复炉排，其特点是对燃料的适应性好，尤其对黏结性较强、含灰量多且难于着火的劣质烟煤，更能发挥其长处。由于燃料层不断受到耙松，空气与燃料的接触大大加强，燃烧状况好，不完全燃烧损失小，消烟除尘效果好。此外，炉排自动送煤拨火，司炉的劳动强度大大降低。

由于热风炉炉膛内接近绝热燃烧，因此炉温较高，在设计中采用耐热铸铁和加厚炉排片的特殊结构，保证了炉排的安全运行和寿命。

③ 炉拱的设计。为了强化燃烧、提高热效率，炉拱的设计也很重要。前后拱采用异型砖设计成弧形。前拱采用 30°倾角，主要作用是合理组织烟气流动，将燃烧火床面的辐射热和部分火焰辐射热传递到新鲜燃料的着火区，利于燃料的着火燃烧。后拱采用 17°倾角，具有合理的长度和高度，目的是将大量高温烟气和炽热炭粒输送到燃料的燃烧区，以保证那里高温燃烧。它的另一作用是对燃尽区的保温促燃，以便大幅度降低灰渣热损失。

④ 列管式换热器的设计。为了降低热风炉的成本，在低温换热部分采用普通列管式换热器。这是一种结构简单，造价低、适应性较强的换热器。为了增强传热，采用优化方法计算结构参数，烟气走管内为由下至上的流向，利于吹灰；空气走管外，采用三回程横向冲刷管束以强化传热。

⑤ 其他设计措施。由于换热器中空气和烟气温差很大，会使换热面间形成很大的温差热应力。旧式炉在设计中往往忽略这点而导致换热面损坏。但本炉型通过采用热管换热器而有效解决了此类问题。由于热管都是独立安装在中隔板上，冷热段能自由伸缩，实现了完全热补偿，因此不会产生热应力。在列管换热器中，在管板上设计了膨胀节以消除温差热应力。

另外，为了保护换热面在停电时风机不能运转而过热，特设置了旁通烟道，作为保护措施。炉膛后部的沉降室对消烟除尘起到了重要作用。

4.3.4.5 燃用稻壳热管式热风炉

燃用稻壳热管式热风炉的结构原理如图 4-49 所示，它是由燃烧设备和换热设备组成一体的快装炉型。

燃用稻壳热管式热风炉的工作过程是：稻壳燃料由送风机通过喷管喷入炉膛内悬浮燃

烧，未燃尽的稻壳落到倾斜炉排上滚动燃烧。燃烧后形成的高温烟气在前后拱导流下进入热管换热器加热段，把一部分热量传给热管冷却段的冷空气，使烟气温度从 1200℃ 降低到 700℃ 左右，然后进入列管换热器，在此换热器中，空气进一步被加热到所需温度。

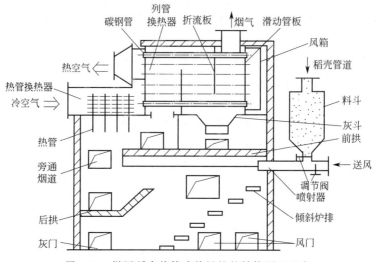

图 4-49　燃用稻壳热管式热风炉的结构原理示意

燃用稻壳热管式热风炉具有如下特点。

① 气力送料-倾斜炉排燃烧系统。稻壳燃料通过风机经调节阀和喷嘴喷射到高温炉膛内，立即着火并且悬浮燃烧。这种送料方式易于调节且完全机械化。炉中的前后拱相互配合，可在炉膛内形成良好的燃烧区域，而未燃尽的稻壳继续在倾斜炉排上实现滚动燃烧。喷射、炉拱和倾斜炉排三者有机结合而实现连续式燃烧，能燃用热值低的劣质燃料，不必人工加料和拨火，燃烧完全，节省燃料，污染小。

② 热管换热器。碳钢-水热管用于炉膛高温段，尽管炉膛温度高达 1200℃，但通过适当调节热管冷、热段的面积比和流量，可以保证热管安全工作，从根本上解决了旧式热风炉在高温区面临碳钢换热面被烧毁的问题，从而大大提高了炉子的寿命。此外，由于热管换热器的传热特性好，流动阻力小，换热量大，使得换热面体积及重量大大降低。

③ 列管式换热器的强化传热。在低温换热部分采用的是廉价的碳钢列管式换热器，为了强化处于烟气侧的传热薄弱环节，采用折流板，使烟气横向冲刷管束，并设计最佳流速，使在等泵功率条件下，传热系数最大。

④ 热补偿。传统热风炉中往往未考虑传热管与管板间的温差应力而导致换热面损坏。此炉型由于热管两端能自由伸缩，而列管前管板为滑动管板，因此两换热器均为完全补偿，消除了热应力。

⑤ 停电保护。为了保证在停电情况下风机不能运转时不致使换热面过热，特设置了旁通烟道作为保护措施。

因此，与传统的管式热风炉相比，燃用稻壳热管式热风炉的热效率可提高 20% 左右，重量降低 1/3，预期使用寿命比普通的碳钢管换热器长，因而得到了广泛的应用。

4.3.4.6　热管式导热油加热炉

导热油供热系统在石油、化工、纺织、印染、塑料、造纸、食品加工等行业的应用日趋广泛，导热油加热炉是该系统的关键设备，其设计的好坏直接影响到系统运行的安全性、热效率的高低以及运行成本。目前导热油加热炉大多数采用盘管式和管架式结构，也有部分采用锅筒式结构。这些加热炉中热量是通过辐射和对流传给管壁，再由管壁传给导热油，这样一方面常常会由于管壁直接承受火焰辐射，或因导热油流速过低等各种原因，引起管壁局部过热，导致该处导热油局部结焦，而结焦后的管壁由于导热油不能很好地将热量带走，将引起该处管壁烧穿，从而引起导热油加热炉失效，严重时还会发生导热油泄漏，引起火灾。另一方面，盘管式结构中，盘管自身存在弯曲残余应力，加上操作过程的交变温差应力也将会引起管壁产生裂纹，并扩展导致管壁贯通。因此，如何从加热炉结构上进行改进，以减小导热油结焦的可能性，防止导热油泄漏，已成为迫切需要解决的问题。热管式导热油加热炉从根本上杜绝了加热炉中导热油的结焦和泄漏，从而提高了导热油炉及其供热系统工作的安全性和可靠性。

（1）热管式导热油加热炉的结构及工作原理

导热油加热炉主要是利用导热油在低压下具有较高沸点的特性，通过加热和冷却导热油来输送热量至用热设备，导热油系统是液相强制循环，系统工作压力较低（大多在 0.8MPa 以下），而导热油的工作温度可达 300～350℃。常用的导热油主要有矿物油为基体和有机化学合成油为基体两大类。

热管式导热油加热炉系统组成如图 4-50 所示，由炉体、高温热管换热器、中低温热管换热器、热管空气预热器等部分组成。炉体本身未设换热面，燃料为煤，燃烧产生的烟气温度可达 1300℃，考虑到高温热管工作温度的限制，在炉体烟气出口处掺 170℃再循环烟气，使之成为 950℃的烟气后再进入高温热管换热器。高温热管换热器布置在沉降室的后段，其前段为沉降室，作为高温除尘预处理。高温热管换热器的传热元件为钠、钾工质高温热管。高温热管换热器出来的烟气流经中低温热管换热器，中低温热管换热器的中温段采用萘工质热管，低温段采用水工质热管。这样，通过高温及中低温热管换热器将高温烟气降低到 380℃左右，从而完成了烟气和导热油的热交热。

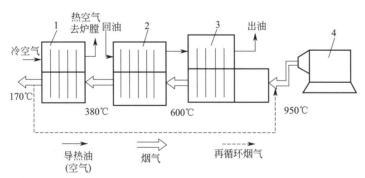

图 4-50　热管式导热油加热炉系统原理
1—热管空气预热器；2—中、低温热管换热器；
3—高温热管换热器；4—炉体

如图 4-51 所示，在高温热管换热器和中低温热管换热器中，热管蒸发段外带翅片，以强化传热。热管冷凝段采用光管形式，光管外为夹套管，导热油在夹套管内流动，吸收冷凝段传过来的热量。由于热管是通过其内部工质不断地蒸发和冷凝来传热的，因此热管具有优良的等温性能，这样夹套内流动的导热油不会因局部过热而结焦。同时，每根热管都是独立工作，即使热管的加热段各种原因烧穿，但由于热管冷凝段管壳与导热油不通，导热油不会渗入烟气通道,而且整个加热炉不会因一二根热管失效而不能正常工作,从而大大提高了加热炉安全操作的可能性。

由于导热油加热炉的出油、回油温差一般在20~40℃的范围内,导热油的工作温度在300℃左右,因此,导热油加热炉的排烟温度比较高,一般在380℃左右,这样热损失较大,同时引风机在高温下长期运行也有困难,所以在中低温热管换热器的出口处设有结构紧凑、传热效率高、能控制酸露点腐蚀的热管空气预热器,使烟气温度降低到170℃以下,预热后的空气送入炉膛,以提高加热炉的燃烧效率,使整台导热油加热炉的热效率提高10%左右。

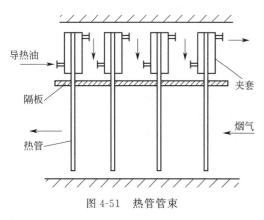

图4-51 热管管束

(2) 热管式导热油加热炉的性能特点

① 加热炉中所用热管表面均以翅片来强化传热,解决了气体一侧对流传热系数较低的问题,加热炉结构紧凑、质量轻、体积小。

② 根据热管工作温度的高低,加热炉分别使用了高、中、低温三种热管,特别是在高温区使用了以液态金属钠、钾为工质,不锈钢为壳体的高温热管是设计的关键。在高温下,液态金属不仅具有较高的汽化潜热,而且饱和蒸气压较低,如钠在800℃时,饱和蒸气压仅为0.047MPa,所以在高温条件下,液态金属高温热管几乎不承受内压,使其能在高温的条件下安全工作。而在中、低温区使用低廉的碳钢为管材的萘热管和水热管,使得成本大大降低。

③ 由于热管的等温性,避免了导热油因局部过热而结焦。

④ 避免了高温烟气和导热油的直接接触,即使热管的加热段因氧化、磨损、腐蚀等原因而损坏,也不会导致夹套中的导热油泄漏进入烟道中,加热炉的运行安全可靠,使用寿命大大延长。

⑤ 利用空气预热器回收烟气余热,降低了排烟温度,提高了整个加热炉的效率。

⑥ 检修灵活方便,只需更换损坏的热管即可。

⑦ 积木式结构,可使设备先在制造车间分体组装,再到现场拼接完成,安装灵活方便。

4.4 热媒加热式热风炉

热媒加热式热风炉是指用蒸汽或导热油作为热媒加热空气而产生热风的装置。用蒸汽作为热载体的,称为蒸汽加热式热风炉;用导热油作为热载体的,称为导热油加热式热风炉。

导热油加热式热风炉是利用循环泵强制液相循环,从而将热能输送到用热设备的一种加热装置,采用的是闭式循环回路,即将油加热—换热—再加热,如此往复循环。例如在某木材干燥机中采用了导热油加热式热风炉后,由加热炉可很容易地获得190℃的高温导热油,向干燥机输入能量,经过热交换放热后,导热油降温至160℃,经管路直接返回热油炉,再次升温至190℃继续使用,依此循环供热。导热油本身不排放,热能损失小。此外,导热油在高温下基本不蒸发,或略有一点蒸气,其饱和油蒸气压力也较低,因而工作压力低,供热系统的管道、阀门、法兰、用热设备、换热器等的耐压等级要低得多,因而设备投资也较少;操作、维护也较方便,安全性也较高。供热温度越高,导热油加热炉的优势就越突出。

蒸汽加热是一种开式循环回路。以蒸汽锅炉作为热源,在使用上有许多弊病,如为获得与导热油加热热风炉同样的干燥效果,蒸汽供热气压要在 0.8～1.0MPa 之间,水蒸气的温度也只有 175℃ 左右,而从干燥机返回的水蒸气压力为 0.3MPa,不能直接返回锅炉,造成很大的余汽热量损失。锅炉在运行期间,还要求水质达到一定的标准,以保证锅炉正常运行。隔一段时间还要进行排污,而排污又造成了一定的热损失。一般蒸汽锅炉的排污热损失占产热量的 5% 左右。而且蒸汽在输热运动过程中,温度越高蒸气压越高,运动阻力也越大,从汽相、液相两种不同载体载热运行过程可以明显看出,蒸汽载热在干燥机内放热后还有 0.3MPa(142.9℃)的压力,142.9℃ 的蒸汽凝结成 90℃ 的水所放出的热量为无用功,造成很大的热量损失,在有完整的回水装置情况下,补充部分冷水后,将以 90℃ 凝结水返回锅炉。冷凝水由水泵注入锅炉,在蒸汽锅炉运行过程中,每小时至少要补充占锅炉水量 11% 的常温冷水。而导热油传热没有任何外漏现象。导热油放热降温后仍为液相,直接返回热油炉升温,不存在部分热量损失。另外,水蒸气作为传热介质对干燥机内外管路、管路附件及换热器等都有腐蚀,会缩短设备的使用寿命。

通过上述对比可以看出,以导热油为热载体代替以水为热载体传热,可消除蒸汽传热过程中存在的汽相形成冷凝水的热损失、排污和补充冷水的热损失和高压运行做功的热损失,供热平稳,工作效率高,可大幅度节约热能,降低成本。此外具有无毒、无味、无环境污染、加热快、使用温度高(同蒸汽相比)、使用寿命长、操作容易、安全可靠等优点。

▶ 4.4.1 蒸汽加热式热风炉

蒸汽加热式热风炉主要由锅炉系统和热交换系统两大部分组成,如图 4-52 所示。锅炉系统主要由锅炉和辅助部件组成;热交换系统主要由换热器(散热排管)、风机、空气过滤器和管道等部件组成。

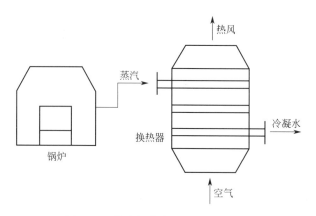

图 4-52 蒸汽加热式热风炉系统示意

工作时,锅炉产生的蒸汽进入换热器,通过管壁与空气进行热交换,蒸汽冷凝放热后变成冷凝水排出,空气被加热后变成热风,送入用热设备。

用蒸汽加热空气时,作为载热体的蒸汽,压力一般不超过 0.8MPa,热空气的温度一般在 160℃ 以下。为强化传热,换热器一般采用散热排管,它是用多块散热排管组成的换热器。排管用紫铜或钢管制成,管外套以增加传热效果的翅片,翅片与管子有良好的接触。安装时,应使空气从翅片的深处穿过,因此翅片管不宜使管轴垂直于地面安装。蒸汽从管内通过，被加热空气在管外翅片间流过。蒸汽对管壁的对流传热系数 $\alpha_1 = 41800 \text{kJ}/(\text{m}^2 \cdot \text{h} \cdot \text{K})$，管壁对被加热空气的对流传热系数 $\alpha_2 = 46 \sim 460 \text{kJ}/(\text{m}^2 \cdot \text{h} \cdot \text{K})$。

换热器的换热面积一般情况下按蒸汽散热排管生产厂提供的技术数据进行计算与选择，有时也根据生产经验选定。对于物料干燥来说，一般干燥室每小时蒸发 1kg 水，需换热器的面积大约为 $1.2 \sim 1.8 \text{m}^2$，而进风温度通常为 $130 \sim 160 \text{℃}$。

4.4.2 导热油加热式热风炉

4.4.2.1 导热油加热式热风炉的主要构成

导热油加热式热风炉主要由导热油加热炉系统和热交换系统两大部分组成。导热油加热炉系统主要由加热炉、膨胀槽、储油槽、循环泵、油气分离器、过滤器、注油泵、管道等部件组成；热交换系统主要由换热器、风机、空气过滤器和管道等部件组成。导热油加热式热风炉整个系统如图 4-53 所示。

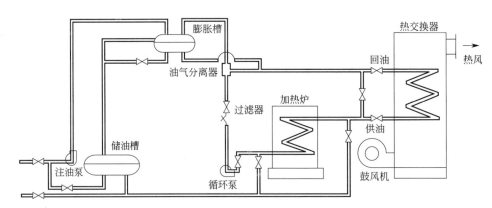

图 4-53　导热油加热式热风炉系统示意

导热油加热式热风炉的工作过程是：加热炉将管道内的导热油加热，导热油通过循环系统进入换热器，将空气加热，产生干热空气，供给用热设备。

导热油加热式热风炉与蒸汽加热式热风炉相比具有以下优点。

① 能在较低的工作压力下，使用热设备获得较高的工艺温度。如用导热油加热时，压力在 $0.3 \sim 1.0 \text{MPa}$，温度为 $50 \sim 400 \text{℃}$；而用蒸汽加热时，蒸气压为 4.0MPa，温度为 $240 \sim 260 \text{℃}$。

② 热效率高。一般有机热载体的效率为 $70\% \sim 80\%$，最高可达 90%，而蒸汽锅炉的效率只有 $30\% \sim 40\%$。

③ 油温稳定。可以获得理想的工艺温度，而且温差变化极小，对提高产品质量起很大作用。

④ 节省了水处理设备、人员及药品等费用，并节约了大量锅炉用水，尤其在缺水地区显得更为突出。

⑤ 安全可靠。由于导热油加热系统的工作压力低，减少了跑、冒、滴、漏现象。

4.4.2.2 导热油加热式热风炉的分类及其特点

导热油加热式热风炉一般按导热油加热炉进行分类。导热油加热炉也叫做有机热载体加热炉，也称热油炉或导热油锅炉。

（1）根据热媒不同，有机热载体加热炉可分为气相加热炉和液相加热炉。

气相加热炉典型的载热介质为联苯-联苯醚混合物（联苯 26.5%，联苯醚 73.5%），其液相最高加热温度为 258℃，超过此温度便是气相状态，最高允许使用温度达 370℃。气相炉内的有机热载体是靠气相炉的压力向外输送，气相炉的压力是由于有机热载体汽化而形成的。气相炉和蒸汽锅炉相类似。

液相加热炉的载热介质是以长碳链饱和烃类为主的混合物（导热油），国内产品有 YD、HD 等系列有机热载体，其液相最高使用温度能达到 350℃。

液相加热炉是利用循环油泵将有机热载体进行强制循环，即循环油泵→有机热载体加热炉→用热设备→循环油泵系统。这样能使液相热介质在液相状态下达到额定温度，把热量输送至用热设备进行换热，而余热又被循环使用，和热水锅炉相似。液相加热炉不承受汽相压力，系统中最高的泵压就是全系统的阻力降。在液相炉中，有机热载体（导热油）在管内流动时会形成一个边界层，边界层的厚度直接影响边界层的温度。边界层越厚，边界层温度比导热油主流温度高得越多，将使边界层超温。如目前有些液相炉在运行中，由于导热油流速较低等原因，使得系统中传热面的导热油边界层的油膜温度比主流温度高达 50℃。大幅度的超温导致导热油分解、聚合成胶质，形成残碳沉积于管壁，进一步影响传热。如此恶性循环，不但造成管壁过热，而且也会加速导热油老化、失效。边界层的厚薄与流体在管内的流动状态有关，实践证明，当管内导热油的流速达到 1.5～3m/s 时，流体在管内呈湍流状态，就可以得到较薄的边界层，达到强化传热、降低边界层温度的目的。在液相炉内，由于不同的受热面的热负荷强度不同，管内导热油流速要求不一样，对于辐射段管内流速应不低于 2.0m/s，对于对流段管内流速应不低于 1.5m/s。

有机热载体加热炉大都采用快装式，按照炉体的形状又可分为立式圆柱形（盘管式）和箱式（管架式）两种形式。由于管架式结构的进出口集箱上并联多根炉壁管，造成在炉壁管中流量不均匀，导致个别炉壁管因流量过小，得不到充分冷却而存在过烧现象。另外，这种炉型结构的密封性能差，不适用于正压燃烧，所以宜采用盘管式圆筒形结构。目前国内有机热载体加热炉在 6×10^6kJ/h（150×10^4kcal/h）供热量以下，一般采用盘管式。

盘管式加热炉的布置方式也有卧式布置和立式布置两种。立式布置加热炉占地面积小，炉型较高，燃烧器一般安装在顶部。这种结构形式不便于燃烧器的安装、调节、检修、运行观察等操作。另外，由于炉顶温度相对较高，对电器元件和导线等不利。卧式布置加热炉虽然占地面积较大，但它的操作点处于水平位置，合理布置燃烧器和观察孔的位置，能随时观察整个炉内的燃烧情况，及时发现隐患，而且维护操作及运输也较方便。

导热油加热炉的主要受压部件是加热盘管，加热盘管一般由二到三层不同直径的盘管组成，每层盘管由一头或多头管子同时弯曲成螺旋形。以 1.2MW（100×10^4kcal/h）的卧式燃油导热油加热炉为例，燃料油（$0^{\#}$轻柴油）由储油槽进入燃烧器，在燃烧器内经过雾化，与空气混合点燃，产生火焰在炉内燃烧，燃烧产生的烟气经过炉内和盘管夹层进入烟囱，完成化学能向热能的转换过程。炉内的辐射受热面由内圈盘管的内表面构成，对流受热面由内圈盘管的外表面和外圈盘管的内表面构成，外圈盘管的外表面与加热炉壳体

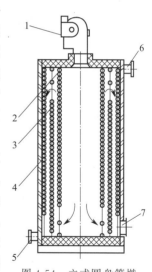

图 4-54　立式圆盘管燃油（气）热油炉

1—燃烧器；2—内盘管；3—中盘管；4—外盘管；5—回油口（冷油入口）；6—出油口（热油出口）；7—烟气出口

紧贴，用于减少壳体在运行过程中因受热而发生的变形和散热损失。

（2）根据加热炉所用热源不同，可分为燃气（煤气、天然气）炉、燃油（重油、轻柴油）炉（见图4-54和图4-55）、燃煤炉（见图4-56～图4-58）和电加热炉（见图4-59、图4-60）等。

目前功率150kW左右的小型导热油加热式热风炉一般都采用燃煤热风炉或者燃油热风炉。燃煤热风炉以煤或者焦炭为燃料，虽然相对来说燃料价格比较便宜，但其热效率较低，对环境的污染较大，需专人看管而且劳动强度大，不易实现自动控制，且燃烧过程不稳定，炉温不均匀，因而对热风风温有较大影响。对于某些热敏性较高的被干燥物料，将直接影响产品的质量。

在国外，油是导热油加热式热风炉的主要燃料，与煤相比，其不仅发热值高、易着火、灰分低，而且具有燃烧完全、热效率高、容易实现自动化、设备质量轻、便于运输、容易达到环保要求、无污染公害等优点。

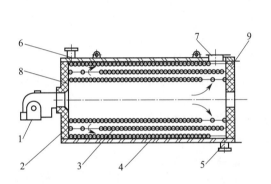

图 4-55　卧式圆盘管燃油（气）热油炉
1—燃烧器；2—内盘管；3—中盘管；4—外盘管；
5—回油口（冷油入口）；6—出油口（热油出口）；
7—烟气出口；8—前墙；9—后墙

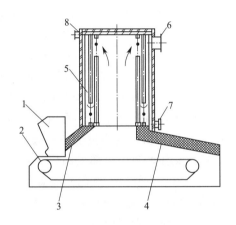

图 4-56　燃煤立式圆盘管热油炉
1—加煤斗；2—链条炉排；3—前拱；4—后拱；
5—圆盘管（加热炉主体）；6—烟气出口；7—回油口
（冷油入口）；8—出油口（热油出口）

燃油式导热油加热式热风炉以重油或柴油为燃料。从技术经济学的角度来看，燃油导热油加热炉与燃煤导热油加热炉相比，虽然燃油价格要贵一些，其一次性投资比燃煤炉稍高，但高的并不多。因为燃煤加热炉需要链条炉排、鼓风机、引风机、上煤机、出渣机、除尘器；而燃油加热炉只需一台燃烧器，而且具有维修率低、自动控制程度高、热效率高、升温快、炉温均匀、消烟除尘效果好、对环境无污染等特点。因此，在产品质量、环境保护、节约能源、减轻人工劳动强度等方面，燃油热风炉比燃煤热风炉更具优越性。

然而，由于我国的资源情况，煤一直是我国导热油加热式热风炉的主要燃料，但在发达城市中，因环境保护方面的原因，燃煤加热炉正逐渐被燃油加热炉替代。

4.4.2.3　导热油炉的辅助设备

（1）热油泵

热油泵即循环泵，是输油管道的心脏，是强制导热油在管道系统中循环的关键设备。热油泵选择的好坏直接影响生产能否连续正常运行。在油炉及导热油管道系统设计中，应尽量将热油炉建在用热设备的附近，这样可缩短导热油的输送距离，减少弯头管件，同时也减少高温热油的跑冒滴漏及管道的沿程阻力损失。由于油温高，管道应设热伸缩器。为了保证生产的连续及热油炉的安全运行，一般热油泵选择两台，一备一用。热油泵的流量应为设计流量的 1.1～1.15 倍，油泵的扬程应为计算阻力（有机热载体加热炉本身管路、输油系统和用热设备三部分的沿程阻力和局部阻力之和）的 1.1～1.2 倍。热油泵吸口处应装滤油器。

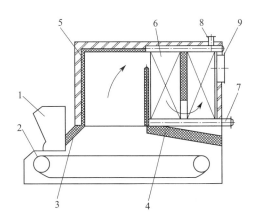

图 4-57　燃煤管架式热油炉
1—加煤斗；2—链条炉排；3—前拱；4—后拱；
5—管架结构；6—蛇形管；7—回油口（冷油入口）；
8—出油口（热油出口）；9—烟气出口

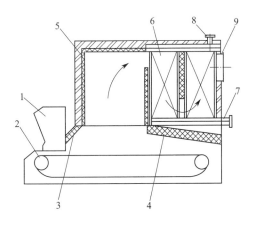

图 4-58　燃煤方盘管式热油炉
1—加煤斗；2—链条炉排；3—前拱；4—后拱；
5—方盘管；6—蛇形管；7—回油口（冷油入口）；
8—出油口（热油出口）；9—烟气出口

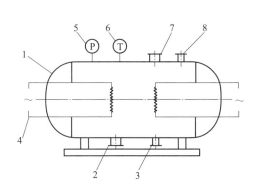

图 4-59　卧式电加热热油炉
1—筒体；2—回油口（冷油入口）；
3—排放口；4—电加热元件；5—压力表；
6—温度计；7—出油口（热油出口）；8—排空口

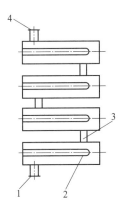

图 4-60　多联式电加热热油炉
1—回油口（冷油入口）；2—电加热元件；
3—连通管；4—出油口（热油出口）

对热油泵的基本要求是耐高温和不泄漏，选用热油泵时要结合导热油黏度和系统流量，认真核算供热系统的阻力，合理选用循环泵。若扬程选用过高，将增加运行成本；若扬程选用偏低，将使系统循环油量减少，其供油温差会加大，可能影响生产用热要求；若循环油量过低，将使有机热载体炉内热油的流速降低，导热油在炉管内有分解炭化的危险。热油泵的选择应保证导热油在炉内辐射受热管束中的流速大于 2m/s，在炉内对流受热管束中的流速大于 1.5m/s。

（2）膨胀槽

膨胀槽又称高位缸，位于整个加热系统的最高处。膨胀槽的有效容积至少应大于整个管网和有机热载体炉内总油量因受热膨胀而增加体积的 1.3 倍，同时应核算有机热载体炉须紧急置换冷却时的储油量。膨胀槽应装有膨胀管、溢流管、液位计等，溢流管上不能安装阀门。

膨胀槽的安装位置应考虑防止导热油喷出而引起火灾的措施，一般不宜将膨胀槽安装在有机热载体炉的正上方，膨胀槽底部与有机热载体炉顶部及供热系统管路最高顶应有 1.5m 以上的间距，且膨胀槽与油气分离器的间距应大于 1m，避免供热系统的热量传递到膨胀槽内，以保证膨胀槽内的导热油是低温的。一般膨胀槽内的导热油温度不应超过 70℃，因此，膨胀槽和膨胀管不得采取保温措施。

膨胀槽在正常工作时应保持高液位，以保证在需冷油置换时有足够的导热油来防止炉管内导热油的超温过热。膨胀槽的高液位也可避免正常停炉时因导热油冷却收缩时空气进入供热系统。膨胀槽上的液位计应有低液位报警功能，以防气体进入供热系统。

膨胀槽在系统中的作用：①作为高位缸可以补充压头；②导热油加热后会膨胀，系统中导热油膨胀后多余的油可储存在槽内；③可储存在系统中起着补充导热油的作用；④在新油装入系统后或在液相炉启动升温过程中，排除液相炉和加热系统中的气体；⑤在向加热系统注油时，也可把油注入膨胀槽，由膨胀槽自流到加热炉及系统中；⑥突然停电时可以利用膨胀槽中的冷介质置换液相炉中的热介质；⑦作为防止因导热油加热后膨胀（每升温 100℃，体积膨胀 8%）使加压系统超压的安全装置，储存导热油的膨胀量。

膨胀槽的容积大小要根据炉子及系统决定，一般大于载体膨胀量的 3 倍。膨胀槽的位置应在储油槽的正上方较为合适。

（3）储油槽

储油槽又称低位缸，主要用作系统储油。循环系统发生故障时，将导热油放入缸内，其容量根据设备工艺管道长度等因素决定，一般按管道及设备所容纳油量的 1.3～1.5 倍设计储油缸的容积。

储油缸的其他功能包括：①提供和回收全系统需要的导热油；②运行中补给全系统需添加的导热油；③接受膨胀槽油位超高时溢流的导热油或当膨胀槽油位低时，补给导热油；④接受由于热膨胀，从加热炉顶部安全阀打开后溢流的导热油。

根据储油槽的使用功能，储油槽的容积不应小于有机热载体炉系统中导热油总量的 1.2 倍，储油槽要安装在加热系统的最低处，以便需要时排空系统中的导热油。储油槽与有机热载体炉之间应由防火隔墙隔开，储油槽应装有液位计、排气管、进油管、出油管等，应注意将排气管接到安全地点，且排气管上不得设置阀门。储油槽正常工作时应处于低液位，准备随时接受流入的导热油。

（4）油气分离器

油气分离器用来分离并排出供热系统中的空气、水蒸气及其他气体，从而保证导热油在液相无气、水的状态下稳定运行。油气分离器一般采用离心式分离器，为保证排气通畅，防止油气冲入高位槽发生喷油现象，以选用四管式油气分离器为宜。

（5）过滤器

滤油器的作用是用来过滤并清除导热油供热系统的异物，如导热油在运行中产生的聚合物或残碳等，一般用金属网粗过滤，在有特殊要求时，建议使用不锈钢管形过滤器作为精过滤器。

过滤器应设两组，以便清洗时系统照常运行。

（6）注油泵

注油泵一般采用齿轮油泵，其主要功能是：①将油箱的导热油输送到低位储油槽内；②将低位储油槽内的导热油由低向高输入整个系统；③将低位储油槽内的导热油输送到高位膨胀槽内；④可将全系统的导热油送回低位储油槽内。

4.5　烟气余热回收

余热利用，就是从某一个生产过程所排放出来的具有相当温度的热量（一般高于环境温度）中，利用其中一部分热量进行再生产，从而提高热能利用率。根据余热所具有的温度，可将其分为三类：高温余热（高于500℃）、中温余热（介于500～300℃之间）和低温余热（低于300℃）。实践证明，在中、高温热风炉中，热损失的绝大部分都被烟气所带走，主要指烟气的显热损失（潜热损失和化学热损失量较少），而少量的热能则由炉体、燃烧系统等通过辐射、气体泄漏（物理热）的方式损失掉。

回收利用余热的方法很多，其基本方法是将一种较高温度流体的余热经过传热装置传给另一种温度较低的流体。高、中温余热的回收一般容易受到重视，其回收方式也基本相同，大多是用来作为预热空气的热源。绝大部分低温余热资源来自生产设备排出的300℃以下的各种气体或液体，它的特点是传热效率低，排出量大，在工业企业里的分布面很广。在实际生产中，低温余热的量往往比高、中温两种余热的总和还要大得多，所以，对大量低温余热进行回收利用就成了节约能源的关键问题。

对于热风炉来说，主要是烟气余热的回收利用。

◈ 4.5.1　烟气余热回收换热器的分类

烟气余热的回收在燃烧炉节能措施中占有极重要的地位。烟气的含热量取决于排烟温度，在排烟温度为850℃时，其含热量约占燃料发热量的40%～60%，所以回收高、中温炉的烟气余热有非常重要的意义。

炉子的排烟温度应以刚离开工作炉膛或刚进入排烟口的烟气温度为准，通常仅较排烟处温度低20～50℃。如果不对排出烟气进行热量回收，则燃烧装置的热效率会非常低，不但很不经济，而且也是一种极大的能源浪费。一般而言，对低温炉（段）的排烟可进行一次回收，对中温炉（段）的排烟应有一到两次回收，对高温炉（段）的排烟应有两次以上回收，这样才能充分利用烟气余热。

烟气余热的回收利用方式主要有以下两种：一是利用烟气余热预热助燃空气或燃料自用（余热返回炉膛）；二是利用余热生产蒸汽、煤气、电能等二次能源外供。这两种回收方式各有一定的适用范围与特定条件，很难简单评价其优越性，不过对一般工业炉而言，因为回收自用能很好地与炉子工作同步，所以这种回收方式应用较为广泛。回收自用主要有换热器回收与蓄热室回收两种方式，并以换热器回收应用最为普遍。

利用换热器来回收烟气余热以预热助燃用空气是最常用、最可靠有效的方法，具有以下一些优点。

① 与工艺密切配合，完全同步，自己回收和自己利用；

② 回收利用率高，一般可回收 40%～60%，如采用蓄热式换热器，几乎可以将 90% 以上的余热回收，经济效益显著；

③ 对本身工艺的作用大，如燃重油的工业炉，空气预热温度每提高 100℃，即可提高燃烧温度 50℃左右，提高产量 2% 左右，节约重油 5% 以上；

④ 减少对环境的污染，节约的燃料就相当于减少的烟气量，也就相当于减少了相应量的 CO_2、CO 和 NO_2 的排放量，并且是根本性的，不需任何治理费用；

⑤ 可充分利用低热值燃料，因此，可能将发生炉煤气和高炉煤气用于高温炉窑供热；

⑥ 可使某些工艺得以实现，如平炉炼钢、无氧化加热、各种干燥和特高温工业炉窑。

按制作材料，余热回收换热器可分为金属换热器、陶土换热器与碳化硅换热器等类型。按结构特点分，有针状换热器、管状换热器、筒状换热器、热管换热器等。按热交换特点还有对流型换热器、辐射型换热器和蓄热式换热器之分。

金属换热器的主要优点是气密性好、传热性能好、体积小，缺点是使用温度与预热温度较低，寿命短。陶土换热器则相反，其优点是使用温度与预热温度高、寿命长，缺点是密闭性差，导热性能差，体积大。具体选用时需视烟气温度、炉型大小与作业性质等情况综合考虑。

▶ 4.5.2　对流型换热器

对流型余热回收换热器是最常用的换热器，包括针状换热器、片状换热器、管状换热器、整体换热器、套管式换热器及喷流换热器等。这类换热器用普通铸铁、铸钢或无缝钢管制作时，只能用于温度在 1000℃ 以下的中温烟气，本身受热温度（即器壁的最高允许温度）不宜超过 500℃，预热介质温度不超过 450℃。通常空气的预热温度为 200～350℃，节省燃料量约 10%～20%。普通材质的换热器用于高温烟气时需在换热器前设保护管组（送冷风对烟气降温）。当用耐热与耐腐蚀的金属材料制作时，这类换热器可直接用于高温烟气，预热介质温度可达 500～700℃，甚至更高。

针状、片状与整体换热器主要用于中、小型炉，管状换热器、套管式换热器与喷流换热器主要用在大、中型炉子上，热效率一般在 40%～60% 之间。管状换热器的较低，喷流换热器的较高。阻力损失约 981～1961Pa。这些换热器都有多种规格可供选用，使用寿命为 2～4 年。图 4-61～图 4-63 给出了几种对流换热器的设置示例，其余与此相似。

管式和板式换热器主要是通过焊接拼装在一起，特点是占地面积小、运行可靠、漏气率低、无动力消耗，但表面热损失大，会有漏气现象，随着使用时间延长，漏气会增加，烟气通道小，给清理灰垢带来困难，只能预热空气，不能预热煤气。

▶ 4.5.3　辐射型换热器

辐射型余热回收换热器是双层圆筒结构，以传热面内套、导向套以及分配与汇集空气流的冷风联箱和热风联箱为主体构成。

助燃用空气从冷风联箱引入，分配到内套与导向套构成的环形间隙内，并以高速流过，然后在热风联箱内汇集。在热风联箱内汇集起来的助燃空气通过热风管路送入燃烧器中，作为热源的排烟在流过内套筒芯部的过程中对助燃空气进行辐射换热，具有很高的传热系数。辐射型余热回收换热器适用于多种炉型，但排烟入口温度最好不低于 900℃。对于以辐射换热为主的热交换器来说，烟气温度越高，传热系数和换热器效率也越高。

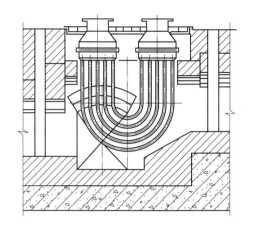

图 4-61　U 形钢管换热器

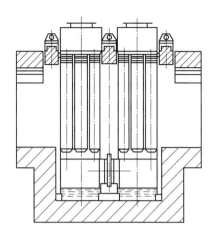

图 4-62　垂直设置的片状换热器

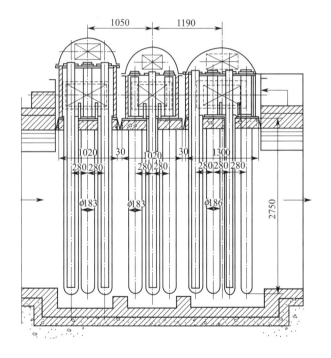

图 4-63　套管式换热器

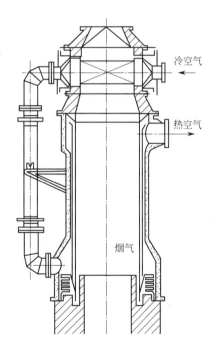

图 4-64　水平对流管组与
辐射型换热器的串设

　　辐射型余热回收换热器的优点是结构简单、气密性好、寿命较长，缺点是余热回收率不高，要用在高温烟气中才有较明显的效果。

　　温度为 900℃ 的烟气流经辐射型换热器后温度尚有 700℃ 左右，含热量仍较多，所以这种换热器常同对流型换热器串联使用，用于对烟气余热进行二级或多级回收。图 4-64 所示是这种二级回收的一种设置方式，空气通过二次预热，可以达到较高的温度。

4.5.4　陶土换热器

　　陶土换热器主要是黏土换热器，由耐火黏土异型砖砌筑而成。常用的黏土换热器元件砖有四孔黏土砖与管状黏土砖两种。元件砖再同其他异型砖结合砌筑，就形成了互相隔离并呈垂直交叉的两部分通道，分别供烟气与空气流通。这种换热器要相当大的砌筑体积才能达到较好的换热效果与流量要求，所以多用于大型高温炉窑。通常是连续加热炉用四孔砖换热器，均热炉用管状砖换热器。图4-65所示为连续加热炉用陶土换热器的一种示例。

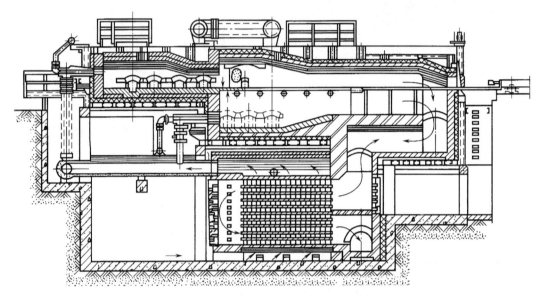

图 4-65　带陶土换热器的连续加热炉

　　陶土换热器适用的烟气温度可达1250℃左右，预热空气温度可至850℃或更高，使用寿命15~20年。其漏气率一般约20%，少数的达30%左右。由于这种换热器优点突出，因此仍在不断改进与发展。

　　近几年出现的陶瓷长管在减少漏气率方面已取得很大成效，如有的文献介绍有两种规格的陶瓷长管，其长度分别为900mm和1800mm，直径150mm，壁厚分别为18mm和25mm，它们可组合为多层的立式或卧式换热器。烟气在管内流动，空气在管外作逆交式流动。当烟气温度在950~1050℃内波动时，空气预热温度为750~800℃，最高时达850℃，换热效率为50%~55%。换热器初期漏气率为5%~7%，一年半后的漏气率为10%~11%。由于陶瓷材料技术的发展，中、小型炉用的陶瓷换热器也已出现，先进水平的漏气率在2%以下，所以陶瓷换热器的应用前景非常广阔。

4.5.5　热管换热器

　　热管是一种利用工质在循环时进行气、液相变化传热的传热元件。工质封闭于管内，在热端受热（吸热）汽化并流向冷端，放出凝结潜热后又成为液态流向热端。由于热量主要以潜热的形式带走，所以传热效率较高，因而应用范围广泛，只要工质选择得当，则热管可在各种温度的流体内工作。

　　由带翅片的热管束作为换热元件组成的换热器称为热管换热器，具有许多优点：①传热能力大，效率高，单位体积的热交换面积大，结构紧凑；②容易防止高温流体及低温流体间的泄漏，并且在少量热管失效或损坏时不致影响设备的运行；③无动力部件，运行时不需要动力，气体阻力小；④结构比较简单，因膨胀而产生的问题少，维护检修方便；⑤可以制成分离型；⑥可预热煤气，实现空气和煤气双预热；⑦投资少，投资回收期短，空气和煤气预热温度高。

在热风炉余热回收中，对流型换热器对300℃以下的烟气收效很小，而热管换热器却可以在这样的烟气中高效率地回收余热，从而实现多级回收，并进一步降低排烟温度。

4.5.5.1　热管双预热器余热回收

利用高温烟气余热预热助燃空气，空气预热到350～450℃后，通过空气预热器后的烟气温度仍有450～500℃，这部分热量可以用来预热煤气，使煤气预热到150～250℃，大大降低排烟温度，充分利用烟气余热，提高加热炉的热效率。

热管双预热器余热回收装置是将加热炉对流室的高温烟气经下行烟道引入热管空气预热器，烟气放热后，通过引风机经上行烟道排至加热炉烟囱的上部，由烟囱排出。空气由鼓风机送入热管空气预热器，吸热后进入加热炉环形风道，与炉内燃料混合后燃烧。烟气放热、空气吸热即达到烟气余热回收的目的。图4-66所示为煤气、空气双预热器安装示意。

4.5.5.2　动力式分离型热管（热环）余热回收

热环是机械驱动的动力式分离型热管的简称，主要应用于非相邻冷热源间的热量传递或余热回收。

非相邻冷热源间的热量传递或余热回收是工程实际中广泛存在的一类问题，如窑、炉及喷雾干燥塔等装置中，烟气或排风的温度还较高（热源），可用来预热进风或煤气（冷源），回收余热，但烟气或排风风道与进风风道尺寸一般较大，且出于工艺考虑对其空间布置有一定要求（距离、高度、上下方位等方面），从而使冷热源之间不相邻。

对非相邻冷热源的传热问题，具体可分为四种情况：第一种情况是冷热源高度与距离均较近时，可采用普通热管较好地解决；第二种情况是冷热源高度相差较大，且热源在下、冷源在上时，可采用重力式分离型热管较好地解决；第三种情况是冷热源高度基本相同，但距离较远；第四种情况是冷热源高度相差较大，且热源在上、冷源在

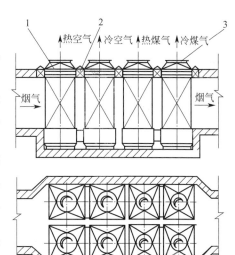

图4-66　热管双预热器安装示意
1—空气预热器；2—密封梁；3—煤气预热器

下。对后两种情况，工程实际中多采用水（或油）回路方法，即利用水（或油）泵使水（或油）在冷热源之间的回路中循环流动以传递热量，但该方法在对冷热源温度的适应性、冷热源介质与水的传热强度、输热效率等方面均有一定的局限性。

热环由驱动装置（气相驱动装置或液相驱动装置）、冷凝器（冷源换热器）、蒸发器（热源换热器）和管路组成封闭循环回路，循环回路内充以热环的循环工质，其基本工作原理如图4-67和图4-68所示。

循环工质由驱动装置推动在热环回路中循环流动，工质在热源处吸收热源介质的热量发生蒸发相变，由液态变为气态，循环流动至冷源处又发生冷凝相变，把工质由热源处吸收的

热量释放给冷源介质，工质又由气态变为液态，实现热量由热源向冷源的高效传递。

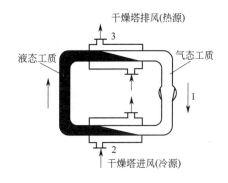

图 4-67　气相驱动热环的工作原理
1—气相驱动装置；2—冷凝器；3—蒸发器

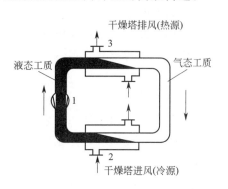

图 4-68　液相驱动热环的工作原理
1—液相驱动装置；2—冷凝器；3—蒸发器

热环的基本特点是：①在冷源和热源处均通过循环工质的相变来传递热量，有较高的传热强度；②通过调节驱动装置的转速等手段，可快速、大幅度地调节热环的传热量；③驱动装置的前后压差为工质的流动阻力和冷热源高度不同时产生的静压力之和，一般均较小，驱动装置耗功很少；④可根据冷热源温度的高低及其变化特性，优选适宜的热环工质，尤其当冷热源介质在传热过程中温度变化较大时，热环工质可采用具有变温相变特性的非共沸混合工质（NARM），以取得最佳传热或余热回收效果；⑤由于热环是通过驱动装置推动工质进行循环流动，因而对冷热源之间的距离、高度、上下方位具有极强的适应性。

4.5.6　旋转式换热器

　　旋转式换热器又称热轮，是一种自身旋转，兼有蓄热式和换热式特点的换热器。依靠换热器中"热轮"的连续转动，使蓄热元件周期性地吸热放热，烟气的热量便不断地传给助燃空气。

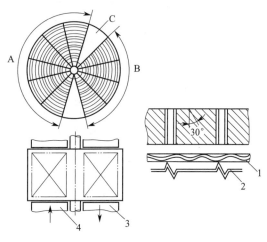

图 4-69　旋转式金属换热器结构示意
A—烟气部分；B—空气部分；C—密封部分
1—波形板；2—定位板；3—空气出口；4—烟气进口

　　热轮由多孔和高比热容的材料制成，有转盘式和转鼓式两类结构形式，其外形为具有一定厚度的大圆轮，内部充填多孔的蓄热材料（如金属丝网、波形片或多孔陶瓷材料等），在电动机驱动下不停地低速旋转，两侧端面同不动的圆管相接，烟气和助燃空气被分隔在圆管的左、右或上、下两部分通道内，并从热轮中流过。于是热轮在转至烟气通道部分时受热，转至空气通道部分时将热量传给空气，从而实现了热交换。这种蓄热式回收热量的方法由于热轮的旋转而连续地进行，消除了固定式蓄热室的周期波动缺陷，从而为高效的蓄热式回收法在中、小型炉中的应用开辟了一条新的途径。图 4-69 所示为一种金属热轮的结构示意。

　　热轮的热传递效率可达到 75%～80%，应用温度也可达到 870℃左右。由于热轮结构的原因，会有少量的废气进入气管内，因而产生一定程度的污染。如污染量超过许可限度，则可附加清洗段来减轻污染程度。热轮一般用于采暖和低温、中温余热的回收，以及干燥炉、养护炉和空气预热器中。

热轮换热器具有换热效率高、回收热量多、阻力损失小、容易清灰、投资少等优点，但漏风率比较高，不能预热煤气。其使用寿命一般为6～8年，更新时只需更换填料，检修方便，费用也低。随着密封性能的改善，其应用必将进一步得到发展。

▶ 4.5.7 蓄热室

用蓄热室回收余热是人们所熟知的一种方法，但由于利用它预热的空气温度呈周期性波动，因而已在不少应用场合（如均热炉）为换热器所取代。但它也有独特的优点，如可将空气预热到很高的温度（1200℃左右）、使用寿命长、没有漏气问题和价格便宜等，因此得到了广泛应用，如高炉的蓄热式热风炉、炼钢平炉的蓄热室、大型钢锭加热炉的蓄热室和大型玻璃窑炉的蓄热室等，同时节约大量燃料，提高了炉子的产量和热效率。

蓄热室由许多蓄热体组成，当烟气通过时将热量传给蓄热体，使其温度升高，进行蓄热；随后切断烟气通以预热气体，蓄热体将热量传给预热气体，使其温度降低，进行释热；然后再切断预热气体通以烟气，如此反复进行，将烟气热量通过中间介质蓄热体传给预热气体。为使预热气体得以连续加热，每台炉子需设有两个蓄热室（器）：一个通烟气（蓄热），另一个通预热气体（释热）。蓄热和释热过程属不稳定传热工况，而且间歇换向，因此，蓄热式预热器需成对使用。

（1）对蓄热体的要求

蓄热体是蓄热式预热器的关键部件，如何正确和因地制宜地选择蓄热体是一个极为重要的问题，为此，必须要了解对蓄热体的要求和使用条件。

① 正确的形状　目前，常见的形状有球状、大片状、长管状、蜂窝状、短圆柱状、短空心圆柱状、算盘珠状和枣状等，它的选择看起来很简单，但由于与其他许多因素有关，是比较不容易确定的复杂因素。

② 透热深度　透热深度小，也就是蓄热体的当量厚度薄，才容易达到热饱和状态，有利于发挥蓄热体的蓄热作用，减少蓄热体的用量。同时，预热温度的波动小，换向时间也可缩短。所以，新型蓄热体的尺寸都做得很小，通常透热深度为当量厚度的一半。

③ 比表面积　比表面积大，说明在同样的体积下，传热面积大；在同样的传热系数条件下，接受的热量也多。

④ 蓄热能力　也就是比热容。比热容大，蓄热能力就大，这种材料蓄积的热量就多，因此，蓄热能力大的材料可以减小蓄热室的体积，降低其高度和减少温度的波动。

⑤ 导热性能　热导率大，可以迅速将热量由表面传至中心，充分发挥其蓄热能力。在热导率增加的条件下，可增加其厚度，从而可提高其强度和蓄热能力。

⑥ 耐热冲击性　蓄热体需要在反复加热和冷却的工况下进行，在反复热胀冷缩的作用下很容易发生变形、裂缝和破碎，导致堵塞气流通道，使压力损失增大，甚至损坏不能再用，使用寿命大大缩短。

⑦ 传热性能　气流与固体之间的热交换与固体表面的状态和形状有关。例如表面的粗糙度大，通道形状复杂所形成的附面层薄和容易使气流变成湍流，这些因素都使对流传热和辐射传热增加。

⑧ 耐氧化性　有些材料在一定的温度条件下会产生氧化反应，产生的氧化皮会堵塞气流通道和增加其阻力，减薄材料的厚度，从而降低其使用性能和寿命。尤其是普通的碳钢，在高温下很快就会氧化损坏而报废，因此只能在低温下使用，在高温下必须使用含镍铬的耐热钢或其他的非金属材料。

⑨ 结构强度　蓄热体是在高温和承受上层重量的条件下工作的，因此必须要有足够耐高温和高负重条件下的结构强度，即高温下的耐压强度高的材料，否则，很容易发生变形和破碎。

⑩ 阻力损失　在气流通过蓄热体间的通道时，无论是烟气还是被预热气体，都希望阻力损失小。由于阻力是由局部阻力和摩擦阻力所组成，前者远大于后者，而前者对传热是无用的，后者对传热是有用的，所以应力求减小局部阻力。

⑪ 堆体积稳定性　除大片状、长管状和蜂窝状蓄热体外，不少蓄热体的孔隙度在受到振动和热胀冷缩时都会变小，也就是堆体积减小，阻力损失增加。例如球体在正方形排列时，也就是8个球的中心成正立方体时，其堆体积最大，当受到振动后，其堆体积减小，振动越厉害，其减小的程度越大。

⑫ 清灰难易　在烟气中，含有一定量的灰尘和微粒炭，在长时间的作用下，必然会有所沉积，堵塞气流通道，使正常工作状况受到破坏。虽然在气流反向流动时有一定的反吹清灰和烧尽作用，但其作用是有限的，尤其是蓄热体的尺寸较小时，必须考虑蓄热体的清灰问题，凡是蓄热体中有较长小孔的都不易清灰，必须避免。蜂窝状的蓄热体遭到淘汰就是一个明显的例子。

⑬ 加工难易　形状越复杂，加工的难度就越大，不适宜于大规模生产，成本就高，价格就贵，大量使用时就困难，所以形状简单的蓄热体才能得到推广应用。

⑭ 蓄热体来源　一种蓄热体来源越广，越容易得到，就越有开发价值。例如非金属材料高氧化铝的球状、短空心圆柱状、算盘球状和枣状等蓄热体，它们来源广，容易得到，价格便宜，推广应用就容易。

⑮ 成本高低　一种蓄热体如果各种性能都好，但它的成本很高，应用就困难。这当然与蓄热体的加工难度和材料来源有关，但仍是一个独立的重要指标。

以上各种要求几乎不可能同时满足，只能兼顾主要的，放弃次要的，但对某种要求不能达到最低要求的蓄热体，不能采用。

（2）蓄热体尺寸的选择

蓄热体尺寸的选择是一个非常重要的问题，尺寸过大，会使蓄热室体积庞大，换向时间长。但是，过小的蓄热体尺寸会使换向时间太短，电气和机械设备都不能适应，换向的损失也随之增加。同时，过小的蓄热体尺寸还会使蓄热体在气流的作用下飘浮起来，形成局部或全部流态化状态，这时蓄热的稳定状态遭到破坏，所以蓄热体的尺寸不能太小。

（3）蓄热体材质的选择

常用的蓄热体材质有非金属质（氧化硅、氧化铝、耐火黏土、陶瓷、碳化硅）、金属质（铸铁、耐热铸铁、碳钢、不锈钢和耐热钢等），其中，氧化铝和耐火黏土制造的蓄热体可较好地用于高温，而碳钢和铸铁制造的蓄热体可较好地用于低温，所以，在材质单独使用时，不能充分发挥其优点，只有在材质上很好地搭配起来，才能更好地发挥它们各自的优势。

综上所述，常用的蓄热体采用硅酸铝质、氧化铝、刚玉等材料制成，形状有片状、条件、球状。蓄热装置的大小是根据炉内烟气量（500～5000m³/h）及预热空气流量（500～

$5000m^3/h$）、预热空气温度（$500\sim1400℃$）及换向时间（$20\sim600s$）决定的。

适当选择砌筑蓄热室内用的格子砖材料，用容积比热容较大、热导率较高的耐火材料制作格子砖，能提高蓄热室的余热回收率。国外曾有过使用碱性耐火材料制作格子砖，从而节省燃料10%的报道。

（4）蓄热除尘系统

蓄热除尘系统如图4-70所示，包括蓄热和除尘两个部分。从窑炉中排出的烟气经过预先设计好的管道进入蓄热体中，经过蓄热装置后，烟气的温度被降到150℃以下，满足布袋除尘器对烟气温度的要求，直接进入布袋进行除尘。空气通过鼓风机进入蓄热装置后，被预热到接近炉温，通过管道被吹入窑炉中，使燃料得到充分燃烧。在窑炉一侧的排烟口与蓄热装置之间连接的保温管道中有高温蝶阀，控制着两个蓄热体交替蓄热和放热。鼓风机和蓄热装置之间安装有三通或四通阀，烟道中有高温烟气换向装置，蓄热装置与引风机通过烟道连接。蓄热装置下部有测温装置，通过测温控制排烟温度在要求范围内。

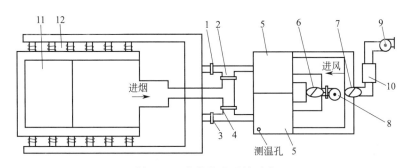

图 4-70　蓄热除尘系统示意

1～4—高温蝶阀；5—蓄热装置（A、B）；6—阀门；7—三通或四通阀；
8—鼓风机；9—引风机；10—布袋除尘器；11—炉体；12—燃烧炉口

其具体工作流程为：在第一时间，当蓄热装置 A 处于热状态时，鼓风机通过阀门将空气输送到蓄热装置 A，空气被预热到 $300\sim1300℃$，通过阀门开启将被预热的空气输送到各个燃烧炉口，燃烧固体燃料。这时蓄热装置 B 处于被烟气加热的过程，烟气通过阀门开启预热蓄热装置 B，烟气通过蓄热装置 B 后，经阀门（蝶阀）和布袋除尘器从引风机排出，排烟温度为 $50\sim150℃$。第二时间，蓄热装置 B 处于热状态，鼓风机通过阀门将空气输送到蓄热装置 B，空气被预热到 $300\sim1300℃$，通过阀门开启将被预热的空气输送到各个燃烧炉口，燃烧固体燃料。这时蓄热装置 A 处于被烟气加热状态，烟气通过阀门开启预热蓄热装置 A，烟气通过蓄热装置 A 后，经阀门（蝶阀）和布袋除尘器从引风机排出，排烟温度为 $50\sim150℃$以下。

4.5.8　热媒式换热器

用热风炉的烟气余热对高炉煤气和供给高炉的风进行预热，不仅可提高风温，而且可节约高炉煤气。但由于热风炉烟气温度较低，一般只有 $200\sim300℃$，回收这样较低温度烟气的余热需要特殊的较高回收效率的换热器，如热管换热器、热媒式换热器等。

热媒式换热器是国内外近年来开发的热风炉烟气余热回收装置，其特点是可分离布置，各设翅片管换热器，靠热媒介质强制循环进行热交换，可同时预热空气和煤气。由于其布置灵活，采用这种换热器可以不改变原来的管道布置。

热媒换热器的翅管体可拆性强，翅管可向上提出用水冲洗，对煤气换热器正常使用有很大好处。该工艺用于已有的热风炉，因为各换热器分散布置，通过输油管路连接，热媒介质靠泵循环。系统使用的热媒油在高温下性能稳定，有专用阀门可以自动调节油量，所以容易控制温度，因此能防止由于废气温度低而产生酸露腐蚀管道和粉尘附着，从而长期有效地回收余热。

热媒的选择是该装置正常使用的关键。选择的条件是：①热媒的热性能和化学性质稳定；②使用时变质的程度小，如发生变质，也容易再生；③没有腐蚀性，毒性低，使用方便；④低温启动时，流动性好。热媒可为水或油，因水的价格便宜，取用方便，且无害、无毒、不可燃，是从常温到150℃范围内最优良的热媒体。但若到250℃以上时，饱和蒸气压达4.15MPa，要求设备有很高的耐压性，设备费用增加。如选用Therm-S800热媒油，其沸点是340℃，凝固点在－30℃以下，在350℃时的蒸气压只有0.115MPa。

热媒式烟气余热回收装置有如下优点：①预热助燃空气和煤气的热交换器可分开设置，设置灵活；②热媒不外泄，可以安全地预热，多回收热量，也可以控制热量；③热媒换热器的换热效率高，体积小，在已投产的热风炉组上增设这种烟气余热回收装置比较方便。其缺点是要注意密封件的质量，防止热媒的泄漏。为了安全，热媒储存罐必须与热风炉保持一定的距离。

（1）热媒式换热器烟气余热回收工艺流程

热媒式换热器是利用热媒体循环回收热风炉废热预热助燃空气和煤气的装置。热媒式换热器烟气余热回收工艺流程如图4-71所示。在热风炉废气管中设置一台废气热回收设备，助燃空气管中设置一台助燃空气预热器，煤气管中设置一台煤气预热器，用配管把各热交换器连接起来，配管和换热器中充满热媒体（热媒油S-800），用循环泵4或5循环该热媒体。

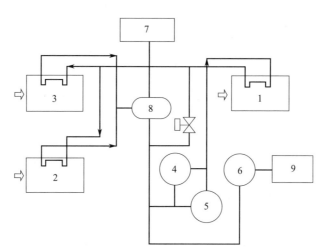

图4-71　热媒式换热器余热回收工艺流程

1—废气热回收设备；2—助燃气体预热器；
3—煤气预热器；4—循环泵；5—补油泵；
6—回油罐；7—膨胀罐；8—缓冲罐；9—储油罐

循环泵送往废气回收设备的热媒体被废气加热升温后，再被送往助燃气体预热器和煤气预热器来预热助燃气体和煤气，同时热媒体降温后返回到回油罐。

循环系统内因热媒体温度变化而引起的膨胀收缩被连接于循环系统的膨胀罐吸收；为防

止热媒体氧化，膨胀罐内部用氮气密封；为接受供给热媒体并且为了方便设备的维修和保养，还设置了储油罐和补油泵。储油罐可容纳系统内所有的热媒油。

（2）热媒式换热器烟气余热回收工艺的特点

热媒式换热器烟气余热回收工艺具有如下特点。

① 热媒体采用化学性质稳定，流动性、余热性良好，具有高沸点、高闪点的矿物有机油。该油价格昂贵，所以对设备的安装要求极高，密封性要好。由于该油性能稳定，温度容易控制，不会腐蚀换热器，从而使系统能够长期有效地回收热量。

② 油媒压力波动小。余热回收系统工作时，热媒体会随温度变化反复膨胀和收缩，引起压力波动，影响系统的正常工作。由于在热媒体循环泵入口前回油管路上设有热媒膨胀罐，系统充油后，将膨胀罐液位调整到设计给定的位置后再充氮蓄压。当热媒体随温度变化而发生体积变化时，膨胀罐能维持系统中介质压力在一定范围内均衡，不至于由于压力过高破坏设备，或由于压力过低而使系统发生倒空现象。实际运行中，当热媒体温度在 $80\sim300℃$ 范围内波动时，膨胀罐液面压力为 $30\sim50kPa$。

③ 运行稳定。热风炉工作时，烟气温度在 $140\sim350℃$ 范围内不断变化。烟气温度高时油媒温度高，传递给高炉煤气和助燃空气的热量就多。当烟气温度下降到一定程度时，使余热回收器进口热媒温度降至 $135℃$ 时，旁通阀就会自动打开分流，减少进入煤气预热器和助燃空气预热器中的油媒，使油媒温度下降趋势减缓，烟气温度下降也随之减慢，不至于使烟气温度在短时间内降至酸露点（$117℃$），保证系统安全、稳定、正常地运行。

另外，在热风炉换炉过程中，尽管烟气量变化很大，如"一烧两送"转为"两烧一送"时，烟气量增加 50%以上，该系统仍能在热媒循环量不变的情况下正常工作和运行。

④ 设备维修方便。余热回收系统中，工作条件最恶劣的是烟气余热回收器，对它的主要破坏作用是酸的腐蚀，原因主要是烟气放热后温度降低，当降到一定程度，尤其是接近酸露点时，容易在翅片管换热面上产生凝结现象，其中的 SO_2 与水形成 H_2SO_4，对管束造成腐蚀。由于设有三段管束，可以分段抽出管束进行维修和更换，而不会影响余热回收系统的工作。

⑤ 具有自身保护系统。当热媒体的温度小于 $108℃$、油位低于 $500mm$，换热器因烟气堵塞或压差大于 $3.5kPa$ 时，报警并自动停止运行。

（3）系统投运控制方案

系统投运时，首先在倾油池内充入足量热媒油，启动供给泵，使膨胀罐内液位在 $1.8m$ 左右，然后启动循环泵，使整个系统充满热媒油。此时，注意膨胀罐液位的变化，液面不能低于 $500mm$。随时开启供给泵补充热媒油。

系统运转时，热媒油首先通过废气换热器，被废气加热升温后分别通过助燃气体预热器和煤气预热器，预热助燃用空气和煤气。循环系统内热媒油因温度变化引起的膨胀收缩被膨胀罐吸收。为防止热媒体氧化，膨胀罐内部用 N_2 密封。

该系统设有报警连锁，当膨胀罐液位低于 $500mm$、废气换热器中热媒油流量低于 $70m^3/h$、废气换热器入口废气温度低于 $150℃$、循环泵冷却水流量低于 $1.2m^3/h$ 时，系统自动停止运行。当废气换热器入口热媒油温度低于 $108℃$ 时，为了防止形成酸露，保护设备，旁通阀自动全开，这样热媒油只能在废气换热器内部循环，待温度升高后，旁通阀关闭，系统正常运行。该系统的操作监控可在主控室 DCS 上进行，也可以现场手动操作。

4.5.9 旋风式余热回收装置

城市废弃物是在800～1000℃的焚烧炉炉膛内进行焚烧的，垃圾中的可燃成分和有机成分与空气中的氧进行剧烈的化学反应，放出热量，转化为高温的燃烧气和量少而性质稳定的固体残渣。城市生活垃圾成分复杂，含水量较高，发热值较低，其组成会随着季节的变化和收集地点的不同而有很大差异，如何实现垃圾稳定安全良好地焚烧和余热的有效回收利用是一个重要问题。

一般采用热效率较高的热管或余热锅炉等装置回收利用焚烧所产生的热量，但这些换热设备存在诸如投资费用高、维护困难、腐蚀和侵蚀严重等问题。其中，腐蚀和侵蚀更是亟待解决的问题之一，解决换热设备腐蚀和侵蚀问题的有效方法就是布置一个旋风式热量回收系统，高温气流和冷水分别通过旋风分离器的内层和外层，回收利用二级燃烧室排放的烟气的显热，这些热量可用于城市供暖、发电等；而且当携带微粒的烟气进入旋风分离器时，旋风分离器在换热设备的壁面形成一个气流保护层，这个气流保护层能够有效地减小烟气对换热设备的冲刷，从而减少烟气对换热设备的腐蚀和侵蚀，延长换热设备的使用寿命。旋风分离器是旋风式热量回收的主要设备，也是除去工业排放细粒和废气的有效设备。

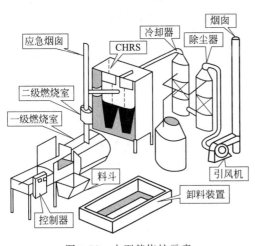

图 4-72　小型焚烧炉示意

图 4-72 所示是处理能力为 120～150kg/h 小型焚烧炉的示意，它由储料装置和进料装置、一级燃烧室和二级燃烧室、空气污染控制设备（旋风分离器、冷水塔和湿式除尘器）、热量回收装置四个系统组成。废弃物送入垃圾焚烧炉之前，先于储料装置中储存 2～3 天，再按照一定的控制比例分批送入一级燃烧室燃烧（两个燃烧室的气压控制为 1 个标准大气压），且每次供给量 30kg±2kg 较为适宜。废物送入一级燃烧室之前，分析其含水率和可燃组分，由废气和废液的焓值关系确定旋风分离器的热交换率和热回收率，再由此估算其热量回收效率。反过来，由旋风分离器的热转换率和热回收率计算出废气和废液的焓值。

4.5.10 热泵

热泵作为高效收集并转移热量的装置，可以实现低温热能向高温热能的能量搬运，是一种既经济又能节能的新型余热利用装置，它是通过制冷剂作载体，将生产中排出的废热收集起来进行余热利用。

热泵是可以回收 100～120℃以下的废热，可利用自然环境（如空气和水）和低温热源（如地下热水、低温太阳热和余热）来节约大量采暖、供热燃料，现已在采暖、空调、干燥（如木材、谷物、茶叶等）、烘干（如棉毛、纸张等）、食品除湿、电机绕组无负荷时防潮、加工热水和制冰等方面得到日益广泛的应用。

热泵是以消耗一部分能量（如机械能、电能、高温热能）为代价，通过热力循环，把热能由低温物体转移到高温物体的能量利用装置。它的原理与制冷机完全相同，是利用低沸点工质（如氟利昂）液体通过节流阀减压后，在蒸发器中得到蒸发，从低温物体吸取热量，然后将工质蒸气压缩，而使温度和压力有所提高，最后经冷凝器放出热能而变成液体，如此不断循环，把热能由低温物体转移到高温物体。

热泵系统用来进行余热回收的特点是：回收效率高、节能显著；体积小、质量轻；环保性好，无污染物排放，具有防止结垢和水质软化的处理功能；价格便宜、性能可靠。

（1）压缩式热泵

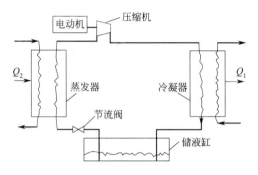

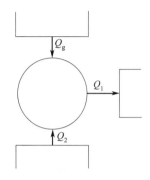

图 4-73　压缩式热泵循环系统　　　　　图 4-74　压缩式热泵循环系统的热平衡模型

压缩式热泵的循环系统及其热平衡模型如图 4-73 和图 4-74 所示。该系统可将低温余热提高 50～60℃。若用于回收高温位余热和工艺过程余热，可将其温度提高到 150℃ 左右，甚至更高。

（2）吸收式热泵

其循环系统及其热平衡模型如图 4-75 和图 4-76 所示。吸收式热泵以高温位热量为推动功，同时也消耗少量电能。

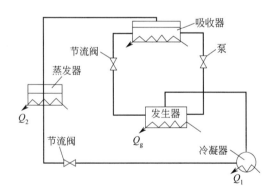
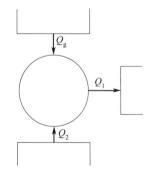

图 4-75　吸收式热泵循环系统　　　　　图 4-76　吸收式热泵循环系统的热平衡模型

▶ 4.5.11　余热锅炉

利用烟气或其他含热废气产生蒸汽的锅炉叫余热锅炉。采用余热锅炉回收利用余热是提高能源利用率的重要手段，为此，世界各国先后开展了余热锅炉的研制工作，并大力推广应用，取得了显著的节能效果。

热管余热锅炉是近年来开发的一种新型余热回收装置，它实际上也是一种气-液式热管换热器，只不过在冷侧不是产生热水而是产生蒸汽，因此又叫气-蒸汽式热管换热器。这种换热器的冷侧一般均为承受压力的汽包，在汽包上附设有安全阀、水位报警器、水位自动调节器等附属装置。目前热管余热锅炉产生的蒸气压不超过 $17 \times 10^5 \text{Pa}$。进入余热锅炉的烟气温度最高为 650℃，为了获得较高的蒸气压，余热锅炉出口的烟气温度不低于 260℃。在某些场合，工业炉排出气体的温度可能在 200℃ 左右，此时仍可使用热管余热锅炉来回收排气中的余热产生低压蒸汽（$2.2 \times 10^5 \text{Pa}$），排气温度可降至 130℃。

热管余热锅炉的最大特点是结构紧凑、体积小、质量轻。与一般烟管式余热锅炉相比，其质量仅为烟管式余热锅炉的 1/5～1/3，外形尺寸只有烟管式余热锅炉的 1/3～1/2。排气通过热管余热锅炉的压力损失一般为 20～60Pa，因此引风机的电耗很少。

图 4-77 和图 4-78 所示为热管余热锅炉的两种结构形式。

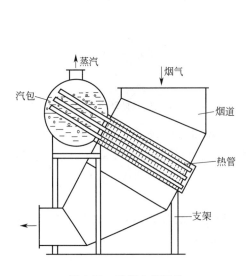

图 4-77　热管余热锅炉

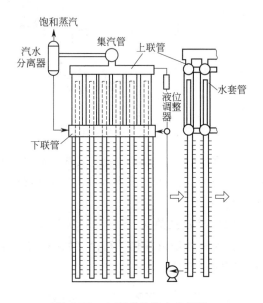

图 4-78　水套式热管余热锅炉

图 4-77 中的结构形式适用于排气量为 2m^3（标）/s 的场合，汽包的直径一般为 1.2～1.5m，热管装在矩形壳体中，壳体直接和烟道连接，烟气从上而下流过热管。沿气流方向上热管的排数大致为 6～10 排。热管上翅片的间距根据烟气的性质和含尘量多少来确定，一般在 5～8mm 之间，易积灰或含尘量大的气体可选高限，同时应安装吹灰器。清洁或不易积灰的气体可取低限，可不加吹灰器。

图 4-78 中所示的形式为水套式热管余热锅炉。在热管的冷侧用水套代替了汽包，结构简单，制造方便，适用于排气量为 2.5m^3（标）/s 的场合。这种设备大多是直立安装，因此热管全部是没有吸液芯的两相热虹吸管，所以造价低，组装方便。在排气量大的场合，可使用多台并联的方法。

参　考　文　献

[1]　何燕，张晓光，孟祥文．传热学［M］．北京：化学工业出版社，2015.

[2]　张靖周，常海萍．传热学［M］．第 2 版．北京：科学出版社，2015.

[3]　刘彦丰，高正阳，梁秀俊．传热学［M］．北京：中国电力出版社，2015.

[4]　黄善波．传热学［M］．东营：中国石油大学出版社，2014.

[5]　张兴中，黄文，刘庆国．传热学［M］．北京：国防工业出版社，2011.

[6] 朱文学. 热风炉原理与技术 [M]. 北京：化学工业出版社，2005.

[7] 邓佳，王鹏，曾祥平，等. 农产品干燥燃煤热风炉排烟环保技术及装备研究 [J]. 四川农业与农机，2015，3：24～25.

[8] 赵江，杨本华. 高洁净直接式燃煤热风炉工作原理、性能及应用 [C]. 第15届全国干燥技术交流会，成都，2015.

[9] 彭林山. 立式燃煤热风炉在多哥项目的应用 [J]. 新世纪水泥导报，2015，21（Z1）：39～42.

[10] 马仁杰，郭广，马明銮，等. 一种燃煤热风炉：ZL201521081277.8 [P]，2015-12-23.

[11] 韩玉清. 一种立式燃煤热风炉：ZL201521093027.6 [P]，2015-12-25.

[12] 韩玉清. 一种卧式燃煤热风炉：ZL201521093037.X [P]，2015-12-25.

[13] 潘劲松，吴自来，李小军，等. 一种用于粮食烘干机的高效燃煤热风炉 [P]. ZL201510972040.7，2015-12-22.

[14] 侯兴刚. 一种改进型流化床燃煤热风炉：ZL201520181072.0 [P]，2015-03-30.

[15] 徐丙刚，秦文勇. 一种由燃煤热风炉改装的燃清洁能源炉装置：ZL201520387850.1 [P]，2015-06-09.

[16] 马娇媚，朱金波，陈昌华，等. 大型立式燃煤热风炉的研发及应用 [J]. 水泥，2014，1：31～33.

[17] 王林，李婷，杨松，等. 浅谈燃煤热风炉 NO_x 的生成与控制方法 [J]. 陶瓷，2014，11：36～37.

[18] 巩桂芬，陈宁，陈刚，等. 一种燃煤热风炉：ZL201420701687.7 [P]，2014-11-21.

[19] 贾正文. 一种链排式燃煤热风炉：ZL201420310095.2 [P]，2014-06-12.

[20] 史慧锋. 日光温室新型燃煤热风炉的设计及推广应用 [D]. 乌鲁木齐：新疆农业大学，2013.

[21] 陈友德. 立式燃煤热风炉 [J]. 水泥技术，2013，6：111～111.

[22] 陆骏，尹晓伟. 炉膛箱体内置换热混合室的直燃式燃煤热风炉：ZL201320426181.5 [P]，2013-07-18.

[23] 吴建华. 浅谈新型高效燃煤热风炉设计 [J]. 农村牧区机械化，2012，3：43～44.

[24] 刘继武，陶晓文，燕子. 几种燃煤热风炉应用于喷雾干燥塔的分析比较 [J]. 陶瓷，2012，7：30～31.

[25] 黄慧林. 喷雾干燥塔的几种燃煤热风炉的热效率分析比较 [J]. 佛山陶瓷，2011，21（6）：23～25.

[26] 张雪松. 煤矿用燃煤热风炉的选型 [J]. 煤炭技术，2008，27（7）：158～159.

[27] 邝平健，刘喜斌. 燃煤热风炉解决北方温室供暖问题的研究 [J]. 农机化研究，2007，29（3）：221～222.

[28] 孙锋，邱立春，王秀珍. 燃煤热风炉在温室生产中的应用 [J]. 农机化研究，2006，28（6）：179～181.

[29] 梁雄燕. 提高生物质热燃尾气温度的工艺：ZL201510381750.2 [P]，2015-06-28.

[30] 胡爱初，胡建民，王胜军，等. 一种生物质颗粒热风炉：ZL201510669075.3 [P]，2015-10-13.

[31] 狄正义，金建良，狄伟. 一种生物质颗粒燃料低温热风炉：ZL201520109753.8 [P]，2015-06-15.

[32] 周世君. 提升生物质热燃气尾气温度工艺：ZL201410857561.3 [P]，2014-12-30.

[33] 杨锴. 一种生物质能燃烧热利用装置：ZL201402422221.X [P]，2014-05-29.

[34] 焦万林. 生物质直燃式热风炉：ZL201420061189.0 [P]，2014-02-11.

[35] 易其国. 生物质微米燃料高温燃烧实验及动力学模型研究 [D]. 武汉：华中科技大学，2013.

[36] 高海华，高帅，管永伟，等. 生物质双换热反烧式热风炉：ZL201310481437.7 [P]，2013-10-16.

[37] 高海华，高帅，高睿，等. 生物质热风炉炉膛组件：ZL201320271764.5 [P]，2013-05-20.

[38] 高海华，高睿，管永伟，等. 用于生物质双换热反烧式热风炉的换热器：ZL201320635643.4 [P]，2013-10-16.

[39] 高海华，刘善民，管永伟，等. 生物质高效传热节能热风炉：ZL201310184427.7 [P]，2013-05-20.

[40] 张建臣. 生物质无灰燃烧炉：ZL201310090963.0 [P]，2013-03-12.

[41] 郭丰亮. 一种双炉排生物质热风炉：ZL201210381478.4 [P]，2012-10-10.

[42] 李学齐，何光赞，赵明孔，等. 碎枝木屑颗粒直燃式热风炉：ZL201210334733.X [P]，2012-09-12.

[43] 李宗华，李鲁信. 一种组合式生物质锅炉：ZL201220315977.9 [P]，2012-06-08.

[44] 刘善华，单晓昌，邓连友. 气化并燃热风炉：ZL201210136464.6 [P]，2012-05-05.

[45] 宋国忠，曲鸿义，张金岭. 一种稻壳粉燃烧热风炉：ZL201220157297.X [P]，2012-04-13.

[46] 陈新华，刘卫华，沈启扬，等. 一种生物质气化热风炉：ZL201110293749.6 [P]，2011-10-08.

[47] 常厚春，马革，陈平，等. 立式生物质热风炉：201120143026.3 [P]，2011-05-09.

[48] 常厚春，马革，陈平，等. 生物质旋风热风炉：201110117444.X [P]，2011-05-09.

[49] Rafael，Kandiyoti. 清洁能源处理中的实验研究在工业放大的作用 [J]. 太原理工大学学报，2010，41（5）：616～618.

[50] 姚圣聪，聂民．一种生物质燃料热风炉：ZL200810029786.4 [P]，2008-07-29.

[51] 马庆生．恒温燃生物质燃料间接式热风炉：ZL200720036740.6 [P]，2007-04-23.

[52] 王飞．一种具有智能控制端的燃油热风炉：ZL201520754798.9 [P]，2015-09-28.

[53] 张勇．基于 PLC 的谷物烘干机控制系统设计 [J]．南通职业大学学报，2015，29（3）：88～92.

[54] 莫立勤，郝缠熙，钱荣忠，等．一种间接换热式燃气燃油热风炉：ZL201410079993.6 [P]，2014-03-05.

[55] 傅学正，刘珂铭，彭钢，等．一种典型直热式高效燃油热风炉：ZL201320486304.4 [P]，2013-08-11.

[56] 朱善华，傅学正，傅剑雄，等．一种直热式高效燃油热风炉：ZL201310137678.X [P]，2013-04-20.

[57] 刘珂铭，彭钢，朱善华，等．一种可调节直热式高效燃油热风炉：ZL201320597236.9 [P]，2013-09-26.

[58] 陆骏，尹晓伟．直燃式炉膛夹套螺旋换热型燃油燃气热风炉：ZL201320426169.4 [P]，2013-07-18.

[59] 高灿．具有余热回收系统的直燃式燃油热风炉：ZL201310627129.0 [P]，2013-11-29.

[60] 王殿钦，徐捷．棉花加工中籽棉烘干用热源的选择 [J]．中国棉花加工，2012，4：12～13.

[61] 徐姣．基于模糊 PID 的牧草烘干机中热风炉温度控制系统设计 [D]．哈尔滨：东北农业大学，2011.

[62] 汪琦．载热体加热炉膛内最高热强度和炉壁最高表皮温度的计算 [C]．第十七届全国热载体加热技术交流会，郑州，2011.

[63] 金伟均．燃油热风炉：ZL201010547221.2 [P]，2010-11-16.

[64] 张秀界．LFL1 系列燃烧控制器在工业炉窑中的应用与维护 [C]．中国石油和化工自动化第八届技术年会，郑州，2009.

[65] 吴群英，贺建军．铜精矿气流干燥热风炉燃油优化设计 [J]．计算机测量与控制，2007，15（7）：893～895.

[66] 许伟明．节能燃油热风炉：ZL200710023249.4 [P]，2007-06-12.

[67] 寇明杰，张得俭，苏爱英，等．燃油热风炉 [P]．ZL200720001397.1，2007-10-11.

[68] 陈慰盛．扁管式燃气、燃油热风炉：ZL200720103275.3 [P]，2007-01-19.

[69] 吴群英．气流干燥铜精矿热风炉燃油优化 [D]．长沙：中南大学，2007.

[70] 范国良，陈明灿，暴春风．龙凤热电厂油改煤工程的实现 [J]．黑龙江电力，2006，28（6）：474～475.

[71] 聂玉强，邝小磊．一种用于陶瓷厂消除烟囱排白烟的燃油热风炉设计 [J]．工业加热，2006，35（3）：54～55.

[72] 刘文涛．热电厂油改煤工程技术改造研究 [D]．大庆：大庆石油大学，2006.

[73] 冯爱国．温室用燃油热风炉供暖系统的研究与设计 [D]．昆明：云南农业大学，2005.

[74] 寇广孝，王汉青，顾炜莉，等．直接式燃油热风炉 [J]．暖通空调，2003，33（3）：126～126，132.

[75] 汪焕心．间接式燃油热风炉 [J]．化工装备技术，2002，1：18～19.

[76] 唐遵峰，高峰．燃油热风炉的改进设计 [J]．农业机械学报，2000，31（3）：122～123.

[77] 辛妍，钱永康．磨煤机配用燃气热风炉的燃烧性能分析 [J]．煤炭加工与综合利用，2015，12：68～73.

[78] 丁娜．冷凝式燃气热风炉在重庆地区的适用性研究 [D]．重庆：重庆大学，2015.

[79] 孙建兴．一种燃气热风炉：ZL201520888363.3 [P]，2015-11-04.

[80] 欧冶金，程松，胡安详．一种全钢结构燃油燃气热风炉：ZL201520113284.5 [P]，2015-02-17.

[81] 侯国锋，张黎，兰广林，等．双层燃气热风炉：ZL201420366099.2 [P]，2014-07-03.

[82] 杨萍．一种燃气热风炉：ZL201420351751.3 [P]，2014-06-30.

[83] 刘思彤，刘思强．直接式燃气热风炉：ZL201410483901.0 [P]，2014-09-19.

[84] 章震球．三元体燃气热风炉：ZL201420245492.6 [P]，2014-05-14.

[85] 寇伯兴．一种高效燃气热风炉：ZL201410722976.X [P]，2014-12-03.

[86] 刘克勤，高桂花，范书兰，等．环绕送风整体式热风炉：ZL201420085382.8 [P]，2014-02-27.

[87] 范立，吴家正，李晗．我国生物能源在粮食干燥中的应用 [J]．粮食与饲料工业，2014，12：18～22.

[88] 吴姣平．燃气直接加热式热风炉：ZL201320074647.5 [P]，2013-01-23.

[89] 梁远志．燃气热风炉无级周速控制系统的设计与实现 [D]．苏州：苏州大学，2012.

[90] 黄顺浩．应用于烘干房的热管式燃气热风炉：ZL201220148842.8 [P]，2012-04-10.

[91] 张江勇，孙桓五，赵全云．生物质热风炉燃烧器的数值模拟研究 [J]．农机化研究，2012，34（8）：208～212.

[92] 张丽丽，姜柴．天然气热风炉在干燥行业中的节能应用 [J]．节能技术，2012，30（3）：269～272.

[93] 任阿丹，姜明，刘曙滨．基于触摸屏和 PLC 的燃气热风炉控制系统 [J]．制造业自动化，2010，32（8）：137～140.

[94] 包宏，张复光，薛庆生．供热用燃气热风炉设备间噪声控制技术研究与应用［J］．资源节约与环保，2010，6：17～19.
[95] 闫振东，宋秀斌，牛永晨，等．新型燃气热风炉：ZL201020615793.5［P］，2010-11-21.
[96] 舒干诚，王子奂，朱晓斌．一种余热循环利用燃气热风炉：ZL201020610869.5［P］，2010-11-17.
[97] 樊松池，樊磊超．直热式燃气热风炉：ZL201020624118.9［P］，2010-11-25.
[98] 朱郑杰，申国强，刘爱诚，等．煤矿液压支架预热焊用燃气热风炉设计及应用［J］．中州煤炭，2007，1：8～10.
[99] 张新桥．冷凝式燃气热风炉的应用研究［D］．衡阳：南华大学，2006.
[100] 张新桥，寇广孝，叶勇军．冷凝式燃气热风炉在采暖中的应用及其节能分析［J］．节能，2005，24（4）：25～26，53.
[101] 寇广孝，叶勇军，王汉清，等．冷凝式燃气热风炉的工作原理与特点［J］．煤气与热力，2005，25（2）：24～26.
[102] 赵俊．热超导燃气热风炉：ZL200520074647.5［P］，2005-08-16.

第**5**章

管壳式换热器

目前国内外在过程工业生产中所用的换热设备中，管壳式换热器仍占主导地位，虽然它在换热效率、结构紧凑性和金属材料消耗等方面，不如其他新型换热设备，但它具有结构坚固、操作弹性大、适应性强、可靠程度高、选材范围广、处理能力大、能承受高温和高压等特点，所以在工程中仍得到广泛应用。

5.1 管壳式换热器的结构与型号

▶ 5.1.1 管壳式换热器的总体结构

管壳式换热器是把管子与管板连接，再用壳体固定。它的形式主要有固定管板式、浮头式、U形管式、填料函式及釜式等几种。

（1）固定管板式换热器

固定管板式换热器的两端管板，采用焊接方法与壳体连接固定，如图5-1所示。其结构简单而紧凑，制造成本低。在壳体直径相同时，排管数量最多，换热管束可根据需要做成单程、双程或多程，工程中应用广泛。缺点是壳程不能用机械方法清洗，检修困难。它适用于壳体与管子温差小，或温差稍大但壳程压力不高以及壳程介质不易结垢，或结垢能用化学方法清洗的场合。当壳体与管子温差大时，可在壳体上设置膨胀节，以减小两者因温差而产生的热应力。

（2）浮头式换热器

该换热器如图5-2所示。所谓"浮头"是指换热器两端的管板，一个与壳体固定连接，另一个可在壳体内自由浮动。这种结构有以下优点。

① 壳体和管束的热变形是自由的，当壳程与管程两种介质的温差较大时，管束与壳体之间不产生热应力。

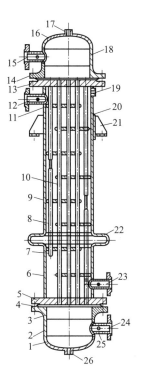

图 5-1　固定管板式换热器

1—下管箱半椭球封头；2—下管箱短节；3—下管箱法兰；4—密封垫圈；
5—下管板（排液孔未画出）；6—壳体；7—拉杆及紧固螺母；8—定距管；
9—弓形折流板；10—换热管；11—接管补强圈；12—壳程接管及法兰；
13—上管板；14—上管箱法兰；15—管程接管及法兰；16—上管箱半椭
球封头；17—管箱排气孔；18—上管箱短节；19—壳程排气孔；20—悬挂
式支座垫板；21—悬挂式支座；22—波形膨胀节；23—壳程接管及法兰；
24—管程接管及法兰；25—仪表接口；26—管箱排液孔

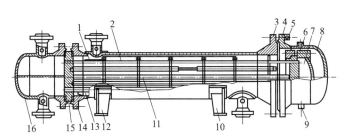

图 5-2　浮头式换热器

1—防冲挡板；2—旁路挡板；3—外头盖侧壳体法兰；4—外头盖法兰；
5—吊耳；6—排气孔；7—浮头；8—外头盖半椭球封头；9—排液口；
10—活动鞍座；11—假管；12—固定鞍座；13—滑道；14—管箱侧
壳体法兰；15—固定管板；16—分程隔板

　　② 管束可从壳体内抽出，为检修、清洗提供了方便，克服了固定管板换热器外侧不能
机械清洗的缺点。

　　但该换热器也存在明显的缺点。

① 结构复杂，造价高。为使一端管板浮动，在浮动管板处就要增加一个浮头盖及相关的连接件，以保证管程的密闭，如图 5-3 所示。操作中浮头盖连接处发生泄漏无法发现，因此安装时要特别注意其密封性能。

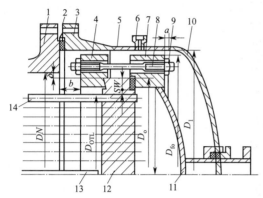

图中几个主要尺寸如下：

a 与 b——要确保管束相对壳体发生热变形时不发生碰撞。

D_1——外头盖内直径，取 $D_1 = DN + 100mm$

D_{fo}——浮头法兰外直径，取 $D_{fo} = DN + 80mm$

D_o——浮头管板外直径，取 $D_o = DN - 20mm$

D_{OTL}——最大布管圆直径，取 $D_{OTL} = DN - 2(\delta + W + S)mm$

钩圈及浮头法兰厚度需通过计算确定。

用双点划线所表示的是单管程时的浮头接管和填料函。

图 5-3　浮头式换热器的浮头

1—外头盖法兰（与外头盖相连接一侧的壳体法兰）；2—外头盖垫片；3—外头盖法兰；4—钩圈（剖分开的）；
5—短节；6—排气口或放液口；7—浮头法兰；8—双头螺栓；9—螺母；10—椭圆形封头；
11—无折边球形封头；12—浮头管板；13—假管；14—换热管

② 为使浮动管板能随管束一起从壳体中抽出，使管束外缘与壳壁之间形成了一个宽度 16～22mm 的环隙，不但减少了排管数目，而且增大了管束外围的旁路流路，影响了换热器的换热效率。为阻挡流体从环隙通过，可在折流板之间焊装纵向旁路挡板，它可随管束一起抽出，如图 5-4 所示。

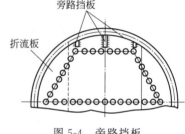

图 5-4　旁路挡板

所以，无热应力、便于清洗以及结构复杂、金属消耗量大、造价高是浮头式换热器的主要优缺点。

(3) U 形管式换热器

为克服浮头式换热器结构复杂的缺点，同时又要保留其管束可以抽出，可以消除热应力的优点，出现了 U 形管式换热器，如图 5-5 所示。它是将管子弯成 U 形，管子两端固定在同一块管板上，该换热器具有以下优点。

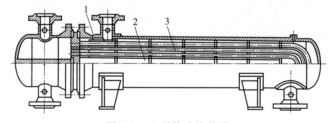

图 5-5　U 形管式换热器

1—内导流筒；2—中间挡板；3—U 形换热管

① 结构简单，省去了一块管板和一个管箱，造价低。

② 管束与壳体是分离的，在受热膨胀时，彼此间互不约束，消除了热应力。

③ 管束可以从壳体中抽出，管外清洗方便。

其主要缺点如下。

① 由于弯管时必须保证一定的曲率半径，因此管束中央部分存在较大空隙，约为换热管外径的两倍，流体易走短路，对传热不利。

② 管内清洗困难，所以应让清洁、不易结垢的介质走管内。

③ 当操作中管子泄漏损坏时，除管束最外层的管子可更换外，其他管子不能更换，此时只能将泄漏的管子堵死，这将造成换热面积的减少。

U 形管换热器一般用在高温高压情况下，在较高压力下使用时，要采用壁厚较大的换热管，以弥补弯管后管壁的减薄。由于弯管过程中会在管壁留下残余应力，故弯管后应进行退火处理。

（4）填料函式换热器

填料函式换热器实际是另一种型式的浮头式换热器，如图 5-6 所示。它把原置于壳体内的浮头移至壳体之外，并用填料函来密封壳程介质，以防外泄。结构上的这种改动，除保留了管束可以抽出、热应力可以消除的优点外，还省去了浮头式换热器的浮头盖及相应的连接结构，而且克服了内泄漏不易发现的弊端。

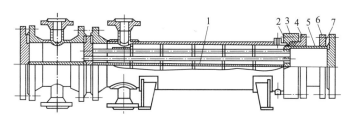

图 5-6　填料函式换热器

1—纵向隔板（双壳程）；2—填料函；3—填料；4—填料
压盖；5—浮动管板裙；6—活套法兰；7—剖分剪切环

该换热器结构较浮头式简单，制造、清洗、检修均较方便。当管程与壳程介质温差较大，腐蚀严重需经常更换换热管时，采用这种换热器较合适。

由于将管程密封结构由法兰改为填料函，壳程介质的少量外泄难于避免。因此当壳程为易挥发、易燃、易爆及有毒介质时，不宜采用这种结构的换热器。操作压力越高，密封长度越长，则密封越困难。为减少密封长度，填料函式换热器目前大多用在低压及小直径（700mm 以下）的场合。

（5）釜式换热器

生产中有时需将换热器壳程的介质变为气相，如精馏过程中用的重沸器、简单的废热锅炉等，为将气相中的液滴分离出来，需一定的气液分离空间，为此出现了釜式换热器，见图 5-7。

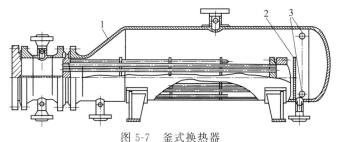

图 5-7　釜式换热器

1—偏心锥壳；2—堰板；3—液面计接口

该换热器壳体直径一般为管束直径的 1.5～2.0 倍，管束偏置于壳体下方，使管束上方形成一气液分离空间。根据需要管束可做成浮头式、U 形管式。

5.1.2 管壳式换热器的型号

管壳式换热器是大量应用的系列产品，为了统一换热器的结构型式与尺寸规格，《热交换器》（GB/T 151—2014）对换热器型号的表示方法做了规定，如图 5-8 所示。主要部件分类代号见表 5-1。

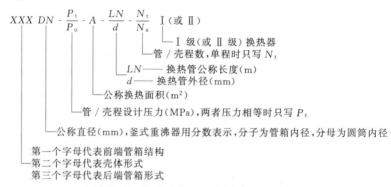

图 5-8　管壳式换热器型号的表示方法

例如对于固定管板式换热器，$BEM700\text{-}\dfrac{2.5}{1.6}\text{-}200\text{-}\dfrac{9}{25}\text{-}4\,\text{I}$ 表示前端为封头式管箱，单程壳体，后端为与前端管箱 B 相似的固定管板结构，壳体公称直径为 700mm，管程设计压力 2.5MPa，壳程设计压力 1.6MPa，公称换热面积 200m²，换热管长为 9m，换热管外径为 25mm，四管程结构，I 级固定管板换热器。

对于某一平盖式管箱的浮头式换热器，如果其壳体公称直径 500mm，管程和壳程设计压力均为 1.6MPa，公称换热面积 54m²，换热管外径 25mm，采用较高级冷拔管，换热管长 6m，四管程单壳程的浮头式换热器，其型号为：$AES500\text{-}1.6\text{-}54\text{-}\dfrac{6}{25}\text{-}4\,\text{I}$。

5.2　管壳式换热器的工艺设计

管壳式换热器设计程序或步骤随着设计任务和原始数据的不同而不同，要尽可能使已知数据和要设计计算的项目顺次编排，但由于许多项目之间互相关联，无法排定次序，因此换热器的工艺计算往往采用试差法，即先根据经验选定一个数据使计算进行下去，通过计算得到结果后再与初始假定的数据进行比较，直到达到规定的偏差要求，试算才告结束。试算步骤为：①计算传热量及平均温差，并根据经验或文献资料初选总传热系数，据此估算传热面积；②遵照中国有关部门的换热器标准，初步决定管径、管长、管数、管距、壳体直径、管程数、折流板型式及数目等；③根据初步确定的换热器主要尺寸，并选择管程流体和壳程流体；④分别计算管程、壳程对流传热系数，确定污垢热阻，求出总传热系数，重新计算传热面积；若重新计算的传热面积与前述估算的传热面积大致相等，则可认为试算过程前后相符，否则应重新估算；⑤同时计算管程、壳程的压力降，使压力损失限制在允许范围内。

一般管壳式换热器的设计程序如下。

（1）明确设计任务

根据所给设计条件确定换热器设计类型（设计计算或校核计算）。主要部件的分类及代号见表 5-1。

表 5-1　主要部件的分类及代号

前端管箱形式		壳体形式		后端结构形式	
A	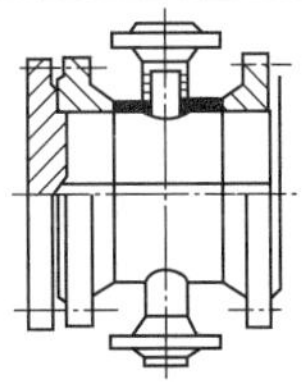 平整管箱	E	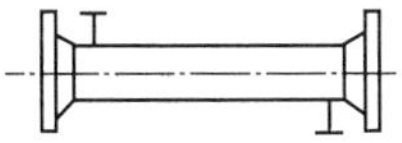 单程壳体	L	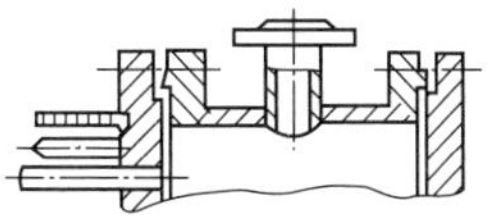 与 A 相似的固定管板结构
B	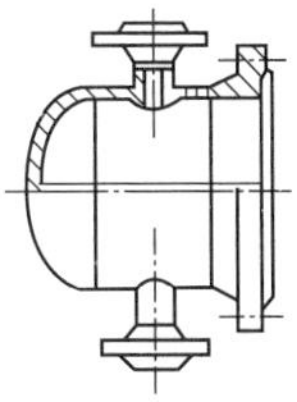 封头管箱	F	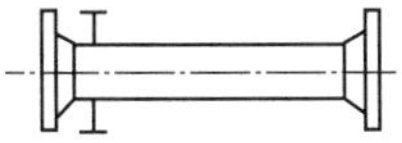 具有纵向隔板的双程壳体	M	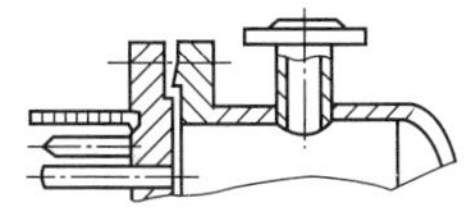 与 B 相似的固定管板结构
C	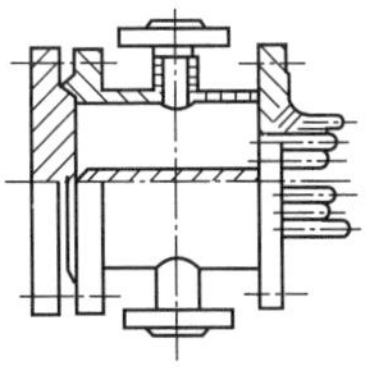 用于可拆管束与管板制成一体的管箱	G	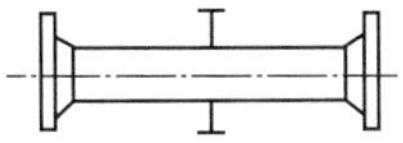 分流	N	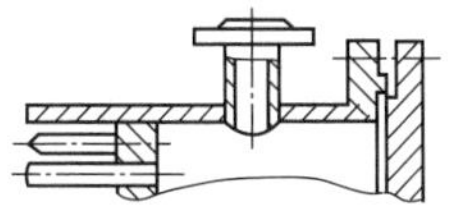 与 C 相似的固定管板结构
		H	双分流		
		I	U 形管式换热器	P	填料函式浮头
N	与管板制成一体的固定管板管箱	J	无隔板分流（或冷凝器壳体）	S	钩圈式浮头
		K	釜式重沸器	T	可抽式浮头
				U	U 形管束
D	特殊高压管箱	O	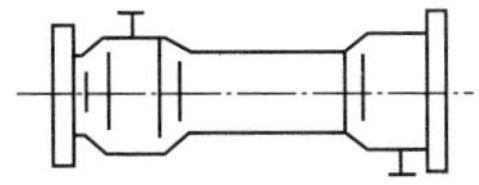 外导流	W	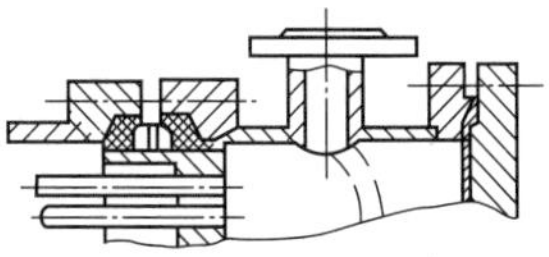 带套环填料函式浮头

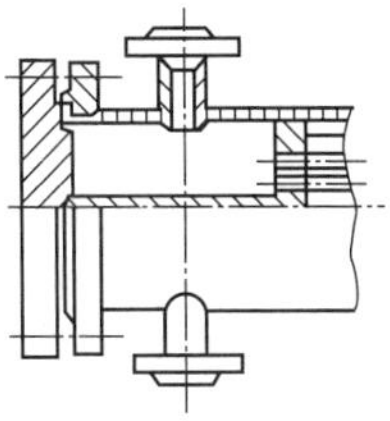

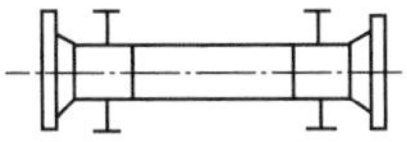

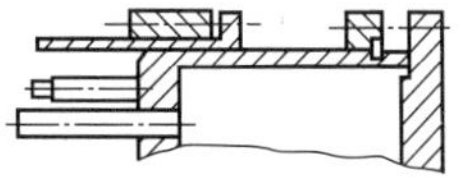

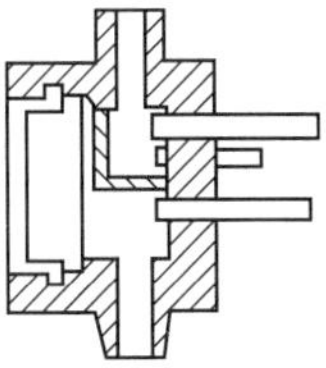

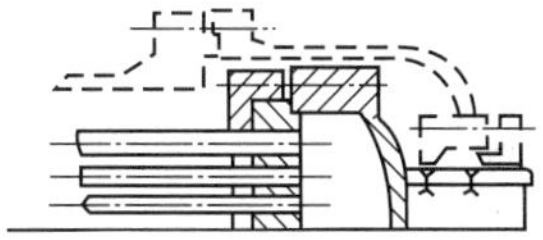

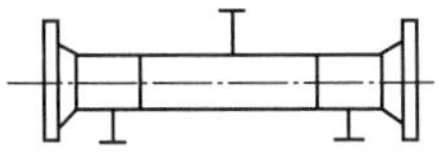

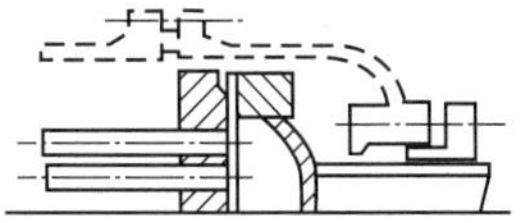

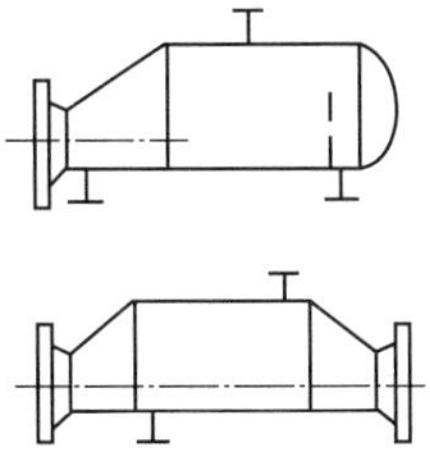

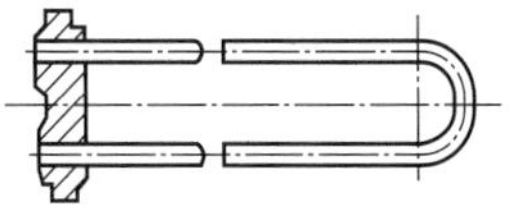

(2) 总体设计

要解决一个管壳式换热器的设计任务,不管是选用现有标准系列产品,还是进行非标设计,首先都要根据设计任务和各类换热器的工作特点选定换热器的型式,对换热器做一总体设计,必要时可同时初选几种型式进行设计,通过技术经济分析进行优化设计。管壳式换热器的总体设计包括一系列的选择,只有作出恰当的选择,才能正确设计或选用换热器。以下几个问题是设计或选用换热器时应考虑的。

① 确定结构形式 确定管壳式换热器结构形式时,主要考虑热冷流体的压力和温度、管束与壳体的温度差、流体的腐蚀性、换热管和壳体的材料、换热器结垢性能与清洗要求、造价等。

② 合理安排流程 当已知热冷流体的种类后,可以安排热冷流体哪一种走管程,哪一种走壳程。总的说来,要求有利于传热、减少压降、减少材料消耗、降低成本、运行安全可靠、便于拆卸、清垢、维修等。除此之外,对于工作温度、工作压力特别高,或有毒、有腐蚀性、结垢严重的流体则应特殊考虑。大致说来,一般应主要考虑以下一些内容。

a. 与外界温差大的流体宜走管程,与外界温差小的流体宜走壳程,以减少热损失;

b. 有毒的或易结垢的流体宜走管程,这是因为管程泄漏的机会比较小,而且也易于清洗和维修;

c. 高温、高压或高腐蚀性的流体宜走管程,以节省贵金属,降低成本;

d. 饱和蒸汽应走壳程,因为它对流速和清洗均无甚要求,且易排除冷凝液;

e. 允许压力降较小的流体宜走壳程。

(3) 热工设计

管壳式换热器的热工设计,主要采用 LMTD(对数平均温差)法和 ε-NTU(传热效率-传热单元数)法。无论是设计计算还是校核计算,LMTD 和 ε-NTU 都可应用。设计计算中,一般流体的进出口温度已知,应用 LMTD 非常方便;而在校核计算中,若应用 LMTD 法,流体的出口温度要经过多次试算,较为繁琐,此时采用 ε-NTU 则较为方便。下面以 LMTD 法为例介绍管壳式换热器的热工设计。管壳式换热器热工设计一般经过下面一些步骤。

① 确定原始数据。根据设计任务收集尽可能多的原始数据,包括给定的数据和查得的数据在内,例如热冷流体的种类、进出口温度、压力、流量等工艺参数;允许压力降、尺寸、重量等设计限制条件等。

② 确定热、冷流体定性温度(平均温度),计算或查得热、冷流体的物性参数,如密度、黏度、热导率、比热容等。

液体(过渡流及湍流阶段)的定性温度按下式计算:

$$T_m = 0.4 T_i + 0.6 T_o \tag{5-1}$$

$$t_m = 0.6 t_i + 0.4 t_o \tag{5-2}$$

液体(层流阶段)和气体的定性温度按下式计算。

$$T_m = \frac{T_i + T_o}{2} \tag{5-3}$$

$$t_m = \frac{t_i + t_o}{2} \tag{5-4}$$

式中　T_i，T_o——热流体的进、出口温度，℃；

　　　　t_i，t_o——冷流体的进、出口温度，℃。

③ 物料和热量衡算。利用热平衡方程式确定换热器的热负荷，计算或校核换热器管程或壳程流体的流量，并确定换热器热效率 η 以估算热量损失（主要指对周围环境的热损失）Q_s。

如果在换热器中传热的冷热流体没有相变化，热负荷可按式(5-5) 计算。

$$Q=W_h c_h(T_i-T_o)\eta=W_h c_h(T_i-T_o)-Q_s=W_c c_c(t_o-t_i) \tag{5-5}$$

如忽略对周围环境的热损失，则热负荷按式(5-6) 计算。

$$Q=W_h c_h(T_i-T_o)=W_c c_c(t_o-t_i) \tag{5-6}$$

式中　W_h，W_c——热流体和冷流体的质量流量，kg/s；

　　　　c_h，c_c——热流体和冷流体的比热容，J/(kg·℃)；

　　　　T_i，T_o——热流体的进、出口温度，℃；

　　　　t_i，t_o——冷流体的进、出口温度，℃。

如果在换热器中热、冷流体发生相变化，例如蒸发和冷凝，则热负荷按式(5-7) 计算。

$$Q=W_m r \tag{5-7}$$

式中　r——汽化潜热，J/kg；

　　　　W_m——冷凝量或蒸发量，kg/s。

④ 初步确定换热器流程型式，计算换热器的有效平均温差 Δt_M。管壳式换热器主要流程型式有逆流式、并流式、错流式几种。在逆流式换热器中，两种流体以相反方向流动，从热力学角度考虑，这种流动方式优于其他任何一种；在并流式换热器中，两种流体流动方向一致，从热力学角度考虑，换热器的热效率低，这种流动方式最不理想，在进口处存在大温度差，会引起高热应力，但这种流动方式可以产生均匀的壁面温度，在大流量范围内可保证效率不变，并可以提早产生核态沸腾；在错流式换热器中，两种流体流动方向相互垂直，从热力学角度考虑，错流式换热器的热效率介于逆流式和并流式之间。对于多程换热器，逆流和并流同时存在。

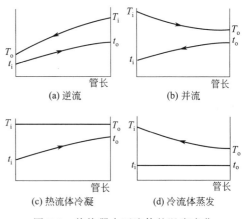

图 5-9　热换器中两流体的温度变化

在纯逆流和纯并流换热器中，或一侧为等温时，流体温度变化情况如图 5-9 所示，（a）为两流体逆流时的温度变化，（b）为两流体并流时的温度变化，（c）和（d）是只有一种流体温度有变化时的情况。其有效平均温差可用对数平均温差 Δt_{log} 表示：

$$\Delta t_M=\Delta t_{log}=\frac{\Delta t_1-\Delta t_2}{\ln\dfrac{\Delta t_1}{\Delta t_2}} \tag{5-8}$$

式中　Δt_1——换热器大温差端的流体温差，逆流时 $\Delta t_1=T_i-t_o$，并流时 $\Delta t_1=T_i-t_i$；

　　　　Δt_2——换热器小温差端的流体温差，逆流时 $\Delta t_2=T_o-t_i$，并流时 $\Delta t_1=T_o-t_o$。

对于多程换热器，其有效平均温差以逆流的对数平均温差为基准，乘以温度校正系数

φ。它的数值表示偏离逆流温差的程度。

$$\Delta t_M = \varphi \Delta t_{\log} \tag{5-9}$$

式中　φ——温度校正系数，根据 P 和 R 两个参量由图 5-10 查得。

$$R = \frac{热流体温降}{冷流体温升} = \frac{T_i - T_o}{t_o - t_i} \tag{5-10}$$

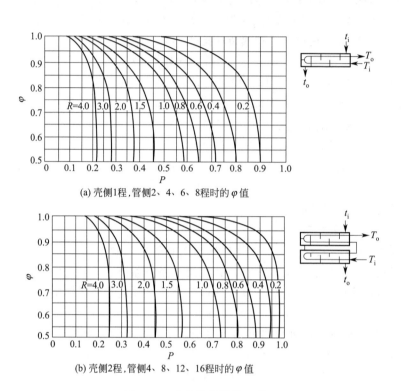

(a) 壳侧1程,管侧2、4、6、8程时的φ值

(b) 壳侧2程,管侧4、8、12、16程时的φ值

图 5-10　多程换热器的 φ 值

表 5-2　管壳式换热器总传热系数的大致范围

项目	壳程	管程	K/[W/(m²·℃)]	包括在 K 值中的总污垢热阻/(m²·℃/W)
无相变	空气,N_2等(压缩)	水或盐水	230~460	0.00088
	空气,N_2等(常压)	水或盐水	57~280	0.00088
	水或盐水	空气,N_2等(压缩)	110~230	0.00088
	水或盐水	空气,N_2等(常压)	30~110	0.00088
	软化水	水	1700~2800	0.00018
	燃料油	水	85~140	0.0012
	燃料油	油	57~85	0.0014
	汽油	水	340~570	0.00054
	重油	水	85~280	0.00088
	有机溶剂	水	280~850	0.00054
	有机溶剂	盐水	200~510	0.00054
	有机溶剂	有机溶剂	110~340	0.00035
	水	水	1100~1420	0.00054
	气(常压)	气(常压)	10~35	
	高压气(20~30MPa)	气(常压)	160~170	

続表

项目	壳程	管程	K/[W/(m²·℃)]	包括在 K 值中的总污垢热阻/(m²·℃/W)
有相变	水蒸气	水	2300～5700	0.00088
	水蒸气	6 号燃料油	85～140	0.00097
	水	芳香族蒸气共沸物	230～460	0.00088
	有机蒸气	水	570～1100	0.00054
	不凝性气体含量高的有机蒸汽(常压)	水或盐水	110～340	0.00054
	不凝性气体含量低的有机蒸汽(真空)	水或盐水	280～680	0.00054
	酒精蒸汽	水	570～1100	0.00035
	高沸点烃类(真空)	水	110～280	0.00054
	高沸点烃类(常压)	水	460～1100	0.00054
	烃类蒸汽(分凝器)	油	140～230	0.00070
	氨气(冷凝)	水	700～930	
	丙烷、丁烷等(蒸发)	水蒸气(冷凝)	1100～1700	0.00026
	水(蒸发)	水蒸气(冷凝)	1420～2300	0.00026
	氯气或氨气(蒸发)	水蒸气(冷凝)	850～1700	0.00026

$$P = \frac{冷流体温升}{两流体的最初温差} = \frac{t_o - t_i}{T_i - t_i} \tag{5-11}$$

当 φ 值小于 0.8 时，换热器的经济效益是不合理的，此时应当增加管程数或壳程数，或用几台换热器串联，必要时也可调整温度条件。

⑤ 初选总传热系数 K_0 值，参见表 5-2，并根据传热基本方程式：

$$Q = K_0 A_0 \Delta t_M \tag{5-12}$$

初算传热面积 A_0：

$$A_0 = \frac{Q}{K_0 \Delta t_M} \tag{5-13}$$

⑥ 设计换热器结构。依据 A_0 选择标准型号换热器或自行设计换热器结构。确定管、壳程的主要结构尺寸，如确定管程数、每程管数、管长、总管数；换热管排列方式、管间距、壳体内径和管、壳程进出口接管尺寸；壳程程数及纵向隔板数目、尺寸或折流板的数目、间距、尺寸等壳程结构尺寸等。

要注意的是，在确定结构尺寸时，许多因素相互影响，如壳体的直径与长度结构尺寸，往往短的壳体其直径较大，而长的壳体其直径较小，一般后者比较经济。这是因为小直径的壳体有可能用标准的管子制造；对于给定的运行条件，壳体直径小，则壳体、法兰、端盖等部件的厚度也可减小；管板的加工成本相对较高，小壳体直径可使管板的厚度、直径相应减小，从而降低制造成本；单位长度管子的成本低。但小壳径长壳体的选择首先要满足允许压降的要求，还要视在已有空间内设备的布置、安装和维修的可能性。

⑦ 管程传热及压降计算。选定允许压降 $[\Delta p_t]$，假定换热管壁温 t_w'，并根据初选结构计算管内流体的对流传热系数 α_i 和压降 Δp_t。当 α_i 大于初选总传热系数值且压降小于允许

压降时，方能进行壳程计算，否则，重选总传热系数 K 值或进行换热器结构调整。

管内流体的对流传热系数 α_i 计算式见表 5-3。

表 5-3　管内流体的对流传热系数 α_i 计算式　　　单位：$W/(m^2 \cdot \text{℃})$

项目	计算公式	适用范围
无相变	$Nu = 1.86 \left(Re \times Pr \dfrac{d}{L}\right)^{\frac{1}{3}} \left(\dfrac{\mu}{\mu_w}\right)^{0.14}$	层流，$Re < 2100$，$0.48 < Pr < 16700$，$Re \times Pr \dfrac{d}{L} > 100$
	$Nu = 0.116(Re^{\frac{2}{3}} - 125)Pr^{\frac{1}{3}} \left[1 + \left(\dfrac{d}{L}\right)^{\frac{2}{3}}\right]\left(\dfrac{\mu}{\mu_w}\right)^{0.14}$	过渡流，$Re = 2100 \sim 10^4$，$Pr > 0.6$
	$Nu = 0.023 Re^{0.8} Pr^n$ 当流体被加热时，$n = 0.4$；流体被冷却时，$n = 0.3$	湍流，光滑管，$Re = 10^4 \sim 1.2 \times 10^5$，$Pr = 0.7 \sim 120$，$\dfrac{L}{d} > 60$
冷凝相变	$\alpha = 0.026 \dfrac{\lambda_L}{d} Re_m^{0.8} Pr^{\frac{1}{3}}$ 式中　$Re_m = \dfrac{d}{\mu_L}\left[G_L + G_V \left(\dfrac{\rho_L}{\rho_V}\right)^{\frac{1}{2}}\right]$	水平管内，$Re_V = \dfrac{dG_V}{\mu_V} > 20000$，$Re_L = \dfrac{dG_L}{\mu_L} > 5000$

注：努塞尔数 $Nu = \dfrac{\alpha d}{\lambda}$；雷诺数 $Re = \dfrac{du\rho}{\mu}$；普朗特数 $Pr = \dfrac{c\mu}{\lambda}$；

式中，d—管子内径；u—流速；ρ—流体密度；c—流体的比热容；μ—流体在定性温度下的黏度；μ_w—流体在管壁温下的黏度；μ_L—冷凝液的黏度；μ_V—蒸汽的黏度；λ—流体的热导率；λ_L—冷凝液的热导率；L—管长，m；G_L—按整个流道截面积计的冷凝液的质量流量，$kg/(m^2 \cdot s)$；G_V—按整个流道截面积计的蒸汽的质量流量，$kg/(m^2 \cdot s)$；ρ_L—冷凝液的密度；ρ_V—蒸汽的密度。

管程压降 Δp_t 由管内摩擦压降 Δp_f、管程的回弯压降 Δp_r、管子进出口的局部压降 Δp_{Nt} 三部分组成，其计算式为：

$$\Delta p_t = (\Delta p_f + \Delta p_r)F_i + \Delta p_{Nt} \qquad (5\text{-}14)$$

式（5-14）中的各项压降可分别用下列公式计算。

$$\Delta p_f = 4f_i N_t \frac{L}{d_i} \times \frac{\rho u_i^2}{2}\left(\frac{\mu}{\mu_w}\right)^m \qquad (5\text{-}15)$$

$$\Delta p_r = 4N_t \rho u_i^2 / 2 \qquad (5\text{-}16)$$

$$\Delta p_{Nt} = 1.5\rho u_{Nt}^2 / 2 \qquad (5\text{-}17)$$

式中　Δp_t——管程压降，Pa；

$\quad \Delta p_f$——管内摩擦压降，Pa；

$\quad \Delta p_r$——管程的回弯压降，Pa；

$\quad \Delta p_{Nt}$——管子进出口的局部压降，Pa；

$\quad F_i$——管程压降的结垢修正系数（对一般油品和液体，若管径为 $\phi 19mm \times 2mm$，$F_i = 1.5$；若管径为 $\phi 25mm \times 2.5mm$，$F_i = 1.4$；对于气体，$F_i = 1$）；

$\quad u_i$——管程流体的流速，m/s，$u_i = \dfrac{W_t}{\rho\left(n\dfrac{\pi}{4}d_i^2 / N_t\right)}$；

$\quad u_{Nt}$——管程接管进出口处流速，m/s，$u_{Nt} = \dfrac{W_t}{\rho\dfrac{\pi}{4}(d_{jt} - 2S_{jt})^2}$；

$\quad N_t$——管程数；

$\quad L$——每程管长，m；

n——管数；

d_i——管内径，m；

d_{jt}——管程进出口接管外径，m；

S_{jt}——管程进出口接管壁厚，m；

W_t——管程流体的流量；

ρ——管程流体的密度；

μ——管程流体的黏度；

m——管程流体黏度修正指数，对于层流流动，$Re<2100$，取 $m=0.25$；对于湍流流动，$Re\geqslant2100$，取 $m=0.14$；

f_i——管程摩擦因子，可根据管程雷诺数由图 5-11 查得。

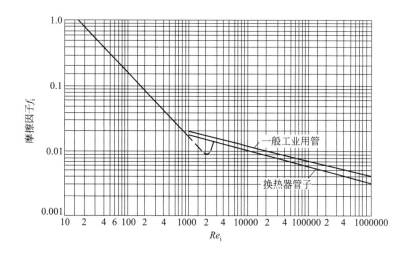

图 5-11　管程摩擦因子

换热器压力降的大小很大程度取决于工艺条件，其值关系到传热面积的大小和操作费用的多少。根据操作压力的不同，表 5-4 所示的压力降范围可供参考。

表 5-4　换热器允许压力降　　　　　　　　　　　　　　　　单位：MPa

操作压力 p	$0\sim0.01$	$0.01\sim0.07$	$0.07\sim1$	$1\sim3$	$3\sim8$
允许压力降 $[\Delta p]$	$\dfrac{p}{10}$	$\dfrac{p}{2}$	0.035	$0.035\sim0.18$	$0.18\sim0.25$

⑧ 壳程传热及压降计算。选定允许压降 $[\Delta p_s]$，根据初选结构，计算壳程流通截面积、流速、传热系数 α_o 和压降 Δp_s，并核定压降及传热系数的合理性，若不符合要求，则变动壳程结构，调整折流板尺寸、间距乃至壳体直径，直到满意为止。

壳程流体的对流传热系数 α_o 与很多复杂的结构因素有关，虽然不少研究者提出了一些考虑各种复杂因素的计算公式，如 Tinker 法、Bell 法、Kern 法等，但使用麻烦，也很难确保计算所得结果的可靠性。在此仅介绍目前工程中较常采用的简单计算公式。

$$\alpha_o=0.36\left(\frac{\lambda}{D_e}\right)Re^{0.55}Pr^{\frac{1}{3}}\left(\frac{\mu}{\mu_w}\right)^{0.14} \tag{5-18}$$

式中　Re——壳程流体雷诺数，$Re=\dfrac{D_e u_o \rho}{\mu}$；

　　　Pr——壳程流体普朗特数，$Pr=\dfrac{c\mu}{\lambda}$；

　　　u_o——壳程流体流速，m/s，$u_o=\dfrac{W_s}{\rho A_s}$；

　　　A_s——横过管束的流通截面积，m^2，$A_s=\dfrac{D_i(S-d)B}{S}$；

　　　D_e——壳程流体流动的当量直径，m，$D_e=\dfrac{D_i^2-nd^2}{\pi d}$，其中，$D_i$ 为换热器壳体的内

径，单位为 m；

　　　d——换热管外径，m；

　　　S——换热管管间距，m；

　　　B——折流板间距。

也可采用传热因子法计算。

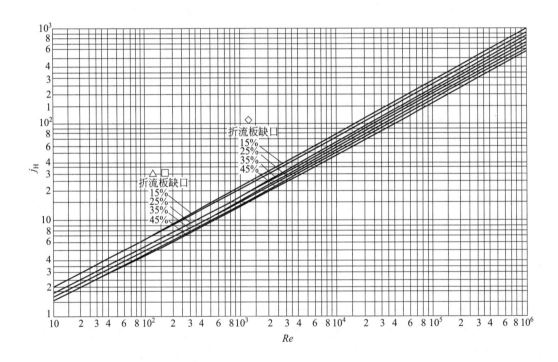

图 5-12　圆缺形折流板壳程传热因子 j_H

$$\alpha_o=j_H\left(\frac{\lambda}{D_e}\right)Pr^{\frac{1}{3}}\left(\frac{\mu}{\mu_w}\right)^{0.14} \tag{5-19}$$

式中　j_H——传热因子，可由图 5-12 查得。

壳程流体压降 Δp_s 计算式为：

$$\Delta p_s=\Delta p_c+\Delta p_b+\Delta p_{Ns} \tag{5-20}$$

式(5-18)中的各项压降可由下列公式计算。

$$\Delta p_c = 4 f_o \frac{D_i}{D_e} \times \frac{\rho u_o^2}{2} (N_b + 1) \tag{5-21}$$

$$\Delta p_b = \frac{\rho u_m^2}{2 c_o^2} N_b \tag{5-22}$$

$$\Delta p_{Ns} = \frac{1.5 \rho u_{Ns}^2}{2} \tag{5-23}$$

式中　Δp_s——壳程压降，Pa；

Δp_c——折流板间错流管束压降，Pa；

Δp_b——折流板缺口部分的压降，Pa；

Δp_{Ns}——壳程进出口的局部压降，Pa；

u_{Ns}——壳程接管进出口处流速，m/s，$u_{Ns} = \dfrac{W_s}{\rho \frac{\pi}{4}(d_{js} - 2S_{js})^2}$；

n_w——折流板圆缺部分的换热管数，其中切口上管子按圆弧比计入，可采用作图或计算得到；

u_m——圆缺区平均流速，m/s，$u_m = \sqrt{u_o u_b}$；

u_b——壳程圆缺区流体流速，m/s，$u_b = \dfrac{W_s}{\rho A_b}$；

A_b——折流板圆缺部分流通面积，m^2，$A_b = \beta D_i^2 - n_w \frac{\pi}{4} d^2$；

N_b——折流板数；

d_{js}——壳程进出口接管外径，m，尽量使壳程进口接管流体满足：对于非腐蚀、非磨损性单相液体，$\rho u^2 \leqslant 2230 kg/(m \cdot s^2)$；对于其他液体，$\rho u^2 \leqslant 740 kg/(m \cdot s^2)$；

S_{js}——壳程进出口接管壁厚，m；

W_s——壳程流体的流量；

ρ——壳程流体的密度；

μ——壳程流体的黏度；

β——系数，由表5-5查得；

f_o——壳程摩擦因子，可根据壳程雷诺数由图5-13查得。

表 5-5　β 值

h/D_i	0.15	0.20	0.25	0.30	0.35	0.40	0.45
β	0.0793	0.112	0.154	0.198	0.245	0.293	0.343

⑨ 核算总传热系数 K 与传热面积 A。根据管、壳侧流体流速和温度确定污垢热阻（见表5-6、表5-7），进而计算总传热系数 K，当 $K = (1.1 \sim 1.2) K_0$ 时即符合要求。也可以进而计算出传热面积 A，并与 A_0 相比较，当有 $10\% \sim 20\%$ 的过剩传热面积即符合要求。

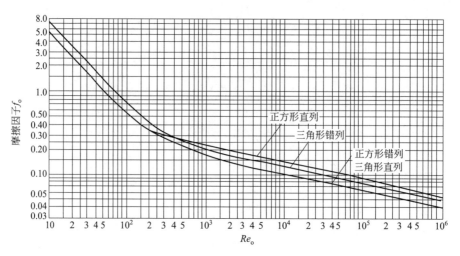

图 5-13 壳程摩擦因子 f_o

表 5-6 水的污垢热阻 r_d 单位：$10^{-5}\,m^2 \cdot \text{℃}/W$

加热介质温度/℃	≤115		116～205	
水的温度/℃	≤52		>52	
水速/(m/s)	≤1	>1	≤1	>1
海水	8.8	8.8	17.6	17.6
微咸水	35.2	17.6	52.8	35.2
处理过的补给水	17.6	17.6	35.2	35.2
未处理的补给水	52.8	52.8	88.0	70.4
自来水、地下水、湖水	17.6	17.6	35.2	35.2
河水、泥水	52.8	35.2	70.4	52.8
硬水(>257ppm)	52.8	52.8	88.0	88.0
蒸馏水	8.8	8.8	8.8	8.8
处理过的锅炉给水	17.6	8.8	17.6	17.6
锅炉排污水	35.2	35.2	35.2	35.2

表 5-7 几种流体的污垢热阻 r_d 单位：$10^{-5}\,m^2 \cdot \text{℃}/W$

流体种类	r_d	流体种类	r_d
燃料油	88.0	贫油	35.2
工厂废气	176.1	富油	17.6
水蒸气(不带油)	8.8	汽油	17.6
水蒸气(带油)	17.6	重质柴油	52.8
制冷剂蒸气(带油)	35.2	轻质柴油	35.2
有机载热体蒸气	17.6	重质燃料油	88.0
液压流体	17.6	煤油	17.6
有机载热体液体	17.6	乙醇	17.6
酸性气体	17.6	植物油	52.8
带触媒的气体	52.8	轻质石脑油蒸气	17.6
塔顶蒸气	17.6	液化石油气	17.6

包括污垢在内的以换热管外表面积为基准的总传热系数 K 和传热面积 A 的计算式为：

$$\frac{1}{K} = \left(\frac{1}{\alpha_o} + r_{do}\right)\frac{1}{\eta} + r_w + \left(\frac{1}{\alpha_i} + r_{di}\right)\left(\frac{A_o}{A_i}\right) \tag{5-24}$$

$$A = \frac{Q}{K\Delta t_M} \tag{5-25}$$

式中　K——总传热系数，$W/(m^2 \cdot ℃)$；

　　　α_o——壳程流体的对流传热系数，$W/(m^2 \cdot ℃)$；

　　　α_i——管程流体的对流传热系数，$W/(m^2 \cdot ℃)$；

　　　r_{do}——管外污垢热阻，$m^2 \cdot ℃/W$；

　　　r_{di}——管内污垢热阻，$m^2 \cdot ℃/W$；

　　　r_w——用管外表面表示的管壁热阻，如有延伸表面，也包括在内，$m^2 \cdot ℃/W$；对于

　　　　　光管，$r_w = \dfrac{d}{2\lambda_w} \ln \left(\dfrac{d}{d - 2\delta_w} \right)$，式中 d 为光管外径，λ_w 为换热管材料热导率，

　　　　　δ_w 为光管壁厚；

　　　$\dfrac{A_o}{A_i}$——换热管外表面积与内表面积之比；

　　　η——翅化比，采用光管时 $\eta = 1$。

⑩ 核算壁温。根据总传热系数 K 计算所得的换热管壁温 t_w 与假定值 t'_w 相比，基本相符。

换热管壁温计算式为：

$$t_w = \frac{1}{2}(t_{wh} + t_{wc}) \tag{5-26}$$

$$t_{wh} = T_m - K\left(\frac{1}{\alpha_h} + r_{dh}\right)\Delta t_M \tag{5-27}$$

$$t_{wc} = t_m + K\left(\frac{1}{\alpha_c} + r_{dc}\right)\Delta t_M \tag{5-28}$$

式中　t_w——换热管壁温，℃；

　　　t_{wh}——热流体侧壁温，℃；

　　　t_{wc}——冷流体侧壁温，℃。

以上一些步骤可视具体情况作适当调整，对设计结果应进行分析。例如若某一热阻占统治地位，如有可能应采取措施减小之。又如允许压降必须尽可能加以利用，若计算压降与允许压降差别较大，则应尝试改变设计参数或结构尺寸，甚至改变结构型式。有时为了节省投资，应该采用几个方案进行比较，可见其设计过程是相当复杂费时的。利用计算机进行辅助设计计算可减少大量劳动。

5.3　管壳式换热器的结构设计

管壳式换热器的结构设计的任务是确定换热器所有零部件的结构尺寸和材料，并对换热设备所有受压元件进行强度计算，例如壳体壁厚，管板、封头和法兰的厚度、尺寸，支座型式和尺寸，螺栓大小和个数等。

5.3.1　换热器的外壳

5.3.1.1　换热器外壳的受力特点

由于换热器的壳体和管束通过管板刚性连接在一起，因此换热器工作中受力较复杂，主

要表现在壳体轴向应力的计算上。因为壳体既要承受由壳程介质压力和管程介质压力所产生的轴向力，又要承受由于壳体与管束热变形的相互限制引起的轴向力，这个应力的计算比较复杂。实际设计换热器壳体壁厚时，仍按内压或外压圆筒的计算方法确定：若为正压按内压容器设计，若为真空操作则按外压圆筒的计算方法确定，然后应该验算圆筒的轴向总应力，包括管壳程介质压力引起的应力和由管壳程温度差引起的热应力，从而判断该换热器是否需要设置膨胀节。

另外，换热器圆筒也有最小壁厚问题，设计中应给予注意。最小厚度不得小于表 5-8 或表 5-9 的规定。表中数据包括壁厚附加量（其中 C_2 按 1mm 考虑）。

表 5-8　高合金钢圆筒的最小厚度　　　　　　　　　　　单位：mm

公称直径	400～700	800～1000	1100～1500	1600～2000
最小厚度	4.5	6	8	10

表 5-9　碳素钢或低合金钢圆筒的最小厚度　　　　　　　单位：mm

公称直径	400～700	800～1000	1100～1500	1600～2000
浮头式、U 形管式	8	10	12	14
固定管板式	6	8	10	12

5.3.1.2　换热器管箱

换热器两端的封头称作管箱，它由封头、短节和法兰（多管程时还有分程隔板）构成。在管箱顶部或侧面设有管程介质的进、出口接管。

管箱的作用是把管道中来的流体均匀地分布到各个换热管中去，并把换热管内的流体汇集到一起送出换热器。在多管程换热器中，管箱还起改变管程流体流向的作用。

管箱增加短节的目的是增大管箱深度，以改善流体的分布，减少管程流体转弯时的阻力。对于轴向接管的单管程管箱，接管中心处的最小内侧深度不得小于接管内径的 1/3。对多管程管箱，其内侧深度应保证两管程之间的横跨面积至少等于每程管子流通面积的 1.3 倍。

图 5-14 是管箱的几种结构形式。其中（a）适用于较清洁的介质，因检查和清洗管子时，必须把与其连接的管道一同拆下，很不方便；（b）是在管箱上设计有一平盖，拆此平盖时不必拆除与其连接的管道，因此检查和清洗都很容易，这种结构采用的较多，缺点是材料用量多；（c）是把管箱与管板焊接在一起，从结构上完全可以避免管板密封处的泄漏，然而因管箱不能单独拆下，使检修和清理均不方便，故实际很少采用；（d）是一种四管程隔板的安装形式；（e）和（f）分别为四管程和双管程换热器的进口、出口接管形式。

碳钢、低合金钢制的、焊有分程隔板的管箱和管箱的侧向开孔超过 1/3 圆筒内径的管箱，应在旋焊后做消除应力的热处理，设备法兰密封面应在热处理后加工。但奥氏体不锈钢制管箱，一般不做焊后消除应力的热处理。当有较高抗腐蚀性要求或在高温下使用时，可以按供需双方商定的方法进行热处理。

图 5-15 是分程隔板与管板的密封结构。其中（a）和（b）是一般常用的结构形式；（c）用于碳钢与不锈钢设备的混合结构；（d）所示结构用于大直径的换热设备，双层隔板是为了提高刚度。

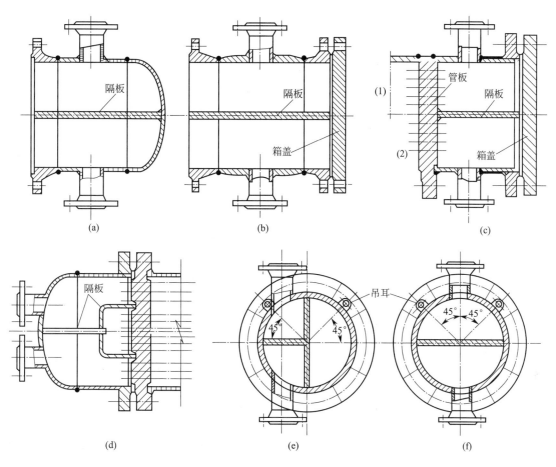

图 5-14　管箱结构形式

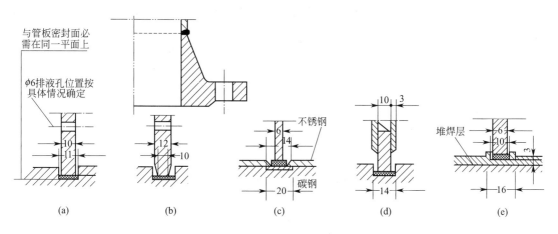

图 5-15　分程隔板与管板间的密封

　　为了保证密封的可靠，隔板槽密封面与管箱法兰环形密封面应平齐，或略低于环形密封面（控制在 0.5mm 以内），而且隔板槽密封面与环形密封面的密封用垫片应做成一体的。

　　关于隔板的材料应注意选用与管箱相同的材料。

▶ 5.3.2 管束

5.3.2.1 换热管的尺寸规格及材料

换热器的管子是传热元件,管子尺寸的大小对传热有很大影响,当采用小直径的管子时,换热器单位体积的传热面积大些,设备较紧凑,单位传热面的金属消耗量小,可提高管内流体的对流传热系数。但传热面积一定时,管径小则制造麻烦、费用高,而且管径小,流体阻力大,容易结垢,也不易机械清洗。因此多用于较清洁的流体。

采用的无缝钢管规格(外径×壁厚)主要有 $\phi19\text{mm}\times2.0\text{mm}$;$\phi25\text{mm}\times2.5\text{mm}$;$\phi38\text{mm}\times3.0\text{mm}$;$\phi57\text{mm}\times3.5\text{mm}$。不锈耐酸钢管的规格主要有 $\phi25\text{mm}\times2.0\text{mm}$;$\phi38\text{mm}\times2.5\text{mm}$;$\phi57\text{mm}\times2.5\text{mm}$。

换热管直径与长度的具体确定与工艺计算有密切关系。在确定管子长度时,应考虑管材的合理使用,尽量采用现有管长规格,或根据管长规格合理截用,避免材料的浪费。国内推荐换热管长度系列为 1.5m、2.0m、3.0m、6.0m 四种。

除钢材外,换热管还可用铝、铜、石墨等,这要根据操作压力、操作温度及介质的腐蚀性等来决定。

5.3.2.2 管子排列方式的选择与管心距的确定

(1) 管子在管板上的排列方式

考虑管子排列方式的原则是,使换热管在换热器横截面上均匀而紧凑地分布。当然还应考虑壳程流体的性质(如黏度、是否易结垢)和结构设计及制造方面的问题,如是否有纵向隔板,管束是否分程等。换热管在管板上的排列方式有:等边三角形(或称正六角形)、正方形和同心圆三种形式,如图 5-16 所示。

正三角形排列法,一般用于壳程流体是污垢较少的介质,其优点是在相同管板面积上可排列较多的换热管。

当壳程流体污垢较多,传热管外表面需清洗时,则应采用正方形排列法,此时管间形成一条直的通道,便于用机械方法清洗管子外表面。但该排列法在相同管板面积上排管数目最少。

同心圆排列法在靠近壳体的地方布管均匀,在小直径换热器中(排管圈数不超过六圈时),排管数目比等边三角形排列法还多,但这种排列法几乎只用于空气分离设备上。

除了上述基本排列方式外,在多程换热器中多采用组合排列法,即每一程内采用等边三角形排列法,而各程之间为了安排分程隔板,则采用正方形排列法,如图 5-17 所示。

需指出,等边三角形排列法排列面积是一正六角形,当管束超过 127 根(即六角形层数大于六层)时,就必须在最外层管子与壳体间的弓形部分也另外排管子。这不仅是为了多排些管子增大传热面,更重要的是为了消除管外空间的有害通道。

排管数目除可查表外,也可按下式计算(等边三角形排列时)求得

$$N_T = 3a(a+1)+1 \tag{5-29}$$

式中 a——六角形的数目;

N_T——排列在六角形内的换热管数。

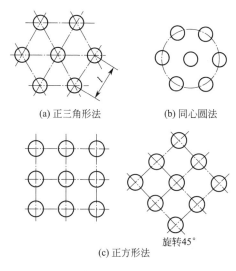

(a) 正三角形法   (b) 同心圆法

(c) 正方形法

旋转45°

图 5-16 管子在管板上的排列方式

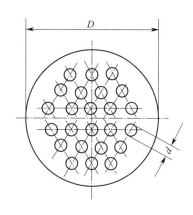

图 5-17 组合排列法

（2）管心距

两根换热管的中心距离称为管心距。管心距随管子与管板连接方式的不同而不同，但无论哪种连接方式对最小管心距有一定要求。这是因为当管子与管板连接采用焊接方法时，若相邻两根管子的管心距太小，使两根管子的焊缝太近而会相互受到热影响，焊缝质量不易保证；当管子与管板连接采用胀接时，管心距过小则管间"小桥"（相邻四根管子所包围的面积）没有足够的刚度，管子与管板胀接的连接强度达不到要求。

管心距 t 一般采用

焊接法 $t = 1.25d_0$

胀接法 $t \geqslant 1.25d_0$

式中，d_0——换热管外径，mm。

常用的换热管中心距列于表 5-10 中，表中是分程隔板两侧第一排管的中心距。

表 5-10 换热管中心距

单位：mm

换热管外径 d_0	10	14	19	25	32	38	45	57
t	13~14	19	25	32	40	48	57	72
t_n	28	32	38	44	52	60	68	80

（3）布管限定圆

固定管板换热器换热管在管板上的布置是有限制的，最大布管圆可按下式计算。

$$D_L = D_i - 2b_3 \qquad (5\text{-}30)$$

式中 D_L——布管限定圆直径，mm；

D_i——换热器壳体内直径，mm；

b_3——管束最外层换热管外表面至壳体内壁的最短距离，

mm（见图 5-18），$b_3 = 0.25d_0$ 且不小于 10mm。

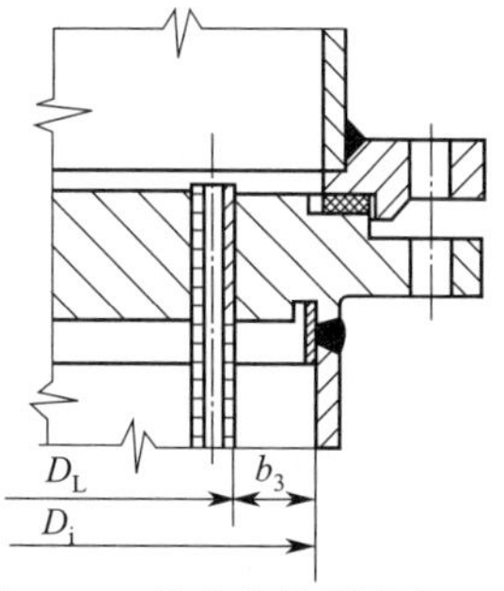

图 5-18 最大布管圆直径 D_L

（4）管束分程

当工艺要求的换热面积较大时，可采用增加换热管长度或增加换热管数量的方法来达到。增加管长是有限度的，一般不超过 6m。增加管子数量则要保证流体在管内有一定的速度，流速太低对传热不利，为此可将管束分程，使流体依次通过各个管程。但这并不意味着管程数越多越好，因这将会使管箱结构复杂，给制造带来困难，而且会使流体阻力增大。

管程数一般有 1、2、4、6、8、10、12 等几种。图 5-19 是管程布置图。可以看出，除单程外均为偶数管程，这是因为偶数管程的流体进出口均可设在前端管箱上，这对设计、制造、操作和维修都较方便。

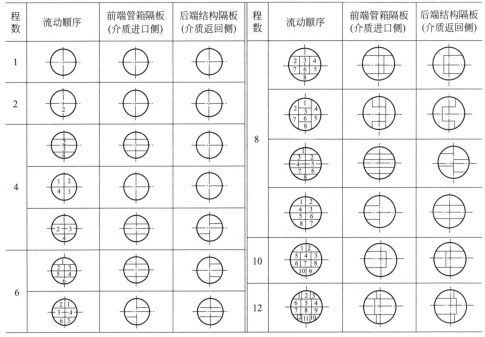

图 5-19　管程布置图

此外，管束分程时还要考虑下述几点：

① 尽可能使各程换热管数量大致相等，以减小流体阻力；

② 分程隔板槽的形状要简单，密封长度尽量短，以利于制造和密封；

③ 相邻管程之间管程流体的温度差不宜过大，以不超过 20℃ 左右为宜，以避免产生过大的热应力和恶化密封条件。

5.3.2.3　高效传热管

管壳式换热器中的传热管，一般均采用热轧或冷轧制造的钢管，这种管子管壁是光滑的，其结构很简单，制造容易，但其本身不具备强化传热的性能，特别是当流体的对流传热系数很低时，采用光滑管换热器的传热系数不高。为了强化传热，人们将光滑管子的表面形状和性质加以改造，以增加流体的湍动程度，达到强化传热的目的。

（1）扩大传热表面的管子

在传热系数较低的一侧，用在管子上增加翅片的方法来扩大传热表面，其传热面的扩大为普通光滑管的 2～3 倍，可有效地提高总传热系数。在管壳式换热器中，可采用壁厚较大，在管外壁沿径向滚压成螺纹状的螺纹管。螺纹高为 1～1.5mm，螺距 1～2mm。滚压螺纹后，管子外径略小于原管径，内壁面略有波纹，基本上仍保留光滑状，如图 5-20 所示。管端不滚压螺纹以便用胀接或焊接方法与管板连接。这种螺纹管属低翅片管，也可以采用其他加工方法制造高翅片管，其传热面的扩大比螺纹管更大。

（2）促进涡流的管子

这种管子可以促进流体的湍动，以达到强化传热的目的。螺旋波纹管（图 5-21）和槽纹管（图 5-22）都属于这种高效传热管。它们是用薄壁管滚压而成，管内壁有明显的波纹，螺旋波纹管可以是单头或多头的，螺旋槽越深（一般为 0.4～1.0mm），则强化传热效果越好。这种管子的流体阻力虽然较大，但传热的强化往往比阻力的增大更明显，因而是有利的。

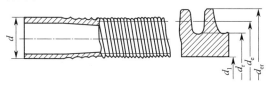

图 5-20　螺纹管

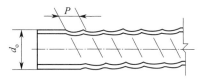

图 5-21　螺旋波纹管

（3）利用表面张力的管子

这种管子实际是一种异形钢管，其横截面的形状为正弦波或锯齿波形，如图 5-23 所示，叫纵向波纹管。它一般是立式安装，多用在膜式蒸发器，使冷凝侧与沸腾侧的传热都能得到强化。冷凝侧由于液膜表面张力的作用，使凝液聚集到凹部后依靠重力向下流动，从而使凸部液膜变薄，传热得以强化，如图 5-23(b)所示。沸腾汽化侧的料液也聚集到凹部，由于冷凝侧凸部受强化所传入的热量，使此处料液强烈沸腾，料液飞溅到凸部，保证了凸部不断地处于薄膜蒸发状态。

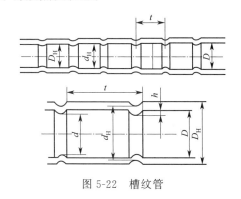

图 5-22　槽纹管

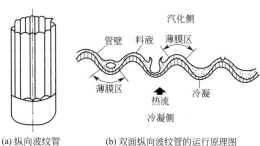

(a) 纵向波纹管　　(b) 双面纵向波纹管的运行原理图

图 5-23　纵向波纹管

（4）表面多孔管

沸腾传热时，在传热表面上形成气泡核心是关键的一步，改变传热表面的状态，增加表面上活性发泡点，是强化沸腾传热的一种方向。表面多孔管就是在这种想法基础上出现的。表面多孔管是以光滑管子为毛坯，用机械加工成型的方法、烧结法、喷镀法或电化学腐蚀法，使管子表面层形成许多错开排列的小孔，在小孔下方形成贯通的不规则通道，如图 5-24 所示。这种特殊的表面结构使沸腾传热得到了很大的加强。

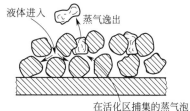

图 5-24　多孔金属复层的传热机理模型

多孔管能大大强化沸腾传热（其沸腾传热系数为光滑管的 7 倍）的原因，正是该多孔层提供了大量的汽化核心，同时在多孔层的通道壁上进行着高效薄膜蒸发造成的。

5.3.3 管板

管板是管壳式换热器的主要零件之一。正确分析管板的受力状态，合理确定管板的厚度，对保证换热器的安全运转、节约材料、降低成本起着相当重要的作用。由于管板受力复杂，影响其厚度计算的因素很多，下面仅就其受力特点及其几种厚度计算方法的理论做一简单介绍。

5.3.3.1 管板受力的特点

① 管板是一个被密布的管孔所削弱了的圆平板，该平板两侧作用有均布载荷（即管程与壳程的介质压力），当把它作为一个受均布载荷的圆平板考虑时，应只考虑其中一侧的压力，而且要考虑管孔对管板的强度与刚度的削弱。因此管板的强度及计算厚度显然与管孔的大小及布置有关，这是管板计算与一般的圆形平板的计算区别之一。

② 管板是被支承在由管束构成的弹性基础上。由于管子的端部是刚性固定在管板上，当管板在流体压力作用下产生弯曲变形时，管束中的每一根管子要发生轴向伸长或缩短变形。管板弯曲时，挠度大的地方，管子的轴向变形大；挠度小的地方，管子的轴向变形小。伴随管子发生轴向变形的同时，管板要受到每根管子作用给它的弹性反力。管板挠度大的地方，该弹性反作用也大。当管子比较稠密地分布在管板上时，这种离散的弹性反力就可以看成是连续分布的、支承着管板的弹性基础上的面积力。这个力的分布和大小显然与管子的直径、壁厚、长度及其分布有关，而且直接影响着管板的强度计算结果。

③ 管板与管束及壳体均是刚性连接，壳壁的热变形及由壳程介质压力和管程介质压力引起的壳壁轴向伸缩，会受到管束和管板的约束，从而管板就要受到壳壁作用给它的力和力矩。这些力的大小显然与管束和壳体的温差、材质、尺寸等因素有关，这些因素都将影响管板的强度计算。

④ 当管板兼作法兰时，除管板对法兰有加强作用外，法兰力矩反过来对管板应力也有影响，因而凡决定法兰力矩的参数都会影响管板的计算。

5.3.3.2 管板厚度的计算原则

① 把管板看成为周边支承条件下承受均布载荷的圆平板，应用平板理论得出计算公式。计算中考虑到管板开孔对管板的强度和刚度的削弱作用，引入了经验性的修正系数。这是一种半经验公式，目前已很少使用。

② 把管板当作受管子固定支撑的平板。管板的厚度取决于管板上最大无支撑面积，管板厚度只按该最大无支撑面积的平板来计算就可以了。实践证明，这种计算方法适用于各种薄管板的厚度计算或强度校核。

③ 把管板看成是弹性基础上受均布载荷的多孔圆平板，既考虑了管子对管板的加强作用，也考虑了管孔对管板强度和刚度的削弱作用。这是目前比较通行的计算理论，我国的规范及美国、原苏联等国的规范均以此理论为基础，得出了管板厚度的计算方法。

5.3.3.3 延长部分兼作法兰的管板厚度表及使用说明

换热管板的计算十分复杂，目前工程设计均采用计算机进行计算，为方便使用，下面提供一管板厚度表（表5-11）供参考，并对其使用做几点说明。

表 5-11 管板厚度表

序号	公称压力 PN /MPa	壳体内直径×壁厚 $D_1 \times S$/mm²	换热管数目 n	管板厚度 t/mm			
				$\Delta t= \pm 50℃$		$\Delta t= \pm 10℃$	
				计算值	设计值	计算值	设计值
1	1.0	400×8	96	33.8	40.0	25.6	32.0
2	1.0	450×8	137	34.9	40.0	26.5	32.0
3	1.0	500×8	172	35.1	40.0	27.4	32.0
4	1.0	600×8	247	35.7	42.0	29.1	34.0
5	1.0	700×8	355	36.4	42.0	30.6	36.0
6	1.0	800×10	469	44.1	50.0	35.4	40.0
7	1.0	900×10	605	44.3	50.0	37.2	42.0
8	1.0	1000×10	749	44.9	50.0	38.7	44.0
9	1.0	1100×12	931	50.7	56.0	43.0	48.0
10	1.0	1200×12	1117	51.5	56.0	44.3	50.0
11	1.0	1300×12	1301	52.3	53.0	45.7	52.0
12	1.0	1400×12	1547	52.9	58.0	46.9	52.0
13	1.0	1500×12	1755	53.6	60.0	46.1	54.0
14	1.0	1600×14	2023	61.7	68.0	53.2	58.0
15	1.0	1700×14	2245	62.4	68.0	54.5	60.0
16	1.0	1800×14	2559	62.9	58.0	55.6	62.0
17	1.0	1900×14	2833	60.5	66.0	55.5	62.0
18	1.0	2000×14	3185	61.5	66.0	56.5	62.0
19	1.6	159×4.5	5	24.2	30.0*	23.6	30.0
20	1.6	219×6	20	26.3	32.0*	25.7	32.0
21	1.6	273×8	38	29.7	36.0*	28.5	36.0
22	1.6	325×8	57	32.2	38.0*	29.8	36.0
23	1.6	400×8	96	36.5	42.0	38.0	40.0
24	1.6	450×8	137	37.8	44.0	34.1	40.0
25	1.6	500×8	172	38.7	46.0	35.4	42.0
26	1.6	600×8	247	40.1	46.0	36.7	44.0
27	1.6	700×10	355	46.4	52.0	41.1	48.0
28	1.6	800×10	469	47.4	54.0	43.7	50.0
29	1.6	900×10	605	48.2	54.0	45.3	52.0
30	1.6	1000×10	749	48.9	56.0	46.8	54.0
31	1.6	1100×12	931	56.6	64.0	53.0	60.0
32	1.6	1200×12	1117	57.4	64.0	54.6	62.0
33	1.5	1300×14	1301	65.3	72.0	60.1	66.0
34	1.6	1400×14	1547	66.1	72.0	61.7	68.0
35	1.6	1500×14	1755	63.9	70.0	61.8	68.0
36	1.6	1600×14	2023	64.7	72.0	63.2	70.0
37	1.6	1600×14	2245	65.6	72.0*	64.3	70.0
38	1.6	1800×14	2559	66.3	72.0*	65.4	72.0
39	1.6	1900×14	2833	66.7	74.0*	66.6	74.0
40	1.6	2000×14	3186	67.9	74.0*	67.9	74.0
41	2.5	159×4.5	6	24.6	32.0*	24.8	32.0
42	2.5	219×6	20	27.9	34.0*	27.9	34.0
43	2.5	273×8	38	32.6	40.0*	32.8	40.0
44	2.5	325×8	57	35.2	42.0*	35.2	42.0
45	2.5	400×8	96	39.4	46.0	38.8	46.0
46	2.5	450×8	173	40.8	48.0	39.1	46.0
47	2.5	500×8	172	41.8	48.0	40.7	48.0

序号	公称压力 PN /MPa	壳体内直径×壁厚 $D_1 \times S$/mm²	换热管数目 n	管板厚度 t/mm			
				$\Delta t = \pm 50℃$		$\Delta t = \pm 10℃$	
				计算值	设计值	计算值	设计值
48	2.5	600×10	247	49.4	56.0	46.4	52.0
49	2.5	700×10	355	50.6	58.0	47.9	54.0
50	2.5	800×10	469	52.5	58.0	50.3	56.0
51	2.5	900×12	605	57.9	64.0	55.9	62.0
52	2.5	1000×12	749	59.8	66.0	57.6	64.0
53	2.5	1100×14	931	66.4	72.0	64.4	70.0
54	2.5	1200×14	1117	67.9	74.0*	65.5	72.0
55	2.5	1300×14	1801	69.8	76.0*	69.8	76.0
56	2.5	1400×16	1547	76.3	82.0*	76.3	82.0
57	2.5	1500×16	1755	77.7	84.0*	77.7	84.0
58	2.5	1600×18	2023	79.4	86.0*	49.4	86.0
59	2.5	1700×18	2245	84.9	92.0*	84.9	92.0
60	2.5	1800×20	2559	86.9	92.0*	86.3	92.0
61	4.0	159×4.5	6	31.1	38.0*	31.1	38.0
62	4.0	219×8	20	35.2	42.0*	35.2	42.0
63	4.0	273×8	88	38.7	46.0	38.7	46.0
64	4.0	325×9	57	43.5	50.0	43.5	50.0
65	4.0	400×10	96	50.2	56.0	80.5	56.0
66	4.0	450×10	137	52.6	60.0	52.6	60.0
67	4.0	500×12	172	57.9	66.0	57.9	66.0
68	4.0	600×14	247	66.4	74.0	66.4	74.0
69	4.0	700×14	355	70.5	76.0	70.5	76.0
70	4.0	800×14	469	74.1	80.0*	74.1	80.0
71	4.0	900×16	605	81.1	88.0*	81.1	88.0
72	4.0	1000×18	749	88.4	95.0*	88.4	98.0
73	4.0	1100×18	931	90.9	98.0*	90.9	98.0
74	4.0	1200×20	1117	97.7	104.0*	97.7	104.0
75	6.3	159×6	6	41.9	54.0	41.9	54.0
76	6.3	219×9	20	44.3	56.0	44.3	56.0
77	6.3	273×11	33	53.7	66.0	53.7	66.0
78	6.3	325×13	57	61.4	74.0	61.4	74.0
79	6.3	400×14	96	71.2	84.0	71.2	84.0
80	6.3	450×16	137	77.9	92.0	77.9	92.0
81	6.3	500×16	172	83.5	98.0	88.5	96.0
82	6.3	600×20	247	98.8	112.0	98.8	112.0
83	6.3	700×22	355	111.9	124.0	111.9	124.0
84	6.3	800×22	469	117.5	130.0	117.5	130.0

① 表中的设计压力，在确定管板厚度时应按壳程设计压力 p_s 与管程设计压力 p_t 中之大者选取。而其他受压部件则分别按 p_s 与 p_t 确定尺寸。当设计压力 $<1.0MPa$ 时，按 $PN = 1.0MPa$ 选定。

② 前已述及，壳体与管壳的尺寸均会直接影响管板厚度的计算值，所以在表中同时给出了相应的壳体内直径 D_i、壁厚 δ 及换热管的数目 n。换热管的规格为 $\phi 25mm \times 2.55mm \times 600mm$，采用三角形排列，管间距为 32mm。对称布管，并要考虑壳程接管及设置防冲板对排管数目的影响，壳程即壳体接管最大的公称直径 d 可取到 $[(1/4) \sim (1/3)]DN$。

③ 表中的管板厚度是按壳体不带膨胀节计算的。

④ 管板、换热管、壳体及管箱短节的材料选定如下：

a. 管板材料为 16Mn（锻件），按设计温度 200℃定许用应用 $[\sigma]^{200}=140$MPa。

b. 换热管材料为 10 号钢，$[\sigma]^{200}=104$MPa。

c. 壳体和管箱短节材料：

- $PN\leqslant6.3$MPa、$DN\leqslant325$mm 时，用 20 号无缝钢管。
- $PN\leqslant1.0$MPa、$DN\leqslant2000$mm 及 $PN\leqslant1.6$MPa、$DN\leqslant1500$mm 时，用 20R 卷制。
- PN、DN 超过上述范围时，一律用 16MnR 卷制。

⑤ 与管板相连的管箱法兰标准及螺栓垫片材料应按表 5-12 确定。

表 5-12　法兰标准和螺栓垫片材料

PN/MPa	1.0		1.6		2.5		4.0		6.3(6.4)	
DN/mm	400～800	900～2000	159～325	400～2000	159～325	400～1800	159～325	400～1200	159～325	400～800
法兰标准	NB/T 47021—2012	NB/T 47023—2012	HG/T 20613—2009	NB/T 47023—2012	HG/T 20613—2009	NB/T 47023—2012	HG/T 20613—2009	NB/T 47023—2012	HG/T 20613—2009	NB/T 4703—2012
螺栓材料	按 NB/T 47020—2012《压力容器法兰分类与技术条件》和 HG/T 20613—2009《钢制管法兰用紧固件(PN 系列)》选取									
垫片材料	橡胶石棉板	金属包垫片、柔性石墨垫片								
垫片标准	NB/T 47024—2012	NB/T 47026—2012，HG/T 20613—2009								

⑥ 换热管与管板的连接除 $PN=6.3$MPa 及打 * 者（表 5-11 中）为焊接连接外，其余均采用胀接连接。

5.3.3.4　管板与换热管的连接

管子与管板的连接是一个较重要的结构问题，其加工工作量大，而且须使每一个连接处在设备运行中均不会发生介质的泄漏，保证换热工作的正常。

常用的管子与管板的连接形式有三种：胀接、焊接及胀焊接合。

（1）强度胀接（一般称胀接）

所谓强度胀接是为保证换热管与管板连接的密封性能及抗拉脱强度的胀接。其原理是用机械的、液力的或爆炸的方法，将管板孔中的管子直径强行胀大，使其发生塑性变形，并与仅发生弹性变形的管板孔紧密贴合，借助于胀接后管板孔的弹性收缩箍紧管子，从而实现管子与管板的连接。由于胀接连接靠的是管孔收缩产生的残余应力，这一应力会随着温度的上升而减小，所以胀接连接的使用压力和温度受到一定限制。一般适用于设计压力不超过 4MPa，设计温度不超过 300℃，同时操作中应无剧烈振动，无过大温度变化和不存在产生应力腐蚀的特定条件。

① 强度胀接的一般要求　强度胀接的一般要求如下：

a. 选材时应注意使管板材料的硬度大于换热管材料的硬度，以保证管子发生塑性变形时，管板只发生弹性变形。当由于工艺对材料要求的限制，上述要求得不到满足时，可将管子端部局部退火降低其硬度，以保证胀接强度和紧密性。有应力腐蚀时不可采用这种方法。

b. 换热管与管板孔连接部位的粗糙度对胀接质量有影响。为保证结合面不产生泄漏现象，结合面上不允许有贯通的纵向和螺旋状刻痕。

c. 换热管与管板连接部位的表面应清理干净，不应有影响胀接的毛刺、铁屑、锈斑和油污等。

d. 换热管外径小于 14mm 时，不宜采用胀接。换热管必须用不锈钢管时，一般不用胀接。

② 管板孔　管板孔有光滑和带环形槽的两种，当胀接处所受拉脱力较小时，可采用光滑孔，管端伸出管板 3～5mm，见表 5-13，胀接时将管端做成圆锥形，若将管端翻边可使管子与管板连接的更牢固，可提高抗拉脱力。但是当管束承受压应力时，则不必采用翻边的结构形式。

表 5-13　胀接管的管端伸出长度及管孔槽深　　　　　　　　单位：mm

换热管外径 d	14	19	25	32	38	45	57
伸出长度 l_1		3^{+2}			4^{+2}		5^{+2}
槽深 K	不开槽	0.5		0.6		0.8	

管孔开环形槽的目的与管口翻边一样，主要是提高抗拉脱力及增强密封性。其结构形式如图 5-25 所示，在管板孔中开环形槽，槽的数目根据管板厚度决定，当管板厚度小于 25mm 时开一个槽，当管板厚度大于 25mm 时开两个槽。槽的深度与换热管外径有关，见表 5-13。

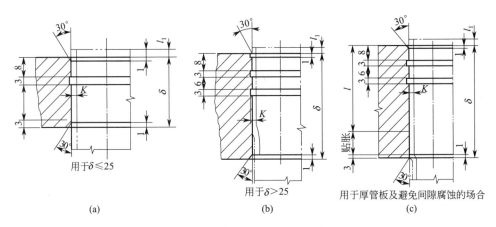

图 5-25　管孔中的环形槽尺寸

③ 结构尺寸　胀接时的最小胀接长度应取下列三者的最小值：

a. 管板的名义厚度减 3mm；

b. 50mm；

c. 两倍的换热管外径。

（2）强度焊接

所谓强度焊接是指保证换热管与管板连接的密封性能及抗拉强度的焊接。其焊接结构如图 5-26 所示，图中双点划线表示的是换热管。该连接方法可用于设计压力小于等于 35MPa，但不适用于有较大振动及有间隙腐蚀的场合。

焊接结构与胀接结构相比有下述优点：

① 管板孔不需开槽且表面粗糙度要求低，同时管子端部不需退火磨光，因此加工简便。

② 连接强度高、抗拉脱能力强，高温高压时也能保证连接处的紧密性与抗拉脱能力。

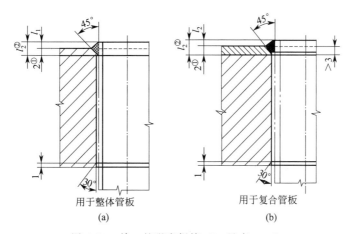

图 5-26　单一的强度焊接（l_1 见表 5-14）

注：① 适用于外径大于 14mm 的换热管，否则取 1mm；
② 焊脚高度 l_1 应不小于 1.4 倍的管壁厚度

焊接方法也存在一些缺点：

① 当管子破损需要更换时，若无专用工具则管子拆卸困难，一般采用将该管子堵死的办法，这样会使传热面减小。

② 管子与管板焊接后，存在有残余应力和应力集中，运行中可能产生应力腐蚀与疲劳。

表 5-14　换热管与管板焊接时管端伸出长度　　　　　　　　　单位：mm

换热管规格 外径×壁厚	10×1.5	14×2	19×2	25×2.5	32×3	38×3	45×3	57×3.5
伸出长度 l_1	$0.5^{+0.3}$	$1^{+0.5}$		$1.5^{+0.3}$		$2.5^{+0.5}$		$3^{+0.5}$

注：1. 当工艺要求管端伸出长度小于本表所列数值时，可适当加大管板焊缝坡口深度，以保证焊脚高 l_2 不小于 1.4 倍管壁厚度。

2. 换热管壁厚与本表所列值不相同时，l_1 值可适当调整。

③ 管子与管板之间的间隙处存有不流动的液体，其与间隙外的流体存在着浓度差，形成浓差电池，引起间隙腐蚀。

（3）胀焊并用

这是将胀接与焊接联合应用的连接方法，这种方法适用于密封要求较高，承受振动或疲劳载荷，有间隙腐蚀，采用复合管板的场合。

在胀焊并用的方法中，有强度胀加密封焊与强度焊加贴胀两种。所谓贴胀是指消除换热管与管板孔之间缝隙的轻度胀接，而密封焊则是为保证换热管与管板孔连接处密封性能的焊接。

强度胀加密封焊是由胀接承受拉脱力，焊接保证密封性能；强度焊加贴胀则是由焊接承受拉脱力，贴胀用以消除管子与管板孔之间的缝隙。至于胀接与焊接的先后顺序则无统一规定，但一般认为先焊后胀为宜。因先胀后焊时，在用胀管器胀接时需用润滑油，胀接后油污难以完全洗净，这样焊接时存在于缝隙中的油污在高温下生成气体从焊面逸出，容易导致焊缝产生气孔，严重影响焊缝质量。所以焊接前必须将这些残留的油污彻底清洗掉。先焊后胀可消除上述现象，但先焊后胀可能在胀接时出现焊缝开裂。为防止这种现象，除在胀接时仔细操作，控制得当外，如果管板孔内开槽，应使第一条槽离管板表面的距离大一些（大于

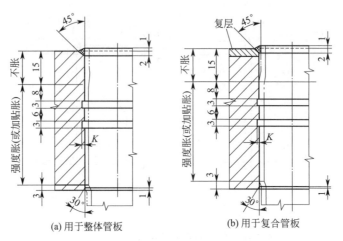

图 5-27　强度胀加密封焊的链接

20mm），同时在离管板表面约 15mm 范围内不进行胀接，以免损坏焊缝。

胀焊并用的结构形式和尺寸，按图 5-27 和图 5-28 设计，同时还应遵守强度胀与强度焊的有关规定。图 5-27 是强度胀加密封焊的结构与尺寸，图 5-28 是强度焊加贴胀的结构和尺寸。

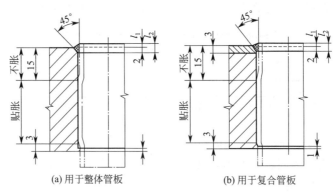

图 5-28　强度焊加贴胀的链接

5.3.3.5　管板与壳体及管箱的连接

（1）管板与壳体的连接

管板与壳体的连接方式与换热器的型式有关，在固定管板换热器中，常采用不可拆连接，换热器两端的管板直接焊在壳体上，如图 5-29 所示。由于管板较厚而壳体壁薄，为保证焊接强度，焊接的结构形式应根据管板与壳体的相对厚度及操作条件合理选择或设计，图 5-29 是几种常用的焊接结构。

图 5-29 的六种结构中，（a）和（b）结构简单，但焊缝结构不理想，适用于公称压力较低的场合，但不宜用在易燃、易爆、易挥发及有毒的场合，其中（a）适用于 $\delta \geqslant 10mm$、$p \leqslant 1MPa$ 的场合；（b）由于焊接时壳体上不开坡口，故用于 $\delta < 10mm$，$p \leqslant 1MPa$ 的场合。（c）和（d）两种结构虽然也是角接接头，但由于能保证焊透，所以焊接质量优于（a）和（b），其中（d）焊接时加垫板，这就使壳体与垫板间存有缝隙，所以（c）适用于 $1MPa < p \leqslant 4MPa$，壳程介质有间隙腐蚀作用的场合；（d）适用于 $1MPa < p \leqslant 4MPa$，壳程介质无间

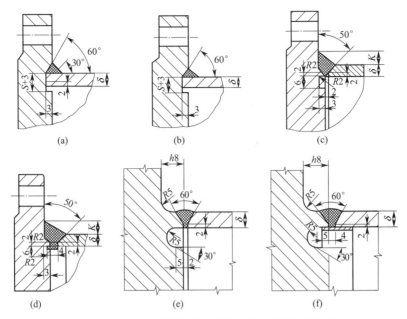

图 5-29　兼作法兰的管板与壳体的几种焊接连接结构

隙腐蚀的场合。（e）和（f）是对接接头对接焊缝，焊缝可进行射线探伤，焊接质量可以得到较好的保证，其中（f）焊接时加垫板与（d）一样会发生间隙腐蚀，所以（e）用于 $4MPa<p\leqslant10MPa$，壳程介质有间隙腐蚀的场合；（f）用于 $4MPa<p\leqslant10MPa$，壳程介质无间隙腐蚀的场合。

上述六种结构都是管板延长部分兼作法兰。管板也可以不兼作法兰，此时把管板直接与壳体和管箱焊接在一起，如图 5-30 所示为 $p\leqslant4MPa$ 时的焊接连接结构。这种结构由于无法拆卸清洗，所以不推荐采用。

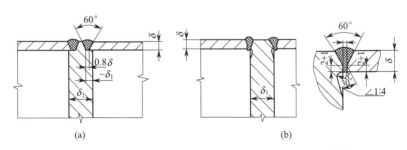

图 5-30　不兼作法兰的管板与壳体和管箱的焊接连接结构

实践中管板兼作法兰的结构应用较多，这是因为该结构对胀接或焊接接口进行检查和整修以及清洗管子都较方便的缘故。

（2）管板与管箱的连接

管板与管箱之间一般均采用法兰连接，此时壳侧法兰可以是管板的延伸。法兰的型式、密封面的型式，可根据操作压力、操作温度和介质性能选择。

固定管板式换热器的管板与管箱法兰连接结构较简单。对于浮头式、U 形管式、填料函式换热器，为了从壳体中抽出管束进行清洗、维修，其固定端管板要采用可拆连接。通常是把固定端管板夹持在壳体法兰和管箱法兰之间，如图 5-31、图 5-32 所示。图 5-31 中的管板外径小，因而该结构省材，质量轻，适用于材料为不锈钢或有色金属制的管板。图 5-32 为带法兰管板。这种结构在拆卸管箱时管程和壳程的密封同时失效。

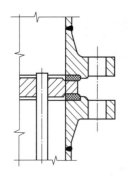

图 5-31　可拆式管板（一）

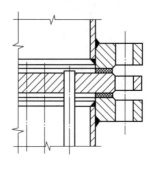

图 5-32　可拆式管板（二）

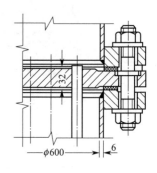

图 5-33　螺栓紧固形式（一）

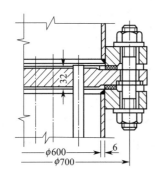

图 5-34　螺栓紧固形式（二）

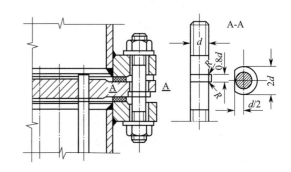

图 5-35　圆缺螺栓紧固形式

图 5-33 所示的结构是管程需经常清洗，壳程可不必拆卸时的一种螺栓紧固形式。此时只需将管箱一侧的螺母拧下，即可将管箱拿下，而管板与壳体法兰连接面不受影响。图 5-34 是壳程需经常清洗与检修时螺栓的紧固形式。此时只需把壳体一侧的螺母拧下，管箱连同管板和管束即可从壳体内抽出，而管箱与管板法兰间的密封不受影响。

上述两种螺栓的紧固形式，在旋紧螺母时，螺栓会跟着螺母一起旋转而不易拧紧。为解决这一问题，可将螺栓的台肩处切去一块，做成圆缺形台肩，将圆缺与管板上开同样形状的凹面相配合，即可防止螺栓转动，如图 5-35 所示。

▶ 5.3.4　膨胀节

固定管板换热器工作时，由于管束与壳体之间存在温差，若温差较大或材料的线膨胀系数差别较大时，将会产生较大的热应力，严重时会引起壳体破坏或造成管束弯曲甚至被拉脱。为避免这种情况的发生，当温差较大时可选用浮头式、U 形管式或填料函式换热器。但上述换热器造价高，如管间即壳程不需清洗时，可在固定管板换热器上设置膨胀节，来消除或降低热应力。

膨胀节之所以能消除或降低热应力，是由于其轴向柔度大，不大的轴向力就能使其产生较大的变形，依靠这种容易变形的挠性构件，对管束和壳体间的热变形差进行补偿，以此来达到消除或降低热应力的目的。

　传热技术、设备与工业应用

5.3.4.1 膨胀节的结构形式

膨胀节的形式很多，按其截面形状的不同一般有 U 形（波形）膨胀节、平板膨胀节和 Ω 形膨胀节等，见图 5-36～图 5-38，其中以 U 形膨胀节使用最为普遍。

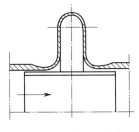 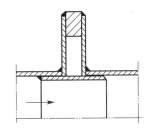 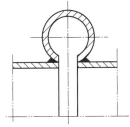

图 5-36　波形膨胀节　　　　图 5-37　平板膨胀节　　　　图 5-38　Ω 形膨胀节

平板膨胀节如图 5-37 所示，结构简单，允许有一定程度的伸缩量，制造容易，但挠性差，不能使用在压力大、温度高的设备上。它适用于直径大、温差小及常压、低压设备。

Ω 形膨胀节一般用薄壁管煨制而成，此结构在焊接处产生较大的压力，而且焊缝不易焊透，它适用于小直径筒体或应力较小的场合，如图 5-38 所示。

U 形膨胀节每一个波的补偿能力与使用压力、膨胀节材料及波高、波长等因素有关。如波高越小，补偿能力越差，而耐压性能越好；增大波高，补偿能力加大，但耐压性能降低。若要求补偿量大，可采用多波膨胀节。

U 形膨胀节可以做成单层或多层，多层比单层的有很多优点，因多层膨胀节壁薄层多，故弹性大，灵敏度高，补偿能力强，承受能力及疲劳强度高，使用寿命长，而且结构紧凑。多层 U 形膨胀节的层数一般为 2～4 层，每层厚度 0.5～1.5mm。

为提高膨胀节的耐压能力，可增加其壁厚或增加膨胀节层数，膨胀节壁厚增大将使其补偿变形的能力下降，而增加层数又增加了制造的困难。因此，为了提高膨胀节承压能力，可在每一波形之间增加一个加强环，如图 5-39 所示。为了减轻加强环的重量对 U 形膨胀节的影响，可采用轻质材料制造加强环。

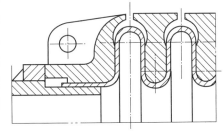

图 5-39　加强环

膨胀节与换热器筒体的连接，一般采用对接。膨胀节波顶的环焊缝及其与换热器壳体连接的环焊缝，均应该采用全焊透结构，并且按壳体的相同要求进行无损探伤。

为了减小膨胀节处的流体阻力，可在膨胀节内侧设导流衬筒。衬筒在迎着流体流动方向的一端与换热器壳体焊接，另一端可以自由伸缩，见图 5-36 和图 5-37。衬筒的厚度应不小于 2mm，且不大于膨胀节的厚度，长度应超过膨胀节的波长。卧式换热器的膨胀节，必须在其安装位置的最低点设排液接口，以便停车时排净液体。平时用螺纹堵头将其堵死。

5.3.4.2 设置膨胀节的条件

判断固定管板换热器是否需要设置膨胀节，需从管束与壳体的轴向强度、稳定性及管子与管板连接处的拉脱力三方面考虑。

（1）管束与壳体的轴向强度

① 由管程和壳程介质压力引起的轴向力　由介质压力引起的壳壁上轴向力 N_s 和管壁

上轴向力 N_b 分别为

$$N_s = N \frac{E_s A_s}{E_s A_s + E_b A_b} \tag{5-31}$$

$$N_b = N \frac{E_b A_b}{E_s A_s + E_b A_b} \tag{5-32}$$

② 壳体和管束温差引起的轴向力 壳体和管束除受壳壁上轴向力 N_s 和管壁上轴向力 N_b 外,还要承受由于壳壁和管壁温度不同,致使两者膨胀量不同所引起的附加轴向力。温差轴向力的表达式为

$$Q = \frac{\alpha_b (t_b - t_0) - \alpha_s (t_s - t_0)}{\frac{1}{E_b A_b} + \frac{1}{E_s A_s}} \tag{5-33}$$

经整理,得

$$Q = \frac{\Delta l_{tc} A_s A_b E_s E_b}{L (A_s E_s + A_b E_b)} \tag{5-34}$$

$$\Delta l_{tc} = [\alpha_b (t_b - t_0) - \alpha_s (t_s - t_0)] L \tag{5-35}$$

式中 Δl_{tc}——壳体与换热管热变形之差,即需借助弹性变形补偿的长度,mm;

α_b——换热管材料的线膨胀系数,1/℃;

α_s——壳体材料的线膨胀系数,1/℃;

t_b——换热管材料的设计温度,℃;

t_s——壳体材料的设计温度,℃;

t_0——换热器安装时的环境温度,℃;

L——两管板间的换热管长度,mm。

③ 壳体与换热管的轴向应力 σ_s 和 σ_b 将上述由静压与温差引起的轴向力综合起来,在壳体上的应力 σ_s 应满足

$$\sigma_s = \frac{Q + N_s}{A_s} \leqslant 2\varphi [\sigma]_s^t \tag{5-36}$$

在管子上的应力 σ_b 应满足

$$\sigma_b = \frac{-Q + N_b}{A_b} \leqslant 2\varphi [\sigma]_b^t \tag{5-37}$$

式(5-36)和式(5-37)中的 φ 是壳体的环焊系数,因为热应力具有二次应力性质,所以 σ_s、σ_b 的限制可放宽至两倍的许用应力。

(2) 换热管与管板连接处的拉脱力

当换热管与管板采用胀接方法连接时,管子拉脱力 q 应满足

$$q = \frac{\sigma_b a}{\pi d l} \leqslant [q] \tag{5-38}$$

式中 a——单根换热管的横截面积,mm²;

d——换热管外径,mm;

l——胀接长度,mm。

许用拉脱力 $[q]$ 的值为:

① 管端不卷边,管板孔不开槽,$[q] = 2.0$ MPa;

② 管端卷边或管板孔开槽时,$[q] = 4.0$ MPa。

换热管焊接在管板上，$[q] \leqslant 0.5 \ [\sigma]_b^t$，$[\sigma]_b^t$ 是换热管材料在设计温度时的许用应力。

（3）管束与壳体的轴向稳定

① 当管子受轴向压缩时，就是个压杆稳定问题，应验算换热管的轴向稳定，应使

$$|\sigma_b| \leqslant [\sigma]_{cr} \tag{5-39}$$

式中 $[\sigma]_{cr}$——管子材料失稳定许用临界应力。

② 当壳体受轴向压缩时（σ_s 为负值），是外压圆筒轴向稳定问题，应根据有关文献求出 B 值，并要求

$$|\sigma_s| \leqslant B \tag{5-40}$$

当式(5-36)～式(5-40)中，任何一项条件不能满足时，必须设置膨胀节。

5.3.4.3 膨胀节的结构尺寸

波形膨胀节的结构及尺寸见图 5-40。公称压力为 2.5MPa 以下，公称直径不超过 2000mm 的膨胀节，已有标准。

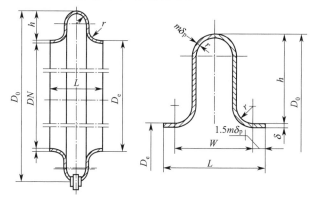

图 5-40 波形膨胀节

D_0—膨胀节波峰外直径；D_e—波根外直径；h—波高；
W—波距；L—膨胀节长度；δ—膨胀节计算厚度；
δ_p—成型减薄后膨胀节每层厚度；m—层数

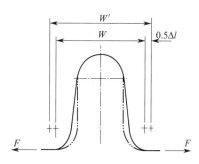

图 5-41 膨胀节在 F 作用下的变形

$W' = W + \Delta l$

5.3.4.4 膨胀节的轴向弹性刚度及补偿量

（1）膨胀节的轴向弹性刚度

图 5-41 表示的是膨胀节在轴向拉力 F 作用下所发生的轴向位移。膨胀节的轴向弹性刚度用 K 表示，它的含义是在保持膨胀节处于完全弹性变形条件下，单位轴向位移（即膨胀节的单位补偿量）所需要的轴向力，即

$$K = \frac{F}{\Delta l} \tag{5-41}$$

式中 K——膨胀节的轴向弹性刚度，N/mm，其大小取决于膨胀节尺寸和材料的 E 值。

标准尺寸膨胀节的单波刚度值可通过查有关手册获得。

（2）膨胀节的补偿量

为了保证膨胀节在完全弹性的条件下安全工作，它的补偿量是有限度的。不同材料制作的具有标准尺寸的单层、单波膨胀节的允许补偿量 $[\Delta l]$ 可查有关手册获得。

根据换热器工作时的壳壁温度 t_s，管壁温度 t_b，装配温度 t_0 以及壳体和管子的线膨胀系数，可以算出换热器所需要的热变形补偿量 Δl_{te}：

$$\Delta l_{te} = [\alpha_b(t_b - t_0) - \alpha_s(t_s - t_0)]L \tag{5-42}$$

若 $\Delta l_{te} < [\Delta l]$，用一个单波膨胀节；若 $\Delta l_{te} > [\Delta l]$，则需用两个或更多的膨胀节。

根据单波膨胀节的实际补偿量和该膨胀节的轴向刚度，便不难算出安装膨胀节以后壳壁内热应力的降低幅度。

▶ 5.3.5 其他结构

5.3.5.1 折流板、支持板和折流杆

（1）作用和形式

在换热器中安置折流板，是为了提高壳程介质流速，强化传热。对于卧式换热器，折流板还具有支撑换热管束的作用，但由于其主要作用是前者，所以仍称为折流板。有时换热器不需设置折流板，如卧式冷凝器，由于蒸气冷凝时的传热系数与蒸气在壳程内的流动状态无关，但当换热管无支撑，跨距若超过规定，装设折流板的目的主要是为了支撑换热管，以防止换热管产生过大的挠度，此时的折流板就称为支持板了。

（2）折流板、支持板的结构与尺寸

常用的结构形式有弓形和圆环形，其中弓形更为常用。

弓形折流板有单弓形，双弓形和三弓形三种，它们的结构形式见图 5-42。其中最常用的是单弓形。圆环形折流板见图 5-43，它是由大孔径的圆环和小直径的圆板交错排列组成的。

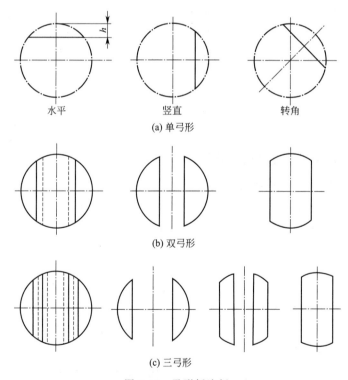

(a) 单弓形　水平　竖直　转角

(b) 双弓形

(c) 三弓形

图 5-42　弓形折流板

① 弓形折流板的缺口高度　弓形折流板的缺口按图 5-44 切在排管中心线以下，或切于两排管孔的小桥之间。单弓形折流板缺口弦高 h 值一般取 $0.20 \sim 0.45$ 倍的圆筒内直径，如

图 5-44 所示。

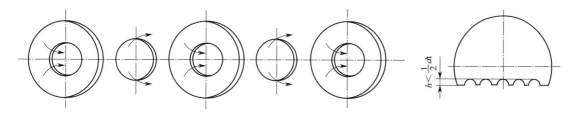

图 5-43 圆环形折流板 图 5-44 缺口位置

② 折流板的布置 折流板一般应按等间距布置，管束两端的折流板应尽可能靠近壳程进、出口接管。无论是哪种折流板，均按其不同形状顺序相间排列，以便使壳程内的介质横向流过管束并曲折前进。就卧式容器而言，如果安放双弓形或三弓形折流板，一般均垂直安装，但如果采用单弓形，则需考虑缺口切面是水平还是垂直安放问题，如图 5-45 所示。

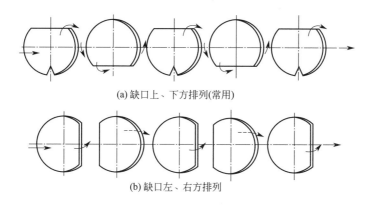

(a) 缺口上、下方排列(常用)

(b) 缺口左、右方排列

图 5-45 缺口排列

卧式换热器的壳程介质为单相清洁流体时，折流板缺口应水平上下布置，若气体中含少量液体时，则应在缺口朝上的折流板的最低处开通液口，如图 5-46（a）所示；若液体中含有少量气体时，则应在缺口朝下的折流板最高处开通气孔，如图 5-46（b）所示。

卧式换热器、冷凝器和重沸器的壳程介质为气、液相共存或液体中含有固相物料时，折流板缺口应垂直左右布置，并在折流板最低处开通液口，如图 5-46（c）所示。

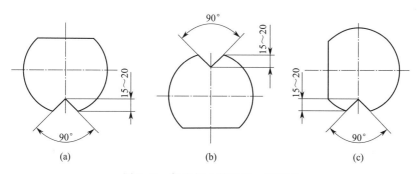

(a) (b) (c)

图 5-46 折流板上的通风、通液口

开通液口、通气口的角度和尺寸已标注在图 5-46 中。

③ 折流板的尺寸

a. 折流板外直径按表 5-15 规定。

表 5-15　折流板的外径及其允差　　　　　　单位：mm

公称直径 DN	<400	400～<500	500～<900	900～<1300	1300～<1700	1700～≤2000
折流板名义外直径	DN−2.5	DN−3.5	DN−4.5	DN−6	DN−8	DN−10
折流板外直径允许偏差	−0.5		−0.8		−1.2	

注：1. 用 DN≤426mm 无缝钢管作圆筒时，折流板名义外直径为无缝钢管的实际内径减 2mm。

2. 对传热影响不大时，折流板外径的允许偏差可比表中值大一倍。

b. 折流板的最小厚度按表 5-16 规定。

表 5-16　折流板的最小厚度　　　　　　单位：mm

公称直径 DN	换热管无支撑跨距 l					
	≤300	>300～≤600	>600～≤900	>900～≤1200	>1200～≤1500	>1500
	折流板最小厚度					
<400	3	4	5	8	10	10
400～700	4	5	6	10	10	12
>700～≤900	5	6	8	10	12	16
>900～≤1500	6	8	10	12	16	16
>1500～≤2000	—	10	12	16	20	20

c. 折流板管孔。折流板上穿装换热管的孔径应稍大于换热管外径以利于安装，但又不能过大，因为折流板对卧式换热器还有支承管束作用。Ⅰ级和Ⅱ级换热器折流板管孔尺寸及其偏差分别列于表 5-17 和表 5-18 中。

表 5-17　Ⅰ级换热器折流板管孔尺寸　　　　　　单位：mm

换热管外径 d 或无支撑跨距 l	$d>32$ 或 $l≤900$	$l>900$ 且 $d≤32$
折流板管孔直径	$d+0.8$	$d+0.4$
管孔直径允许偏差	+0.3	

表 5-18　Ⅱ级换热器折流板管孔尺寸　　　　　　单位：mm

换热管外径 d	10	14	19	25	32	38	45	57
折流板管孔直径	10.5	14.6	19.6	25.8	32.8	33.8	45.8	58.0
管孔直径允许偏差	+0.40			+0.45			+0.50	

④ 折流板间距　折流板的最小间距应不小于壳体内径的五分之一，且不小于 50mm，以避免过大的流体阻力。折流板的最大间距不得大于壳体内径，且应该满足表 5-19 的要求，以防止换热管产生过大的挠度。

表 5-19　折流板的最大间距　　　　　　单位：mm

换热管外径 d	10	14	19	25	32	38	45	57
最大无支撑跨距	800	1100	1500	1900	2200	2500	2800	3200

⑤ 折流板和支持板的固定　折流板和支持板都是用拉杆和定距管固定的，固定方式又可分为拉杆定距管和拉杆与折流板点焊结构，如图 5-47 所示。

a. 拉杆定距管结构。如图 5-47(a) 所示，适用于换热管外径大于或等于 19mm 的管束。

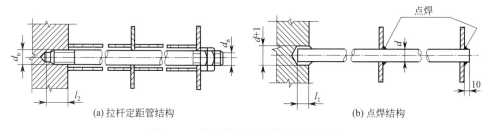

| | (a) 拉杆定距管结构 | | | (b) 点焊结构 | | |

图 5-47　折流板和支持板的固定方式

拉杆的一端可用螺纹连接或焊接于固定管板上，然后从另一端依次套上定距管和折流板，最后用螺母旋紧。

b. 拉杆与折流板点焊结构，如图 5-47（b）所示，适用于换热管外径小于或等于 14mm 的管束。管板上拉杆孔直径应比拉杆直径大 1mm。

图中拉杆孔深度 l_1 与拉杆直径相同，l_2 为拉杆直径的 1.5 倍，当管板较薄时，l_1、l_2 可适当减少。

拉杆的直径和数量可分别按表 5-20 和表 5-21 选用。

表 5-20　拉杆直径　　　　　　　　　　　　　　　　　　　　　单位：mm

换热管外径	10	14	19	25	32	38	45	57
拉杆直径	10	12	12	16	16	16	16	16

在保证大于或等于所给定（列于表 5-20）的拉杆总截面积的前提下，拉杆直径和数量可以变动，但其直径不得小于 10mm，数量不少于 4 根。

表 5-21　拉杆数量　　　　　　　　　　　　　　　　　　　　　单位：mm

拉杆 直径	公称直径 DN						
	< 400	≥400~ < 700	≥700~ < 900	≥900~ < 1300	≥1300~ < 1500	≥1500~ < 1800	≥1800~ ≤2000
10	4	6	10	12	16	18	24
12	4	4	8	10	12	14	18
16	4	4	6	6	8	10	12

拉杆应尽量均匀布置在管束的外边缘。对于大直径的换热器，在布管区内或靠近折流板缺口处也应布置适当数量的拉杆。

为了方便换热管的安装（换热管安装时要依次穿过折流板上的管孔），对折流板的制造应提出一些相应的要求。如折流板或支持板应平整，其平面度公差为 3mm；折流板上钻孔后应除去管口周边的毛刺，折流板、支持板外圆表面粗糙度不得大于 $25\mu m$，并将板的四周进行倒角。

（3）折流杆

常用的折流板可用折流杆代替，如图 5-48 所示。这种结构是在折流圈上焊有若干圆形截面的杆，形成一个栅圈。杆的截面尺寸接近于相邻两根换热管之间的空隙。四个不同的栅圈为一组，如图中 a、b、c、d。a、b 圈上是横杆，但 a、b 圈上的杆的位置刚好错开约一个换热管外径的距离，c、d 圈上是互相错开的纵向杆。四个折流圈设在相等的间距上，若把四个折流圈叠起来看，各圈上的折流杆组成了一个个方形小格，如图右下角所示，换热管就在各个小方格之中，其上下左右均有折流杆固定，可较好防止换热管的振动。

壳程流体沿换热管轴向流动，但与折流杆垂直。由于折流杆对流体纵横交错的阻挡，在流体流速不大的情况下，可获得良好的扰动，而且无滞流死区和漏流、短路等不利因素。因此壳程传热系数较大，而阻力降较小。传热系数与阻力降的比值，可比常用结构大 1.5 倍。

5.3.5.2 防冲与导流装置

(1) 防冲挡板

为防止壳程进口接管处壳程流体对换热管的直接冲刷，可设置壳程的防冲挡板。如果管程采用轴向入口接管或换热管内流体速度超过 3m/s 时，在管箱内也应设防冲板，以减少流体的不均匀分布和对换热管和管板的冲蚀。

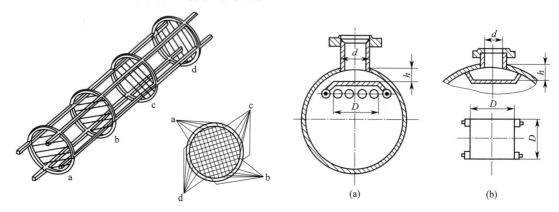

图 5-48　折流杆的布置　　　　　　　　　图 5-49　防冲挡板

壳程防冲挡板的结构和尺寸见图 5-49。

防冲挡板表面到壳体内壁的距离，一般应为接管外径的 1/4～1/3。

防冲挡板的直径或边长 D，应大于接管外径 50mm。

防冲挡板的最小厚度，碳钢为 4.5mm，不锈钢为 3mm。

防冲挡板的固定形式可以是将其两侧焊在定距管或拉杆上，如图 5-49(a) 所示，为了牢固，也可同时焊在靠近管板的第一块折流板上。另一种结构是把防冲板焊在壳体上，如图 5-49(b) 所示。

(2) 内导流筒

当壳程进出口接管距管板较远，此时接管口至管板处，会有较大的流体停滞区，这对传热不利，此时应设置导流筒，见图 5-50，以增加换热管的有效换热长度，并防止流体对换热管的冲刷。

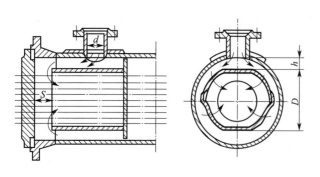

图 5-50　内导流筒

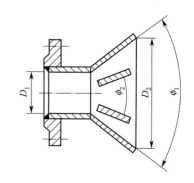

图 5-51　扩大管

导流筒外表面到壳体内壁的距离 h，一般应大于接管外径的 $1/3$。导流筒端部至管板的距离 S，应使该处的流通面积不小于导流筒的外侧流通面积。

（3）扩大管

若壳程介质是蒸汽，则可采用扩大管以起缓冲作用。在扩大管内应加两块导板，见图 5-51。

扩大管大端直径 D_2 应为接管直径 D_1 的 $1.3 \sim 1.5$ 倍。

扩大管锥顶角 ϕ_1 约为 $60°$。

两块导流板夹角 ϕ_2 一般在 $30°$ 左右。

5.3.5.3 排液孔与放气孔

为提高换热器的传热效率，排放或回收工作残液（气），可在壳体上设置放气孔或排液孔，如图 5-1 中的件号 17、19、26 即是。图 5-52（a）是这类排液（气）孔的接头结构。

为排放壳体中的气体或液体，也可在管板上设置放气孔，如图 5-52（b）所示，和排液孔，如图 5-52（d）所示。有时也可把孔开在紧靠管板的壳体上，如图 5-52（c）所示。

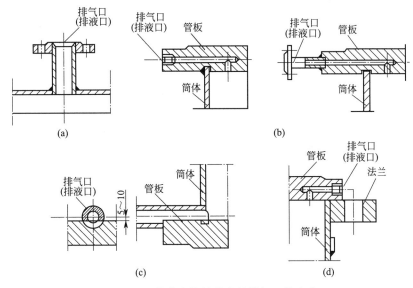

图 5-52　管壳式换热器中的排气、排液孔

5.3.5.4 换热器的振动

随着科学技术和生产的不断发展，化工、炼油生产装置向大型化发展，为适应这一要求，管壳式换热器也大型化了。同时为强化传热，介质流速也在提高。这种情况使换热器遇到了复杂的振动问题。由于振动使换热器操作时产生很大的噪声，甚至使换热管被很快磨损、切断，管子与管板连接处松动、泄漏，致使换热器不能正常工作。

造成换热器管束振动的原因很复杂，一般认为造成振动的原因主要有：

（1）流体诱导振动

当流体以某一速度横向通过管子时，会在管子背后形成对称排列、交替产生的旋涡尾流，称为卡曼旋涡。旋涡在管子背后交替长大并脱落，产生交变的横向推力（垂直于流向）作用于管子两侧，使管子产生横向振动。当旋涡脱落频率（即横向推力的交变频率）接近管子自振频率时，就会引起管子的强烈振动。

（2）流体弹性旋涡振动

在稳定流动中，流动场不发生变化，处在流场中的管子所受到的力处在平衡状态，管子不会产生振动。当横向冲刷管排的流体达到某一速度后，若管排中的某根管子在流体冲击下，从它原有位置发生瞬时位移，而使流场发生变化，破坏了相邻管子的平衡状态，使它们也发生位移，并处于振动状态。如果管子从流体获得的振动能量超过管子阻尼消耗的能量，管子就会产生振动，这种振动称之为流体弹性旋涡振动。

（3）湍流抖动

为提高传热系数，壳程介质的流动大多是湍流，湍流本身是一个有主导频率的频带振动。当该主导频率接近管子系统的自振频率，且壳程介质为阻尼很小的气体时，就会引起管子的振动，称湍流抖动。

（4）声振动

当高速气流向一个大容积空间冲射时，将会产生一个频率与空间尺寸有关的声振动。当换热器壳程介质为气相时，可能产生频率在 $40\sim125\mathrm{Hz}$ 的低频振动。

上面介绍了换热器产生振动的四个可能原因，但并不是说有这些原因存在，就一定会引起换热器的强烈振动。只有在一定条件下换热器才会产生强烈振动，这些条件是：

① 各种激振频率与换热器管束构件（尤其是换热管）的自振频率相耦合，产生共振；

② 各种激振频率相耦合，使激振能量叠加，从而引起管子的强烈振动。

防止换热器的振动，就是设法避免上述耦合现象的发生，具体措施可以是：

① 改变壳程介质的流通截面或流量，从而改变其流动速度；

② 改变折流板间距，缩小折流板上管孔直径，从而改变管束系统的自振频率；

③ 改变空腔尺寸，如在壳体内设纵向隔板，从而改变声振频率。

参 考 文 献

[1] 孙兰义. 换热器工艺设计 [M]. 北京：中国石化出版社，2015.

[2] 赵景玉，黄英，赵石军. 大型管壳式换热器的设计与制造 [J]. 压力容器，2015，32（3）：36～44.

[3] 王丹. 管式换热器检修探讨 [J]. 石化技术，2015，3：35～36.

[4] 吴键. 管壳式换热器优化设计研究 [J]. 广州化工，2015，43（1）：137～139.

[5] 黄彬峰. 管壳式换热器折流板的设计 [J]. 石油化工设备技术，2015，36（4）：19～22.

[6] 曹茹，商跃进. 基于 Solidworks Flows Simulation 的管壳式换热器传热性能数值仿真 [J]. 热科学与技术，2015，14（4）：382～287.

[7] 张腾飞. 管壳式换热器的研究进展 [J]. 中国化工贸易，2015，7（23）：14～17.

[8] 张庆印，徐晓辉，陈健，等. 脱碳工艺中管壳式换热器的模拟及优化 [J]. 天津大学学报，2015，34（1）：41～43.

[9] 谢明炜. 管壳式换热器沸腾换热实验研究 [D]. 南京：南京工业大学，2015.

[10] 杨丽君. 管壳式换热器凝结换热实验研究 [D]. 南京：南京工业大学，2015.

[11] 王华峰. 管壳式换热器分液特性实验研究与数值模拟 [D]. 天津：天津商业大学，2015.

[12] 程国鹏. 管壳式换热器壳侧沸腾换热模拟研究 [D]. 昆明：昆明理工大学，2015.

[13] 吴昊. 新型管壳式换热器进口整流效果的数值模拟研究 [D]. 哈尔滨：哈尔滨工业大学，2015.

[14] 孟芳. 螺旋折流板管壳式换热器的 CFD 模拟研究 [D]. 天津：天津大学，2015.

[15] Osmam Abuhalima，张隽，孙琳，等. 换热网络综合中管壳式换热器设计研究进展 [J]. 计算机与应用化学，2015，32（1）：9～14.

[16] 金明亮. 小尺度管壳式换热器壳侧流动特性研究 [D]. 吉林：东北电力大学，2014.

[17] 王萌萌，李彩霞，许世峰，等. 管式换热器的设计 [J]. 化工机械，2014，41（6）：754～756.

[18] 华媛. 不同折流板管壳式换热器数值模拟 [D]. 青岛：青岛科技大学，2014.

[19] 林林. 管壳式换热器结垢和泄漏的传热特性及预测研究 [D]. 大庆：东北石油大学，2014.

[20] 郭土. 管壳式换热器数值模拟及结构优化研究 [J]. 抚顺：辽宁石油化工大学，2014.

[21] 王新成，栗秀萍，刘有智，等. 管壳式换热器的简捷设计与 HTRI 设计对比及分析 [J]. 计算机与应用化学，2014，31（3）：303～306.

[22] 刘园. 管壳式换热器管板开裂原因研究 [D]. 大连：大连理工大学，2014.

[23] 孙立勇. 管壳式换热器壳程流动与传热的研究 [D]. 大庆：东北石油大学，2014.

[24] 兰州石油机械研究所. 换热器（下册）[M]. 北京：中国石化出版社，2013.

[25] 曲观书. 管壳式换热器校核计算数值模拟研究 [D]. 哈尔滨：哈尔滨工程大学，2013.

[26] 王佳. 含相变管壳式换热器计算机辅助设计 [D]. 昆明：昆明理工大学，2013.

[27] 王哲. 管壳式换热器三维数值化设计平台研究 [D]. 沈阳：东北大学，2013.

[28] 付磊，唐克伦，李良，等. 管壳式换热器流场数值模拟方法研究 [J]. 现代制造工程，2013，1：66～72.

[29] 许光第，周帼彦，朱冬生，等. 管壳式换热器设计及软件开发 [J]. 流体机械，2013，41（4）：27～29.

[30] 曾文良，邓先和. 并流多通道管壳式换热器壳程流场分布比较 [J]. 高校化学工程学报，2013，27（3）：114～117.

[31] 洪文鹏，辛凯，孙通，等. 小尺度管壳式换热器管程流场的数值仿真 [J]. 计算机与应用化学，2013，30（3）：227～236.

[32] 洪文鹏，辛凯，张全厚，等. 小尺度管壳式换热器流场的数值分析 [J]. 化学工程，2012，40（5）：23～26.

[33] 孙琪，李贝贝. 管壳式换热器设计软件的开发 [J]. 科学技术与工程，2012，12（24）：6229～6231.

[34] 齐洪洋，高磊，张莹莹，等. 管壳式换热器强化传热技术概述 [J]. 压力容器，2012，29（7）：73～78.

[35] 付磊，唐克伦，文华斌，等. 管壳式换热器流体流动与耦合传热的数值模拟 [J]. 化工进展，2012，31（11）：2384～2389.

[36] 戴传山，王秋香，李彪，等. 微细管壳式换热器传热特性分析 [J]. 热科学与技术，2011，10（4）：283～286.

[37] 雷俊杰，周帼彦，朱冬生. 预测管壳式换热器温度分布的模型 [J]. 化学工程，2011，39（11）：30～35.

[38] 曾文良，邓先和. 并流多通道管壳式换热器壳程流场分布 [J]. 化工学报，2011，62（12）：3352～3360.

[39] 王珂，王永庆，董晓琳，等. 新型管壳式换热器三维流场分析 [J]. 工程热物理学报，2011，32（12）：2114～2116.

[40] 王勇. 换热器维修手册 [M]. 北京：化学工业出版社，2010.

[41] ［美］Ramesh K. Shah，［美］Dusan P. Sekulic. 换热器设计技术 [M]. 程林，译. 北京：机械工业出版社，2010.

[42] 马小明. 管壳式换热器 [M]. 北京：中国石化出版社，2010.

[43] 董其武，张垚. 换热器 [M]. 北京：化学工业出版社，2009.

[44] 杨明，孟晓风，张卫军. 管壳式换热器的一种优化设计 [J]. 北京航空航天大学学报，2009，35（5）：615～617，648.

[45] 朱冬生. 换热器技术及进展 [M]. 北京：中国石化出版社，2008.

[46] 余建祖. 换热器原理与设计 [M]. 北京：北京航空航天大学出版社，2006.

[47] ［美］T. Kuppan. 换热器设计手册 [M]. 钱颂文，等，译. 北京：中国石化出版社，2004.

[48] 钱颂文. 管式换热器强化传热技术. 北京：化学工业出版社，2003.

[49] 张少锋，刘燕. 换热设备防除垢技术. 北京：化学工业出版社，2003.

[50] 秦叔经，叶文邦. 换热器. 北京：化学工业出版社，2003.

[51] 钱颂文. 换热器设计手册 [M]. 北京：化学工业出版社，2002.

[52] 钱颂文. 换热器束流体力学与传热 [M]. 北京：中国石化出版社，2002.

[53] 刘盛宾. 列管换热器. 北京：化学工业出版社，2000.

第6章

板式换热器

板式、板翅式以及伞板式换热器等，都属于传热面用板做的板片式换热器，它们不同于一般传热面用管做的管壳式换热器。它们的共同特点是被用作传热面的板，是平板或稍带锥度的伞板，其上有各种凹凸条纹，或有各种不同断面形状的翅片。当流体流过板面时就会产生扰动，使边界层减薄造成湍流，从而获得较高的传热效率。相对管壳式换热器来说，它们具有传热效率高，结构紧凑、重量轻等优点；又由于流体在换热器中无论进行并流、逆流、错流都可以，板片还可以根据传热面积的大小而增减，因此适应性较大，应用日趋广泛。

6.1 板式换热器

板式换热器是以波纹板为传热面的新型高效换热器。与管壳式换热器相比，其传热效率高，当介质为水-水时，传热系数可高达 $5800\text{W}/(\text{m}^2\cdot\text{℃})$，一般比管壳式换热器高约 $2\sim4$ 倍；板式换热器流道线速度一般在 $0.3\sim0.6\text{m/s}$ 范围内，临界 Re 数约 200 即产生湍流；结构紧凑，当板间距为 $2\sim6\text{mm}$ 时，紧凑性可达 $250\text{m}^2/\text{m}^3$；体积小，质量轻，节省材料，每平方米换热面积约消耗金属 16kg；操作灵活性大，应用范围广，通过装中间隔板，可同时进行几种流体相互换热，也可通过增减板片的方法，调整所需传热面积。

板式换热器用于处理从水到高黏度的液体，用于加热、冷却、冷凝、蒸发等过程。它在食品工业中应用得最早、最广泛，如牛奶、果汁、葡萄糖、啤酒、植物油、动物油等的加热杀菌和冷却。在化学工业中用于冷却氨水、凝缩甲醇蒸气、冷却合成树脂，且广泛用于制碱、制酸、染料工业。在钢铁和机械制造工业中，用于冷却淬火油、水和润滑油；在电力工业中，用于冷却变压器油，冷却双水内冷发电机组的冷却水；其他在造船、石油钻探、造纸、制药和纺织工业中也开始广泛地采用板式换热器。

板式换热器的主要缺点是：密封周边长，目前大型板式换热器垫圈总长度超过 1600m，使用中常常需要频繁地拆卸和清洗，故泄漏的可能性很大；由于垫圈材料大多采用天然橡胶和合成橡胶，限制了使用温度；此外承受压力较低，不易处理悬浮状的物料，它的处理量也较小。

板式换热器一般在压力为 1.5MPa 和温度为 150℃ 以内操作，性能可靠。目前国内制造的板式换热器，采用丁腈橡胶垫圈时，允许使用温度为 150℃ 以下，使用压力为 0.6MPa，对人字形板式换热器，允许使用压力为 1.0MPa。国外由于采用压缩石棉垫片，最高操作温度达 360℃，最高操作压力达 2.8MPa。

板式换热器的发展趋势是：提高操作温度和操作压力，加大处理量，扩大使用范围，研究采用新的结构材料和新的制造工艺以提高其使用温度和使用压力。

▶6.1.1 结构特点

6.1.1.1 基本结构

板式换热器是由很多波纹形或半球形突出物的传热板，按一定间隔，通过垫片压紧而成。板片组装时，A 片和 B 片交替排列，如图 6-1 所示。各板片之间形成狭窄的网形流道。板片上的四个角孔，形成了流体的分配管和汇集管。密封垫片把冷、热两流体密封在换热器里，同时又合理地将冷、热两流体分开不致混合。在许多通道里面，冷、热流体分别流入各个流道，可以逆流，也可以并流，在流动过程中两种流体通过板片换热。

为了增加冷却或加热时间，以增大温降或温升幅度，在设备中设置换向板片，即根据流程的需要，相应的不冲出某些角孔（称为盲孔），流体遇到盲孔即拐弯，进行换向，达到增长流体流程和增加冷却或加热时间的目的。图 6-1 中涂黑的孔为盲孔。

板片分 A 片和 B 片，是根据开孔位置不同而进行编号的。A 片和 B 片实际是可以互用的，A 片和 B 片的波纹是相互在板片平面里转过 180°间隔排列的。

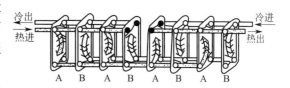

图 6-1　板式换热器的换热板

板式换热器的结构如图 6-2 所示，主要由传热板片、密封垫片、压紧装置、轴、接管等组成。在固定压紧端板上交替地安放一张换热板和一个垫片，装配若干组后最后安放活动压紧端板，螺栓压紧后便构成一台板式换热器。板片用挂钩悬挂在定位螺杆上，两板片密封槽处用黏结剂粘贴密封垫片，垫片一方面起密封作用，防止介质漏出，另一方面在两板片间造成一定间隙，形成介质的流道。整个设备用两端的活动端盖和固定端盖压紧，以达到密封。板片间隙由板片的触点和垫片的厚度决定。间隙小，传热系数高，适合于处理清洁液体；间隙大，可用来处理带颗粒和带纤维的液体。

密封垫圈的作用是防止流体的外漏和两流体间的内漏，如图 6-3 所示。密封垫在工作时承受着压力、温度、流动介质的侵蚀等多种不利因素，而且要频繁地进行装拆，要求耐温、耐压、有一定的硬度与弹性，金属片或聚四氟乙烯都不符合要求，常常使用的是天然橡胶、合成橡胶（丁腈橡胶、丁苯橡胶、氯丁橡胶）、硅橡胶等，它们的使用温度都在 80~150℃ 以下，近年来用压缩石棉垫与石棉胶垫后，操作温度虽可达到 260~300℃，但密封垫的改进仍然是人们注意的问题。为了防止介质的泄漏，密封垫片设计成双道密封结构，并有信号孔，当介质从第一道密封泄漏时，可以从信号孔泄出，及早发现和检修。设有信号孔还可以避免介质穿通，防止介质从一种流体漏到另一种流体中。

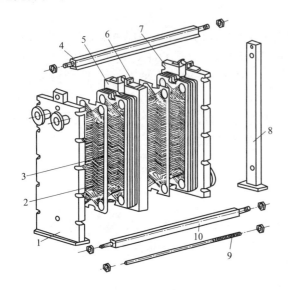

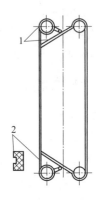

图 6-2 板式换热器结构

1—固定压紧板；2—板片；3—垫片；4—上导杆；

5—中间隔板；6—滚动装置；7—活动压紧板；

8—前支柱；9—夹紧螺柱螺母；10—下导杆

图 6-3 密封垫

1—双道密封；2—信号孔

框架是用来支承和压紧板片的。压紧装置包括固定压紧板、活动压紧板、压紧螺栓。它们的作用是产生足够的密封力将压紧板、传热板、密封垫圈相互压紧而不发生泄漏。为了便于检修和清洗，框架的结构应使板片能容易快速地拆卸。框架通过固定端板和活动端板夹持板片。两个框架可用螺栓压紧式（图 6-4～图 6-8）和压滤机式（图 6-9、图 6-10）。螺栓压紧框架的特点是借助几根螺栓拉紧板片，通常是 4～16 根螺栓，故重量轻。压滤机式框架是通过顶杆作用于移动框架压紧板片，其特点是拆装方便。大型板式换热器的压紧力要超过100t。电动或液压的压紧装置使板片的装卸可以自动进行。

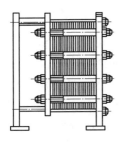

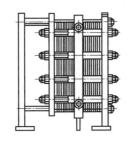

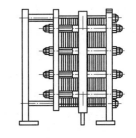

图 6-4 双支撑框架

图 6-5 带中间隔板
的双支撑框架

图 6-6 带中间隔板的
三支撑框架

为了提高板式换热器的操作温度和操作压力，可采用"全焊式"结构，它是将板片周边彼此焊接，去掉密封片，板间用垫块或在板片上压出凸头，以形成流体通道，整个板束焊成一体。这种板式换热器最高操作温度为 1000℃，最高操作压力为 3.5MPa。其缺点是不可拆卸，换热表面仅能进行化学清洗。

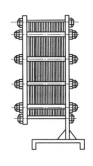

图 6-7　悬臂式框架

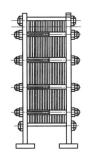

图 6-8　活动压紧板落地式框架

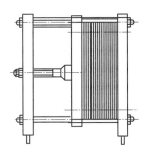

图 6-9　顶杆式框架

6.1.1.2　组装形式及规格型号表示方法

板式换热器的流程是根据实际操作的需要设计和选用的，而流程的选用和设计是根据板式换热器的传热方程和流体阻力进行计算的。图 6-11 为三种典型的组装形式，其中（a）是串联流程，流体在一程内流经每一垂道后，接着就改变方向，流经下一程。在这种流程中，两流体的主体流向是逆流，但在相邻的流道中有并流也有逆流；（b）是并联流程，流体分别流入平行的流道，然后汇聚成一股流出，为单程；（c）是复杂流程，亦称混合流程，为并联流动和串联流动的组合，在同一程内流道是并联的，而程与程之间为串联。

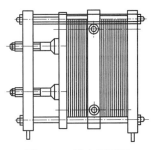

图 6-10　带中间隔板
顶杆式框架

流体在板片间的流动有"单边流"和"对角流"两种，图 6-12 为"单边流"板片和"对角流"板片示意图。对"单边流"的板片。如果甲流体流经的角孔位置都在换热器的左边，则乙流体流经的角孔位置都在换热器的右边。对"对角流"的板片，甲流体如果流经一个方向的对角线的角孔位置，则乙流体流经的总是另一方向的对角线的角孔位置。

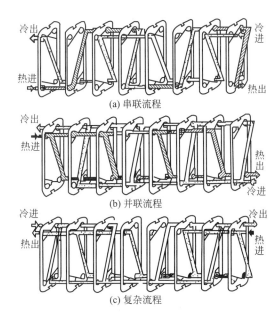

(a) 串联流程

(b) 并联流程

(c) 复杂流程

图 6-11　板式换热器组装形式

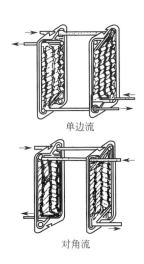

单边流

对角流

图 6-12　单边流和对角流板片示意图

板式换热器的组装形式表示方法为：

$$\frac{m_1a_1+m_2a_2}{n_1b_1+n_2b_2}$$

总板片数：

$$m_1a_1+m_2a_2+n_1b_1+n_2b_2+1(包括两块端板)$$

实际传热板数：

$$m_1a_1+m_2a_2+n_1b_1+n_2b_2-1$$

总流道数：

$$m_1a_1+m_2a_2+n_1b_1+n_2b_2$$

式中，m_1、m_2、n_1、n_2 表示程数；a_1、a_2、b_1、b_2 表示每程流道数。

原则上规定分子为热流体流程，分母为冷流体流程。例如：$\frac{2\times2+1\times3}{1\times7}$，表示热流体第一程 2 个流道，第二程 2 个流道，第三程 3 个流道；冷流体为一程，7 个流道。热、冷两流体共有 14 个流道，总板片数为 15 块，实际传热板数为 13 块。

板式换热器规格型号表示方法：

例如：$BR0.05\frac{8}{120}/2\text{-}\frac{1\times20}{1\times20}$，表示人字形波纹板换热器，单片公称换热面积 $0.05m^2$，设备总的公称换热面积 $2m^2$，设计压力 0.8MPa，设计温度 120℃，组装形式 $\frac{1\times20}{1\times20}$。

与其他换热器一样，组装并压紧后的板式换热器同样构成了两个空间，两个流道的相互分隔如图 6-1 所示。

6.1.1.3 传热板片

传热板片是板式换热器的关键元件，板片的性能直接影响整个设备的技术经济性能。为了增加板片的有效传热面积，将板片冲压成有规则的波纹，板片的波纹形状及结构尺寸的设计主要考虑两方面因素：一是在低流速下能够产生强烈的湍动；二是保证板片有足够的刚度以承受较高的压力。板片的形状有多种，常见的有：

① 人字形波纹板（见图 6-13），人字齿的断面为三角形，组装时相邻两板片的人字相互倒置安装，因组装后每平方米的投影面积上有多达 2300 个支承接触点，可在较高的压力下工作，这种板片的传热性能良好，但流动阻力较大，对含颗粒或纤维的流体不适宜；

② 水平平直板（见图 6-14），水平齿的断面常常为等腰三角形，它的流体力学持性与传热特性均较好；

③ 锯齿形波纹板（见图 6-15），组装后的流道截面积不变，因而阻力小流速高，板的刚性好，但因板面结构复杂，制作时需要两套模具；

④ 球形波纹板（见图 6-16）；

⑤ 斜波纹板（见图 6-17）；

⑥ 竖直波纹板（见图 6-18）；

⑦ 阶梯平直波纹板（见图 6-19）。

综上所述，换热板片都具有如下的共同点：①强化传热的凹凸形波纹；②板片四周及孔角处设置的密封槽以安装密封垫；③开有流体进出孔（角孔），与板框过滤器一样，当换热板片组合在一起时便形成了各种流体的进出管路；④组装时的定位轨道以及悬挂装置（参阅

图 6-1）；⑤当传热板两侧两流体产生压差时，靠板上的触点（指板片组装后相互接触的地方）保持流道的正常间隙，同时使流体呈网状化流动。

图 6-13　人字形波纹板

图 6-14　水平平直板

图 6-15　锯齿形波纹板

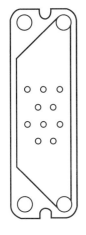

图 6-16　球形波纹板

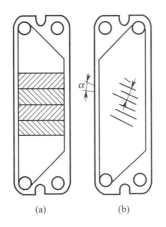

图 6-17　斜波纹板

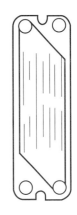

图 6-18　竖直波纹板

　　波纹板的截面有呈三角形和梯形的，分别见图 6-20 和图 6-21。实验表明，三角形截面波纹板比梯形截面波纹板的对流传热系数高。

　　板式换热器的制造关键是板片。目前常用的成型方法是冲压法。板片的制造工艺包括：下料、成型、切边、冲孔等，板片成型时需要的模具包括：板片成型模、切边模、冲孔模。板片成型模结构复杂，要求严格。板片成型过程中，要求上、下模同时咬合，以保证板片厚度均匀。也有提出用爆炸成型法的，可不需要大吨位水压机，能保持较高的精度。

　　板片的材料根据使用条件、制造工艺和板片形状而定。不锈钢是制造板片的主要材料，应用最为广泛。但由于不锈钢的导热性低，以尽量采用薄的不锈钢板。钛与不锈钢相比，难以成型，制造困难，但钛具有优良的耐腐蚀性能，在处理含氯的介质时被采用。除此以外，还有用耐腐蚀耐热镍基合金、黄铜、铝、铝铜合金、镍、钽、耐热镍铬铁合金等。

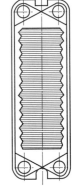

图 6-19　阶梯平直波纹板

图 6-20　三角形截面

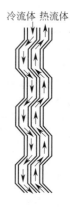

图 6-21　梯形截面

6.1.1.4　密封垫片

密封垫片是板式换热器的重要构件，对它的基本要求是耐热、耐压、耐介质腐蚀。板式换热器是通过压板压紧垫片，达到密封。为确保可靠的密封，必须在操作条件下密封面上保持足够的压紧力。

板式换热器由于密封周边长，需用垫片量大，在使用过程中需要频繁拆卸和清洗，泄漏的可能性很大。如果垫片材质选择不当，弹性不好，所用的胶水不黏或涂的不匀，都可导致运行中发生脱垫、伸长、变性、老化、断裂等。加之板片在制造过程中，有时发生翘曲，也可造成泄漏。一台板式换热器往往由几十片甚至几百片传热板片组成，垫片的中心线很难对准，组装时容易使垫片某段压偏或挤出，造成泄漏，因此必须适当增加垫片上下接触面积。

垫片材料广泛采用天然橡胶、丁腈橡胶、腈橡胶、三元乙丙橡胶、四丙氟橡胶、氟橡胶、氯丁橡胶、丁苯橡胶、硅橡胶、PTFE、石板纤维板等。如表 6-1 所示。

表 6-1　橡胶垫片的使用温度

垫片种类	最高使用温度/℃	邵氏（A型）硬度	垫片种类	最高使用温度/℃	邵氏（A型）硬度
天然橡胶	80	≥50	氟橡胶	−55～230	80±5
丁苯橡胶	85	≥50	氯丁橡胶	40～100	75±5
丁腈橡胶	−20～135	75±3	硅橡胶	−62～230	60±2
三元乙丙橡胶	−50～180	80±5	PTEF	180～265	
四丙氟橡胶	−20～180	≥50	石板纤维板	20～250	

这些材料的安全使用温度一般在 150℃以下，最高可达 265℃。对橡胶垫片除要求抗介质腐蚀外，还应保证下列机械性能：

扯断强度：≥10MPa；扯断伸长率：≥120%；压缩永久变性：≤20%；增（减）量：≤15%（≥15%）；压缩变性：≤10%。

上述橡胶垫片有不耐有机溶剂腐蚀的缺点。目前国外有采用压缩石棉垫片和压缩石棉橡胶垫片，不仅抗有机溶剂腐蚀，而且可耐较高温度，达 360℃。压缩石棉垫片由于含橡胶量甚少，和橡胶垫片相比几乎是无弹性的，因此需要较高的密封压紧力；其次当温度升高后，垫片的热膨胀有助于更好密封。为了承受这种较大的密封压紧力和热膨胀力，框架和垫片必须有足够的强度。

6.1.1.5　特点

① 小的热阻　这是由于板片的相互叠合以及小的当量直径所引起的复杂二、三维流动

而大大加强了流体的扰动，在很小的 Re 下即能处于湍流状态（临界雷诺数约为 200）。由此，总传热系数 K 值高达 $5800 \sim 7000W/(m^2 \cdot K)$。它的压力损失相对于高的 K 值来说是低的，对于高黏度的流体特别适合。资料表明，在同样压力损失下，板式换热器每平方米传热面积的传热量为管壳式的 $6 \sim 7$ 倍。表 6-2 列出了它的总传热系数经验值。

表 6-2　板式换热器的经验总传热系数值

物料	水-水	水蒸气（或热水）-油	冷水-油	油-油	气-水
$K/[W/(m^2 \cdot K)]$	$2900 \sim 4650$	$810 \sim 580$	$400 \sim 580$	$175 \sim 350$	$25 \sim 58$

②　结构紧凑　例如一台 $60m^2$ 的板式换热器其体积仅为 $0.68m^3$，同样的管式换热器的体积为 $1.13m^3$。板式换热器的紧凑性达到 $250m^2/m^3$。它的板片很薄，金属消耗量也很低。

③　灵活性大　几乎可以按生产的任意需要方便地去组装换热片的组数，还可以改变流程的不同组合来达到不同的换热要求。例如将 $73℃$ 的牛奶加热灭菌升温至 $85℃$，然后冷却到 $17℃$，最终将其冷却到 $5℃$，只需加装隔板，这些过程可以在一台板式换热器中完成。

④　清洗、维修方便　换热板、密封垫圈均可以方便拆装，便于清洗和任意再组装。

⑤　操作压力与温度受到结构的限制　主要问题还是密封垫和板的材料的制约，在压力为 $1.5MPa$ 和温度为 $150℃$ 以下时，板式换热器可完全取代管壳式换热器。

⑥　流道狭窄和角孔面积过小对通过流量的限制　这一问题已经通过多段并联操作而得到解决。

6.1.2　设计计算

(1)　基本传热方程式

板式换热器的设计计算有对数平均温度差校正系数方法和传热效率与传热单元数方法，前者温度差校正系数是基于实验基础上，后者是传热效率与传热单元数转换成校正系数。

①　对数平均温度差校正系数法（Troupe 法）

热负荷

$$Q = FK\Delta T \tag{6-1}$$

对数平均温度差

$$\Delta T = f \frac{(T_1 - t_2) - (T_2 - t_1)}{\ln\left(\dfrac{T_1 - t_2}{T_2 - t_1}\right)} \tag{6-2}$$

式中　f——温度校正系数，依流道构成不同而各不相同。

对图 6-22 所示的流道基本形式：并流、串流、混流，温度校正系数的求法为：并流和串流时分别由图 6-23 和图 6-24 求得，混流时可采用管式换热器的温度校正系数。

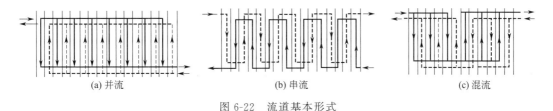

| (a) 并流 | (b) 串流 | (c) 混流 |

图 6-22　流道基本形式

②　传热单元数法　该法从理论上求解。是通过解一组联立的齐次线性微分方程组来求

出每一通道的温度分布。假设：

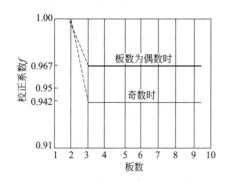

图 6-23　并流时的温度差校正系数
（板数不包括两端的传热板）

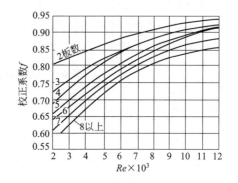

图 6-24　串流时的温度差校正系数
（板数不包括两端的传热板）

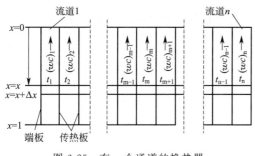

图 6-25　有 n 个通道的换热器

a. 流体在并流时，流到各通道的量是相等的；b. 热损失可以忽略不计；c. 换热器中平均总传热系数是定值；d. 通道中的温度仅随流体流动方向而变；e. 在换热器中没有空气积聚的地方。

在图 6-25 有 n 个通道的换热器中，可以从各通道取微小距离 $\mathrm{d}x$ 的热量衡算推出微分方程式，流体流向以向上和向右为正，距离则以向下为正。若每块板片的传热面积为 F_p，则有下列关系：

对于第 1 个通道

$$\frac{\mathrm{d}t_1}{\mathrm{d}x} = \frac{KF_\mathrm{p}}{(wc)_1}(t_1 - t_2) \tag{6-3}$$

对于中间的通道

$$\frac{\mathrm{d}t_m}{\mathrm{d}x} = \frac{KF_\mathrm{p}}{(wc)_m}(2t_m - t_{m+1} - t_{m-1}) \tag{6-4}$$

对于第 n 个通道

$$\frac{\mathrm{d}t_n}{\mathrm{d}x} = \frac{KF_\mathrm{p}}{(wc)_n}(t_n - t_{n-1}) \tag{6-5}$$

根据流道形式，温度条件定出边界条件，可解这三个微分方程。对上述方程组进行数值求解，就可以计算任意通道的温度分布，不论是串流-串流、串流-并流、并流-并流流向，不论进出口在换热器的哪一端，都可以计算，其温度效率曲线如图 6-26～图 6-34 所示。图中 E_A 为温度效率，R 为水当量比。

在应用该图时需用下列数据：a. 总传热系数；b. 每一块板的传热面积；c. 每一通道的水当量 wc（流量×比热容）；d. 换热器一端的端点温度。

欲求板式换热器的温度差修正系数，可由图 6-30 中求得。该图的适用范围为：每一流程两种流体的流量比为 $1.0 \sim 0.7$。图中横坐标取流体 A 的传热单元数或流体 B 的传热单元数中较大者。

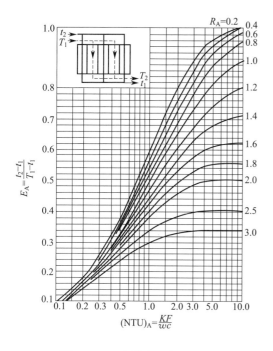

图 6-26　温度效率图表（一）

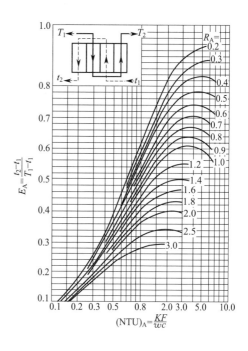

图 6-27　温度效率图表（二）

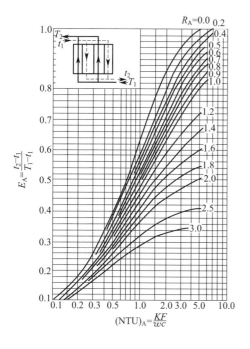

图 6-28　温度效率图表（三）

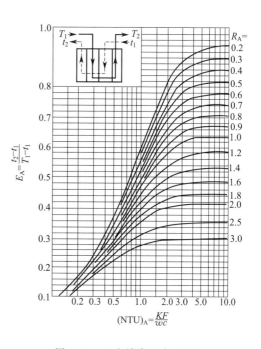

图 6-29　温度效率图表（四）

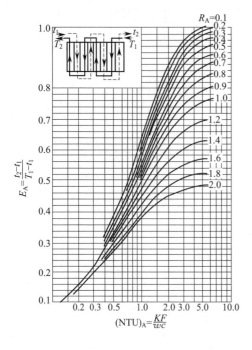

图 6-30　温度效率图表（五）

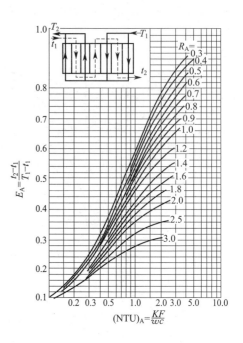

图 6-31　温度效率图表（六）

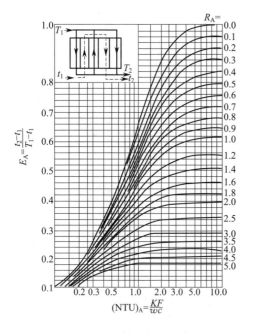

图 6-32　温度效率图表（七）

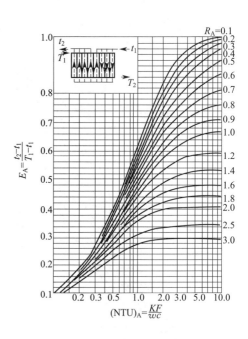

图 6-33　温度效率图表（八）

流体 A 的传热单元数

$$(NTU)_A = \frac{FK}{wc} \qquad (6\text{-}6)$$

流体 B 的传热单元数

$$(NTU)_B = \frac{FK}{wc} \qquad (6\text{-}7)$$

求出温度差修正系数 f 后，再按式 (6-1)、式(6-2) 计算。

（2）传热系数

板式换热器总的传热系数 K 值的确定有两种办法：一种办法是从生产实际中实测出传热系数，另一种办法是通过关联式求得 α 值后进行计算。

对于不同形状的板片和不同介质，有不同的传热准数方程和压力降方程，通常采用实验方法确定传热准数方程和压力降方程及有关图表，供设计计算用。

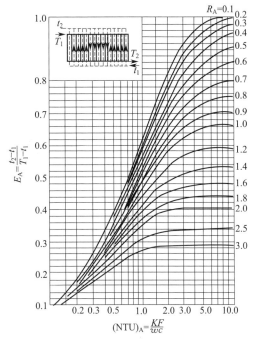

图 6-34　温度效率图表（九）

国外对各种板片的计算公式进行了大量的研究工作，以下主要介绍两种计算方法。

Maslov 法：对图 6-35 所示的传热板片，有以下的传热准数方程：

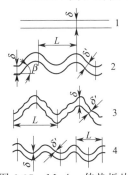

图 6-35　Maslov 传热板片

1—平行光滑波形板；
2—三角形光滑波形板；
3—带褶的波形板；
4—三角形光滑波形板

$$Nu = MPr^{0.43} \left(\frac{Pr}{Pr_w} \right)^{0.25} \qquad (6\text{-}8)$$

式中　M——是 $Re = \dfrac{D_e G}{\mu}$ 数的函数，可由表 6-3 求得；

　　　D_e——当量直径，m，$D_e = 2\delta$；

　　　δ——板片间距，m；

　　　G——质量流速，kg/(m² · h)，$G = \dfrac{W}{\delta B}$；

　　　B——板片宽度，m。

公式的适用范围：$1000 < Re < 20000$

冈田法：对图 6-36 所示的传热板及表 6-4 所列的平行波形板尺寸，有如下的传热准数方程，见表 6-5 中式(6-9)～式(6-12)。

表 6-3　Maslov 传热板片 M 值

板片形式	波形节距 L/mm	板间距 δ/mm	最小间距 δ'/mm	波形倾斜角 β/(°)	M 值
平行光滑板 1	—	—	—	—	$0.021Re^{0.8}$
三角形平行波形板 2	20.0	1.85	—	30	$0.216Re^{0.8}$
三角形平行波形板 2	22.5	3.50	2.8	35	$0.125Re^{0.7}$
三角形平行波形板 2	20.0	2.85	—	40	$0.215Re^{0.635}$
三角形平行波形板 2	22.5	5.90	4.8	35	$0.356Re^{0.6}$
三角形平行波形板 2	30.0	5.50	4.9	30	$0.1815Re^{0.65}$

板片形式	波形节距 L/mm	板间距 δ/mm	最小间距 δ′/mm	波形倾斜角 β/(°)	M 值
三角形平行波形板 4	38.0	5.90	—	—	$0.309Re^{0.6}$
带褶三角形平行波形板 3	48.5	3.50	2.0	—	$0.122Re^{0.7}$
三角形平行波形板 2	20.0	2.25	—	30	$0.1635Re^{0.63}$
三角形平行波形板 2	20.0	1.15	—	30	$0.173Re^{0.64}$
三角形平行波形板 2	20.0	1.40	—	40	$0.194Re^{0.64}$

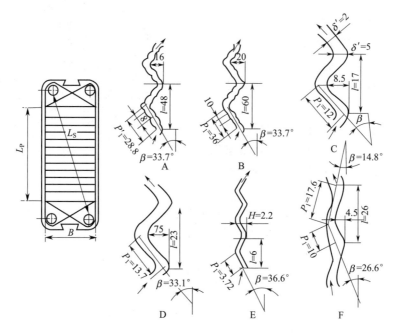

图 6-36　冈田法平行波形板

表 6-4　冈田法的平行波形板尺寸

板片形式	特殊波形板 A	特殊波形板 B	三角平行波形板 C	三角平行波形板 D	三角平行波形板 E	不等边三角平行波形板 F
传热面积 F/m²	0.168	0.350	0.048	0.188	0.034	0.133
投影面积/m²	0.135	0.270	0.034	0.160	0.027	0.123
板宽/m	0.230	0.320	—	0.260	0.07	0.230
板长/m	0.84	1.12	—	0.90	0.64	0.80
板厚 t/m	0.0009	0.0009	—	0.0009	0.0005	0.0012
波形节距 l/m	0.048	0.060	0.017	0.023	0.006	$\begin{cases}0.0176\\0.0100\end{cases}$
直线距离 P/m	0.0288	0.0361	0.012	0.0137	0.00372	0.0260
板间最大距离 δ/m	—	—	0.005~0.010	—	—	—
板间最小距离 δ′/m	—	—	0.002~0.004	—	—	—
波形高度 H/m	0.016	0.020	0.0085	0.0075	0.0022	0.0045
波形倾斜角 β/(°)	33.7	33.7	—	33.1	36.3	26.6

注：P 为流体改变流动方向到下一次改变流动方向的直线距离。

表 6-5　图 6-36 中各板的传热准数方程

板片形式	当量直径 D'_e/m	给热准数方程	
图 6-36 中 A、B	$0.0049 \leqslant D'_e \leqslant 0.0127$	$\dfrac{\alpha D_e}{\lambda} = 1.45 \left(\dfrac{D'_r}{P}\right) \exp\left(\dfrac{-2.0 D'_e}{P_t}\right) \left(\dfrac{D'_r G}{\mu}\right)^{0.62} \left(\dfrac{C\mu}{\lambda}\right)^{0.4}$	(6-9)
图 6-36 中 D、E	$0.00286 \leqslant D'_e \leqslant 0.0126$	$\dfrac{\alpha D_e}{\lambda} = 1.0 \left(\dfrac{D'_r}{P_t}\right) \exp\left(\dfrac{-1.1 D'_e}{P_t}\right) \left(\dfrac{D_e G}{\mu}\right)^{0.62} \left(\dfrac{C\mu}{\lambda}\right)^{0.4}$	(6-10)
图 6-36 中 F	$0.006 \leqslant D'_e \leqslant 0.0140$	$\dfrac{\alpha D_e}{\lambda} = 0.80 \left(\dfrac{D'_r}{P_t}\right) \exp\left(\dfrac{1.15 D'_e}{P_t}\right) \left(\dfrac{D'_e G}{\mu}\right)^{0.62} \left(\dfrac{C\mu}{\lambda}\right)^{0.4}$	(6-11)
图 6-36 中 C		$\dfrac{\alpha D'_e}{\lambda} = MPr^{0.4}$	(6-12)

表中公式适用范围：$5 \times 10^2 < \dfrac{D_e G}{\mu} < 1.5 \times 10^4$

表中 D'_e——当量直径，m；因为板间流道截面积不定，由于流动方向的改变，所以应用水力当量直径的概念，把流道体积除以润湿面积（＝传热面积）的 4 倍作为计算当量直径；

M——与 Re 数有关的系数，见表 6-6。

表 6-6　冈田法的系数 M 值

板片形式	波形节距 L/mm	沿流动方向的波形节距 L_S/mm	板片间距（最大）δ/mm	板片间距（最小）δ'/mm	波形高度 H/mm	波形排列倾角 β/(°)	当量直径 D'_e/mm	M
三角平行波形	12	12	5.0	2.0	8.5	0	6.2	$0.30 Re^{0.63}$
三角平行波形	12	12	7.3	2.9	8.5	0	8.8	$0.27 Re^{0.66}$
三角平行波形	12	12	10.0	4.0	8.5	0	11.8	$0.29 Re^{0.67}$
三角倾斜波形	8	9.2	8.0	0	4.0	30	5.1	$0.32 Re^{0.63}$
三角倾斜波形	10	11.6	8.0	0	4.0	30	5.7	$0.29 Re^{0.65}$
三角倾斜波形	15	17.3	8.0	0	4.0	30	6.7	$0.34 Re^{0.64}$
三角倾斜波形	10	10.4	8.0	0	4.0	15	5.7	$0.42 Re^{0.62}$
三角倾斜波形	10	14.2	8.0	0	4.0	45	5.7	$0.22 Re^{0.64}$
三角倾斜波形	10	20.0	8.0	0	4.0	60	5.7	$0.14 Re^{0.66}$

（3）污垢系数

板式换热器的污垢系数比普通的列管式换热器的污垢系数小，这主要是由于传热板凹凸不平，流体在流道中易形成湍流，流体中的固体颗粒难以沉积；在结构上，管壳式换热器在壳体与折流板连接处有停留空间，而板式换热器没有这种结构；由于板片上采用薄的耐腐蚀板材，故不易生成锈类沉积；其次板式换热器拆卸任意安装方便，便于清洗。

Marriott 提出的板式换热器污垢系数见表 6-7。

表 6-7　板式换热器污垢系数　　　　　　　　　　　单位：$m^2 \cdot ℃/W$

介质种类		污垢系数 r	介质种类		污垢系数 r
水	软水或蒸馏水	0.86×10^{-5}	油	润滑油	$(1.7 \sim 4.3) \times 10^{-5}$
	工业用水（硬度低的）	1.7×10^{-5}		植物油	$(1.7 \sim 5.2) \times 10^{-5}$
	工业用水（硬度高的）	4.3×10^{-5}	有机溶剂		$(0.86 \sim 2.6) \times 10^{-5}$
	冷水塔循环水（被处理）	3.4×10^{-5}	水蒸气		0.86×10^{-5}
	海水（沿海附近）	4.3×10^{-5}	处理液体（一般）		$(0.86 \sim 5.2) \times 10^{-5}$
	海水（大洋）	2.6×10^{-5}			

无论对哪种介质，污垢系数不超过 $0.00010 m^2 \cdot ℃/W$，而且随着流速增大，压力损失

变大，污垢系数变小。

（4）压力损失

板式换热器总的流体阻力按下式计算：

$$\Delta p = f_0 \frac{L}{D_e} \times \frac{\rho \omega^2}{2} n \tag{6-13}$$

式中　Δp——板式换热器总的流体损失，Pa；

L——流道长度，m；

D_e——流道平均当量直径，m；

ρ——流体的密度，kg/m^3；

ω——流道内流体的平均速度，m/s；

n——换热器的程数；

f_0——摩擦系数。

一般对不同的板型，通过流体阻力实验，建立 Δp-ω 关系。

对图 6-35 所示的传热板进行压力损失 Δp 计算时，用下述公式：

$$\Delta p = \varepsilon \left(\frac{4 f_t}{2g} \right) \left(\frac{G^2}{\rho} \right) \left(\frac{L}{D_e} \right) \left(\frac{\mu_w}{\mu} \right) \times 0.34 \tag{6-14}$$

式中　f_t——流体通过光滑板之间时的摩擦系数，为 Re 数的函数，可由圆管内摩擦系数求出；

ε——光滑板的摩擦系数与波纹板的摩擦系数之比，由 M、L/δ、Re 数的数值，从图 6-37 求出。

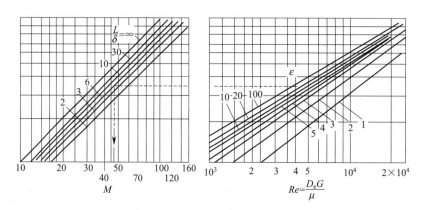

图 6-37　系数 ε 值的计算图表

对图 6-36 所示的传热板及表 6-4 所列的平行波形板尺寸，其压力损失计算公式见表 6-8 中式(6-15) ～式(6-26)。

表 6-8　压力损失方程

板片形式	当量直径 D'_e/m	压力损失方程	
图中 6-36 中 A	0.0049	$\Delta p/L = 1905(G^2/\rho)(D'_e G/\mu)^{-0.25}$	(6-15)
	0.0061	$\Delta p/L = 737(G^2/\rho)(D'_e G/\mu)^{-0.25}$	(6-16)
图中 6-36 中 D	0.0059	$\Delta p/L = 381(G^2/\rho)(D'_e G/\mu)^{-0.30}$	(6-17)
	0.0074	$\Delta p/L = 317.5(G^2/\rho)(D'_e G/\mu)^{-0.30}$	(6-18)
图中 6-36 中 C	0.0062	$\Delta p/L = 1968(G^2/\rho)(D'_e G/\mu)^{-0.36}$	(6-19)
	0.0088	$\Delta p/L = 1168(G^2/\rho)(D'_e G/\mu)^{-0.30}$	(6-20)

板片形式	当量直径 D'_e/m	压力损失方程	
图 6-36 中 B	0.0057	$\Delta p/L = 1956(G^2/\rho)(D'_e G/\mu)^{-0.25}\begin{cases}\alpha=15°\\L=0.01\text{m}\end{cases}$	(6-21)
	0.0057	$\Delta p/L = 1397(G^2/\rho)(D'_e G/\mu)^{-0.25}\begin{cases}\alpha=30°\\L=0.01\text{m}\end{cases}$	(6-22)
	0.0057	$\Delta p/L = 318(G^2/\rho)(D'_e G/\mu)^{-0.25}\begin{cases}\alpha=45°\\L=0.1\text{m}\end{cases}$	(6-23)
	0.0057	$\Delta p/L = 152(G^2/\rho)(D'_e G/\mu)^{-0.25}\begin{cases}\alpha=60°\\L=0.01\text{m}\end{cases}$	(6-24)
	0.0051	$\Delta p/L = 1079(G^2/\rho)(D'_e G/\mu)^{-0.25}\begin{cases}\alpha=30°\\L=0.008\text{m}\end{cases}$	(6-25)
	0.0057	$\Delta p/L = 883(G^2/\rho)(D'_e G/\mu)^{-0.25}\begin{cases}\alpha=30°\\L=0.015\text{m}\end{cases}$	(6-26)

注：1. 式(6-15)～式(6-26)的适用范围：$500 < Re < 20000$。

2. 表中，L——沿板面流体流动方向的流道长度，即板的展开长度，m；

   ρ——流体密度，kg/m^3；

   G——流体的质量流速，$\text{kg/(m}^2 \cdot \text{s)}$；

   μ——黏度，$\text{Pa} \cdot \text{s}$。

（5）换热面积

① 单板换热面积计算　在垫片内侧参与换热部分的板片展开面积。

$$a = \phi a_1 \tag{6-27}$$

式中　a——在垫片内侧参与换热部分的板片展开面积，m^2；

$\quad a_1$——在垫片内侧参与换热部分的板片投影面积，m^2；

$\quad \phi$——展开系数，板片展开面积与投影面积之比，$\phi = \dfrac{t'}{t}$；

$\quad t'$——波纹节距展开长度，mm；

$\quad t$——波纹节距，如图 6-38 所示，mm。

若导流区与波纹区波纹节距相差较大时，应分别计算导流区与波纹区的换热面积，两者相加。

② 换热器换热面积 A

$$A = a(N_p - 2) \tag{6-28}$$

式中　A——换热器的换热面积，m^2。

（6）板片

厚度应不小于 0.5mm。两端应有对称的悬挂定位结构。

（7）压紧板

压紧板要有足够的刚度，压紧板用厚钢板制造时，厚度按表 6-9 选取。单板公称换热面积 0.1m^2 以上的板式换热器，在活动压紧板和中间隔板上应设有滚动机构。

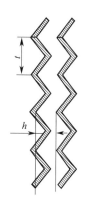

图 6-38　波纹节距

表 6-9　压紧板厚度

单板公称换热面积/m²	在下列设计压力下的压紧板厚度/mm				
	设计压力/MPa				
	≤0.6	1.0	1.6	2.0	2.5
0.1	25	25	30	30	35
0.3	35	10	50	50	55
0.5	45	50	55	55	60
0.7	50	55	60	60	—
0.8	55	60	65	—	—
1.0	60	65	70	—	—
2.0	80	80	80	—	—

(8) 垫片

在垫片角孔一道密封与二道密封之间应设有 $10 \sim 20mm$ 长、垫片厚度一半深的通向大气的泄漏信号槽。

(9) 导杆

① 导杆长度 L_1 （固定压紧板内侧至支柱内侧间的距离）

$$L_1 \geqslant s_1 + n_1 s_2 + (s_0 + s_3) N_p + \sqrt{l^2 - H^2} + 0.5N_p \qquad (6-29)$$

式中　L_1——导杆长度，mm；

　　s_1——压紧板厚度，mm；

　　s_2——中间隔板厚度，mm；

　　s_3——垫片名义厚度，mm；

　　n_1——中间隔板数量；

　　s_0——板片厚度，mm；

　　N_p——板片总数；

　　l——垫片中心线的展开长度，mm；

　　H——上下导杆内侧间的距离，mm。

② 上导杆挠度　工作状态下，上导杆跨度中点的挠度 f 不得超过导杆 L_1 的 $\dfrac{2}{1000}$，且不大于 5mm。

a. 上导杆自重所引起的跨度中点的挠度 f_1

$$f_1 = \frac{5q_1 L_1^4}{384EJ} \qquad (6-30)$$

式中　f_1——上导杆自重所引起的跨度中点的挠度，mm；

　　q_1——上导杆自重均布载荷，N/mm；

　　E——上导杆材料在设计温度下的弹性模量（见表 6-10），MPa；

　　J——上导杆惯性矩，mm⁴。

表 6-10　上导杆材料的弹性模量　　　　　　　　　　　单位：MPa

材料	在下列温度下的弹性模量/℃					
	20	20	100	150	200	250
碳素钢($C \leqslant 0.3\%$)	1.94×10^4	1.92×10^5	1.91×10^5	1.89×10^5	1.86×10^2	1.83×10^5
碳素钢($C > 0.3\%$),碳锰钢	2.08×10^5	2.06×10^5	2.03×10^5	2.00×10^5	1.96×10^5	1.90×10^5
高铬钢($Cr13 \sim Cr17$)	2.03×10^5	2.01×10^5	1.98×10^5	1.95×10^5	1.91×10^5	1.87×10^6

b. 板片及所充介质（水或其他介质取密度大者）重力所引起的上导杆跨度中点的挠度 f_2

当 $L \leqslant L_1/2$ 时，

$$f_2 = \frac{q_2 L^2}{48EJ} \left(\frac{3}{2} L_1^2 - L^2 \right) \tag{6-31}$$

当 $L > L_1/2$ 时，

$$f_2 = \frac{q_2}{48EJ} \left(\frac{L^4}{2} - 2L^3 L_1 + \frac{9}{4} L^2 L_1^2 - \frac{L L_1^3}{2} + \frac{L_1^4}{16} \right) \tag{6-32}$$

式中　f_2——重力所引起的上导杆跨度中点的挠度，mm；

　　　　L——夹紧尺寸，固定压紧板内侧至活动压紧板内侧间的距离，mm，$L = (s_0 + h)N_p + n_1 s_2$；

　　　　h——板间距，如图 6-38 所示；

　　　　q_2——板片及所充介质（水或其他介质取密度大者）所引起的均布载荷，N/mm。

c. 中间隔板自重所引起的上导杆跨度中点的挠度 f_3

当 $c_1 \geqslant b_1$ 时，

$$f_3 = \frac{F_1 b_1}{48EJ} (3L_1^2 - 4b_1^2) \tag{6-33}$$

当 $c_1 < b_1$ 时，

$$f_3 = \frac{F_1 c_1}{48EJ} (3L_1^2 - 4c_1^2) \tag{6-34}$$

式中　f_3——中间隔板自重所引起的上导杆跨度中点的挠度，mm；

　　　　c_1——中间隔板自重作用点至支柱内侧间的距离，mm；

　　　　b_1——固定压紧板内侧至中间隔板自重作用点的距离，mm；

　　　　F_1——中间隔板自重，N。

d. 活动压紧板自重所引起的上导杆跨度中点的挠度 f_4

当 $c_2 \geqslant b_2$ 时，

$$f_4 = \frac{F_2 b_2}{48EJ} (3L_1^2 - 4b_2^2) \tag{6-35}$$

当 $c_2 < b_2$ 时，

$$f_4 = \frac{F_2 c_2}{48EJ} (3L_1^2 - 4c_2^2) \tag{6-36}$$

式中　f_4——活动压紧板自重所引起的上导杆跨度中点的挠度，mm；

　　　　c_2——活动压紧板自重作用点至支柱内侧间的距离，mm；

　　　　b_2——固定压紧板内侧至中间隔板自重作用点的距离，mm；

　　　　F_2——活动压紧板自重，N。

上导杆的受力简图如图 6-39 所示。

上导杆的挠度 f

$$f = f_1 + f_2 + f_3 + f_4 \tag{6-37}$$

式中　f——上导杆的挠度，mm。

③ 夹紧螺柱　夹紧螺柱光杆长度应不大于夹紧尺寸 L。

a. 夹紧螺柱长度 L_2

$$L_2 \geqslant 3s_1 + n_1 s_2 + (s_0 + s_3) N_p + \delta + 1.5 N_p \qquad (6\text{-}38)$$

式中　L_2——夹紧螺柱的长度，mm；

　　　δ——夹紧螺柱上的螺母与垫圈厚度之和，mm。

b. 夹紧螺柱载荷

（a）预紧状态下需要的最小夹紧螺柱载荷 W_a

$$W_a = LBy \qquad (6\text{-}39)$$

式中　W_a——预紧状态下需要的最小夹紧螺柱载荷，N；

　　　B——垫片有效密封宽度（见图 6-40），mm；

　　　y——垫片比压力，橡胶 $y=1.4$MPa，石棉 $y=11$MPa。

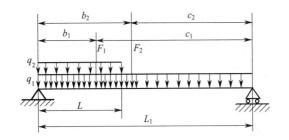

图 6-39　上导杆受力简图

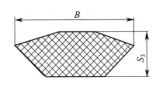

图 6-40　垫片有效密封宽度

（b）工作状态下需要的最小夹紧螺柱载荷 W_p

$$W_p = F_b + F_p \qquad (6\text{-}40)$$

式中　W_p——工作状态下需要的最小夹紧螺柱载荷，N；

　　　F_b——作用于 a_2 上的流体静压力，N，$F_b = a_2 p$；

　　　a_2——被垫片槽中心线包容的板片投影面积，mm^2；

　　　p——设计压力，MPa；

　　　F_p——工作状态下需要的最小垫片压紧力，N，$F_p = 2LBmp$；

　　　m——垫片系数，橡胶 $m=1$，石棉 $m=2$。

c. 夹紧螺柱面积

（a）预紧状态下需要的最小夹紧螺柱总截面积 A_s

$$A_s = \frac{W_a}{[\sigma]_b} \qquad (6\text{-}41)$$

式中　A_s——预紧状态下需要的最小夹紧螺柱总截面积，mm^2；

　　　$[\sigma]_b$——常温条件下夹紧螺柱材料的许用应力，MPa。

（b）工作状态下需要的最小夹紧螺柱总面积 A_p

$$A_p = \frac{W_p}{[\sigma]_b^t} \qquad (6\text{-}42)$$

式中　A_p——工作状态下需要的最小夹紧螺柱总面积，mm^2；

　　　$[\sigma]_b^t$——设计温度下夹紧螺柱材料的许用应力，MPa。

（c）实际夹紧螺柱总截面积 A_h 应不小于需要的夹紧螺柱总截面积 A_m，A_m 取 A_s 与 A_p 中大值。

d. 夹紧螺柱最小直径

$$d = \frac{4A_m}{\pi n} \tag{6-43}$$

式中　d——夹紧螺柱的最小直径，mm；

　　　n——夹紧螺柱的数量。

6.2　板翅式换热器

6.2.1　结构特点

6.2.1.1　简述

（1）基本结构

板翅式换热器的板束单元结构由翅片、隔板和封条三部分组成。在相邻的两隔板之间放置翅片及封条组成一夹层，称为通道。将这样的夹层根据流体的不同流动方式叠置起来钎焊成整体，即组成板束（或称芯体）。

一般情况下，板束两侧还各有1～2层不走流体的强度层，或称之为假通道。再在板束上配置适当的流体进出口的分配段（导流片）和集流箱（封头），这样，就组成了一个完整的板翅式换热器。

图6-41为两种流体逆流换热时板翅式换热器的结构分解示意图。由图可见，一台典型的板翅式换热器主要由翅片a、隔板b、封条c、分配段d和集流箱e五部分组成。操作时，热流体由一端进入集流箱，而冷流体由相对的另一端进入集流箱，热、冷流体通过分配段导流后分别进入相互间隔排列的热、冷通道，然后再由分配段导流汇于各自的集流箱而引出。

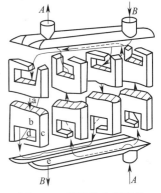

图 6-41　逆流换热器结构

（2）材料

板翅式换热器所使用的材料有纯铝、铝合金、铜、黄铜、镍、钛、不锈钢和因科镍（Inconel）合金等。由于铝适用于盐溶液浸沾钎焊的方法，因此，目前几乎都是采用耐腐蚀的铝锰合金来制造，其主要元件推荐用的材料可见表6-11。

表 6-11　主要元件推荐用的材料

元件名称	材料 名称	牌号	标准
翅片、导流片、封条	铝锰合金	3A21	GB/T 3190—2008
隔板、侧板	三号特殊铝	4A13	
封头	铝锰合金	3A21	
	铝镁合金	4A13	
	高强度铝合金	5083	

注：1. 隔板为0.6～2mm厚的双面复合板，每面复合层厚0.1～0.14mm，复合层含硅量为6.8%～7.2%。

2. 侧板为4mm以上的单面复合板，复合层厚0.1～0.14mm。

3. 当缺乏双金属复合板或质量不符合要求或未掌握其钎焊工艺时，可用铝-硅-锌焊片和3A21铝板代替。

4. 各元件除采用表中推荐材料外，其他经过试验鉴定确实证明不降低使用性能和寿命的材料，亦可使用。

（3）制造简介

目前，多用盐浸沾钎焊法制造铝制板翅片换热器。其制造工艺过程大致为：零件加工（翅片、隔板和封条等）→焊前零件清洗→部件组装→预热→钎焊→倒盐、冷却→焊后清洗、钝化→板束质量检查和试验→封头、接管组合焊接→产品检验。

关键问题在于如何保证钎焊质量和对板束及成品应进行必要的试验和检查。

保证钎焊质量的主要要求是：

① 严格控制翅片、封条和隔板的尺寸精度，以保证隔板能与翅片、封条均匀接触。

② 焊前应去除各元件表面的氧化膜、油污和锈斑。

③ 部件组装应保证各接头间隙均匀一致。间隙过大，可因钎焊料不足而降低接头强度，间隙过小钎焊料不能完全渗透和充满而出现空白点，一般以 0.05～0.25mm 为宜。最佳间隙应通过实验确定。为保证接头强度，以采用重叠式的接头形式为宜。重叠长度可取为较薄元件厚度的两倍以上。组装后的板束应以专门夹具夹持牢固，以防止钎焊时各元件错位。

④ 严格控制钎焊工艺。当采用铝-硅系钎焊料时，钎焊温度一般在 570～640℃，钎焊时间一般应根据工件尺寸大小而定。应保证在钎焊料合金能满意地熔化和充分的流动以填满焊缝的前提下缩短钎焊时间。合理的钎焊时间应由实验确定。

⑤ 钎焊后应清洗去除含有腐蚀性的氯化物和氟化物的钎剂残渣，并进行钝化处理，使板束表面重新形成耐腐蚀的氧化铝膜层。

钎焊后的板束应进行必要的检查和试验，合格后，方可进行封头和接管的组合焊接。由于封头底部与管束的角焊缝处是一薄弱环节，因此为了提高焊缝的强度，应很好考虑封头及焊缝的结构形式。一般可采用带衬圈的焊接结构。

钎焊后板束以及组焊后的成品通常应进行以下检查和试验：

①焊剂清洗质量检查；②钎焊质量检查；③水压试验；④气密性试验；⑤对可逆式换热器，须作交变压力试验；⑥小件爆破压力试验；⑦气阻试验；⑧脱油脂及最终干燥处理检查等。

其制造工艺和检查与试验的详细内容可参见有关标准。

（4）传热机理

从传热机理上看，板翅式换热器仍属于间壁式换热器。其主要特点是，它具有扩展的二次传热表面（翅片），所以传热过程不仅是在一次传热表面（隔板）上进行，而且同时也在二次传热表面上进行。图 6-42 为翅片表面传热机理的示意图。高温侧流体的热量除了由一次表面（隔板）导入低温侧流体外，还沿翅片高度方向传递部分热量，即沿翅片高度方向，由隔板导入热量，再将这些热量对流传递给低温流体。由于翅片高度大大超过了翅片的厚度，因此，沿翅片高度方向的导热过程类似于均质细长导杆的导热。此时，翅片的热阻就不能被忽略。翅片表面的温度分布情况，可参见图 6-43。翅片两端的温度最高等于隔板温度 t_w，随着翅片和流体的对流放热，温度不断降低，直至在翅片中趋于流体温度 t_f。

（5）主要特点

① 传热效率高。这是因为翅片可对流体造成扰动，从而使热边界层不断破裂更新。强制对流空气的总传热系数为 35～350W/(m²·℃)，强制对流油的总传热系数 120～1740 W/(m²·℃)，而管壳式换热器气-气的总传热系数仅为 10～35W/(m²·℃)。

② 结构紧凑、质量轻。对于铝制板翅式换热器而言，其单位体积的传热面积一般为$1500 \sim 2500 \mathrm{m}^2/\mathrm{m}^3$，相当于管壳式换热器的 $8 \sim 20$ 倍。重量仅为具有相同换热面积的管式换热器的 $1/10$，而单位传热面积换热器的金属消耗量只是管式换热器的几十分之一。

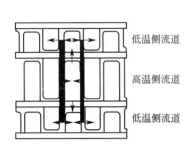

图 6-42 翅片表面传热机理

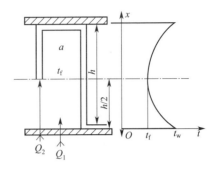

图 6-43 翅片表面温度分布

③ 适应范围广。可以适用于气-气、气-液、液-液间各种不同流体的换热，通过各种流道的布置和组合还能适应逆流、错流、多股流、多程流等不同工况的换热。工业上又可定型、成批生产以适应不同的需要，因而可以降低成本，扩大互换性。

④ 制造工艺复杂，要求严格。

⑤ 容易堵塞，清洗和检修较困难，若因腐蚀产生内漏，则很难修理。

（6）一般适用范围

用于空气分离设备、石油化工装置和机械动力装置等的铝制板翅式换热器，其一般适用范围为：

设计温度：$-200 \sim +150 \text{℃}$；设计压力：$0 \sim 0.6 \mathrm{MPa}$。

6. 2. 1. 2　基本元件

（1）翅片

翅片的作用是扩大传热面积，提高换热器的紧凑性、提高传热效率；兼做隔板，提高换热器的强度和承压能力。

翅片常用的形式有平直形、锯齿形、多孔形和人字波纹形等几种。

① 平直形翅片（见图 6-44）　其特点是具有直线通道，仅起扩大传热面积和支承作用，而对促进流体湍动的效果不大。其传热特性和流体的动力特性均与流体在圆管内的流动相似。流道长度对传热效果有明显影响，相对于其他形式翅片，其传热系数和阻力均较小，多用于阻力要求较严格，且本身传热系数又较大的场合。

② 锯齿形翅片（见图 6-45）　其特点是沿翅片长度方向具有许多微小的凹槽，构成形若锯齿状的通路。这种翅片利于促进流体的湍动，破坏热阻边界，以至于在低 Re 数范围内也可呈现出类似湍流的特性，因而属于高效能翅片之一。在相同压力降的条件下，其传热系数要比平直形翅片高 30% 以上，但其阻力较大，这种翅片多用作气体通道及高、低温流体温差较小以及黏度较大的油通道等。

③ 多孔形翅片（见图 6-46）　翅片上密布许多小孔，可使热阻边界层不断破裂，以提高传热效率和使流体在翅片中分布更为均匀，利于流体中杂质颗粒的冲刷和排除。在 Re 数较

大的范围内（$Re = 10^3 \sim 10^4$），其传热系数比平直形翅片高。这种翅片多用于有相变的流体换热及在换热器进出口分配段作为导流片使用。

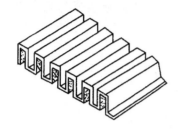
图 6-44　平直形翅片

图 6-45　锯齿形翅片

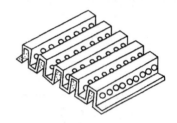
图 6-46　多孔形翅片

④ 波纹翅片（见图 6-47）　翅片纵向呈波纹状（或人字状），可使流体流向不断改变以促进湍流，弯曲处热阻边界层可有微小破裂，故可提高传热效率。这种翅片的性能可以认为介乎于平直形和锯齿形两者之间。当 Re 数小时，其性能接近于平直形翅片，随着 Re 数的增加，而接近于锯齿形。另外，波纹越密、波幅越大，传热性能也就越好，当然，阻力也随之增大。该翅片的耐压强度较高，故可用于压力较高的气体场合。

⑤ 百叶窗翅片（见图 6-48）　翅片间隔一定距离屡次被切断，并使之向流道弯出呈百叶窗状。百叶窗的格子可不断破坏热阻边界层，因而可以强化传热过程。折断处的间距越小，则越能强化传热，但压力降却有所增加。其性能可以认为介于锯齿形和波纹形翅片之间。沿流向的折断处间距越小，则性能接近于锯齿形；若间距越大，致使流路呈波纹状，因此，其性能接近于波纹翅片。虽然间距减小可导致压力降的增加，但是在传递一定热量的条件下，其压力降比平直形翅片还低。因此，这种翅片也属于高效能的翅片之一。应用场合可同于锯齿形翅片。

⑥ 片条翅片　它实际上是将平直形翅片切成很短的不连续的片条段，相错一定距离排列而成。在原理上与百叶窗翅片相似。其区别在于制造方法和相对位置有所不同。由于沿流向的翅片长度较短，而且又不连续，使得热边界层在其上面尚未来得及增长，即告断裂，因此传热性能好。据介绍，间距为 3mm 的片条翅片用以代替其他参数相同的平直形翅片，则传热系数可提高一倍。其摩擦性能显著地受到翅片厚度和边缘的影响。这是因为，翅片一般都是机械切割而成，这就不可避免地留下一点弯边和毛刺，而弯边和毛刺的多少可因材料和切割工具的不同而异。与其他形式翅片的性能比较，目前尚缺少实验数据。

⑦ 钉状翅片（见图 6-49）　它是翅片中的一种特殊形式。导槽 a 放在两平行的隔板 b 上，然后，将一种蛇形金属丝 c 置于导槽内，施钎焊而成。导槽可用极薄的金属板压制。隔板间的钉状翅片，可用专门的定位销进行定位装配。流体在这种翅片上的运动情况，如同流体垂直于管束流动一样，沿流向的长度（只有金属丝的半个曲面）是很小的，因而频繁地破坏热边界层，并使热边界层的厚度维持在最薄的程度，因此，其传热性能很高。但摩擦损失也很大，高速气流通过时，甚至会发出鸣笛的声音。另外，制造也较困难。虽然据认为它是性能最好的一种翅片，但由于摩擦损失很大，制造又困难，故尚未得到广泛的发展和应用。

除了上面介绍的七种形式的翅片，另外还有许多变种，如果适当变换和排列，还可能得到许多其他形式的翅片。

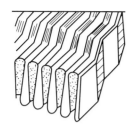

图 6-47　波纹翅片

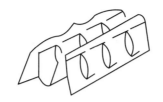

图 6-48　百叶窗翅片

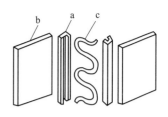

图 6-49　钉状翅片

（2）封条

板翅式换热器的封条，按其截面形状的不同有燕尾槽形、槽钢形和腰鼓形三种。目前，国内普遍采用的是燕尾槽形封条。我国规定与高度为 9.5mm、6.5mm、4.7mm 的翅片和导流片相适应的燕尾槽封条的结构和尺寸见图 6-50。

封条两侧的上下面一般应具有 3% 的斜度，以利在与隔板组合成板束时形成缝隙，而便于熔剂的渗透和形成饱满的焊隙。燕尾槽侧靠翅片，以便于倒圆和清洗；另一侧为槽形是便于泄漏时进行补焊。

相邻两封条密封接头的形式有平接、斜接、嵌接和平斜接等，见图 6-51。其中，多数板翅式换热器采用嵌接形式。嵌接形式中，除了图中所示的接头形式外，也可采用燕尾槽形的嵌接形式。嵌接封条在钎焊过程中不易变形移位，且密封较好。

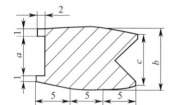

a	7.2	4.2	2.4
b	9.5	6.5	1.7
c	9.2	6.2	4.4

图 6-50　燕尾槽形封条结构和尺寸

平接　　斜接　　嵌接　　平斜接

图 6-51　封条接头形式

（3）导流片

导流片一般布置在翅片的两端，其作用是使流体在翅片中均匀分布和便于布置封头。

导流片的结构和多孔形翅片相同，只是几何参数不同，其翅片间距、厚度和小孔直径均比多孔形翅片大。导流片在换热器中的工作示意如图 6-52 所示。

（4）封头

封头也叫集流箱。其作用是集聚流体、连接板束与工艺管道。其结构多采用端部呈半球状，而在长度方向上为半圆筒形的结构形式。

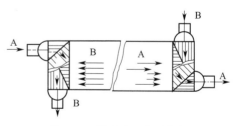

图 6-52　导流片工作示意图

6.2.1.3　总体结构

（1）流道的布置

板翅式换热器的流道布置形式，依其操作条件的不同有顺流、逆流、错流、错逆流以及混合流等。除顺流形外，其他几种均较常用。常用流道的布置形式见图 6-53。

逆流形：热利用率高，平均温差较小，是应用最为普遍的一种流道布置形式。图 6-53 中，逆流形 1、2 为两种流体的逆流布置，逆流形 3 为四种流体的逆流布置。

错流形：换热效率高，可使换热器布置得比较合理。与逆流形一样，也是一种最基本的流道布置形式。常用于一侧有相变或温差变化很小的场合。

错逆流形：可缩小通道截面积，提高流体初速，从而提高传热系数，强化传热效率，使换热器的结构比较紧凑合理。一般用于两流体的对流传热系数相差很大的场合。

混合流形：一部分流体呈错流，而另一部分流体呈逆流。其最大优点是能同时处理几种流体换热，合理分配各流体的传热面积，使换热器更为紧凑，减少冷量损失。但其制造较困难。一般适用于多种流体换热的场合。

（2）导流片的布置

在板翅式换热器中，由于其结构特点，其封头一般要比自由通道的截面积小，而且往往需要偏于一侧，如图 6-54 中逆流布置所示。这种结构常需通过设置导流片，将流体均匀地引导到翅片的流道中或汇聚于封头内。导流片也有保护较薄的翅片在制造时不受损坏和避免通道堵塞的作用。

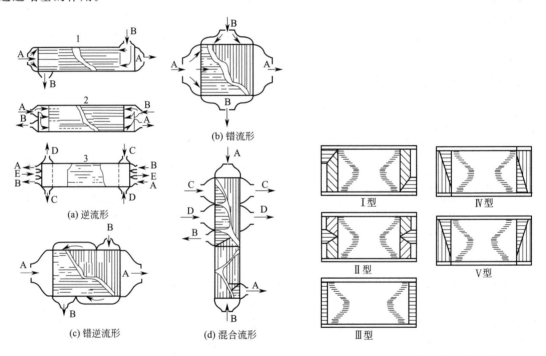

图 6-53　常用流道布置形式　　　　图 6-54　逆流形式的导流片布置

Ⅰ型：主要用于换热器的端部有两个封头，需把流体引导到端部一侧的封头内的场合。

Ⅱ型：主要用于换热器端部有三个以上的封头，需把一股流体引导到中间封头的场合。

Ⅲ型：主要用于换热器端部敞开或仅有一个封头的场合，或用于错流形的换热器。

Ⅳ型：主要用于换热器端部无法布置封头，需把封头布置于两侧的场合。

Ⅴ型：应用较少，主要用于管路布置中。

（3）通道排列

处理冷、热两种流体的板翅式换热器，其冷、热通道一般可以采取间隔排列，即…BAB…或两个冷通道间隔两种热通道，即…BAAB…的方法。通道排列还是比较简单的。但是，在三种以上的多股流体的板翅式换热器中，由于一种热流体和几种冷流体的通道排列，可以有很多不同的排列方法。因此，应寻求最佳的通道排列方案。过去，通常是按照冷流体通道进行混合叠置，也就是说，使某一种冷流体不与其他冷流体完全隔离开。例如热流体 A 和冷流体 B、C 的混合单叠布置为…BACABACAB…，或者采用混合复叠布置为…ABCAB-CABC…。显然，这两种排列方式会带来温度交叉、热量内部漏损和冷量回收少等一系列缺点。Y. N. fan 提出，最好是采用冷流体通道间应完全隔离开的叠置排列方法，或简称隔离叠置排列法。例如某一台板翅式换热器，一种热流体 A 和三种冷流体 B、C、D 同时换热。其中 12 个 A 通道，7 个 B 通道，2 个 C 通道和 4 个 D 通道。这种隔离叠置排列法，不仅具有制冷效果好，可消除温度交叉并避免热量内耗等优点，而且，冷流体 B、C、D 通道都比较集中，排列方法也比较简单，换热器两端也不需要很长的集流箱，结构也显得更为合理。

（4）单元组合

由于受钎焊工艺限制，大型板翅式换热器需采用若干个单元板束组合而成。单元组合有串联、并联以及串并联混合组装三种类型。

并联组合有单排、双排和圆形三种形式，如图 6-55 所示。单排并联组合用于单元数较多的场合；双排并联组合用于单元数较多，且需分成两组的场合；圆形并联组合用于流体种类不太多（一般多为两种流体），安装在圆形容器中的场合。

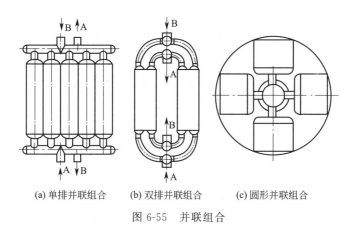

(a) 单排并联组合　　(b) 双排并联组合　　(c) 圆形并联组合

图 6-55　并联组合

串联组合有垂直、并列两种形式，如图 6-56 所示。垂直串联组合占地面积最少，但高度增加很多，置于室内将增加建筑物的高度；并列串联组合占地面积较大，但高度可以降低，便于安装。

串、并联混合组装，如图 6-57 所示，其结构紧凑，但换热器内部渗漏时，无法确定渗漏单元，必须分别进行试漏，同时，调换也较困难。

6.2.2　设计计算

6.2.2.1　结构设计

（1）翅片选择

板翅式换热器在进行结构计算之前，应先选择好翅片形式及其基本尺寸，然后，根据所选择的形式及其基本尺寸来计算换热器各部分的结构尺寸以及截面积和传热面积等。

翅片形式选择：对温差和压差比较大的情况，宜选用平直形翅片，反之宜选用锯齿形翅片；对黏度大或者有杂质析出的情况，亦宜选用锯齿形翅片；对有相变（蒸发、冷凝）等情况，则宜选用平直形或多孔形翅片。

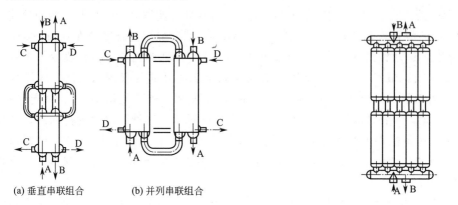

(a) 垂直串联组合   (b) 并列串联组合

图 6-56　串联组合

图 6-57　串、并联混合组装

翅片基本尺寸（高度和厚度）根据传热系数的大小来进行选择：传热系数大的一侧应尽量选用低而厚的翅片，传热系数小的一侧宜选用高而薄的翅片。选择翅片的尺寸，可参见图6-58 进行。

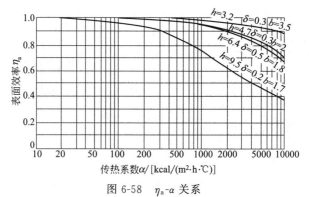

图 6-58　η_a-α 关系

注：$1kcal/(m^2 \cdot h \cdot ℃) = 1.1628W/(m^2 \cdot ℃)$

（2）结构参数计算公式

① 翅片内距 x（m）：

$$x = b - \delta \tag{6-44}$$

② 翅片内高 y（m）：

$$y = h - \delta \tag{6-45}$$

③ 当量直径 D_e（m）：

$$D_e = \frac{4xy}{2(x+y)} = \frac{2xy}{x+y} \tag{6-46}$$

④ 每层通道的截面积 f_i（m^2）：

$$f_i = \frac{xyB_e}{b} \tag{6-47}$$

式中　B_e——板翅式换热器的有效宽度，m。

⑤ 每层通道的传热面积 F_i（m^2）

$$F_i = \frac{2(x+y)B_e L_e}{b} \qquad (6-48)$$

式中　L_e——板翅式换热器的有效长度，m。

⑥ n 层通道的截面积 f_0（m^2）

$$f_0 = \frac{xyB_e n}{b} \qquad (6-49)$$

式中　n——通道数。

⑦ n 层通道的传热面积 F（m^2）

$$F = \frac{2(x+y)B_e L_e n}{b} \qquad (6-50)$$

⑧ 一次传热面积 F_1 或 F_{i1}（m^2）

$$F_1 = \frac{x}{x+y}F \qquad (6-51)$$

或

$$F_{i1} = \frac{x}{x+y}F_i \qquad (6-52)$$

⑨ 二次传热面积 F_2 或 F_{i2}（m^2）

$$F_2 = \frac{x}{x+y}F \qquad (6-53)$$

或

$$F_{i2} = \frac{x}{x+y}F_i \qquad (6-54)$$

⑩ 二次传热面积占总传热面积的比例

$$\frac{F_2}{F} = \frac{y}{x+y} \qquad (6-55)$$

以上各式中所列各结构参数：x、y、δ、B_e、L_e、h、b 等的图示，可参见图 6-59。

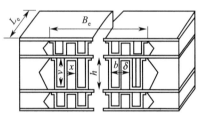

图 6-59　翅片几何参数

6.2.2.2　传热计算

（1）两流体板翅式换热器的传热计算

① 翅片效率　参见图 6-43，一次表面的传热量为：

$$Q_1 = \alpha F_1 (t_w - t_f) \qquad (6-56)$$

二次表面的传热量为：

$$Q_2 = \alpha F_2 (t_m - t_f) \qquad (6-57)$$

式中　α——壁面对流体的给热系数，W/（$m^2 \cdot ℃$）；

　　t_w——隔板温度，℃；

　　t_m——翅片表面的平均温度，℃；

　　t_f——流体温度，℃。

为了便于处理传热计算，则二次表面的传热量可写作下列形式：

$$Q_2 = \alpha F_2 \eta_f (t_w - t_f) \qquad (6-58)$$

式中　η_f——翅片效率。

由式(6-57) 和式(6-58) 可见：

$$\eta_f = \frac{t_m - t_f}{t_w - t_f} \tag{6-59}$$

因此，翅片效率 η_f 就是二次表面的实际传热温差与一次表面温差之比。

式(6-59)不便于实际计算，故根据长杆导热的原理，可以得到供计算使用的翅片效率表达式：

$$\eta_f = \frac{\tanh(Pl)}{Pl} \tag{6-60}$$

$$P = \sqrt{\frac{2\alpha'}{\lambda_f \delta}} \tag{6-61}$$

$$\frac{1}{\alpha'} = r + \frac{1}{\alpha} \tag{6-62}$$

式中　P——翅片参数，$1/m$；

　　　α'——翅片表面的总传热系数，$W/(m^2 \cdot ℃)$；

　　　r——污垢系数，$m^2 \cdot ℃/W$；

　　　α——翅片表面的传热系数，$W/(m^2 \cdot ℃)$；

　　　λ_f——翅片材料的热导率，$W/(m \cdot ℃)$；

　　　δ——翅片厚度，m；

　　　l——翅片的定性尺寸，指二次表面热传导的最大距离，m。

对于单叠布置（即冷热通道间隔排列，且两侧通道数之比为 $1:1$ 时），$l = \frac{h}{2}$；

对于复叠布置（即每两个热通道间有两个冷通道，热通道与冷通道的通道数之比为 $1:2$ 时），对热通道：$l = \frac{h}{2}$，对冷通道：$l = h$；h 为翅片高度，m。

从式(6-60)和式(6-61)可以看出，翅片材料导热性越好，λ_f 越大，则翅片表面的平均温度 t_m 就越趋近于翅片根部温度 t_w（即 $t_m \to t_w$），由式(6-59)可知，翅片效率 η_f 就越高；翅片定性尺寸越小，或翅片高度 h 越低，则热阻越小，因此 $t_m \to t_w$，翅片效率 η_f 亦就越高；单叠布置的翅片效率高于复叠布置；翅片厚度越大，热阻越小，$t_m \to t_w$，η_f 就越高；翅片与流体之间的传热系数 α 越小，沿翅片表面的散热量就越小，$t_m \to t_w$，η_f 就越高。翅片效率 η_f 与翅片参数 Pl 的关系如图 6-60 所示。

② 翅片表面效率 η_0　参见图 6-43，通过板翅式换热器的总传热量为：

$$Q = Q_1 + Q_2 \tag{6-63}$$

或

$$Q = \alpha F_1 (t_w - t_f) + \alpha F_2 \eta_f (t_w - t_f) \tag{6-64}$$

$$= \alpha (F_1 + F_2 \eta_f)(t_w - t_f) \tag{6-65}$$

式中　$F_1 + F_2 \eta_f$——板翅式换热器总的有效传热面积。

令 $F \eta_0 = F_1 + F_2 \eta_f$，则：

$$\eta_0 = \frac{F_1 + F_2 \eta_f}{F} = \frac{F_1 + F_2 - F_2 + F_2 \eta_f}{F} = 1 - \frac{F_2}{F}(1 - \eta_f) \tag{6-66}$$

式中 F_1——一次表面的传热面积，m^2；

  F_2——二次表面的传热面积，m^2；

  F——总传热面积，$F=F_1+F_2$，m^2。

η_0 称为表面效率，其物理意义是：将二次表面和一次表面等同看待（总的传热面积就等于一、二次表面相加），而传热温差都等于一次表面的传热温差 t_w-t_f 时的总传热面积所打的折扣。

由于 $\dfrac{F_2}{F}$ 总是小于 1 的，所以表面效率 η_0 总是大于翅片效率 η_f 的。如翅片效率 η_f 越高，则表面效率 η_0 也就越高。在工程计算中，有时为了计算方便和安全起见，就将翅片效率 η_t 看作表面效率 η_0。尽管可以这样简化计算，但是，须注意两者的概念是不同的，即翅片效率 η_f 只是对二次表面而言，而表面效率 η_0 则是针对总的传热表面而言。

③ 传热系数 对于无相变的强迫对流的换热，可用下面式(6-67) 和式(6-68) 两式计算传热系数。

$$\alpha=S_t c_p G \tag{6-67}$$

$$S_t=\frac{j}{Pr^{\frac{2}{3}}} \tag{6-68}$$

式中 α——传热系数，$W/(m^2 \cdot ℃)$；

  c_p——流体的定压比热容，$J/(kg \cdot ℃)$；

  G——流体的质量流速，$kg/(m^2 \cdot s)$；

  S_t——Stanton 准数；

  Pr——Prandtl 准数；

  j——传热因子。

根据流体的 Re 和所选定的翅片型式，由实验得到的传热因子 j、摩擦因子 f 与 Re 的关系曲线图，即 j、f-Re 图查取。平直形、锯齿形和多孔形三种翅片的 j、f-Re 图如图 6-61 所示。其他形式规格的翅片（约 56 种）的 j、f-Re 图，可参见 W. M. Kays 和 A. L. London 著《Compact Exchangers》一书。

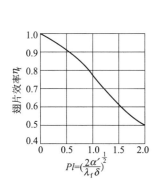

图 6-60 η_f-Pl 关系

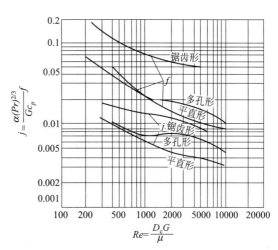

图 6-61 j、f-Re 关系

④ 传热系数　热、冷流体的传热方程式可分别表示为:

高温侧通道:
$$Q_h = \alpha_h F_h \eta_{0h} (t_{fh} - t_w)$$ (6-69)

式中　Q_h——高温侧通道的传热量，W;

α_h——热流体对壁面的对流传热系数，$W/(m^2 \cdot ℃)$;

F_h——热流体通道的总传热面积，m^2;

η_{0h}——热流体通道的表面效率;

t_{fh}——热流体的平均温度，℃;

t_w——隔板温度，℃。

低温侧通道:
$$Q_c = \alpha_c F_c \eta_{0c} (t_w - t_{fc})$$ (6-70)

式中　Q_c——低温侧通道的传热量，W;

α_c——冷流体对壁面的对流传热系数，$W/(m^2 \cdot ℃)$;

F_c——冷流体通道的总传热面积，m^2;

η_{0c}——冷流体通道的表面效率;

t_{fc}——冷流体的平均温度，℃;

t_w——隔板温度，℃。

若忽略隔板的导热热阻，因是稳定传热，故
$$Q_h = Q_c = Q$$ (6-71)

由式(6-69)、式(6-70) 和式(6-71) 有
$$t_{fh} - t_w = \frac{Q}{\alpha_h F_h \eta_{0h}}$$ (6-72)

$$t_w - t_{fc} = \frac{Q}{\alpha_c F_c \eta_{0c}}$$ (6-73)

两式相加:
$$t_{fh} - t_{fc} = Q \left(\frac{1}{\alpha_h F_h \eta_{0h}} + \frac{1}{\alpha_c F_c \eta_{0c}} \right)$$ (6-74)

令 $\Delta t_m = t_{fh} - t_{fc}$，则:
$$Q = \frac{1}{\dfrac{1}{\alpha_h F_h \eta_{0h}} + \dfrac{1}{\alpha_c F_c \eta_{0c}}} \Delta t_m$$ (6-75)

式中　Δt_m——热冷流体的平均温度差，℃。

若以热流体通道传热面积 F_h 为计算基准，则:
$$Q = K_h F_h \Delta t_m$$ (6-76)

因此
$$K_h = \frac{1}{\dfrac{1}{\alpha_h \eta_{0h}} + \dfrac{1}{\alpha_c \eta_{0c}} \times \dfrac{F_h}{F_c}}$$ (6-77)

式中　K_h——热流体通道的传热系数，$W/(m^2 \cdot ℃)$。

若以冷流体通道传热面积 F_c 为计算基准，则:
$$Q = K_h F_h \Delta t_m$$ (6-78)

因此

$$K_c = \cfrac{1}{\cfrac{1}{\alpha_c \eta_{0c}} + \cfrac{1}{\alpha_h \eta_{0h}} \times \cfrac{F_c}{F_h}} \qquad (6\text{-}79)$$

式中　K_c——冷流体通道的传热系数，$W/(m^2 \cdot ℃)$。

其他符号意义同前。

⑤ 传热面积　热流体通道传热面积 F_h（m^2）

$$F_h = \frac{Q}{K_h \Delta t_m} \qquad (6\text{-}80)$$

冷流体通道传热面积 F_c（m^2）

$$F_c = \frac{Q}{K_c \Delta t_m} \qquad (6\text{-}81)$$

⑥ 换热器长度 L_0（m）

$$L_0 = \frac{F}{F_i n B_e} \qquad (6\text{-}82)$$

式中　F——某一侧流体的传热面积，即 F_h 或 F_c，m^2；

　　　n——与传热面积相对应的某一侧流体的总通道数；

其他符号意义同前。

实际长度

$$L = (1.1 \sim 1.3) L_0 \qquad (6\text{-}83)$$

板翅式换热器的长度确定，应考虑钎焊设备的制造能力。

对于板翅式通道中流体发生相变化的传热计算，目前，一般是沿用管式换热器中沸腾与冷凝的传热计算式来进行计算，其中，尚有许多问题还有待于进一步通过实验研究来解决。

（2）三流体用板翅式换热器的传热计算

① 三流体为平行流　如图 6-62 所示，流经通道的三种流体，其相互间均进行热交换，相互间的总传热系数一定。

流体 1、2、3 的温度分别为 t_1、t_2、t_3，水当量（流量×比热容）分别为 $V_1^* c_1$、$V_2^* c_2$、$V_3^* c_3$，流体 1 与 2、1 与 3、2 与 3 之间每单位长度的传热面积为 F_{12}、F_{13}、F_{23}，总传热系数分别为 k_{12}、k_{13}、k_{23}。V^* 为考虑到流动方向的流量，x 是沿流动方向增加为正值，逆流方向增加为负值。

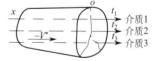

图 6-62　三流体平行流

由热移动方程式：

$$\frac{dt_1}{dx} + t_1 (k_{12} + k_{13}) - k_{12} t_2 - k_{13} t_3 = 0 \qquad (6\text{-}84)$$

$$\frac{dt_2}{dx} + t_2 (k_{21} + k_{23}) - k_{21} t_1 - k_{23} t_3 = 0 \qquad (6\text{-}85)$$

$$\frac{dt_3}{dx} + t_3 (k_{31} + k_{32}) - k_{31} t_1 - k_{32} t_2 = 0 \qquad (6\text{-}86)$$

式中：

$$k_{12} = \frac{K_{12} F_{12}}{V_1^* c_1} \qquad (6\text{-}87)$$

$$k_{13} = \frac{K_{13} F_{13}}{V_1^* c_1} \tag{6-88}$$

$$k_{21} = \frac{K_{12} F_{12}}{V_2^* c_2} \tag{6-89}$$

$$k_{23} = \frac{K_{23} F_{23}}{V_2^* c_2} \tag{6-90}$$

$$k_{31} = \frac{K_{13} F_{13}}{V_3^* c_3} \tag{6-91}$$

$$k_{32} = \frac{K_{23} F_{23}}{V_3^* c_3} \tag{6-92}$$

如果两流体间，例如只是在流体1与2之间进行热交换，则 $k_{13} = k_{31} = 0$，如果流体1在换热器中的温度是不变化的（例如为凝缩时），而为 $k_{12} = k_{13} = 0$。当流体的水当量是沿增加方向流动时，x 为正值，反之则为负。

由热量平衡：

$$V_1^* c_1 \mathrm{d} t_1 + V_2^* c_2 \mathrm{d} t_2 + V_3^* c_3 \mathrm{d} t_3 = 0 \tag{6-93}$$

如果 $V^* c$ 值均不变化，则对上式积分可得：

$$V_1^* c_1 (t_{1i} - t_1) + V_2^* c_2 (t_{2i} - t_2) + V_3^* c_3 (t_{3i} - t_3) = 0 \tag{6-94}$$

式中　　t_{1i}——换热器一端处（如 $x = 0$ 处）流体1的温度，℃；

t_{2i}——换热器一端处（如 $x = 0$ 处）流体2的温度，℃；

t_{3i}——换热器一端处（如 $x = 0$ 处）流体3的温度，℃。

将式(6-93)微分，再根据式(6-94)得：

$$\frac{\mathrm{d}^2 t_1}{\mathrm{d} x^2} + (k_{12} + k_{13} + k_{21} + k_{23} + k_{31} + k_{32}) \frac{\mathrm{d} t_1}{\mathrm{d} x} + Y t_1 - Z = 0 \tag{6-95}$$

式中 $Y = k_{12} k_{23} + k_{12} k_{31} + k_{12} k_{32} + k_{13} k_{21} + k_{13} k_{23} + k_{13} k_{32} + k_{21} k_{31} + k_{21} k_{32} + k_{23} k_{31}$

$Z = [(k_{21} k_{31} + k_{21} k_{32} + k_{23} k_{31}) t_{1i} + (k_{12} k_{31} + k_{12} k_{32} + k_{13} k_{32}) t_{2i} + (k_{13} k_{21} + k_{13} k_{23} + k_{12} k_{23}) t_{3i}]$

变换注角，则可列出 t_2、t_3 与式(6-95)形式相同的公式。解式(6-95)可得：

$$t_1 = c_1 \exp(m_1 x) + c_2 \exp(m_2 x) + t_o \tag{6-96}$$

式中

$$t_o = \frac{Z}{Y}$$

$$m_1 = \frac{-\sum k_{ij} + \sqrt{(\sum k_{ij})^2 - 4Y}}{2} \tag{6-97}$$

$$m_2 = \frac{-\sum k_{ij} - \sqrt{(\sum k_{ij})^2 - 4Y}}{2} \tag{6-98}$$

式中

$$\sum k_{ij} = k_{12} + k_{13} + k_{21} + k_{23} + k_{31} + k_{32}$$

利用边界条件 $x = 0$ 时 $t_1 = t_{1i}$，$x = L$ 时 $t_1 = t_{1o}$ 求积分常数 c_1、c_2：

$$c_1 = \frac{(t_{1o} - t_o) - (t_{1i} - t_o) \exp(m_2 L)}{\exp(m_1 L) - \exp(m_2 L)} \tag{6-99}$$

$$c_2 = \frac{(t_{1o} - t_o) - (t_{1i} - t_o) \exp(m_1 L)}{\exp(m_2 L) - \exp(m_1 L)} \tag{6-100}$$

将式(6-96) 微分，由式(6-83) 求出在 $x=0$ 和 $x=L$ 时 $\dfrac{\mathrm{d}t_1}{\mathrm{d}x}$ 的值和边界温度条件代入：

$$c_1 m_1 + c_2 m_2 = k_{12}(t_{2i}-t_{1i}) + k_{13}(t_{3i}-t_{1i}) \tag{6-101}$$

$$c_1 m_1 \exp(m_1 L) + c_2 m_2 \exp(m_2 L) = k_{12}(t_{2o}-t_{1o}) + k_{13}(t_{3o}-t_{1o}) \tag{6-102}$$

由式(6-101) 和式(6-102) 求出 c_1 和 c_2，将其结果与式(6-109) 和式(6-100) 组合整理可得：

$$L = \frac{1}{m_2}\ln\left[\frac{m_1(t_{1o}-t_o)-B}{m_1(t_{1i}-t_o)-A}\right] \tag{6-103}$$

$$L = \frac{1}{m_1}\ln\left[\frac{m_2(t_{1o}-t_o)-B}{m_2(t_{1i}-t_o)-A}\right] \tag{6-104}$$

式中
$$A = k_{12}(t_{2i}-t_{1i}) + k_{13}(t_{3i}-t_{1i})$$
$$B = k_{12}(t_{2o}-t_{1o}) + k_{13}(t_{3o}-t_{1o})$$

至此，由式(6-103) 和式(6-104) 就可求得三流体换热器所需要的长度。

② 三流体为错流　图 6-63 为三流体错流的板翅式换热器。流体 1、2、3 的水当量分别为 $V_1 c_1$、$V_2 c_2$、$V_3 c_3$，温度分别为 t_1、t_2、t_3，在换热器入口处的温度分别为 t_{1i}、t_{2i}、t_{3i}，在换热器出口处的温度分别为 t_{1o}、t_{2o}、t_{3o}。流体 1 与 2 之间的总传热系数为 k_{12}，流体 2 与 3 之间的总传热系数为 k_{23}。流体 1 与 2 间的传热面积和流体 2 与 3 间的传热面积相等，均以 F 表示，$F = B_e L_e$。但是，流体是不混合的。

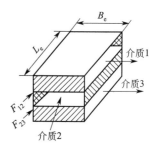

图 6-63　三流体错流

下列的无量纲数分别定义为：

$$(\mathrm{NTU})_1 = \frac{k_{12}F}{V_1 c_1} \tag{6-105}$$

$$R_1 = \frac{V_1 c_1}{V_2 c_2} \tag{6-106}$$

$$R_3 = \frac{V_3 c_3}{V_2 c_2} \tag{6-107}$$

$$K = \frac{k_{12}}{k_{23}} \tag{6-108}$$

$$\theta_1 = \frac{t_{1i}-t_{1o}}{t_{1i}-t_{2i}} \times 100\% \tag{6-109}$$

$$\theta_3 = \frac{t_{3i}-t_{3o}}{t_{3i}-t_{2i}} \times 100\% \tag{6-110}$$

$$\Delta t_i = \frac{t_{1i}-t_{2i}}{t_{3i}-t_{2i}} \tag{6-111}$$

Willis 把温度效率 θ_1、θ_3 和 R_1、R_3、$(\mathrm{NTU})_1$、K 以及 Δt_i 的函数绘制成 28 张图，可参见有关文献。

(3) 四流体以上多股流板翅式换热器的传热计算

① 电算法　多股流板翅式换热器如图 6-64 所示。根据具体的工艺要求各流道的翅片参数和翅片形式可不同。板翅式换热器的截面如图 6-65 所示。

沿流体的流向求出翅片任意截面上的金属表面温度。因翅片的厚度远小于翅片的高度，所以沿翅片高度 x 所发生的翅片金属表面的温度变化可用下面的微分方程式表示：

$$\frac{\mathrm{d}^2 t}{\mathrm{d} x^2} - P^2 (t - T) = 0 \qquad (6\text{-}112)$$

式中 t——翅片金属表面的温度，℃；

$\quad\quad T$——流体温度，℃；

$\quad\quad P$——翅片参数，$1/\mathrm{m}$，依公式（6-61）计算。

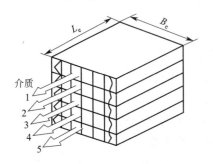

图 6-64 多股流板翅式换热器

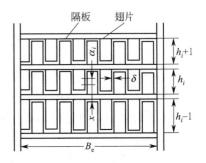

图 6-65 板翅式换热器截面

方程（6-112）的一般解为：

$$t = T + A\sinh(Px) + B\cosh(Px) \qquad (6\text{-}113)$$

$$\frac{\mathrm{d} t}{\mathrm{d} x} = P [A\cosh(Px) + B\sinh(Px)] \qquad (6\text{-}114)$$

式中 A、B——积分常数。

当传热系数小以及隔板面积占总传热面积的比例小时，可以忽略隔板内沿厚度方向的温度变化。此时，

$$t_i(h) = t_{i+1}(0) \qquad (6\text{-}115)$$

式中 $t_i(h)$——i 流道翅片上端面（$x = h$）处的翅片金属温度，℃；

$\quad\quad t_{i+1}(0)$——$i+1$ 流道翅片下端面（$x = 0$）处的翅片金属温度，℃；

$\quad\quad h$——翅片高度，m。

因通过隔板的热流是连续的，故有以下边界条件：

$$q_i(h) = q_{i+1}(0) \qquad (6\text{-}116)$$

$$q_i(h) = -f_i\lambda_\mathrm{f} \left(\frac{\mathrm{d} t_i}{\mathrm{d} x}\right)_{x=h} + \alpha_i (1 - f_i) [T_i - t_i(h)] \qquad (6\text{-}117)$$

$$q_{i+1}(0) = -f_{i+1}\lambda_\mathrm{f} \left[\frac{\mathrm{d} t_{i+1}}{\mathrm{d} x}\right]_{x=0} + \alpha_{i+1} [1 - f_{i+1}] [t_{i+1}(0) - T_{i+1}] \qquad (6\text{-}118)$$

式中 $q_i(h)$——i 流道翅片上端面（$x = h$）处的热流速率，$\mathrm{W/m}^2$；

$\quad\quad q_{i+1}(0)$——$i+1$ 流道翅片下端面（$x = 0$）处的热流速率，$\mathrm{W/m}^2$；

$\quad\quad f_i$——i 流道每单位隔板面积的翅片截面积，其数值等于隔板单位流道宽度的翅片数×翅片厚度，m^2；

$\quad\quad f_{i+1}$——$i+1$ 流道每单位隔板面积的翅片截面积，其数值等于隔板单位流道宽度的翅片数×翅片厚度，m^2。

由式（6-113）求出 $t_i(h)$ 和 $t_{i+1}(0)$ 代入式（6-115）整理可得：

$$A_i \sinh(Ph) + B_i \cosh(Ph) - B_{i+1} = T_{i+1} - T_i \tag{6-119}$$

由式(6-114) 求出 $\left(\dfrac{\mathrm{d}t_i}{\mathrm{d}x}\right)_{x=h}$ 和 $\left(\dfrac{\mathrm{d}t_i}{\mathrm{d}x}\right)_{x=0}$ 代入式(6-120) 整理可得：

$$[f\lambda_f P \cosh(Ph)]_i A_i + [f\lambda_f P \sinh(Ph)]_i B_i - (f\lambda_f P)_{i+1} A_{i+1} +$$
$$\{[\alpha(1-f)]_i + [\alpha(1-f)]_{i+1}\} B_{i+1} = [\alpha(1-f)]_i (T_i - T_{i+1}) \tag{6-120}$$

图 6-63 表示一多流体板翅式换热器的流道组成情况（图中只表示了三种流体的情况）。对第 $n+1$ 层流体同于第一层流体的 n 种流体换热器，按式(6-119) 和式(6-120) 必须求解 $2n$ 个联立的一次方程式。

根据式(6-119) 和式(6-120)，将 B_i 项用 A_i、T_i、T_{i+1} 项来表示。由式(6-119) 可得：

$$B_{i+1} = [\cosh(Ph)]_i B_i + [\sinh(Ph)]_i A_i + T_i - T_{i+1} \tag{6-121}$$

将式(6-121) 代入式(6-120) 可得：

$$-B_i = \frac{(f\lambda_f P)_i + [\tanh(Ph)]_i \{[\alpha(1-f)]_i + [\alpha(1-f)]_{i+1}\}}{[f\lambda_f P \tanh(Ph)]_i + [\alpha(1-f)]_i + [\alpha(1-f)]_{i+1}} A_i +$$
$$\frac{-(f\lambda_f P)_{i+1} A_{i+1} + [\alpha(1-f)]_{i+1}(T_i - T_{i+1})}{[\cosh(Ph)]_i \{[f\lambda_f P \tanh(Ph) + \alpha(1-f)]_i + [\alpha(1-f)]_{i+1}\}} \tag{6-122}$$

同样，对第 $i+1$ 流道（或流体）则为：

$$-B_{i+1} = \frac{(f\lambda_f P)_{i+1} + [\tanh(Ph)]_{i+1} \{[\alpha(1-f)]_{i+1} + [\alpha(1-f)]_{i+2}\}}{[f\lambda_f P \tanh(Ph)] + [\alpha(1-f)]_{i+1} + [\alpha(1-f)]_{(i+2)}} A_{i+1} +$$
$$\frac{-(f\lambda_f P)_{i+2} A_{i+2} + [\alpha(1-f)]_{i+2}(T_{i+1} - T_{i+2})}{[\cosh(Ph)]_{i+1} \{[f\lambda_f P \tanh(Ph) + \alpha(1-f)]_{i+1} + [\alpha(1-f)]_{i+2}\}} \tag{6-123}$$

将式(6-122) 和式(6-123) 代入式(6-121) 可以得出以 T 项表示 A 的计算式，并将 A_i、A_{i+1}、A_{i+2} 及 T_i、T_{i+1}、T_{i+2} 各项整理可得：

$$a_{i,i} A_i + a_{i,i+1} A_{i+1} + a_{i,i+2} A_{i+2} = b_{i,i} T_i + b_{i,i+1} T_{i+1} + b_{i,i+2} T_{i+2} \tag{6-124}$$

式中 $a_{i,i}$、$a_{i,i+1}$、$a_{i,i+2}$ 及 $b_{i,i}$、$b_{i,i+1}$、$b_{i,i+2}$ 分别为 A_i、A_{i+1}、A_{i+2} 及 T_i、T_{i+1}、T_{i+2} 各项的系数。脚标 i、$i+1$、$i+2$ 分别表示第 i、$i+1$、$i+2$ 流道（或流体）。

A_i 项系数：

$$a_{i,i} = \frac{-(f\lambda_f P)_i}{[\cosh(Ph)]_i \{[f\lambda_f P \tanh(Ph) + \alpha(1-f)]_i + [\alpha(1-f)]_{i+1}\}} \tag{6-125}$$

A_{i+1} 项系数：

$$a_{i,i+1} = \frac{[\tanh(Ph)]_{i+1} \{[f\lambda_f P \coth(Ph) + \alpha(1-f)]_{i+1} + [\alpha(1-f)]_{i+2}\}}{[f\lambda_f P \tanh(Ph) + \alpha(1-f)]_{i+1} + [\alpha(1-f)]_{i+2}} +$$
$$\frac{(f\lambda_f P)_{i+1}}{[f\lambda_f P \tanh(Ph) + \alpha(1-f)]_i + [\alpha(1-f)]_{i+1}} \tag{6-126}$$

A_{i+2} 项系数：

$$a_{i,i+2} = \frac{-(f\lambda_f P)_{i+2}}{[\cosh(Ph)]_{i+1} \{[f\lambda_f P \tanh(Ph) + \alpha(1-f)]_{i+1} + [\alpha(1-f)]_{i+2}\}} \tag{6-127}$$

T_i 项系数：

$$b_{i,i} = \cfrac{1}{1 + \cfrac{[\alpha(1-f)]_{i+1}}{[f\lambda_f \tanh(Ph) + \alpha(1-f)]_i}} \qquad (6\text{-}128)$$

T_{i+1} 项系数:

$$b_{i,i+1} = \cfrac{-[\mathrm{sech}(Ph)]_{i+1}}{1 + \cfrac{[f\lambda_f P \tanh(Ph) + \alpha(1-f)]_{i+1}}{[\alpha(1-f)]_{i+2}}} - b_{i,i} \qquad (6\text{-}129)$$

T_{i+2} 项系数:

$$b_{i,i+2} = -b_{i,i+1} - b_{i,i} \qquad (6\text{-}130)$$

若忽略最外层平板的热损失,还有以下边界条件:

$$q_1(0) = q_n(h) = 0 \qquad (6\text{-}131)$$

$$q_1(0) = -f_1\lambda_f\left(\frac{\mathrm{d}t_1}{\mathrm{d}x}\right)_{x=0} + \alpha_1(1-f_i)[t_1(0) - T_1] = 0 \qquad (6\text{-}132)$$

$$q_n(h) = -f_n\lambda_f\left(\frac{\mathrm{d}t_n}{\mathrm{d}x}\right)_{x=h} + \alpha_n(1-f_n)[T_n - t_n(h)] = 0 \qquad (6\text{-}133)$$

由式(6-113)和式(6-114)求出 $t_1(0)$、$t_n(h)$、$\left(\dfrac{\mathrm{d}t_1}{\mathrm{d}x}\right)_{x=0}$ 和 $\left(\dfrac{\mathrm{d}t_n}{\mathrm{d}x}\right)_{x=h}$ 代入上式可得:

$$-B_1 = -\frac{(f\lambda_f P)_1}{[\alpha(1-f)]_1}A_1 \qquad (6\text{-}134)$$

$$\{[f\lambda_f P\cosh(Ph)]_n + [\alpha(1-f)\sinh(Ph)]_n\}A_n + \{[f\lambda_f P\sinh(Ph)]_n +$$
$$[\alpha(1-f)\cosh(Ph)]_n\}B_n = 0 \qquad (6\text{-}135)$$

将式(6-122)代入式(6-134)可以得出以 T 项表示 A 的表达式,并将 A_1、A_2 及 T_1、T_2 各项整理可得:

$$a_{0,1}^1 A_1 + a_{1,2}^0 A_2 = b_{1,1}^0 T_1 + b_{1,2}^0 T_2 \qquad (6\text{-}136)$$

其中:

$$a_{1,1}^0 = \frac{(f\lambda_f P)_1}{[\alpha(1-f)]_1} + \frac{[f\lambda_f P\cosh(Ph)]_1 + [\sinh(Ph)]_1\{[\alpha(1-f)]_1 + [\alpha(1-f)]_2\}}{\Delta_1}$$
$$(6\text{-}137)$$

$$a_{1,2}^0 = \frac{-(f\lambda_f P)_2}{\Delta_1} \qquad (6\text{-}138)$$

$$b_{1,1}^0 = \frac{-[\alpha(1-f)]_2}{\Delta_1} \qquad (6\text{-}139)$$

$$b_{1,2}^0 = \frac{[\alpha(1-f)]_2}{\Delta_1} = -b_{1,1}^0 \qquad (6\text{-}140)$$

式中,$\Delta_1 = [\cosh(Ph)]_1\{[f\lambda_f P\tanh(Ph)]_1 + [\alpha(1-f)]_1 + [\alpha(1-f)]_2\}$。

同样,将式(6-124)代入式(6-135)可得以 T 项表示 A 的计算式,并将 A_{n-1}、A_n 和 T_{n-1}、T_n 各项整理可得:

$$a_{n,n-1}^n A_{n-1} + a_{n,n}^n A_n = b_{n,n-1}^n T_{n-1} + b_{n,n}^n T_n \qquad (6\text{-}141)$$

其中:

$$a_{n,n-1}^n = \frac{-(f\lambda_f P)_{n-1}}{\Delta_{n-1}} \qquad (6\text{-}142)$$

$$a_{n,n}^n = \frac{(f\lambda_f P)_n + [\alpha(1-f)\tanh(Ph)]_n}{[f\lambda_f\tanh(Ph)]_n + [\alpha(1-f)]_n} + \frac{(f\lambda_f P)_n[\cosh(Ph)]_{n-1}}{\Delta_{n-1}} \quad (6\text{-}143)$$

式中 $\Delta_{n-1} = [\cosh(Ph)]_{n-1}\{[f\lambda_f P\tanh(Ph) + \alpha(1-f)]_{n-1} + [\alpha(1-f)]_n\}$

$$(6\text{-}144)$$

$$b_{n,n-1}^n = -\frac{1}{1 + \dfrac{[\alpha(1-f)]_n}{[f\lambda_f P\tanh(Ph) + \alpha(1-f)]_{n-1}}} \quad (6\text{-}145)$$

$$b_{n,n-1}^n = -b_{n,n-1}^n \quad (6\text{-}146)$$

对于 n 种流体的换热器（即 $i=1$、2、$\cdots$、n），为了求出 A_1、A_2、$\cdots$、A_n 则需要式(6-124)形式的 n 个联立方程式，并考虑最外层平板的边界条件式(6-136)和式(6-141)，则可用矩阵形式表示如下：

$$\boldsymbol{aA} = \boldsymbol{bT} \quad (6\text{-}147)$$

式中，$\boldsymbol{a}$ 和 $\boldsymbol{b}$ 为三对角矩阵；$\boldsymbol{A}$、$\boldsymbol{T}$ 为列矩阵。

由式(6-122)可知，B_i 是用 A_i、A_{i+1}、T_i 及 T_{i+1} 项来表示的，因而也可以矩阵形式表示如下：

$$\boldsymbol{B} = \boldsymbol{dA} + \boldsymbol{eT} \quad (6\text{-}148)$$

式中，$\boldsymbol{d}$、$\boldsymbol{e}$ 为两对角矩阵；$\boldsymbol{B}$、$\boldsymbol{A}$、$\boldsymbol{T}$ 为列矩阵。

矩阵 $\boldsymbol{d}$、$\boldsymbol{e}$ 按式(6-122)可直接由下述计算求得：

$$d_{i,i} = \frac{-[\tanh(Ph)]_i\{[f\lambda_f P\coth(Ph) + \alpha(1-f)]_i + [\alpha(1-f)]_{i+1}\}}{[f\lambda_f P\tanh(Ph) + \alpha(1-f)]_i + [\alpha(1-f)]_{i+1}} \quad (6\text{-}149)$$

$$d_{i,i+1} = \frac{(f\lambda_f P)_{i+1}}{[\cosh(Ph)]_i\{[f\lambda_f P\tanh(Ph) + \alpha(1-f)]_i + [\alpha(1-f)]_{i+1}\}} \quad (6\text{-}150)$$

$$e_{i,i} = -e_{i,i+1} = \frac{[\alpha(1-f)]_{i+1}}{[\cosh(Ph)]_i\{[f\lambda_f P\tanh(Ph) + \alpha(1-f)]_i + [\alpha(1-f)]_{i+1}\}}$$

$$(6\text{-}151)$$

系数 $d_{n,n}^n$ 可由式(6-136)直接求得：

$$d_{n,n}^n = -\frac{(f\lambda_f P)_n + [\alpha(1-f)\tanh(Ph)]_n}{[f\lambda_f P\tanh(Ph) + \alpha(1-f)]_n + [\alpha(1-f)]_n} \quad (6\text{-}152)$$

而

$$e_{n,n}^n = 0 \quad (6\text{-}153)$$

由隔板到第 i 层流道流体的实际传热量，可用单位隔板的传热面表示：

$$\left(\frac{\mathrm{d}Q}{\mathrm{d}l}\right)_i = q_i(0) - q_i(h) = \{f\lambda_f P[\cosh(Ph) - 1] + \alpha(1-f)\sinh(Ph)\}_i A_i$$
$$+ \{f\lambda_f P\sinh(Ph) + \alpha(1-f)[\cosh(Ph) + 1]\}_i B_i \quad (6\text{-}154)$$

第 i 层流道的温升为：

$$\left(\frac{\mathrm{d}T}{\mathrm{d}l}\right)_i = \frac{B_e}{(Vc)_i}\left(\frac{\mathrm{d}Q}{\mathrm{d}l}\right)_i \quad (6\text{-}155)$$

式中　B_e——流道有效宽度，m；

　　　V——流道流体流量，kg/s；

　　　c——流道流体比容，J/(kg·℃)。

综合式(6-147)～式(6-155)可得如下联立的微分方程式：

$$T'(l) = uA + vB \tag{6-156}$$

式中，u 和 v 是对角矩阵，其元素除 $i = j$ 外，均为零。

$$u_{i,i} = \{f\lambda_f P \left[\cosh(Ph) - 1\right] + \alpha(1-f)\sinh(Ph)\}_i \left(\frac{B_e}{Vc}\right)_i \tag{6-157}$$

$$v_{i,i} = \{f\lambda_f P \sinh(Ph) + \alpha(1-f)\left[\cosh(Ph+1)\right]\}_i \left(\frac{B_e}{Vc}\right)_i \tag{6-158}$$

通过矩阵变换可得：

$$T'(l) = RT \tag{6-159}$$

式中，$R = \left[(u+vd)a^{-1}b + ve\right]$，对 n 种流体换热器而言，R 是 n 阶方阵。

当 α_i 及 $(Vc)_i$ 不变时，式(6-156)的解析可用下述方法求得：

式(6-159)的一个基解矩阵为：

$$T(L) = \left[e^{M_1 L}J_1 \, \text{、} \, e^{M_2 L}J_2 \, \text{、} \, e^{M_m L}J_m\right] \tag{6-160}$$

对于第 i 个流道（或流体）可写作：

$$T_i(L) = e^{M_1 L}j_{i,1} + e^{M_2 L}j_{i,2} + \cdots + e^{M_m L}j_{i,m} \tag{6-161}$$

其中，$T(L)$ 为列矩阵；J_1、J_2、$\cdots$、J_m 为矩阵 R 的 m 个线性无关的特征向量；M_1、M_2、$\cdots$、M_m 为矩阵 R 的特征值，可由下面的特征方程式求得：

$$\det(R - ME) = 0 \tag{6-162}$$

将由上式求得的 M 值代入式(6-161)，并根据已知的边界条件（例如已知 n 种流体入口和出口的温度）就可以求出 R 的对应于特征值 M 的特征向量 J 的 n 个数值。

$$(R - ME)J = 0 \tag{6-163}$$

式中，E 是单位矩阵。

除了解析法外，工程上常采用数值计算法，如用 Newton 迭代法等求解式(6-159)的边值问题。当确定了各流体的通道数和通道排列，已知热、冷流体入口温度，在热流体各股流出口温度的平均值达到要求时，可求出换热器的有效长度。如果已知换热器的有效长度，冷、热流体的温度，可求出流体沿换热器长度的各个截面的温度，由此确定冷、热流体的出口温度能否满足工艺要求，从而可验算换热器的设备能力。

② 简化计算法　由电算法数学模型建立的过程可知，多股流的传热计算是相当繁杂的。工程上为了简化计算，一般是将多股冷流体综合成一股相当的返流体，而把热流体视为正流体，这样，就把多股流的换热简化为两股流的换热问题，而其计算方法基本上和前述的两流体情况相同，可以作为两流体计算的特例来看待。根据实践，这种简化了的计算方法还是可行的。当然，其精确程度会比电算法差一些。

对应于正流侧的传热系数

$$K_h = \cfrac{1}{\cfrac{1}{\alpha_h \eta_{0h}} + \cfrac{1}{\alpha_c \eta_{0c}} \times \cfrac{F_h}{F_c}} \tag{6-164}$$

式中　K_h——对应于正流侧的传热系数，W/(m² · ℃)；

F_h——正流侧通道的总传热面积，m²；

F_c——返流侧通道的总传热面积，m²；

α_h——正流侧流体的平均对流传热系数，W/(m² · ℃)；

α_c——返流侧流体的平均对流传热系数，W/(m² · ℃)；

η_{0h}——正流侧的表面效率；

η_{0c}——返流侧的表面效率。

返流侧流体的换热量为：

$$Q_c = Q_1 + Q_2 + \cdots + Q_n \tag{6-165}$$

$$\alpha_c \eta_{0c} F_c \Delta t_c = \alpha_1 \eta_{0,1} F_{c,1} \Delta t_1 + \alpha_2 \eta_{0,2} F_{c,2} \Delta t_2 + \cdots + \alpha_n \eta_{0,n} F_{c,n} \Delta t_n \tag{6-166}$$

a. 当流体 1、2、$\cdots$、n 的进出口温差接近时可取：

$$\Delta t_c = \Delta t_1 = \Delta t_2 = \cdots = \Delta t_n \tag{6-167}$$

于是可得：

$$\alpha_c \eta_{0c} = \frac{\alpha_1 \eta_{0,1} F_{c,1} + \alpha_2 \eta_{0,2} F_{c,2} + \cdots + \alpha_n \eta_{0,n} F_{c,n}}{F_c} \tag{6-168}$$

其中：

$$F_c = F_{c,1} + F_{c,2} + \cdots + F_{c,n} \tag{6-169}$$

上列各式中 Q_1、Q_2、$\cdots$、Q_n——流体 1、2、$\cdots$、n 的换热量，W；

$F_{c,1}$、$F_{c,2}$、$\cdots$、$F_{c,n}$——流体 1、2、$\cdots$、n 通道的传热面积，m^2；

$\eta_{0,1}$、$\eta_{0,2}$、$\cdots$、$\eta_{0,n}$——流体 1、2、$\cdots$、n 通道的表面效率；

Δt_1、Δt_2、$\cdots$、Δt_n——流体 1、2、$\cdots$、n 的进出口温差，℃。

b. 当流体 1、2、$\cdots$、n 的进出口温差相差较悬殊时，建议用下面的公式计算 η_c 和 α_c。假定传热系数和表面效率是按换热量的比例而叠加的，则各股返流体换热量的分配比例为：

$$e_1 = \frac{Q_1}{Q_c}, e_2 = \frac{Q_2}{Q_c}, \cdots, e_n = \frac{Q_n}{Q_c} \tag{6-170}$$

从而：

$$\eta_{0c} = \eta_{0,1} e_1 + \eta_{0,2} e_2 + \cdots + \eta_{0,n} e_n \tag{6-171}$$

$$\alpha_c = \alpha_1 e_1 + \alpha_2 e_2 + \cdots + \alpha_n e_n \tag{6-172}$$

式中 e_1、e_2、$\cdots$、e_n——流体 1、2、$\cdots$、n 换热量占总热量的百分数。

计算出传热系数 K_c 后，就可参照前面所述两流体的计算方法计算。

6.2.2.3 流动阻力计算

如图 6-66 所示，板翅式换热器的流动阻力系指入口管的静压 p_1 与出口管静压 p_2 的差。通常，出入口管道的摩擦阻力比板束部分的阻力小，因此，计算时可略去。总的流动阻力 Δp 为板束入口处阻力 Δp_1、板束部分阻力 Δp_2 和板束出口处阻力 Δp_3 的代数和，即：

$$\Delta p = \Delta p_1 + \Delta p_2 + \Delta p_3 \tag{6-173}$$

(1) 板束入口和出口阻力

在板束入口和出口处，流体要发生收缩和扩大。入口（急剧收缩部）的阻力 Δp_1 为：

$$\Delta p_1 = \frac{G^2 c_i}{2}(1 - \sigma^2) + \zeta_c \frac{G^2 c_i}{2} \tag{6-174}$$

出口（急剧扩大部）的阻力 Δp_3 为：

$$\Delta p_3 = \frac{G^2 c_o}{2}(1 - \sigma^2) - \zeta_e \frac{G^2 c_o}{2} \tag{6-175}$$

式中 Δp_1——板束入口处的阻力，Pa；

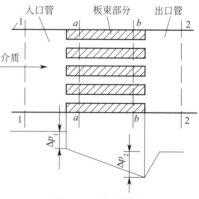

图 6-66 流动阻力

Δp_3——板束出口处的阻力，Pa；

G——流体的质量流速，kg/(m² · s)；

c_i——流体在入口处的比容，m²/kg；

c_o——流体在出口处的比容，m²/kg；

σ——相对自由截面，即有效自由流动面积 F_{min} 与流体迎面面积 F_{max} 之比，$\sigma =$

$$\frac{F_{min}}{F_{max}} = \frac{xy}{bh} \times \frac{n_1}{n} ;$$

n_1——某一种流体的通道数；

n——总的通道数；

ζ_c、ζ_e——收缩和扩大阻力系数，其与 σ 和 Re 数有关，可从图6-67查得。

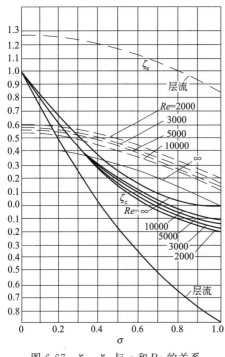

图6-67　ζ_c、ζ_e 与 σ 和 Re 的关系

式(6-174)中，第一项是由流道截面积变化而产生的压降，第二项是由收缩损失的动量变化而产生的压降。在式(6-175)中，第一项是由流道截面积变化而产生的压升，第二项是由扩大损失的动量变化而产生的压降。

(2) 流体在板束中的流动阻力 Δp_2

该项阻力主要是由传热面的形状阻力和摩擦阻力组成，但这两种阻力并不分开，可看作是作用于总摩擦面积上的等效剪切力。因此，将换热器的板束部分可简单地当作具有当量直径 D_e 的等效圆管来考虑，板束内的阻力可表示为：

$$\frac{dp_f}{dl} = -\frac{4fG^2c}{2} \times \frac{1}{D_e} \qquad (6-176)$$

式中　dp_f——摩擦阻力损失，Pa；

f——摩擦因子，根据 Re 数和翅片形式由图6-61查取。

按稳定流动的能量式可得：

$$-dp = G^2 dc - dp_f \qquad (6-177)$$

将此式代入式(6-176)，沿板束全长积分，可得：

$$\Delta p_2 = \frac{G^2 c_i}{2} \left[2\left(\frac{c_o}{c_i} - 1\right) + \frac{4fL}{D_e} \times \frac{c_m}{c_i} \right] \qquad (6-178)$$

式(6-178)中，第一项表示由于流体的比容变化而造成流体加速的动量损失部分，第二项表示流体在板束中的摩擦损失。

式中　c_m——流体的平均比容，m³/kg，$c_m = \dfrac{c_i + c_o}{2}$；

c_i——流体入口处的比容，m³/kg；

c_o——流体出口处的比容，m³/kg。

(3) 换热器总的流动阻力 Δp

将式(6-174)、式(6-175)和式(6-178)代入式(6-173)中便可得出换热器总的流动阻力

Δp 的计算式：

$$\Delta p = \frac{G^2 c_i}{2}\left[(\zeta_c + 1 - \sigma^2) + 2\left(\frac{c_o}{c_i} - 1\right) + \frac{4fL}{D_e} \times \frac{c_m}{c_i} - (1 - \sigma^2 - \zeta_e)\frac{c_o}{c_i}\right] \quad (6\text{-}179)$$

一般情况下，由于流体在入口、出口处的局部阻力损失比板束部分的阻力损失小，所以，为了简化起见，可以只计算流体在板束内的流动阻力一项，而忽略流体在板束入口和出口处的局部阻力损失。板束内的流体流动阻力可简单地根据下式计算：

$$\Delta p = 4f\frac{L_e}{D_e} \times \frac{G^2}{2\gamma} \quad (6\text{-}180)$$

式中　L_e——板束的有效长度，m；

　　　　γ——流体的密度，kg/m³。

其他符号意义同前。

当流体在换热器内作自然循环时，流体的阻力计算会影响到传热计算。这时，阻力降就需要进行精确地计算。即除了板束部分阻力外，还应考虑：①流体从管道进入集流箱的阻力；②流体从集流箱进入导流片的阻力；③流体从入口的导流片中经过转弯流入板束的阻力；④流体在出口的导流片中经过转弯的流动阻力；⑤流体从导流片进入集流箱的阻力；⑥流体从集流箱进入管道的阻力。这些部分的具体计算，可参阅有关资料。

6.2.2.4　强度计算

板翅式换热器的板束是难于进行强度计算的。至今尚缺少完整的强度计算方法，只是在设计时考虑机械强度的因素。一般来说，换热器在稳定的低压（0.3～0.7MPa）条件下工作时，板束的设计和封头的布置主要取决于换热器的性能和安装要求，机械强度的问题不大。但是，对于高压和在交变压力下操作的换热器，就应当考虑强度的设计问题。强度上考虑的主要因素是翅片和封头所承受的内压以及安装接管所加上的外部载荷。对于切换式换热器，由于主通道的频繁切换，引起压力交变，因此，还应考虑疲劳强度问题。

对于翅片、集流箱（封头）、封头隔板和隔板等的一般强度计算方法分别介绍如下：

（1）翅片厚度

在换热器某通道的任一横截面上，取一宽度为翅片间距 b、高度为翅片高度 h 的承压面，承压面上作用有均布载荷 p，从而在一个翅片的截面内产生拉应力。翅片厚度可按下式计算：

$$\delta = \frac{pb}{[\sigma]\psi} + C \quad (6\text{-}181)$$

式中　δ——翅片厚度，mm；

　　　　p——设计压力，MPa；

　　　　b——翅片间距，mm；

　　　$[\sigma]$——翅片材料的许用应力，MPa，$[\sigma] = \dfrac{\sigma_b}{n_b}$，对于铝合金 LF21，$\sigma_b = 100\text{MPa}$，

　　　　　　$n_b = 4$，则 $[\sigma] = 25\text{MPa}$；

ψ——开孔率的系数，$\psi=1-2\sqrt{\dfrac{\sqrt{3}\beta}{2\pi}}$；

β——开孔率（对多孔形翅片），即孔的面积与翅片面积之比值；

C——厚度附加量（包括成形减薄量及清洗减薄量），一般取 $C=0.07\text{mm}$。

（2）封头厚度

板翅式换热器所采用的封头结构与常用的半圆筒形封头不同。前者端部是弧形而后者端部为平板。但设计计算仍沿用圆筒形容器的计算公式。

$$\delta_1=\frac{pD_i}{2[\sigma]\phi-p}+C_1 \tag{6-182}$$

式中　δ_1——封头厚度，mm；

D_i——封头内径，mm；

ϕ——焊缝系数，双面对接焊、全部 X 光检查取 $\phi=1.0$；单面对接焊、部分 X 光检查取 $\phi=0.7$；

$[\sigma]$——封头材料的许用应力，如封头材料为铝合金 4A13，其抗拉强度 $\sigma_b=280\text{MPa}$，取 $[\sigma]=70\text{MPa}$；

C_1——厚度附加量，一般取 $C_1=2\text{mm}$。

（3）封头隔板

封头隔板为承受均布载荷的半圆形平板，其厚度可按下式计算：

$$\delta_2=R_i\sqrt{\frac{0.522p}{[\sigma]}}+C_2 \tag{6-183}$$

式中　δ_2——封头隔板厚度，mm；

R_i——封头半径，mm；

C_2——厚度附加量，一般取 $C_2=1\text{mm}$。

（4）隔板

将隔板视为承受均布载荷、周边简支的矩形板。隔板厚度可按下式计算：

$$\delta_3=0.865b\sqrt{\frac{p}{[\sigma]}}+C_3 \tag{6-184}$$

式中　δ_3——隔板厚度，mm；

b——翅片间距，mm；

C_3——厚度附加量，取 0.03mm。

6.2.2.5　一般设计顺序

设计两流体板翅式换热器的大致顺序是：①选择翅片形式和翅片的几何参数；②选定单元有效宽度，计算翅片的基本参数；③根据工作条件，确定通道的布置形式，计算传热温差；④选定流体的质量流速，计算通道数，进行通道排列布置；⑤计算对流传热系数；⑥计算翅片效率和表面效率；⑦计算传热系数、传热面积和单元长度；⑧计算板束流动阻力，若阻力太大，超过要求，则需重新假定质量流速，重复④～⑦的设计步骤进行复算，直到阻力在要求范围之内为止。

6.3 伞板换热器

6.3.1 结构特点

(1) 蜂螺型伞板换热器

蜂螺型伞板换热器是由若干带螺旋槽的伞形板片叠合而成,其外形见图6-68。装配时,将相邻的两张板片上的螺旋槽错开180°,使其板槽的峰谷相互对顶,由此换热器的断面成为蜂窝状,而蜂谷之间则形成螺旋通道,见图6-69,每两块板片之间均用异型垫片隔开。由于其断面形状象蜂窝状,故称为蜂窝螺旋型,简称蜂螺型。

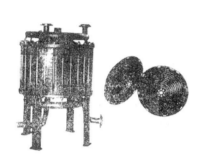

图6-68 蜂螺型伞板换热器

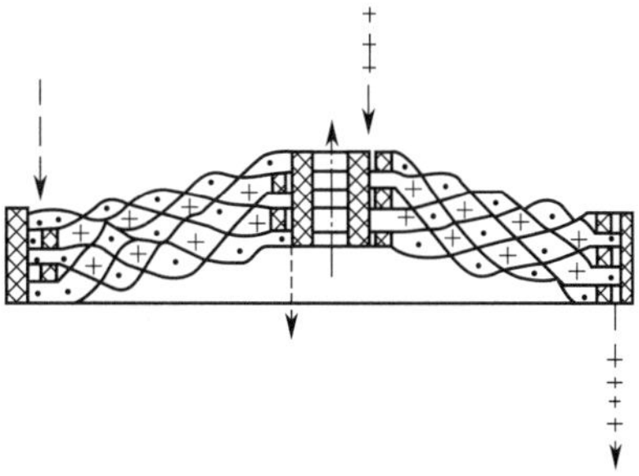

图6-69 螺旋通道

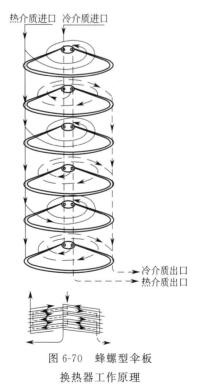

图6-70 蜂螺型伞板
换热器工作原理

这种形式换热器的工作原理如图6-70所示:甲种介质由边缘沿螺旋通道至板中心出口处流出;乙种介质由中心沿螺旋通道至板片边缘出口处流出。如此两种介质以伞形板片为传热面进行逆流传热。需指出流体除沿螺旋通道流动外,还会产生径向"串流",大量的径向"串流",会造成短路,影响传热效率。实践证明,径向"串流"量与板片精度有关,精度越高,"串流"量越小,对传热效率影响也越小。但少量的径向"串流"存在对传热效率影响不大,而对阻力的减小是有利的。螺旋通道内具有湍流花纹,增加流体扰动程度,提高传热效率。

蜂螺型是伞板换热器出现的第一种形式。正式投产后,曾组织进行多次试验,普遍反映良好,说明这种蜂螺型伞板换热器发扬了板式换热器的传热特点,并兼有螺旋板式换热器的传热性能,因此使该换热器具有较高的传热效率、结构紧凑、质量轻等特点。由于用旋压法制造板片,不必要大吨位水压机,不仅加工过程简化,成本低廉,中、小型制造工厂也可以推广。

但是,这种换热器的垫片密封是一个值得重视的问题。其每块板片有两道密封周边,密封不周就会造成泄漏,尤其是内漏。内漏一旦发生,两种介质就会互混,将直接影响整台换热器的传热效率。

在最初的密封结构中采用国产橡胶垫片，其优点是弹性较大，所需螺栓预紧力小，装配时容易压紧；缺点是易老化，机械强度低，拆卸时往往产生残余变形，影响重复使用；耐温不高，一般在120℃以下；承压能力低；因而不能满足该换热器密封的要求。后改为石棉橡胶板，并在表面涂上一层隔离剂（如高黏度硅油与滑石粉），不仅耐温和耐压大为提高，而且还解决了粘板的问题。

板片的材料可根据介质种类来选择表面电镀锌的碳钢、不锈钢和有色金属板材等，还可以用旋压法制造钛这种塑强比接近于1的板材，采用水压机压是很容易破裂的。

蜂螺型伞板换热器有FL350和FL500两种，其结构安装尺寸见图6-71，图中安装尺寸见表6-12。

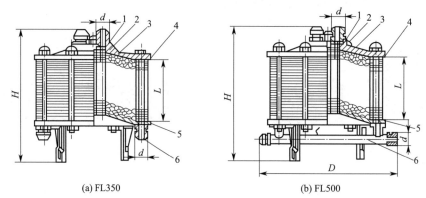

(a) FL350　　　　　　　　　　　(b) FL500

图6-71　FL350和FL500结构

1—头盖；2—垫片；3—板片；4—大垫片；5—底盖；6—管接头

表6-12　安装尺寸表　　　　　　　　　　　　单位：mm

产品型号	安装尺寸					
	H	D	d	地脚螺钉中心直径 D_1	地脚螺钉孔直径 d_1	地脚螺钉数量 N
FL350	$L+287$	478	$M39\times1.5$	$\phi410$	$\phi11$	4
FL500	$L+414$	718	$M52\times1.5$	$\phi524$	$\phi13$	4

表6-12中：
$$L=nS_1+0.93(n+1)S_2 \tag{6-185}$$

式中　n——板片数量；

　　　S_1——板片厚度，mm；

　　　S_2——垫片压缩前厚度，mm。

（2）复波型伞板换热器

复波型伞板换热器也是由所需板片叠合而成，其板形如图6-72所示。这种换热器与蜂螺型伞板换热器的不同之处是其板片的叠合，不是波峰对波谷，而是波峰顺波峰，波谷顺波谷。两相邻板片不必错开180℃，故称复波型。而在螺旋通道上每隔一定距离设有一个鼓泡（支承点），是为了保持通道截面积不变。

复波型伞板换热器的伞形板片有两种规格，只是鼓泡位置不同。相邻两板片规格不同，叠合在一起时，鼓泡是互相错开的，在换热器组装时，峰对峰，谷对谷，鼓泡全部布于螺旋槽上，起着支承作用。

这种形式换热器的工作原理，如图6-72所示。基本上与板式换热器相同，即一种流体沿伞形板片的对角线方向流动；另一种流体则沿伞形板片背面的另一对角线方向流动，两种流体流动方向是交叉的。

针对蜂螺型伞板换热器存在有内漏的"隐患"，国内又试制了这种复波型伞板换热器，把蜂螺型的两道密封结构改成一道密封结构。为解除内漏的"隐患"增设了"信号孔"，以保证密封可靠。

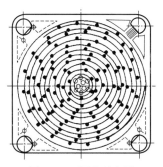

图 6-72　复波型伞板
换热器板形

这种形式换热器的结构特点和传热过程与板式换热器是类似的，唯传热板片有伞形与平板形之别。加工工艺与蜂螺型相同，采用旋压法，不必用大吨位的水压机，便于在中、小型工厂推广。

这种换热器虽然密封结构比蜂螺型可靠，但出厂产品的允许工作压力还是比较低的。原因是该密封结构是靠 20 多个螺栓锁紧的。垫片受力不均匀，中间的垫片承受力的能力差，超过 1.0MPa（水压试验）就密封不住了，所以目前出厂的允许工作压力只定为 0.6MPa（水压试验 0.75MPa）。

复波型伞板换热器的系列，见表 6-13。其伞形板片一般选用不锈钢（0Cr18Ni9），垫片材料一般为普通橡胶或耐油橡胶。

表 6-13　复波型伞板换热器系列

序号	公称换热面积 /m²	板片用量 （n）	甲或乙介质通道数（N）					
			单板程	双板程	三板程	四板程	五板程	六板程
1	20	29 30 31	14	7	5			
2	25	37	18	9	6			
3	30	41 42 43		10	7	5		
4	35	49		12	8	6		
5	40	55 56 57		14	9	7		
6	45	65 66 67		16	11	8		
7	50	66 67、71 72、73		18	12	9	7	6
8	60	85			14			7

选型说明：如序号 8 只有三种规格：

$$FP\text{-}G60\left(\frac{3\times14}{3\times14}\right),\ FP\text{-}G60\left(\frac{6\times7}{6\times7}\right)\ 及\ FP\text{-}G60\left(\frac{6\times7}{3\times14}\right)$$

序号 1～6 各有 6 种规格，序号 7 有 15 种规格。

接管尺寸（开孔）一律为 $DN125mm$。

每台复波型伞板换热器的质量为

$$G = 750 + nG_0 \qquad\qquad (6\text{-}186)$$

式中　G——每台复波型伞板换热器的质量，kg；

　　　n——伞形板片数量；

　　　G_0——伞形板片单片质量，kg。

（3）蛛网型伞板换热器

有一般蛛网型与长圆形蛛网型两种。前者板片外周边轮廓是正方形，后者则为长方形。见图 6-73 及图 6-74。蛛网型伞板换热器主要是由伞形板片、垫片、头盖、紧固件等构成。板片的伞面上旋压出九边形螺旋槽，状如蛛网，故取名为蛛网型。这种换热器的板片交替旋转 180°叠加，由于这种叠加致使各板片上的沟槽相互交叉，峰谷点对顶，支承点很多，故保证了板片承受压力的能力。

图 6-73　蛛网型伞板换热器板片

图 6-74　长圆形蛛网型伞板换热器板片

蛛网型伞板换热器的系列，见表 6-14。

表 6-14　蛛网型伞板换热器系列

序号	换热面积/m²	板片用量（n）	甲或乙流体通道数（N）			
			单板程	双板程	三板程	四板程
1	20	34	16	8	5	4
2	25	38	18	9	6	
3	30	42	20	10	7	5
4	35	58	28	14	9	7
5	40	62	30	15	10	
6	45	68	32	16		8
7	50	74	36	18	12	9
8	55	82	40	20		10
9	60	90	44	22		11
10	65	98	48	24	16	12
11	70	106	52	26		13
12	75	114	56	28		14
13	80	122	60	30	20	15
14	85	130	64	32		16
15	90	138	68	34		17
16	95	146	72	36	24	18
17	100	154	76	38		19

选型说明：如序号 7 有以下几种规格

$$\text{ZW1000-50}\ \frac{1 \times 36}{1 \times 36}、\text{ZW1000-50}\ \frac{1 \times 36}{2 \times 18}$$

$$ZW1000\text{-}50\ \frac{1\times36}{2\times12}、\ ZW1000\text{-}50\ \frac{1\times36}{4\times9}、\ ZW1000\text{-}50\ \frac{2\times18}{3\times12}、$$

$$ZW1000\text{-}50\ \frac{1\times18}{4\times9}、\ ZW1000\text{-}50\ \frac{3\times12}{4\times9}$$

其他型号详见设备厂样品。

以上介绍的三种形式伞板换热器，由于结构条件所限，目前只适用于液-液或液-蒸汽的换热，只适用于处理量小，工作压力与工作温度比较低的场合。

（4）板片及垫片材料的选择

① 板片材料的选择：镀锌碳素钢（用于水-水、水-油系统）；不锈钢（0Cr18Ni9）（用于各种酸、碱等腐蚀介质）；钛（用于海水及氯碱工业）。

② 垫片材料的选择：见表6-15。

表 6-15　垫片材料选用表

垫片材料名称	标准或牌号	介质	温度/℃
普通橡胶板	GB 5574—2008	空气、水	35～60
耐油橡胶板	GB 5574—2008	机油、汽油、变压器油等	−30～100
橡胶石棉板	XB450	水、水蒸气 空气、煤气、氨碱液、惰性气体	≤450
	XB350		≤350
	XB200		≤200
耐油橡胶石棉板	GB 539—2008	油品、溶剂	≤150
丁腈橡胶等合成橡胶			≤100

▶6.3.2　设计计算

6.3.2.1　传热计算

（1）基本传热方程式

伞板换热器的传热过程可用传热速率方程式表示，即：

$$Q = KF\Delta t_m \tag{6-187}$$

式中　Q——总传热量，W；

　　　K——传热系数，W/(m²·℃)；

　　　F——总传热面，m²；

Δt_m——平均温度差，℃；

$$\Delta t_m = \frac{(T_1 - t_2) - (T_2 - t_1)}{\ln\dfrac{T_1 - t_2}{T_2 - t_1}} \tag{6-188}$$

　　　T_1——热流体的进口温度，℃；

　　　T_2——热流体的出口温度，℃；

　　　t_1——冷流体的进口温度，℃；

　　　t_2——冷流体的出口温度，℃。

总热量 Q 可由热量衡算求得，即：

$$Q = V_h \rho_h c_{ph}(T_1 - T_2) - q_{损} = V_c \rho_c c_{pc}(t_2 - t_1) \tag{6-189}$$

对于保温良好的情况，热损失可略去不计则：

$$Q = V_h \rho_h c_{ph}(T_1 - T_2) = V_c \rho_c c_{pc}(t_2 - t_1) \tag{6-190}$$

式中　V_h——通过伞板换热器的热流体的流量，m^3/s；

　　　V_c——通过伞板换热器的冷流体的流量，m^3/s；

　　　c_{ph}——热流体的比热容，$J/(kg \cdot ℃)$；

　　　c_{pc}——冷流体的比热容，$J/(kg \cdot ℃)$；

　　　ρ_h——热流体的密度，kg/m^3；

　　　ρ_c——冷流体的密度，kg/m^3。

（2）传热系数

① 蜂螺型　通过对于 FL350-15 水-水和油-水系统的传热实验数据，采用计算机整理如下：

当 $4 \times 10^3 < Re < 3 \times 10^4$，$0.35m/s < u < 2.8m/s$ 时，水的对流传热系数为：

$$\alpha_h = 0.01287 \frac{\lambda}{d_e} Re^{0.834} Pr^m \tag{6-191}$$

式中　α_h——水的对流传热系数，$W/(m^2 \cdot ℃)$；

　　　λ——流体的热导率，$W/(m^2 \cdot ℃)$；

　　　d_e——螺旋通道的当量直径，m；

　　　Re——雷诺数，$Re = \dfrac{d_e u \rho}{\mu}$；

　　　Pr——普朗特准数，$Pr = \dfrac{c_p \mu}{\lambda}$；

　　　u——流体流速，m/s；

　　　ρ——流体密度，kg/m^3；

　　　μ——流体黏度，$Pa \cdot s$；

　　　c_p——比热容，$J/(kg \cdot ℃)$；

　　　m——普朗特数的指数，冷却时，$m=0.3$；加热时，$m=0.4$。

$22^{\#}$ 汽轮机油的对流传热系数

当 $0.4m/s < w_h < 2.5m/s$ 定性温度为 $50 \sim 60℃$，由外侧向中心运动

$$\alpha_h = 368.1 u_h^{0.7386} \tag{6-192}$$

水-水系统的总传热系数可参考有关图表。水-水系统、油-水系统还可参考下列数据：

水-水系统（FL350-15）：当 $u_h = 1 \sim 1.5m/s$，$K = 2400 \sim 3300 \ W/(m^2 \cdot ℃)$。

油-水系统：对于 FL350-15，当 $u_h = 0.9 \sim 1.1m/s$，$K = 300 \sim 350 \ W/(m^2 \cdot ℃)$；

对于 FL350-20，当 $u_h = 0.9 \sim 1.1m/s$，$K = 330 \sim 370 \ W/(m^2 \cdot ℃)$。

② 复波型　复波型伞板换热器由板片组成的两道截面积不是一个常数，无法测量其流速，在试验中往往标绘流量 V 与传热系数 K 的关系曲线。在设计换热器中，可先选择组装形式，然后根据工艺条件所给单位时间通过换热器的流量，查由实验所得的 K-V 曲线如图 6-75 所示，便可选得传热系数 K。但要注意该图的试验条件与选用条件是否相符，否则要另做试验。

图 6-75 所示的 V-K 曲线是某水-水系统试验所标绘的，其试验条件及设备如下：

试验用伞板换热器的伞形板片为 6 片；组装形式为 $\dfrac{1 \times 2 (热)}{1 \times 3 (冷)}$；板片材料为 0Cr18Ni9；

传热面积为 $2.8m^2$；冷流体流量保持恒定。

③ 蛛网型　蛛网型伞板换热器在试验中标绘了传热系数 K 与流速 u 的关系曲线。

图 6-76 所示为蛛网型伞板换热器在水-水系统中测试而标绘的 K-u 曲线，该试验用的蛛网型伞板换热器的伞板规格为：板片面积 $0.68m^2$/片，外形尺寸 $1000mm \times 1000mm$，沟槽间距 $15mm$，槽深 $2.9mm$，板片材料为镀锌碳素钢板，板片厚度为 $0.5mm$。

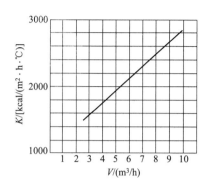

图 6-75　V-K 关系

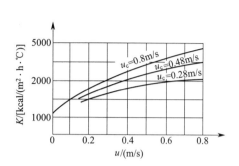

图 6-76　K-u 关系

（3）传热面计算

伞板换热器所需的传热面积 F，可由式(6-188) 求得：

$$F = \frac{Q}{K \Delta t_m} \tag{6-193}$$

式中　F——伞板换热器所需的传热面积，m^2。

令每块板片的传热面积为 F_h，则所需板片的数量

$$N = \frac{F}{F_h} + 2 \tag{6-194}$$

式中　N——伞板换热器的板片数量；

F_h——每块板片的传热面积，m^2。

6.3.2.2　流体阻力计算

流体在伞板换热器中运动时，引起压力降（阻力损失）系由两部分组成。即其总压降 $\Delta p_{总}$ 为流体沿通道运动的沿程阻力 $\Delta p_{沿}$ 和进出口局部阻力 $\Delta p_{局}$ 之和，可表示为：

$$\Delta p_{总} = \Delta p_{沿} + \Delta p_{局} \tag{6-195}$$

对于蜂螺型伞板换热器来说，由于其冷、热流体都是沿着相邻两板片所组成的螺旋通道流动，其通道断面为具有对称性的非圆形。当雷诺数不太高时，可以按当量直径法处理，其流体力学状态大致和圆形管的情况相当，因此，流体沿螺旋通道流动的沿程阻力可表示为：

$$\Delta p_{沿} = f \frac{L}{d_e} \times \frac{u^2}{2} \rho \tag{6-196}$$

式中　f——摩擦系数，$f = a \left(\dfrac{d_e}{D_m} \right)^b Re^c$；

L——每个螺旋通道的长度，m；

D_m——板片的平均直径，m，FL350：$D_m = 0.235m$；

a、b、c——系数。

进出口的局部阻力为：

$$\Delta p_{局} = \zeta \frac{u_0^2}{2}\rho = \zeta \left(\frac{F_d}{F_0}\right)^2 \times \frac{u_i^2}{2}\rho \qquad (6\text{-}197)$$

式中 ζ——局部阻力系数；

u_0——进出口流体流速，m/s；

F_d——每个螺旋通道截面积，m^2；

F_0——进出口的截面积，m^2；

u_i——冷、热流体的流速，m/s。

若流体在各螺旋通道中的流量为均布，其值为：

$$V_i = N_e F_d u_i \qquad (6\text{-}198)$$

式中 V_i——流体在各螺旋通道中的流量，m^3/s；

N_e——流体流过的螺旋通道根数。

当板片总数为奇数时，奇数或偶数并联的螺旋通道的根数为：

$$N_e = \frac{N-1}{2} \qquad (6\text{-}199)$$

式中 N——总板片数。

当板片总数为偶数时，

奇数通道根数

$$N_e = \frac{N}{2} \qquad (6\text{-}200)$$

偶数通道根数

$$N_e = \frac{N}{2} - 1 \qquad (6\text{-}201)$$

下列各种形式伞板换热器流体阻力计算公式和图线仅供参考。

(1) 蜂螺型

① 水侧流体阻力降估算：

$$\Delta p_{总} = \left(f\frac{L}{d_e} + 1.04 \times 10^{10}F_d^2\right) \times \frac{u_i^2}{2}\rho \qquad (6\text{-}202)$$

上式适用于 $Re = 3500 \sim 15000$，其中摩擦系数 f 可查图或按下式计算：

$$f = 31.2 Re^{-0.209}\left(\frac{d_e}{D_m}\right)^{1.32} \qquad (6\text{-}203)$$

② 油侧阻力降估算：对于 FL350-15、FL350-20 的 $\Delta p_{总}$ 与 u 的关系可分别由下面两式表示之：

FL350-15：$u_h = 0.4 \sim 2.6$m/s，定性温度为 $54 \sim 62℃$。

$$\Delta p_{总} = 1.3 \times 10^5 u_h^{0.94} \qquad (6\text{-}204)$$

FL350-20：$u_h = 0.45 \sim 2.1$m/s，定性温度为 $55 \sim 61℃$，

$$\Delta p_{总} = 0.962 \times 10^5 u_h^{1.06} \qquad (6\text{-}205)$$

(2) 复波型

根据传热系数 K，可查 $K\text{-}\Delta p$ 曲线（查图 6-77）确定阻力降值，但这个值是单程换热器的阻力降值，对于多程换热器的阻力降计算应将查得的值乘以多程换热器的程数即得其阻力降值。

（3）蛛网型

图 6-78 为蛛网型伞板换热器水-水系统测试并标绘的 Δp-ω 曲线，供参考。被测试的试验设备情况同测试标绘 K-u 曲线所用的试验设备。

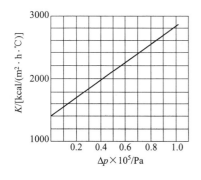

图 6-77　K-Δp 关系

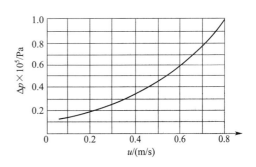

图 6-78　Δp-u 关系

参 考 文 献

[1] 孙兰义. 换热器工艺设计 [M]. 北京：中国石化出版社，2015.
[2] 徐敬华，张树有，谭建荣. 大型空分板翅换热器性能强化的逐流段设计方法 [J]. 机械工程学报，2015，51（9）：129～136.
[3] 刘治中. 板式换热器板片传热与阻力性能及冲压成形工艺研究 [D]. 济南：山东大学，2015.
[4] 周剑洪，谢晶，万锦康，等. 板片式换热器：ZL201510884765.0 [P]，2015-12-04.
[5] 杨辉著，文建，童欣，等. 板翅式换热器锯齿型翅片参数的遗传算法优化研究 [J]. 西安交通大学学报，2015，49（12）：90～96.
[6] 徐赛，朱慧铭，喻茹. 板翅式换热器平直翅片的数值模拟 [J]. 计算机与应用化学，2015，32（8）：977～981.
[7] 肖武，王开锋，姜晓滨，等. 多股流板翅式换热器翅片通道中传热的计算流体力学模拟及定性 [J]. 计算机与应用化学，2015，32（1）：1281～1286.
[8] 钟雪雪，刘顺波，舒明均. 板翅式换热器平面翅片表面特性的三维模拟研究 [J]. 洁净与空调技术，2014，1：31～33.
[9] 王威. 板翅式换热器双尺度锯齿翅片流动与传热性能研究 [D]. 南京：东南大学，2014.
[10] 栾辉宝，陈斌，郑伟业，等. 板壳式换热器传热与流动特性研究 [J]. 热能动力工程，2014，29（5）：503～508.
[11] 张瑜. 板翅式换热器翅片的质量控制技术 [J]. 化工机械，2014，41（5）：669～671.
[12] 李彦洲. 板式换热器板片换热和流动特性的研究 [D]. 长春：长春工业大学，2014.
[13] 肖兵. 板翅式换热器翅片性能测试系统的设计与分析 [D]. 武汉：华中科技大学，2014.
[14] 李顺达，刘成，骆清国，等. 板翅式换热器翅片对传热和阻力性能影响的研究 [J]. 内燃机与配件，2013，11：11～14.
[15] 何润琴，张舜德. 板翅式换热器高精度翅片冲压成型机的创新与设计 [J]. 现代机械，2013，4：43～45.
[16] 唐成. 板翅式换热器平直翅片通道耦合换热特性 [D]. 兰州：兰州交通大学，2013.
[17] 杨志. 空分用板翅式换热器波纹翅片传热与阻力性能理论与实验研究 [D]. 杭州：浙江工业大学，2013.
[18] 陈永东，陈学东. 我国大型换热器的技术进展 [J]. 机械工程学报，2013，49（10）：11～14.
[19] 兰州石油机械研究所. 换热器（下册）[M]. 北京：中国石化出版社，2013.
[20] 李晓宁，舒歌群，李团兵，等. 高效板翅式换热器翅片：ZL201310749586.7 [P]，2013-12-27.
[21] 罗玉坤. 板片式换热器的快速维修技术探析 [J]. 大科技，2013，5：255～256.
[22] 孙德生，丁建. 一种双层板板片式换热器：ZL201320115754.2 [P]，2013-03-14.
[23] 彭兆春. 板片式换热器的冷却水喷淋装置：ZL201320277486.4 [P]，2013-05-21.
[24] 杜文江. 板翅式换热器平直型翅片的对流传热数值模拟研究 [J]. 科技信息，2012，10：116～118.

[25] 顾黎昊，凌祥，彭浩．基于翅片板结构的烟气对流冷凝传热性能 [J]．航空动力学报，2012，27（12）：2692～2698．

[26] 殷泽兴．弧形板片式换热器：ZL201220711846.2 [P]，2012-12-21．

[27] 文键，李亚梅，王斯民，等．板翅式换热器平直翅片表面流动及传热特性 [J]．化学工程，2012，40（10）：25～28．

[28] 王勇．换热器维修手册 [M]．北京：化学工业出版社，2010．

[29] ［美］RameshK. Shah，［美］DusanP. Sekulic．换热器设计技术 [M]．程林，译．北京：机械工业出版社，2010．

[30] 祝立谭，张振生，龚义平．板翅式换热器翅片特性实验数据处理方法研究 [J]．安徽冶金科技职业学院学报，2010，20（4）：29～32．

[31] 王先超，水黎明，刘继华．板翅式换热器波纹翅片传热特性与流阻分析 [J]．河南机电高等专科学校学报，2010，18（2）：6～10．

[32] 徐丁，王剑，姜周曙，等．板翅式换热器翅片表面流动特性测试系统 [J]．杭州电子科技大学学报，2010，30（4）：136～141．

[33] 董其武，张垚．换热器 [M]．北京：化学工业出版社，2009．

[34] 顾大局．试验检测板翅式换热器翅片质量的研究 [J]．杭氧科技，2009，2：16～21．

[35] 朱冬生．换热器技术及进展 [M]．北京：中国石化出版社，2008．

[36] 阎振贵．板翅式换热器翅片性能比较和选择 [J]．深冷技术，2007，6：18～19．

[37] 余建祖．换热器原理与设计 [M]．北京：北京航空航天大学出版社，2006．

[38] 祝银海，厉彦忠．板翅式换热器翅片通道中流体流动与传热的计算流体力学模拟 [J]．化工学报，2006，57（5）：1102～1106．

[39] 李媛，凌祥．板翅式换热器翅片表面性能的三维数值模拟 [J]．石油机械，2006，34（7）：10～15．

[40] 李媛，凌祥，虞斌．铝板翅片换热器翅片表面性能的试验研究 [J]．石油机械，2005，33（10）：1～4．

[41] 李媛．板翅式换热器翅片表面性能试验研究与数值模拟 [D]．南京：南京工业大学，2005．

[42] 李志明．设置填料的板片式换热器：ZL200520053711.1 [P]，2005-01-09．

[43] ［美］T. Kuppan．换热器设计手册 [M]．钱颂文，等译．北京：中国石化出版社，2004．

[44] 张少锋，刘燕．换热设备防除垢技术 [M]．北京：化学工业出版社，2003．

[45] 王扬君，邓先和，陈颖，等．裂齿矩形翅片板翅式换热器优化设计的分析 [J]．石油炼制与化工，2003，34（8）：59～63．

[46] 焦安军，厉彦忠，张瑞，等．板翅式换热器导流片结构参数对其导流性能的影响 [J]．化工学报，2003，54（2）：153～158．

[47] 庞铭，陈保东，丁文斌．错位翅片板翅式换热器传热研究 [J]．抚顺石油学院学报，2003，23（3）：41～44．

[48] 秦叔经，叶文邦．换热器 [M]．北京：化学工业出版社，2003．

[49] 钱颂文．换热器设计手册 [M]．北京：化学工业出版社，2002．

第**7**章

螺旋板式换热器

螺旋板式换热器是由两块平行的钢板在专用卷床上制成。每块钢板被同时绕成螺旋形状，并形成两个同心通道，各通道为环状的单一通道，其截面为长方形，进出口接管分别装于两通道的边缘端，见图 7-1。

螺旋板式换热器在国外较早使用在回收废液和废气中的能量、加热和冷却果汁、糖汁和各种化工溶液、冷却发烟硫酸、酸类物质及酒厂的麦芽浆汁等。随着化工与其他工业的迅速发展，以及制造技术水平的不断改进和提高，它的应用范围越来越广泛。

在我国使用螺旋板式换热器是从 20 世纪 50 年代中期开始，当时主要用于烧碱厂中的电解液加热和浓碱液冷却。60 年代，我国机械制造部门设计、制造了卷制螺旋板的专用卷床，使卷制的工效提高了几十倍，为推广应用螺旋板式换热器创造了良好的条件。

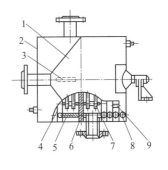

图 7-1　螺旋板式换热器结构示意图
1—切向缩口；2—外圈板；3—支持板；
4—螺旋板；5—半圆端板；6—中心隔板；
7—支承圈；8—圆钢；9—定距柱

螺旋板式换热器具有体积小、效率高、制造简单、成本较低，能进行低温差热交换等优点，近年来在国内各行业中的应用日趋广泛。目前的问题是如何进一步提高该换热器的承压能力，以使应用范围更为广泛。提高承压能力的途径可采用增加螺旋板厚度、增加定距柱的数目或提高板材的强度（亦即选用质量较好、有一定塑性且强度高的钢材）。但如采用增加板厚的办法，则势必要求提高卷板机的能力，这样消耗的功率相应增加，还会给制造工艺带来困难，并使成本提高。目前提高其承受能力的办法主要以改进结构和选用较好的材料。

螺旋板式换热器经过多年的使用和不断的改进，目前国外使用的最大外径达 1700mm、板宽 1800mm、最大操作压力为 4.0MPa，最高操作温度为 1000℃。

7.1 螺旋板式换热器的优点及其分类

7.1.1 螺旋板式换热器的优点

(1) 传热效率高

由于螺旋板式换热器具有螺旋通道,液体在通道内流动,在螺旋板上焊有保持螺旋通道宽度的定距柱或冲压出的定距泡,在螺旋流动的离心力作用下,能使流体在较低的雷诺数时发生湍流。考虑到压力降不致过大,所以合理地选择通道宽度和流体流速是较重要的。设计时一般可选择较高的流速(允许的设计流速:对液体为 2m/s 左右,对气体为 20m/s 左右),这样可使流体分散度高,接触好,有利于提高螺旋板式换热器的传热效率。

(2) 能有效地利用流体的压头损失

螺旋板式换热器中的流体,虽然没有流动方向的剧烈变化和脉冲现象,但因螺旋通道较长,螺旋板上又焊有定距柱,在一般情况下,这种换热器的流体阻力比管壳式换热器要大一些。但它与其他类型的换热器相比,由于流体在通道内是作均匀的螺旋流动,其流体阻力主要发生在流体与螺旋板的摩擦上,而这部分阻力可以造成流体湍流,因此相应地增加了对流传热系数,这就说明了螺旋板式换热器能更有效地利用流体的压头损失。

(3) 不易污塞

在螺旋板式换热器中,由于介质走的是单一通道,而它的允许速度可以比其他类型的换热器高,污垢不易沉积。如果通道内某处沉积了污垢,则此处的通道截面积就会减小,在一定流量下,如截面积减小,局部的流速就相应的提高,对污垢区域起冲刷的作用。而在管壳式换热器中,如果一根管子有污垢沉积,此管的局部阻力增大,则流量受到限制,流速降低,介质就向其他换热器分配,使换热器内每根管子的阻力重新平衡,使得沉积了污垢的管子的流速越来越低,越易沉积,最后完全堵死。在化工、炼油厂中使用的管壳式换热器管内经常有污垢沉积,容易产生堵管现象,而在螺旋板式换热器内,由于有自冲刷的作用,所以它的污垢沉积速率约为管壳式换热器的 1/10。

对于发生堵塞现象时,国外多用酸洗或热水清洗,在国内多数采用蒸汽吹净的方法,比用热水清洗既方便,效果又好。

(4) 能利用低温热源,并能精确控制出口温度

为了提高螺旋板式换热器的传热效率,就要求提高传热推动力。当两流体在螺旋通道中采用全逆流操作时,则两流体的对数平均温度差就较大,有利于传热。从换热器设计中采用的经验数据进行分析,螺旋板式换热器允许的最小温差为最低,在两流体温差为 3℃ 情况下仍可以进行热交换。由于允许的温差较低,因此,世界各国都利用这种换热器来回收低温热能。

螺旋板式换热器具有两个较长的均匀螺旋通道,介质在通道中可以进行均匀的加热和冷却,所以能够精确地控制其出口温度。

(5) 结构紧凑

一台直径为 1.5m,宽为 1.8m 的螺旋板式换热器,其传热面积可达 200m²,而单位体积的传热面积约为管壳式换热器的三倍。

(6) 密封结构可靠

目前使用的螺旋板式换热器两通道一般采用焊接密封,故只要保证焊接质量,就能保证两介质之间不会产生内漏。在螺旋板式换热器内的介质与大气的密封是采用法兰连接密封结构，这种密封方法是比较安全可靠的。对于通道两端采用密封板密封的结构，只要螺旋通道两端加工平滑，仍然可以达到密封的要求。

（7）温差应力小

螺旋板式换热器的特点是允许膨胀。由于它有两个较长的螺旋形通道，当螺旋体受热或冷却后，可像钟表内的发条一样伸长或收缩。而螺旋体各圈之间都是一侧为热流体，另一侧为冷流体，最外圈与大气接触。螺旋体之间的温差没有管壳式换热器中管子与壳体之间的温差那样明显，因此不会产生大的温差应力。

（8）热损失少

由于结构紧凑，即使换热器的传热面积很大，但它的外表面积还是较小的，又因接近常温的流体是从最外边缘处的通道流出，所以一般不需要保温。

（9）制造简单

螺旋板式换热器与其他类型的换热器相比，制造工时为最少，机械加工量小，材料主要是板材，容易卷制，制造成本低。

（10）承压能力受限制

螺旋板式换热器一般都按每一通道的额定压力设计，由于螺旋板的直径较大，厚度较小，刚度差，每一圈均承受压力，当两通道的压力差达到一定程度，亦即达到或接近临界压力时，螺旋板就会被压瘪而丧失稳定性。故目前较多的办法是从结构上考虑。现在各国生产的螺旋板式换热器的最高工作压力达 4.0MPa。

（11）修理困难

螺旋板式换热器虽不易泄漏，但由于结构上的限制，一旦产生泄漏时不易修理，往往只能整台报废，因此对具有腐蚀性介质时，应选用耐腐蚀性好的材料制造。

（12）通道的清洗

由于螺旋通道一般较窄，螺旋板上焊有维持通道宽度的定距柱，使机械清洗困难。螺旋板的清洗方法，主要采用热水冲洗、酸洗和蒸汽吹洗三种，在国内较多采用蒸汽吹洗的方法。

▶ 7.1.2 螺旋板式换热器的分类

螺旋板式换热器由外壳、螺旋体、密封及进出口 4 部分组成。螺旋体用两张平行的钢板卷制而成，具有两个使介质通过的矩形通道。根据通道布置的不同和使用的条件，螺旋板式换热器可以分成三种形式。

（1）Ⅰ型

它的主要特点是螺旋通道的两端全部垫入密封条后焊接密封，两流体都是呈螺旋流动，冷流体从外周流向中心排出，热流体由中心沿螺旋流向外周排出，这种形式的换热器称为Ⅰ型，如图 7-1 所示。Ⅰ型为不可拆结构。

Ⅰ型螺旋板式换热器适用于对流传热，主要用于液-液流体的传热。在液-液热交换中，还可以用来加热和冷却高黏度的液体。由于单流道的特点，流动分布情况较好。除上述情况外，它还可用来冷却气体或冷凝蒸汽，但受到通道断面的限制，所以只能用在流量不大的场合，目前使用的公称压力在 2.5MPa 以下。

（2）Ⅱ型

这种换热器的主要特点是螺旋通道的两端面交错焊死。两端面的密封采用顶盖加垫片的密封结构，螺旋体由两端分别进行机械清洗，其结构如图 7-2 所示。Ⅱ型螺旋板式换热器为可拆式，主要用于气-液的热交换，使用压力在 1.6MPa。

(3) Ⅲ型

该换热器的特点是一个通道的两端全焊死，另一通道的两端全敞开。流体在全焊死的通道内由周边转到中心，然后再转到另一周边流出。另一流体只作轴向流动，见图 7-3 和图 7-4。这种结构主要用于蒸汽冷凝。蒸汽由顶部端盖进入，经由敞开通道向下作轴向流动而被冷凝，冷凝液由底部排出。这种换热器适用于两流体流量较大的情况。使用的公称压力为 1.6MPa。

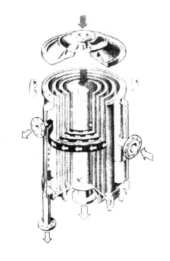

图 7-2　Ⅱ型螺旋板式换热器结构

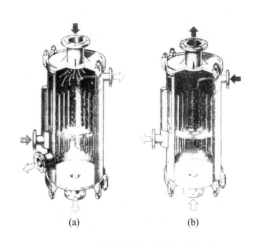

图 7-3　Ⅲ型螺旋板式换热器结构

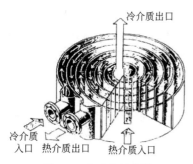

图 7-4　全逆流示意图

介质流动情况有两种：一种为全逆流，热流体由换热器的中心进入，从里向外流动，冷流体由螺旋板式换热器的周边向里流动，成逆流流动，如图 7-4 所示。另一种为旋转流和轴向流，在Ⅲ型结构中，一种介质在全部焊死的通道内流动，另一种介质在两端敞开的通道轴向流动。一般冷却、冷凝工况下，冷却介质由周边转到中心，热介质由上向下流，见图 7-3(a)。对于再沸器，则蒸汽由中心转到周边，冷介质由下向上，［见图 7-3(b)］。

上述三种型式的螺旋板式换热器，除Ⅰ型采用通道两端全焊死的结构外，对Ⅱ型与Ⅲ型换热器，一般采用垫片密封结构，因此就有一个选择哪一种端盖的问题。选用的端盖可以是平盖、椭圆形盖或锥形盖，视流体的性质和操作压力的大小而定。

Ⅰ、Ⅱ、Ⅲ型螺旋板式换热器，我国已有产品系列，可供设计时选用。在小氮肥厂中氨合成塔内热交换器有用四张钢板卷制成的螺旋板式换热器，这种换热器有两块热板和两块冷板，冷板焊在热板上，焊头间距为 100mm，定距柱布置成等边三角形并点焊在螺旋板上，热板焊在中心管上，然后在卷床上卷制成螺旋体，用两条抱箍拉紧焊牢，再焊端面密封。在中心管上开好进气口，然后装入筒体内，焊好螺旋板与筒体之间的环隙，就完成了整个换热器的卷制工作。这种换热器属于Ⅲ型结构。

7.2 螺旋板式换热器的结构

▶ 7.2.1 密封结构

密封结构的好坏，直接影响到螺旋板换热器能否正常运转，因为微小的泄漏会使两流体相混，导致传热不能正常进行，所以密封结构的设计是一个很重要的问题。

螺旋板式换热器的密封结构有两种形式，垫片密封与焊接密封。

（1）垫片密封

螺旋板式换热器卷制好以后，将螺旋通道的两端经过机械加工（见图7-5），使其达到一定的光洁度，然后用一个与法兰密封面外径相等的垫片将螺旋通道封住（垫片的材料选择与流体的性质和工作温度有关。对于有腐蚀性介质，选用垫片时应考虑材料的耐腐蚀性），压上盖板，再用螺栓与法兰连接拉紧，以达到密封要求。图7-6是带有敞开通道和平板盖的钢制卧式Ⅰ型螺旋板式换热器。

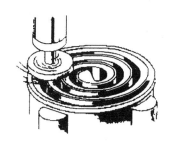

图7-5 螺旋通道端面加工

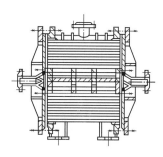

图7-6 卧式Ⅰ型螺旋板式换热器

采用平板盖，垫片有效面积比较大，为了保证密封，就需要较大的压紧力，由于平板盖受力最差，故一般只适用低压情况。平板盖是主要的密封件，受压后，要求不能有太大的挠度，否则会产生泄漏，造成流体短路，影响传热效果。

为了提高螺旋板式换热器的耐压能力和密封性能，我国自行设计、制造的螺旋板式换热器，采用椭圆形端盖和密封板代替平盖，这种密封结构如图7-7所示。其中法兰、垫片和螺栓大小可按"钢制石油化工压力容器设计规定"的方法进行计算。

密封板的作用是防止各圈螺旋通道内介质发生短路。在密封板与螺旋通道端面之间安放垫片，为了保证密封，螺旋通道两端要求进行机械加工，以使垫片安放上去后能紧贴住通道的端面。密封板的外边缘由法兰压紧，由于密封板是受压元件，不需过大的紧固力。在设计时要考虑使密封板的板面比筒体法兰密封面低0.2mm，以免法兰垫片压在密封板上的力影响螺栓的强度。

对于大直径的螺旋板式换热器，为保证密封板与螺旋端面紧密贴合，需要在椭圆形端盖内中心部分焊接一定直径的钢管（见图7-7），钢管直径 D 最好在 $(0.25 \sim 0.35) D_i$ 以内（D_i 为螺旋体内直径），在钢管另一端焊有金属压环，压环与密封板之间有一压环垫片，要求此垫片比法兰密封垫片薄0.5mm。当用螺栓拉紧椭圆端盖与筒体法兰时，焊接的承压能力比平板盖高，但由于密封板与螺旋通道两端之间没有再安置垫片，加上机械加工时的尺寸误差等因素的影响，可能有的地方密封不严，以致使少量的介质在换热器内不走螺旋通道而发生短路，使传热效率受到一定的影响。有关端盖与法兰的计算参见《钢制石油化工压力容器设计规定》。

（2）焊接密封结构

螺旋板式换热器有三种类型，每一种形式的密封情况不同，Ⅰ型是通道两端全封闭；Ⅱ型为通道交替封闭；Ⅲ型是一个通道封闭，另一个通道敞开。不论哪一种形式都有密封问题。从焊接密封来讲，常用的有三种形式，如图7-8所示。第一种焊接密封结构，是将需要密封的通道用方钢条垫进钢板中，卷制后进行焊接。第二种结构是用与通道宽度相同的圆钢条垫进钢板中卷好后进行焊接。第三种结构是将通道一边的钢板压成一斜边后与另一通道的钢板焊接。由于圆钢条的摩擦力比方钢条小，故采用圆钢作密封条后，卷床消耗的功率比用方钢条作密封条消耗的功率小，而且圆钢条与通道两侧板是线接触，故圆钢条与螺旋板容易焊接密封。所以在螺旋板式换热器的焊接密封结构中，普遍采用圆钢条垫进通道两端焊接的结构。

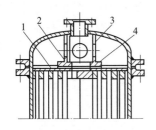

图 7-7　椭圆形端盖

1—密封板；2—压环垫片；3—钢管；4—压环

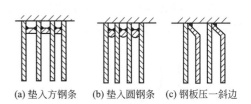

(a) 垫入方钢条　(b) 垫入圆钢条　(c) 钢板压一斜边

图 7-8　焊接密封结构形式

▶7.2.2　外壳

螺旋板式换热器的外壳是承受内压的部件，为了提高外壳的承压能力，国外使用的产品，往往采取增加最外一圈螺旋板的厚度。但因外圈仍是螺旋形，就有一个纵向的角焊缝存在，其结构如图7-9所示。由于角焊的强度不易保证，受力差，所以这种结构不能承受较高的压力。

为了改善外壳与螺旋板的连接结构，提高外壳的承压能力，我国有关单位经过研究而设计的螺旋板式换热器的外壳是采用两个半圆筒组合焊接而成的圆筒，其结构如图7-10(a)所示。这种组合焊接的关键零件是连接板，连接板与螺旋板及外壳的连接方式，如图7-10(b)所示。其连接方法，首先将螺旋板与连接板对接焊接。对接焊接容易保证焊接质量，并且受力较好，故这种连接牢固可靠，并避免了受压容器中忌讳的角焊缝，从而提高了换热器的操作压力。

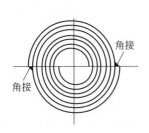

图 7-9　外圈板角接结构

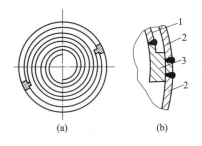

图 7-10　外壳由两个半圆筒组成的结构

1—螺旋板；2—外壳；3—连接板

外壳是受内压的圆筒，其强度可按《钢制压力容器》（GB 150—2011）计算。

▶ 7.2.3 螺旋板的刚度

螺旋体是一个弹性体，对这样的弹性构件，当其受压时，往往不是被压破而是被压瘪，故螺旋板的刚度是一个重要的问题。在实际生产中，当换热器两通道的压力差达到一定数值时，螺旋板可能被压瘪而产生失稳现象，使设备不能正常操作。如用增加板厚的方法提高螺旋板的刚度，并不是解决问题的唯一途径，板厚增加，卷制螺旋体时所需要动力增大，这是不经济的，所以目前普遍采用在两通道内安置定距柱并缩小定距柱（或定距泡）之间的距离，增加定距柱（或定距泡）数量的方法来提高螺旋板的刚度和承压能力。

定距柱用来维持通道的宽度，增加螺旋板的刚度。定距柱一般使用短圆钢条，其直径大小视螺旋通道的宽度而定，一般为 5～20mm，定距柱的长度为 12～15mm，在卷制螺旋体以前就焊接在钢板上，如图 7-11 所示。

对于操作压力在 0.3MPa 以下的换热器，因在这样低的压力下，板中产生的压力及变性较小，故可以不安置定距柱。

螺旋通道内布置定距柱后，当流体流过时起到扰动的作用，提高了传热效率。但定距柱过密，虽能提高螺旋板的刚度，但会使流体阻力增大，沉淀物也不易清洗干净。目前采用的定距柱其排列方式有两种：一种是按等边三角形排列，其间距常用的为 80mm×80mm，100mm×100mm，150mm×150mm，200mm×200mm，这种排列可以安置较多的定距

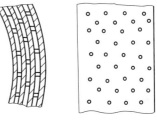

图 7-11　定距柱

柱；另一种是按正方形排列，清洗较容易。现在比较多的是采用前一种排列方式。

▶ 7.2.4 进、出口接管的布置

对于Ⅰ型螺旋板式换热器，中心管一般布置成垂直于筒体的横截面，而螺旋通道的接管有两种布置形式，一种是接管垂直于筒体轴线方向，如图 7-12（a）所示。这种接管，流体进入螺旋通道时突然转 90°，由流体力学可知，当流体流动方向有突变时，阻力较大。另一种接管布置成切向，如图 7-12（b）所示。这种布置，当流体由接管进入通道时是逐渐流入的，没有流动方向的突变，故阻力较小，而且还便于从设备中排除杂质，但加工比垂直接管困难。上述接管的两种布置方式各有利弊，设计时按具体情况选定。对于Ⅱ、Ⅲ型螺旋板式换热器，视具体要求确定。

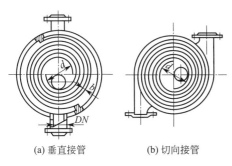

(a) 垂直接管　　　(b) 切向接管

图 7-12　接管布置

考虑到两板的曲率半径不同，在相同的受力状态下，由于内圈螺旋体的曲率半径较小，按强度计算，板可以薄一些。而外圈螺旋体曲率半径大，故板要厚一些。从两通道的受力来说，压力大的通道钢板的厚度比压力小的通道钢板的厚度大。因此，可以用两块不同厚度的钢板来卷制螺旋体。但是，由于螺旋通道宽度一般为 5～20mm，两螺旋板的曲率半径相差不是很大，按强度计算的两板厚度相差也就不大，只有当

螺旋体直径大，所需板很长的情况下，用两张不同厚度的钢板卷制螺旋体才有意义。因两板厚度不同，卷制时会使各板受力不均匀。基于以上原因，所以目前用来卷制螺旋体的两张钢板，其厚度通常选为一样。

7.3　螺旋板式换热器的设计

7.3.1　螺旋通道的几何计算

7.3.1.1　螺旋体的画法

螺旋体是这种换热器的换热元件，它的尺寸大小直接与换热面积有关，因此，为了正确画出这种换热器的施工图，就需要知道螺旋体的画法。

已知螺旋体的厚度为 δ，通道宽度为 b，设 $b+\delta=t$，t 称为节距。卷制螺旋板的卷辊直径为 d，将螺旋体分别分隔为两个通道的中心隔板的宽度为 $B_0=d-t$，现将作图步骤分述如下（见图7-13）：

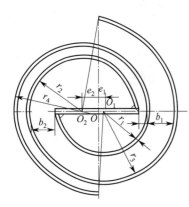

图7-13　螺旋体的画法

① 以中心隔板为基本零件，画出水平及垂直中心线，定出中心点 O。

② 以 O 为中心，在水平中心线上左右两侧分别取 $\dfrac{t}{2}$ 的距离定下螺旋通道的左右两圆心 O_1 和 O_2。

③ 以左圆心 O_1 为中心，$r_1=\dfrac{d}{2}$ 为半径，由右往左画半圆，旋转180°开始进入第二圈（亦可反之）；第二圈是以右圆心 O_2 为中心，以 $r_2=r_1+t$ 为半径画半圆；第三圈又以左圆心 O_1 为中心，以 $r_3=r_2+t=r_1+2t$ 为半径画半圆，依此类推就可以画出一条螺旋体。另一条螺旋体也按这种方法画出。如因工艺流体的要求，需将两螺旋通道制成不等的宽度 b_1 和 b_2 时，则节距应为 $t=\delta+\dfrac{b_1+b_2}{2}$，左右两圆心 O_1 和 O_2 与中心 O 点的距离分别为 $\dfrac{\delta+b_1}{2}$ 和 $\dfrac{\delta+b_2}{2}$，两通道第一圈的螺旋半径 r_1 分别为 $\dfrac{B_0+\delta+b_1}{2}$ 和 $\dfrac{B_0+\delta+b_2}{2}$；而第二圈螺旋半径为 $r_2=r_1+t$，依此类推就可以分别作出两条不等宽度的螺旋通道。

7.3.1.2　螺旋体的几何尺寸计算

（1）螺旋直径 D_0 的计算

对于不等宽度的螺旋通道，由几何关系可得：

$$D_0=d+n(b_1+b_2+2\delta)+(b_1+\delta) \tag{7-1}$$

对于等宽度的通道，$b_1=b_2=b$ 代入上式得：

$$D_0=d+2n(b+\delta)+(b+\delta)=d+(2n+1)(b+\delta) \tag{7-2}$$

式中　D_0——螺旋直径，m；

d——卷床卷辊直径，m；

n——螺旋板卷数；

b——螺旋通道间距，m；

δ——螺旋板厚度，m。

（2）螺旋板长度 L（通道宽度相同的情况）

将图 7-13 的螺旋体以水平中心线分成上下两部分，将上部分的螺旋体展开求其总长度 L。

第一圈螺旋板展开的长度：

$$l_1 = \pi r_1 \tag{7-3}$$

第二圈螺旋板展开的长度：

$$l_2 = \pi r_2 = \pi(r_1 + t) \tag{7-4}$$

第三圈螺旋板展开的长度：

$$l_3 = \pi r_3 = \pi(r_2 + t) = \pi(r_1 + 2t) \tag{7-5}$$

第 n 圈螺旋板展开的长度：

$$l_n = \pi r_n = \pi[r_1 + (n-1)t] \tag{7-6}$$

l_1、l_2、l_3、$\cdots$、l_n 之间为等差级数，则螺旋板上半部长度（即一张螺旋板的长度）L 应为：

$$L = \sum_{i=1}^{n} l_i \tag{7-7}$$

将 l_1、l_2、l_3、$\cdots$、l_n 各值代入上式得：

$$L = \pi r_1 + \pi(r_1 + t) + \pi(r_1 + 2t) + \pi(r_1 + 3t) + \cdots + \pi[r_1 + (n-1)t] \tag{7-8}$$

因此，

$$L = \frac{\pi}{2}n[(n-1)t + 2r_1] \tag{7-9}$$

当求螺旋板圈数时，则可由式(7-9)求得：

$$n = \frac{(t - 2r_1) + \sqrt{(t + 2r_1)^2 + \dfrac{8Lt}{\pi}}}{2t} \tag{7-10}$$

$$t = b + \delta \tag{7-11}$$

当两螺旋通道的宽度分别为 b_1 和 b_2 时，则螺旋板的圈数为：

$$n = \frac{-\left(d + \dfrac{b_1 + b_2}{2}\right) + \sqrt{2\left(d + \dfrac{b_1 - b_2}{2}\right) + \dfrac{4L}{\pi}(b_1 + b_2 + 2\delta)}}{b_1 + b_2 + 2\delta} \tag{7-12}$$

考虑到螺旋板最外半圈不参与热交换，故实际参与热交换的螺旋圈数应为 $n - 0.5$。

在计算参与热交换的螺旋板长度时，应将式(7-11)或式(7-12)中的 n 代以 $n - 0.5$，求出有效长度 L'。

（3）螺旋板的宽度（亦即传热板高度）

根据化工工艺计算所求出的换热面积 F，即可求得螺旋板的宽度。

$$H = \frac{F}{2L} \tag{7-13}$$

式中　H——螺旋板的宽度，m；

　　$2L$——参与热交换的有效长度，m。

在进行上述各项计算时，首先由传热计算确定换热面积 F，通道宽度 b，螺旋板厚度 δ，中心圆直径 d，螺旋体外径 D_0 以及板宽 H，然后求出螺旋板长度 L，再求出螺旋板的圈数 n 值。

7.3.2　传热工艺计算

7.3.2.1　设计计算中应考虑的问题

(1) 流体流动路程的选择

为了提高螺旋板式换热器的传热效率，在确定流向的时候，应考虑以下的因素：

① 使两流体呈全逆流状态，提高两流体的对数平均温差，以增大传热的推动力，使传热效果更好。

② 使直径较大的外圈螺旋板承受较小的压力，直径较小的内圈螺旋板承受较大的压力，以改善两螺旋板的受力状态。

③ 使螺旋通道不易堵塞，并且便于清洗，这涉及定距柱（或定距泡）的布置问题。目前，定距柱多采用等边三角形排列的方式，因为这种排列比按正方形排列能有效地干扰流体的流动，使其易产生湍流，从而提高传热效率。

(2) 流体流速的选择

增大流速能提高雷诺数，亦即提高对流传热系数 α 值，从而提高了换热器的总传热系数 K 值，使所需要的换热面积 F 减少，还可以减少污垢沉积在螺旋通道中的可能性。由流体力学可知，流体压力降与流速的二次方成正比。因此，增大流速，流体压力降随之增加，故应选择最经济的流速，这往往需要用几种方案进行计算比较方能确定。

提高流速后，如果增大的对流传热系数对总传热系数 K 值起着决定性的影响，这时提高流速就有实际意义了。例如一个螺旋通道走液体，另一螺旋通道走气体，那么提高气体的流速可以提高气体侧的对流传热系数，则 K 值也随之提高，这时气体的流速就起着决定性的作用。

由于螺旋通道一般较长，因此，通道越长，沿程阻力也越大，故选择流速时，只要能使流体在通道内形成湍流，这样既能提高流体的对流传热效率，也可降低阻力损失，减少动力消耗。

表 7-1 列出了一些常用流速的经验数据，以供参考。

表 7-1　换热器中常用流速范围

流体种类	流速/(m/s)	流体种类	流速/(m/s)
液体	0.5～3.0	常压气体	5～30
冷却水或与其相似的水溶液	0.7～2.5	油蒸气	5～15
低黏度的油	0.8～1.8	气液混合流体	2～6
高黏度的油	0.5～1.5		

7.3.2.2　传热工艺计算

螺旋板式换热器传热方面的理论，实际上并不是很成熟。因螺旋板式换热器的流道为矩形截面的弯曲通道，通道的曲率半径是变化的，而有关螺旋板式换热器传热系数及流体压力降的计算，还没有很确切的科学结论，目前设计中使用的计算公式基本上是一些经验和实验数据归纳起来的。

(1) 传热量的计算

在已知流体流量和流体的进出口温度的条件下，可以求出传递的热量。

① 流体受到单独加热或冷却而不发生相态变化时，流体所放出或吸入的热量由下式计算：

$$Q_h = W_h c_{ph}(T_1 - T_2) \tag{7-14}$$

式中　Q_h——热流体放出的热量，W；

　　　W_h——热流体的质量流量，kg/s；

　　　c_{ph}——热流体的定压比热容，J/(kg·℃)；

　　　T_1——热流体的进口温度，℃；

　　　T_2——热流体的出口温度，℃。

　　或

$$Q_c = W_c c_{pc}(t_2 - t_1) \tag{7-15}$$

式中　Q_c——冷流体的吸热量，W；

　　　W_c——冷流体的质量流量，kg/s；

　　　c_{pc}——冷流体的定压比热容，J/(kg·℃)；

　　　t_1——冷流体的进口温度，℃；

　　　t_2——冷流体的出口温度，℃。

② 当流体发生相态变化而温度不发生变化时，放出或吸入的热量按下式计算：

$$Q = W r_c \tag{7-16}$$

式中　Q——相变流体放出或吸入的热量，W；

　　　r_c——流体的气化或冷凝潜热，J/kg；

　　　W——具有相变流体的质量流量，kg/s。

③ 在传热中若流体同时发生相态变化和温度变化，此时物料所吸收或放出之热量为以上两式之和。

（2）通道当量直径

螺旋板式换热器的通道为矩形截面，而目前的计算公式是基于圆形截面的通道，故用通道当量直径代替公式中的直径，以简化计算。

螺旋通道的当量直径为

$$d_e = 4r_水 = \frac{4F}{\Pi} \tag{7-17}$$

流体自由截面即矩形通道截面积

$$F = Hb \tag{7-18}$$

浸润周边

$$\Pi = 2(H + b) \tag{7-19}$$

因此

$$d_e = 4 \times \frac{F}{\Pi} = 4 \times \frac{Hb}{2(H+b)} = \frac{2Hb}{H+b} \tag{7-20}$$

式中　d_e——通道的当量直径，m；

　　　H——有效板宽（其值取决于换热面积和通道长度，设计时可先按钢板的规格定一值），m；

　　　b——通道宽度，m，其值依工艺条件考虑，一般取 $0.005 \sim 0.02$m。

（3）通道中流速 w 的计算

① 对不可拆式螺旋换热器，流道截面积为 $F = Hb$，则：

$$u = \frac{V}{Hb} \tag{7-21}$$

② 对可拆式螺旋板式换热器，轴向流道截面积 $F = Lb$

$$u = \frac{V}{Lb} \tag{7-22}$$

式中　u——流体流速，m/s；

V——流体的体积流量，m^3/s；

H——有效板宽，m；

b——通道宽度，m；

L——螺旋通道长度，m。

（4）雷诺数 Re 的计算

通过计算出雷诺数 Re 的大小，可以判断流体流动的状态，确定为湍流或者层流，以便选择相应传热系数的计算公式。

$$Re = \frac{Gd_e}{\mu} \tag{7-23}$$

或

$$Re = \frac{d_e u \rho}{\mu} \tag{7-24}$$

式中　G——流体的质量流速，$kg/(m^2 \cdot s)$；

d_e——通道的当量直径，m；

μ——流体的黏度，$Pa \cdot s$；

u——流体的速度，m/s；

ρ——流体的密度，kg/m^3。

（5）普兰特数 Pr

由热相似推导出

$$Pr = \frac{c_p \mu}{\lambda} \tag{7-25}$$

式中　c_p——流体的定压比热容，$J/(kg \cdot ℃)$；

μ——流体的黏度，$Pa \cdot s$；

λ——流体的热导率，$W/(m \cdot ℃)$。

（6）通道对流传热系数 α 的计算

构成传热面的螺旋形通道，考虑到螺旋板式换热器的强度和刚度，并使其传热效果较好，通常在螺旋板上安装一定数目的定距柱。由于通道不是直线状而是螺旋形，因此，通道对流传热系数的计算就要考虑到上述的情况，由于流体在换热器中是对流传热，而对流传热的关键是通道中流体的流动状态，当流体的扰动越激烈时，传热就越好。流体在通道中扰动的激烈程度与流体的流速、物理性能及通道的几何形状有关，这些关系用一个相似准数雷诺数来表示。在圆形截面的直管中，当雷诺准数 $Re \geqslant 10000$ 时，流体为湍流状态，这个数称为临界雷诺数。但对螺旋板式换热器，它的通道为矩形截面，推荐湍流状态下的临界雷诺数按 $Re = 6000$ 计算。

有关给热系数的计算公式，因介质工作状况不同而不同。下面推荐的常用公式是在圆形直管计算公式的基础上，考虑到螺旋矩形通道的影响，用一个含有当量直径 d_e 的参数进行修正而得出计算螺旋板式换热器的对流传热系数的公式。

① 湍流状态下对流传热系数 α 的计算公式（流体无相变时）。

a. 利用盘管公式计算：

$Re \geqslant 6000$ 时，

$$\alpha = 0.023 \left(1 + 3.54 \times \frac{d_e}{D_m} \right) \times \frac{\lambda}{d_e} Re^{0.8} Pr^m \tag{7-26}$$

式中　D_m——螺旋通道的平均直径，m；

　　　m——指数，对被加热的液体言，$m = 0.4$；对介质为气体时，无论被加热或冷却，$m = 0.4$；对被冷却的液体言，$m = 0.3$；

　　　λ——流体的热导率，W/(m·℃)。

b. 按 Sander 公式计算：

$Re > 1000$ 时，

$$\alpha = \left[0.0315 \left(\frac{d_e G}{\mu} \right)^{0.8} - 6.65 \times 10^{-7} \left(\frac{L}{b} \right)^{1.8} \right] \left(\frac{\lambda}{d_e} \right) \left(\frac{c_p \mu}{\lambda} \right)^{0.25} \left(\frac{\mu}{\mu_w} \right)^{0.17} \tag{7-27}$$

式中　G——流体的质量流速，kg/(m²·s)；

　　　μ——流体的黏度，Pa·s；

　　　L——螺旋通道的长度，m；

　　　b——通道的宽度，m；

　　　μ——流体的黏度，Pa·s；

　　　μ_w——流体按壁温 t_w 计的黏度，Pa·s。

② 层流状态下对流传热系数 α 的计算。

a. $Re < 2000$ 时，

$$\alpha = 8.4 \times \frac{\lambda}{d_e} \left(\frac{c_p G}{\lambda L} \right)^{0.2} \tag{7-28}$$

式中　G——流体的质量流速，kg/(m²·s)；

　　　L——螺旋通道的长度，m。

b. 用螺旋管的公式计算：

$$\alpha = \left[0.65 \left(\frac{d_e G}{\mu} \right)^{\frac{1}{2}} \left(\frac{d_e}{D_m} \right)^{\frac{1}{4}} + 0.76 \right] \left(\frac{\lambda}{d_e} \right) \left(\frac{c_p \mu}{\lambda} \right)^{0.175} \tag{7-29}$$

c. "Chemical Engineering" 的计算公式

$Re < Re_c$ 时，

$$\alpha = 1.86 c_p G Re^{-\frac{2}{3}} Pr^{-\frac{2}{3}} \left(\frac{L}{d_e} \right)^{-\frac{1}{5}} \left(\frac{\mu_c}{\mu_w} \right)^{0.14} \tag{7-30}$$

式中　Re_c——临界雷诺数，$Re_c = 20000 \left(\dfrac{d_e}{D_0} \right)^{0.32}$；

　　　D_0——螺旋体的外径；

其他符号同前。

③ 蒸汽冷凝传热系数 α 的计算。

螺旋板式换热器作为冷凝器使用时，一般选用I型和III型，其安装方法有立式和卧式两种。

立式安装时，传热系数 α 的计算如下：

a. 按 Nusselt 公式计算

$$\alpha = 0.943 \left(\frac{\lambda^3 \rho^2 r_c g}{H \mu \Delta t} \right)^{\frac{1}{4}} \qquad (7-31)$$

式中　λ——冷凝液的热导率，W/(m·℃)；

ρ——冷凝液的密度，kg/m³；

r_c——冷凝液的潜热，J/kg；

g——重力加速度，m/s²；

H——有效板宽，m；

μ——凝液的黏度，Pa·s；

Δt——蒸汽饱和温度与壁面温度之温度差，℃，$\Delta t = T_b - t_w$；

T_b——蒸汽饱和温度，℃；

t_w——壁面温度，℃，$t_w = t_c + \dfrac{\alpha_2}{\alpha_1 + \alpha_2}(T_c - t_c)$；

T_c——高温流体的定性温度，℃；

t_c——高温流体的定性温度，℃。

一般情况下，壁温接近于具有较大对流传热系数的流体一侧的温度。

b. 按垂直平板上冷凝传热的公式计算

$$\alpha = 1.47 \left(\frac{4\Gamma}{\mu_c} \right)^{-\frac{1}{3}} \left(\frac{\mu_c^2}{\lambda_c^3 r_c^2 g} \right)^{-\frac{1}{3}} \qquad (7-32)$$

式中　Γ——冷凝负荷，$\Gamma = \dfrac{W_c}{2L}$；

W_c——冷凝液质量流量，kg/s；

L——垂直板长，m；

其他符号同前。

式(7-31) 和式(7-32) 的适用范围是 $\dfrac{4\Gamma}{\mu_c} < 2100$。当 $\dfrac{4\Gamma}{\mu_c} > 2100$ 时，冷凝传热系数可用图 7-14 求得。

c. 卧式（水平）安装时

在这种情况下，冷凝传热系数随螺旋的位置而变化，其有效螺旋板数为 $\dfrac{7}{L}$，传热系数按下式计算：

$$\alpha = 1.51 \left(\frac{4\Gamma}{\mu_c} \right)^{-\frac{1}{3}} \left(\frac{\mu_c^2}{\lambda_c^3 r_c^2 g} \right)^{-\frac{1}{3}} \qquad (7-33)$$

式中　Γ——冷凝负荷，$\Gamma = \dfrac{W_c}{2H} \left(\dfrac{7}{L} \right)$。

式(7-33) 的适用范围是 $\dfrac{4\Gamma}{\mu_c} < 2100$；当 $\dfrac{4\Gamma}{\mu_c} > 2100$ 时，冷凝传热系数可由图 7-14 求得。

使用图 7-14 时，先计算 Pr 和雷诺数 Re，然后由图查出 $\alpha\left(\dfrac{\mu_c^2}{\lambda_c^3 r_c^2 g}\right)^{\frac{1}{3}}$ 之值，将 $\alpha\left(\dfrac{\mu_c^2}{\lambda_c^3 r_c^2 g}\right)^{\frac{1}{3}}$ 移项以后，乘以该数值可求得冷凝传热系数 α 之值。

④ 冷凝液的低温冷却　当螺旋板式换热器立式安放时，由于传热面积一般较大，冷凝液被过冷到蒸汽的饱和温度以下，在这种情况下，可以把冷凝器看成是与过冷器相连接，如图 7-15 所示。其冷凝部分的传热面积和过冷部分的传热面积应分别求出后再相加，作为总的传热面积。

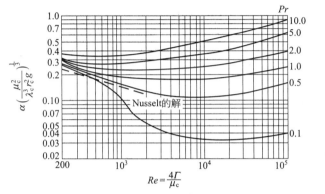

图 7-14　冷凝传热系数　　　　　　　图 7-15　冷凝液低温冷却示意图

过冷却（低温冷却）部分的传热系数用下式计算：

$$\alpha=0.67\left[\left(\frac{\lambda_c^3 r_c^2 g}{\mu_c^2}\right)\left(\frac{C_c \mu_c^{\frac{5}{3}}}{\lambda_c H r_c^{\frac{2}{3}} g^{\frac{1}{3}}}\right)\right]^{\frac{1}{3}}\left(\frac{4\Gamma}{\mu_c}\right)^{\frac{1}{9}} \tag{7-34}$$

式中，μ_c 的单位是 kg/(m·s)。

式（7-34）的适用范围是：$\dfrac{4\Gamma}{\mu_c}<2000$。

⑤ 泡核沸腾传热系数，用下式计算：

$$\alpha=\left[0.225 C_s\left(\frac{C_L}{r}\right)^{0.69}\left(\frac{p\lambda_c}{\sigma_0}\right)^{0.31}\left(\frac{r_L}{r_V}-1\right)^{0.33}\right]^{3.22}\Delta t^{2.22} \tag{7-35}$$

式中　C_s——传热表面状态系数，传热板用铜或铁时，$C_s=1.0$，传热板为不锈钢时，$C_s=0.7$；

　　　r——蒸发潜热，J/kg；

　　　p——沸腾压力，Pa；

　　　σ_0——沸腾液体的表面张力，N/m。

在设计中，有时需要先初选一个传热系数，以便利用传热公式计算总传热系数 K 值。但对螺旋板式换热器在各种介质时的传热系数 α 之值，有关资料很少，为了供设计时选择 α 值，下面列举工业用换热器中一些介质传热系数的大致范围以供参考，见表 7-2。

表 7-2 常见介质的传热系数

传热的种类	α 值范围/[W/(m²·℃)]	传热的种类	α 值范围/[W/(m²·℃)]
水蒸气的滴状冷凝	46500~140000	水的加热和冷却	230~11600
水蒸气的膜状冷凝	4650~17400	油的加热和冷却	60~17400
有机蒸气的冷凝	580~23200	过热蒸汽的加热和冷却	20~110
水的沸腾	580~52300	空气的加热和冷却	1~60

上述传热系数 α 值的公式可归纳如表 7-3 所列。

表 7-3 传热系数 α 的计算公式

序号	条件	传热系数 α 的计算公式
1	流体无相变 $Re \geqslant 6000$	$\alpha = 0.023 \left(1 + 3.54 \dfrac{d_e}{D_m}\right) \times \dfrac{\lambda}{d_e} Re^{0.8} Pr^m$
2	流体无相变 $Re > 1000$	$\alpha = \left[0.0315 \left(\dfrac{d_e G}{\mu}\right)^{0.8} - 6.65 \times 10^{-7} \left(\dfrac{L}{b}\right)^{1.8}\right] \left(\dfrac{\lambda}{d_e}\right) \left(\dfrac{c_p \mu}{\lambda}\right)^{0.25} \left(\dfrac{\mu}{\mu_w}\right)^{0.17}$
3	液体无相变 $t = 100mm \ n_s = 116 \ 个/m^2$	$\alpha = 0.04 \dfrac{\lambda}{d_e} Re^{0.78} Pr^m$
4	螺旋流(液体)$Re > Re_c$	$\alpha = 0.023 \left(1 + 3.54 \dfrac{d_e}{D_m}\right) c_p G Re^{-0.2} Pr^{-\frac{2}{3}}$
5	螺旋流(气体)$Re > Re_c$	$\alpha = 0.0156 \left(1 + 3.54 \dfrac{d_e}{D_m}\right) c_p G^{0.8} d_e^{-0.2}$
6	轴流(液体)$Re > 10000$	$\alpha = 0.023 c_p G Re^{-0.2} Pr^{-\frac{2}{3}}$
7	轴流(气体)$Re > 10000$	$\alpha = 0.0156 c_p G^{0.8} d_e^{-0.2}$
8	对于水(湍流)	$\alpha = (3210 + 43 t_m) \times \dfrac{u^{0.8}}{d_e^{0.2}}$
9	流体无相变 $Re < 2000$	$\alpha = 8.4 \dfrac{\lambda}{d_e} \left(\dfrac{c_p G}{\lambda L}\right)^{0.2}$
10	流体无相变 $\left(\dfrac{d_e G}{\mu}\right) \left(\dfrac{d_e}{D_H}\right)^{\frac{1}{2}} = 30 \sim 2000$	$\alpha = \left[0.65 \left(\dfrac{d_e G}{\mu}\right)^{\frac{1}{2}} \left(\dfrac{d_e}{D_0}\right)^{\frac{1}{4}} + 0.76\right] \left(\dfrac{\lambda}{d_e}\right) \left(\dfrac{c_p \mu}{\lambda}\right)^{0.175}$
11	液体无相变 $Re < Re_c$	$\alpha = 1.86 c_p G Re^{-\frac{2}{3}} Pr^{-\frac{2}{3}} \left(\dfrac{L}{d_e}\right)^{-\frac{1}{3}} \left(\dfrac{\mu_c}{\mu_w}\right)^{0.14}$
12	蒸汽冷凝,立式	$\alpha = 0.943 \left(\dfrac{\lambda^3 \rho^2 r_c g}{H \mu \Delta t}\right)^{\frac{1}{4}}$
13	蒸汽冷凝,立式 $\dfrac{4\Gamma}{\mu_c} < 2100$	$\alpha = 1.47 \left(\dfrac{4\Gamma}{\mu_c}\right)^{-\frac{1}{3}} \left(\dfrac{\mu_c^2}{\lambda_c^3 r_c^2 g}\right)^{-\frac{1}{3}}$
14	蒸汽冷凝,卧式 $\Gamma = \dfrac{W_c}{2B} \left(\dfrac{7}{L}\right) ; \dfrac{4\Gamma}{\mu_c} < 2100$	$\alpha = 1.51 \left(\dfrac{4\Gamma}{\mu_c}\right)^{-\frac{1}{3}} \left(\dfrac{\mu_c^2}{\lambda_c^3 r_c^2 g}\right)^{-\frac{1}{3}}$
15	冷凝液低温冷却 $\dfrac{4\Gamma}{\mu_c} < 2000$	$\alpha = 0.67 \left[\left(\dfrac{\lambda_c^3 r_c^2 g}{\mu_c^2}\right) \left(\dfrac{C_c \mu^{\frac{5}{3}}}{\lambda_c H r^{\frac{2}{3}} g^{\frac{1}{3}}}\right)\right]^{\frac{1}{3}} \left(\dfrac{4\Gamma}{\mu_c}\right)^{\frac{1}{9}}$
16	泡核沸腾	$\alpha = \left[0.225 C_s \left(\dfrac{C_L}{r}\right)^{0.69} \left(\dfrac{p \lambda_c}{\sigma_0}\right)^{0.31} \left(\dfrac{r_L}{r_V} - 1\right)^{0.33}\right]^{3.22} \Delta t^{2.22}$

(7) 污垢对传热系数的影响

在实际使用中的螺旋板式换热器,其传热介质是液体、气体或气液混合物。这些介质中的大多数含有污垢及易于沉淀的成分或者具有腐蚀性。这些污垢、沉淀物或腐蚀物,往往会附着于器壁上形成垢层,致使传热厚度相应增加,热阻增大,而使传热系数相应降低。实验说明，垢层热阻往往比器壁热阻大得多，对传热的影响较大，为了保持换热器的正常运转，在设计中需要事先考虑垢层的热阻。

垢层热阻 r_s 与污垢系数 α_s 互成倒数，即 $r_s = \dfrac{1}{\alpha_s}$。式中 α_s 的单位与传热系数相同。

目前对螺旋板式换热器的垢层热阻 r_s 还没有成熟的研究结果，但设计计算时，往往需要先选一垢层热阻（或污垢系数）。由于螺旋板式换热器有"自洁"作用，不容易形成污垢，故它的垢层热阻 r_s 比管壳式换热器的垢层热阻小。目前对管壳式换热器中各种介质的污垢系数有比较齐全的参考数据，而螺旋板式换热器却很少，为了设计上的需要，可参照管壳式换热器的污垢系数，选取略小于管壳式的数据。

（8）总传热系数 K 的计算

总传热系数 K 的确定，是设计中一项很重要的内容，它对螺旋板式换热器传热面积的大小起着很大的作用，在设计中可从三种途径得到总传热系数。

① 当设计一个新的换热器时，如无参考数据，可以在相似的生产设备上实测 K 值，这种方法所得到的传热系数最为可靠。但由于是在一定设备上实测（查定）的，适用的范围只能是与所测定的情况比较一致的场合（包括设备情况、流动速度、物料性质等方面）。

查定的内容是：

a. 确定传热量 Q，W；

b. 确定对数平均温差 Δt_m，℃；

c. 根据实际使用的换热器，确定传热面积 F，m^2；

d. 按基本传热方程式 $Q = KF\Delta t_m$ 确定总传热系数 K 值。

② 用对一定介质和一定设备的经验公式确定总传热系数 K 值。当无经验公式可查时，可根据传热性质、流动形式、介质情况从总传热系数 K 的推荐值中选取一值，然后按基本传热方程式求出换热器的传热面积 F。

③ 用串流热阻的概念计算 K 值。

总热阻的计算公式为：

$$R = \frac{1}{K} = \frac{F_m}{\alpha_1 F_1} + \sum \frac{\delta_s F_m}{\lambda_s F_s} + \frac{\delta_w F_m}{\lambda_w F_w} + \frac{F_m}{\alpha_2 F_2} \tag{7-36}$$

对螺旋板式换热器，

$$F_1 = F_s = F_w = F_2 = F_m \tag{7-37}$$

因此有

$$R = \frac{1}{K} = \frac{1}{\alpha_1} + \sum \frac{\delta_s}{\lambda_s} + \frac{\delta_w}{\lambda_w} + \frac{1}{\alpha_2} \tag{7-38}$$

$$K = \frac{1}{\dfrac{1}{\alpha_1} + \sum \dfrac{\delta_s}{\lambda_s} + \dfrac{\delta_w}{\lambda_w} + \dfrac{1}{\alpha_2}} \tag{7-39}$$

式中　$\sum \dfrac{\delta_s}{\lambda_s}$——垢层总热阻，$m^2 \cdot ℃/W$；

$\dfrac{\delta_w}{\lambda_w}$——板材热阻，$m^2 \cdot ℃/W$。

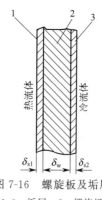

图 7-16　螺旋板及垢层

1,3—垢层；2—螺旋板

在总传热系数 K 的计算公式中，$\dfrac{\delta_s}{\lambda_s}$ 一项是难以确定的，因为垢层厚度 δ_s 随着流体的性质和清洗的周期而变化，不易确定，所以在计算中一般选用经验数据。

另外，当螺旋板采用复合钢板时，则板材热阻 $\dfrac{\delta_w}{\lambda_w}$ 一项，应按复层厚度和复层材料的热导率与基体材料的热导率分别计算后取其和，即器壁热阻应为 $\dfrac{\delta_{w1}}{\lambda_{w1}}$（复层热阻）与 $\dfrac{\delta_{w2}}{\lambda_{w2}}$（基体热阻）之和，如图 7-16 所示。

国内外一些研究者的实验表明，由于流体在螺旋通道中一般处于湍流状态，又有"自洁"的作用，所以螺旋板式换热器的总传热系数 K 值比相当的管壳式换热器约大 $40\%\sim60\%$。

总传热系数 K 的推荐值见表 7-4。

表 7-4　总传热系数 K 的推荐值

传热性质	介质名称		流动形式	传热系数 $K/[\text{W}/(\text{m}^2 \cdot ℃)]$	备注
对流传热	清水	清水	逆流	1700～2200	
	废液	清水	逆流	1600～2100	
	有机液	有机液	逆流	350～580	
	中焦油	中焦油	逆流	160～200	
	中焦油	清水	逆流	270～310	
	高黏度油	清水	逆流	230～350	
	油	油	逆流	90～140	
	气	气	逆流	29～47	
	电解液	水	逆流	1270	
	变压器油	水	逆流	327～550	推荐 350
	电解液	热水	逆流	600～1900	推荐 810
	浓碱液	水	逆流	350～650	推荐 470
	浓硫酸	水	逆流	760～1380	推荐 700
	辛烯醛	水	逆流	270～300	
蒸气冷凝	水蒸气	水	错流	1500～1700	
	有机蒸气	水	错流	930～1160	
	苯蒸气	水蒸气混合物和水	错流	930～1160	
	轻质有机物与蜡混合物	水	错流	620	
	氨	水	错流	1500～2260	1700

(9) 螺旋板式换热器对数平均温差的计算

为了提高螺旋板式换热器的传热效果，在流体流向的选择上，通常采用全逆流操作。如以这种换热器的形式来分析，Ⅰ型与Ⅱ型属于全逆流操作，Ⅲ型属于错流操作。因此，对数平均温差 Δt_m 的计算，对Ⅰ、Ⅱ型按逆流计算，Ⅲ型按错流计算。

Ⅰ、Ⅱ型逆流操作的换热器温度变化如图 7-17 所示，其对数平均温差按下式计算：

$$\Delta t_m = \frac{(T_1 - t_2) - (T_2 - t_1)}{\ln \dfrac{T_1 - t_2}{T_2 - t_1}} = \frac{\Delta t_1 - \Delta t_2}{\ln \dfrac{\Delta t_1}{\Delta t_2}} \tag{7-40}$$

当 $\dfrac{1}{2} < \dfrac{\Delta t_1}{\Delta t_2} < 2$ 时，可以近似地用算术平均温差计算，其误差在 4% 以内，即：

$$\Delta t_m = \frac{\Delta t_1 + \Delta t_2}{2} \tag{7-41}$$

对Ⅲ型螺旋板式换热器，因属于错流操作，此时，可先按逆流操作计算对数平均温差 Δt_m，然后乘以误差校正系数 $\varepsilon_{\Delta t}$，即

$$\Delta t_{m1} = \varepsilon_{\Delta t} \Delta t_m \tag{7-42}$$

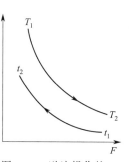

图 7-17 逆流操作的换热器温度变化

式中　$\varepsilon_{\Delta t}$——温度差校正系数，是 R_A 及 E_A 两因素的函数，即：$\varepsilon_{\Delta t} = f\,(R_A, E_A)$；

R_A——热容比，$R_A = \dfrac{T_1 - T_2}{t_2 - t_1} = \dfrac{热流体的冷却程度}{冷流体的加热程度}$；

E_A——热效率，$E_A = \dfrac{t_2 - t_1}{T_1 - t_1} = \dfrac{冷流体的加热程度}{两流体的最初温度差}$。

$\varepsilon_{\Delta t}$ 与 R_A 及 E_A 的关系，由图 7-18 的曲线图即可求得。

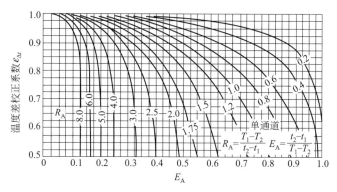

图 7-18 温度差校正系数 $\varepsilon_{\Delta t}$

（10）传热面积 F 由基本传热方程式

$$F' = \frac{Q}{K \Delta t_m} \tag{7-43}$$

为了保证传热效果，考虑到换热器的热损失，实际所需传热面积为理论计算传热面积的 $1.1 \sim 1.2$ 倍。

$$F = (1.1 \sim 1.2) F' \tag{7-44}$$

（11）螺旋板的长度

$$L = \frac{F}{2H} \tag{7-45}$$

式中　H——螺旋板的有效宽度，m。

求出螺旋板式换热器的传热面积、螺旋板长度以及螺旋板有效宽度后，就可以求得螺旋圈数。

用 E_A-NTU 法进行螺旋板式换热器传热计算的步骤介绍如下：

① 求传热量 Q

对于热流体，有

$$Q = (Wc_p)_h \Delta t_h \tag{7-46}$$

或对于冷流体，有

$$Q = (Wc_p)_c \Delta t_c \tag{7-47}$$

② 求冷流体出口温度 t_{co}

$$t_{co} = t_{ci} + \frac{Q}{(Wc_p)_c} \tag{7-48}$$

③ 求平均温度下的物性

④ 求 E_A 和 R_A

$$E_A = \frac{t_2 - t_1}{T_1 - t_1} \tag{7-49}$$

$$R_A = \frac{T_1 - T_2}{t_2 - t_1} \tag{7-50}$$

⑤ 用 E_A-NTU 图求传热单元数 NTU。

⑥ 求传热系数 α_h 和 α_c。

⑦ 求 $K = \dfrac{1}{\dfrac{1}{\alpha_h} + \dfrac{\delta_s}{\lambda_s} + \dfrac{\delta_w}{\lambda_w} + \alpha_c}$。

⑧ 用 $\text{NTU} = \dfrac{KF}{(Wc_p)_{min}}$ 求出传热面积 F。

用 E_A-NTU 法可以省去求对数平均温差的步骤，但这种方法需要求出传热单元数 NTU。求 NTU 的值，首先要取得温度分布，进而计算并标绘 E_A-NTU 关系图表才能求得。

在同一工艺条件下，用 E_A-NTU 法进行传热计算的结果只比前述常用的传热计算方法精确 2%，说明两种方法的计算误差很小。

▶ 7.3.3　螺旋板式换热器的压力损失

螺旋板式换热器的压力降包括螺旋通道的压力降及进、出口局部压力降两部分。如果压力损失大，意味着流体流过螺旋通道时的动力消耗大，在某些情况下，因工艺要求，压力降不能过大，否则会使换热器操作不正常。因此，减少流体压力降是有一定意义的。在圆形及各种异形截面（如方形或长宽比不大的矩形截面）的通道中，其流体阻力的计算已经有比较成熟的方法可供参考。但在螺旋板式换热器中，矩形通道的长宽比较大，并且通道是连续弯曲的，曲率半径是变化的。同时，为保证通道宽度，在通道中焊有定距柱或冲压的定距泡。流体在通道中流动时，在较低雷诺数下就形成湍流，摩擦系数比直通道大，其压力降相应地比直通道大些。

下面介绍计算压力降的几种方法。

(1) 流体流动的压力降计算

在螺旋板式换热器中，流体流动的压力损失受定距柱间距、定距柱数、螺旋圈数、通道长度、流体流速等影响，因此，压力损失的计算比较复杂，为简化计算，一般将其作为以通道当量直径为直径的圆管，按 Fanning（范宁）公式计算所得之值乘以系数

$$\Delta p = \frac{2fLu^2\rho}{d_e}\eta \tag{7-51}$$

式中 f ——摩擦系数，对于钢管 $f=0.055Re^{-0.2}$，或由 f 及 Re 的关系图查得；

η ——系数，与流速、定距柱直径和间距有关，其值 $\eta=2\sim3$。

（2）考虑黏度影响的压力降计算

流体的黏度对压力降有影响，考虑黏度的影响，可用下面的公式计算流体的压力降。

$$\Delta p=\left(\frac{4f}{2g}\right)\left(\frac{G^2}{\rho}\right)\left(\frac{L}{d_e}\right)\left(\frac{\mu_w}{\mu}\right)^{0.14} \tag{7-52}$$

$$\Delta p=\frac{2fLu^2\rho}{d_e}\left(\frac{\mu_w}{\mu}\right)^{0.14} \tag{7-53}$$

式中的摩擦系数 f 可近似采用流体流经圆管时的摩擦系数，其值可由 f 与 Re 之关系图查得。但雷诺数 Re 的计算，应以当量直径 d_e 代入公式。

（3）化学与石油机器制造的计算方法

此法是基于直管压力降的计算公式中以当量直径 d_e 代替公式中的圆管直径 d，再针对螺旋板式换热器的具体情况确定阻力系数 ξ 值。其计算公式为：

$$\Delta p=\xi\frac{L}{d_e}\times\frac{\rho u^2}{2} \tag{7-54}$$

式中 u ——介质的速度，m/s；

ξ ——阻力系数。

当雷诺数在 $10000<Re<100000$ 范围内时，计算介质总阻力系数的公式分两种情况：

① 具有圆柱状定距柱的窄通道，其阻力系数为：

$$\xi=\frac{0.856}{Re^{0.25}} \tag{7-55}$$

② 具有蚂蟥钉状定距柱（将圆钢短节的两端弯成直角形状）的宽通道，其阻力系数：

$$\xi=\frac{3.1}{Re^{0.25}} \tag{7-56}$$

据分析，上述阻力系数 ξ 的计算误差约在 20％以内。

（4）大连理工大学等单位的计算方法

大连理工大学等单位考虑到定距柱对流体阻力的影响，于 1973 年开始针对定型产品（JB 1287 定型设计，后改为 JB/T 4723，现改为 NB/T 47023—2012）进行了螺旋板式换热器的传热与流体阻力的实验研究，初步找出了定距柱的影响因素，归纳出了计算流体压力降公式。

① 介质为液体时的流体压力降计算公式

$$\Delta p=\left(\frac{L}{d_e}\times\frac{0.365}{Re^{0.25}}+0.0153Ln_0+4\right)\frac{\rho u^2}{2} \tag{7-57}$$

式中 n_0 ——单位体面积上定距柱数目，个/m²。

公式中包括三项，第一项指弯曲通道的压力降；第二项代表因定距柱影响而增加的压力降；第三项是螺旋板式换热器进、出口管的局部压力降之和。

公式(7-57)是螺旋板式换热器总压力降的计算公式，是考虑得比较周到的，可在设计时作参考。

② 介质为气体时，流体压力降的计算公式

$$\Delta p = \frac{G^2}{\rho_m}\left(\ln\frac{p_1}{p_2} + 2f_c\frac{L}{d_e}\right) \tag{7-58}$$

式中 G——质量流速，$kg/(m^2 \cdot s)$；

ρ_m——流体的平均密度，kg/m^3；

p_1、p_2——进出口压力，MPa；

f_c——系数，当 $n_0 = 116$ 时，$f_c = 0.022$。

其余符号同前。

式(7-57) 与式(7-58) 是在一定的定距柱密度情况下，经实验归纳后所得到的公式。由于未考虑到任意定距柱密度的影响，故用来计算流体的压力降时，所得结果具有一定的误差。

(5) 介质作螺旋流动时的压力降

① 湍流范围：

$Re > Re_c$ 时，按下式计算

$$\Delta p = \left(\frac{4.65}{10^9}\right)\left(\frac{L}{r}\right)\left(\frac{W}{bH}\right)^2\left[\frac{0.55}{b+0.00318}\left(\frac{\mu H}{W}\right)^{\frac{1}{3}}\left(\frac{\mu_w}{\mu}\right)^{0.17} + 1.5 + \frac{5}{L}\right]g \tag{7-59}$$

式中的 1.5 表示 $n = 194$ 个$/m^2$时的数值。若定距柱个数变化，其值也随之变化。

② 层流范围

当 $100 < Re < Re_c$ 时，用下式计算压力降

$$\Delta p = \left(\frac{4.65}{10^9}\right)\left(\frac{L}{r}\right)\left(\frac{W}{bH}\right)^2\left[\frac{1.78}{b+0.00318}\left(\frac{\mu H}{W}\right)^{\frac{1}{2}}\left(\frac{\mu_w}{\mu}\right)^{0.17} + 1.5 + \frac{5}{L}\right]g \tag{7-60}$$

式中的 1.5 是根据定距柱个数和直径确定的值。

③ 蒸汽冷凝时的压力降

$$\Delta p = \left(\frac{2.33}{10^9}\right)\left(\frac{L}{r}\right)\left(\frac{W}{bH}\right)^2\left[\frac{0.55}{b+0.00318}\left(\frac{\mu H}{W}\right)^{\frac{1}{3}} + 1.5 + \frac{5}{L}\right]g \tag{7-61}$$

(6) 流体轴向流动时的压力降

① 流体无相变

$Re > 10000$ 时

$$\Delta p = \frac{4G^2}{2\rho}\left[0.046\left(\frac{d_e G}{\mu}\right)^{-0.2}\frac{H}{d_e} + 1\right] \tag{7-62}$$

② 冷凝时的压力降

$$\Delta p = \frac{2G^2}{2\rho}\left[0.046\left(\frac{d_e G}{\mu}\right)^{-0.2}\frac{H}{d_e} + 1\right] \tag{7-63}$$

综上所述，压力降的各种计算方法是不相同的。第 1 种方法用系数 η 代入 Fanning 公式中加以修正，η 值反映定距柱数和局部阻力的影响；第 2 种方法考虑到板壁温度与定性温度时黏度对压力降的影响，当壁温与定性温度相差不大时，$\left(\frac{\mu_w}{\mu}\right)^{0.14}$ 之值接近于 1。从这里可以看出，公式(7-51) 计算的压力降大于式(7-52) 或式(7-53) 计算之值。第 3 种"化学与石油机器制造"介绍的方法误差过大（20%）。第 4 种方法考虑了螺旋通道、定距柱数以及局部阻力的影响因素，是比较全面的。第 5 种和第 6 种计算方法，是考虑了介质流动状态和流动方向对介质压力降的影响而得出的计算公式。

可将上述压力降的各种计算公式归纳如表 7-5 所示，作为螺旋板式换热器设计时之参考。

表 7-5　压力降计算公式

序号	压力降 Δp 计算公式	适用范围
1	$\Delta p = \dfrac{2fL\rho u^2}{d_e}\eta$	摩擦系数 $f = 0.055 Re^{-0.2}$ 系数 $\eta = 2 \sim 3$
2	$\Delta p = \dfrac{2fL\rho u^2}{d_e}\left(\dfrac{\mu_w}{\mu}\right)^{0.14}$	摩擦系数 f 由图 6-17 查取
3	$\Delta p = \xi \dfrac{L}{d_e} \times \dfrac{\rho u^2}{2}$	$10000 \leqslant Re \leqslant 10000$ 对圆柱状定距柱 $\xi = \dfrac{0.856}{Re^{0.25}}$ 蚂蝗钉状定距柱 $\xi = \dfrac{3.1}{Re^{0.25}}$
4	$\Delta p = \left(\dfrac{L}{d_e} \times \dfrac{0.365}{Re^{0.25}} + 0.0153 L n_0 + 4\right)\dfrac{\rho u^2}{2}$	介质为液体时计算公式
5	$\Delta p = \dfrac{G^2}{\rho_m}\left(\ln\dfrac{p_1}{p_2} + 2f_c\dfrac{L}{d_e}\right)$	介质为气体时计算公式
6	$\Delta p = \dfrac{4.65}{10^9}\left(\dfrac{L}{r}\right)\left(\dfrac{W}{bH}\right)^2 \times$ $\left[\dfrac{0.55}{b+0.00318}\left(\dfrac{\mu H}{W}\right)^{\frac{1}{3}}\left(\dfrac{\mu_w}{\mu}\right)^{0.17} + 1.5 + \dfrac{5}{L}\right]g$	湍流范围，螺旋流 $Re > Re_c$ $n = 194$ 个/m²
7	$\Delta p = \dfrac{4.65}{10^9}\left(\dfrac{L}{r}\right)\left(\dfrac{W}{bH}\right)^2 \times$ $\left[\dfrac{1.78}{b+0.00318}\left(\dfrac{\mu H}{W}\right)^{\frac{1}{2}}\left(\dfrac{\mu_w}{\mu}\right)^{0.17} + 1.5 + \dfrac{5}{L}\right]g$	层流范围，螺旋流 $100 < Re < Re_c$ $n = 194$ 个/m²
8	$\Delta p = \dfrac{2.33}{10^9}\left(\dfrac{L}{r}\right)\left(\dfrac{W}{bH}\right)^2 \times$ $\left[\dfrac{0.55}{b+0.00318}\left(\dfrac{\mu H}{W}\right)^{\frac{1}{3}}\left(\dfrac{\mu_w}{\mu}\right)^{0.17} + 1.5 + \dfrac{5}{L}\right]g$	蒸气冷凝时
9	$\Delta p = \dfrac{4G^2}{2\rho}\left[0.046\left(\dfrac{d_e G}{\mu}\right)^{-0.2}\dfrac{H}{d_e} + 1\right]$	轴向流动，无相变，$Re > 10000$
10	$\Delta p = \dfrac{2G^2}{2\rho}\left[0.046\left(\dfrac{d_e G}{\mu}\right)^{-0.2}\dfrac{H}{d_e} + 1\right]$	轴向流动蒸气冷凝

7.3.4　强度和刚度计算

螺旋板式换热器是由两张平行的钢板，在专用卷床上卷制成具有两个螺旋通道的螺旋体，然后加上外壳和两端密封结构及介质进、出口接管而构成。在换热器进行操作时，相邻两通道内介质的压力往往是不相同的。设两通道介质的压力分别是 p_1 和 p_2，其压力差 $\Delta p = p_1 - p_2$（当一通道压力突然终止时，即 $p_2 = 0$ 时，$\Delta p = p_1$）就是作用在螺旋板上的载荷。同时用来维持通道宽度且按一定规则（如等边三角形或正方形）排列的定距柱或定距泡，就成了螺旋板的许多支撑点，见图 7-19。

由螺旋板的横截面可知，每一块螺旋板是由若干个光滑衔接的半圆弧组成的，其圆弧半径依次为 r_1、

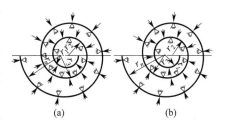

图 7-19　螺旋板支撑点

r_2、…、r_n，而在相互衔接处的曲率半径突然变化，若将其拆成若干个彼此相衔接的柱形薄板，螺旋板成了具有许多支撑点并受均布压力 p 作用的柱形薄板。这种受力状态的柱形薄板，其应力与位移的计算是相当复杂的。因为在两块螺旋板构成的通道内，当介质具有一定压力时，对每一块螺旋板来说，既承受内压又承受外压的作用，在这种受力状态下，其破坏形式有两种，一种是强度破坏，另一种是螺旋板丧失了稳定性，使设备不能进行正常的操作。

为了简化计算，假设定距柱按等边三角形（或正方形）排列，并由于螺旋板长度与宽度远比定距柱的间距大，作用在螺旋板上的载荷是均匀分布的。因此，可以假设所有远离边界的每一小块等边三角形板均有相同的受力状态，故只需讨论其中的一个等边三角形即可。当螺旋板的曲率半径远大于定距柱（泡）的距离时，该三角形板还可简化为平板，于是计算螺旋板的应力与位移的问题就简化为一个由一系列点支承的板的弯曲问题。但对这种多支承板的应力与位移的计算过程是很繁杂的，为了导出计算公式，可以按平板理论公式再根据螺旋板的特点加以修正后得出的公式，来计算螺旋板的强度与刚度。

7.3.4.1　螺旋板的强度计算

由平板理论可知，板的承压能力与板厚 δ 的平方成正比，而与定距柱距离的平方成反比，并与材料的强度成正比，这些关系可写成如下的形式

$$p \propto \frac{\delta^2}{t^2}\sigma_s \tag{7-64}$$

或

$$p = c\frac{\delta^2}{t^2}\sigma_s \tag{7-65}$$

式中　p——螺旋板所承受的压力，Pa；

δ——板厚，mm；

t——定距柱的距离，mm；

σ_s——螺旋板材料的屈服限，Pa；

c——比例常数，由实验确定。

将上式写成下列形式，即 $\dfrac{p}{\sigma_s} = c\dfrac{\delta^2}{t^2}$。

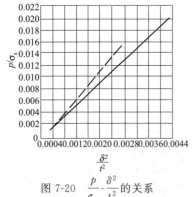

图 7-20　$\dfrac{p}{\sigma_s}$-$\dfrac{\delta^2}{t^2}$ 的关系

实线代表定距柱；虚线代表定距泡

实验板厚 $\delta=3\text{mm}$，$\delta=4\text{mm}$

南京工业大学等单位进行了平板承压能力的实验，得出了 $\dfrac{p}{\sigma_s}$ 和 $\dfrac{\delta^2}{t^2}$ 的一系列数据，然后以 $\dfrac{p}{\sigma_s}$ 为纵坐标，$\dfrac{\delta^2}{t^2}$ 为横坐标，作出了一直线，如图 7-20 所示，则该直线的斜率即为常数 c 值。由实验数据作出的图中求出：

对于定距柱，$c=4.7$；

对于定距泡，$c=5.36$。

南京工业大学等单位还进行了曲板承压实验，以找出曲率对板的强度和刚度的影响，以便修正把螺旋板视为平板引起的误差。

实验证明，曲板的承压能力比同样规格的平板承压能力大，两者之比值以 r_0 表示，即令

$$r_0 = \frac{曲板承压能力}{平板承压能力} \qquad (7-66)$$

r_0 值随螺旋板曲率半径的减小而增大，并与曲率半径成线性关系。当板的曲率半径大于 600mm 时，此值 r_0 接近于 1（见图 7-21）。

此图的直线如以公式表示，可写成如下的形式：

$$r_0 = 1 + 0.96(1.28 - 2R) \qquad (7-67)$$

式中　R——螺旋板的曲率半径，mm。

将系数 r_0 代入式(7-65) 得：

$$[p] = r_0 c \frac{\delta^2}{t^2} [\sigma_s] \qquad (7-68)$$

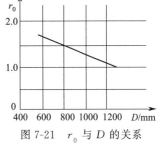

图 7-21　r_0 与 D 的关系

式中　$[p]$——许用操作压力，Pa；

　　　$[\sigma_s]$——材料屈服限作为强度准则的许用应力，Pa，$[\sigma_s] = \dfrac{\sigma_s}{n_s}$；

　　　n_s——安全系数，$n_s = 1.6$。

由式(7-67) 可知，当螺旋板曲率半径 R 大于 600mm 时，系数 r_0 接近于 1，则此时可按平板公式计算，误差不大。

由式(7-68)，如已知螺旋板的操作压力 p，曲率半径 R 以及螺旋板的材料，就可以计算定距柱间距 t 或者螺旋板的厚度 δ 的大小。

应用式(7-68) 求定距柱间距 t 或者螺旋板的厚度 δ 时，公式左边的许用操作压力应以设计压力代入，按《热交换器》(GB/T 151—2014)，设计压力取略高于或等于最高操作压力。

7.3.4.2　螺旋板的挠度

螺旋板的挠度计算，也是基于平板理论。按照平板理论，板的最大挠度与定距柱间距的四次方成正比，而与板厚的三次方成反比，这个关系用公式表示：

$$y = \beta_0 \frac{p t^4}{A_0} \qquad (7-69)$$

$$y \leqslant [y] \qquad (7-70)$$

式中　A_0——板的柱状刚度，$A_0 = \dfrac{E\delta^3}{12(1-\nu^2)}$，Nm；

　　　y——板的挠度，m；

　　　$[y]$——许用挠度，m；

　　　t——定距柱的间距，m；

　　　p——操作压力，Pa；

　　　β_0——系数，由实验确定；

　　　E——材料弹性模量，Pa；

　　　ν——材料的泊松比，对钢板，$\nu = 0.3$。

由式(7-69) 可得

$$\beta_0 = \frac{y A_0}{p t^4} \qquad (7-71)$$

在一定板厚和定距柱间距条件下，不同的压力就产生不同的挠度，将压力作为纵坐标，挠度为横坐标，即可作出 $p\text{-}y$（压力-挠度）曲线，见图 7-22，将图中直线段上各点之 p 与 y 值代入式(7-71)，计算出各实验曲线 $p\text{-}y$ 情况下的 β_0 值，然后取其平均值：

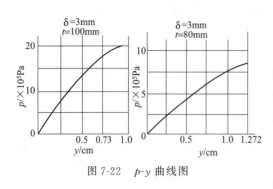

图 7-22　$p\text{-}y$ 曲线图

对于定距柱：$\beta_0 = 0.00638$；

对于定距泡：$\beta_0 = 0.00681$。

关于许用挠度［y］的确定，影响的因素较多，它与定距柱间距 t、螺旋板厚 δ 以及通道的宽度 b、定距柱数目以及操作压力等有关。

螺旋板的变形大，这会使通道宽度减小，阻力增加。因此，选用许用挠度时要考虑到这些情况。因为挠度大，在板中产生的应力相应增大，这可能使螺旋板的强度不够，所以相应挠度应受板厚和通道的宽度限制。

7.3.4.3　螺旋板式换热器的稳定性校核

对螺旋板式换热器的每一通道来说，螺旋板既受到内压又受到外压的作用，当其所受外压力达到一定值时，螺旋板就会被压瘪而丧失稳定性，此时的压力称为临界压力，为了维持换热器的正常操作，必须使操作压力小于临界压力，所小的倍数叫做稳定系数，在外压设备中，稳定性系数 m 一般取 3。

（1）计算法

目前对螺旋板式换热器临界压力的计算还没有精确的公式，为了求临界压力，只能作近似的计算。

假设：①螺旋板厚度与 δ 与曲率半径 R 之比很小，失稳前仅发生弹性变形；②螺旋板宽度较大，边界效应可忽略不计；③螺旋板是由若干个半圆弧组成的，曲率半径是变化的。为简化计算，曲率半径为 R 处的螺旋板，看成为半径为 R 的圆筒。

由上述假设，应用简化的线性理论，通过解高阶偏微分方程，可以推导出临界压力的计算公式如下（推导略）：

$$p_k = \frac{1}{12(1-\upsilon^2)} \times \frac{E\delta^3}{R^3} \times \frac{n^2(1+\beta^2)^2}{\beta^4} + \frac{E\delta}{R} \times \frac{1}{n^2(1+\beta^2)^2} \tag{7-72}$$

或

$$p_k = \frac{\pi^2}{12(1-\upsilon^2)} \times \frac{E\delta^3}{RH^2} \times \frac{m^2(1+\beta^2)^2}{\beta^2} + \frac{E\delta H^2}{\pi^2 R^3} \times \frac{1}{m^2\beta^2(1+\beta^2)^2} \tag{7-73}$$

式中　H——螺旋板的宽度，m；

R——螺旋板的曲率半径，m；

β——失稳时轴向半径长与周期半径长之比值。

$$\beta = \frac{l_2}{l_1} = \frac{\dfrac{H}{m}}{\dfrac{\pi R}{n}} = \frac{nH}{m\pi R} \tag{7-74}$$

式中　n——周向半波数；

m——轴向半波数；

其余符号同前。

式(7-72)与式(7-73)是求取具有定距柱（或定距泡）的螺旋板临界压力的基本方程。公式表明了螺旋板的临界压力与材料的物理性质、螺旋板厚度、板的曲率半径以及板宽有关，还与板上定距柱的布置有关。

下面按照定距柱的不同布置，求螺旋板的临界压力 p_k。

① 定距柱按等边三角形排列，四个定距柱组成的菱形短角线沿轴向排列，如图7-23所示。

在这种情况下，当螺旋板失稳时，其波形可能出现两种情况：

a. 轴向半波长 l_2 等于定距柱的间距 t，即 $l_2 = t$；

b. 轴向半波长 l_2 等于螺旋板的宽度 H，即 $l_2 = H$。

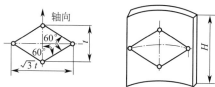

图7-23　定距柱（泡）按等边三角形排列

分析及计算表明，当 $\dfrac{t^2}{R\delta} > 4.6$ 时，第二种情况下的临界压力小。一般说来，螺旋板式换热器均满足 $\dfrac{t^2}{R\delta} > 4.6$，故失稳时出现第二种波形，即 $l_2 = H$，$m = 1$。

将 $m = 1$ 代入式(7-73)得：

$$p_k = \frac{\pi^2}{12(1-v^2)} \times \frac{E\delta^3}{RH^2} \times \frac{(1+\beta^2)^2}{\beta^2} + \frac{E\delta H^2}{\pi^2 R^3} \times \frac{1}{\beta^2(1+\beta^2)^2} \tag{7-75}$$

由式(7-75)对 β^2 求极小值，对于钢，泊松比 $v = 0.3$，可以求得计算临界压力的公式：

$$p_k = KE\left(\frac{\delta}{R}\right)^{\frac{5}{2}}\left(\frac{R}{H}\right) \tag{7-76}$$

式中系数 K 随几何参数 $\dfrac{H^2}{R\delta}$ 而变化，一般 $K = 0.92 \sim 1$，取平均值 $K = 0.96$。

在这种情况下，螺旋板丧失稳定时，其周向半波长 l_1 可以近似取为：

$$l_1 = 1.145\sqrt[4]{H^2 R\delta} \tag{7-77}$$

实验说明，由于受到定距柱的限制，实际的周向半波长比式(7-77)计算的小，所以近似取为定距柱等边三角形高的 $0.5 \sim 1$ 倍。已知等边三角形的高等于 $\dfrac{\sqrt{3}}{2}t$，由图7-23得出。

于是，$l_1 = (0.5 \sim 1)\dfrac{\sqrt{3}}{2}t$，取其平均值为：

$$l_1 = \frac{3}{4} \times \frac{\sqrt{3}}{2}t = \frac{3\sqrt{3}}{8}t \tag{7-78}$$

由式(7-77)与式(7-78)相等，得：

$$1.145\sqrt[4]{H^2 R\delta} = \frac{3\sqrt{3}}{8}t \tag{7-79}$$

$$t = 1.76\sqrt[4]{H^2 R\delta} \tag{7-80}$$

波长比：

$$\beta = \frac{l_2}{l_1} = \frac{H}{\dfrac{3\sqrt{3}t}{8}} = \frac{8H}{3\sqrt{3}t} = 1.54\frac{H}{t} \tag{7-81}$$

一般情况下，板宽 H 比定距柱间距 t 大得多。因此，式（7-75）中 $1+\beta^2$ 项，1 与 β^2 相比很小，可忽略不计，于是式（7-75）可简化成下式：

$$p_k = \frac{\pi^2}{12(1-v^2)} \times \frac{E\delta^3\beta^2}{RH^2} + \frac{E\delta H^2}{\pi^2 R^3 \beta^6} \tag{7-82}$$

将 $\beta = \dfrac{8H}{3\sqrt{3}\,t}$ 代入式（7-82），对于钢，$v=0.3$，则：

$$p_k = \frac{\pi^2}{12(1-v^2)} \times \frac{E\delta^3}{RH^2}\left(\frac{8H}{3\sqrt{3}\,t}\right)^2 + \frac{E\delta H^2}{\pi^2 R^3 \left(\dfrac{8H}{3\sqrt{3}\,t}\right)^6} = 2.14 \times \frac{E\delta^3}{Rt^2} + 0.763 \times 10^{-2} \times \frac{E\delta t^6}{R^3 H^4}$$

$$\tag{7-83}$$

当 $t \leqslant 1.76\sqrt[4]{H^2 R\delta}$ 时，按式（7-83）计算临界压力。如果定距柱间距 $t > 1.76\sqrt[4]{H^2 R\delta}$ 时，用式（7-75）或式（7-76）计算。

图 7-24　菱形长对角线沿轴向排列

② 定距柱按等边三角形排列，四个定距柱组成的菱形对角线沿轴向排列（或短对角线沿周向排列）时的情况，如图 7-24 所示。

在这种情况下，周向半波长 $l_2 = \sqrt{3}\,t$，其轴向半波数 $m = \dfrac{H}{l_2}$，将 m 值代入式（7-73）得：

$$p_k = \frac{\pi^2}{12(1-v^2)} \times \frac{E\delta^3}{Rl_2^2} \times \frac{(1+\beta^2)^2}{\beta^2} + \frac{E\delta l_2^2}{\pi^2 R^3} \times \frac{1}{\beta^2(1+\beta^2)^2} \tag{7-84}$$

此时，周向半波长

$$l_1 = 1.145\sqrt[4]{3t^2 R\delta} \tag{7-85}$$

因失稳时，波形受定距柱的限制，其周向半波长 $l_1 = (0.5 \sim 1)t$，取其平均值为

$$l_1 = \frac{3}{4}t \tag{7-86}$$

由式（7-85）与式（7-86）相等得：

$$\frac{t^2}{R\delta} = 16.3 \tag{7-87}$$

由于

$$\beta = \frac{l_2}{l_1} = \frac{\sqrt{3}\,t}{\dfrac{3}{4}t} = 2.31 \tag{7-88}$$

将 β 值和 $l_2 = \sqrt{3}\,t$ 及 $v=0.3$ 代入式（7-84）得：

$$p_k = 2.26 \times \frac{E\delta^3}{Rt^2} + 0.142 \times 10^{-2} \times \frac{E\delta t^2}{R^3} \tag{7-89}$$

若 $\dfrac{t^2}{R\delta} \leqslant 16.3$ 时，临界压力按式（7-89）计算。若 $\dfrac{t^2}{R\delta} > 16.3$ 时，说明定距柱间距较大，其临界压力的大小，由式（7-84）对 β^2 求极小值求得。

③ 定距柱按正方形排列时，如图 7-25 所示。

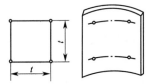

图 7-25　定距柱按正方形排列

当定距柱按正方形排列，失稳时其轴向半波长 l_2 通常等于螺旋板宽度（或板的高度）H，即 $l_2 = H$。就是说，轴向半波数 $m=1$。把 $m=1$ 代入式（7-73）得出的公式与式（7-75）相同，说明式（7-75）仍可用来求定距柱正方形排列之临界压力。

如果用式（7-75）使 p 对 β^2 求极小值，并令 $v=0.3$，得出求临界压力的公式与式（7-76）相同。

在这种情况下丧失稳定时的周向半波长 l_1 仍近似取为：

$$l_1 = 1.145\sqrt[4]{H^2 R \delta} \tag{7-90}$$

若定距柱（泡）间距较小，则因受定距柱（泡）的限制，周向半波长 l_1 将小于上式求得的值，而等于 $(0.5 \sim 1)t$，根据实验结果，取：

$$l_1 = \frac{3}{4}t \tag{7-91}$$

因此，波长比 β 为：

$$\beta = \frac{l_2}{l_1} = \frac{H}{\frac{3}{4}t} = \frac{4H}{3t} \tag{7-92}$$

通常，螺旋板宽度 H 比定距柱间距 t 大得多，因此 β 很大，在式（7-75）中，1 比 β^2 小得多，可忽略不计。把式（7-92）代入到式（7-75），对于钢材，$v=0.3$ 得：

$$p_k = 1.6 \times \frac{E\delta}{R}\left(\frac{\delta}{t}\right)^2 + 1.8 \times 10^{-2} \times \frac{E\delta}{R} \times \frac{t^6}{R^2 H^4} \tag{7-93}$$

联解公式（7-90）及式（7-91）得：

$$t = 1.53\sqrt[4]{H^2 R \delta} \tag{7-94}$$

或

$$\frac{t^4}{H^2 R \delta} = 5.48 \tag{7-95}$$

定距柱按正方形排列的螺旋板，若 $t \leqslant 1.53\sqrt[4]{H^2 R \delta}$，即 $\dfrac{t^4}{H^2 R \delta} \leqslant 5.48$，则按式（7-93）计算临界压力；若 $t > 1.53\sqrt[4]{H^2 R \delta}$，即 $\dfrac{t^4}{H^2 R \delta} > 5.48$，则按式（7-84）对 β^2 求极小值得临界压力，或按式（7-89）计算。

(2) 图解法

① 定距柱按等边三角形排列时图表与计算。

a. 定距柱按等边三角形排列，四个定距柱组成的菱形短对角线沿周向排列时，见图 7-23，分两种情况分析：

(a) 当 $t > 1.76\sqrt[4]{H^2 R \delta}$ 时，按式（7-75）计算临界压力，由此式得：

$$p_k = \frac{\pi^2}{12(1-v^2)} \times \frac{E\delta^3}{RH^2} \times \frac{(1+\beta^2)^2}{\beta^2} + \frac{E\delta H^2}{\pi^2 R^3} \times \frac{1}{\beta^2(1+\beta^2)^2} \tag{7-96}$$

或

$$\frac{p_k R}{E\delta} = \frac{\pi^2}{12(1-v^2)} \times \left(\frac{\delta}{H}\right)^2 \times \frac{(1+\beta^2)^2}{\beta^2} + \left(\frac{H}{R}\right)^2 \times \frac{1}{\pi^2 \beta^2(1+\beta^2)^2} \tag{7-97}$$

应变

$$\varepsilon=\frac{\sigma_{k}}{E}=\frac{p_{k}R}{E\delta}=\frac{\pi^{2}}{12(1-\upsilon^{2})}\times\left(\frac{\delta}{H}\right)^{2}\times\frac{(1+\beta^{2})^{2}}{\beta^{2}}+\left(\frac{H}{R}\right)^{2}\times\frac{1}{\pi^{2}\beta^{2}(1+\beta^{2})^{2}} \qquad (7\text{-}98)$$

由上式得知，应变 ε 与 $\frac{H}{\delta}$ 及 $\frac{H}{R}$ 有关，即应变 $\varepsilon=f\left(\frac{H}{\delta},\ \frac{H}{R}\right)$，根据不同的 $\frac{H}{\delta}$ 及 $\frac{H}{R}$ 的关系画成曲线，如图 7-26 所示。

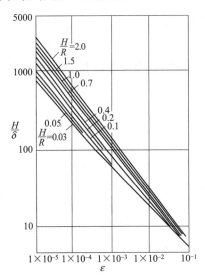

图 7-26　ε 与 $\frac{H}{\delta}$ 及 $\frac{H}{R}$ 的关系

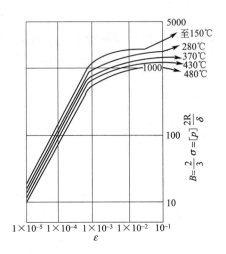

图 7-27　材料性能曲线

（屈服点 $\delta_{s}=210\sim260$MPa 的碳素钢和 0Cr13，1Cr13）

因为

$$[p]=\frac{p_{k}}{m_{0}} \qquad (7\text{-}99)$$

对承受外压的设备，一般取稳定系数 $m_{0}=3$。

在临界压力时之周向应力为

$$\sigma=\frac{p_{k}R}{\delta} \qquad (7\text{-}100)$$

即

$$[p]=\frac{p_{k}}{3}=\frac{\sigma\delta}{3R}=\frac{2}{3}\times\frac{\sigma\delta}{2R} \qquad (7\text{-}101)$$

$$[p]\times\frac{2R}{\delta}=\frac{2}{3}\sigma \qquad (7\text{-}102)$$

令 $B=\frac{2}{3}\sigma$，则上式可写成如下形式：

$$[p]=\frac{B\delta}{2R} \qquad (7\text{-}103)$$

可以根据实验，用对数坐标作出材料在不同温度下的应力 σ 与应变 ε 之关系曲线，如图 7-27 所示。

由图 7-26 与图 7-27 看出，它们有相同的横坐标 ε，因此，可将两图重叠起来，得出了在不同材料，不同温度下螺旋板的计算图 7-28。

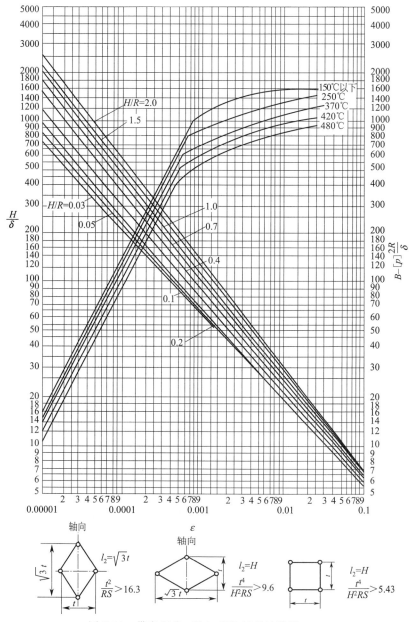

图 7-28 带定距柱（泡）螺旋板的计算图（一）

（屈服点 $\sigma_s = 210 \sim 260\text{MPa}$ 的碳素钢和 0Cr13，1Cr13）

（b）$t \leqslant 1.76\sqrt[4]{H^2 R \delta}$ 时的情况，按式（7-83）计算临界压力。

$$p_k = 2.14 \left(\frac{\delta}{t}\right)^2 \frac{E\delta}{R} + 0.763 \times 10^{-2} \left(\frac{t^6}{R^2 H^4}\right) \frac{E\delta}{R} \qquad (7\text{-}104)$$

应变：

$$\varepsilon = \frac{p_k R}{E\delta} = 2.14 \left(\frac{\delta}{t}\right)^2 + 0.763 \times 10^{-2} \left(\frac{t^6}{R^2 H^4}\right) \qquad (7\text{-}105)$$

由式（7-105）可知，应变 ε 是 $\dfrac{t}{\delta}$ 和 $\dfrac{t^6}{R^2 H^4}$ 的函数，即 $\varepsilon = f\left(\dfrac{t}{\delta}, \dfrac{t^6}{R^2 H^4}\right)$，可将 ε 与 $\dfrac{t}{\delta}$ 和

$\dfrac{t^6}{R^2 H^4}$ 之关系画成曲线图，然后将此曲线图与不同温度下之材料性能曲线图 7-27 重叠起来，就得到计算图 7-29。

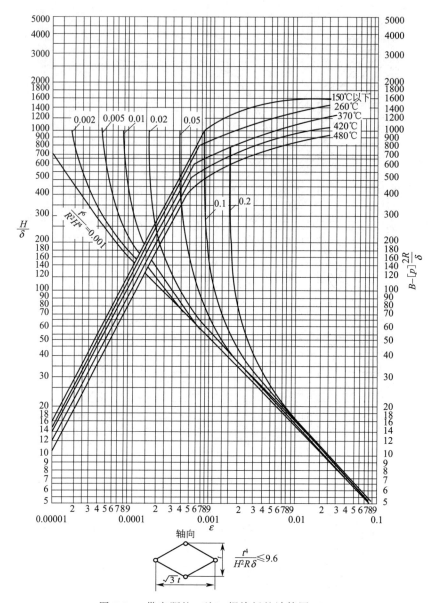

图 7-29 带定距柱（泡）螺旋板的计算图（二）
（屈服点 $\sigma_s = 210 \sim 260\text{MPa}$ 的碳素钢和 0Cr13，1Cr13）

b. 定距柱按等边三角形排列，四个定距柱组成的菱形短对角线沿轴向排列时图算法的计算步骤如下：

（a）当 $t > 1.76 \sqrt[4]{H^2 R \delta}$，即 $\dfrac{t^4}{H^2 R \delta} > 9.6$ 时，按图 7-29 计算。

当 $t \leqslant 1.76 \sqrt[4]{H^2 R \delta}$，即 $\dfrac{t^4}{H^2 R \delta} \leqslant 9.6$ 时，按图 7-28 计算。

（b）按图 7-28 计算时，先计算 H/δ 和 H/R，从此图左边纵坐标上查出 H/δ 点，由此点向右引水平线与 H/R 线相交于一点，又由此交点引垂直线与材料工作温度线相交于一点，再由交点向右引水平线与右边纵坐标相交，其交点之值即为系数 B。

将 B 值代入式（7-103）后得：

$$[p] = B\frac{\delta}{2R} \tag{7-106}$$

而临界压力

$$p_k = m[p] = 3[p] = \frac{3}{2} \times \frac{B\delta}{R} \tag{7-107}$$

（c）若按图 7-29 计算时，先计算 t/δ 和 $t^6/(R^2H^4)$ 之值，从此图纵坐标上查出 H/δ 之点，由此点向右引水平线与对应的 $t^6/(R^2H^4)$ 线相交于一点，又由此交点引垂直线与材料工作温度线相交于一点，再由此点向右引水平线与右边纵坐标相交，其交点之值即为系数 B。

$$[p] = B\frac{\delta}{2R} \tag{7-108}$$

$$p_k = 3[p] = \frac{3}{2} \times \frac{B\delta}{R} \tag{7-109}$$

（d）将算得的许用压力与操作压力相比较，如果操作压力 $p \leqslant [p]$，说明螺旋板换热器的几何尺寸满足要求。否则，须调整螺旋板换热器的几何尺寸，直到满足 $p \leqslant [p]$ 为止。

c. 定距柱按等边三角形排列，四个定距柱组成的菱形长对角线沿轴向排列的情况。

（a）当 $t^2/R\delta \leqslant 16.3$ 时，按公式（7-89）计算临界压力。

由式（7-89）

$$p_k = 2.26 \left(\frac{\delta}{t}\right)^2 \frac{E\delta}{R} + 0.142 \times 10^{-2} \left(\frac{t}{R}\right)^2 \frac{E\delta}{R} \tag{7-110}$$

应变

$$\varepsilon = \frac{p_k R}{E\delta} = 2.26 \left(\frac{\delta}{t}\right)^2 + 0.142 \times 10^{-2} \left(\frac{t}{R}\right)^2 \tag{7-111}$$

由上式可看出，应变 ε 是 t/δ 和 t/R 的函数，即 $\varepsilon = f(t/\delta, t/R)$。将此关系画成曲线图，其中应变 ε 为横坐标，t/δ 为纵坐标，此曲线图与材料在不同温度下的性能曲线图有相同的横坐标，可将此二图重叠成一曲线图 7-30。

当 $t^2/R\delta \leqslant 16.3$ 时，按算图 7-30 计算。

（b）当 $t^2/R\delta > 16.3$ 时，按式（7-84）计算，但此时的轴向半波长 $l_2 = \sqrt{3}t$。

$$p_k = \frac{\pi^2}{12(1-v^2)} \times \frac{E\delta^3}{Rl_2^2} \times \frac{(1+\beta^2)^2}{\beta^2} + \frac{E\delta l_2^2}{\pi^2 R^3} \times \frac{1}{\beta^2(1+\beta^2)^2} \tag{7-112}$$

应变

$$\varepsilon = \frac{p_k R}{E\delta} = \frac{\pi^2}{12(1-v^2)} \left(\frac{\delta}{l_2}\right)^2 \times \frac{(1+\beta^2)^2}{\beta^2} + \left(\frac{l_2}{R}\right)^2 \times \frac{1}{\pi^2 \beta^2(1+\beta^2)^2} \tag{7-113}$$

由此式可看出，应变 ε 是 l_2/δ 和 l_2/R 的函数，即 $\varepsilon = f(l_2/\delta, l_2/R)$，将此关系画成曲线图，这曲线图与算图 7-28 相同，故可用图 7-28 计算许用压力。其计算步骤与上一段相同。

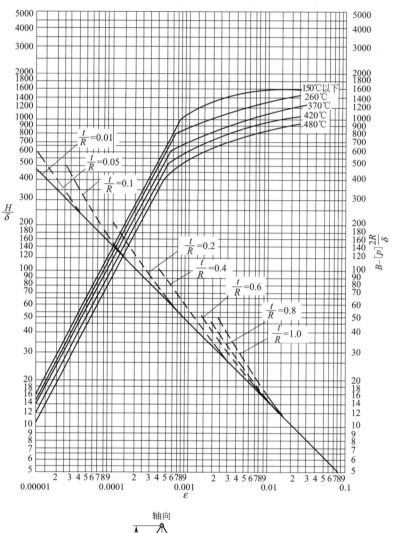

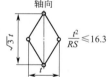

图 7-30 带定距柱（泡）螺旋板的计算图（三）

（屈服点 $\sigma_s = 210 \sim 260$ MPa 的碳素钢和 0Cr13，1Cr13）

② 定距柱（泡）按正方形排列时的图算法。

由前述计算法已知，当定距柱按正方形排列时，分两种情况求临界压力。

a. 当 $t \leqslant 1.53 \sqrt[4]{H^2 R \delta}$，即 $t^4 / (H^2 R \delta) \leqslant 5.43$ 时，按式（7-93）计算，由式（7-93）得：

$$\varepsilon = \frac{p_k R}{E \delta} = 1.6 \left(\frac{\delta}{t} \right)^2 + 1.8 \times 10^{-2} \times \frac{t^6}{R^2 H^4} \tag{7-114}$$

在双对数坐标上，以 t/δ 为纵坐标，ε 为横坐标，将 ε 与 t/δ 及 $t^6 / (R^2 H^4)$ 的关系画成曲线图。将此图与材料在不同温度下的性能曲线 σ-ε 图重叠起来，得算图 7-31。

b. 在 $t > 1.53 \sqrt[4]{H^2 R \delta}$，即 $t^4 / (H^2 R \delta) > 5.43$ 时，由式（7-84）得：

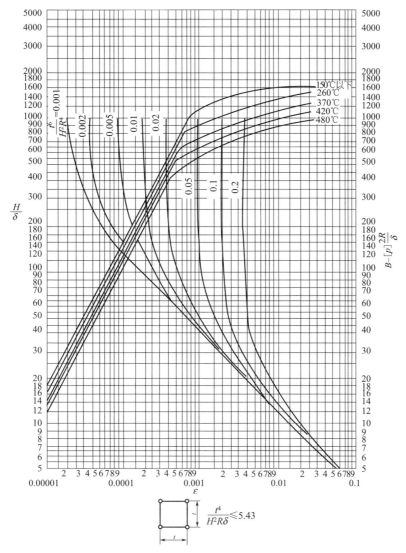

图 7-31　带定距柱（泡）螺旋板的计算图（四）

（屈服点 $\sigma_s = 210 \sim 260\mathrm{MPa}$ 的碳素钢和 0Cr13，1Cr13）

$$\varepsilon = \frac{p_{kR}}{E\delta} = \frac{\pi^2}{12(1-v^2)} \times \left(\frac{\delta}{H}\right)^2 \times \frac{(1+\beta^2)^2}{\beta^2} + \left(\frac{H}{R}\right)^2 \times \frac{1}{\pi^2\beta^2(1+\beta^2)^2} \quad (7\text{-}115)$$

在双对数坐标上，以 H/δ 为纵坐标，ε 为横坐标，将 ε 与 H/δ 及 H/R 的关系画成曲线图，把此图与材料在不同温度下的性能曲线图重叠，得出的算图与图 7-28 相同，故在这种情况下，可用图 7-28 计算。

如果螺旋板不是图 7-28 至图 7-31 所示的材料，仍然可用这些图查出对应的 ε 值，再利用《钢制压力容器》（GB 151—2011）中的材料曲线，从应变 ε 值查出对应的系数 B 值。已知 B 值，则可按式(7-103)计算许用操作压力。

③ 定距柱（泡）按正方形排列时的公式讨论

a. 当 $t > 1.76\sqrt[4]{H^2R\delta}$，即 $t^4/(H^2R\delta) > 9.6$ 时，由计算公式可知，临界压力 p_k 与定距柱间距 t 无关，说明在此情况下，定距柱无意义。

b. 当 $t \leqslant 1.76 \sqrt[4]{H^2 R \delta}$，即 $t^4/(H^2 R \delta) \leqslant 9.6$ 时，由式(7-104)可知，在弹性范围内，安有定距柱并缩小定距柱间距 t，能提高螺旋板的临界压力。

c. 未失稳时（即在弹性范围内），临界压力与板厚的 2.5～3 次方成正比，增加板厚，能提高临界压力。

d. 当临界压力接近于材料的屈服极限时，由公式 $p_k = 3B\delta/(2R)$ 可知，临界压力只与板厚的一次方成正比。

e. 当临界压力 σ_k 接近于屈服极限 σ_s 时，要提高临界压力，只有增加板厚 δ 或选用低合金强度钢，因为当 $\sigma_k = \sigma_s$ 时，由

$$[p] = \frac{p_k}{m} = \frac{\sigma_s \delta}{3R} \tag{7-116}$$

上式表明许用压力与材料屈服极限及板厚成正比，因此提高板材强度可以提高螺旋板式换热器的许用压力及临界压力。

f. 实验证明，定距柱按等边三角形排列，四个定距柱组成的菱形短对角线沿轴向排列的情况下，其承受能力比菱形长对角线沿轴向排列时增加 20%，而挠度可以减少 30%，故一般使四个定距柱组成的菱形短对角线沿轴向排列最为有利。

综上所述，可以看出，设计螺旋板式换热器要综合考虑，并尽量设法提高螺旋板式换热器的强度和刚度，以提高承压能力。选择材料时，要考虑材料的加工性和耐腐蚀性。目前用来制造这种换热器的材料有碳钢、不锈钢、镍、蒙乃尔合金、钛等，可根据介质的性质、操作压力及操作温度进行选择。

7.3.5 制造工艺

螺旋板式换热器的制造工艺程序大致如下：

放样、下料→拼接→探伤→压泡或焊定距柱→卷制螺旋体→焊接螺旋通道→装配→金加工→总装→试压→检验→成品油漆出厂。

主要制造工序要求如下。

（1）下料

放样划线以后，用气割下料，两侧要直，不可弯曲或凹凸，断口要与两侧垂直。

（2）板材拼装

用来卷制螺旋体的钢板长度一般均较长，这需要进行拼接（卷筒钢板除外）。螺旋板只允许横向对接焊，拼接时要求钢板平直，并磨平焊缝，焊缝厚度与母材厚度之差不得大于 0.5mm，否则在卷制过程中会产生偏移。对于用增厚的螺旋体作为外壳时，增厚的板材与螺旋体本身的焊接采用对接双面焊。不锈钢螺旋体采用平板对接。板厚 4～6mm 拼接时，每板边铲坡口 30°，双面刨槽。不锈钢板厚 2～3mm 拼接时，不开坡口，两板间距 1mm。螺旋体板薄时，一般采用卷筒钢板，可减少拼接焊缝及焊缝探伤工序。拼接焊缝要求 100% 无损探伤，按《承压设备无损检测》（NB/T 47013—2015）焊缝射线探伤标准评为一级片认为合格。

（3）压鼓泡或焊定距柱

不同的压力等级，其定距柱（泡）的间距大小不一。根据间距划线，定距柱（泡）划线偏差为 ±0.2mm，定距柱（泡）中心与拼接焊缝边缘的间距不得小于 20mm，划线后鼓泡或焊接定距柱。鼓泡是冲压出来的，要求泡减薄量不超过板厚的 20%，不能有裂纹，泡高

公差按技术标准。定距柱的一端应有（1～2）mm×45°的倒角，高度偏差小于0.3mm。同一通道螺旋板上的定距柱必须采用同一规格。车制好的定距柱放在划好线的板材上点焊，点焊采用两点对称点焊，见图7-32。当定距柱直径小于等于10mm时，每一焊点的长度不得小于6mm；当定距柱直径大于10mm时，每一焊点的长度不得小于8mm。定距柱点焊后的位置偏差为±5.0mm。实际高度与定距柱高度之差不得大于0.6mm。打掉焊渣并检查定距柱的质量，要求焊牢。在卷制螺旋体时，定距柱不得脱落，点焊定距柱时要避免烧穿钢板。

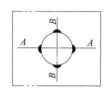

图7-32　两点对称点焊

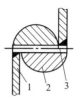

图7-33　中心隔板与螺旋板连接
1—钢板；2—胎模；3—中心隔板

（4）卷制螺旋体

① 根据图纸要求调整好胎模偏心，把中心隔板装夹在胎膜上。

② 把两块螺旋板分别焊在中心隔板的两端，见图7-33，在分别连接在中心隔板上的螺旋板一端开30°坡口，随后和卷床上的中心隔板的两边在相反方向焊接。焊接时不准焊在胎模上，否则不易脱模。焊好后，将胎模转过180°，把第二块板材同样焊在中心隔板上，并转到第一块板一边，两块板材叠在一起，要求整齐。

③ 根据不同通道上所要求的圆钢长作为螺旋通道的密封条。在两块板之间两头填上两根，第二块板上两头填两根。对于通道大的圆钢，要求把头预热一下，对接圆钢要求直，在焊头处预先进行退火处理。

④ 卷制螺旋体时，要求进料整齐。把压紧滚轮上升，以保持一定的压力，使其自然地卷上，随着主轴上螺旋体越来越大，为保持一定压力，则压紧滚轮要慢慢下降。若压紧滚轮的下降速度低于螺旋体直径增大的速度，压紧力就增加，这会造成螺旋通道狭小。若压紧滚轮下降速度大于螺旋体直径增大的速度，则螺旋体会松开，不易成型。卷制时要适当控制圆钢，使它卷制在两板端口，分别在两根结尾处点焊，卷成螺旋体后，将螺旋体同胎模一起从卷床上卸下、脱模，卷制工序完成。

螺旋体通道内圆钢顶部至通道端面的距离的偏差为+2mm。螺旋体端面平面度应符合表7-6规定。

表7-6　螺旋体端面平面度要求　　　　　　　　　　　　　　单位：mm

公称直径	>600	>600～1000	>1000
平面度	6	8	10

⑤ 焊接螺旋体通道　焊接螺旋体通道时，先要整理通道内填入圆钢的高低距离，使圆钢稍低于钢板端面。不可拆式螺旋板式换热器适当保持一个距离即可。可拆式螺旋板式换热器中Ⅱ型要控制圆钢与钢板端面的距离。通道宽度 $b \leqslant 6$ mm时，螺旋体先车端面，圆钢稍低于钢板端面后施焊；当通道宽度 $b \leqslant 10 \sim 15$ mm时，圆钢低于钢板端面12～15mm再施焊。

焊接螺旋通道时，不得烧穿、咬边或产生气孔。为减少焊接变形量，一端面的螺旋通道一侧先焊好，将螺旋体翻过来，焊另一通道的两侧。焊好后，再返回焊刚才未焊的一侧。

⑥ 装配　换热器的装配过程见表 7-7。

表 7-7　螺旋板式换热器装配过程

序号	Ⅱ型	Ⅰ型	序号	Ⅱ型	Ⅰ型
1	根据尺寸要求割掉螺旋体多余部分		5	装焊回转支座	
2	螺旋体外壳两头高度各割短 10mm	无	6	装焊切向接口	
3	大法兰划出两半圆线并气割之	无	7	装方圆接口	
4	装设备法兰	无			

在装配时，外圈板与螺旋板厚度超过 3mm 时，外圈板应削薄，见图 7-34，图中 $L \geqslant 3(\delta_1 - \delta_2)$。外圈板与螺旋体的对接错边量 $\Delta \leqslant 10\%\delta$，且不大于 1mm，见图 7-35。连接板与半圆筒体的对接错边量 $\Delta \leqslant 10\%\delta$，且不大于 1mm，见图 7-36。

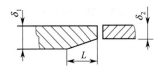　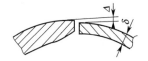　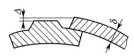

图 7-34　外圈板削薄　　　图 7-35　外圈板与螺旋体对接　　图 7-36　连接板与半圆筒体对接

⑦ 试压　换热器总装好以后，必须进行试压。其目的一方面是检漏，另一方面是校核设备强度。

液压试验压力

$$p_T = 1.25 p \frac{[\sigma]}{[\sigma]^t} \tag{7-117}$$

气压试验压力

$$p_T = 1.15 p \frac{[\sigma]}{[\sigma]^t} \tag{7-118}$$

式中　p_T——试验压力，MPa；

　　　 p——设计压力，MPa；

　　　 $[\sigma]$——换热器材料在试验温度下的许用应力，MPa；

　　　 $[\sigma]^t$——换热器材料在设计温度下的许用应力，MPa。

一般情况下均采用水压试验。对于设计压力在 0.6MPa 以下的换热器可以单通道试压，对于设计压力达到 1.6MPa 的换热器，通道试压压力最小也要 2.0MPa。如果一通道试压，另一通道受力过大时，则可采用一个通道从开始试压到达设计压力 1.6MPa 时，另一个通道充水，然后再升到试验压力 2.0MPa，另一充水通道亦同时升压到 0.4MPa，使两通道保持压差 1.6MPa。在整个试压过程中，要注意观察有无渗漏。对于可拆式螺旋板式换热器在试验压力较高时，还应注意端面的变形问题。

液压试验时，设备的平均一次应力计算值不得超过所用材料在试验温度下的 90% 屈服点。

$$\sigma_T = \frac{p_T [D_i + (\delta - c)]}{2(\delta - c)} \leqslant 0.9\sigma_s \phi \tag{7-119}$$

气压试验时，设备的平均一次应力计算值不得超过所用材料在试验温度下的80％屈服点。

$$\sigma_T = \frac{p_T[D_i + (\delta - c)]}{2(\delta - c)} \leqslant 0.8\sigma_s\phi \qquad (7\text{-}120)$$

式中　p_T——试验压力，MPa；

　　　D_i——壳体内径，mm；

　　　δ——壳体壁厚，mm；

　　　c——壳体壁厚附加量，mm；

　　　σ_s——壳体材料在试验温度下的屈服点或0.2％屈服强度，MPa；

　　　ϕ——焊缝系数。

参 考 文 献

[1] 孙兰义. 换热器工艺设计 [M]. 北京：中国石化出版社，2015.

[2] 韩玉，李玲. 螺旋板式换热器的热工计算 [J]. 中国科技博览，2015，13：268～269.

[3] 宋慧，曹传剑，陈会伟，等. 矿用螺旋折流板式换热器的设计 [J]. 煤矿机械，2015，36 (5)：37～40.

[4] 王艺玮. 新型蜂窝螺旋板式换热器数值模拟及优化 [D]. 郑州：郑州大学，2014.

[5] 李永军. 可拆堵死型螺旋板式换热器的制造技术 [J]. 中国化工装备，2014，16 (3)：19～23.

[6] 蔡飞. 螺旋板式换热器的优化设计及热力学分析 [D]. 上海：华东理工大学，2014.

[7] 杨家平，顾永干，王清栋. 二介质四通道螺旋板式换热器几何设计 [J]. 化工设备与管道，2014，2：34～37.

[8] 兰州石油机械研究所. 换热器（下册）[M]. 北京：中国石化出版社，2013.

[9] 林玉娟，魏天超，刘长海，等. 螺旋板式换热器高黏性介质换热特性的数值模拟 [J]. 东北林业大学学报，2013，41 (10)：127～130.

[10] 王翠芳. 组合涡发生器在螺旋板式换热器上的强化传热及其结构优化研究 [J]. 衡阳：南华大学，2013.

[11] 胡建波. V型螺旋板式换热器 [J]. 矿业工程，2013，11 (5)：68～69.

[12] 蔡飞. 基于（火积）耗散理论的螺旋板式换热器多目标优化设计 [J]. 电力与能源，2013，1：24～26.

[13] 王锦翠. 关于螺旋板式换热器的结垢问题处理 [J]. 科技创新与应用，2012，3：60～61.

[14] 周显雷. 螺旋板式换热器强度计算系统的开发及应用 [J]. 中国化工装备，2012，14 (2)：17～19.

[15] 刘丹. 结构和介质参数对螺旋折流板式换热器的影响研究 [D]. 大庆：东北石油大学，2012.

[16] 赵崇卫，王会峰，武震华. 螺旋板式换热器在注聚作业海洋平台中的应用 [J]. 石油和化工设备，2012，15 (7)：42～44.

[17] 左丹. 螺旋板式换热器的进展情况 [J]. 硅谷，2011，9：27～28.

[18] 左丹. 螺旋板式换热器数值模拟计算的研究 [J]. 辽宁化工，2011，40 (6)：634～636.

[19] 田朝阳，刘丰，刘春燕. 多通道螺旋板式换热器的几何设计 [J]. 广东化工，2011，38 (6)，188～189.

[20] 门朝威. 螺旋板式换热器在回收淋浴废水废热中的应用 [J]. 能源与环境，2011，2：39～40.

[21] 王勇. 换热器维修手册 [M]. 北京：化学工业出版社，2010.

[22] [美] Ramesh K. Shah，[美] Dusan P. Sekulic. 换热器设计技术 [M]. 程林，译. 北京：机械工业出版社，2010.

[23] 王东辉，张毅菲，邓建民. 螺旋板式换热器在PVC汽提单元中的应用 [J]. 甘肃石油和化工，2010，24 (2)：39～40.

[24] 林素英. 螺旋板式换热器在起爆药（DDNP）烘干中的应用 [J]. 建材与装饰，2010，9：176～177.

[25] 郑兵. 新型螺旋板式换热器在生产中的应用 [J]. 科技风，2010，15：77～78.

[26] 董其武，张垚. 换热器 [M]. 北京：化学工业出版社，2009.

[27] 刘炳成，黄亮，李庆领. 椭圆形定距柱螺旋板式换热器的传热特性研究 [J]. 化工机械，2009，36 (6)：529～530，561.

[28] 杨雨松，官木松. 螺旋板式换热器在减黏裂化和FCC装置上的应用 [J]. 炼油技术与工程，2009，39 (8)：55～57.

［29］　张绍杰．螺旋板式换热器在酒精蒸馏过程中的应用［J］．酿酒科技，2009，6：74～75.

［30］　朱冬生．换热器技术及进展［M］．北京：中国石化出版社，2008.

［31］　王彦波．螺旋板式换热器的传热及流动特性研究［D］．青岛：青岛科技大学，2007.

［32］　余建祖．换热器原理与设计［M］．北京：北京航空航天大学出版社，2006.

［33］　高振峰，高振强．钛螺旋板式换热器在环氧装置中的应用［J］．节能，2006，25（3）：51～53.

［34］　吴利东，宋全喜．螺旋板式换热器在油脂加工中的应用［J］．中国油脂，2005，30（2）：80～81.

［35］　吴学纲，张玉福，钟彦平，等．螺旋板式换热器失效分析［J］．石油化工设备，2004，33（5）：68～70.

［36］　［美］T. Kuppan．换热器设计手册［M］．钱颂文，等译．北京：中国石化出版社，2004.

［37］　张少锋，刘燕．换热设备防除垢技术［M］．北京：化学工业出版社，2003.

［38］　秦叔经，叶文邦．换热器［M］．北京：化学工业出版社，2003.

［39］　钱颂文．换热器设计手册［M］．北京：化学工业出版社，2002.

［40］　天木．可拆式螺旋板式换热器［J］．石油化工设备，2000，20（3）：28～29.

第8章

热管换热器

传热过程的强化，传统方法是采用具有导热性能优良的金属，如银、铜、液态金属等手段。然而，现代过程工业的生产和技术发展提出了更高的要求，热管就是在这种情况下出现的一项新技术。

8.1 热管的工作原理及特性

▶8.1.1 热管的工作原理

热管是一种具有极高导热性能的传热元件。它通过在全封闭真空管内工质的蒸发与冷凝来传递热量，具有极高的导热性、良好的等温性、冷热两侧的传热面积可以任意改变、可以远距离传热以及可控温度等一系列优点。热管的典型结构如图 8-1 所示，它由管壳、毛细吸液芯和工作介组成。管内抽成 $1.3 \times 10^{-1} \sim 1.3 \times 10^{-4}$ Pa 的真空，充以液体，使之填满毛细材料的微孔并加以密封。管子的一端为蒸发段，另一端为冷凝段，根据需要，中间可设一绝热段。蒸发段吸收热流体热量，并将热量传给工质（液态），工质吸热后以蒸发与沸腾的形式变为蒸气，在微小压差作用下流向冷凝段，同时凝结成液体放出汽化潜热，并传给冷流体。冷凝液借助于毛细作用力或重力回流至蒸发段。工质如此循环的同时，也将热量由一端传向另一端。由于是相变传热，因此，热管内部热阻很小，能以较小的温差获得较大的能量，而且由于管内抽成真空，所以工质易于沸腾，热管启动迅速。在热管的冷热两侧均可加装翅片以强化传热。热管不受热源类型的限制，如火焰、电加热器、日光照射或其他热源都可能成为其应用的热源。

▶8.1.2 热管的结构

热管结构简单、无运动部件、操作无噪声、质量轻、工作可靠、寿命长。

热管尺寸形状可以多样化，虽然热管的外形一般为圆柱形，但也可以根据需要制成各种

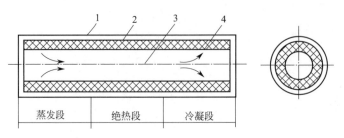

图 8-1　热管的结构及工作原理

1—热管壳；2—热管芯；3—蒸气流；4—液体

各样的形状，也可把热管制成整体构件的一部分，单向传热的热管可以当作热流阀使用。图 8-2 所示为一些典型的热管外形示意。

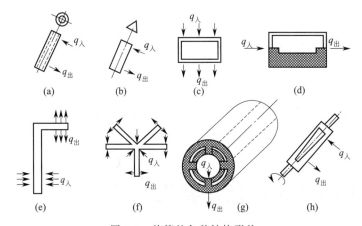

图 8-2　热管的各种结构形状

① 如图 8-2(a) 所示的热管，具有很大的长径比，在管子的内壁贴有多孔材料制成的吸液芯，是典型的多孔吸液芯热管。

② 如图 8-2(b) 所示的热管，具有较大的长径比，但吸液芯结构是容器内壁的缝隙，管子为异形管，横断面呈三角形，三角形顶尖的缝隙起吸液芯的作用。

③ 如图 8-2(c) 所示的热管，管的横断面呈矩形，热量从一面输入，从另一面输出，此种结构称为"汽室"或"热板"。

④ 如图 8-2(d) 所示的热管，该热管的特点是液体回流路线和蒸气流动路线被机械地分开，不致出现液滴被蒸汽携带的问题。

⑤ 如图 8-2(e) 所示的热管为异形热管，加热段和冷却段成 90°弯曲，如果转弯处用波纹弹性管（即柔性热管）连接，弯曲角度可以按需要改变。柔性热管还可适应于具有振动的环境。

⑥ 如图 8-2(f) 所示的热管为异形热管，中心汇合处为加热段，5 个异形部分是冷却段。

⑦ 如图 8-2(g) 所示的热管为径向传热热管，吸液芯放置在内圆管和外圆管之间，并靠吸液芯辐条将内外圈吸液芯连通起来，热量可从内圆管传向外圆管，也可以从外圆管传向内圆管。

⑧ 如图 8-2(h) 所示的热管为旋转热管，内部空腔具有一定的锥度，液体借助于旋转所产生的离心力的分力返回到加热段。

8.1.3 热管的主要特性

（1）传热能力强

热管的传热主要是依靠工质相变潜热的吸收与释放，由于工质的汽化潜热一般都很大，因此不需要很多的工质蒸发就能带走大量的热量。

（2）具有良好的等温性和恒温性

由于热管内充满饱和蒸气，其温度的变化很小，因此热管表面的温度变化也很小。当热流密度很小时，热管表面可近似看作等温面。利用热管的等温性可以展平物体的温度。一种充有惰性气体的热管（可控热管），当输入热量变化时可相应地改变冷端的散热面积，于是冷端输出的热量也就相应地发生了变化，从而使热端的温度保持恒定。热管的这一特性，使其在恒温方面得到了广泛应用。

（3）改变热流密度

由于热管输入和输出的热流密度同其蒸发段和冷凝段的面积成比例，因此可以通过蒸发段和冷凝段面积的适当设计，使热管将低热流密度输入变化为高热流密度输出，反之亦然。例如利用热管换热器可将太阳能的低热流密度输入转化为高热流密度输出，以供使用，亦可将高温排气的高热流密度输入转化为低热流密度输出，来加热取暖用的空气等。

8.2 热管的分类

热管的分类方法很多，常用的分类方法有两种。

8.2.1 按工作温度分类

（1）深冷热管

在−50℃以下工作的热管称为深冷热管。深冷热管所采用的工质有氦、氢、氖、氮、氧、甲烷、乙烷等。

（2）低温热管

在−50～50℃范围内工作的热管称为低温热管。低温热管可采用的工质有氟里昂、氨、丙酮、甲醇、乙醇、水等。

（3）中温热管

在50～350℃范围内工作的热管称为中温热管，适合用于工业排气余热回收方面，但它的工质选择却很困难。目前这类热管可采用的工质有导热姆A、水银、铯、水以及钾-钠混合液等，但都不理想。

（4）高温热管

在350℃以上工作的热管称为高温热管。高温热管的工质一般均采用液态金属，如钾、钠、锂、银等。

8.2.2 按冷凝液回流方式分类

（1）吸液芯热管

吸液芯热管是最初发明并最早使用的热管（见图8-1）。在这种热管中，冷凝液依靠毛细力回流到蒸发段。它的突出特点是可在失重的情况下工作。

吸液芯结构具有多种不同的形式，如图 8-3 所示。若依材料的组合，可以把吸液芯分为同种材料吸液芯 [见图 8-3 中的 （a）～（f）] 和异种材料吸液芯 [见图 8-3 中的 （g）～（j）]。

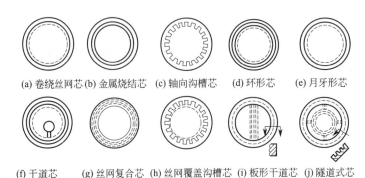

(a) 卷绕丝网芯 (b) 金属烧结芯 (c) 轴向沟槽芯 (d) 环形芯 (e) 月牙形芯

(f) 干道芯 (g) 丝网复合芯 (h) 丝网覆盖沟槽芯 (i) 板形干道芯 (j) 隧道式芯

图 8-3　不同形状的吸液芯

如图 8-3（a）所示的是最普遍的卷绕丝网芯，这种结构中液体流动阻力与丝网卷绕的松紧有关。由于芯子中充满液体，因此热阻较大。图 8-3（b）是金属烧结吸液芯，它具有较小的热阻。由于烧结金属的孔比较小，因而有可能在气液交界面处形成较大的毛细压力，但是由于内部孔小，液体的回流阻力也就增大。图 8-3（c）是轴向沟槽吸液芯，实用证明，这种芯子无论对中、低温热管，还是对液态金属热管都具有良好的性能，热阻较低，流动阻力也较小。图 8-3（d）和图 8-3（e）都属于环形结构，其特点是液体的回流阻力小，但热阻较大（液体热导率小的情况下）。图 8-3（f）是干道吸液芯结构，由于有干道的存在，因此可以减少吸液芯的厚度，同时，因为液体可以在干道中回流，因而液体的流动阻力也可以减少，但是这种结构的干道必须具有 "自启动" 能力，即干道在启动或者部分干涸的情况下有自身充满工作液体的能力。图 8-3（g）是由不同目数的丝网组成的复合吸液芯，在气液交界面上采用细网格的丝网，以产生较大的毛细压力，用较粗网格的丝网组成液体流动通道，以形成较低的液体流动阻力。这种形式的吸液芯有较大的传热能力，但当工作流体的热导率较小时，其热阻仍然较大。图 8-3（h）是丝网覆盖沟槽吸液芯，它的特点是用细网格的丝网来改善芯子的性能，以形成较大的毛细泵抽力，而轴向沟槽可以保证较低的液体流动阻力，沟槽的凸出部分可使其径向热阻减小。图 8-3（i）是一种复合的吸液芯结构。一块板式的芯子插在具有内螺纹的壳体内，板的表面有细网格的丝网层，以形成很大的毛细压头，板内层的粗网格丝网作为液体流道和提供 "自启动" 能力，壁上的螺纹沟槽是为确保液体在圆周方向上分布均匀，并能有效地径向传热。图 8-3（j）是一种压力自吸式高性能的芯子，内壁的螺纹沟槽可使热阻减小，丝网形成的辐条和隧道芯子具有很细的毛细通道，即使在隧道芯子的液体完全被排干的情况下，它们依靠表面张力也能吸入液体。当隧道内的液体被抽空的时候，隧道内将含有饱和蒸气，这里的蒸气是与主蒸气通道隔开的。因此，这里的饱和压力对应于隧道芯内液体表面温度下的饱和压力。当热管被加热时，隧道芯子内的饱和压力要比主蒸气通道的压力低，因为通过隧道芯子流动的液体来自冷却段，它是与该处蒸气温度相当的一种饱和液体，而这时的液体是过冷的，所以形成了压力差，这个压力差使液体流进隧道并完全充满。

（2）重力热管

重力热管没有吸液芯，其工作原理如图 8-4 所示。一密闭容器内充有一定数量的工质，工质数量约占容器内腔容积的 20％左右，由于热管内有很高的真空度，壳体内的工质处于饱和的汽-液两相共存状态。管内工质在蒸发段接受流体（例如烟气）的热量使工质受热汽化变成水蒸气，由于存在微小压差，故水蒸气在腔中上升通过绝热段到达热管上部的冷凝段，并向管外冷流体（例如空气）放出潜热，重新凝结于内壁面。依靠重力作用，液滴沿壁往下流动到达热管下部的蒸发段一端，从而完成一个循环，这样反复不断地循环，热管就把热量从热端传到了冷端。重力热管的传热具有单向性，其突出优点是结构简单、成本低廉、工作可靠。目前应用较为普遍的是工作温度为 50～300℃的常温热管（钢-水热管）。重力热管通常垂直放置，亦可附加较简单的毛细结构，作为重力的补充，这样的热管通常称为重力辅助热管。

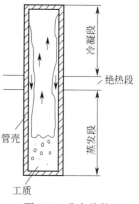

图 8-4　重力热管

（3）离心热管

离心热管是利用离心力使冷凝液回流到蒸发段的热管，它也不需要吸液芯，如图 8-5 所示。

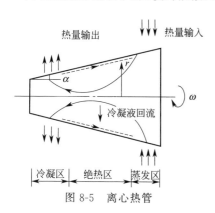

图 8-5　离心热管

它是由一内径不同的空心轴组成，内径大的一端为蒸发段，其空腔内具有一定的真空度，并充有少量的工作液体（工质）。当热管旋转时，工作液体会覆盖在旋转热管的内壁面上，形成一个环形液膜，由于热端的液体蒸发作用，使得液膜变薄，所产生的蒸气流向冷凝端放出潜热而凝结成液体，从而使液膜增厚。冷凝液受离心力作用沿着内壁面回流到蒸发段。这样连续地蒸发、蒸气流动、凝结与液体的回流就把热量从加热段输送到了冷却段。离心热管通常用于旋转部件的冷却，利用空心轴或旋转体的内腔作为热管的工作空间。离心热管结构简单、价格低廉，也是单向传热的热管。

8.3　热管基本理论

（1）液体的表面张力及表面张力系数

液体内部的分子彼此互相吸引，分子间力总是趋于平衡。但在液体表面上，情况有所不同。由物理学可知，分子可假定为相互间具有吸引力的刚性球体，分子之间的吸引只在一定范围内起作用，可以认为分子间吸引力存在一个有效作用半径 R，分子间距离大于 R 时，作用力可认为是零。因此对厚度为有效作用半径 R 的表面层来说，表面层内的分子较之在液体内部的分子缺少了一部分能和它相互吸引的分子，从而出现了一个指向液体内部的吸引力，使得表面层内的分子有向液体内部收缩的趋势。从能量观点来看，任何分子要进入表面层都要克服这个吸引力而做功。因此表面层具有比液体内部更大的势能，这就是表面能。任何体系总以热能最小的状态为最稳定，所以液体要趋向稳定，液体表面就要缩小，以使其表面能量趋于最小。这在宏观上就表现为存在表面张力现象。熔化的小滴焊锡呈球形，汞落在地上呈球形以及荷叶上的露珠也呈球形，这些都是液体有表面张力的反映，因为相同体积的物体以球面的表面积为最小，所以液面收缩的结果必呈球形。液面因表面张力而有收缩的趋势，说明表面张力是沿着液面并与液面相切的力。设想在液面上取一长为 l 的线段，实验表明，在此线段上的表面张力 F 的方向垂直于线段 l，并与液面相切，其大小与 l 成正比，即

$$F = \sigma l \tag{8-1}$$

式中　σ——表面张力系数，N/m。

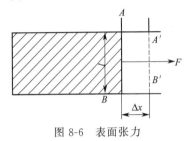

图 8-6　表面张力

在图 8-6 中，铁丝框上张有液态薄膜，框的一边可以移动，在平衡情况下：$2\sigma l = F$。设 AB 移动了 Δx，则由图可知：F 所做的功 $\Delta W = F\Delta x$，使液膜增加了面积 $\Delta A = 2l\Delta x$。外力所做的功应等于增加了液膜的表面能，故有

$$\Delta E = \Delta W = F\Delta x = 2\sigma l\Delta x = \sigma \Delta A \tag{8-2}$$

即

$$\sigma = \frac{\Delta E}{\Delta A} \tag{8-3}$$

上式表明，表面张力系数是使液体表面增大单位面积后增加的表面能，也等于使液体表面增大单位面积时外力所需做的功。

不同的液体，表面张力系数 σ 不同。对同一种液体，σ 随温度的升高而变小。此外，σ 也随液体中的杂质而改变。

(2) 接触角和浸润现象

液体和管壁的接触面存在着两种吸引力：一种是液体分子之间的吸引力，称为内聚力；另一种是液体分子和固体（管壁）分子之间的吸引力，称为附着力。当内聚力大于附着力时，液面和自由液面相似，有收缩的倾向。这种情况称为液体不浸润固体现象（如玻璃管中的汞）［见图 8-7(a)］。当附着力大于内聚力时，出现液体浸润固体现象（如玻璃管中的水）［见图 8-7(b)］。通常用接触角 θ 来描述浸润和不浸润现象。接触角的定义是液体和管壁接触处液体表面的切线和管壁表面的切线（指向液体内部）之间的夹角。显然，$\theta > \dfrac{\pi}{2}$ 时，不浸润，液体弯月面呈凸形

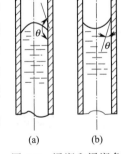

图 8-7　浸润和浸润角

［见图 8-7(a)］。$\theta < \dfrac{\pi}{2}$ 时，浸润，液体弯月面呈凹形 ［见图 8-7(b)］。

(3) 弯曲液面两边的压力差

考虑曲面上的边长为 ds_1 和 ds_2 的曲面矩形（见图 8-8），液面两侧的压力差 $(p_1 - p_2)$ 在 $ds_1 ds_2$ 上产生一个力 $(p_1 - p_2)ds_1 ds_2$，设作用在每单位长度上的表面张力为 σ（表面张力系数 σ 也是对液体接触面边界单位长度上的表面张力），则在这个矩形的 4 个边上，有 2 个 σds_1 力分别作用在 ds_1 的 2 个边上，又有 2 个 σds_2 的力分别作用在 ds_2 的 2 个边上。假设在 σds_2 这一对力之间的夹角是 $d\alpha = ds_2 / R_1$，则它们的合力便是 $\sigma ds_2 d\alpha = \sigma ds_2 ds_1 / R_1$。同

样，如果 ds_1 这对力之间的夹角是 $d\beta = ds_2/R_2$，则它们的合力便是 $\sigma ds_1 ds_2/R_2$，上述 3 个力互相平衡，即

$$(p_1 - p_2)ds_1 ds_2 = \sigma ds_1 \frac{ds_2}{R_2} + \sigma ds_2 \frac{ds_1}{R_1} \qquad (8\text{-}4)$$

$$\Delta p = p_1 - p_2 = \sigma\left(\frac{1}{R_1} + \frac{1}{R_2}\right) \qquad (8\text{-}5)$$

当曲面为球形时，

$$R_1 = R_2 \qquad (8\text{-}6)$$

$$\Delta p = \frac{2\sigma}{R} \qquad (8\text{-}7)$$

当曲面为圆柱形时，

$$R_1 = \infty \qquad (8\text{-}8)$$

$$R_2 = R \qquad (8\text{-}9)$$

$$\Delta p = \frac{\sigma}{R} \qquad (8\text{-}10)$$

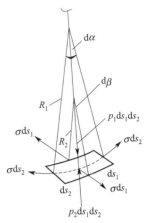

图 8-8　弯曲液面上力的平衡

（4）毛细升高和毛细压差

把很细的管子插入液体，管中的液面会出现升高或下降的现象，称为毛细现象。能浸润管壁的液体（$\theta < \pi/2$），液体在管内上升 [见图 8-9(a)]。不能浸润管壁的液体（$\theta > \pi/2$），液体在管内下降 [见图 8-9(b)]。

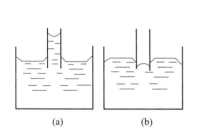

图 8-9　毛细现象

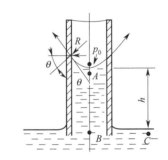

图 8-10　毛细管中的液体升高

现分析浸润情况。如图 8-10 所示，当把毛细管插入液体时，若是浸润的，即接触角 θ 为锐角，液面成凹形。此时液面两边所具有的压力差 $\Delta p = p_0 - p_A$。p_0 是大气压。如果毛细管在液面 B 处插入液体，由于 Δp 的存在，B 点的压力低于液体上方的大气压力，也低于 C 点的压力（C 点压力等于大气压），因而不能保持平衡，管内液面上升，一直到 B 点和 C 点有相同的压力（即大气压）才停止上升。若毛细管半径 R 很小，凹面可看成半径为 R 的球面，由式(8-5)知道，在平衡时有

$$p_B = p_A + \rho g h = p_0 - \Delta p + \rho g h = p_0 - \frac{2\sigma}{R} + \rho g h \qquad (8\text{-}11)$$

式中　ρ——液体密度，$\mathrm{kg/m^3}$；

　　　h——液柱高度，m。

平衡时 B 点的压力应等于 C 点的压力，即等于大气压 p_0，故

$$p_0 = p_B = p_0 - \frac{2\sigma}{R} + \rho g h \qquad (8\text{-}12)$$

$$h = \frac{2\sigma}{\rho g R} = \frac{2\sigma\cos\theta}{\rho g r} \qquad (8\text{-}13)$$

故这个上升高度是由压差 Δp 引起的，Δp 又称为毛细头，它是标准热管中的基本推动力。

（5）热管内的毛细压力差

图 8-11 所示为热管内部吸液芯纵剖面示意。在蒸发段，蒸发使弯月面曲率半径 R_e 减小。在冷凝段，由于液体凝结，使弯月面曲率半径 R_c 不断增大。

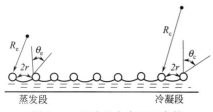

图 8-11　吸液芯内弯月面参数

由图 8-11 可知，弯月曲率半径 R 和吸液芯毛细孔半径 r 之间有如下关系：

$$R = \frac{r}{\cos\theta} \qquad (8\text{-}14)$$

根据式(8-7)和式(8-14)，蒸发段有毛细头 Δp_e：

$$\Delta p_e = \frac{2\sigma\cos\theta_e}{r} \qquad (8\text{-}15)$$

冷凝段的毛细头 Δp_c：

$$\Delta p_c = \frac{2\sigma\cos\theta_c}{r} \qquad (8\text{-}16)$$

热管两端毛细压差为：

$$\Delta p = \Delta p_e - \Delta p_c = 2\sigma\left(\frac{\cos\theta_e}{r} - \frac{\cos\theta_c}{r}\right) \qquad (8\text{-}17)$$

在 $\cos\theta_e = 1$（当 $\theta_e = 0°$），$\cos\theta_c = 0(\theta_c = 90°)$ 时，Δp 有最大值：

$$\Delta p_{max} = \frac{2\sigma}{r} \qquad (8\text{-}18)$$

Δp 是热管内部工作液体循环的推动力，用来克服蒸气从加热段向冷却段的阻力降 Δp_v、冷凝液体从冷却段回流到蒸发段的压力降 Δp_1 和重力对液体流动引起的压力降 Δp_g（Δp_g 可以是正、负或零）。因此

$$\Delta p \geqslant \Delta p_v + \Delta p_1 + \Delta p_g \qquad (8\text{-}19)$$

是热管正常工作的必要条件。

图 8-12 所示为沿热管长度上气-液交界面形状的变化、压力的变化和蒸气质量流量的变化。沿整个热管长度，气-液交界面的气相与液相之间的静压差都与该处的局部毛细压差相平衡。

图 8-12(a) 所示为热管处于水平位置时，热管内部气-液交界面的大致情况。图 8-12(b) 为蒸气压力和液体压力沿管长的分布情况。图 8-12(c) 是蒸气质量流量沿管长的变化情况。如果以图 8-12(a) 蒸发段的左端（0）和冷凝段的右端为基准点（l），建立蒸气和液体流动的压力平衡式，可得

$$[p_{v(0)} - p_{v(1)}] + [p_{v(1)} - p_{1(1)}] + [p_{1(1)} - p_{1(0)}] + [p_{1(0)} - p_{v(1)}] = 0 \qquad (8\text{-}20)$$

重新排列上式得

$$[p_{v(0)} - p_{1(1)}] = [p_{v(1)} - p_{1(1)}] + [p_{1(0)} - p_{v(1)}] + [p_{v(1)} - p_{1(0)}] \qquad (8\text{-}21)$$

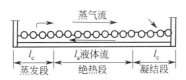

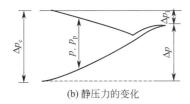

图 8-12　交界面水平、静压力和质量流量沿管长的变化

上式等号左方和右方的第一项分别代表蒸发段起点（左端）和冷凝段终点（右端）气-液分界面两侧的压差。上式又可写成

$$\Delta p_{c(0)} = \Delta p_{c(1)} + \Delta p_{v(0 \to 1)} + \Delta p_{v(1 \to 0)} \tag{8-22}$$

式中　　　　　$\Delta p_{c(0)}$——蒸发段起点处的毛细压差，Pa；

$\Delta p_{c(1)}$——冷凝段终点的毛细压差，Pa；

$\Delta p_{v(0 \to 1)}$，$\Delta p_{v(1 \to 0)}$——蒸气和液体流过热管全长的压力降，Pa。

假定在蒸气段起点上具有最大的弯月面曲率，则 $\Delta p_{c(0)}$ 有最大值 $\Delta p_{c(max)}$。而在冷凝段终端上，气-液交界面为平面，即蒸气与液体的压力相等，如图 8-12(b) 所示 p_v 和 p_l 相交于一点，则 $\Delta p_{c(1)}$ 为 0。因此压力平衡式可写成（无重力影响时）

$$\Delta p_{c(max)} = \Delta p_v + \Delta p_l \tag{8-23}$$

如果热管不是在水平位置上，就需要考虑重力的影响，则可得到式(8-18) 的形式。

（6）流体在圆管内流动的摩擦压力损失

液体在热管内的流动属气-液两相逆流流动。蒸气流动压力降 Δp_v 和液体流动压力降 Δp_l 的计算与通常管内的计算类似，需按层流、湍流来分别考虑。

对于层流，可根据流体力学中不可压缩流体在稳定状态下流过圆形截面管道的层流压降公式（Hagen-Poiseuille 公式）计算

$$\Delta p = \frac{8 \mu l m_1}{\pi r^4 \rho} = \frac{8 \mu l m_1}{A r^2 \rho} \tag{8-24}$$

式中　μ——流体的黏度，N·s/m²；

l——管道长度，m；

r——圆管半径，m；

ρ——流体密度，kg/s；

m_1——流体质量流量，kg/s；

A——圆管横截面积，m²。

对于湍流，圆管内湍流流动的压降公式一般采用 Fanning 方程式

$$\Delta p = \lambda \frac{l \varepsilon u^2}{2d} \tag{8-25}$$

式中，λ——沿程摩擦系数，是雷诺数 Re 的函数。

当 $2300 < Re < 10^5$，$\lambda = \dfrac{0.3164}{Re^{0.25}}$（Blasius 定律）　　　　　　(8-26)

对于层流，$\lambda = 64/Re$，代入 Fanning 方程，就得到 Hagen-Poiseuille 方程。

（7）热管吸液芯中液体流动的压力降

热管内吸液芯中液体流动一般均为层流。由于液体的通道（在吸液芯内）并非是通常的圆形流道，故计算时应对式(8-24)加以修正。

（8）吸液芯内液体流道的截面积

吸液芯内液体流道的截面积可按下式进行计算

$$A_{\mathrm{w}} = \pi(r_{\mathrm{w}}^2 - r_{\mathrm{v}}^2)\varepsilon \qquad\qquad (8\text{-}27)$$

式中　r_{w}——热管内半径，m；

　　　r_{v}——热管蒸气腔半径，m；

　　　ε——吸液芯的空隙率，$\varepsilon = \dfrac{\text{吸液芯的空隙容积}}{\text{吸液芯的总容积}}$。

（9）沿程长度

蒸发段和冷凝段内的质量流量是变化的（递增或递减），因此必须引进有效长度 l_{eff} 的概念来代替实际的几何长度。热管有效长度 l_{eff} 定义为

$$l_{\mathrm{eff}} = \frac{1}{q_{\mathrm{m}}} \int_0^1 q(x)\,\mathrm{d}x \qquad\qquad (8\text{-}28)$$

式中　$q(x)$——x 处的轴向热流密度；

　　　q_{m}——最大轴向热流密度。

假定单位长度上质量流量变化是常量，则质量流量与沿程长度成线性关系，因此，分别用 $l_{\mathrm{e}}/2$ 和 $l_{\mathrm{c}}/2$ 来代替蒸发段长度 l_{e} 和冷凝段长度 l_{c}，热管的总有效长度为

$$l_{\mathrm{eff}} = l_{\mathrm{a}} + \frac{l_{\mathrm{e}} + l_{\mathrm{c}}}{2} \qquad\qquad (8\text{-}29)$$

式中　l_{a}——绝热长度，m。

考虑了以上因素，用来计算吸液芯中的流体压降公式为

$$\Delta p_1 = \frac{b\mu l_{\mathrm{eff}} m_1}{\pi(r_{\mathrm{w}}^2 - r_{\mathrm{v}}^2)\varepsilon r_{\mathrm{h1}}^2 \rho} \qquad\qquad (8\text{-}30)$$

式中　b——无量纲常数，与吸液芯结构的弯曲程度有关；

　　　r_{h1}——吸液芯的有效毛细水力半径，m，对于圆柱形毛细管，$r_{\mathrm{h1}} = r$（毛细孔半径）。

式(8-30)中包含的 b、ε、r_{h1} 3 个常数，都与吸液芯的结构有关。要在实际中测定这 3 个常数是比较困难的，因而将 3 个常数组合在一起，用一个新的常数来定义，即

$$K = \frac{\varepsilon r_{\mathrm{h1}}^2}{b} \qquad\qquad (8\text{-}31)$$

K 被称为吸液芯的渗透率，是吸液芯液体流道几何形状的函数，一般可通过实验测定。

将 K 值代入式(8-30)得压力降为

$$\Delta p_1 = \frac{\mu l_{\mathrm{eff}} m_1}{A_{\mathrm{w}} K \rho} \qquad\qquad (8\text{-}32)$$

（10）热管内蒸气流动的压力降

沿热管轴线方向上蒸气的质量流量是不断变化的，因而对蒸发段、绝热段、冷凝段要分

别考虑，故有

$$\Delta p_v = \Delta p_e + \Delta p_a + \Delta p_c \tag{8-33}$$

式中　Δp_e——蒸发段压力降，Pa；

　　　　Δp_a——绝热段压力降，Pa；

　　　　Δp_c——冷凝段压力降，Pa。

在热管内蒸气的质量流量等于同一轴向液体的质量流量，由于蒸气的密度远比液体的密度小，因此蒸气的流速较大。蒸气的流动可以是层流，也可以是湍流。因此计算 Δp_v 时应考虑下列因素。

① 动压力变化的影响。

② 蒸气的可压缩性，即 ρv 变化的影响。

③ 径向质量流的影响。

对于简单计算，可以把蒸气流动视为不可压缩流体（马赫数 $Mv > 0.2$）层流（雷诺数 $Re < 2300$）的一维流动。在这种假定下，可以进行简单的分析。

在蒸发段，蒸气流动压降分为两项。

① 惯性项 $\Delta p_v'$　这个压降主要用于使径向进入蒸发段的蒸气加速以达到轴向蒸气流速 u_v。假定在蒸发段，单位横截面积上的质量流量为 $\rho_v u_v$，那么相应的动量就是 $\rho_v u_v^2$。这个沿轴向流动的动量必然由惯性压力降来提供，即

$$\Delta p_v' = \rho_v u_v^2 \tag{8-34}$$

$\Delta p_v'$ 沿蒸发段不断变化，其变化规律如图 8-13 所示。

② 黏性项 $\Delta p_v''$　$\Delta p_v''$ 主要用于克服沿程吸液芯表面的摩擦阻力。假定在蒸发段内的蒸气流动是层流，而且沿整个蒸发段轴线方向上蒸气质量的增加是均匀的，那么就可利用 Hagen-Poiseuille 方程求出黏滞压力降

$$\Delta p_v'' = \frac{8\mu_v m_1}{\pi r_v^4 \rho_v} \times \frac{l_e}{2} \tag{8-35}$$

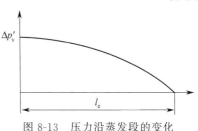

图 8-13　压力沿蒸发段的变化

式中　μ_v——蒸气的黏度，kg/(m·s)；

　　　ρ_v——密度，kg/m³；

　　　m_1——蒸气的质量流量，kg/s；

　　　r_v——蒸气腔的半径，m；

　　　$l_e/2$——蒸发段的有效长度，m。

蒸发段内总蒸气压降为

$$\Delta p_{ve} = \Delta p_v' + \Delta p_v'' = \rho_v u_v^2 + \frac{8\mu_v m_1}{\rho_v \pi r_v^4} \times \frac{l_e}{2} \tag{8-36}$$

在绝热段内，蒸气压力降完全由摩擦引起，层流时为

$$\Delta p_{va} = \frac{8\mu_v m_1}{\rho_v \pi r_v^4} \times l_a \tag{8-37}$$

在冷凝段可以用与蒸发段相同的方法求得 Δp_{ve}，但此时的蒸气流不断减速，因此惯性项 $\Delta p_v'$ 是负值，即沿流动方向上压力是增大的，意味着有压力回升。

惯性项压力回升如图 8-14 所示，虚线表示有完全压力回升的可能，即

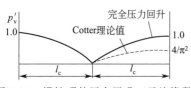

图 8-14　惯性项的压力回升（无绝缘段）

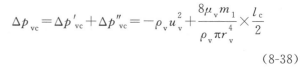

$$\Delta p_{vc} = \Delta p'_{vc} + \Delta p''_{vc} = -\rho_v u_v^2 + \frac{8\mu_v m_1}{\rho_v \pi r_v^4} \times \frac{l_c}{2}$$

(8-38)

总蒸气压降

$$\Delta p_v = \Delta p_{ve} + \Delta p_{va} + \Delta p_{vc}$$

(8-39)

层流无压力回升

$$\Delta p_v = \rho_v u_v^2 + \frac{8\mu_v m_1}{\rho_v \pi r_v^4}\left(\frac{l_e + l_c}{2} + l_a\right)$$

(8-40)

层流完全压力回升

$$\Delta p_v = \frac{8\mu_v m_1}{\rho_v \pi r_v^4}\left(\frac{l_e + l_c}{2} + l_a\right)$$

(8-41)

通常情况下，可认为压力完全回升，因而对一维、层流和不可压缩条件的情况下，其简单计算公式为

$$\Delta p_c = \Delta p_v + \Delta p_1 \pm \Delta p_g = \frac{8\mu_v m_1}{\rho_v \pi r_v^4}\left(\frac{l_e + l_c}{2} + l_a\right) + \frac{\mu_e l_{eff} m_1}{A_w K \rho_1} \pm \rho_1 g l \sin\phi$$

(8-42)

式中，各参数的下标 v 表示蒸气，1 表示液体；ϕ 为热管与水平面的倾斜角。

8.4　热管的传热机理

▶8.4.1　传热原理

通过热管的工作原理可以了解到，热管工作的主要任务是从加热段吸收热量，通过内部相变传热过程，把热量输送到冷却段，从而实现热量转移。热管完成这一主要任务，与 6 个同时发生和相互关联的过程有关。

① 从热源通过热管管壳和吸液芯——液体的组合体到液体——液-气分界面的传热。

② 蒸发段内的液-气分界面上液体的蒸发。

③ 蒸气腔内的蒸气由蒸发段到冷却段蒸气通道内蒸气的传输。

④ 在冷却段内的气-液分界面上蒸气的凝结。

⑤ 热量从液-气分界面通过吸液芯、液体和管壁到冷源的传热。

⑥ 在吸液芯内由于毛细作用使冷凝液从冷却段到蒸发段的回流。

从热源到蒸发段内液-气分界面的传热过程基本上是热传导过程。对于水或酒精这类低热导率的工作液体来说，由于吸液芯（金属网）的热导率比液体高，因此通过吸液芯和液体时，热能主要靠多孔吸液芯材料进行传导。但是，如果工作液体是具有高热导率的液态金属，此时热量既通过吸液芯材料进行传导，同时也通过吸液芯毛细孔内的液态金属进行传导。在这一阶段，由于毛细孔太小，几乎没有对流传热。通过吸液芯材料和工作液体的传导所产生的温差是热管热流通路中的主要温度梯度之一，它的大小取决于工作液体、吸液芯材料、吸液芯厚度以及径向净热流量，这个温降可以从几摄氏度到几十摄氏度。

热量传递到液-气分界面附近以后，液体就可能蒸发，与液体蒸发的同时，由于从表面离开的液体质量使液-气交界面缩回到吸液芯里面，形成一个凹面的弯月面，见图 8-15，这个弯月面的形状对热管工作性能有决定性的影响。单个毛细孔上简单的力学平衡现象表明，对于球形分界面，蒸气压与液体压力之差等于表面张力除以弯月面半径之商的两倍。这个压差是液体流动和蒸气流动的基本推动力，它主要起到循环时与作用于液体的重力和黏滞力相抗衡的作用。在蒸发段，如果热流量进一

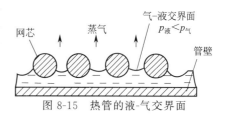

图 8-15　热管的液-气交界面

步增高，则弯月面还要进一步缩入到吸液芯里面，最后它可能妨碍毛细结构中的液体流动，并破坏热管的正常工作。

当蒸发段里的液体一旦因吸收了汽化潜热并蒸发时，蒸气就开始通过热管的蒸气腔向冷却段流动。此流动是由蒸气腔两端的小压差引起的。蒸发段内蒸气的温度比冷却段内的蒸气温度稍高一些，因此，蒸发段内的饱和压力也比冷却段内的饱和压力稍高一些，从而形成了两端的压力差。蒸发段与冷却段之间这个温差常常可作为热管工作成功与否的一个判据。如果此温差小于 0.5℃ 或 1℃，则称热管为等温工作。

在蒸气向冷却段流动的同时，在蒸发段的沿途上不断加进补充的质量（蒸气），因此在整个蒸发段内，轴向的质量流量和速度是不断增加的，在热管的冷却段内则出现相反的情况。

热管内的蒸气流动可以是层流，也可以是湍流，这取决于热管的实际工作情况。当蒸气流过蒸发段和绝热段时，由于黏滞效应和速度效应使得压力不断下降（在绝热段只有黏滞效应），一旦到达冷却段，蒸气就开始在液体-吸液芯表面上凝结，减速流动使部分动能转化为静压能，从而使得在流体运动的方向上压力有所回升。此时，蒸气腔内的驱动压力要比蒸发段与冷却段内液体的饱和蒸气压差稍微小一些。这是因为要维持一个连续蒸发的过程，蒸发段内液体的蒸气压必须超过该处与之相对应的蒸气压。同样，为了保持连续凝结，正在冷凝中的蒸气压必须超过该处与之对应的液体的蒸气压。

当蒸气凝结时，液体就浸透冷却段内的吸液芯毛细孔，弯月面具有很大的曲率半径，可以认为是无穷大。在热管内只要有过量的工质，就一定集中在冷凝表面上，因而实际上冷凝段的气-液分界面是一个平面，蒸气凝结释放出的潜热通过吸液芯、液体层和管壁把热量传给管外冷源。如果有过量液体存在，则从分界面到管壁外面的温降将比蒸发段内相应的温降大，因而冷却段内的热阻在热管设计中是应当考虑的重要热阻之一。

8.4.2　热管的传热极限

热管虽然是一种传热性能极好的传热元件，但其传热能力也受工作工质流动过程的限制，当达到某一极限值时，其传热能力便无法继续增加，此时的传热能力便是热管的传热极限。

(1) 黏性传热极限

热管在低温启动时，蒸气密度极低，蒸气黏性力对流动的影响往往会远远大于惯性力的影响。在这种情况下，热管的传热量随着冷凝段的压力下降而增加，但冷凝段的压力不可能低于零，所以当冷凝段的蒸气压趋于零时，传热量便达到最大值。这个最大热量称作黏性传热极限，用 Q_{vimax} 表示，即

$$Q_{vimax} = A_v \overline{q}_{max} = \frac{d_v^2 \gamma_{fg}}{64 \mu_v l_{eff}} \rho_{v0} p_{v0} A_v \tag{8-43}$$

式中　A_v——蒸气腔横截面积，m^2；

$\quad\quad \overline{q}_{max}$——热管传递的轴向最大热流密度的平均值，$J/(s \cdot m^2)$；

$\quad\quad d_v$——蒸气腔直径，m；

$\quad\quad \gamma_{fg}$——汽化潜热，J/kg；

$\quad\quad \mu_v$——蒸气动力黏度，$N \cdot s/m^2$；

$\quad\quad l_{eff}$——热管有效长度，m；

$\quad\quad \rho_{v0}$——蒸气密度，kg/m^3；

$\quad\quad p_{v0}$——饱和蒸气压，N/m^2。

由上式可见，黏性传热极限只与工质的物性、热管的长度和蒸气腔直径 3 个因素有关，而与吸液芯的几何形状和结构形式无关。

（2）声速传热极限

热管中蒸气的流速越大，显然热管的传递能力就越大，但蒸气的流速不能无限增加。热管中蒸气的流动过程类似于拉瓦尔喷管（收缩-扩张喷管）中的流动过程，在蒸发段的出口处（相当于拉瓦尔喷管的喉部），蒸气的流速为最大。当该处的流速达到声速时，蒸发段的蒸气流速不再增加，这就是"声障现象"，因而限制了传热量的进一步增加。这就是说，当蒸发段出口处蒸气流速达到声速时，热管的传热量便达到最大值。这个最大传热量称作声速传热极限，用 Q_{smax} 表示，即

$$Q_{smax} = A_v \rho_0 \gamma_{fg} \left[\frac{\gamma_v R_v T_0}{2(\gamma_v + 1)} \right]^{\frac{1}{2}} \tag{8-44}$$

$$R_v = \frac{R_0}{M}$$

式中　A_v——蒸气腔横截面积，m^2；

$\quad\quad \rho_0$——蒸气密度，kg/m^3；

$\quad\quad \gamma_{fg}$——汽化潜热，J/kg；

$\quad\quad \gamma_v$——蒸气比热容比（单原子蒸气等于 5/3，双原子蒸气为 7/5，多原子蒸气为 4/3）；

$\quad\quad T_0$——初始状态时的温度；

$\quad\quad R_v$——蒸气气体常数，$J/(kg \cdot K)$；

$\quad\quad R_0$——通用气体常数，$R_0 = 8.134 \times 10^3 J/(kmol \cdot K)$；

$\quad\quad M$——蒸气分子量。

（3）携带传热极限

热管中蒸气和液体的流动方向相反，当蒸气达到一定的流速，会把回流液体表面上的液滴剪切下来，并带到冷凝段，这种现象称为携带现象。由于蒸气对液体的携带，使得传热的工质减少，因而降低了传热能力，最后将导致蒸发段吸液芯干涸。与这种携带现象相对应的传热极限称为携带传热极限，用 Q_{emax} 表示，即

$$Q_{emax} = A_v \gamma_{fg} \left(\frac{\rho_v \sigma}{2 r_{hs}} \right)^{\frac{1}{2}} \tag{8-45}$$

式中　A_v——蒸气腔横截面积，m^2；

γ_{fg}——汽化潜热，J/kg；

ρ_v——蒸气密度，kg/m³；

σ——液体表面张力，N/m；

r_{hs}——吸液芯表面水力半径，m，丝网吸液芯的 r_{sh} 为细丝半径的 1/2，槽道式吸液芯的 r_{sh} 为槽道的宽度，填充球吸液芯的 r_{sh} 为球半径乘以系数 0.41。

（4）毛细力传热极限

当热管蒸发段液体的蒸发量大于吸液芯靠毛细力所送回的液体量时，蒸发段入不敷出，将导致蒸发段的吸液芯干涸，蒸发段管壁温度剧烈升高，甚至出现烧坏管壁的现象。与毛细力相对应的传热极限称为毛细力传热极限，用 Q_{cmax} 表示，即

$$Q_{cmax}=\frac{\dfrac{2\sigma}{r_c}-\rho_1 g d_v \cos\phi \pm \rho_1 g l \sin\phi}{(f_1+f_v)l_{eff}} \qquad (8-46)$$

式中　　ρ_1——液体密度，kg/m³；

σ——液体的表面张力系数，N/m；

d_v——蒸气腔直径，m；

ϕ——热管轴线与水平方向的夹角；

$\rho_1 g d_v \cos\phi$——垂直方向上液体静压力，N/m²；

$\rho_1 g l \sin\phi$——轴向的液体静压力，N/m²；

f_1——液体摩擦系数，$f_1=\dfrac{\mu}{KA_w\rho_1\gamma_{fg}}$，(N/m²)/(W·m)；

K——吸液芯渗透率，$K=\dfrac{\varepsilon r_{h1}^2}{b}$，$b$ 为无量纲常数，ε 为吸液芯的空隙率，r_{h1} 为吸液芯水力半径，$r_{h1}=\dfrac{2A_1}{C_1}$，其中 A_1 为流道的横截面积，C_1 为流道的浸润周边；

f_v——蒸气腔摩擦系数，$f_v=\dfrac{(f_v Re_v)\mu_v}{2A_v r_{hv}^2 \rho_v \gamma_{fg}}$，(N/m²)/(W·m)；

$f_v Re_v$——阻力系数；

l_{eff}——热管有效长度，m。

在大多数情况下，蒸气的流动一般是处于层流不可压缩范围内的，因此上式是常用的求毛细极限的公式。对于湍流及可压缩蒸气流动的情况下，该式的积分相当困难，可借助计算机求解。

（5）沸腾传热极限

当热流强度增加到一定数值时，蒸发段的吸液芯内将会产生气泡。气泡的阻塞作用妨碍了液体的循环，这种热管蒸发段与管壁接触的液体生成气泡时的最大传热量称为沸腾传热极限，用 Q_{bmax}，即

$$Q_{bmax}=\frac{2\pi l_e \lambda_e T_v}{\gamma_{fg}\rho_v \ln\left(\dfrac{r_1}{r_v}\right)}\left(\frac{2\sigma}{r_b}-\Delta p_c\right) \qquad (8-47)$$

式中　l_e——蒸发段长度，m；

　　　λ_e——浸满液体吸液芯的有效热导率，W/(m·K)；

　　　T_v——热管工作温度，℃；

　　　γ_{fg}——汽化潜热，J/kg；

　　　ρ_v——蒸气密度，kg/m³；

　　　r_1——管壳内半径，m；

　　　r_v——蒸气腔半径 m；

　　　σ——液体的表面张力系数，N/m；

　　　r_b——气泡生成的临界半径，m（实验表明，r_b 的取值在 $2.54\times10^{-8}\sim2.54\times10^{-7}$ m 之间，对于一般热管，作为保守计算，可取 $r_b=2.54\times10^{-7}$ m）；

　　　Δp_c——热管蒸气腔的气-液交界面上的液体压力差，即 $\Delta p_c=p_v-p_1$。一般情况下，Δp_c 远小于 $\dfrac{2\sigma}{r_b}$，故可略去不计。

8.5　热管的应用

由于热管具有传递热量、温度展平、温度控制、热流密度变换等特性，热管技术主要应用于以下几个方面。

(1) 温度展平

热管的表面有很好的温度均匀性，用它来保持所要求的恒温环境是很适宜的。例如设想一块多层平板，里面被很多互相连通的蜂窝状热管填满，这些热管能使任何局部的热流很快散开，从而使平板保持均匀的温度分布。又如在化学工业中，用热管作为等温化学反应器的热源是相当有利的，特别对于在固定床催化反应器内，轴向触媒温度分布不均匀问题可望获得很好解决。

(2) 隔离热源和冷源

在某些需要进行部件冷却的场合下，把冷源或散热器直接分布在被冷却部件的附近可能不方便或者不允许。使用热管则能满足上述条件，热管能够把热量高效率地传递相当长一段距离。例如仪器组件内高功率装置的散热就可以用热管把高功率装置与装在仪器组件外部远离的冷源连接起来，此时热管将具有一定长度的绝热段。

(3) 热流密度变换

热管能以小的加热面输入热量，而以最大的冷却面输出热量，或者相反，即以大的加热面输入热量，以小的冷却面输出热量。因此，可使单位面积上的热流密度发生变化，这样就可以为需要供热或放热的场所加以利用。

(4) 温度控制

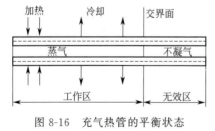

图 8-16　充气热管的平衡状态

可变热导热管（温度控制）一般用作恒温控制。可变热导热管即热阻可变的热管。在热管中充以一定量的不凝性气体，当热管工作时，不凝性气体被压缩到冷却段，管内工作液体的饱和蒸气和不凝性气体形成一个交界面，把热管分成两个区域，如图 8-16 所示。

当加热段热源的温度高于额定值时，热端的热量输入就要增加，管内饱和蒸气压升高，不凝性气体被压缩，交界面向右移动，冷却面积加大，热量输出也随之增大，管内饱和蒸气压下降，直至达到额定值维持平衡为止。当热源温度低于额定值时，热端的热量输入减少，管内饱和蒸气压下降，不凝性气体膨胀，交界面向左移动，冷却面积缩小，热量输出减少，管内蒸气压逐步回升，到达额定值时维持平衡。因此热量输入增加，热量输出也增加，热量输入减少，热量输出也减少，如此可保持热管工作温度不变。

（5）单向导热

利用重力热管的传热原理，可把热管作为单向导热（热二极管）元件，应用于太阳能取暖上，已取得了很好的效果。将重力热管的加热段置于室外，并以一定的角度倾斜，使在室内的散热段位置高于室外加热段位置。当太阳照射加热段时，热管将热量传入室内。当夜晚太阳落山时，室内温度高于室外。但由于这时加热段已处于冷却段之上，热管不工作，室内热量就不会散出去。类似原理被用于石油输油管线支架的冷冻固定，特殊土质上铁轨的冷冻固定等。

（6）旋转元件的传热

旋转热管（离心热管）的基本原理如图 8-5 所示，管子内壁加工成一定锥度，工作液体在加热段被加热汽化。蒸气到达冷却段后，冷凝成液体，沿管壁借助于离心力的分力返回到蒸发段。用旋转热管做电机轴可在体积不变、温升相同的情况下，使电机输出负荷提高一倍。旋转热管除用于冷却电机和透平叶轮外，还可应用于化工企业中拉伸塑料丝和纤维。用旋转热管制成转动的圆筒（转速 4000～6000r/min），工作温度为 250℃，外径 16cm，工作长度（热管的冷却段）150cm，圆筒的另一端通过红外线加热（加热段长 10cm）。筒内采用有机液体作为工作介质，液体在加热段受热汽化，蒸气在冷却段冷凝，冷凝后的液体借助离心力返回到加热段，试验结果表明，使用旋转热管作为拉伸塑料丝或纤维的圆筒，温度分布均匀，效果良好。

8.6 热管设计

由前述热管的工作及内部过程的计算方法可知，影响热管性能的主要因素有以下几个方面。

① 管内的工作液体。
② 管内吸液芯的结构形式。
③ 热管的工作温度。
④ 管壁（壳体）材料。

因此，在进行热管设计计算时，就必须从这些因素来考虑。一般来说，应从设计热管的目的或是热管的应用来考虑这些因素。如前所述，热管的用途相当广泛，不同的用途对热管的要求也不尽一致。在某些场合下要求相当苛刻，例如宇航、军事上的应用就是如此。此时管子的数量可能较少，但可靠性和精密度要求却相当严格，可靠性占第一位，经济性则处于次要地位。而在一般工业及民用生产中，则应用范围较广，用途较多，这时经济性占有突出地位，因而在设计过程中主要应考虑：取材方便、应用可靠的材料；其工作液体应选用传输性能好、热稳定性好及无环境污染的工作液体；对于吸液芯应尽可能采用简单的结构，或只在蒸发段内使用吸液芯，或完全不用（重力回流）等。

（1）工作液体的选择

热管是依靠工作液体的相变来传递热量的，因此工作液体的各种物理性质对于热管的工作特性也就具有重要影响。一般应考虑以下一些原则。

①工质应适应热管的工作温度区；②工质与壳体材料、管芯应相容，且工质应具有热稳定性；③工质应具有良好的热物理性质；④其他（包括经济性、毒性、环境污染等）。

（2）工作温度

在指定的设计条件下，冷源和热源的温度是已知的，换热条件也是明确的。因而热管本身的工作温度范围可以通过一般的传热公式计算出来。这里所说的工作温度一般是指工作时热管内部工作液体的蒸气温度，在良好的热管工作时，工质必然在气-液两相状态。据此，所选择的工作液体熔点应低于热管的工作温度，热管才有可能正常工作。工作温度对工质液体、管壳和管芯材料的选择有决定性的影响，所以根据工作温度首先确定工质液体。常用的工质液体及其适应的工作温度范围见表 8-1。从表中可看出这些液体在某些温度区域内是互相重叠的，即在某一温度范围内有几种工作液体可被选用，这就要依次考虑其他的各种因素，加以对比，做出选择。

表 8-1　常用工质液体及其适应的工作温度范围　　　　　　　单位：℃

工质液体	熔点	大气下沸点	工作温度范围	工质液体	熔点	大气下沸点	工作温度范围
氦	−272	−269	−271～269	水	0	100	30～200
氮	−210	−196	−203～−160	PP5	−179	160	0～225
氨	−78	−33	−60～−100	导热姆	12	257	150～395
氟里昂11	−111	24	−60～−120	水银	−39	361	250～650
戊烷	−130	28	−20～−120	硫	112	440	200～600
丙酮	−95	57	0～120	铯	29	670	450～900
甲醇	−98	64	10～130	钾	62	774	500～1000
PP2	−50	76	10～160	钠	98	892	600～1200
酒精	−120	78	0～130	锂	179	1340	1000～1800
庚烷	−90	98	0～150	银	960	2120	1800～2300

（3）工质与壳体材料、管芯的相容性以及工质本身的热稳定性

工作液体与壳体、吸液芯材料的相容性是最重要且必须考虑的因素。因为一旦壳体或吸液芯材料与工作液体发生化学反应了，或是工作液体本身分解了，都将产生不凝性气体。化学反应的结果将使芯子或壳体受到腐蚀破坏，这些都将使热管的性能不断变坏，甚至不能工作。

目前，还没有完整的理论来计算材料的相容性，但是确定材料相容性的实验还在不断进行。有关相容性及寿命实验的研究结果相当多，由于在相容性实验中，采用的清洗方法不一样，清洗的严格程度也不尽一致，此外同种材料在成分上也有差异，因而相容性实验的结果可能有差异。

一些典型的相容性资料见表 8-2。应当指出碳钢和水的相容性一直是人们关心的问题，要完全做到使水和碳钢不发生化学反应，目前还存在困难，但有文献认为水-碳钢热管产生的不凝性气体（氢气）可以渗透到管外，从而导致热管恢复原有性能。国内许多单位在水-碳钢相容性的研究方面做了相当多的工作。目前在工业中使用的水-碳钢热管的寿命已超过4 年以上。

表 8-2　一些工质的相容情况

工作液体	壳体材料					
	铝	铜	铁	镍	不锈钢	钛
氮	相容	相容	相容	相容	相容	
甲烷	相容	相容			相容	
氨	相容	不	相容	相容	相容	
甲醇	不	相容	相容	相容	相容	
丙醇	相容	相容		相容	相容	
水	不	相容		相容	不	相容
DOW-E(磷二氯苯)	不	相容		相容	相容	
DOW-A(联苯醚)	不	相容		相容	相容	
钾	不			相容	相容	不
钠				相容	相容	不

工质本身的稳定性问题主要发生在有机质的工作液体中，采用了有机质作为工作液体的热管，对它工作时应十分留意。一旦超温，有机工质会迅速分解，甚至炭化。另外，即使在与管壳材料相容的情况下，某些有机工质自身的缓慢分解也是不可避免的。

① 工质的品质因素　假定热管是在零重力条件下工作，且可略去蒸气流动压力的损失，热管的毛细极限便有如下的形式。

$$Q_{cmax} = 2\left(\frac{\sigma \rho_e \gamma_{fg}}{\mu_e}\right)\left(\frac{KA_w l_{eff}}{r_e}\right) \tag{8-48}$$

式中右方第一括号内组合了工质的有关物理参数，称为品质因数或传输因数，它说明工质的物理性质对热管轴向传热能力的影响，用符号 N_1 表示，是一个有量纲数，单位为 W/m^2，即

$$N_1 = \frac{\sigma \rho_e \gamma_{fg}}{\mu_1} \tag{8-49}$$

品质因数越大，说明工质的传热能力越强。在设计中应尽量选用品质因数较大的工质。一些工质的品质因数如图 8-17 所示。

② 对工质的其他要求　满足以上条件的工质并不一定就是可采用的最好工质，还要考虑其毒性、安全性、经济性和来源的难易等一系列问题。例如在 $300 \sim 600 ℃$ 范围内，最好的工质是汞。但汞热管的制造甚为困难，这是因为汞蒸气对人体危害极大，且在使用中一旦烧毁管壳或有泄漏也会造成严重后果，因而汞热管的使用受到了限制。对于工业上使用的热管，工质的价格及来源是一个重要因素，其次还应考虑工质的饱和蒸气压力和温度的关系。饱和蒸气压太高，就必须考虑管子的强度问题；饱和蒸气压太低，则会导致蒸气密度小和蒸气流动压力损失大。制造过程中对真空度的要求甚高，否则不易达到等温状态。

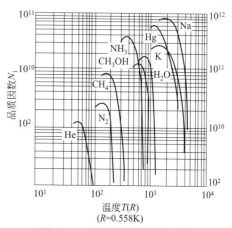

图 8-17　几种液体的品质因数

（4）吸液芯的选择

吸液芯的选择是一个复杂的问题。从要求提供最大传热率的观点出发，吸液芯应具

有非常小的有效毛细孔半径 r_c 以提供最大的毛细压力；渗透率 K 值要大，以减少回流液体的压力损失；导热热阻要小，以减少径向导热阻力。对高效率吸液芯的研究工作一直在进行。要使同一种结构的吸液芯能满足上述全部要求是困难的，因而出现了复合吸液芯结构和干道吸液芯。这些吸液芯的效率提高了，但却给制造增加了难度。因此，在选择吸液芯时应注意在能满足传热要求的基础上选择最简单的结构，以免产生制造困难和价格过高的情况。

（5）管壁材料的选择

壳体材料和吸液芯材料首先应满足与工质的相容性要求。除此之外，壳体材料还应满足在工作温度下的刚度和强度要求。一些设计者往往会忽略在较高温度下材料本身的强度和刚度降低的因素。例如，水-铜热管一般不宜在 200℃ 以上工作（具体还与管径和管壁厚度有关），ϕ25mm 的不锈钢-汞热管如果在 600℃ 以上工作，就要详细核算管壁厚度。其次应注意材料的焊接性能，最好使用同种材料焊接，一般希望材料的可焊性要好。然而壳体、端盖、充液管三者的材料有时是不能一致的，如果出现焊缝裂纹或其他缺陷，可能会使热管失效，严重时会发生管壳爆裂事故。材料对环境介质的抗蚀性也是不应当忽视的。在满足以上要求的基础上还应考虑经济性和材料的来源。

在注意到以上原则后，对热管壳体材料的选择还必须符合我国有关标准规定。根据《钢制压力容器》（GB 150—2011），对钢管有如下要求。

① 钢管的标准及许用应力值按照该设计规范中附录 2 的表来确定。

② 用于设计压力大于 6.3×10^6 Pa 的钢管，应按相关标准选定。

③ 15MnV 和 09Mn2V 钢管应在正火状态下使用。

④ 设计温度等于或低于 −20℃ 的碳素钢和低合金钢钢管的热管管壳时，应进行 V 形缺口低温冲击试验。试样取样方向为纵向。钢管的使用状态、最低试验温度及冲击功值的要求按照该规范中附录 3 来确定。每批宜取两根钢管进行低温冲击试验。

⑤ 钢管工艺性能试验（压扁、扩口等）的要求应根据钢管使用时的加工工艺和各钢管标准中的相应规定提出。

⑥ 钢管超声波探伤检验，磁粉探伤检验的要求按有关技术条件或图样确定。

（6）设计计算

热管的设计计算通常按以下 4 个步骤进行。

a. 根据一定的蒸气速度确定热管的直径。

b. 按照工作压力对热管进行机械强度校核。

c. 按照毛细极限对吸液芯进行计算。

d. 验算其他的工作极限。

① 管径设计　管径设计的一个基本原则是管内的蒸气速度不超过一定的极限值，这个极限值就是在蒸气通道中最大马赫数不超过 0.2。在这一条件下，蒸气流动可以被认为是不可压缩的流体流动。这样轴向温度梯度很小，并可忽略不计。否则，在高马赫数下蒸气流动的可压缩性将不可忽视。

一般来说，一根热管所要传送的最大轴向热流量 $Q_{\max}$ 是已知的。如果限定它的马赫数等于 0.2，根据马赫数

$$M_v = \frac{Q_{\max}}{A_v \rho_v \gamma_{fg} \sqrt{r_v R_v T_v}} \tag{8-50}$$

可得

$$A_v = \frac{Q_{max}}{0.2\rho_v \gamma_{fg}\sqrt{r_v R_v T_v}}$$ (8-51)

故

$$d_v = \left(\frac{20Q_{max}}{\pi\rho_v \gamma_{fg}\sqrt{r_v R_v T_v}}\right)^{\frac{1}{2}}$$ (8-52)

式中　d_v——蒸气腔直径，m；

Q_{max}——最大轴向热流量，W；

ρ_v——蒸气的密度，kg/m³；

γ_{fg}——汽化潜热，kJ/kg；

R_v——蒸气的气体常数，J/(kg·K)；

T_v——蒸气的温度，℃。

② 管壳设计　热管不工作时一般处于负压状态（低温热管除外），外界压力一般为大气压力，故可不考虑管壳的失稳问题，因而管壳设计主要从强度考虑。

a. 壳体壁厚

$$S_c = S + C$$ (8-53)

式中，S 为按强度计算所得壁厚；C 为壁厚的附加量（因考虑腐蚀等不利因素）。

b. 管壳的强度及壁厚计算公式

$$S = \frac{pd_1}{2[\sigma] - p}$$ (8-54)

式中　S——计算管壁厚度，m；

p——设计压力，Pa；

d_1——管壳内径，m；

$[\sigma]$——材料许用应力，Pa。

c. 设计参数定义

（a）设计压力。在相应的设计温度下，用以确定壳壁计算厚度的压力称为设计压力。这个压力应稍高于热管工作时所能达到的最高压力。

（b）设计温度。热管在工作过程中，在相应的设计压力下可能达到的最高或最低（指 $-20℃$ 以下）的壁温范围称为设计温度。这个温度是选择材料及选取许用应力时的一个基本参数。

（c）许用应力。材料的许用应力是以材料的极限应力除以适当的安全系数而得到的应力值，即

$$[\sigma] = \frac{极限应力}{安全系数}$$ (8-55)

一般规定，常温时（取小者）

$$[\sigma] = \frac{\sigma_s}{n_s}, [\sigma] = \frac{\sigma_b}{n_b}$$ (8-56)

中温时（取小者）

$$[\sigma] = \frac{\sigma_s^T}{n_s}, [\sigma] = \frac{\sigma_b^T}{n_b}$$ (8-57)

式中 σ_s，σ_b——常温下材料的屈服极限和强度极限，Pa；

σ_s^T，σ_b^T——设计温度下材料的屈服极限和强度极限，Pa；

n_s，n_b——屈服极限和强度极限的安全系数。

当碳素钢设计温度超过420℃，或合金钢超过550℃时，还必须同时考虑高温持久强度或蠕变强度的许用应力（取小者）

$$[\sigma]=\frac{\sigma_D^T}{n_D}, [\sigma]=\frac{\sigma_n^T}{n_n} \tag{8-58}$$

式中 σ_D^T，σ_n^T——设计温度下材料的持久强度极限和蠕变极限，Pa。

在缺乏实验数据的情况下，可直接采用各种材料在使用温度下的许用应力值。各种钢管的许用应力值查相关手册。

d. 最大工作压力。在已知热管壁厚和管壳直径的情况下，可根据热管的工作条件验算管壳所能承受的最大工作压力，判定工作是否安全。最大容许工作压力的核算公式为

$$[p]=\frac{2[\sigma]S}{d_1+S} \tag{8-59}$$

式中 $[p]$——最大容许工作压力，Pa；

$[\sigma]$——材料在工作温度下的许用应力，Pa；

d_1——管子内径，m；

S——强度计算的壁厚，m。

③ 端盖设计 热管端盖可按平板盖公式设计，即

$$t=d_1\sqrt{\frac{0.35p}{[\sigma]^T}}+C \tag{8-60}$$

式中 t——端盖厚度，m；

d_1——管内径，m；

p——设计压力，Pa；

$[\sigma]^T$——材料在设计温度下的许用应力，Pa；

C——附加余量（考虑腐蚀等因素）。

④ 吸液芯设计

a. 设计原则 设计吸液芯的依据是毛细传热极限式(8-46)，该式与吸液芯结构有关，而影响热流量的主要因素是毛细压力和液体流动压降。影响流体压降的因素除流体物理性质外，主要是吸液芯的渗透率 K 和吸液芯的横断截面 A_w。因此良好的吸液芯必须毛细压力高、液体流动阻力小，也即渗透率高、横截面积大。但这些因素不可能全部满足，毛细压力过高，毛细有效半径 r_c 必定很小，渗透率就不会高。如果要增大流通截面 A_w，则可能会增加径向热阻，对传热不利，因此需相互权衡。但更重要的是要结构简单、制造方便、成本低廉。一般丝网吸液芯较符合上述要求。现以丝网吸液芯为例阐明设计步骤。

b. 设计步骤

(a) 确定热管中液体的总静压力。根据热管要求的长度和热管的倾角，初步定出蒸气腔的内径、选定工作流体和预定工作温度，这样就可以计算出在热管中液体的总静压力为

$$p_g=\rho_1 g(d_v\cos\phi+l\sin\phi) \tag{8-61}$$

（b）确定最大毛细压力值。初步确定最大毛细压力值应至少为 p_g 值的两倍，保证热管在工作中有足够的毛细压头，可克服重力压头和流动损失压头。

（c）确定丝网目数。根据已确定的最大毛细压力，可求得吸液芯有效毛细半径 $r_c = \dfrac{2\sigma}{\Delta p_{cmax}}$，再由式 $r_c = \dfrac{d+W}{2} = \dfrac{1}{2N}$，求得丝网目数 N。式中，d 为丝网直径；W 为网丝间距。

（d）求吸液芯厚度 δ。在式（8-46）中暂略去蒸气摩擦压降，可得

$$\frac{2\sigma}{r_c} - p_g = f_1 l_{eff} Q_{cmax} \tag{8-62}$$

液体的摩擦系数为

$$f_1 = \frac{\mu_1}{KA_w \rho_1 \gamma_{fg}} \tag{8-63}$$

合并上述两式，可得

$$A_w = \frac{l_{eff} Q_{cmax} \mu_1}{\left(\dfrac{2\sigma}{r_c} - p_g\right) K \rho_1 \gamma_{fg}} \tag{8-64}$$

由此可得吸液芯厚度为

$$\delta \approx \frac{A_w}{\pi d_1} \tag{8-65}$$

最后进行毛细极限、携带极限、沸腾极限的验算，并核算 Re 数，检验是否为层流流动。

由已知吸液芯厚度可得 d_v、A_w、f_1 和 f_v 等值，代入式（8-46）可以验算毛细极限。如不满足，可重新修改丝网设计参数。

（7）设计举例

设计一根热管，其工作温度为 200℃，管子外径要求为 32mm，热管仰角为 5°，蒸发段位于冷凝段之上，管长 0.5m，蒸发段和冷凝段长均为 0.25m，要求传递的最大功率为 50W。

① 工作液体的选择　综合表 8-1 和图 8-17，在 200℃这一温度区内，应选用水为工作液体。因为水的品质因数比其他工质的品质因数高，且来源容易，价格低廉，故选用水作为工作液体较好。

② 壳体材料的选择及强度计算　根据表 8-2，水与铜、镍、钛均相容，但从价格及导热性能考虑，选用铜为壳体材料较好。根据我国管材的规格（查有关设计手册），选用壁厚为 2.5mm，直径为 32mm 的铜管，校核所能承受的最大工作压力。由相关手册查得，铜在 200℃以下的许用应力为 3600N/cm²。将有关参数代入式（8-59）可得壳体的最大容许压力值为

$$[p] = \frac{2[\sigma]S}{d_1 + S} = \frac{2 \times 3600 \times 10^4 \times 0.25}{(3.2 - 2 \times 0.25) + 0.25} = 6.1 \times 10^6 (Pa)$$

已知水在 200℃时的饱和压力为 $1.586 \times 10^6 Pa$，故在工作时是安全的。但应注意最高工作温度不能超过 280℃（相应的饱和压力为 $6.55 \times 10^6 Pa$）。

③ 端盖厚度的计算

由式(8-60)得

$$t = d_1 \sqrt{\frac{0.35p}{[\sigma]^T}} + C$$

取 $C=1\text{mm}$，有

$$t = 2.7\sqrt{\frac{0.35 \times 61}{360}} + 0.1 = 0.65 + 0.1 = 0.75(\text{cm})$$

为满足易焊接及加工等要求，选取端盖厚为 0.8cm 较好。

④ 声速极限条件下的蒸气腔直径 d_v

水在 200℃时的物理参数如下。

汽化潜热 $\gamma_{fg} = 1967\text{kJ/kg}$；

液体密度 $\rho_1 = 865\text{kg/m}^3$；

蒸气密度 $\rho_v = 7.87\text{kg/m}^3$；

液体黏度 $\mu_1 = 0.14 \times 10^{-3}\text{N} \cdot \text{s/m}^2$；

蒸汽黏度 $\mu_v = 1.6 \times 10^{-5}\text{N} \cdot \text{s/m}^2$；

液体热导率 $\lambda_1 = 0.659\text{W/(m} \cdot ℃)$；

液体表面张力 $\sigma = 3.89 \times 10^{-2}\text{N/m}$。

将以上有关数值代入式(8-52)，可得

$$d_v = \left(\frac{20Q_{max}}{\pi\rho_v\gamma_{fg}\sqrt{r_v R_v T_v}}\right)^{\frac{1}{2}} = \left(\frac{20 \times 50}{3.14 \times 7.87 \times 1967 \times 10^3\sqrt{1.33 \times 462 \times 473}}\right)^{\frac{1}{2}} = 1.95 \times 10^{-4}(\text{m})$$

即只要蒸气腔大于 0.195mm，就不会出现声速极限。

⑤ 吸液芯的选择及设计　考虑制造方便，决定选用丝网结构，并选用铜材丝网。

a. 吸液芯所需克服的液柱静压头 p_g　由式(8-61)可得

$$p_g = \rho_1 g(l\sin\phi + d_v\cos\phi) = 865 \times 9.81 \times (0.5 \times \sin5° + 0.027 \times \sin5°) = 598(\text{N/m}^2)$$

b. 选丝网目数　根据经验，所选丝网的毛细压力 p_c 要大于液柱静压头 $2p_g$，热管才能稳定地工作，即

$$p_c = \frac{2\sigma}{r_c} = 2p_g = 2 \times 598 = 1196(\text{N/m}^2)$$

因此

$$r_c = \frac{2\sigma}{2p_g} = \frac{2 \times 3.89 \times 10^{-2}}{1196} = 6.5 \times 10^{-5}(\text{m})$$

根据有关手册知，多层丝网可取 $r_c = W/2$，W 为丝网间距，相当于网眼宽。由此得

$$W = 2r_c = 2 \times 6.5 \times 10^{-5}(\text{m})$$

一般情况下网眼宽等于丝径，因而可求得网目数为

$$N_m = \frac{1}{2W} = \frac{1}{2 \times 13 \times 10^{-5}} = 7692(\text{m}^{-1})$$

选用 200 目的铜丝网多层吸液芯可以达到上式要求。

c. 最大毛细压力　对 200 目丝网，仍假设其丝网间距与丝直径相等，则

$$W = d = 6.35 \times 10^{-5}(\text{m})$$

$$r_c = \frac{W}{2} = 3.18 \times 10^{-5} \,(\text{m})$$

丝网产生的最大毛细压力为

$$P_{cmax} = \frac{2\sigma}{r_c} = \frac{2 \times 3.89 \times 10^{-2}}{3.18 \times 10^{-5}} = 2447 \,(\text{N/m}^2)$$

d. 渗透率 K 卷绕丝网渗透率为

$$K = \frac{d^2 \varepsilon^3}{122\,(1-\varepsilon)^2} \tag{8-66}$$

式中，

$$\varepsilon = 1 - \frac{1.05\pi N d}{4} \tag{8-67}$$

代入数值后有

$$\varepsilon = 1 - \frac{1.05 \times 3.14 \times 200 \times \dfrac{1}{2 \times 200}}{4} = 0.588$$

$$K = \frac{(6.35 \times 10^{-5})^2 \times 0.588^3}{122 \times (1 - 0.588)^2} = 3.96 \times 10^{-11}$$

e. 吸液芯截面积 A_w 及厚度 δ

由式(8-64) 可知

$$A_w = \frac{l_{eff} Q_{cmax} \mu_1}{\left(\dfrac{2\sigma}{r_c} - p_g\right) K \rho_1 \gamma_{fg}} = \frac{0.25 \times 50 \times 0.14 \times 10^{-3}}{(2447 - 598) \times 3.96 \times 10^{-11} \times 865 \times 1967 \times 10^3} = 1.40 \times 10^{-5} \,(\text{m}^2)$$

由式(8-65) 可知

$$\delta \approx \frac{A_w}{\pi d_1} = \frac{1.40 \times 10^{-5}}{3.14 \times 2.7 \times 10^{-2}} = 0.165 \times 10^{-3} \,(\text{m})$$

f. 吸液芯层数

已知丝径 $d = 6.35 \times 10^{-5}$ m，每层网厚为 $2 \times d = 12.7 \times 10^{-5}$ m，故层数

$$n = \frac{0.165 \times 10^{-3}}{12.7 \times 10^{-5}} = 1.29$$

为使热管有较大富余能力，取 $n = 4$ 层，故实际网厚 $\delta = 4 \times 12.7 \times 10^{-5} = 50.8 \times 10^{-5}$ (m)。

g. 蒸气腔直径 d_v

$$d_v = d_1 - 2\delta = 2.7 \times 10^{-2} - 2 \times 50.8 \times 10^{-5} = 2.598 \times 10^{-2} \,(\text{m})$$

可近似取 $d_v = 2.6$ cm。

h. 验算毛细极限和计算传递的最大功率

吸液芯实际厚度下的毛细极限为

$$A_w = \pi d_1 \delta = 3.14 \times 2.7 \times 10^{-2} \times 0.51 \times 10^{-3} = 4.3 \times 10^{-5} \,(\text{m}^2)$$

蒸气摩擦系数 f_v

$$f_v = \frac{8\mu_v}{r_v^2 A_v \rho_v \gamma_{fg}} = \frac{8 \times 1.65 \times 10^{-5}}{0.013^2 \times \dfrac{\pi}{4} \times 0.026^2 \times 7.87 \times 1967 \times 10^3} = 9.5 \times 10^{-5} \,(\text{s/m}^4)$$

液体摩擦系数 f_1

$$f_1 = \frac{\mu_1}{K A_w \rho_1 \gamma_{fg}} = \frac{0.14 \times 10^{-3}}{3.96 \times 10^{-11} \times 4.3 \times 10^{-5} \times 865 \times 1967 \times 10^3} = 48(\text{s/m}^4)$$

将上述数值代入式(8-29)得

$$Q_{cmax} = \frac{\frac{2\sigma}{r_c} - p_g}{(f_1 + f_2) l_{eff}} = \frac{2447 - 598}{(48 + 9.5 \times 10^{-5}) \times 0.25} = 154(\text{W})$$

可见设计的吸液芯足够满足要求。

i. 核算雷诺数

$$Re_v = \frac{2 r_v Q_{max}}{A_v \mu_v \gamma_{fg}} = \frac{2.6 \times 10^{-2} \times 159}{\frac{\pi}{4} \times (2.6 \times 10^{-2})^2 \times 1.65 \times 10^{-5} \times 1967 \times 10^3} = 240 < 2300$$

可见原假设的层流流动是正确的。

j. 核算沸腾极限

$$Q_{bmax} = \frac{2\pi l_e \lambda_e T_v}{\gamma_{fg} \rho_v \ln\left(\frac{r_1}{r_v}\right)} - \left(\frac{2\sigma}{r_b} - \Delta p_c\right) \tag{8-68}$$

式中，$\lambda_e = \frac{\lambda_1 [(\lambda_1 + \lambda_w) - (1 - \varepsilon)(\lambda_1 - \lambda_w)]}{(\lambda_1 + \lambda_w) + (1 - \varepsilon)(\lambda_1 - \lambda_w)}$。

将已知各值和查得的铜网热导率 $\lambda_w = 379 \text{W/(m} \cdot \text{℃)}$ 代入上式，最后可求得

$$Q_{bmax} = 608 \text{W}$$

k. 核算携带极限

$$Q_{emax} = A_v \gamma_{fg} \left(\frac{\rho_v \sigma}{2 r_{hs}}\right)^{\frac{1}{2}} \tag{8-69}$$

对于丝网吸液芯，有

$$r_{hs} = \frac{W}{2} = 3.18 \times 10^{-5}(\text{m})$$

$$Q_{emax} = \frac{\pi}{4} \times (0.026)^2 \times 1967 \times 10^3 \times \left(\frac{7.87 \times 3.89 \times 10^{-2}}{2 \times 3.18 \times 10^{-5}}\right)^{\frac{1}{2}} = 72.5(\text{kW})$$

8.7 热管换热器的设计计算

8.7.1 热管换热器的分类

由带翅片的热管束组成的换热器称为热管换热器。典型的热管换热器如图 8-18 所示。一般情况下，热管换热器是由外壳和热管组成，带翅片的热管布满于矩形外壳中。热管的布置有错列呈三角形的排列，也有顺列呈正方形的排列。在矩形壳体内部的中央有一块隔板把壳体分成两个部分，形成流体的通道。当高、低温流体同时在各自的通道中流过时，热管就将高温流体的热量传给低温流体，实现了两种流体的热交换。

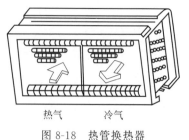

热气　冷气

图 8-18　热管换热器

热管换热器的最大特点是结构简单、换热效率高，在

传递相同热量的条件下制造热管换热器的金属耗量少于其他类型的换热器。换热流体通过换热器的压力损失也比其他换热器小，因而动力消耗也少。正是由于热管换热器的这些特点，才使得人们越来越重视它的作用，目前已得到了广泛的使用。

（1）单管组合式热管换热器

这种热管换热器是由许多单根翅片热管组成的。热管数量的多少取决于换热量的大小。换热量小的换热器一般为数十根至数百根。而换热量大的换热器，热管的数量可达几千根。按照通过换热器的流体的不同种类，单管组合式热管换热器又可分为气-气、气-液、气-蒸汽三种类型。

① 气-气热管换热器　图 8-18 中的热管换热器是典型的气-气热管换热器。通过这种换热器的两种换热流体都是气体。由于在热管上附设了翅片（肋化系数可达 8～10），这就克服了气体换热系数小的缺点，使得所需的传热热管数目大大减少，相同处理量的热管换热器的体积和质量均比列管式小一半。

在所有的气-气换热设备中，可以与热管换热器竞争的只有板翅式换热器。但换热流体通过板翅式换热器的压力降却要比热管换热器大得多。图 8-19 中的曲线表示出这一比较。由于气-气式热管换热器的体积紧凑、压力降小，所以在小温差换热的情况下，采用热管换热器是非常有效的。例如可以用热管换热器来回收空调系统中排气的余热，以预热新鲜空气从而节省电能，这是其他换热设备无法做到的。

气-气热管换热器作为空气预热器使用时，可以具有很大的传热能力。图 8-20 所示的蜗壳式气-气热管换热器是目前单管组合式热管换热器中换热能力最大的一种。图中，1 是换热器的壳体，2 是换热器的中央隔板，3 是热管，4 是由热管束组成的换热单元，它排列成多边形。每个单元之间用隔板 5 使其定位。低温气体 A 从入口 6 进入换热器的中央，导向板 7 使气流转向，气流穿过热交换单元 4 的上部（也即是热管束的冷凝段）然后从出口 8 排出，排出的气体用 A′表示。高温气体 B 从入口 9 进入换热单元 4 的下部，由出口 10 排出，排出的气体用 B′表示。

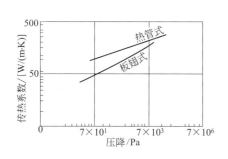

图 8-19　板翅式换热器与热管式
换热器的比较

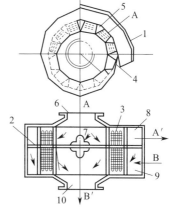

图 8-20　蜗壳式热管换热器

1—壳体；2—中央隔板；3—热管；4—换热单元；5—隔板；
6，9—入口；7—导向板；8，10—出口

气-气热管换热器还可用管内充有不同工质的热管组成，称为组合式热管换热器，如图 8-21 所示。图中 A 代表高温气体，B 代表低温气体。a、b、c、d、e、f 代表六排热管，其中 a、b 可以是不锈钢壳体的汞热管，c、d 两排可以是以碳钢为壳体的水热管，e、f 也可设

为铝壳体的氟里昂热管。工作温度从高到低，各组热管可以工作在最适宜的温度区内。事实上各种热管的工作温度都具有一定的范围，因而在实际应用中，一般用两种热管已足够满足设计的要求。

② 气-液热管换热器　它是专供气体和液体进行热交换的热管换热器。由于气体的换热系数比液体的换热系数小得多［在工业用换热器中，空气在被加热或冷却时，换热系数的范围大致为 $1.2\sim58.2\mathrm{W/(m^2\cdot ℃)}$］，所以在气体的一侧，热管上是附加翅片的，而在液体的一侧，热管上均不加翅片。图 8-22 是这种换热器的结构示意。

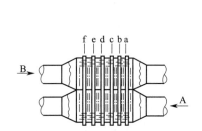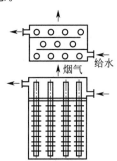

图 8-21　组合式热管换热器　　　　图 8-22　气-液热管换热器结构

气-液热管换热器的一个重要特点是可以有效地控制烟气对设备的露点腐蚀。其原理如下。在图 8-23 中有 (a)、(b)、(c) 三个图，图中纵坐标表示温度，横坐标表示热管长度。T_h、T_c 分别表示热管两侧的热流体和冷流体温度，T_v 代表管内工作流体的蒸气温度。热管加热段吸收的热量为

$$Q_h=(T_h-T_v)\alpha_h A_h \tag{8-70}$$

热管冷凝段放出的热量为

$$Q_c=(T_v-T_c)\alpha_c A_c \tag{8-71}$$

根据热量平衡，$Q_h=Q_c$，故有

$$\frac{T_h-T_v}{T_v-T_c}=\frac{\alpha_c A_c}{\alpha_h A_h} \tag{8-72}$$

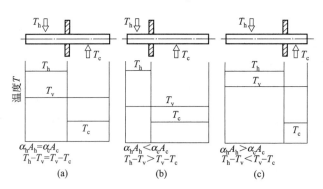

图 8-23　热管内部蒸汽温度的改变

在设计时，合理调整 $\dfrac{\alpha_c A_c}{\alpha_h A_h}$ 的比值，可以使热管的蒸气温度 T_v 在热流体温度 T_h 和冷流体温度 T_c 之间变化。图 8-23 中 (a) 是 $\alpha_c A_c=\alpha_h A_h$ 的情况，此时热管内的蒸气温度 T_v

介于 T_h 和 T_c 的中间。图 8-23(b) 则是 T_v 接近于 T_c 的情况，此时 $\alpha_c A_c > \alpha_h A_h$。图 8-23(c) 是 T_v 接近于 T_h 的情况，此时 $\alpha_c A_c < \alpha_h A_h$。这种情况正是气-液热管换热器设计所需要的，主要用来调整换热器出口几排热管的管壁温度，以防止由于管壁温度过低而产生露点腐蚀。用这种方法设计的热管省煤器在工业中的使用已经取得了很好的效果。

（2）分离式热管换热器

① 分离式热管换热器的原理　如图 8-24 所示，热管的蒸发段和冷凝段互相分开，它们之间通过一根蒸气上升管和一根冷凝液下降管连接成一个循环回路。热管内的工作液体在蒸发段被加热变成蒸气通过上升管输送到冷凝段，蒸气被管外流过的流体冷却，冷凝液由下降管回到蒸发段，继续被加热蒸发，如此不断循环达到传输热量的目的。

要使分离式热管换热器正常操作，必须要有足够的驱动力克服蒸气及冷凝液体在上升及下降过程中流过管道各个部位而产生的压力损失。这个驱动力来自操作时冷凝段和蒸发段之间所产生的液位差，如图 8-25 所示。

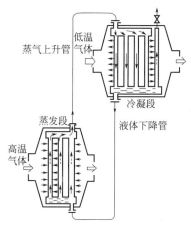

图 8-24　分离式热管换热器原理

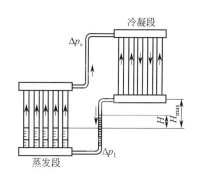

图 8-25　分离式热管换热器的液位差

换热器正常操作的条件为

$$H_{max} = H + \frac{\Delta p_v}{r_1} + \frac{\Delta p_1}{r_1} \tag{8-73}$$

式中　H_{max}——换热器可能产生的最大液位差，m；

　　　H——操作中的实际液位差，m；

　　　Δp_v——蒸气流动的压力损失，Pa；

　　　Δp_1——液体流动的压力损失，Pa；

　　　r_1——液体的密度，N/m³。

式(8-73) 中的 Δp_v 和 Δp_1 的计算方法与常规的管路流动压力损失的计算方法相同。

② 分离式热管换热器蒸发段和冷凝段之间的距离　二者之间能达到的最大距离不仅取决于二者位置的高度差，而且还与蒸气沿管路流动的压力损失及蒸气的温度有关。一方面，管径越细，沿途压力损失越大，所能达到的距离就越近。另一方面，管径一定，蒸气温度越高，蒸气的密度越小，流动压力损失越小，所能达到的距离就较远。但蒸气温度越高，沿途管路的热损失也越大，对保温的要求也就越高，增加了施工费用。图 8-26 表示出这种制约关系。

图 8-26 所示为通过计算所得到的关系曲线，计算条件为：传热量为 7×10^5 W，蒸发段

和冷凝段之间连接管路的长度为 50mm，工作液体是水。散热损失率 ε 为散热量与传热量的比值。根据图 8-26，在蒸气温度为 150℃ 的情况下，选用两种不同的管径可以得到两种不同的结果。在蒸发段和冷凝段相互间的位置高差已给定的情况下，管径大小对流动压力损失的影响很大。对连接管路管径的选择及保温应进行必要的核算比较，以求得理想的结果。

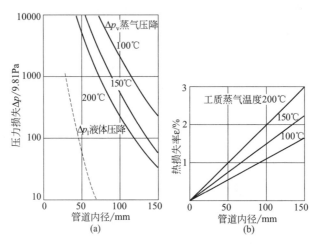

图 8-26　管道内径与压力损失、散热损失的关系

③ 分离式热管换热器的特殊功能　分离式热管换热器具有一些常规换热器不具备的功能。

a. 一种热流体可同时加热两种以上的冷流体。如图 8-27 所示，一种热流体（如烟气）流过蒸发段，热管内汽化了的工质蒸气分成两路，预热两种不同的流体（如空气和煤气）。其突出的优点是：同时加热两种流体；远距离加热易燃易爆气体，比较安全。

b. 管排内的蒸气温度的调整。如图 8-28 所示，在分离式热管换热器中，改变蒸气上升管和液体下降管的连接次序，可以调整管排内的蒸气温度。如图 8-28(a) 所示，是将高温气体进口第一排管束（EX）的蒸气上升管和液体下降管（图中用一根线表示）连接到低温气体进口的第一排管束上。由图 8-28(b) 可见，EX 排管内的蒸气温度明显高于其他各排。这样调整的结果提高了低温气体进口第一排管束的管壁温度，避免了低温气体（含腐蚀性介质）对管壁的露点腐蚀。

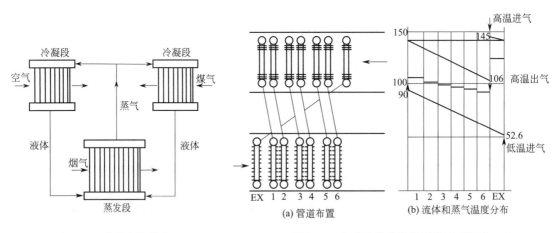

图 8-27　多种流体换热　　　　　　图 8-28　分离式热管换热器的温度调整

c. 可附设辅助加热装置。当换热器用于回收工业余热时，当烟气量低于设计值（炉子负荷波动）时，管壁的温度可能会低于烟气露点，特别是当炉子是在间隙操作的情况下，问题更为严重。因为当停车后积存在管壁上的硫化物会很快吸收空气中的水分，形成稀硫酸而腐蚀管壁。为了防止这一现象出现，可在分离式热管换热器的降液管上附设辅助加热装置。辅助加热的热源可以用电、蒸汽或其他热源。当设备停车、低负荷运转或再次开车时，均可使用辅助加热器保持壁温在烟气露点温度之上。在设备运转正常之后，即可停止辅助加热。图 8-29 所示为这种装置的示意。

d. 可附设升液装置。分离式热管换热器的冷凝段总是高于蒸发段，以便依靠位差实现气-液自然循环。当冷凝段位置低于蒸发段的位置时，自然循环便无法实现。此时可在高温气流中分出一定量的高温热流体流经位于蒸发段下方的升液装置，使通过该装置管内的回流液体形成气、液混合物上升到蒸发段内继续受热汽化，完全成为蒸气，然后流向冷凝段冷却，冷凝液体再次流回到升液装置的管内被加热形成气、液混合物，如此实现自然循环。图 8-30 所示为这种流程的示意。

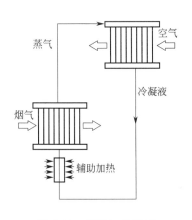

图 8-29　辅助加热示意

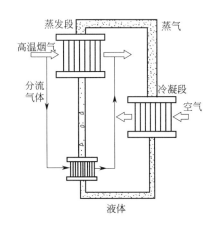

图 8-30　升液流程示意

分离式热管换热器存在的主要缺点为：管路的热损失量比单管组合式大，施工过程中管路连接的焊接工作量很大，焊缝质量要求高。更重要的是分离式热管换热器属于压力容器范畴，在制造和检验两个方面都有更高的要求，这样也就增加了成本。

④ 分离式热管换热器的流动特性　在保证热管工作效率及安全性的前提下，分离式热管蒸发段工质的流动形式除单相液流、泡沫流（低热流密度时为弹状流）外，在蒸发段上部约占 42%～50% 的区域存在不稳定的飞溅降膜传热区，上升蒸气携带大量液滴飞到管内壁上形成了不连续的液膜，在重力作用下，液膜边降落边流动，进行蒸发换热。各流动区域所占比例随热流密度的不同有所改变。热流密度增加，单相液流区缩小，泡状流区增大，飞溅降膜区缩小。飞溅降膜区的流动存在时间和空间上的不连续性，因而对传热有相当大的影响。飞溅频率及高度均与热流密度有关，随热流密度增加，飞溅频率增加并趋于稳定值，飞溅高度在低热流密度时变动较大，高热流密度时趋于稳定。即飞溅降膜的长度与热管的充液率和热流密度有关，在这个区段内蒸发过程强烈，因而对蒸发段的传热特性有明显的影响。

（3）回转式热管换热器

单管组合式和分离式热管换热器的管束都是静止的，而回转式热管换热器的全部热管在操作中是围绕着回转轴线不断转动的，它的最大优点是清灰比较方便，所以适用于含尘较多的烟气的余热回收，回收的余热可以加热空气（气-气式），也可以加热水以产生热水或蒸汽（气-水式）。它的应用范围见表 8-3。

表 8-3　回转式热管换热器的应用范围

烟气性质	烟气温度/℃	含尘浓度/[g/m³(标)]	流量/[m³(标)/s]
含尘气体	100～350	0.05～30	1.39～13.8

① 结构形式　回转式热管换热器按热管自身轴线和其回转轴线所处的相对位置可分为两种不同的结构形式，即同心圆排列和放射状排列。

a. 同心圆排列回转式热管换热器。这种热管换热器内所有热管的轴线和回转轴线是相互平行的。热管在管板上呈同心圆状排列，其具体结构如图 8-31 所示。图 8-31(a) 所示为加热空气的结构形式，热管在中央管板上呈同心圆状排列，管板固定在中心回转轴上，随转轴一起转动。管板和壳体之间有动密封装置，保证两边的流体不泄漏。图 8-31(b) 为产生蒸汽的结构形式。水从空心回转轴的一端进入蒸汽室内，喷洒到热管冷凝段上，产生的蒸汽从空心转轴的另一端引出。

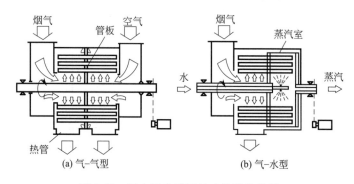

(a) 气-气型　　　　(b) 气-水型

图 8-31　同心圆排列回转式热管换热器

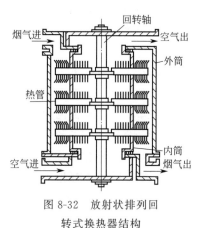

图 8-32　放射状排列回转式换热器结构

b. 放射状排列回转式热管换热器。图 8-32 所示为放射状排列回转式热管换热器的结构示意。这种热管换热器的热管自身轴线和回转轴线是相互垂直的。换热器由内外两个同心圆筒组成，外圆筒固定不动。热管的中部固定在内圆筒壁上，并呈放射状排列，回转轴与圆筒的一端相连接，通过热管带动内圆筒回转。热气流（烟气）在内圆筒的外侧自上而下流过翅片热管的加热段。冷气流（空气）由上而下流过内圆筒内侧，接受热管冷凝段放出的热量而被加热。这种换热器适用于含有黏性雾状物的气体。加热段的翅片向外弯曲，有利于离心力排除积存于翅片上的雾滴。

② 回转式热管换热器的工作特性

a. 离心力对热管传热性能的影响。对放射状排列回转热管换热器中的热管来说（见图8-32），由于热管加热段是在换热器内圆筒的外侧，离心力促使热管内冷凝段的工作液体向加热段流动，故对热管的传热功能有强化作用。但在同心圆排列的情况下（见图 8-31），离心力的作用使热管管内的工作液体偏向于管壁的一侧，结果使管壁两侧出现明显温差。实验表明，在热管内壁有轴向沟槽吸液芯的热管要比无沟槽的光滑内壁热管的温差要小得多。

b. 回转式热管换热器单管的最大传热能力。回转式热管换热器中的单根热管的最大传热能力随回转速度增加而增大，但热管内部结构在离心力场中所起的作用很显著。回转式热管的最大传热能力随转速的增大而增大，但有吸液芯的热管的增大速度要比无吸液芯的热管快。在 140r/min 的情况下，有吸液芯热管的最大传热能力几乎比无吸液芯热管的最大传热能力大了一倍。

c. 回转式热管换热器的管外换热系数。热管换热器的传热阻力主要来自热管的外部。而热管外部的传热阻力又主要体现在管外流体对热管的换热系数的大小上。由于回转式热管换热器的热管与管外换热流体有相对运动，因而大大改善了二者之间的换热条件，表现在管外流体对热管管壁的换热系数随回转速度增加而增大。图 8-33 所示为一同心圆排列的回转热管换热器管外传热系数随回转速度变化的情况。研究表明：回转式热管换热器的管外换热系数比静止式的热管换热器的管外换热系数大 1.2 倍。图中箭头指示方向为回转速度增大的方向。

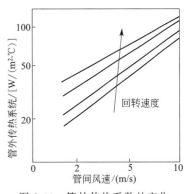

图 8-33　管外传热系数的变化

8.7.2　热管换热器的设计

热管换热器设计计算的主要任务在于求取总传热系数 K，然后根据平均温差及热负荷求得总传热面积 A，从而定出管子根数。由此可见，热管换热器的设计应考虑如下几点。

① 热管换热器设计时，应把迎面风速（标况）限制在 2～3m/s 的范围内，风速过高会导致压力降过大和动力消耗增加，风速过低会导致管外对流传热系数降低，管子的传热能力得不到充分的发挥。

② 在设计前应对热管（翅片管）的一些参数有所了解，以便根据实际情况选择合适的参数作为原始数据。表 8-4 列出了一些常用参数值。

表 8-4　热管换热器设计中的常用参数

参　　数	使用场合		备注
	空调及一般工业	大型装置	
管长/mm	610～4880	3000～6000	1～1.2 多为有色金属烟气侧，一般 3～6
管子外径/mm	25.4	32～51	
壁厚/mm	1～1.2,1.65	＞2.5	
翅片数/片·$(25.4mm)^{-1}$	8,11,14	3 或 6	
翅片高度/mm	12.5～14	15.9,19	
翅片厚度/mm	0.17～0.58	1.27	
管排数	3,4,5,6,7	6,7,12	
管子排列方式	错列(多)顺列(少)		

表中参数对热管换热器设计具有一定的作用，单从制造角度来看，管子外径、翅片高度、

翅片厚度和翅片间距不希望有过多的变化，因为翅片焊接（镶嵌）机器的参数变化范围有限。

一般单根热管的传输功率随加热段长度的增加而增加，管径增大，传热面也增大，且热管内部阻力减小，故传递功率也随之增大。管径为 25mm 的热管，加热段一般长 500～2300mm，在气-气换热条件下其功率大致为 1.15～3.5kW。管径 51mm 的热管一般加热段长为 2400～2750mm，传递功率约为 6～7kW。这与加热段的翅片数及两种流体的温差有关。需要指出的是这并不表明热管只能传递这样多的功率，实验表明，在大温差或气-液换热的情况下，热管的传热能力远远大于此数值。一根长为 1.5m、外径为 25mm、管内带有轴向槽道的铜-钢复合管，水为介质，在水平位置情况下，一端用电阻丝加热，一端用水套冷却，传输功率大于 4kW。因而一般热管换热器设计主要不是考虑热管内部的极限能力，而是考虑输入和输出的传热条件，除非在管径很细、管子很长、翅片很密或工作介质的传输因数较低（联苯等有机介质）的情况下。总之，热管的内部传热极限能力一般不是首先考虑的因素。

③ 对新型热管以及在缺少经验的情况下，一些重要的设计参数公式（传热系数、压力降）必须进行实验，予以验证后才能确定。

常用的热管换热器设计方法有 3 类，即常规计算法、离散计算法和定壁温计算法。

常规计算法的出发点是把整个热管换热器看成为一块热阻很小的间壁，因而可以采用常规间壁式换热器的设计方法进行计算。而离散型计算法的出发点是认为通过热管换热器换热的热流的温度变化不是连续的，而是阶梯式变化的，因而可以通过离散的方法建立传热模型，并进行设计计算。定壁温计算法则主要是针对热管换热器在运行中易产生露点腐蚀和积灰而提出的。主要目的是要把各排热管（特别是烟气出口处的几排）的壁温都要控制在烟气的露点之上，从而可免除露点腐蚀以及因结露而形成灰堵。

(1) 常规设计计算法

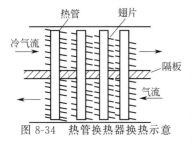

图 8-34 热管换热器换热示意

图 8-34 所示为热管换热器换热示意，热流体流过隔板的一侧，将热量传给带有翅片的热管，并通过热管将热量传至另一侧。热流体沿流动方向不断被冷却。原则上可以把热管群看成是一块热阻很小的"间壁"，热流体通过"间壁"的一侧不断冷却，冷流体通过"间壁"的另一侧不断被加热，因而热管换热器的设计计算基本上与常规间壁式换热器的计算方法相同。

① 肋（翅）片导热　一般热管换热器的热管外部总带有翅片，以弥补气-气换热时对流传热系数小的缺陷。然而所加翅片并非全部有效，如图 8-35 所示，沿热流方向翅片本身存在温度梯度，因而常引进肋效率（肋片效率）η_f 的概念。肋效率的定义为翅片实际的传热效率除以翅片处具有管壁温度这个假定情况下的传热率。肋效率是 $l_f\sqrt{\dfrac{2\alpha_f}{\lambda_w\delta_f}}$ 和 $\dfrac{r_f}{r_o}$ 的函数，不同形式翅片的肋效率可从类似于图 8-36 的图中查取。图 8-36 所示为矩形剖面圆翅片的肋效率。这里的 l_f 是翅片高，h_f 是流体对翅片管的对流传热系数，λ_w 是翅片材料的热导率，δ_f 是翅片厚度，r_f 是翅片的外半径，r_o 是管子的外半径。如图 8-36 所示为在不同的 r_f/r_o 情况下 η_f 随 $l_f\sqrt{\dfrac{2\alpha_f}{\lambda_w\delta_f}}$ 的变化情况。由图可见，当 $l_f\sqrt{\dfrac{2\alpha_f}{\lambda_w\delta_f}}$ 一定时，r_f/r_o 越大，η_f 则越

低，故翅片太高并不有利，一般热管翅片的高度均取等于管子的外半径。还可看出，δ_f 大，则 η_f 也大，故翅片过薄不仅不耐腐蚀，而且效率也不高。国内热管的高频焊碳钢翅片厚度大多为 1mm 和 1.2mm。

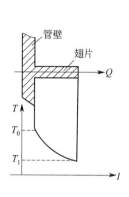
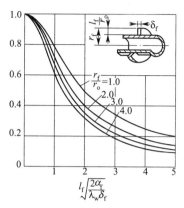
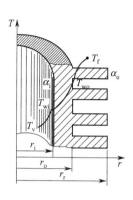

图 8-35　翅片的温度梯度　　　图 8-36　圆翅片管的肋效率　　　图 8-37　翅片管传热

翅片管另一个重要参数是名义肋化系数 β。它的定义是：加肋后的总表面积与未加肋时表面积之比。对于圆翅片管，β 值为

$$\beta = \frac{A_f + A_r}{A_o} \tag{8-74}$$

式中　A_f——翅片表面积，m^2；

　　　A_r——翅片之间光管面积，m^2；

　　　A_o——光管外表面积，m^2。

② 翅片管的传热　在图 8-37 中管外流体温度为 T，管内流体温度为 T_v，管子外壁面温度为 T_{wo}，管子内壁面温度为 T_{wi}，α_o 为管外流体的对流传热系数，α_i 为管内流体的对流传热系数。在稳态传热时可列出以下的方程（设 $T_f > T_v$）。

a. 热流体传热给管外表面

$$Q = \alpha_o A_r (T_f - T_{wo}) + \alpha_o \eta_f A_f (T_f - T_{wo}) \tag{8-75}$$
$$= \alpha_o (T_f - T_{wo})(A_r + \eta_f A_f) \tag{8-76}$$

b. 热量从外管壁传到内管壁（为简便计，将圆管看成为平壁导热，当 $\dfrac{d_o}{d_1} \leqslant 2$ 时，可作为平壁计算，一般热管均满足此条件）

$$Q = A_w \frac{\lambda_w}{\delta_w} (T_{wo} - T_{wi}) \tag{8-77}$$

式中　A_w——以管子中径为基准的圆管面积，m^2；

　　　λ_w——管材的热导率，$W/(m \cdot K)$；

　　　δ_w——管壁厚度，m。

c. 热量从内管壁传给管内流体

$$Q = \alpha_i A_i (T_{wi} - T_v) \tag{8-78}$$

式中　A_i——管子内表面积，m^2。

将式（8-76）～式（8-78）整理后可得

$$Q=\frac{T_{\mathrm{f}}-T_{\mathrm{v}}}{\dfrac{1}{\alpha_{\mathrm{o}}(A_{\mathrm{r}}+\eta_{\mathrm{f}}A_{\mathrm{f}})}+\dfrac{\delta_{\mathrm{w}}}{\lambda_{\mathrm{w}}}\times\dfrac{1}{A_{\mathrm{w}}}+\dfrac{1}{\alpha_{\mathrm{i}}A_{\mathrm{i}}}}=\alpha A\,(T_{\mathrm{f}}-T_{\mathrm{v}}) \tag{8-79}$$

$$K=\frac{1}{\dfrac{A}{\alpha_{\mathrm{o}}(A_{\mathrm{r}}+\eta_{\mathrm{f}}A_{\mathrm{f}})}+\dfrac{\delta_{\mathrm{w}}}{\lambda_{\mathrm{w}}}\times\dfrac{A}{A_{\mathrm{w}}}+\dfrac{A}{\alpha_{\mathrm{i}}A_{\mathrm{i}}}} \tag{8-80}$$

式中 A——作为基准的传热面积;

K——对不同的计算基准面有不同的值。对于以翅片侧总表面积 A_{h} 而言的肋壁传热系数 K_{h} 为

$$K_{\mathrm{h}}=\frac{1}{\dfrac{A_{\mathrm{h}}}{\alpha_{\mathrm{o}}(A_{\mathrm{r}}+\eta_{\mathrm{f}}A_{\mathrm{f}})}+\dfrac{\delta_{\mathrm{w}}}{\lambda_{\mathrm{w}}}\times\dfrac{A_{\mathrm{h}}}{A_{\mathrm{w}}}+\dfrac{A_{\mathrm{h}}}{\alpha_{\mathrm{i}}A_{\mathrm{i}}}} \tag{8-81}$$

式中,$A_{\mathrm{h}}=(A_{\mathrm{r}}+A_{\mathrm{f}})$,此时有

$$Q=K_{\mathrm{h}}A_{\mathrm{h}}(T_{\mathrm{f}}-T_{\mathrm{v}}) \tag{8-82}$$

对以光管表面积而言,肋壁传热系数为

$$K_{\mathrm{o}}=\frac{1}{\dfrac{A_{\mathrm{o}}}{\alpha_{\mathrm{o}}(A_{\mathrm{r}}+\eta_{\mathrm{f}}A_{\mathrm{f}})}+\dfrac{\delta_{\mathrm{w}}}{\lambda_{\mathrm{w}}}\times\dfrac{A_{\mathrm{o}}}{A_{\mathrm{w}}}+\dfrac{A_{\mathrm{o}}}{\alpha_{\mathrm{i}}A_{\mathrm{i}}}} \tag{8-83}$$

此时有

$$Q=K_{\mathrm{o}}A_{\mathrm{o}}(T_{\mathrm{f}}-T_{\mathrm{v}}) \tag{8-84}$$

③ 翅片热管的传热 翅片热管热流路径如图 8-38 所示,用符号 h 表示加热段,c 表示冷却段。如暂不考虑内部吸液芯的作用,对于加热段,热流体温度为 T_{fh},T_{v} 代表管内介质蒸气温度。对于热管,在加热段和冷凝段的管内蒸气温度基本相等,冷流体温度为 t_{fc}。用 $r_{\mathrm{w}}=\delta_{\mathrm{w}}/\lambda_{\mathrm{w}}$ 表示管壁热阻,$r_{\mathrm{y}}=\delta_{\mathrm{y}}/\lambda_{\mathrm{y}}$ 表示活动污垢热阻,其中 δ_{y} 为污垢层厚度,λ_{y} 为污垢层热导率,将式(8-81) 分别用于加热段和冷却段,并考虑污垢热阻的影响,可得到加热段和冷却段的传热系数。对于加热段,有

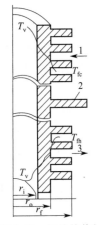

图 8-38 翅片管传热

$$\frac{1}{K_{\mathrm{hh}}}=\frac{A_{\mathrm{hh}}}{\alpha_{\mathrm{oh}}(A_{\mathrm{rh}}+\eta_{\mathrm{f}}A_{\mathrm{fh}})}+r_{\mathrm{wh}}\frac{A_{\mathrm{hh}}}{A_{\mathrm{wh}}}+r_{\mathrm{yh}}\frac{A_{\mathrm{hh}}}{A_{\mathrm{yh}}}+\frac{A_{\mathrm{hh}}}{\alpha_{\mathrm{ih}}A_{\mathrm{ih}}} \tag{8-85}$$

$$\frac{1}{K_{\mathrm{hc}}}=\frac{A_{\mathrm{hc}}}{\alpha_{\mathrm{oh}}(A_{\mathrm{rc}}+\eta_{\mathrm{f}}A_{\mathrm{fc}})}+r_{\mathrm{wc}}\frac{A_{\mathrm{hc}}}{A_{\mathrm{wc}}}+r_{\mathrm{yc}}\frac{A_{\mathrm{hc}}}{A_{\mathrm{yc}}}+\frac{A_{\mathrm{hc}}}{\alpha_{\mathrm{ic}}A_{\mathrm{ic}}} \tag{8-86}$$

式中 A_{hh}——单根热管加热段的管外总表面积,m^2;

A_{hc}——单根热管冷却段的管外总表面积,m^2;

A_{rh}——单根热管加热段的管外翅片间光管面积,m^2;

A_{rc}——单根热管冷却段的管外翅片间光管面积,m^2;

A_{fh}——单根热管加热段的管外翅片总面积,m^2;

A_{fc}——单根热管冷却段的管外翅片总面积,m^2;

r_{wh}——单根热管加热段的管壁热阻;

A_{wh}——单根热管加热段的管壁表面积,m^2;

r_{yh}——单根热管加热段的活动污垢热阻；

A_{yh}——单根热管加热段的污垢总表面积，m^2；

α_{ih}——单根热管加热段管内的对流传热系数；

A_{ih}——单根热管加热段的内总表面积，m^2；

r_{wc}——单根热管冷却段的管壁热阻；

A_{wc}——单根热管冷却段的管壁表面积，m^2；

r_{yc}——单根热管冷却段的活动污垢热阻；

A_{yc}——单根热管冷却段的污垢总表面积，m^2；

α_{ic}——单根热管冷却段管内的对流传热系数；

A_{ic}——单根热管冷却段的内总表面积，m^2。

加热段的传热方程为

$$Q = K_{hh} A_{hh} (T_{fh} - T_v) \tag{8-87}$$

冷却段的传热方程为

$$Q = K_{hc} A_{hc} (T_v - T_{fc}) \tag{8-88}$$

式中　K_{hh}——加热段以各段管外总表面积为基准的传热系数，$W/(m^2 \cdot ℃)$；

K_{hc}——冷却段以各段管外总表面积为基准的传热系数，$W/(m^2 \cdot ℃)$。

将式(8-87) 和式(8-88) 整理后可得

$$T_{fh} - T_v = \frac{Q}{K_{hh} A_{hh}} \tag{8-89}$$

$$T_v - T_{fc} = \frac{Q}{K_{hc} A_{hc}} \tag{8-90}$$

两式相加消去 T_v 后，可得

$$Q = \frac{T_{fh} - T_{fc}}{\dfrac{1}{K_{hh} A_{hh}} + \dfrac{1}{K_{hc} A_{hc}}} \tag{8-91}$$

对于热管换热器，一般总是以加热段管外侧的总表面积 A_{hh} 为计算基准的，故

$$A_{hh} = A_{rh} + A_{fh} \tag{8-92}$$

因而对应于 A_{hh} 的热管总传热系数 K_H 为

$$K_H = \frac{1}{\dfrac{A_{hh}}{K_{hh} A_{hh}} + \dfrac{A_{hh}}{K_{hc} A_{hc}}} = \frac{1}{\dfrac{1}{K_{hh}} + \dfrac{1}{K_{hc}} \times \dfrac{A_{hh}}{A_{hc}}} \tag{8-93}$$

将式(8-85) 和式(8-86) 代入式(8-93) 可得

$$\frac{1}{K_H} = \frac{A_{hh}}{\alpha_{oh} (A_{rh} + \eta_f A_{fh})} + r_{wh} \frac{A_{hh}}{A_{wh}} + r_{yh} \frac{A_{hh}}{A_{yh}} + \frac{A_{hh}}{\alpha_{ih} A_{ih}} +$$

$$r_{wc} \frac{A_{hh}}{A_{wc}} + r_{yc} \frac{A_{hh}}{A_{yc}} + \frac{A_{hh}}{\alpha_{ic} A_{ic}} + \frac{A_{hh}}{\alpha_{oh} (A_{rc} + \eta_f A_{fc})} \tag{8-94}$$

式(8-94) 中并未考虑吸液芯导热和管内蒸气流动的影响。在考虑吸液芯的情况下，蒸发段的管内传热系数应包括吸液芯的导热和表面蒸发两项，同样在冷凝段也应包括表面冷凝和吸液芯导热两项。在不计吸液芯和蒸气流动所造成的热阻的情况下，式(8-94) 就具有如下的形式。

$$\frac{1}{K_H} = \frac{A_{hh}}{\alpha_{oh}(A_{rh} + \eta_f A_{fh})} + r_{wh}\frac{A_{hh}}{A_{wh}} + r_{yh}\frac{A_{hh}}{A_{yh}} + \frac{1}{\alpha_{Hph}} \times \frac{A_{hh}}{A_{ih}} +$$
$$r_{wc}\frac{A_{hh}}{A_{wc}} + r_{yc}\frac{A_{hh}}{A_{yc}} + \frac{1}{\alpha_{Hpc}} \times \frac{A_{hh}}{A_{ic}} + \frac{A_{hh}}{\alpha_{oh}(A_{rc} + \eta_f A_{fc})} \tag{8-95}$$

式中 α_{Hph}——以 A_{ih} 为基准的热管内部蒸发传热系数，W/(m² · ℃)；

$\quad\quad \alpha_{Hpc}$——以 A_{ic} 为基准的热管内部冷凝传热系数，W/(m² · ℃)，$\alpha_{Hpc} \approx 1.2 \sim 12\text{W}/$ (m² · ℃)。

实验表明，简略计算时，可令 $\alpha_{Hph} = \alpha_{Hpc} \approx 5.8\text{W}/(\text{m}^2 \cdot ℃)$，再令

$$\alpha_{oeh} = \frac{\alpha_{oh}(A_{rh} + \eta_f A_{fh})}{A_{hh}} \tag{8-96}$$

$$\alpha_{oec} = \frac{\alpha_{oh}(A_{rc} + \eta_f A_{fc})}{A_{hc}} \tag{8-97}$$

式中 α_{oeh}——加热段管外的有效传热系数；

$\quad\quad \alpha_{oec}$——冷却段管外的有效传热系数。

最后式(8-95) 可写为

$$\frac{1}{K_H} = \frac{1}{\alpha_{oeh}} + r_{wh}\frac{A_{hh}}{A_{wh}} + r_{yh}\frac{A_{hh}}{A_{yh}} + \frac{1}{\alpha_{Hph}} \times \frac{A_{hh}}{A_{ih}} + \frac{1}{\alpha_{Hpc}} \times$$
$$\frac{A_{hh}}{A_{ic}} + r_{wc}\frac{A_{hh}}{A_{wc}} + r_{yc}\frac{A_{hh}}{A_{yc}} + \frac{1}{\alpha_{oec}} \times \frac{A_{hh}}{A_{hc}} \tag{8-98}$$

一般情况下，热管换热器中冷、热流体的隔板放在管的中央。此时冷侧和热侧管外总面积相等（冷、热侧翅片参数相同时）。若冷流体是干净的空气，则式(8-98) 简化成为

$$\frac{1}{K_H} = \frac{1}{\alpha_{oeh}} + 2r_{wh}\frac{A_{hh}}{A_{wh}} + r_{yh}\frac{A_{hh}}{A_{yh}} + \left(\frac{1}{\alpha_{Hph}} + \frac{1}{\alpha_{Hpc}}\right) \times \frac{A_{hh}}{A_{ic}} + \frac{1}{\alpha_{oec}} \tag{8-99}$$

式(8-99) 常用来计算热管空气预热器。

在解决了热管换热器的总传热系数 K_H 之后，就可写出热管换热器的总传热方程式为

$$Q = K_H A_{Hh} \Delta T_m \tag{8-100}$$

式中 Q——热管换热器总传热量，kJ/s；

$\quad\quad K_H$——热管换热器的总传热系数，W/(m² · ℃)；

$\quad\quad A_{Hh}$——热管换热器加热段管外总面积，m²。

$\quad\quad \Delta T_m$——热管换热器的对数平均温差，℃。

一般情况下 Q 可从冷、热流体的热平衡方程式求出。从式(8-98) 求出 K_H，代入式(8-100)，可求出 A_{Hh}，若已知热管换热器单位长度的总表面积 A_{Hh}，就可得所需热管的总长度，从而求得热管的根数。

④ 流体横向掠过翅片管的对流传热系数 α_f 在以上分析中，α_o 这一对流传热系数是横向掠过光管或光管管束的传热系数，K_H 即是用这一传热系数代入式(8-99) 求出来的。其准数方程式为

$$Nu = c Re^{0.6} Pr^{\frac{1}{3}} \tag{8-101}$$

对叉排管束，$c = 0.33$；对顺排管束，$c = 0.26$；Nu 数、Pr 数及 Re 数定义如下

$$Nu = \frac{\alpha_o d_o}{\lambda_f} \tag{8-102}$$

$$Pr = \frac{\mu_f c_{pf}}{\lambda_f} \tag{8-103}$$

$$Re = \frac{\rho_f u_{fmax} d_o}{\mu_f} \tag{8-104}$$

式中 d_o——光管外径，m；

u_{fmax}——流体横向掠过管束的最大流速，m/s；

λ_f——流体的热导率，W/(m·K)；

c_{pf}——流体的定压比热容，kJ/(kg·℃)；

ρ_f——流体的密度，kg/m³；

μ_f——流体的动力黏度，kg/(m²·h)。

显然流体横向流过光管管束和横向流过翅片管束的流动情况存在着很大差异，因而对带翅片的热管换热器管外侧换热系数，应以流体横向流过翅片管束的换热系数 α_f 来代替 α_o 更为合理。求 α_f 的准则方程一般具有如下形式

$$Nu_f = c_1 Re_f^{c_2} Pr_f^{\frac{1}{3}} \tag{8-105}$$

式中 c_1、c_2——常数，其大小和肋片的几何形状有关。

Briggs 和 Yonug 综合出下列实验方程

$$Nu_f = 0.134 Re_f^{0.681} Pr_f^{\frac{1}{3}} \left(\frac{s_f}{l_f}\right)^{0.200} \left(\frac{s_f}{\delta_f}\right)^{0.1134} \tag{8-106}$$

式中 $\dfrac{s_f}{l_f}$——翅片间距与翅高之比；

$\dfrac{s_f}{\delta_f}$——翅片间距与翅片厚度之比。

s_f、δ_f 和 l_f 如图 8-39 所示。

由式(8-102) 和式(8-106) 可得

$$\alpha_f = 0.134 \frac{\lambda_f}{d_o} Re_f^{0.681} Pr_f^{\frac{1}{3}} \left(\frac{s_f}{l_f}\right)^{0.200} \left(\frac{s_f}{\delta_f}\right)^{0.1134} \tag{8-107}$$

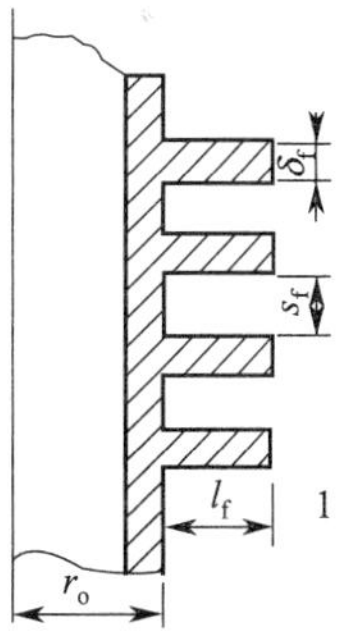

式中，

$$Re_f = \frac{m_{fmax} d_o}{\mu_f} \tag{8-108}$$

式中：d_o——光管外径，m；

m_{fmax}——流体最大质量流速，kg/h；

μ_f——流体动力黏度，kg/(m²·h)。

图 8-39 翅片几何参数

$$m_{fmax} = \frac{\rho_f V_f}{NFA} \tag{8-109}$$

式中 ρ_f——标况下流体的密度，kg/m³；

V_f——标况下流体的体积流量，m³/h；

NFA——管束的最小流通面积，m²。

$$NFA = \left[(S_T - d_o) - 2(l_f \delta_f n_f)\right] lB \tag{8-110}$$

式中　S_T——气流垂直方向的管间距（中心距），m；

n_f——单位管长的翅片数；

l——热管长度，m；

B——迎气流方向的管子数。

式(8-106)的适用范围为：$0.125<\left(\dfrac{s_f}{l_f}\right)<0.610$，$45<\left(\dfrac{s_f}{\delta_f}\right)<80$。与工业上实际使用的热管换热器对比，以式(8-106)计算的 α_f 所求得的 K_H 偏大。南京工业大学实验研究得到的结果为

$$Nu_f=0.1370\,Re_f^{0.6338}\,Pr_f^{\frac{1}{3}} \tag{8-111}$$

该公式适用范围为：热气流温度 240～380℃，$Re_f=6000$～14000。以 α_f 表达的 K_H 计算式为

$$\frac{1}{K_H}=\frac{1}{\alpha_{feh}}+r_{wh}\frac{A_{hh}}{A_{wh}}+r_{yh}\frac{A_{hh}}{A_{yh}}+\frac{1}{\alpha_{Hph}}\times\frac{A_{hh}}{A_{ih}}+\frac{1}{\alpha_{Hpc}}\times\frac{A_{hh}}{A_{ic}}+r_{wc}\frac{A_{hh}}{A_{wc}}+r_{yc}\frac{A_{hh}}{A_{yc}}+\frac{A_{hh}}{\alpha_{fec}A_{hc}} \tag{8-112}$$

式中

$$\alpha_{feh}=\frac{\alpha_{fh}(A_{rh}+\eta_f A_{fh})}{A_{hh}} \tag{8-113}$$

$$\alpha_{fec}=\frac{\alpha_{fc}(A_{rc}+\eta_f A_{fc})}{A_{hc}} \tag{8-114}$$

⑤ 流体通过热管换热器的压力降

a. 螺旋翅片管　目前对螺旋翅片管的压降计算均采用 A. Y. Gunter 公式，即

$$\Delta p=\frac{fm_{fmax}^2 L}{2g_c D_{ev}\rho_f}\left(\frac{\mu_f}{\mu_w}\right)^{-0.14}\left(\frac{D_{ev}}{S_T}\right)^{0.4}\left(\frac{S_L}{S_T}\right)^{0.6} \tag{8-115}$$

式中　Δp——压力降，Pa；

f——摩擦系数，$f=\varphi(Re_f)$；

m_{fmax}——流体最大质量流速，kg/(m²·℃)；

L——沿气流方向的长度，m；

g_c——重力换热系数；

D_{ev}——容积当量直径，m；

ρ_f——流体密度，kg/m³；

μ_f——流体黏度，kg/(m²·h)；

μ_w——管壁下的流体黏度，kg/(m²·h)；

S_T——管束横向节距，m；

S_L——管束纵向节距（管间距），m。

Gunter 推荐对光管和翅片管在湍流区的摩擦系数为

$$f=1.92\,(Re_f)^{-0.145} \tag{8-116}$$

式中

$$Re_f=\frac{D_{ev}m_{fmax}}{\mu_f} \tag{8-117}$$

$$D_{ev} = \frac{4\mathrm{NFV}}{A_h} \tag{8-118}$$

式中　A_h——单位长度摩擦面积，m^2；

　　　NFV——流体净自由容积，m^3。

$$\mathrm{NFV} = 0.866 S_T S_L - \frac{\pi}{4} d_o^2 - \frac{\pi}{4}(d_f^2 - d_o^2)\delta_f n_f \tag{8-119}$$

式中　d_f——翅片外径，m；

　　　d_o——光管外径，m；

　　　δ_f——翅片厚度，m；

　　　n_f——单位管长的翅片数；

　　　S_T——翅片管横向间距，m；

　　　S_L——翅片管纵向间距，m。

S. L. Jameson 对螺旋翅片管作了实验，对 Gunter 公式进行了修正，修改后的公式为

$$\Delta p = \frac{f m_{fmax}^2 L}{2 g_c D_{ev} \rho_f} \left(\frac{\mu_f}{\mu_w}\right)^{-0.14} \left(\frac{D_{ev}}{S_L}\right)^{0.4} \left(\frac{S_T}{S_L}\right)^{0.6} \tag{8-120}$$

并推荐

$$f = 3.38 \, (Re_f)^{-0.25} \tag{8-121}$$

当管束为等边三角形排列时，$S_T = S_L$，式(8-120)与式(8-115)具有相同的形式。式(8-121)所得的 f 值比式(8-116)所得值小。使用时可根据实际情况参照实验值确定。

b. 圆片形翅片管

$$\Delta p = f \frac{n m_{fmax}^2}{2 g_c \rho_f} \tag{8-122}$$

式中，n 为沿流动方向的管排数。

$$f = 37.86 \left(\frac{d_o m_{fmax}}{\mu_f}\right)^{-0.316} \left(\frac{S_T}{d_o}\right)^{-0.927} \left(\frac{S_T}{S_L}\right)^{0.515} \tag{8-123}$$

⑥ 热管换热器设计程序（以气-气换热为例）

a. 原始工艺数据。在设计前一般应已知以下参数。

热气体在标准状况下的流量 $V_{fh}(m^3/h)$、冷气体在标准状况下的流量 $V_{fc}(m^3/h)$、热气体温度 T_{fh}、热气体需要降低到的最低温度 T_{2h}（这一温度一般应高于该气体在管壁上产生露点腐蚀的温度）、冷气体的进口温度 T_{1c} 及热管有关参数：管材、管内工质、翅片参数、管子的排列方式、排列尺寸、管子几何参数。

b. 计算传热量 Q、冷气体出口温度 T_{2c} 和对数平均温差 ΔT_m

（a）热气流放出热量

$$Q_h = V_{fh} \rho_{fh} c_{ph} (T_{1h} - T_{2h}) \tag{8-124}$$

（b）冷气流吸收热量

$$Q_c = (1 - \eta) Q_h \tag{8-125}$$

（c）冷气流出口温度 T_{2c}

$$T_{2c} = T_{1c} + \frac{Q_c}{V_{fc} c_{pc} \rho_{fc}} \tag{8-126}$$

（d）求对数平均温度差 ΔT_m

$$\Delta T_m = \frac{(T_{1h} - T_{2c}) - (T_{2h} - T_{1c})}{\ln \dfrac{T_{1h} - T_{2c}}{T_{2h} - T_{1c}}} \tag{8-127}$$

c. 确定迎风面积 A_{ex} 及迎风面管排数 B。一般热管换热器的设计规定迎风面标准风速为 2.0～3.0m/s，已知冷、热流体的体积流量 V，则热流体迎风面积 A_{exh} 为

$$A_{exh} = \frac{V_h}{u_N} \tag{8-128}$$

式中　V_h——热流体的体积流量（标况下），m^3/s；

　　　u_N——标况下的迎面风速，m/s。

同理，冷流体迎风面积 A_{exc} 为

$$A_{exc} = \frac{V_c}{u_N} \tag{8-129}$$

如果规定了加热侧的管长 l_e，就可求得加热侧迎风面的宽度为

$$E_h = \frac{A_{exh}}{l_e} \tag{8-130}$$

式中　E_h——加热侧的迎风面宽度，m；

　　　l_e——加热侧的热管长度，m。

从而可求得迎风面管子的根数 B，即

$$B = \frac{E_h}{S_T} \tag{8-131}$$

式中　S_T——迎风面的管子中心距（在考虑管子排列方式时一般已定）。

求出 B 后取整再复核迎面风速 u_N。

d. 求总传热系数 K_H

（a）用式(8-110)求管束最小流通截面 NFA。

（b）用式(8-109)求流体最低质量流速 m_{fmax}。

（c）用式(8-108)求Re_f。

（d）用式(8-107)求 α_f。

（e）求 η_f 及 A_{hh}，在已知翅片几何参数 l_f、s_f、δ_f 及管子几何尺寸 d_0、管子翅片材料的热导率 λ_w 的情况下，可得 η_f 及 A_{hh}。

（f）用式(8-113)和式(8-114)求 α_{fc}。

（g）求 r_w 和 r_y

$$r_w = \frac{\delta_w}{\lambda_w} \tag{8-132}$$

式中　δ_w——管壁厚度，m；

　　　λ_w——管壁材料热导率，W/（m·K）。

$$r_y = \frac{\delta_y}{\lambda_y} \tag{8-133}$$

式中　δ_y，λ_y——污垢层厚度，其热导率，可从有关资料中查取经验数据。

（h）用式(8-112)或式(8-98)求总传热系数 K_H。

e. 用式(8-82)求热管加热段管外总面积 A_{Hh}。

f. 求热管换热器总根数 n。

$$n = \frac{A_{Hh}}{A_{hh}} \qquad (8-134)$$

式中 A_{hh}——加热侧单位长度的传热面积，m^2。

g. 求换热器纵深方向排数 m（沿气流方向管排数）及沿气流方向长度 L

$$L = S_L \cos\theta m \qquad (8-135)$$

式中 S_L——等边三角形排列时的边长，此时 $S_T = S_L$（在非等边三角形排列时，S_L 为三角形的腰长）；

θ——非等边三角形排列式的 $\frac{1}{2}$ 顶角（在等边三角形时排列时，$\theta = 30°$）；

m——沿气流方向管排数。

$$m = \frac{n}{B} \qquad (8-136)$$

h. 求流体通过热管换热器的压力降

（a）用式(8-109)求 NFV。

（b）用式(8-108)求 D_{ev}。

（c）用式(8-117)求 Re_f。

（d）用式(8-116)或式(8-121)求摩擦系数 f。

（e）求平均管壁温度 $\overline{T}_w$

$$Q = \alpha_{fe} A_h (\overline{T}_f - \overline{T}_w) \qquad (8-137)$$

式中 α_{fe}——翅片热管管外的有效换热系数，$W/(m^2 \cdot ℃)$；

A_h——翅片热管换热器一侧管外总表面积，m^2；

$\overline{T}_f$——流体平均温度，$℃$；

$\overline{T}_w$——平均管壁温度，$℃$。

（f）由式(8-115)或式(8-120)求流体通过热管换热器的压力降 Δp_h、Δp_c，如 Δp 过大，可重新修正管子排列方式及迎面风速。

以上是热管换热器的一般设计程序，进行中可能要通过几次试算方可取得较为满意的结果。随着计算机应用技术的发展，可借助计算机辅助设计进行热管换热器的优化设计。

（2）离散型计算法

离散型计算法的出发点认为，热量从热流体到冷流体的传递不是通过壁面连续进行的，而是通过若干热管进行传递，热流体温度从进口的 T_{1h} 降到出口的 T_{2h}，是不连续的，呈阶梯形变化，如图 8-40 所示。同样冷流体温度从 T_{1c} 升到 T_{2c}，也是阶梯形的，因而称为"离散型"。其分析方法如下。

热流体放出的热量 Q_h 为

$$Q_h = m_{1h} c_{ph} (T_{1h} - T_{2h}) = X_h (T_{1h} - T_{2h}) \qquad (8-138)$$

式中 m_{1h}——热流体质量流量，kg/h；

c_{ph}——热流体定压比热容，$kJ/(kg \cdot ℃)$；

X_h——水当量，$X_h = m_{1h} c_p$。

同理，冷流体接受的热量为

$$Q_c = m_{1c} c_{pc} (T_{2c} - T_{1c}) = X_c (T_{2c} - T_{1c}) \qquad (8\text{-}139)$$

不计热损失时，$Q_h = Q_c$。

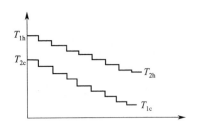

图 8-40　流体温度分布

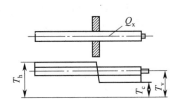

图 8-41　热管的温度分布

假定热管换热器是由尺寸和性能相同的热管组成，分为 n 排，每排 m 根热管。其中任意一排热管传输的热量 Q_x 可从图 8-41 得到，则

$$Q_x = \alpha_h A_h (T_h - T_v) = \alpha_c A_c (T_v - T_c) = S_h (T_h - T_v) = S_c (T_v - T_c) \qquad (8\text{-}140)$$

式中　α_h, α_c——热侧和冷侧的传热系数，$W/(m^2 \cdot \text{℃})$；

A_h, A_c——热侧和冷侧的传热面积，m^2；

S_h, S_c——热侧和冷侧的热导，即 $S = KA$；

T_h, T_c——热管热侧和冷侧的流体温度，℃；

T_v——热管内部工质的蒸气温度，℃。

由于热管内部工质蒸气温度在加热侧和冷却侧基本上可以认为是相等的，热流体温度 T_h 和冷流体温度 T_c 沿管长也是均匀变化的，由式(8-140) 可得

$$Q_x = \frac{T_h - T_c}{\dfrac{1}{S_h} + \dfrac{1}{S_c}} \qquad (8\text{-}141)$$

式中　Q_x——x 排管热管传输的热量，kW；

T_h, T_c——热管热侧和冷侧的流体温度，℃；

S_h, S_c——传热热阻，$m^2 \cdot \text{℃}/W$。

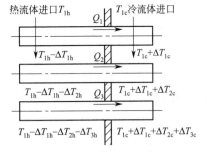

图 8-42　流体通过热管时温度的变化（顺流）

热流体和冷流体流过第 x 排热管后，温度要发生变化。由式(8-112) 和式(8-113) 可得热流体的温度降低为 ΔT_{xh} 和冷流体的温度升高为 ΔT_{xc}，即

$$\Delta T_{xh} = \frac{Q_x}{X_h} \qquad (8\text{-}142)$$

$$\Delta T_{xc} = \frac{Q_x}{X_c} \qquad (8\text{-}143)$$

根据图 8-42，可得出顺流情况下每排热管的传热量。

第一排

$$Q_1 \left(\frac{1}{S_h} + \frac{1}{S_c} \right) = \left(T_{1h} - \frac{\Delta T_{1h}}{2} \right) - \left(T_{1c} + \frac{\Delta T_{1c}}{2} \right)$$

$$= (T_{1h} - T_{1c}) - \frac{1}{2}(\Delta T_{1h} + \Delta T_{1c})$$

$$= (T_{1h} - T_{1c}) - \frac{Q_x}{2}\left(\frac{1}{X_h} + \frac{1}{X_c}\right)$$

移项合并，得

$$Q_1 = \frac{T_{1h} - T_{1c}}{\left(\dfrac{1}{S_h} - \dfrac{1}{S_c}\right) + \dfrac{1}{2}\left(\dfrac{1}{X_h} + \dfrac{1}{X_c}\right)} \tag{8-144}$$

第二排

$$Q_2\left(\frac{1}{S_h} + \frac{1}{S_c}\right) = \left(T_{1h} - \Delta T_{1h} - \frac{\Delta T_{2h}}{2}\right) - \left(T_{1c} + \Delta T_{1c} + \frac{\Delta T_{2c}}{2}\right)$$

$$= (T_{1h} - T_{1c}) - Q_1\left(\frac{1}{X_h} + \frac{1}{X_c}\right) - \frac{Q_2}{2}\left(\frac{1}{X_h} + \frac{1}{X_c}\right)$$

移项合并，得

$$Q_2 = \frac{T_{1h} - T_{1c}}{\left(\dfrac{1}{S_h} + \dfrac{1}{S_c}\right) + \dfrac{1}{2}\left(\dfrac{1}{X_h} + \dfrac{1}{X_c}\right)}\left[1 - \frac{\dfrac{1}{X_h} + \dfrac{1}{X_c}}{\left(\dfrac{1}{S_h} + \dfrac{1}{S_c}\right) + \dfrac{1}{2}\left(\dfrac{1}{X_h} + \dfrac{1}{X_c}\right)}\right] \tag{8-145}$$

同理，推出第 n 排

$$Q_n = \frac{T_{1h} - T_{1c}}{\left(\dfrac{1}{S_h} + \dfrac{1}{S_c}\right) + \dfrac{1}{2}\left(\dfrac{1}{X_h} + \dfrac{1}{X_c}\right)}\left[1 - \frac{\dfrac{1}{X_h} + \dfrac{1}{X_c}}{\left(\dfrac{1}{S_h} + \dfrac{1}{S_c}\right) + \dfrac{1}{2}\left(\dfrac{1}{X_h} + \dfrac{1}{X_c}\right)}\right]^{n-1} \tag{8-146}$$

令

$$p = \frac{\dfrac{1}{X_h} + \dfrac{1}{X_c}}{\left(\dfrac{1}{S_h} + \dfrac{1}{S_c}\right) + \dfrac{1}{2}\left(\dfrac{1}{X_h} + \dfrac{1}{X_c}\right)}$$

则整个换热器的传输热量 Q 为各排热管传输热量之和，即

$$Q = \sum_1^n Q_x = \frac{T_{1h} - T_{1c}}{\left(\dfrac{1}{S_h} + \dfrac{1}{S_c}\right) + \dfrac{1}{2}\left(\dfrac{1}{X_h} + \dfrac{1}{X_c}\right)}\left[1 + (1-p) + (1-p)^2 + \Lambda + (1-p)^{n-1}\right]$$

$$\tag{8-147}$$

式中，$\Lambda = (1-p)^m$，$m = 3、4、\cdots、n-2$。

上式方括号内是初项为 1、公比为 $1-p$ 等比级数，该级数之和为

$$\Omega = \frac{1 - (1-p)^n}{p}$$

代入式(8-147)，得

$$Q = \frac{(T_{1h} - T_{1c})\Omega}{\left(\dfrac{1}{S_h} + \dfrac{1}{S_c}\right) + \dfrac{1}{2}\left(\dfrac{1}{X_h} + \dfrac{1}{X_c}\right)} \tag{8-148}$$

同理，可导出逆流传热时的总传热量（见图 8-43）为

$$Q = \sum_1^n Q_x = \frac{T_{1h} - T_{2c}}{\left(\dfrac{1}{S_h} + \dfrac{1}{S_c}\right) + \dfrac{1}{2}\left(\dfrac{1}{X_h} + \dfrac{1}{X_c}\right)}\left[1 + (1-p') + (1-p')^2 + \Lambda + (1-p')^{n-1}\right]$$

$$(8\text{-}149)$$

式中，$\Lambda = (1-p')^m$，$m = 3、4、\cdots、n-2$；

$$p' = \frac{\dfrac{1}{X_h} - \dfrac{1}{X_c}}{\left(\dfrac{1}{S_h} + \dfrac{1}{S_c}\right) + \dfrac{1}{2}\left(\dfrac{1}{X_h} - \dfrac{1}{X_c}\right)}$$

该级数之和 $\Omega' = \dfrac{1 - (1-p')^n}{p'}$，所以

$$Q = \frac{(T_{1h} - T_{2c})\Omega'}{\left(\dfrac{1}{S_h} + \dfrac{1}{S_c}\right) + \dfrac{1}{2}\left(\dfrac{1}{X_h} - \dfrac{1}{X_c}\right)} \qquad (8\text{-}150)$$

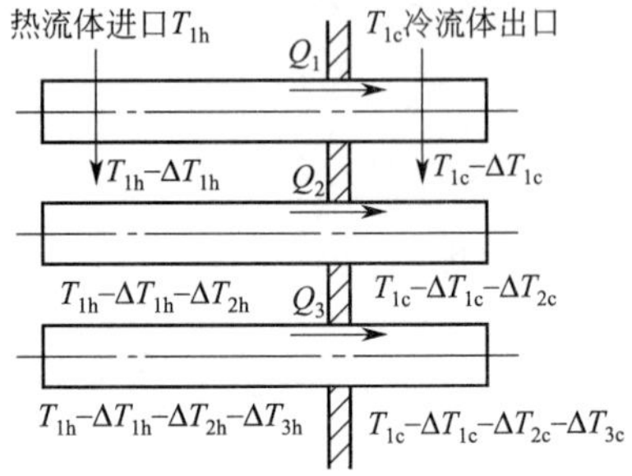

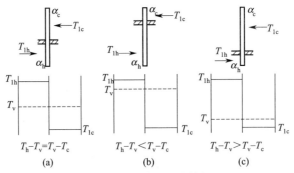

图 8-43　流体通过热管时
温度的变化（逆流）

根据式（8-143）应有

$$\Delta T_c = \frac{Q}{X_c} = T_{2c} - T_{1c}$$

即

$$T_{2c} = \frac{Q}{X_c} + T_{1c} \qquad (8\text{-}151)$$

将式（8-151）代入式（8-150），并加以变换，整理可得

$$Q = \frac{(T_{1h} - T_{1c})\Omega'}{\left(\dfrac{1}{S_h} + \dfrac{1}{S_c}\right) + \dfrac{1}{2}\left(\dfrac{1}{X_h} - \dfrac{1}{X_c}\right) + \dfrac{\Omega'}{X_c}} \qquad (8\text{-}152)$$

式（8-148）和式（8-152）分别为顺流和逆流情况下换热器总传热量的表达式。

（3）定壁温计算法

定壁温计算法是指将热管换热器的每排热管的壁温都控制在烟气露点温度之上。这种设计方法是建立在管内蒸气温度可调整的基础之上的。热管的结构特点决定了热管内蒸气温度有如图 8-44 所示的温度特性。

图中 (a)　$T_h - T_v = T_v - T_c$　(b)　$T_h - T_v < T_v - T_c$　(c)　$T_h - T_v > T_v - T_c$

图 8-44　热管的温度特性

假设冷、热流体的管外对流传热系数近似相等，则如图 8-44(a) 所示是冷、热侧传热面积相等的情况，此时，$\alpha_h A_h = \alpha_c A_c$，则必有 $T_h - T_v = T_v - T_c$。而如图 8-44(b) 所示则为 $\alpha_h A_h > \alpha_c A_c$ 的情况，应有 $T_h - T_v < T_v - T_c$。如图 8-44(c) 所示为 $\alpha_h A_h < \alpha_c A_c$ 的情况，

应有 $T_h - T_v > T_v - T_c$。因而调整 αA 的值,可使热管的蒸气温度 T_v 接近热流体或远离热流体温度。由于热管的管壁温度基本上与管内蒸气温度相近,故可用调整 (αA) 值的办法来控制热管管壁温度。定壁温计算法首先采用常规计算法,大致算出热管换热器的概略尺寸及管排数,然后再用离散型的计算方法逐排计算每排的壁温、传热量、冷流体的温升、热流体

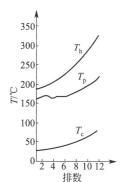

图 8-45 热管的壁温

的温降,并调整到满意值。由于对每一排来说,进行上述计算所用公式是相同的,而通过每一排时气流的物理性质是变化的,因此利用计算机进行计算会带来很大方便。在掌握了常规计算法和离散计算法之后,再进行定壁温计算就容易多了。

如图 8-45 所示是由计算机计算绘出的各排温度。由图可见,管壁温度 T_p 始终靠近烟气温度 T_h,当烟气温度降至 185℃时,管壁温度仍维持在 160℃以上。这在常规的间壁式换热器中是很难做到的。因为,一般情况下,在间壁式换热时,壁温总是接近对流传热系数较大的流体温度。例如某些常规换热设备在低温流体进口处过早被腐蚀破坏,就是由于烟气侧的对流传热系数小于空气侧的对流传热系数,造成管壁温度过低,引起烟气结露并腐蚀管壁的原因。通过热管的定壁温设计,可以避免这一缺点。

参 考 文 献

[1] 孙兰义.换热器工艺设计 [M].北京:中国石化出版社,2015.
[2] 王刚,巨永林.用于天然气液化流程的组合式低温热管换热器的实验测试 [J].化工学报,2015,A2:1323～1331.
[3] 许志鹏.热管换热器管板的有限元应力分析 [D].南京:南京工业大学,2015.
[4] 孙洋.热管换热器回收单东矿矿井回风热能预热新风的研究 [D].邯郸:河北工程大学,2015.
[5] 张任平,孙健,汪和广,等.陶瓷窑炉余热回收用热管换热器的传热特性 [J].中国陶瓷,2015,4:45～49.
[6] 曹魏佳.脉动热管热换热器传热性能及工程应用技术研究 [D].长春:长春工程学院,2015.
[7] 杨红江.低温热管换热器的设计和应用 [J].城市建筑,2015,11:378～379.
[8] 黄堪飞,袁迪.浅谈热管及热换热器的应用 [J].科技风,2015,12:93～94.
[9] 廖阔,李步广,顾智窗,等.玻璃窑尾烟气热管换热器的设计 [J].中国机械,2015,10:121～122.
[10] 蒋晏平.基于污水热利用的热管换热器研究 [D].重庆:重庆大学,2014.
[11] 宋肖.工业余热回收热管换热器的实验研究 [D].天津:天津大学,2014.
[12] 杨郁满.热管换热器内温度场和流场数值模拟及分析 [D].抚顺:辽宁石油化工大学,2014.
[13] 张明光,张培鹏,陈惠宁,等.热管换热器回收煤矿回风余热预热矿井进风研究 [J].煤矿安全,2014,45(5):31～34.
[14] 张任平,孙健,汪和平,等. 结构参数对陶瓷窑炉余热回收用热管换热器性能的影响 [J].陶瓷学报,2014,35(6):638～643.
[15] 王芹,王晓杰,刘铁铮,等.用于低温余热回收系统热管换热器传热性能的数值模拟 [J].现代化工,2014,34(11):151～154.
[16] 兰州石油机械研究所.换热器(下册)[M].北京:中国石化出版社,2013.
[17] 王艳梅.管翅式热管换热器的设计及性能研究 [D].阜新:辽宁工程技术大学,2013.
[18] 王丹.中低温热管换热器的理论分析与实验研究 [D].北京:北京工业大学,2013.
[19] 马士伟,梁福炳,高晟扬,等.入射角对径向热管换热器性能影响的数值模拟 [J].青岛科技大学学报(自然科学版),2013,34(2):193～198.
[20] 涂福炳,马士伟,高晟扬,等.来流速度分布对径向热管换热器性能影响的数值模拟 [J].中南大学学报(自然科学版),2013,44(9):3904～3910.
[21] 马士伟.不同翅片条件下径向热管换热器的仿真与优化 [D].长沙:中南大学,2013.
[22] 谢小敏,顾伯勤.热管换热器模拟重要参数的选择 [J].轻工机械,2013,31(3):77～79.

[23] 曹小林，曹双俊，马卫武，等．新型重力热管换热器传热特性的数值模拟 [J]．中南大学学报（自然科学版），2013，44（4）：1689～1694.

[24] 曹小林，曹双俊，曾伟，等．新型重力热管换热器传热性能的实验研究 [J]．中南大学学报（自然科学版），2012，43（6）：2419～2423.

[25] 唐志伟，师明星，韩雅芳，等．分离式热管换热器传热特性的实验研究 [D]．工程热物理学报，2012，33（7）：1190～1192.

[26] 勾昱君，刘中良．热管换热器用于 LED 冷却系统的实验研究 [D]．工程热物理学报，2012，33（4）：644～646.

[27] 李海军，马鸿斌．重力热管换热器的热力分析与设计 [J]．大连海事大学学报，2012，38（3）：133～136.

[28] 陆万鹏，史月涛，孙奉仲．分离式热管换热器与低压省煤器的性能分析 [J]．山东大学学报（工学版），2012，42（2）：102～107.

[29] 涂福炳，武荟芬，张岭，等．径向热管换热器壳程数值模拟及结构参数优化 [J]．中南大学学报（自然科学版），2012，43（5）：1975～1983.

[30] 赵耀华，于雯静，刁彦华，等．新型平板热管换热器热回收特性实验研究 [J]．北京工业大学学报，2012，38（4）：44～47.

[31] 贾东坡，刘忠，钟映辉，等．分离式热管换热器蒸发段倾角参数研究 [J]．电站系统工程，2012，28（5）：8～10.

[32] 余龙．环形热管换热器在蒸发冷却空调系统的应用研究 [D]．广州：广州大学，2012.

[33] 闫登强．异形热管换热器强化传热及结构优化数值模拟研究 [D]．衡阳：南华大学，2012.

[34] 于雯静，刁彦华，赵耀华，等．新型平板热管换热器热回收效率特性实验研究 [J]．工程热物理学报，2011，32（11）：1921～1924.

[35] 赵展，金苏敏．基于管排组合的分离式热管换热器的数值模拟 [J]．流体机械，2011，39（7）：83～86.

[36] 鲍玲玲，王景刚，王晓明．通信基站用热管换热器的设计 [J]．暖通空调，2011，41（10）：76～78，104.

[37] 张培鹏，辛嵩．热管换热器回收矿井回风余热的可行性分析 [J]．煤矿安全，2011，42（5）：136～139.

[38] 王勇．换热器维修手册 [M]．北京：化学工业出版社，2010.

[39] [美] Ramesh K. Shah，[美] Dusan P. Sekulic. 换热器设计技术 [M]．程林译．北京：机械工业出版社，2010.

[40] 柴本银，邵敏，李选友，等．振荡流热管换热器的数值模拟及场协同分析 [J]．工程热物理学报，2010，31（4）：637～640.

[41] 石程名，王洋，徐灿君，等．三流体分离型热管换热器性能分析及应用 [J]．重庆大学学报，2010，33（8）：130～135.

[42] 董其武，张垚．换热器 [M]．北京：化学工业出版社，2009.

[43] 赵耀华，杨开篇，刁彦华，等．热管换热器在通风换气中的应用研究 [J]．北京工业大学学报，2009，35（7）：972～976.

[44] 柴本银，李选友，周英杰，等．木材干燥的振荡流热管换热器设计与试验 [J]．农业机械学报，2009，40（9）：161～163.

[45] 朱冬生．换热器技术及进展 [M]．北京：中国石化出版社，2008.

[46] 余建祖．换热器原理与设计 [M]．北京：北京航空航天大学出版社，2006.

[47] 杨峻，李来所．热管技术及其工业化应用 [C]．第十届全国干燥会议，南京，2005：49～58.

[48] 朱文学．热风炉原理与技术 [M]．北京：化学工业出版社，2005.

[49] 秦叔经，叶文邦．换热器 [M]．北京：化学工业出版社，2003.

[50] 钱颂文．换热器设计手册 [M]．北京：化学工业出版社，2002.

[51] 王磊．重力式热管换热器的制造 [J]．纯碱工业，2002，1：9～12.

[52] 王民杰，宁宜清．热管余热锅炉回收 H 装置——烟气余热的研讨 [J]．锅炉压力容器安全技术，2002，2：23～24.

[53] 王磊．热管换热器及其在余热回收中的应用 [J]．纯碱工业，2000，5：34～36.

[54] 屠传经．重力热管式换热器及其在余热利用中的应用 [M]．杭州：浙江大学出版社，1989.

[55] 王政雄．用热管换热器改造预热器 [J]．华东电力，1997，8：35～37.

[56] 徐锡斌，等．热管在热泵干燥器中应用的研究 [J]．低温工程（第四届全国低温工程学术会议论文集），1999，4：180～184.

[57] 任承钦．碳钢-水热管热真空制作技术研究与分析 [J]．工业加热，1999，152（6）：16～18.

[58] 任承钦．热管空气预热器改造设计、制造及使用分析 [J]．湖南大学学报，1998，25（3）：45～50.

第9章

蒸 发 器

蒸发是将溶液加热至沸腾，使其中的部分溶剂汽化并被移除，以提高溶液中溶质浓度的操作，简单地说，就是浓缩溶液的单元操作。被蒸发的溶液由不挥发的溶质和挥发性的溶剂所组成，因此蒸发亦是挥发性溶剂和不挥发性溶质的分离过程。蒸发的目的是为了获得浓度高的溶液（有时也可能有结晶析出）或制取溶剂，但通常以前者为主。用来实现蒸发操作的设备称为蒸发器。

工业上被蒸发的溶液大多是水溶液，因此本章主要讨论水溶液的蒸发。蒸发操作主要采用饱和水蒸气加热。当溶液的沸点较高时，可以采用其他高温载热体、熔盐加热或电加热等。当溶液的黏度较高时，也可以采用烟道气直接加热。

蒸发操作中溶液汽化所生成的蒸汽称为二次蒸汽，以区别于加热用蒸汽。二次蒸汽必须不断地用冷凝等方法加以移除，否则蒸汽和溶液渐趋平衡，致使蒸发操作无法进行。若二次蒸汽直接被冷凝而不再利用者，称为单效蒸发；若二次蒸汽被引入另一个蒸发器而作为热源，此种串联的蒸发操作称为多效蒸发。

蒸发操作可以在加压、常压或减压下进行。减压下的蒸发称为真空蒸发。真空蒸发的优点有：

① 在减压下溶液的沸点降低，使蒸发器的传热推动力增大，因而对一定的传热量，可以节省蒸发器的传热面积；

② 蒸发操作的热源可以采用低压蒸汽或废热蒸汽；

③ 适用于处理热敏性溶液，即在高温下易分解、聚合或变质的溶液；

④ 蒸发器的热损失可减少。

真空蒸发的缺点：

① 因溶液的沸点降低，使黏度增大，导致总传热系数下降；

② 需要有造成减压的装置，并消耗一定的能量。

图 9-1 所示为单效真空蒸发流程示意图。图中 1 为蒸发器的加热室。加热蒸汽在加热室的管间冷凝，放出的热量通过管壁传给管内的溶液。被蒸发浓缩后的完成液由蒸发器的底部

排出。蒸发时产生的二次蒸汽至冷凝器 3 与冷却水相混合而被冷凝，冷凝液由冷凝器的底部排出。溶液中的不凝性气体经分离器 4 和缓冲罐 5，由真空泵抽出排入大气。

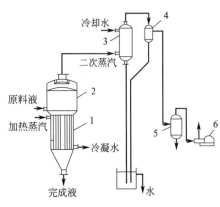

图 9-1　单效真空蒸发流程

1—加热室；2—分离室；3—混合冷凝器；

4—分离器；5—缓冲罐；6—真空泵

应予指出，常见的蒸发过程实际上是在间壁两侧分别为蒸汽冷凝和溶液沸腾的传热过程，因此蒸发器也是一种换热器。但是，蒸发的操作和设备与一般传热过程的有所不同，应注意它们的联系和区别。

蒸发器由加热室和分离室（蒸发室）所组成，即蒸发器必需有一定大小的分离室，以便将二次蒸汽所带出的液沫加以分离。这一个很重要的问题。因为若蒸汽中夹带大量的液体，不仅损失物料，而且可能腐蚀下一效的加热室，影响蒸发操作。至于加热室则和一般的间壁式换热器相似，仅在结构上有些差异。

蒸发的溶液中含有不挥发的溶质，因此在相同的温度下，溶液的蒸气压较纯溶剂的低，即在相同压强下，溶液的沸点高于纯溶剂的沸点，故当加热蒸汽温度一定时，蒸发溶液时的传热温度差比蒸发纯溶剂时的低，而溶液的浓度越高，这种差别也越大。

蒸发的溶液常具有某些特性且随蒸发过程而变化，如某些溶液在蒸发时易结垢或析出结晶；某些热敏性溶液易在高温下分解和变质；某些溶液具有高的黏度和强腐蚀性等。应根据溶液的性质和工艺条件，选择适宜的蒸发方法和设备。

工业蒸发操作中往往要求蒸发大量的水分，因此需耗大量的加热蒸汽。如何节约热能，即提高加热蒸汽的利用率，也是应予考虑的问题。

蒸发操作在化工、食品、医药和原子能等过程工业中广为应用，本章讨论的重点为：

① 根据蒸发任务，选择和设计蒸发器；

② 对给定的蒸发器，了解影响蒸发操作的因素，以提高蒸发设备的生产能力和经济性。

9.1　蒸发器的型式

常用的蒸发设备种类繁多，结构也各不相同，如自然循环蒸发器、强制循环蒸发器和膜式蒸发器等，但一组蒸发器均由一个加热室（器）和一个分离室（器）两部分组成。多效蒸发器由两个或两个以上蒸发器、热泵、各效进出料泵、真空装置、检测仪表、管道和阀门组成。加热室有多种多样的型式，以适用各种生产工艺的不同要求，但主要由壳体、加热管束、布料装置及附件组成。分离器则主要由壳体、捕沫器及附件组成。蒸发设备的工作压力由工艺确定，一般是根据物料的性质、所能提供的蒸气压和节能要求等通盘考虑。

不同类型的蒸发器，各有其特点，它们对不同物料的适应性也不相同。蒸发设备的选型必须根据生产任务考虑以下因素：

① 溶液的黏度。蒸发过程中溶液黏度变化的范围是选型首要考虑的因素。

② 溶液的热稳定性。长时间受热易分解、易聚合以及易结垢的溶液蒸发时，应采用滞料量少、停留时间短的蒸发结晶器。

③ 有晶体析出的溶液。蒸发时有晶体析出的溶液应采用外热式蒸发器或强制循环蒸发器。

④ 易发泡的溶液。如中药提取液、化妆品保湿液、含表面活性剂的溶液等，宜采用外热式蒸发器、强制循环蒸发器或升膜蒸发器。若将中央循环管蒸发器和悬筐蒸发器的分离器（分离室）设计大一些，也可用于这种溶液的蒸发。常用的消泡方法是加消泡剂（对物料可能有污染）、机械搅拌破沫等。

⑤ 溶液的腐蚀性。蒸发有腐蚀性的溶液时，加热管应采用特殊材质制成，或内壁衬以耐腐蚀材料。

⑥ 溶液的易结垢性。无论蒸发何种溶液，蒸发器长久使用后，传热面上总会有污垢生成。垢层的导热系数小，应考虑选择便于清洗和溶液循环速度大的蒸发器。

⑦ 溶液的处理量。传热面大于 $10m^2$ 时，不宜采用刮板薄膜蒸发器，传热面在 $20m^2$ 以上时，宜采用多效蒸发操作。

9.1.1 自然循环型蒸发器

这种类型蒸发器的特点是溶液在蒸发器中循环流动，因而可以提高传热效率。由于引起溶液循环运动的原因不同，又分为自然循环型和强制循环型两类。前者是由于溶液受热程度的不同产生密度差而引起的；后者是由于外加机械（泵）迫使溶液沿一定方向流动。

自然循环型蒸发器的主要类型有。

（1）中央循环管式（标准式）蒸发器

中央循环管式蒸发器又称标准式蒸发器，结构如图9-2所示。它主要由加热室、蒸发室、中央循环管和除沫器组成。加热室由直立的加热管（又称沸腾管）束所组成。在管束中间有一根直径较大的管子，称为中央循环管。中央循环管的截面积较大，一般为管束总截面积的 $40\%\sim100\%$，其余管径较小的加热管称为沸腾管。这类蒸发器受总高限制，通常加热管长 $1\sim2m$，直径为 $25\sim75mm$，管长和管径之比为 $20\sim40$。

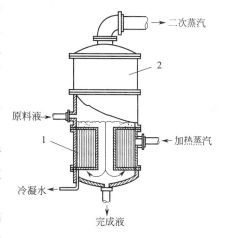

图 9-2 中央循环管式蒸发器
1—加热室；2—分离室

当加热蒸汽（介质）在管间冷凝放热时由于加热管束内单位体积溶液的传热面积远大于中央循环管内溶液的受热面积，因此，管束中溶液的相对汽化率就大于中央循环管的汽化率，所以管束中的气液混合物的密度远小于中央循环管内气液混合物的密度，这样就造成了混合液在管束中向上、在中央循环管内向下的自然循环流动，从而提高了蒸发器的传热系数，强化蒸发过程。混合液的循环速度与密度差和管长有关：密度差越大、加热管越长，循环速度就越大。

中央循环管蒸发器的主要优点是：构造简单、紧凑，制造方便，操作可靠，传热效果较好，投资费用较少。其缺点是：清洗和检修较麻烦，溶液的循环速度较低，一般在 0.5m/s 以下，且因溶液的循环使蒸发器中溶液浓度总是接近于完成液的浓度，黏度较大，溶液的沸点高，传热温度差减小，影响了传热效果。

中央循环管蒸发器适用于粒度适中、结垢不严重、有少量的结晶析出及腐蚀性不大的场合，在过程工业中应用十分广泛。

（2）悬筐式蒸发器

悬筐式蒸发器的结构如图 9-3 所示。因加热室像个筐，悬挂在蒸发器壳体内的下部，故名为悬筐式。该蒸发器中溶液循环的原因与标准式蒸发器的相同，但循环的通道是沿加热室与壳体所形成的环隙下降而沿沸腾管上升，不断循环流动。环形截面积约为沸腾管总截面积的 $100\% \sim 150\%$，因而该蒸发器中溶液的循环速度较标准式蒸发器的要大，为 $1 \sim 1.5 m/s$。因为与蒸发器外壳接触的是温度较低的沸腾液体，所以蒸发器的热损失较少。此外，因加热室可由蒸发器的顶部取出，故便于检修和更换。这种蒸发器的缺点是结构较复杂，单位传热面积的金属耗量较多等。它适用于蒸发易结垢或有结晶析出的溶液。

（3）外热式蒸发器

外热式蒸发器如图 9-4 所示。由加热室 1、分离室 2 和循环管 3 组成，其主要特点是把加热器与分离室分开安装，加热室安装在分离室的外面，因此不仅便于清洗和更换，而且还有利于降低蒸发器的总高度。这种蒸发器的加热管较长（管长与管径之比为 $50 \sim 100$），而且循环管又没有受到蒸汽的加热，因此溶液的循环速度较大，可达 $1.5 m/s$，既利于提高传热系数，也利于减轻结垢。

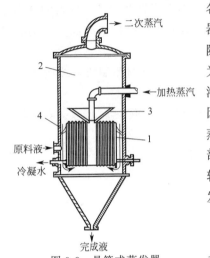

图 9-3　悬筐式蒸发器

1—加热室；2—分离室；

3—除沫室；4—环形循环通道

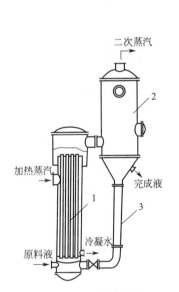

图 9-4　外热式蒸发器

1—加热器；

2—分离室；3—循环管

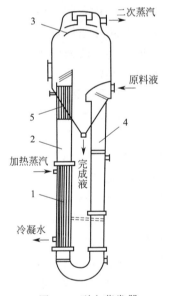

图 9-5　列文蒸发器

1—加热室；2—沸腾室；

3—分离室；4—循环管；5—挡板

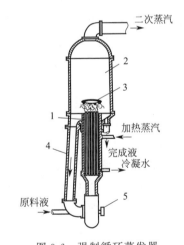

图 9-6　强制循环蒸发器

1—加热室；2—分离室；

3—除沫器；4—循环管；5—循环泵

（4）列文蒸发器

列文蒸发器如图 9-5 所示，主要由加热室 1、沸腾室 2、分离室 3 和循环管 4 所组成。这种蒸发器的主要特点是在加热室的上部增设了一段高度为 $2.7 \sim 5m$ 的直管作为沸腾室。

加热管中的溶液由于受到附加的液柱静压强的作用，使溶液不在加热管中沸腾。当溶液上升至沸腾室时，其所受压强降低后才开始沸腾，这样可减少溶液在加热管壁上因沸腾浓缩而析出结晶、结垢的机会，传热效果好。沸腾室内装有隔板以防止气泡增大，并可达到较大的流速。另外，因循环管在加热室的外部，使溶液的循环推动力较大，循环管的高度一般为 $7\sim8m$，截面积约为加热管总截面积的 $200\%\sim350\%$，致使循环系统的阻力较小，因而溶液的循环速度可高达 $2\sim3m/s$。

列文蒸发器的优点是可以避免在加热管中析出晶体且能减轻加热管表面上污垢的形成；传热效果也较好，尤其适用于处理有结晶析出的溶液。这种蒸发器的缺点是设备庞大，消耗的金属材料较多，需要高大的厂房。此外，由于液柱静压强引起的温度差损失较大，因此要求加热蒸汽的压强较高，以保持一定的传热温度差。主要适用于有结晶析出的溶液。

▶9.1.2　强制循环型蒸发器

上述几种蒸发器都属于自然循环蒸发器，即靠加热管与循环管内溶液的密度差作为推动力，导致溶液的循环流动，因此循环速度一般都较低，尤其在蒸发高黏度、易结垢及有大量结晶析出的溶液时更低。为提高循环速度，可采用由循环泵进行强制循环的强制循环蒸发器，其结构如图 9-6 所示。这种蒸发器中溶液的循环是借外力的作用，如用泵迫使溶液沿一定的方向循环流动，循环速度为 $1.5\sim5m/s$（当悬浮液中晶粒多、所用管材硬度低、液体黏度较大时，选用低值），过高的流速将耗费过多的能量，且增加系统的磨损。

强制循环蒸发器的优点是传热系数大、抗盐析、抗结垢，适用性能好，易于清洗，缺点是造价高，溶液的停留时间长。为了抑制加热区内的汽化，传入的全部热量是以显热形式从加热区携出，循环液的平均温度较高，从而降低了总的有效传热温差。但该蒸发器的动力消耗较大，每平方米传热面积耗费的功率约为 $0.4\sim0.8kW$。

强制循环蒸发器用于处理黏性、有结晶析出、容易结垢或浓缩程度较高的溶液，它在真空条件下操作的适应性很强。但是采用强制循环方式总是有结垢产生，所以仍需要洗罐，只是清洗的周期比较长。

循环型蒸发器有一个共同的缺点，即蒸发器内溶液的滞留量大，物料在高温下停留时间长，这对处理热敏性物料是非常不利的。

▶9.1.3　单程型蒸发器

单程型蒸发器也称液膜式蒸发器，这类蒸发器的特点是溶液沿加热管呈膜状流动而进行传热和蒸发，一次通过加热室即达到所需的浓度，可不进行循环，溶液停留时间短，停留时间仅数秒或十几秒。另外，离开加热器的物料又得到及时冷却，因此特别适用于处理热敏性溶液的蒸发；温度差损失较小，表面传热系数较大。但在设计或操作不当时不易成膜，热流量将明显下降，不适用于易结晶、结垢物料的蒸发。

由于这类蒸发器的加热管上的物料成膜状流动，因此又称膜式蒸发器。根据物料在蒸发器内的流动方向和成膜原因不同，它可分为下列几种类型。

（1）升膜式蒸发器

升膜式蒸发器如图 9-7 所示。加热室由一根或多根垂直长管所组成。原料液经预热后由蒸发器的底部进入加热管内，加热蒸汽在管外冷凝。当原料液受热沸腾后迅速汽化，所生成的二次蒸汽在管内以高速上升，带动料液沿管内壁成膜状向上流动，并不断地蒸发汽化，加速流动，气液混合物进入分离器后分离，浓缩后的完成液由分离器底部放出。这种蒸发器需要精心设计与操作，即加热管内的加热蒸汽应具有较高速度，并获得较高的传热系数，使料液一次通过加热管即达到预定的浓缩要求。

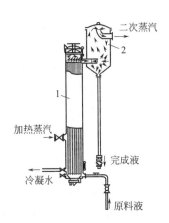

图 9-7　升膜式蒸发器
1—加热室；2—分离室

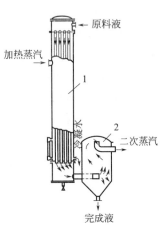

图 9-8　降膜式蒸发器
1—加热室；2—分离室

通常在常压下，管上端出口处的二次蒸汽速度不应小于 10m/s，一般应保持为 20～50m/s，减压操作时速度可达 100～160m/s 或更高。常用的加热管径为 25～50mm，管长与管径之比为 100～150，这样才能使加热面供应足够成膜的汽速。浓缩倍数达 4 倍，蒸发强度达 60kg/(m² · h)，传热系数达 1200～6000W/(m² · ℃)。

升膜式蒸发器适用于蒸发量较大（较稀的溶液）、热敏性、黏度不大及易生泡沫的溶液，不适用于高黏度、有晶体析出或易结垢的溶液。

（2）降膜式蒸发器

降膜式蒸发器的结构如图 9-8 所示，由加热器、分离器与液体分布器组成。它与升膜式蒸发器的区别是原料液由加热室的顶部加入，经分布器分布后，在重力作用下沿管内壁呈膜状下降，并在下降过程中被蒸发增浓，汽、液混合物流至底部进入分离器，完成液由分离器的底部排出。

在每根加热管的顶部必须设置降膜分布器，以保证溶液呈膜状沿管内壁下降。降膜分布器

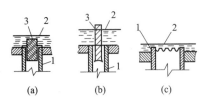

图 9-9　降膜分布器
1—加热管；2—液面；3—导流管

的型式有多种，图 9-9 所示的为三种较常用的型式。图 9-9(a) 的导流管为一有螺旋形沟槽的圆柱体；图 9-9(b) 的导流管下部是圆锥体，锥体底面向内凹，以免沿锥体斜面流下的液体再向中央聚集；图 9-9(c) 所示的为液体通过齿缝沿加热管内壁成膜状下降。

升膜式和降膜式蒸发器的比较：

① 降膜式蒸发器没有静压强效应，不会由此引起温度差损失；同时沸腾传热系数和温度差关系不大，即使在较低的传热温度差下，传热系数也较大，因而对热敏性溶液的蒸发，降膜式较升膜式更为有利。

② 降膜式产生膜状流动的原因与升膜式的不同，前者是由于重力作用及液体对管壁的亲润力而使液体成膜状沿管壁下流，而不取决于管内二次蒸汽的速度，因此降膜式适用于蒸发量较小的场合，例如某些二效蒸发设备，常是第一效采用升膜式，而第二效采用降膜式。

③ 由于降膜式是借重力作用成膜的，为使每根管内液体均匀分布，因此蒸发器的上部有降膜分布器。分布器应尽量安装得水平，以免液膜流动不均匀。

设计和操作这种蒸发器的要点是：尽量使料液在加热管内壁形成均匀的液膜，并且不能让二次蒸汽由管上端窜出。

如果料液经过一次蒸发不能达到浓度要求，在某些场合也允许液体的再循环，如图9-10所示。

通常，降膜蒸发器的管径为20～50mm，管长与管径之比为50～70，有的甚至达到300以上。蒸发器的浓缩倍数可达7倍，最适宜的蒸发量不大于进料量的80%，要求浓缩比较大的场合可以采用液体再循环的方法。蒸发强度达80～100kg/(m²·h)，传热系数达1200～3500W/(m²·℃)。

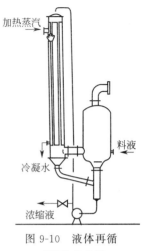

图 9-10 液体再循环降膜蒸发器

降膜蒸发器可用于蒸发黏度较大0.05～0.45Pa·s、浓度较高的溶液，加热管内高速流动的蒸汽使产生的泡沫极易破坏消失，适用于容易发泡的料液，但不适于处理易结晶和易结垢的溶液，这是因为这种溶液形成均匀液膜比较困难，传热系数也不高。

降膜蒸发器的关键问题是料液应该均匀分配到每根换热管的内壁，当不够均匀时，会出现有些管子液量很多、液膜很厚、溶液蒸发的浓缩比很小，或者有些管子液量很小、浓缩比很大，甚至没有液体流过而造成局部或大部分干壁现象。为使液体均匀分布于各加热管中，可采用不同结构形式的料液分配器。

降膜蒸发器安装时应该垂直安装，避免料液分布不均匀和沿管壁流动时产生偏流。

(3) 升-降膜蒸发器

将升膜式蒸发器和降膜式蒸发器装置在一个外壳中，即构成升-降膜式蒸发器，如图9-11所示。原料液经预热后进入蒸发器的底部，先经升膜式的加热室内上升，然后由降膜式的加热室下降，在分离器中汽、液分离后，完成液即由分离器的底部排出。

这种蒸发器适用于蒸发过程中溶液浓度变化较大或是厂房高度受一定限制的场合。

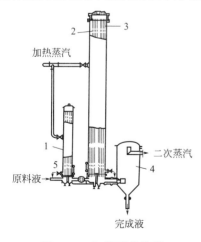

图 9-11 升-降膜蒸发器
1—预热器；2—升膜加热室；
3—降膜加热室；4—分离器；
5—冷凝液排出口

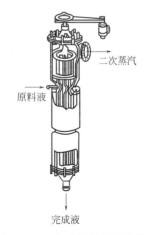

图 9-12 刮板式搅拌薄膜蒸发器

（4）刮板式搅拌薄膜蒸发器

刮板式蒸发器的结构如图9-12所示，主要由电加热夹套和刮板组成。

刮板装在可旋转的轴上，轴要有足够的机械强度，挠度不超过0.5mm，刮板和加热夹套内壁保持很小间隙，通常为0.5～1.5mm，很可能由于安装或轴承的磨损，造成间隙不均，甚至出现刮板卡死或磨损的现象。刮板最好采用塑料刮板或弹性支撑，有些工厂采用四氟乙烯刮板后，这些现象得到改善。刮板与轴的夹角称为导向角，一般都装成与旋转方向相同的顺向角度，以帮助物料向下流。角度越大，物料的停留时间越短。角度的大小可根据物料的流动性能来变动，一般为10°左右，有时为了防止刮板的加工或安装等困难，采用分段变化导向角的刮板。

蒸发室（夹套加热室）是一个夹套圆筒，加热夹套的设计可根据工艺要求与加工条件而定。当浓缩比较大时，加热蒸发室长度较大，可造成分段加热区，采用不同的加热温度来蒸发不同的物料，以保证产品质量。但如果加热区过长，那么加工精度和安装准确度难以达到设备的要求。

圆筒的直径一般不宜过大，虽然直径加大可相应地加大传热面积，但同时加大了转动轴传递的力矩，大大增加了功率消耗。为了节省动力消耗，一般刮板蒸发器都造成长筒形。但直径过小既减少了加热面积，同时又使蒸发空间不足，从而造成蒸汽流速过大，雾沫夹带增加，特别是对泡沫较多的物料影响更大。因此一般选择在300～500mm为宜。

蒸发器加热室的圆筒内表面必须经过精加工，圆度偏差在0.05～0.2mm。蒸发器上装有良好机械轴封，一般为不透性石墨与不锈钢的端面轴封，安装后进行真空试漏检查，将器内抽真空达0.5～1mmHg绝对压力后，相隔1h，绝对压力上升不超过4mmHg；或抽真空到700mmHg，关闭真空抽气阀门，主轴旋转15min后，真空度跌落不超过10mmHg，即符合要求。

刮板蒸发器壳体的下部装有加热蒸汽夹套，内部装有可旋转的搅拌叶片，叶片与外壳内壁的缝隙为0.75～1.5mm。夹套内通加热蒸汽，料液经预热后由蒸发器上部沿切线方向加入器内，被叶片带动旋转，由于受离心力、重力以及叶片的刮带作用，溶液在管内壁上形成旋转下降的液膜，并在下降过程中不断被蒸发浓缩，完成液由底部排出，二次蒸汽上升至顶部经分离器后进入冷凝器。改变刮板沟槽的旋转方向可以调节物料在蒸发器的处理时间，且在真空条件下工作，对热敏性物料更为有利，保持各种成分不产生任何分解，保证产品质量。在某些场合下，这种蒸发器可将溶液蒸干，在底部直接得到固体产品。

通常刮板式蒸发器的设备长径比为5～8，浓缩倍数达到3倍，蒸发强度达200kg/ $(m^2 \cdot h)$，刮板末端的线速度为4～10m/s，刮板转速为50～1600r/min，传热系数可达6000W/ $(m^2 \cdot ℃)$，物料加热时间短，约5～10s之间。刮板式蒸发器是一种适应性很强的蒸发器，对高黏度、热敏性、易结晶、易结垢的物料都适用。其适应黏度变化范围广，高、低黏度物料均可处理，物料黏度可高达10万厘泊（cP）。其缺点是结构复杂（制造、安装和维修工作量大），动力消耗较大。另外，该蒸发器的传热面积一般为3～4m²，最大的不超过20m²，故其处理量较少。

▌9.1.4　浸没燃烧蒸发器

浸没燃烧蒸发器，又称直接接触传热蒸发器，如图9-13所示。一般将燃料（煤气或油）与空气混合燃烧所产生的高温烟气直接喷入被蒸发的溶液中，以蒸发溶液中的水分。由于气、液两相间温度差很大，而且喷气时产生剧烈的搅动，使溶液迅速沸腾汽化。蒸发出的水分和废烟气一起由蒸发器的顶部排出。燃烧室在溶液中的浸没深度为 200~600mm。燃烧温度可高达 1200~1800℃。喷嘴因在高温下使用，较易损坏，应选择适宜的材料，结构上应考虑便于更换。

浸没燃烧蒸发器的优点是由于直接接触传热，热利用率高；没有固定的传热面，故结构简单。该蒸发器特别适用于处理易结晶、结垢或有腐蚀性的溶液，但不适用于处理热敏性或不能被烟气污染的物料。

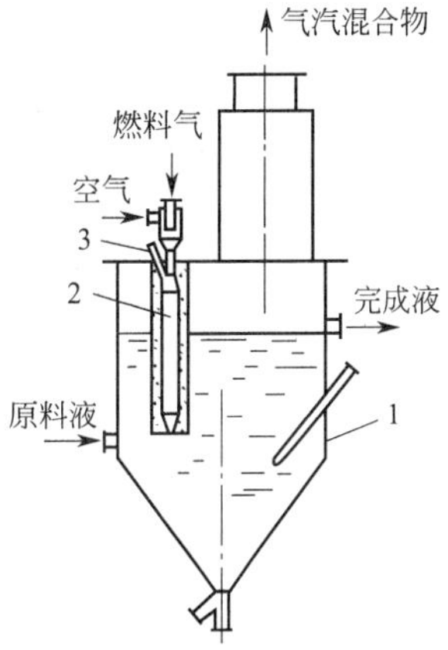

图 9-13　浸没燃烧蒸发器
1—外壳；2—燃烧室；
3—点火管

▶9.1.5　蒸发器的选型

蒸发器的结构型式很多，选用时应结合生产过程的蒸发任务，选择适宜的蒸发器型式。选型时一般应考虑以下原则：

① 满足生产工艺的要求，保证产品的质量；

② 生产能力较大；

③ 结构简单，操作维修方便；

④ 经济性。

实际选型时，常根据被蒸发溶液的工艺特性而权衡决定。一般来说，原料液多为稀溶液，具有与水相似的性质，而浓溶液的性质则差异较大，因而应考虑溶液在增浓过程中性质的变化。例如，是否有结晶生成，在传热面上是否易生成污垢，是否易起泡沫以及黏度变化，热敏性和腐蚀性等。若溶液在蒸发过程中有结晶析出或易结垢，宜采用循环速度较高的蒸发器；若溶液的黏度较高，流动性差，则可考虑选用强制循环型或刮板式蒸发器；若为热敏性溶液，应降低蒸发操作温度，缩短溶液在蒸发器内的停留时间，则可考虑选用膜式蒸发器。此外，对于有腐蚀性的溶液，尚需考虑采用耐腐蚀材料。

不同类型的蒸发器，各有其特点，它们对不同的溶液的适用性也不相同。表 9-1 列出了常见蒸发器的一些主要性能，以供选型时参考。

表 9-1　蒸发器的主要性能

蒸发器型式	造价	总传热系数		溶液在管内的流速/(m/s)	停留时间	完成液浓度能否恒定	浓缩比	处理量	对溶液性质的适应性					
		稀溶液	高黏度						稀溶液	高黏度	易生泡沫	易结垢	热敏性	有结晶析出
水平管型	最廉	良好	低	—	长	能	良好	一般	适	适	适	不适	不适	不适
标准型	最廉	良好	低	0.1~0.5	长	能	良好	一般	适	适	适	尚适	尚适	稍适
外热式（自然循环）	廉	高	良好	0.4~1.5	较长	能	良好	较大	适	尚适	较好	尚适	尚适	稍适
列文式	高	高	良好	1.5~2.5	较长	能	良好	较大	适	尚适	较好	尚适	尚适	稍适
强制循环	高	高	高	2.0~3.5	—	能	较高	大	适	好	好	适	尚适	适
升膜式	廉	高	良好	0.4~1.0	短	较难	高	大	尚适	好	尚适	良好	不适	不适
降膜式	廉	良好	高	0.4~1.0	短	尚能	高	大	较适	好	适	不适	良好	不适
刮板式	最高	高	高		短	尚能	高	较小	较适	好	较好	不适	良好	不适
甩盘式	较高	高	低		较短	尚能	较高	较小	适	尚适	适	不适	较好	不适

蒸发器型式	造价	总传热系数		溶液在管内的流速/(m/s)	停留时间	完成液浓度能否恒定	浓缩比	处理量	对溶液性质的适应性					
		稀溶液	高黏度						稀溶液	高黏度	易生泡沫	易结垢	热敏性	有结晶析出
旋风式	最廉	高	良好	1.5～2.0	短	较难	较高	较小	适	适	适	尚适	尚适	适
板式	高	高	良好	—	较短	尚能	良好	较小	适	尚适	适	不适	尚适	不适
浸没燃烧	廉	高	高	—	短	较难	良好	较小	适	适	适	适	不适	适

应予指出，被蒸发溶液的性质，不仅是选型的依据，而且在蒸发器的设计计算和操作管理中，也是必须予以考虑的重要因素。

9.2 单效蒸发

9.2.1 溶液的沸点和温度差损失

蒸发计算中需要知道溶液的沸点。一定压强下，溶液的沸点较纯水的高，两者沸点之差称为溶液的沸点升高。一般来说，稀溶液或有机胶体溶液的沸点升高数值较小，而无机盐的溶液的沸点升高数值较大，有些可高达 $60\sim70℃$ 或更高。对于同一种溶液，沸点升高的数值随溶液的浓度及蒸发器中溶液液柱高度而变。浓度越高，液柱越高，沸点升高的数值越大。

溶液的沸点升高可用下式计算，即：

$$\Delta = t_1 - T_1' \tag{9-1}$$

式中 Δ——溶液的沸点升高，℃；

t_1——溶液的沸点，℃；

T_1'——相同压强下水的沸点，亦即二次蒸汽的饱和温度，℃。

蒸发操作中，当加热蒸汽温度 T 一定时，由于溶液的沸点升高，使蒸发器中传热的有效温度差 Δt 必小于未考虑沸点升高时的理论上的传热温度差 Δt_T，即沸点升高降低了传热温度差，故溶液的沸点升高又称为传热的温度差损失，即：

$$\Delta t_T - \Delta t = (T - T_1') - (T - t_1) = \Delta \tag{9-2}$$

或

$$\Delta t = \Delta t_T - \Delta \tag{9-3}$$

式中 Δt——传热的有效温度差，℃；

Δt_T——理论上的传热温度差，℃；

T——加热蒸汽的温度，℃。

蒸发操作时，温度差损失的原因可能有：由于溶液的蒸气压下降而引起的温度差损失 Δ'；由于蒸发器中溶液的静压强而引起的温度差损失 Δ''；由于管路流体阻力产生压强降而引起的温度差损失 Δ'''。总温度差损失为：

$$\Delta = \Delta' + \Delta'' + \Delta''' \tag{9-4}$$

若根据蒸发室的压强（即不是冷凝器的压强）确定时，则有：

$$\Delta = \Delta' + \Delta'' \tag{9-5}$$

9.2.1.1 由于溶液蒸气压下降而引起的温度差损失 Δ'

Δ' 值的大小主要和溶液的种类、浓度以及蒸发时的操作压强有关。其值可由溶液的沸点 t_A 来求得，即：

$$\Delta' = t_A - T'_A \tag{9-6}$$

通常 t_A 为常压下测定的溶液的沸点。一些溶液的 t_A 值可从有关手册中查得。前已述及蒸发操作也可能在加压或减压下进行，因此必须求出各种浓度的溶液在不同压强下的温度差损失（即沸点升高）。当缺乏实测数据时，可以近似用下式估算，即：

$$\Delta' = f\Delta'_0 \tag{9-7}$$

式中 Δ'_0——常压下由于溶液蒸气压下降引起的温度差损失，可由实验测定的 t_A 值求得，℃；

f——校正系数，无量纲。

$$f = 0.0162 \times \frac{(T'_1 + 273)^2}{r'} \tag{9-8}$$

式中 r'——实际压强下二次蒸汽的汽化潜热，kJ/kg。

溶液的沸点还可按杜林规则（Duhring's Rule）计算。杜林规则说明某种溶液的沸点和相同压强下标准液体的沸点呈线性关系。由于纯水的沸点（不同压强下）可从水蒸气表中查出，故一般以纯水为标准液体。若以 t'_A 及 t_A 分别表示一定浓度下某溶液在两个不同压强下的沸点，以 t'_w 和 t_w 分别表示对应压强下水的沸点。在以水的沸点为横坐标、该溶液的沸点为纵坐标的直角坐标图上，标绘上述两组数据，即 (t'_w, t'_A) 及 (t_w, t_A)，此两点连线即为该溶液（在某浓度下）的杜林直线，又称沸点线。直线的斜率 k 为

$$k = \frac{t'_A - t_A}{t'_w - t_w} \tag{9-9}$$

若将 $t_w = 0$ 与式(9-9)联式，可解得杜林直线的截距 m 为：

$$m = t'_A - k t'_w \tag{9-10}$$

图 9-14 为 NaOH 水溶液的杜林线图。图中每条线代表某浓度下该溶液在不同压强下的沸点与对应压强下水的沸点间的关系。不同的溶液有不同的杜林线图。

由图 9-14 可以看出，不同浓度下的杜林线不是平行线，故杜林线的斜率 k 及截距 m 都与溶液浓度有关。对于 NaOH 水溶液，k、m 与 x 的近似关系为：

$$\begin{cases} k = 1 + 0.142x \\ m = 150.75x^2 - 2.71x \end{cases} \tag{9-11}$$

式中 x——NaOH 水溶液的质量分率。

若无杜林线图可查时，根据杜林规则，只要知道给定浓度下某溶液及水在两个不同压强下的沸点，就可求得该溶液在其他压强下的沸点。

若无杜林线图时，但已知式(9-11)的关系，则只要知道溶液的浓度，利用水的沸点很容易求得该溶液在任何压强下的沸点。

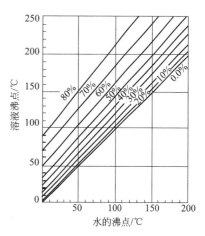

图 9-14 NaOH 水溶液的杜林线图

9.2.1.2 由于蒸发器中溶液静压强引起的温度差损失 Δ''

某些蒸发器（膜式蒸发器除外）在操作时，器内溶液需维持一定的液位，因而蒸发器中

溶液内部的压强大于液面的压强，致使溶液内部的沸点较液面处的高，二者之差即为因溶液静压强引起的温度差损失 Δ''。为简便起见，溶液内部的压强可按液面和底部间的平均压强进行计算，由静力学基本方程可得：

$$p_m = p + \frac{\rho g L}{2} \tag{9-12}$$

式中　p_m——蒸发器中液面和底部间的平均压强，Pa；

　　　p——二次蒸汽的压强，即液面处的压强，Pa；

　　　ρ——溶液的平均密度，kg/m^3；

　　　L——液层高度，m；

　　　g——重力加速度，m/s^2。

依据平均压强可查得相应的溶液沸点（或近似取为水的沸点），因此可按下式计算由于溶液静压强引起的温度差损失 Δ''，即：

$$\Delta'' = t_{pm} - t_p \tag{9-13}$$

式中　t_{pm}——根据平均压强求得的水的沸点，℃；

　　　t_p——根据二次蒸汽压强求得的水的沸点，℃。

应予指出，由于溶液在沸腾时形成气液混合物，因此式(9-12)中的密度比实际的大，故由上式求出的 Δ'' 值偏大，但是，当蒸发器的加热管中溶液的速率较大时，因流体阻力而使溶液的平均压强增大，从而温度差损失也加大，上式中并未考虑此项的影响。可见由式(9-12)计算得到的 Δ'' 仅是估计值。

9.2.1.3　由于管道流体阻力产生的压强降所引起的温度差损失 Δ'''

由于管道流体阻力所引起的温度差损失 Δ''' 与二次蒸汽在管道中的流速、物料以及管道尺寸有关，一般取经验值。

在多效蒸发中，末效以前各效的二次蒸汽流到次一效的加热室的过程中，由于管道阻力使其压强降低，蒸汽的饱和温度也相应地降低，由此而引起的温度差损失即为 Δ'''。根据经验，取各效间因管道阻力引起的温度差损失为 1℃。

同时，末效（或单效蒸发器）与冷凝器之间的流体阻力所引起的温度差损失可取为 1～1.5℃。

应予指出，在蒸发过程中，溶液的沸点是基本数据。溶液的温度差损失不仅是计算沸点所必需的，而且对选择加热蒸汽的压强（或其他加热介质的种类和温度）也是很重要的。例如若溶液的温度差损失很大时，沸点就很高，因而必须相应地提高加热蒸汽的压强，以保证具有必要的传热温度差。

▶9.2.2　单效蒸发的计算

对于单效蒸发，所需计算的项目主要有：单位时间内蒸发的水量，即蒸发量；加热蒸汽消耗量；蒸发器的传热面积。计算时可以采用蒸发器的物料衡算、热量衡算以及传热速率方程式。

通常，计算中的已知条件为：原料液的流量、温度和浓度；完成液的浓度；加热蒸汽的压强及冷凝器内的压强。

9.2.2.1　蒸发器的物料衡量

对图 9-15 所示的单效蒸发器作溶质的衡算，可得

$$Fx_0 = (F-W)x_1 \tag{9-14}$$

由此可求得蒸发量及完成液的浓度，即

$$W = F\left(1 - \frac{x_0}{x_1}\right) \tag{9-15}$$

及

$$x_1 = \frac{Fx_0}{F-W} \tag{9-16}$$

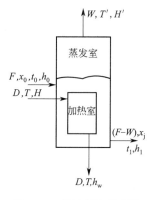

图 9-15　单效蒸发示意图

式中　F——进料量，kg/h；

W——蒸发量，kg/h；

x_0——原料液中溶质的质量分率；

x_1——完成液中溶质的质量分率。

9.2.2.2　蒸发器的焓衡算

参看图 9-15，设加热蒸汽的冷凝液在饱和温度下排出，蒸发器的焓衡算为：

$$DH + Fh_0 = WH' + (F-W)h_1 + Dh_w + Q_L \tag{9-17}$$

或

$$Q = D(H - h_w) = WH' + (F-W)h_1 - Fh_0 + Q_L \tag{9-18}$$

式中　D——加热蒸汽消耗量，kg/h；

H——加热蒸汽的焓，kJ/kg；

h_0——原料液的焓，kJ/kg；

H'——二次蒸汽的焓，kJ/kg；

h_1——完成液的焓，kJ/kg；

h_w——冷凝水的焓，kJ/kg；

Q_L——蒸发器的热损失，kJ/h；

Q——蒸发器的热负荷或传热速率，kJ/h。

当溶液的稀释热可忽略时，则溶液的焓可以用比热算出。若取 0℃ 的液体为基准，则有：

$$h_w = c_{pw}T \tag{9-19}$$

$$h_0 = c_{p0}t_0 \tag{9-20}$$

及

$$h_1 = c_{p1}t_1 \tag{9-21}$$

代入式(9-18) 并整理

$$D(H - c_{pw}T) = WH' + (F-W)c_{p1}t_1 - Fc_{p0}t_0 + Q_L \tag{9-22}$$

式中　T——加热蒸汽冷凝液的饱和温度，℃；

t_0——原料液的温度，℃；

t_1——溶液的沸点，℃；

c_{pw}——水的比热容，kJ/(kg·℃)；

c_{p0}——原料液的比热容，kJ/(kg·℃)；

c_{p1}——完成液的比热容，kJ/(kg·℃)。

溶液的比热容可按下面的经验式求算，即：

$$c_p = c_{pw}(1-x) + c_{pB}x \tag{9-23}$$

式中　c_{pB}——溶质的比热，kJ/(kg·℃)。

当 $x < 0.2$ 时，式(9-23) 可简化为：

$$c_p = c_{pw}(1-x) \tag{9-24}$$

为避免在式(9-22) 中使用两个不同浓度下溶液的比热容，故都改用原料液的比热来表示，即：

$$c_{p0} = c_{pw}(1-x_0) + c_{pB}x_0 = c_{pw} - (c_{pw} - c_{pB})x_0 \tag{9-25}$$

$$c_{p1} = c_{pw}(1-x_1) + c_{pB}x_1 = c_{pw} - (c_{pw} - c_{pB})x_1 \tag{9-26}$$

联立上两式，并将式(9-16) 中的 x_1 代入，可整理得：

$$(F-W)c_{p1} = Fc_{p0} - Wc_{pw} \tag{9-27}$$

将上式代入式(9-22)，得

$$D(H - c_{pw}T) = WH' + (Fc_{p0} - Wc_{pw})t_1 - Fc_{p0}t_0 + Q_L \tag{9-28}$$

由于 $H - c_{pw}T = r$ 及 $H' - c_{pw}t_1 \approx r'$，代入上式并整理得：

$$Q = Dr = Fc_{p0}(t_1 - t_0) + Wr' + Q_L \tag{9-29}$$

或

$$D = \frac{Fc_{p0}(t_1 - t_0) + Wr' + Q_L}{r} \tag{9-30}$$

式中　r——加热蒸汽的汽化潜热，kJ/kg；

r'——二次蒸汽的汽化潜热，kJ/kg。

若原料液在沸点下进入蒸发器，即 $t_0 = t_1$，并可忽略蒸发器的热损失，则式(9-30) 可简化为：

$$D = \frac{Wr'}{r} \tag{9-31}$$

或

$$e = \frac{D}{W} = \frac{r'}{r} \tag{9-32}$$

式中　e——蒸发1kg水时的蒸汽消耗量，称为单位蒸汽消耗量，kg/kg。

由于蒸汽的汽化潜热随压强的变化不大，即 r' 和 r 两者相关很小，故单效蒸发时，$e = \frac{D}{W} \approx 1$，即每蒸发1kg 的水约需 1kg 的加热蒸汽。但是实际上因蒸发器有热量损失等的影响，e 值约为 1.1 或稍多。

原料液的温度越高，蒸发 1kg 水所消耗的加热蒸汽量越少。

9.2.2.3　稀释热和溶液的焓浓图

某些溶液，例如氯化钙、氢氧化钠等水溶液，在稀释时有显著的放热效应，因而蒸发时，除了供给汽化水分所需的汽化潜热外，还需供给与稀释热相应的浓缩热，而且溶液浓度越大，这种影响越显著。此时，溶液焓值应由其焓浓图查得，若利用比热求算焓就会产生较大的误差。

图 9-16 是以 0℃ 为基准温度时氢氧化钠水溶液的焓浓图。图中横坐标为 NaOH 溶液的浓度，纵坐标为溶

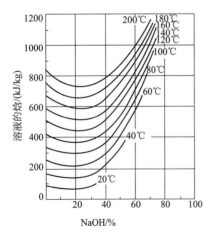

图 9-16　NaOH 水溶液的焓浓图

液的焓。若已知溶液的浓度和温度，即可由图中相应的等温线查得该溶液的焓值。对此类稀释热不能忽略的溶液，加热蒸汽消耗量可按式(9-18)计算，即：

$$D = \frac{WH' + (F-W)h_1 - Fh_0 + Q_L}{r}$$ (9-33)

应予指出，对于有明显稀释热的溶液的计算，也可先按一般溶液的蒸发来处理，即仍利用比热来求溶液的焓，然后在计算过程中再进行校正。通常是将稀释热的影响和热损失合并在一起予以校正。

9.2.2.4 蒸发器的传热面积

蒸发器的传热面积由传热速率方程求得，即：

$$S = \frac{Q}{K \Delta t_m}$$ (9-34)

式中 S——蒸发器的传热面积，m^2；

K——蒸发器的总传热系数，$W/(m^2 \cdot ℃)$；

Δt_m——传热的平均温度差，$℃$；

Q——蒸发器的热负荷（或传热速率），可由焓衡算得，W。

(1) 传热平均温度差 Δt_m

蒸发操作属于蒸汽冷凝和溶液沸腾间的恒温传热过程，故

$$\Delta t_m = T - t_1$$ (9-35)

式(9-34)可写为：

$$S = \frac{Q}{K(T - t_1)}$$ (9-36)

(2) 蒸发器的总传热系数 K

总传热系数是蒸发器设计中的重要因素。大多数的情况下，定量地计算 K 值相当困难，但其计算公式仍为：

$$K_0 = \frac{1}{\frac{d_0}{\alpha_i d_i} + R_{si}\frac{d_0}{d_i} + \frac{bd_0}{\lambda d_m} + R_{s0} + \frac{1}{\alpha_0}}$$ (9-37)

分析上式可知，计算总传热系数的主要困难在于求沸腾一侧的对流传热系数。式(9-37)中的加热蒸汽在壁面上的冷凝传热系数，可按膜式冷凝的公式计算；垢层的热阻可按经验值估计；而管内溶液的沸腾传热系数则受较多因素的影响，例如溶液的性质、蒸发器的类型、沸腾传热的形式及蒸发操作的条件等，因此一般沸腾传热系数关联式的准确度较差。

目前在蒸发器的设计中，总传热系数 K 值大多根据实测数据或经验值来选定。选用时应注意两者条件的相似，以尽量使 K 值较为合理可靠。表 9-2 中列出几种不同类型蒸发器的 K 值的范围，供设计时参考。

表 9-2 蒸发器的总传热系数 K 值

蒸发器的型式	总传热系数 K /[W/(m²·℃)]	蒸发器的型式	总传热系数 K /[W/(m²·℃)]
水平沉浸加热式	600~2300	标准式(自然循环)	600~3000
标准式(强制循环)	1200~6000	悬筐式	600~3000
外加热式(自然循环)	1200~6000	外加热式(强制循环)	1200~7000
升膜式	1200~6000	降膜式	1200~3500
蛇管式	350~2300		

9.2.2.5 几种常见蒸发器的管内沸腾传热系数的关联式

(1) 强制循环蒸发器

由于在强制循环蒸发器中，溶液在传热面上的沸腾是受抑制的，因此可以使用无相变化时管内强制湍流的计算公式，即

$$\alpha_i = 0.023 \frac{\lambda}{d} Re^{0.8} Pr^{0.4} \tag{9-38}$$

但是，与无相变化时相比，由于在传热面附近溶液的温度较沸点略高，且所产生的气泡促进了湍动，实验也证明其传热系数比按上式求得的结果均大 25%。

(2) 标准式蒸发器

在标准式蒸发器中，当溶液在加热管进口处的速率较低（在 0.2m/s 左右）时，可用下式计算，即：

$$Nu = 0.008 (Re_L)^{0.8} (Pr_L)^{0.6} \left(\frac{\sigma_w}{\sigma_L}\right)^{0.38} \tag{9-39}$$

或

$$\alpha_i = 0.008 \frac{\lambda_L}{d_i} \left(\frac{d_i u_m \rho_L}{\mu_L}\right)^{0.8} \left(\frac{c_{pL}\mu_L}{\lambda_L}\right)^{0.6} \left(\frac{\sigma_w}{\sigma_L}\right)^{0.38} \tag{9-40}$$

式中 λ_L——液体的导热系数，W/（m² · ℃）；

d_i——加热管的内径，m；

u_m——平均流速，m/s；

ρ_L——液体的密度，kg/m³；

μ_L——液体的黏度，Pa · s；

c_{pL}——液体的比热容，kJ/（kg · ℃）；

σ_w——水的表面张力，N/m；

σ_L——溶液的表面张力，N/m。

式(9-39) 适用于常压操作，高压或真空度较高时，则误差较大。

(3) 升膜蒸发器

在热负荷较低（表面蒸发）时：

$$\alpha_i = (1.3 + 128 d_i) \frac{\lambda}{d_i} Re_L^{0.23} Re_V^{0.34} \left(\frac{\rho_L}{\rho_V}\right)^{0.25} Pr_L^{0.9} \left(\frac{\mu_V}{\mu_L}\right) \tag{9-41}$$

$$Re_i = \frac{d_i u_V \rho_V}{\mu_V} = \frac{d_i q}{r \mu_V} \tag{9-42}$$

式中 u_V——蒸汽的速度，m/s；

ρ_V——蒸汽的密度，kg/m³；

μ_V——蒸汽的黏度，Pa · s；

q——热通量，W/m²；

r——溶液的汽化潜热，kJ/kg。

在热负荷较高（核状沸腾）时：

$$\alpha_i = 0.225 \frac{\lambda}{d} Pr_L^{0.69} \left(\frac{q d_i}{r \mu_V}\right)^{0.69} \left(\frac{p d_i}{\sigma_L}\right)^{0.31} \left(\frac{\rho_L}{\rho_V} - 1\right)^{0.33} \tag{9-43}$$

式中 p——绝对压强，Pa。

应予注意，上二式中的 Re_L 以入口的液相流量为计算基准，Re_V 以出口的汽相流量为计算基准。

（4）降膜式蒸发器

当 $\dfrac{M}{\mu_L} \leqslant 0.61 \left(\dfrac{\mu_L^4 g}{\rho_L \sigma^3} \right)^{-\frac{1}{11}}$ 时

$$\alpha_i = 1.163 \left(\frac{\lambda_L^3 g \rho_L^2}{3 \mu_L^2} \right)^{\frac{1}{3}} \left(\frac{M}{\mu_L} \right)^{-\frac{1}{3}} \tag{9-44}$$

当 $0.61 \left(\dfrac{\mu_L^4 g}{\rho_L \sigma^3} \right)^{-\frac{1}{11}} < \dfrac{M}{\mu_L} \leqslant 1450 \left(\dfrac{c_{pL} \mu_L}{\lambda_L} \right)^{-1.06}$ 时

$$\alpha_i = 0.705 \left(\frac{\lambda_L^3 g \rho_L^2}{\mu_L^2} \right)^{\frac{1}{3}} \left(\frac{M}{\mu_L} \right)^{-0.22} \tag{9-45}$$

当 $\dfrac{M}{\mu_L} > 1450 \left(\dfrac{c_{pL} \mu_L}{\lambda_L} \right)^{-1.06}$ 时

$$\alpha_i = 7.69 \times 10^{-3} \left(\frac{\lambda_L^3 g \rho_L}{\mu_L^2} \right)^{\frac{1}{3}} \left(\frac{c_{pL} \mu_L}{\lambda_L} \right)^{0.65} \left(\frac{M}{\mu_L} \right)^{0.4} \tag{9-46}$$

式中　M——单位宽度的液体流量，kg/（m·s），$M = \dfrac{W_L}{\pi d_i n}$。

▶9.2.3　蒸发器的生产能力和生产强度

9.2.3.1　蒸发器的生产能力

通常，蒸发器的生产能力用单位时间内蒸发的水分量，即蒸发量来表示，其单位为 kg/h。蒸发器生产能力的大小取决于通过蒸发器传热面的传热速率 Q，因此也可以用蒸发器的传热速率来衡量其生产能力。

根据传热速率方程，单效蒸发时的传热速率为：

$$Q = KS\Delta t = KS(T-t) \tag{9-47}$$

若蒸发器的热损失可以忽略不计，且原料液在沸点下进入蒸发器，则由蒸发器的焓衡算可知，通过传热面所传递的热量全部用于蒸发水分，这时蒸发器的生产能力和传热速率成比例。若原料液在低于沸点下进料，则需要消耗部分热量将冷溶液加热至沸点，因而降低了蒸发器的生产能力。若原料液在高于沸点下进入蒸发器，则由于部分原料液的自动蒸发，致使蒸发器的生产能力有所增加。

9.2.3.2　蒸发器的生产强度

评价蒸发器的性能时，多用蒸发器的生产强度作为衡量的标准。蒸发器的生产强度 U 是指单位传热面积上单位时间内所蒸发的水量，其单位为 kg/（m²·h），即：

$$U = \frac{W}{S} \tag{9-48}$$

若为沸点进料，且忽略蒸发器的热损失，将式（9-31）和式（9-47）代入上式得：

$$U = \frac{Q}{Sr'} = \frac{K\Delta t}{r'} \tag{9-49}$$

由式(9-49)可以看出，欲提高蒸发器的生产强度，必需设法提高蒸发器的总传热系数和传热温度差。

传热温度差 Δt 主要取决于加热蒸汽和冷凝器的压强。加热蒸汽的压强越高，其饱和温度也越高，但是加热蒸汽的压强常受工厂具体的供气条件的限制，一般的为 300～500kPa，高的约为 600～800kPa。若提高冷凝器的真空度，使溶液的沸点降低，也可以加大温度差，但是这样不仅增加真空泵的功率消耗，而且因溶液的沸点降低，使其黏度增高，导致沸腾传热系数下降，因此一般冷凝器中的压强不低于 10～20kPa。另外，为了控制沸腾操作局限于泡核沸腾区，也不宜采用过高的传热温度差。由以上分析可知，传热温度差的提高是有一定限度的。

一般说来，增大总传热系数是提高蒸发器生产强度的主要途径。总传热系数 K 值取决于对流传热系数和污垢热阻。蒸汽冷凝传热系数 α_0 通常总比溶液沸腾传热系数 α_i 大，即传热总热阻中，蒸汽冷凝侧的热阻较小。不过在蒸发器的设计和操作中，必须考虑蒸汽中不凝汽的及时排除，否则，其热阻将大大地增加，使总传热系数下降。管内溶液侧的污垢热阻往往是影响总传热系数的重要因素，尤其是处理易结垢和有结晶析出的溶液时，在传热面上很快形成垢层，使 K 值急剧下降。为了减小垢层热阻，蒸发器必须定期清洗。此外，减小垢层热阻的措施还有：选用适宜的蒸发器型式，例如强制循环蒸发器或列文蒸发器等；在溶液中加入晶种或微量阻垢剂，以阻止在传热面上形成垢层。管内溶液沸腾传热系数 α_i 是影响总传热系数的主要因素。影响沸腾传热系数的因素很多，如溶液的性质，蒸发操作条件及蒸发器的类型等。从前述的沸腾传热系数的关联式，可以了解影响 α_i 的一些因素，以便根据实际的蒸发任务，选定适宜的操作条件和蒸发器的型式。

9.3 多效蒸发

在单效蒸发中每蒸发 1kg 的水需要比 1kg 多一些的加热蒸汽。在工业生产中，蒸发大量的水分必需消耗大量的加热蒸汽。为了减少加热蒸汽消耗量，可采用多效蒸发。在多效蒸发中，将前一效的二次蒸汽作为后一效的加热蒸汽，这样仅第一效需要消耗蒸汽。多效蒸发时，要求后一效的操作压强和溶液的沸点均较前一效的低，因此引入前一效的二次蒸汽可作为加热介质，即后一效的加热室成为前一效二次蒸汽的冷凝器，这就是多效蒸发的操作原理。一般多效蒸发装置的末效或后几效总是在真空下操作的。由于各效（末效除外）的二次蒸汽都作为下一效蒸发器的加热蒸汽，故提高了生蒸汽的利用率，即经济性。假若单效蒸发或多效蒸发装置中所蒸发的水量相同，则前者需要的生蒸汽量远大于后者。例如当原料液在沸点下进入蒸发器，并忽略热损失、各种温度差损失以及不同压强下汽化潜热的差别时，则理论上单效的 $\frac{D}{W} \approx 1$，双效的 $\frac{D}{W} \approx \frac{1}{2}$，三效的 $\frac{D}{W} \approx \frac{1}{3}$，…，$n$ 效的 $\frac{D}{W} \approx \frac{1}{n}$。

若考虑实际上存在的温度差损失和蒸发器的热损失等，则多效蒸发时便达不到上述的经济性。根据经验，将最小的 $\frac{D}{W}$ 值列于表 9-3 中。

表 9-3 单位蒸汽消耗量

效数	单效	双效	三效	四效	五效
$\left(\dfrac{D}{W}\right)_{\min}$	1.1	0.57	0.4	0.3	0.27

▶ 9.3.1 多效蒸发的操作流程

按加料方式不同，常见的多效操作流程（以三效为例）有以下几种。

(1) 并流 (顺流) 加料法的蒸发流程

由三个蒸发器组成的三效并流加料的蒸发装置流程如图9-17所示。溶液和蒸汽的流向相同，即均由第一效顺序流至末效，故称为并流加料法。生蒸汽通入第一效加热室，蒸发出的二次蒸汽进入第二效的加热室作为加热蒸汽，第二效的二次蒸汽又进入第三效的加热室作为加热蒸汽，第三效（末效）的二次蒸汽则送至冷凝器被全部冷凝。原料液进入第一效，浓缩后由底部排出，依次流入第二效和第三效被连续地浓缩，完成液由末效的底部排出。

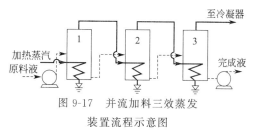

图 9-17 并流加料三效蒸发
装置流程示意图

并流加料法的优点是：

① 由于后一效蒸发室的压强比前一效的低，故溶液在效间输送可以利用各效间的压强差，而不必另外用泵；

② 由于后一效溶液的沸点比前一效的低，故前一效的溶液进入后一效时，会因过热而自行蒸发，常称为自然蒸发或闪蒸，因而可产生较多的二次蒸汽。

并流加料法的缺点是：由于后一效溶液的浓度较前一效的高，且温度又较低，所以沿溶液流动方向其浓度逐效增高，致使传热系数逐渐下降，此种情况在后二效尤为严重。

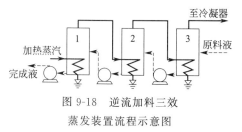

图 9-18 逆流加料三效
蒸发装置流程示意图

并流加料法是最常见的蒸发流程。

(2) 逆流加料法的蒸发流程

图9-18为三效逆流加料蒸发装置流程。原料液由末效进入，用泵依次输送至前一效，完成液由第一效底部排出，而加热蒸汽的流向仍是由第一效顺序至末效。因蒸汽和溶液的流动方向相反，故称为逆流加料法。

逆流加料法蒸发流程的主要优点是随着逐效溶液浓度的不断提高，温度也相应升高，因此各效溶液的黏度较为接近，使各效的传热系数也大致相同。其缺点是效间溶液需用泵输送，能量消耗较大，且因各效的进料温度均低于沸点，与并流加料法相比较，产生的二次蒸汽量也较少。

一般说来，逆流加料法宜用于处理黏度随温度和浓度变化较大的溶液，而不宜于处理热敏性的溶液。

(3) 平流加料法的蒸发流程

平流加料法的三效蒸发装置流程如图9-19所示。原料液分别加入各效中，完成液也分别自各效中排出。蒸汽的流向仍是由第一效流至末效。此种流程适用于处理蒸发过程中伴有结晶析出的溶液。例如某些盐溶液的浓缩，因为有结晶析出，不便于在效间输送，则宜采用平流加料法。

多效蒸发装置除以上几种流程外，生产中还可以根据具体情况采用上述基本流程的变型，例如 NaOH 水溶液的蒸发，亦有采用并流和逆流相结合的流程。

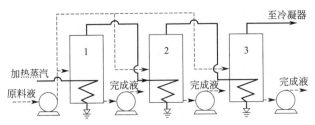

图 9-19　平流加料法三效蒸发装置流程示意图

此外，在多效蒸发中，有时并不将每一效所产生的二次蒸汽全部引入次一效作为加热蒸汽用，而是将其中一部分引出用于预热原料液或用于其他和蒸发操作无关的传热过程。引出的蒸汽称这额外蒸汽。但末效的二次蒸汽因其压强较低，一般不再引出作为它用，而是全部送入冷凝器。

9.3.2　多效蒸发的计算

多效蒸发的计算中，已知条件是：原料液的流量、浓度和温度；加热蒸汽（生蒸汽）的压强，冷凝器的真空度；末效完成液的浓度等。

需要计算的项目有各效溶液的沸点；加热蒸汽（生蒸汽）的消耗量；各效的蒸发量；各效的传热面积。

解决上述问题的方法仍然是采用蒸发系统的物料衡算、焓衡算和传热速率方程等三个基本关系。

多效蒸发中，效数越多，变量（未知量）的数目越多。多效蒸发的计算比单效的要复杂得多。若将描述多效蒸发过程的方程联立求解，用手算是很繁琐和困难的。为此，经常用一些简化和假定，用试差法进行计算。下面以图 9-20 所示的并流蒸发流程为例予以讨论。

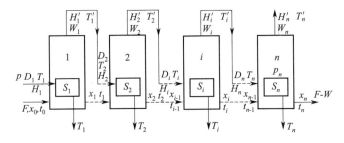

图 9-20　并流加料多效蒸发的物料衡算和焓衡算示意图

图中符号的意义如下：

W_1、W_2、$\cdots$、W_n——各效的蒸发量，kg/h；

F——原料液的流量，kg/h；

W——总蒸发量，kg/h；

x_0、x_1、$\cdots$、x_n——原料液及各效完成液的质量分率；

t_0——原料液的温度，℃；

t_1、t_2、$\cdots$、t_n——各效溶液的沸点，℃；

D_1——加热蒸汽（生蒸汽）的消耗量，kg/h；

p——加热蒸汽的压强；

$$T_1 —— 加热蒸汽的温度，℃；$$

$$T_1'、T_2'、\cdots、T_n' —— 各效二次蒸汽的温度，℃；$$

$$p_n —— 末效蒸发室中的压强，Pa；$$

$$H_1、H_1'、H_2'、\cdots、H_n' —— 加热蒸汽及各效二次蒸汽的焓，kJ/kg；$$

$$H_0、H_1、H_2、\cdots、H_n —— 原料液及各效完成液的焓，kJ/kg；$$

$$S_1、S_2、\cdots、S_n —— 各效蒸发器的传热面积，m^2。$$

9.3.2.1 基本关系

由于多效蒸发的计算相当繁杂，所以先分别讨论计算中的几个主要项目。

（1）多效蒸发的物料衡算

对图 9-20 所示的整个蒸发系统作溶质的物料衡算，得

$$Fx_0 = (F - W)x_n \tag{9-50}$$

或

$$W = \frac{F(x_n - x_0)}{x_n} = F\left(1 - \frac{x_0}{x_n}\right) \tag{9-51}$$

$$W = W_1 + W_2 + \cdots + W_n \tag{9-52}$$

对任一效作溶质的物料衡算，得：

$$Fx_0 = (F - W_1 - W_2 - \cdots - W_i)x_i \quad (i \geqslant 2) \tag{9-53}$$

或

$$x_i = \frac{Fx_0}{F - W_1 - W_2 - \cdots - W_i} \tag{9-54}$$

由于在多效蒸发的计算中，一般仅知道原料液和末效完成液的浓度，而其他各效的浓度均为未知量，因此利用蒸发系统的物料衡算只能求得总蒸发量，至于各效的蒸发量和溶液的浓度，还需结合焓衡算才能求得。

（2）多效蒸发的焓衡算

参考图 9-20，分别对各效作衡算。

第 1 效：

$$Fh_0 + D_1(H_1 - h_w) = (F - W_1)h_1 + W_1 H_1' \tag{9-55}$$

式（9-55）的适用条件为：加热蒸汽的冷凝液在饱和温度下排出，蒸发系统的热损失可以忽略不计。若溶液的稀释热可忽略，此时溶液的焓可用比热来计算。设以 0℃ 的液体为基准，则：

$$h_0 = c_{p0}t_0 \tag{9-56}$$

$$h_1 = c_{p1}t_1 \tag{9-57}$$

$$H_1 - h_w = r_1 \tag{9-58}$$

式中　c_{p0} —— 原料液的比热容，kJ/（kg·℃）；

c_{p1} —— 第一效中溶液的比热容，kJ/（kg·℃）；

r_1 —— 加热蒸汽（生蒸汽）的汽化潜热，kJ/kg。

式（9-55）可表示为

$$Fc_{p0}t_0 + D_1r_1 = (F - W_1)c_{p1}t_1 + W_1 H_1' \tag{9-59}$$

如同单效蒸发的焓衡算一样，将式中溶液的比热用原料液的比热来表示，即：

$$(F - W)c_{p1} = Fc_{p0} - W_1 c_{pw} \tag{9-60}$$

$$H'_1 - c_{pw}t_1 \approx r'_1 \qquad (9\text{-}61)$$

将上二式代入式(9-59)，并整理得

$$Q_1 = D_1 r_1 = W_1 r'_1 + F c_{p0}(t_1 - t_0) \qquad (9\text{-}62)$$

式中　r'_1——第一效中二次蒸汽的汽化潜热，kJ/kg。

同理，仿照式(9-62)可对第 2 效，…，第 i 效写出焓衡算式，即

第 2 效：

$$Q_2 = D_2 r_2 = W_2 r'_2 + (F c_{p0} - W_1 c_{pw})(t_2 - t_1) \qquad (9\text{-}63)$$

或

$$Q_2 = W_1 r'_1 \qquad (9\text{-}64)$$

式中　$D_2 = W_1$；$r_2 = r'_1$。

第 i 效：

$$Q_i = D_i r_i = W_i r'_i + (F c_{p0} - W_1 c_{pw} - W_2 c_{pw} - \cdots - W_{i-1} c_{pw})(t_i - t_{i-1}) \qquad (9\text{-}65)$$

或

$$Q_i = W_{i-1} r'_{i-1} \qquad (9\text{-}66)$$

式中　$D_i = W_{i-1}$；$r_i = r'_{i-1}$

由式(9-65)，亦可求得第 i 效的蒸发量，即

$$W_i = \frac{D_i r_i}{r'_i} + (F c_{p0} - W_1 c_{pw} - W_2 c_{pw} - \cdots - W_{i-1} c_{pw}) \frac{t_i - t_{i-1}}{r'_i} \qquad (9\text{-}67)$$

应予指出，焓衡算中若计溶液的稀释热（但无焓浓度图查用）及蒸发器的热损失时，可将式(9-67)右边乘以热利用系数 η_i。一般来说 η_i 可取为 $0.96 \sim 0.98$；对于稀释热较大的溶液，η_i 值还与溶液的浓度有关，例如 NaOH 水溶液，可取 $\eta_i = 0.98 - 0.7\Delta x$（式中 Δx 为溶液的浓度变化，浓度以质量分率表示）。

（3）传热速率方程和有效温度差在各效中的分配

任一效的传热速率方程为

$$Q_i = K_i S_i \Delta t_i \qquad (9\text{-}68)$$

若已求得加热蒸汽的消耗量和各效的蒸发量，即可由传热速率方程求各效蒸发器的传热面积，以三效为例，即：

$$\begin{cases} S_1 = \dfrac{Q_1}{K_1 \Delta t_1} \\[3mm] S_2 = \dfrac{Q_2}{K_2 \Delta t_2} \\[3mm] S_3 = \dfrac{Q_3}{K_3 \Delta t_3} \end{cases} \qquad (9\text{-}69)$$

式中

$$Q_1 = D_1 r_1 \qquad (9\text{-}70)$$
$$Q_2 = W_1 r'_1 \qquad (9\text{-}71)$$
$$Q_3 = W_2 r'_2 \qquad (9\text{-}72)$$
$$\Delta t_1 = T_1 - t_1 \qquad (9\text{-}73)$$
$$\Delta t_2 = T_2 - t_2 = T'_1 - t_2 \qquad (9\text{-}74)$$
$$\Delta t_3 = T_3 - t_3 = T'_2 - t_3 \qquad (9\text{-}75)$$

通常，在多效蒸发中多采用各效传热面积相等的蒸发器，即：

$$S_1 = S_2 = S_3 = S \tag{9-76}$$

若由式(9-69)求得的传热面积不相等,应重新分配各效的有效温度差。

有效温度差重新分配的方法:

设以 $\Delta t'$ 表示各效面积相等时的有效温度差,则:

$$\begin{cases} Q_1 = K_1 S_1 \Delta t'_1 \\ Q_2 = K_2 S_2 \Delta t'_2 \\ Q_3 = K_3 S_3 \Delta t'_3 \end{cases} \tag{9-77}$$

或

$$\begin{cases} \Delta t'_1 = \dfrac{Q_1}{K_1 S_1} \\[2mm] \Delta t'_2 = \dfrac{Q_2}{K_2 S_2} \\[2mm] \Delta t'_3 = \dfrac{Q_3}{K_3 S_3} \end{cases} \tag{9-78}$$

将式(9-69)两边除以 S,并整理得:

$$\begin{cases} \dfrac{Q_1}{K_1 S} = \dfrac{S_1}{S} \Delta t'_1 \\[2mm] \dfrac{Q_2}{K_2 S} = \dfrac{S_2}{S} \Delta t'_2 \\[2mm] \dfrac{Q_3}{K_3 S} = \dfrac{S_3}{S} \Delta t'_3 \end{cases} \tag{9-79}$$

比较式(9-78)和式(9-79),得

$$\begin{cases} \Delta t'_1 = \dfrac{S_1}{S} \Delta t_1 \\[2mm] \Delta t'_2 = \dfrac{S_2}{S} \Delta t_2 \\[2mm] \Delta t'_3 = \dfrac{S_3}{S} \Delta t_3 \end{cases} \tag{9-80}$$

将式(9-80)中三式相加,得:

$$\sum \Delta t = \Delta t'_1 + \Delta t'_2 + \Delta t'_3 = \frac{S_1}{S} \Delta t_1 + \frac{S_2}{S} \Delta t_2 + \frac{S_3}{S} \Delta t_3 \tag{9-81}$$

或

$$S = \frac{S_1 \Delta t_1 + S_2 \Delta t_2 + S_3 \Delta t_3}{\sum \Delta t} \tag{9-82}$$

式中 $\sum \Delta t$ ——各效的有效温度差之和,称为有效总温度差,℃。

由式(9-82)求得传热面积 S 后,即可由式(9-80)重新分配各效的有效温度差。

为了简化计算,可取 $S = \dfrac{S_1 + S_2 + S_3}{3}$,再由式(9-80)分配有效温度差。显然,由此法计算得到的 $(\Delta t'_1 + \Delta t'_2 + \Delta t'_3)$ 不一定等于 $\sum \Delta t$,但可对各 Δt 值稍作调整,使得 $\sum \Delta t = \Delta t'_1 + \Delta t'_2 + \Delta t'_3$。

（4）有效总温度差∑Δt

当加热蒸汽的压强和末效冷凝器的压强一定时，若已知相应的饱和温度 T_1 和 T_K'，则理论上传热总温度差为：

$$\Delta t_T = T_1 - T_K' \tag{9-83}$$

式中　T_K'——冷凝器操作压强下二次蒸汽的饱和温度，℃。

由于各效中存在传热的温度差损失，与单效蒸发一样，多效时的有效总温度差等于理论上的传热总温度差与各效总的温度差损失之差，即：

$$\sum_{i=1}^{n}\Delta t_i = \Delta t_T - \sum_{i=1}^{n}\Delta_i = T_1 - T_K' - \sum_{i=1}^{n}\Delta_i \tag{9-84}$$

式中　$\displaystyle\sum_{i=1}^{n}\Delta_i$——各效总的温度差损失，为各效温度差损失之和，℃。

由式(9-4)可知，

$$\Delta = \Delta' + \Delta'' + \Delta''' \tag{9-85}$$

故

$$\sum_{i=1}^{n}\Delta_i = \sum_{i=1}^{n}\Delta_i' + \sum_{i=1}^{n}\Delta_i'' + \sum_{i=1}^{n}\Delta_i''' \tag{9-86}$$

（5）蒸发器的传热面积

各效的传热量 Q 由焓衡算求得。若各效的总传热系数为已知或可求，根据初始（假定）的有效温度差 Δt_i，由式(9-69)计算各效的传热面积 S_i，若算出的各效的传热面积相等，则该面积即为所求。若各效的传热面积不相等，则应根据式(9-86)、式(9-84)、式(9-82)和式(9-78)重新分配有效温度差 $\Delta t_i'$，重复上述步骤直至求得的各效传热面积相等为止。

此外，若要求各效的传热面积不等时，则各效的有效温度差，应按各蒸发器传热面积的总和为最小的原则来分配。不论哪种情况，各效有效温度差之间的关系均受传热速率方程制约，即：

$$\Delta t_1 : \Delta t_2 : \Delta t_3 = \frac{Q_1}{K_1 S_1} : \frac{Q_2}{K_2 S_2} : \frac{Q_3}{K_3 S_3} \tag{9-87}$$

9.3.2.2　多效蒸发的计算步骤

多效蒸发的计算一般采用试算法，因此计算中应给定某些参数的初值，通常可根据经验假定，以减少试算的次数。下面介绍一般的计算步骤。

（1）估计各效溶液的浓度

计算各效完成液的浓度必须知道各效的蒸发量。开始计算时由于已知数据不足，因而难以通过焓衡算求得各效的蒸发量。一般先根据生产实际数据予以假定；如无实际数据，各效的蒸发量可按总蒸发量的平均值（即等蒸发量）估计，即：

$$W_i = \frac{W}{n} \tag{9-88}$$

对并流加料的多效蒸发，也可以按一定的比例进行估计，即：

两效：

$$W_1 : W_2 = 1 : 1.1 \tag{9-89}$$

三效：

$$W_1 : W_2 : W_3 = 1 : 1.1 : 1.2 \tag{9-90}$$

由上述方法估计得各效的蒸发量后，再由蒸发器的焓衡算，可求得各效完成液的浓度。

（2）初步确定各效溶液的沸点

若各种温度差损失可以忽略时，估算各效溶液沸点的最简便的方法是根据经验假定蒸汽通过各效的压强降相等，即：

$$\Delta p = \frac{p_1 - p_k'}{n} \tag{9-91}$$

式中　p_1——第 1 效的加热蒸汽的压强，Pa；

p_k'——冷凝器的压强，Pa；

Δp——各效的平均压强降，Pa。

由上式算出各效的压强降后，即可求得各效二次蒸汽的压强，从而可查得各效溶液的沸点。例如对于三效蒸发器，则有：

$$p_1' = p_1 - \Delta p \tag{9-92}$$

$$p_2' = p_1 - 2\Delta p \tag{9-93}$$

$$p_3' = p_k' = p_1 - 3\Delta p \tag{9-94}$$

式中　p_1'、p_2'、p_3'——第 1、第 2、第 3 效的二次蒸汽的压强，Pa。

若温度差损失不能忽略时，则应依据各效的溶液的浓度查出常压下的沸点和温度差损失，然后校正到操作压强下的温度差损失，再求各效溶液的沸点。

（3）求各效的蒸发量和传热量

根据蒸发系统的焓衡算，求各效的蒸发量和传热量。

（4）求各效的传热面积

根据传热速率方程计算各效的传热面积。若求得的各效传热面积不相等，则应按前面介绍的方法重新分配有效温度差，重复步骤 3 及 4，直到所求得的各效传热面积相等（或满足预先给出的精度要求）为止。

由上述可知，多效蒸发的计算十分繁琐，目前多采用计算机进行计算。

实际生产中，因蒸发器有热损失，且各效总传热系数一般均为经验值，因此为了安全，通常设计中采用的传热面积较计算值约大 10%～25%。

应予指出，对各效压强降相等的假设，可以不再进行核算，因为压强的差异对以后溶液的沸点及汽化潜热所引起的误差可以忽略。在一般情况下，因溶液的沸点对蒸发量的影响较小，故复算的次数不会太多。

上面仅介绍了多效蒸发计算的一般原则和步骤，而在许多实际的蒸发问题中，因加料流程和溶液性质等的不同，具体的计算过程并不相同，应灵活运用基本关系。

▶ 9.3.3　多效蒸发和单效蒸发的比较

（1）溶液的温度差损失

若多效和单效蒸发的操作条件相同，即第一效（或单效）的加热蒸气压强和冷凝器的操作压强相同，则多效蒸发的温度差因经过多次的损失，使总温度差损失较单效蒸发时大。

单效、双效和三效蒸发装置中温度差损失如图 9-21 所示，三种情况均具有相同的操作条件。图形总高度代表加热蒸汽（生蒸汽）温度和冷凝器中二次蒸汽温度间的总温度差（130－50＝80 ℃），图中阴影部分代表由于各种原因所引起的温度差损失，空白部分

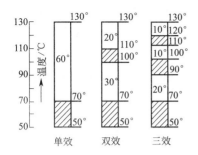

图 9-21 单效、双效、三效蒸发
装置中温度差损失

代表有效温度差，即传热推动力。由图可见，多效蒸发较单效蒸发的温度差损失要大，且效数越多，温度差损失也越大。

（2）经济性

前已述及，多效蒸发提高了加热蒸汽的利用率，即经济性。对于蒸发相同的水量而言，采用多效蒸发时所需的加热蒸汽消耗量较单效蒸发时少。不同效数的单位蒸汽消耗量已列于表 9-3 中。

在工业生产中，若需蒸发大量的水分，宜采用多效蒸发。

（3）蒸发器的生产能力和生产强度

前已述及，蒸发器的生产能力是指单位时间内蒸发的水分量，即蒸发量。通常可视为蒸发量是与蒸发器的传热速率成正比例的。由传热速率方程知：

单效：

$$Q = KS\Delta t \tag{9-95}$$

三效：

$$Q_1 = K_1 S_1 \Delta t_1 \tag{9-96}$$

$$Q_2 = K_2 S_2 \Delta t_2 \tag{9-97}$$

$$Q_3 = K_3 S_3 \Delta t_3 \tag{9-98}$$

若设各效的总传热系数可取为平均值 K，且各效的传热面积相等，则三效的总传热速率为：

$$Q = Q_1 + Q_2 + Q_3 \approx KS(\Delta t_1 + \Delta t_2 + \Delta t_3) = KS\Delta t \tag{9-99}$$

当蒸发操作中没有温度差损失时，由上式可知，三效蒸发和单效蒸发的传热速率基本上是相同的，因此生产能力也大致相同。显然，两者的生产强度是不相同的，即三效蒸发时的生产强度（单位传热面积的蒸发量）约为单效蒸发时的三分之一。实际上，由于多效蒸发时的温度差损失较单效蒸发时的大，因此多效蒸发时的生产能力和生产强度均较单效蒸发时的小。

可见，采用多效蒸发虽然可提高经济性（即提高加热蒸汽的利用率），但是却降低了生产强度，两者是相互矛盾的。多效蒸发的效数应予以权衡决定。

▶9.3.4 多效蒸发中效数的限制及最佳效数

蒸发装置中效数越多，温度差损失越大，且对某些浓溶液的蒸发还可能发生总温度差损失等于或大于有效总温度差，此时蒸发操作就无法进行，所以多效蒸发的效数有一定的限制。

一方面，多效蒸发中随着效数的增加，单位蒸汽的消耗量减小，使操作费用降低；另一方面，效数越多，设备的投资费用也越多。而且，由表 9-3 可以看出，随着效数的增加，虽然 $\left(\dfrac{D}{W}\right)_{\min}$ 不断减小，但所节省的生蒸汽消耗量也越来越少，例如由单效增为双效，可节省的生蒸汽量约为 50%，而从四效增为五效，可节省的生蒸汽量约为 10%。同时，随着效数的增多，生产能力和强度也不断降低。由上分析可知，最佳效数要通过经济衡算决定，而单位生产能力的总费用为最低时的效数，即为最佳效数。

过程工业中使用的多效蒸发过程，一般情况下效数并不是很多。通常，对于电解质溶液，例如 $NaOH$、NH_4NO_3 等水溶液由于其沸点升高（即温度差损失）较大，故取 $2\sim3$ 效；对于非电解质溶液，如有机溶液等，其沸点升高较小，所用效数可取 $4\sim6$ 效；对于海水淡化的蒸发装置中效数可多达 $20\sim30$ 效。

近年来，为了节约热能，蒸发设计中有适当增加效数的趋势，但应注意效数是有限制的。

9.4 蒸发器的设计

▶9.4.1 蒸发器的设计举例

9.4.1.1 蒸发器的设计程序

① 依据溶液的性质及工艺条件，确定蒸发的操作条件（如加热蒸气压强和冷凝器的压强等）及蒸发器的型式、流程和效数（最佳效数要作衡算）。

② 依据蒸发器的物料衡算和焓衡算，计算加热蒸汽消耗量及各效蒸发量。

③ 求出各效的总传热系数、传热量和传热的有效温度差，从而计算各效的传热面积。

④ 根据传热面积和选定的加热管的直径和长度，计算加热管数；确定管心距和排列方式，计算加热室外壳直径。

⑤ 确定分离室的尺寸。

⑥ 其他附属设备的计算或确定。

9.4.1.2 自然循环蒸发器的设计

(1) 加热室

由计算得到的传热面积，可按列管式换热器设计。管径 d_0 一般以 $25\sim70mm$ 为宜，管长一般以 $2\sim4m$ 为宜，管心距取为 $(1.25\sim1.35)d_0$，加热管的排列方式采用正三角形或同心圆排列。管数可由作图法或计算法求得，但其中中央循环管所占据面积的相应管数应扣除。

(2) 循环管

中央循环管式：循环管截面积取为加热管总截面积的 $40\%\sim100\%$。对加热面积较小者应取较大的百分数。

悬筐式：循环流道截面积为加热管总截面积的 $100\%\sim150\%$。

外热式的自然循环蒸发器：循环管的大小可参考中央循环管式来决定。

(3) 分离室

分离室的高度 H：一般根据经验决定，通常采用高径比 $H/D=1\sim2$；对中央循环管式和悬筐式蒸发器，分离室的高度不应小于 $1.8m$，才能基本保证液沫不被蒸汽带出。

分离室直径 D：可按蒸发体积强度法计算。蒸发体积强度就是指单位时间从单位体积分离室中排出的一次蒸汽体积。一般允许的蒸发体积强度为 $1.1\sim1.5m^3/(s \cdot m^3)$。因此，由选定的允许蒸发体积强度值和每秒钟蒸发出的二次蒸汽体积即可求得分离室的体积。若分离室的高度已定，则可求得分离室的直径。

【例 9-1】 试设计一蒸发 NaOH 水溶液的蒸发器。已知条件如下：

① 原料液流量为 10000kg/h，温度为 80℃；

② 原料液浓度为 0.3，完成液浓度为 0.45；

③ 蒸发器中溶液的沸点为 102.8℃（单效计）；

④ 加热蒸气压强为 450kPa（绝压），冷凝器的操作压强为 20kPa；

⑤ 蒸发器的总传热系统为 1200W/(m^2 · ℃)，热损失可以忽略。

解 采用单效蒸发流程，且因 NaOH 水溶液浓度较大时，黏度也较大，故选用外热式自然循环型蒸发器。

（1）蒸发量

$$W = F\left(1 - \frac{x_0}{x_1}\right) = 10000 \times \left(1 - \frac{0.3}{0.45}\right) = 3333 \text{kg/h}$$

（2）焓衡算

因 NaOH 水溶液的浓度较大时，稀释热不能忽略，应用溶液的焓作衡算，即：

$$DH + Fh_0 = WH' + (F - W)h_1 + Dh_w$$

由相关手册查得压强为 450kPa 时饱和蒸汽的温度为 147.7℃，焓为 2748kJ/kg，饱和液体的焓为 622kJ/kg，压强为 20kPa 时蒸汽温度为 60.1℃，焓为 2606kJ/kg。

由图 9-15 查得原料液的焓 $h_0 \approx 305 \text{kJ/kg}$，溶液的焓为 $h_1 \approx 570 \text{kJ/kg}$。

所以

$$D(2748 - 622) = 3333 \times 2606 + (10000 - 3333) \times 570 - 10000 \times 305$$

解得

$$D = 4438 \text{kg/h}$$

$$Q = D(H - h_w) = 4438 \times (2748 - 622) = 9.44 \times 10^6 \text{kJ/h} = 2.62 \times 10^6 \text{W}$$

（3）蒸发器的传热面积

$$\Delta t = 147.7 - 102.8 = 14.9℃$$

所以

$$S = \frac{Q}{K\Delta t} = \frac{2.62 \times 10^6}{1200 \times 44.9} = 49(\text{m}^2)$$

为安全计，取

$$S = 1.2 \times 49 = 59(\text{m}^2)$$

（4）确定蒸发器的主要尺寸

① 加热室 选用直径为 ϕ38mm×3mm、长为 3m 的无缝钢管为加热管，管数为

$$n = \frac{S}{\pi d_0 L} = \frac{59}{\pi \times 0.038 \times 3} = 165$$

加热管按正三角形排列，管心距 t 取为 70mm。

求管束中心线上的管数，即：

$$n_c = 1.1\sqrt{n} = 1.1 \times \sqrt{165} = 14$$

计算加热室内径，即：

$$D_i = t(n_c - 1) + 2b' = 70 \times (14 - 1) + 2 \times 1.5 \times 38 = 1024(\text{mm})$$

取

$$D_i = 1100\text{mm}$$

加热室的壳径亦可按作图法求得。

② 循环管　根据经验，循环管的截面积取 80% 的加热管总截面积，即：

$$0.8n \times \frac{\pi}{4}d_i^2 = 0.8 \times 165 \times \frac{\pi}{4} \times 0.032^2 = 0.106\text{m}^2$$

所以循环管直径为：

$$d = \sqrt{\frac{0.106}{\frac{\pi}{4}}} \approx 0.37\text{(m)}$$

圆整，取 $d = 400\text{mm}$。

③ 分离室　取分离室的高度为：

$$H = 2.5\text{m}$$

由相关手册查得压强为 20kPa 时，二次蒸汽的密度 ρ 为 0.131kg/m^3，所以二次蒸汽的体积为：

$$V_s = \frac{3333}{0.131 \times 3600} = 7.1\text{m}^3/\text{s}$$

取允许的蒸发体积强度 V_{s1} 为 $1.5\text{m}^3/(\text{s} \cdot \text{m}^3)$，由

$$\frac{\pi}{4}D^2 H = \frac{V_s}{V_{s1}}$$

可得分离室的直径为：

$$D = \sqrt{\frac{V_s}{\frac{\pi}{4}HV_{s1}}} = \sqrt{\frac{7.1}{\frac{\pi}{4} \times 2.5 \times 1.5}} \approx 1.6\text{m}$$

【例 9-2】　试设计一蒸发氯化钠水溶液的立式降膜蒸发器。已知条件如下：

① 原料液流量为 10000kg/h，沸点下进料；

② 原料液浓度为 0.04，完成液的浓度为 0.08；

③ 加热蒸气压强为 150kPa（绝压），分离室的操作压强为常压；

④ 氯化钠溶液的物性如下（为简单起见，按进口条件计）：

$\mu_L = 3.17 \times 10^{-4}\text{Pa} \cdot \text{s}$,　　$\lambda_L = 0.675\text{W/(m}^2 \cdot \text{℃)}$,　　$\rho_L = 1020\text{kg/m}^3$,
$Pr_L = 1.84$,　　　　　　$\sigma = 0.074\text{N/m}$

⑤ 管外侧蒸汽冷凝传热系数为 $7000\text{W/(m}^2 \cdot \text{℃)}$，蒸发器的热损失可忽略。

解

（1）蒸发量

$$W = F\left(1 - \frac{x_0}{x_1}\right) = 10000 \times \left(1 - \frac{0.04}{0.08}\right) = 5000\text{kg/h}$$

（2）传热量

由相关手册查得 150kPa 饱和蒸汽温度为 111.1℃，常压时蒸汽温度为 100℃，汽化潜热为 2258.4kJ/kg。

因沸点进料，热损失可以忽略，则由焓衡算可得：

$$Q = Wr' = 5000 \times 2258.4 = 1.13 \times 10^7\text{kJ/h} = 3.14 \times 10^6\text{W}$$

（3）初估传热面积

据表 9-2 取总传热系数 K 为 $2000\text{W/(m}^2 \cdot \text{℃)}$。

由相关手册查得氯化钠溶液的沸点约为101℃，故

$$\Delta t = 111.1 - 101 = 10.1(℃)$$

所以

$$S = \frac{Q}{K\Delta t} = \frac{3.14 \times 10^6}{2000 \times 0.1} = 155(\text{m}^2)$$

采用 $\phi 25\text{mm} \times 2\text{mm}$、长为 5m 的黄钢管为加热管，则管数为：

$$n = \frac{S}{\pi d L} = \frac{155}{\pi \times 0.025 \times 5} = 395$$

（4）复核总传热系数

管内沸腾传热系数 α（按进口条件计算）：

$$\frac{M}{\mu_L} = \frac{W}{\pi d_i n \mu_L} = \frac{10000}{3.14 \times 0.21 \times 395 \times 3.17 \times 10^{-4} \times 3600} = 33.6$$

$$1450 Pr_L^{-1.06} = 1450 \times 1.84^{-1.06} = 760$$

$$0.61 \left(\frac{\mu_L^4 g}{\rho_L \sigma^3}\right)^{-\frac{1}{11}} = 0.61 \times \left[\frac{(3.17 \times 10^{-4})^4 \times 9.81}{1020 \times 0.074^3}\right]^{-\frac{1}{11}} = 9$$

即

$$0.61 \left(\frac{\mu_L^4 g}{\rho_L \sigma^3}\right)^{-\frac{1}{11}} < \frac{M}{\mu_L} < 1450 Pr_L^{-1.06}$$

因此可求得管内沸腾传热系数 α

$$\alpha_i = 0.705 \left(\frac{\lambda_L^3 g \rho_L^2}{\rho_L \sigma^3}\right)^{\frac{1}{3}} \left(\frac{M}{\mu_L}\right)^{-0.22} = 0.705 \times \left[\frac{0.675^3 \times 9.81 \times 1020^2}{(3.17 \times 10^{-4})^2}\right]^{\frac{1}{3}} \times 33.6^{-0.22}$$

$$= 6100[\text{W}/(\text{m}^2 \cdot ℃)]$$

取管内侧污垢热阻 $R_{si} = 0.0001$，且忽略管壁热阻，则总传热系数 K 为：

$$K = \cfrac{1}{\cfrac{1}{\alpha_0} + R_{si}\cfrac{d_0}{d_i} + \cfrac{1}{\alpha_i} \times \cfrac{d_0}{d_i}} = \cfrac{1}{\cfrac{1}{7000} + 0.0001 \times \cfrac{25}{21} + \cfrac{1}{6100} \times \cfrac{25}{21}}$$

$$= \frac{1}{0.000457} = 2187\text{W}/(\text{m}^2 \cdot ℃)$$

上述计算结果表明所求的立式降膜蒸发器基本合适，不再重复计算。加热室的具体设计可按列管式换热器进行；分离室的高度通常取为 1m 以上。

▶ 9.4.2 蒸发器的辅助装置

蒸发器的辅助装置主要包括除沫器、冷凝器和真空装置。

（1）除沫器

蒸发操作时，二次蒸汽中夹带大量的液体，虽然在分离室中进行了分离，但是为了防止损失有用的产品或污染冷凝液体，还需设法减少夹带液体，因此在蒸汽出口附近装设除沫装置。除沫器的型式很多，常见的如图 9-22 所示。前几种 [图 9-22 中（a）～（d）] 直接安装在蒸发器的顶部；后几种 [图 9-22 中（e）～（g）] 安装在蒸发器的外部。

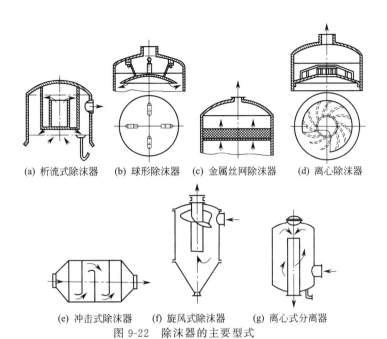

(a) 析流式除沫器　(b) 球形除沫器　(c) 金属丝网除沫器　(d) 离心除沫器

(e) 冲击式除沫器　(f) 旋风式除沫器　(g) 离心式分离器

图 9-22　除沫器的主要型式

（2）冷凝器和真空装置

在蒸发操作中，当二次蒸汽为有价值的产品而需要回收，或会严重污染冷却水时，应采用间壁式冷凝器；否则采用汽、液直接接触的混合式冷凝器。常用的干式逆流高位冷凝器如图 9-23 所示。间壁式和混合式冷凝器如前所述。

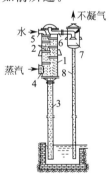

图 9-23　干式逆流高位冷凝器

1—外壳；2—淋水板；3,8—气压管；4—蒸汽进口；5—进水口；6—不凝气出口；7—分离罐

当蒸发器采用减压操作时，无论用哪一种冷凝器，均需要在冷凝器后安装真空装置，不断地抽出冷凝液中的不凝性气体，以维持蒸发操作所需要的真空度。常用的真空装置有喷射泵、往复式真空泵及水环式真空泵等。

参 考 文 献

[1]　王翠翠 . 蒸发皿蒸发量驱动因子及其与实际蒸发量的关系研究［D］. 北京：中国科学院大学，2015.

[2]　余文芳，李敏霞，王飞波，等 . CO$_2$ 系统微通道蒸发器的研究［J］. 工程热物理学报，2015，36（9）：1858～1862.

[3]　朱毅，吴晓敏，朱禹，等 . PF 蒸发器参数计算模型研究与模拟［J］. 工程热物理学报，2015，36（5）：1077～1081.

[4]　魏新利，闫艳伟，马新灵，等 . 有机朗肯循环系统蒸发器的性能研究［J］. 郑州大学学报（工学版），2015，36（4）：45～48.

[5]　赵丹，丁国良，胡海涛 . 质量和能量严格守恒的蒸发器动态仿真模型［J］. 制冷学报，2015，36（1）：76～83.

[6] 王清伟.蒸发器内置毛细管开孔特性对蒸发器换热的影响 [D].天津:天津商业大学,2015.

[7] 李贵燕.MVR 降膜蒸发器的数值模拟及节能分析 [D].石家庄:石家庄铁道大学,2015.

[8] 王亚男.管壳式蒸发器内制冷剂的均分特性研究 [D].南京:南京师范大学,2015.

[9] 张健.纳米铁粉生产装置中蒸发器流量控制技术研究 [D].长春:长春工业大学,2015.

[10] 吴极,王瑾,王哲旻,等.管径变化对蒸发器性能影响的仿真与实验研究 [J].制冷学报,2015,36 (6):104~110.

[11] 王瑞星,刘斌,申志远,等.单流程蒸发器表面温度场均匀性的影响因素研究 [J].流体机械,2015,1:57~62,22.

[12] 焦龙.刮板薄膜蒸发器的研究与结构优化 [D].青岛:山东科技大学,2015.

[13] 李晓鹏.MVR 工业废水处理设备升膜蒸发器研究 [D].西安:西安建筑科技大学,2015.

[14] 苑海超,王维伟,董景明,等.新型细薄膜蒸发器的传热特性实验研究 [J].大连海事大学学报,2014,40 (2):105~108.

[15] 谭海辉,陶唐飞,除光华,等.翅片管式蒸发器超声波除霜理论与技术研究 [J].西安交通大学学报,2015,49 (9):105~113.

[16] 龚路远,牟兴森,沈胜强,等.水平管降膜蒸发器传热参数空间分布模拟研究 [J].工程热物理学报,2014,35 (12):2500~2503.

[17] 刘华,沈胜强,龚路远,等.水平管降膜蒸发器温度损失的计算与分析 [J].西安交通大学学报,2014,48 (4):90~94.

[18] 韩广明,李敏霞,马一太.低温室效应工质空调蒸发器性能模拟计算 [J].机械工程学报,2014,50 (12):133~139.

[19] 解利昕,周文萌,陈飞.水平管降膜蒸发器的传热性能 [J].化工进展,2014,33 (11):2878~2881,2893.

[20] 马兴钧,李炳林,陈莉,等.中低放废液一体化自然循环蒸发器设计 [J].核动力工程,2014,35 (4):159~162.

[21] 莫丽,王玉梅.液氮蒸发器余热回收系统设计 [J].机械设计与制造,2014,7:75~77.

[22] 郭磊,刁彦华,赵耀华,等.电场强化微槽道结构毛细芯蒸发器的传热特性 [J].化工学报,2014,A1:144~155.

[23] 刘岩.复合烧结多孔结构毛细芯蒸发器传热特性研究 [D].北京:北京工业大学,2014.

[24] 夏源,徐厚达,王守国,等.小尺度蒸发器的数值模拟及优化研究 [J].流体机械,2014,42 (1):57~62.

[25] 张连山,邓先和,杨志平.糖厂蒸发器的强化传热及多效蒸发的节能优化 [J].现代化工,2014,34 (4):116~119,121.

[26] 王学会,袁晓蓉,吴美,等.制冷用水平降膜式蒸发器研究进展 [J].制冷学报,2014,35 (2):19~29.

[27] 徐建茹,李兰,任伟.刮板薄膜蒸发器的选材分析 [J].现代化工,2014,34 (6):116~117,119.

[28] 徐喆轩.水平管降膜蒸发器的数值模拟 [D].大连:大连理工大学,2014.

[29] 恽世昌.双蒸发器冷水机组的性能模拟 [D].南京:南京理工大学,2014.

[30] 张琳,高丽丽,崔磊,等.MVR 蒸发器管内沸腾传热传质数值模拟 [J].化工进展,2013,32 (3):543~548.

[31] 丛振涛,杨大文,倪广恒.蒸发原理与应用 [M].北京:科学出版社,2013.

[32] 汪冬冬,陈彬彬,刘志春,等.并联蒸发器平板式环路热管的实验研究 [J].工程热物理学报,2013,34 (10):1939~1943.

[33] 朱冬生,周吉成,霍正齐,等.满液式蒸发器中螺旋扁管的池沸腾传热 [J].化工学报,2013,64 (4):1151~1156.

[34] 王永刚,李海波,柴天佑.强制循环蒸发器的非线性解耦控制 [J].化工学报,2013,64 (6):2145~2152.

[35] 梁媛媛,赵宇,陈江平.微通道平行流蒸发器仿真模型 [J].上海交通大学学报,2013,47 (3):413~416.

[36] 姜峰,王兵兵,齐国鹏,等.汽-液-固多管循环流化床蒸发器中固体颗粒的分布 [J].天津大学学报,2013,46 (2):133~137.

[37] 李金旺,邹勇,程林,等.毛细芯蒸发器启动和运行特性 [J].中国空间科学技术,2012,32 (2):43~47.

[38] 毕旺华,牛量,王继舜.管式降膜蒸发器 [J].中国造纸,2012,31 (4):46~49.

[39] 张猛,周帼彦,朱冬生.降膜蒸发器研究进展 [J].流体机械,2012,40 (6):82~86.

[40] 杜莹,李永光.蒸发器沸腾两相段熵产分析 [J].化工学报,2011,62 (5):1185~1190.

[41] 陈敏恒.化工原理 [M].北京:化学工业出版社,2001.

第10章

余热锅炉

在现代过程工业中，可供利用的余热量十分可观，比如，工业生产中使用的各种工业炉窑，如回转窑、纯氧炼钢炉、硫铁矿焙烧炉、电极加热炉、炼油厂裂解炉、反射炉、干熄焦设备、制氢设备等，都产生高温烟气，其燃料耗用量很大，但热效率低，其中可资源利用的余热约相当于燃料总消耗的15％以上，高者甚至可达到1/3，对排烟的余热加以回收利用，可以提高整个系统的燃料利用率，降低工矿企业的能耗，对我国实现节能减排、促进环保事业的发展具有重大的战略意义。在能源紧缺和环境容量日益减少的今天，不仅在我国，即使是世界上其他工业发达国家，对余热的回收利用也都给予了极大的重视。

按照物态，余热源可分为固体余热（如刚从炉子排出的焦炭、水泥熟料和烧结矿料等）、液体余热（如高温冷却水、化工厂中用于调节反应温度的有机或无机介质和熔融金属或熔渣等）和气体余热（如加热炉烟道气、熔炼炉及反应炉排气以及化工厂工艺气体等）三大类。回收余热的方法很多，目前广为采用的方法就是装设余热锅炉，它既可利用高温烟气和可燃废气的余热，也可利用化学反应余热，甚至还可利用高温产品的余热。

采用余热锅炉回收利用余热是提高能源利用率的重要手段，为此，世界各国先后开展了余热锅炉的研制工作，并大力推广应用，取得了显著的节能效果。20世纪70年代我国开始实施发展余热锅炉的规划，投资扩建余热锅炉研究和生产基地，现已形成具有一定规模的余热锅炉制造能力及较雄厚的科研基地，如杭州余热锅炉研究所、杭州锅炉厂等。目前设计制造的余热锅炉主要有烟道式和管壳式两大类产品，共计19个系列，92个品种，129个规格，可用于冶金、化工、建材、轻纺等行业，是一种重要的余热回收设备。但总的来说，我国余热锅炉产品的水平与国外同类产品相比，尚有一定的差距。

10.1 余热锅炉的组成及其特点

余热锅炉也称废热锅炉，一般由省煤器、蒸发器和蒸汽过热器等几部分组成，少数为汽轮机供汽的余热锅炉，还装置有回热装置。除有特殊要求外，余热锅炉一般都不配置辅助燃烧设备。

余热锅炉的工作介质是水和蒸汽，水的热容量大，设备的体积相对来说也较小，用材（主要是碳钢）不受高温烟气的限制。

余热锅炉与普通锅炉的主要区别有以下几个方面：

① 余热（废热）锅炉的燃料一般不是直接燃用化石燃料或其他可燃物质，除特制的燃烧可燃废料的废热锅炉外，余热锅炉的热源大部分为某些生产过程中的剩余热量或过程尾气排出的热量。由于生产工艺过程以及排放条件的不同，余热温度也不一样，有高有低，一般在 $500\sim1000℃$ 之间，高的可达 $1500℃$ 以上。因此余热锅炉没有一个比较固定的理论燃烧温度。

② 余热锅炉的热源是来自各种不同的生产工艺过程的排放物质，且排放废热的部位也不固定，尤其在化工、石油企业中，锅炉部件的布置一般是比较分散的，并不一定是将余热锅炉放置在生产工艺过程的尾部。因此，有的余热锅炉就不能像普通锅炉那样把换热部件组装在一个壳体内，成为一个整体。但是一般为了节省投资和检修方便，在设计这种类型的余热锅炉时，还是应考虑尽量把它们集中配置。

③ 余热锅炉的热源比普通锅炉广泛，余热（废热）载体的组分各种各样，其中有的也和普通的燃烧烟气差不多，但有的含有腐蚀性极强的组分（如 SO_2、SO_3、NO、H_2S、CH_4、H_2、NH_3 等），因而受热面的腐蚀问题要比普通锅炉严重得多。并且由于露点的关系，某些废热气体的出炉温度要受到一定的限制。

④ 有些生产过程，如有色冶炼、玻璃、水泥等行业排出的废热气体中夹带有大量的半熔融状态的粉尘，有的生产过程排出的气体中含有烟炱（如硫酸厂沸腾炉出口炉气含尘量达 $200g/m^3$，石油裂解气中含有炭黑等微粒），因而会导致余热锅炉在高温区和水冷壁上产生熔灰和结焦现象，严重影响余热锅炉的正常传热和水循环。如果没有完善的除灰清焦装置，余热锅炉不可能投入实际的运行。因此用于这些场合的余热锅炉需要配置较大空间的冷却室和完善的除尘设备，如伸缩式回转吹灰器，锤击式震动清灰装置、水枪和烧焦装置等，必须充分考虑粉尘的堵塞和冲刷磨损，以确保余热锅炉和辅助设备安全可靠地运行。

⑤ 由于化学工业中有些余热锅炉的各个换热部件多半是分散安装在流程的各部位，但相互之间的联系又非常密切，锅炉水侧（或汽侧）的工况变化将会通过传热面影响到工艺气侧的操作条件，以致使整个流程产生连锁反应，影响到产量和质量。例如由于传热的影响而使工艺气的温度上升或下降，不能保持本设备或下一设备的最佳反应温度，促使转化率下降，影响了产量或质量；由于这一设备的产量变化，进一步使后续设备的负荷受到影响；而且反应温度的经常波动还会降低催化剂的使用寿命。由于近代余热（废热）锅炉向高温高压锅炉型式发展，对可靠性、安全性和稳定性的要求很高。因此，要保证余热（废热）锅炉长期稳定连续运行，以保证产品的产量和质量，自动控制和调节机械以及与之相配套的仪表是相当重要的，甚至有时是必不可少的。

⑥ 在一些石油化工企业中，有的余热锅炉不但水侧（或汽侧）是高温（高压），而且工艺气侧也是高温（高压），因此对余热锅炉设备的严密性、材质的耐热性以及水质和避免产生不必要的热应力等都有很高的要求。

对于某些余热锅炉，由于要对周围其他工厂、部门或地区连续供汽，或所利用的废气中含有可燃物质，通常设置辅助燃烧装置，其负荷可以在 $0\sim100\%$ 的范围内调节。

由于以上这些特点，需对余热锅炉区别不同的使用情况，妥善处理它的结构设计、材质选择、热力计算、强度计算，以及操作维护和水质处理等问题。

10.2　余热锅炉的分类

由于各种余热的来源不同，余热锅炉在结构型式上也有很大的差别。

余热锅炉的热源在实际生产中大体上可以归纳为两种。

① 废热气体中所带的显热　废热气体温度高于余热容器中介质（或环境中的大气）温度时，废热气体本身具有的物理显热即向低温部分传递。

② 燃烧废弃物质所发生的热量　如木屑、树皮、甘蔗渣、垃圾、沥青、煤焦油、纸浆黑液、焦炉气、炭黑尾气等。在这类余热锅炉中有燃料（可燃性尾气或废渣）的再燃烧问题，锅炉的结构、热力计算等与普通锅炉相仿，属于烟道式的余热锅炉。

对带有一定显热的生产过程排放的废热气体来讲，情况就不相同了。例如废热气体除来自轧钢、玻璃、陶瓷行业的炉窑和燃气轮机、内燃机等作为制造过程或产生动力过程的副产物（燃料燃烧的尾气）外，尚有数量很大的化工、石油生产过程中所产生的热气体，如生产乙烯、合成氨、硫酸、硝酸时产生的裂解气、反应气、合成气等。由于回收余热是利用热气体的显热，即利用生产过程中的化学反应热，而不是热气体的再燃烧性能，因此，不存在燃料的燃烧和炉内的换热与空气预热等问题，这样便与一般锅炉不一样。这类使用在化工废热气体回收装置上的余热锅炉，便可制成管壳式换热的余热锅炉型式了。

余热锅炉按照其使用特点，基本上可分为管壳式（火管）余热锅炉和烟道式（水管）余热锅炉。烟道式余热锅炉的运行压力一般不低于 0.3MPa，如果没有对汽压的特殊要求和输送距离过远的压力损失，烟道式余热锅炉的汽压选在 0.5～0.7MPa 是比较合适的。

管壳式余热锅炉常用于石油化工生产中回收余热，是一种特殊型式的管壳式换热器，主要由高温反应气体与冷却介质（水）间接换热产生蒸汽。这类锅炉常常是高温气体在管内流过，水在管外与壳体之间流动，如同火管锅炉一样。由于这类锅炉要适应各种不同生产工艺过程的特殊条件，因而结构型式很繁杂，应根据实际生产的需要去设计、制造。在化工、石油生产中，因为对化学反应热的余热必须加以处理，并且在这类企业生产中流经余热锅炉的热气体本身不洁净，又有结焦和腐蚀的特性，同时鉴于许多热气体在生产流程中的压力、温度、流速也很高，沸腾的放热系数大，可以减小管壁与壳体间的温差。为了使清洗工作容易进行，改善锅炉的工作条件，这一类型的余热锅炉一般都要求做成火管式。

烟道式余热锅炉与普通蒸汽锅炉的型式相近，是一种水管式的蒸汽锅炉，高温烟气（或气体）通过耐火材料砌成的炉膛冲刷锅炉管束进行换热而获得蒸汽。烟道式余热锅炉在系统布置上要注意在工业炉窑和余热锅炉之间设置旁通烟道（也有特例），以保证主要生产过程在停用锅炉的情况下仍能正常运行。

对于管壳式余热锅炉，可参见前述的管壳式换热器。本章主要讲述烟道式余热锅炉。

10.3　烟道式余热锅炉

烟道式余热锅炉与蒸汽锅炉相似，作为热源的高温烟气通过耐火材料砌成的炉膛，与布置在炉膛内受热面管束中的水间接换热，产生蒸汽。

⊨ 10.3.1　工作原理

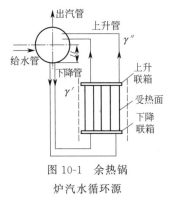

图 10-1　余热锅
炉汽水循环源

烟道式余热锅炉的汽水循环系统是由汽包、上升管、下降管、上下联箱和管束受热面组成，如图 10-1 所示，管束中的水受热后，比重随温度升高而减小，当有蒸汽产生时，比重显著下降，在整个管系中形成一个压力差，其值为

$$p = H(\gamma' - \gamma'') \tag{10-1}$$

式中　p——管束中的压力差；

　　　H——水位差；

　　γ'、γ''——水、汽水混合物的重度。

因汽水混合物的重度 γ'' 小，在上升管内会自然上升；下降管里水的重度 γ' 大，水即向下流动。当这个压力差大于整个系统的阻力时，就形成自然循环。

水循环对于烟道式余热锅炉的安全运行是非常重要的，在自行设计制造余热锅炉时，必须慎重考虑。

在余热锅炉受热面管子中，任何一点的蒸汽所占汽水混合物的质量百分数称为该点的干度。上水管顶端部分的干度叫顶端干度。如果进入上水管的水量为 $G\,\text{kg/h}$ 时，在上水管中蒸发的蒸汽为 $D\,\text{kg/h}$ 时，则锅炉的循环倍率为

$$K = \frac{G}{D} \tag{10-2}$$

循环倍率的意义就是把 G 这么多的水在管道里全部蒸发（蒸汽量为 D）时，需要在管内循环 $\dfrac{G}{D}$ 这么多次数。顶端干度值的倒数即等于循环倍率。

一般锅炉中的循环倍率约为 8～50，也有接近 80 的。锅炉出力愈小，循环倍率愈高；汽压在 1.5MPa 以下、最大出力不到 10t/h 的小型锅炉循环倍率可高达 150～200。在一个通路中，循环倍率大，循环速度也快，这样受热面管壁上的热量容易被管内的介质所吸收，使管壁的温度不致升高。但循环倍率过大时，由上升管进入汽包时的速度也会增大，在水面上激起水沫，使蒸汽的品质变坏。

为了避免烟道式余热锅炉在负荷变化过大时严重影响水循环工况，所以应对余热锅炉的水循环倍率进行必要的估算，低于设计最大出力时的循环倍率应比最大出力时的值要高，是反比关系。循环倍率的计算公式为：

当 $G < 0.8G_{\max}$ 时，$K = K_{\max}\dfrac{G_{\max}}{G}$；　　　　　　　　　　　(10-3)

当 $G = (0.4 \sim 0.7)G_{\max}$ 时，$K = 0.8K_{\max}\dfrac{G_{\max}}{G}$；　　　　　(10-4)

当 $G = (0.2 \sim 0.3)G_{\max}$ 时，$K = 0.7K_{\max}\dfrac{G_{\max}}{G}$。　　　　(10-5)

式中　G——余热锅炉的出力，t/h；

　　$G_{\max}$——最大出力，t/h；

　　　K——G 出力时的循环倍率；

　　$K_{\max}$——最大出力时的循环倍率。

由上可以看出，为了不因锅炉处于低负荷时水的流速较慢，吸热量小，致使管壁温度上升，应采用比最大出力时高的循环倍率。

10.3.2 工作方式

按照水循环系统的工作特性，烟道式余热锅炉又可分为自然循环式和强制循环式两类。

图 10-2 所示是一台强制循环式余热锅炉，它由锅筒、蒸发器和蒸汽过热器等组成。考虑到烟气向上流动时易沉积烟灰，第二烟道中不布置受热面，且利用这个空间作为该余热锅炉启动时的辅助燃烧装置 1。

该余热锅炉借助循环泵加压的给水由蒸发器进口联箱 6 分配进入蒸发器的蛇形管束受热，汽水混合物汇集于锅筒 5。锅水被循环水泵抽出并再次送入进口联箱循环受热。蒸汽则送往蒸汽过热器 3 加热，最后由出口联箱 4 汇集送出。

图 10-3 所示为一与直烧蒸汽发生器相结合，用于船舶和工业设备上的余热锅炉。它的受热面全部采用盘管，多层密布，结构紧凑，体积小。烟气由下而上，水则强制循环自上而下，汽水混合物经体外的汽水分离器分离，与直烧蒸汽发生器生产的蒸汽一并送往用户。此型余热锅炉利用的废气温度在 $200\sim1700℃$ 之间，可用于煅烧、玻璃、搪瓷和热处理等炉窑、固定式大型内燃机、船舶以及海上石油钻井平台。

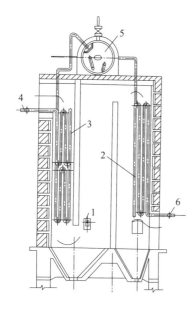

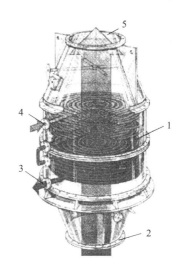

图 10-2 强制循环式余热锅炉

1—辅助燃烧装置；2—蒸发器；3—蒸汽过热器；

4—过热蒸汽出口联箱；5—锅筒；6—蒸发器进口联箱

图 10-3 盘管式余热锅炉

1—受热面（盘管）；2—废气入口；

3—汽水混合物出口；4—水的入口；5—废气出口

10.3.3 类型

按水管组成的方式，烟道式余热锅炉大致可分为三种类型。

（1）排管式

联箱与汽包连接，一般采用的管径为 51mm。由于管径较大，循环回路短，水循环阻力小，适用于自然循环。其优点是便于就地加工制作，结构简单，对水质无过高要求。但焊接工作量大，检修排管困难。

根据布置方式，排管又可分为水平倾斜管和垂直排管两种型式，如图10-4所示，前者汽包设置较高，管束易积灰，但占地面积小；后者则占地面积大。

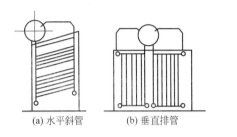

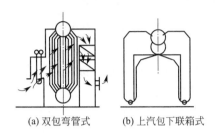

(a) 水平斜管　　　(b) 垂直排管

图 10-4　余热锅炉排管布置

(a) 双包弯管式　　　(b) 上汽包下联箱式

图 10-5　余热锅炉弯管式布置

（2）弯管式

弯管式余热锅炉又有双汽包弯管式和上汽包下联箱式两种，如图10-5所示。其受热面管子的直径一般也采用51mm，同样适用于自然循环锅炉。

弯管式余热锅炉的优点是运行稳定，结构紧凑，检修方便；缺点是弯管工作量大，对胀管和汽包钻孔工艺要求高。

（3）蛇形管式

蛇形管式余热锅炉的蛇形管布置有卧式和立式两种，一般都用32～38mm管径的钢管弯成，如图10-6所示。

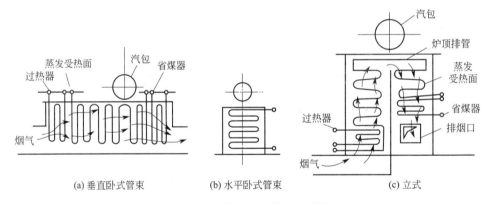

(a) 垂直卧式管束　　　(b) 水平卧式管束　　　(c) 立式

图 10-6　余热锅炉蛇形管布置图

这类余热锅炉的优点是体积小，热效率高；缺点是水循环阻力大，需要外加循环泵进行强制循环，对水质要求较高，消除水垢困难。

蛇形管卧式布置时，余热锅炉的汽包位置低，便于操作，但占地面积大，另外，蛇形管水平卧式布置时，容易积灰；垂直布置时，管束的排水较困难。

蛇形管立式布置的余热锅炉结构紧凑，占地面积小，炉顶可用排管支撑；但管束容易积灰，汽包高，烟路和水路的阻力大。

为了保证余热锅炉有较高的热效率并能做到安全运行，锅炉给水及炉水的水质也应符合一定的标准。有关给水和炉水的水质标准应按工业锅炉对水质的技术要求进行管理。

在使用空气预热器与余热锅炉联合装置时，为了更好地利用余热，应把预热器装在烟气温度为400℃的区段内。因此，必须对空气预热器前面的余热锅炉受热面积进行严格的计算，务必使烟气温度在这两组受热面之间适当加以分配。

对于一些负荷变动比较大的燃烧或加热设备，余热锅炉所提供的加热热源也必然有较大的波动，因此余热锅炉的蒸发量即具有显著的不稳定性和不可调节性。所以在一个生产企业里，如果在几个生产设备上分别设有余热锅炉，为了保证不间断地供应蒸汽，不受个别余热锅炉峰谷负荷大幅度变化的影响，应把这些余热锅炉输出的蒸汽并入同一管网，联合供汽。但有的部门仅有一座炉子或只有一处余热锅炉，这时则可在余热锅炉上设置烧油辅助烧嘴或其他辅助燃烧装置，或另设备用的烧煤锅炉。

10.4　余热锅炉的热工计算

设计一台余热锅炉，首先应该根据已知的各项条件，如热源（包括含有可燃物的排烟或废渣、化学反应热气体）的组成成分、性质、流量、排出的温度（或所要求排放的温度）、给水温度和蒸汽参数等来选定余热锅炉的结构与型式，通过热力计算确定余热锅炉的容量和受热面的布置及其大小尺寸。设计工作基本与工业锅炉和换热器一样。通过第一步的热力计算，为所设计的锅炉基本尺寸提供必要的数据与要求，从而为阻力计算、水循环计算、强度计算、材质选择等打下基础。

有关余热锅炉的热力、阻力、水循环、强度等计算，必须按照《水管锅炉》（GB/T 16507.4—2013）、《水管锅炉受压元件强度计算》（GB/T 9222—2008）及《压力容器设计标准》（GB 150—2011）的规定进行。但有关回收化工废热的余热锅炉，其热力计算有它的特殊要求，应在设计时予以特别的注意。

一般情况下，这类余热锅炉热力计算的基本程序是：

① 首先根据热气体的组成和参数，进行混合气体的热焓、比热容、热导率、黏度、重度等的计算，或是查阅有关的图表进行估算。

② 根据热量平衡求出所要交换的热量，确定余热锅炉的容量。

③ 根据热气体与蒸汽的温度和压力，热气体的物理化学性质，选择余热锅炉的结构和材料。

④ 计算传热面积：

a. 求平均温度差。

b. 估算传热系数 K。这是一项重要的数据，它将决定整个锅炉的结构和尺寸，但其计算过程很繁琐，因此在实际设计中，如计算有困难时，也可采用一些经验数据。如对化工生产方面的高压、低比容的反应气余热锅炉，可取其传热系数为2040kJ/($m^2 \cdot h \cdot ℃$)，乙烯装置余热锅炉的传热系数在1246～1446kJ/($m^2 \cdot h \cdot ℃$)之间，合成氨工段转化气余热锅炉的设计传热系数是1275～1417kJ/($m^2 \cdot h \cdot ℃$)。

c. 根据传热基本方程式初步算出传热面尺寸。

d. 布置受热面，绘出余热锅炉受热面简图。

e. 根据设计中实际安排的受热面进一步计算实际的传热系数，并校核实际需要的受热面积。如，对于合成氨余热锅炉，若所计算的受热面积是设计实际采用受热面积的0.8～0.9，即受热面有10%～20%的余量，则认为所设计的受热面基本尺寸能满足生产需求，受热面的计算即告完成。否则，应重新设计。如果计算的受热面积不在设计采用的受热面的数值范围之内，则必须增加或减少受热面积，使设计的受热面积比计算所得的受热面积大

10%～15%。进行修改设计的最简便方法是增加或缩短管束的长度，这样便可使其余的计算数据保持不变。然而对于乙烯装置的余热锅炉来讲，若实际设计的受热面积有余量，将使余热锅炉的排气温度降低，这是工艺条件不允许的，因此应使计算受热面积和设计受热面积相等。由此可见，利用化学反应热作为热源的余热锅炉，受到工艺技术条件的严格约束，与一般作为尾部烟气的余热锅炉要求不同，应特别注意。

⑤ 极限校核

a. 按照设计的受热面管壁最大允许温度进行校核。

b. 按照设计的最大允许热负荷进行校核。

⑥ 热力计算公式

传热基本方程式
$$Q = KF\Delta t_m \tag{10-6}$$

式中　Q——热量，kJ/h；

　　　Δt_m——受热面的有效平均温度差，℃；

　　　K——传热系数，kJ/（$m^2 \cdot h \cdot$ ℃），可由下式进行计算。

$$K = \cfrac{1}{\cfrac{F}{\alpha_i F_i} + \gamma_{di}\cfrac{F}{F_i} + \cfrac{F\delta}{\lambda F_m} + \gamma_{do}\cfrac{F}{F_o} + \cfrac{F}{\alpha_o F_o}} \tag{10-7}$$

式中　α_i、α_o——内壁和外壁的放热系数，kJ/（$m^2 \cdot h \cdot$ ℃）；

　　　F——K 的基准受热面积，m^2；通常以 α_i，α_o 中较小一侧的受热面积为基准，当 α_i，α_o 相差不大时，即以平均面积 F_m 为基准；

　　　δ——受热面壁厚，m；

　　　γ_{di}，γ_{do}——内壁及外壁的污垢热阻，$m^2 \cdot h \cdot$ ℃/kJ；

F_i、F_o、F_m——内、外和平均受热面积，m^2。

当 $\cfrac{F_o}{F_i} < 2$ 时，$F_m = \cfrac{F_i + F_o}{2}$；

当 $\cfrac{F_o}{F_i} > 2$ 时，$F_m = \cfrac{F_o - F_i}{\ln \cfrac{F_o}{F_i}}$。

10.5　余热锅炉的工作特性

▶ 10.5.1　高温（烟道）余热锅炉

图 10-7 所示为某水泥厂回转窑烟道中的余热锅炉简图，用于对工厂供热和居民采暖。

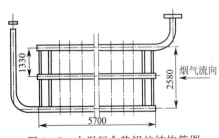

图 10-7　水泥厂余热锅炉结构简图

本体采用上圆下方形结构，户外式强制循环形式；最高压力为 0.7MPa，出水温度 85℃，回水温度 60℃；锅炉排管横向错列布置；燃烧方式系利用生产水泥的回转窑产生的热烟气加热在回转窑烟道中的余热锅炉，与烟气对流放热，加热余热锅炉中的水供生产和生活用热。

锅炉的上、下排管与集箱连接构成对流管束，给水管进循环水，出水集箱带出热水。热烟气由回转窑尾部进入余热锅炉对流管束，通过烟道尾部、烟囱排入大气。烟道中烟气带入的飞灰大部分经重力沉降落入烟道底部，由螺旋除灰器将灰旋出。余热锅炉在秋末安装，春季从烟道中取出，经保养后冬季再次安装。

水泥回转窑的烟气参数见表10-1。余热锅炉的主要技术参数见表10-2。

表 10-1　水泥回转窑烟气参数

名称	数值	名称	数值
烟气量/(m³/h)	21457.08	烟道面积/m²	22.80
烟气温度/℃	780	烟气压力/mmH₂O	−5.50
烟尘量/(g/m³)	59.28		

表 10-2　余热锅炉主要技术参数

名称	数值	名称	数值
余热锅炉产热量/MW	2.80	工作压力/MPa	0.30
水压试验/MPa	1.05	余热锅炉热效率/%	63.65
对流受热面/m²	137.69		

10.5.2　中低温余热锅炉

在冶金、机械、化工和建材等工业中存在大量的中低温余热。中低温余热的能量品位低、分布范围广泛、利用困难大。采用余热锅炉获得动力蒸汽是一种较常见的余热利用方法，但在实际应用中还存在许多问题有待完善，例如换热面的积灰、磨损、锅炉产汽量达不到设计要求等，而产汽量的问题到底是计算标准问题还是积灰问题，仍在探讨中，在此不做深入研究。

当前的余热动力利用系统都是选择水为工质，在余热锅炉中，尤其是中温余热锅炉的热平衡计算中，通常是根据给定烟气或热空气温度，选择确定蒸汽温度、压力。一般是按以下公式计算锅炉的产汽量。

$$D = \frac{Q}{I'' - I'} \tag{10-8}$$

式中　D——余热锅炉的蒸发量，kg/h；

　　　Q——烟气余热扣除锅炉热损失后加给给水的热量，kJ/h；

　　　I''——饱和蒸汽的焓值，kJ/m³；

　　　I'——给水的焓值，kJ/m³。

确定了蒸汽初参数后，就可以用式(10-8)依据热力学第一定律的能量平衡来计算蒸汽量。但在确定余热锅炉蒸汽初参数的过程中涉及许多复杂问题，例如余热气体的成分及流量特征、用户对蒸汽的实际要求、配套的汽机参数、装置的循环效率、锅炉的造价等，需要综合考虑。另一方面，对于低温烟气或热空气，在满足式(10-8)的条件下，用低温余热锅炉获得较高压力蒸汽的传热过程显然并不是始终都能实现的，也就是说，低温余热锅炉的蒸气压选择存在一个最大值，这可用热力学第二定律的熵方程分析得到。

（1）基于最小传热温差确定蒸汽参数

余热锅炉中传热过程如图10-8所示，工质经过预热、蒸发、过热三个阶段。传热三阶段中最小传热温差出现在 ΔT 位置。在余热利用过程中，烟气或热空气的参数往往是由生产工艺决定的，不允许改变。当烟气参数和给水温度不变时，最小传热温差的大小取决于给水压力或蒸气压。有文献指出，以烟气入口温度 350℃，出口温度 150℃，给水温度 50℃，烟气量 $4.5 \times 10^4 \, \mathrm{m^3/h}$ 进行热力计算，所得的发电量、最小传热温差与蒸气压的关系如图 10-9、图 10-10 所示。

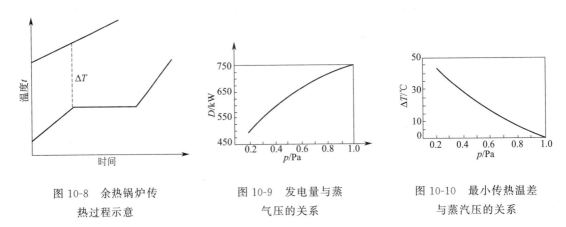

图 10-8　余热锅炉传　　　　图 10-9　发电量与蒸　　　图 10-10　最小传热温差
热过程示意　　　　　　　　气压的关系　　　　　　与蒸汽压的关系

从图 10-9、图 10-10 可以看出，随着蒸气压的升高，系统的发电量增加，原因是水蒸气的做功能力增高，但最小传热温差减小，导致换热器换热面积增大，造价提高。因此需要合理选择蒸气压，反过来也可以先确定最小传热温差，再确定蒸气压，从而给出锅炉蒸汽参数。有文献报道，一般情况下可以选最小传热温差为 28℃。也有人认为可以取烟气出口温度与给水饱和温度差值为 10℃。选定了最小传热温差之后，利用水的热力性质图表就可以确定对应于蒸发段饱和温度的蒸气压。

（2）基于稳定流动熵方程确定蒸汽参数

如前所述，尽管提高蒸气压可以提高做功能力，增加发电量，但蒸气压的提高受到设备造价等因素的限制。而且，蒸气压本身显然也不可能无限提高，而存在一个最大值或极值，这一最大值或极值可用熵的稳定流动方程来确定。

① 不考虑热损失的熵方程　首先将余热锅炉中的换热过程简化，假定烟气流经余热锅炉所放出的热量全部用来加热给水，锅炉与环境之间没有热量传递。此外，由于过程是稳定流动过程，可以不考虑锅炉炉体本身吸收的热量，因此选烟气、给水与蒸汽为研究的热力系。此热力系为开口系，有烟气和水流入，烟气和过热蒸汽流出。

设大气压力下的烟气或热空气流经余热锅炉，质量流量为 m_s，比热容为 c_p，温度从 T_{s1} 下降到 T_{s2}，过热蒸汽温度为 T_1。查水和水蒸气热力性质表得对应的水焓值为 h_0、熵值为 s_0，过热蒸汽焓值为 h_1、熵值为 s_1、蒸汽流量为 m_v。其中烟气的比热容受烟气成分、温度影响，较为复杂，实际应用时需要专门研究，在此不做深入探讨。

烟气或热空气在锅炉中的熵变为

$$\Delta s_3 = \int_1^2 \frac{\delta Q}{T} \mathrm{d}T = \int_1^2 m_s c_p \frac{\mathrm{d}T}{T} = m_s c_p \ln \frac{T_{s2}}{T_{s1}} \tag{10-9}$$

从给水到过热蒸汽的熵变为

$$\Delta s_v = m_v (s_1 - s_0) \tag{10-10}$$

对于所选的热力系，熵方程为

$$\sum (m_s)_{out} - \sum (m_s)_{in} \geq 0 \tag{10-11}$$

式(10-11)经变换代入式(10-9)、式(10-10)中,可得

$$\Delta s_s + \Delta s_v \geq 0 \tag{10-12}$$

即

$$m_s c_p \ln \frac{T_{s2}}{T_{s1}} + m_v (s_1 - s_0) \geq 0 \tag{10-13}$$

又根据能量平衡得到蒸汽量为

$$m_v = \frac{m_s c_p}{h_1 - h_0} (T_{s1} - T_{s2}) \tag{10-14}$$

将式(10-14)代入式(10-13),经变换可以得到

$$\frac{s_1 - s_0}{h_1 - h_0} \geq \frac{\ln\left(\dfrac{T_{s2}}{T_{s1}}\right)}{T_{s2} - T_{s1}} \tag{10-15}$$

式(10-15)中等号代表可逆过程,对应的蒸气压就是最大或极限压力。不等号代表不可逆的熵增过程,其压力小于极限压力。在实际应用中,一般烟气或热空气的温度 T_{s1} 和 T_{s2} 由正常的生产工艺决定,而环境温度可以作为常量,所以不等式右侧对于确定的烟气或热空气是一个固定值,而给水焓值和熵值也可以看作固定值。这样在焓熵图上选择蒸气压时,只要在等温线上选择一点,保证满足不等式(10-15),在理论上就可以获得预定流量和压力的蒸汽。反之,若所选点的焓值和熵值不能满足不等式(10-15),那么就违反了热力学第二定律,过程就不可能发生,也就得不到预定流量和压力的蒸汽。利用不等式(10-15)可以对热力计算过程进行简易、快速判断。

② 实际换热过程的熵分析 实际换热过程中,不可避免存在锅炉对环境的散热和排污热损失。设锅炉的热损失系数为 η,环境温度与锅炉给水温度为 T_0,其他符号意义不变。此时,热力系的稳定流动熵方程为

$$\sum (m_s)_{out} - \sum (m_s)_{in} - \frac{Q}{T_0} \geq 0 \tag{10-16}$$

烟气或热空气的熵变和从给水到过热蒸汽的熵变分别仍为式(10-9)和式(10-10)。
此时

$$m_v = \frac{(1-\eta) m_s c_p (T_{s1} - T_{s2})}{h_1 - h_0} \tag{10-17}$$

热力系向环境散热引起的熵变为

$$\Delta s_e = \frac{Q}{T_0} = \frac{\eta m_s c_p (T_{s1} - T_{s2})}{T_0} \tag{10-18}$$

将各部分的熵变代入式(10-15),经过变换可以得到

$$\frac{s_1 - s_0}{h_1 - h_0} \geq \frac{\ln\left(\dfrac{T_{s2}}{T_{s1}}\right)}{(1-\eta)(T_{s1} - T_{s2})} + \frac{\eta}{T_0 (1-\eta)} \tag{10-19}$$

式(10-19)中等号对应的是实际低温余热锅炉换热过程的最大或极限蒸汽初参数。不等式右侧的热损失系数可以根据经验确定,烟气或热空气的进口和出口温度由生产工艺决定,因此不等式右侧可以看作定值。当不等式两边数值相等时,对应的是可逆过程,相应的蒸气压为理论上可取得的最大或极限压力,实际上由于换热过程不可逆性的存在,实际蒸气压必

然小于理论上的蒸汽最大或极限压力，所取的状态点在焓熵图上沿等温线向右移动，具体位置则要根据不可逆性的大小及设计经验来确定。

与式(10-15)比较，式(10-19)右侧的值增大，说明由于存在余热锅炉的散热和排污热损失，系统的熵变大，最大或极限蒸汽参数降低。

设式(10-19)等号成立时对应的蒸气压为 p，实际蒸气压为 p_1，由于不可逆性的不可避免，为了保证获得设计的蒸气压，必须无条件满足以下关系式，即

$$p_1 < p \tag{10-20}$$

最小传热温差的方法综合考虑了换热器造价与发电量之间的关系，用来确定评价余热锅炉的蒸汽参数较为实用有效。

③ 中低温混合工质联合循环回收余热　中低温余热的回收利用经常采用朗肯(Rankine)循环和常规混合工质循环。当热源温度低于 400℃时，Rankine 循环的系统效率很低，经济和技术可行性差。虽然常规混合工质循环可以在一定程度上克服热源温度低的限制，但是系统效率仍然有提升的潜力。为了进一步提高中低温余热动力回收系统的能量利用率，可采用中低温混合工质联合循环进行余热回收。

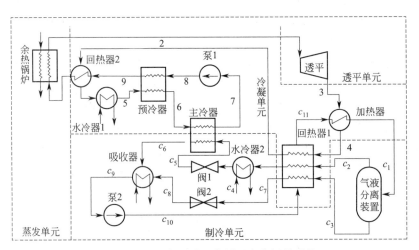

图 10-11　混合工质联合循环余热锅炉系统

新型混合工质联合循环流程如图 10-11 所示。该循环由混合工质动力循环和制冷循环两部分组成，分为蒸发单元、透平单元、冷凝单元和制冷单元。动力循环部分中，氨水工质在余热锅炉中蒸发、过热后进入透平装置膨胀做功。透平排汽先在加热器和回热器 1 中为制冷单元的氨-水分离过程提供低品位热能，再经过回热器 2、水冷器 1、预冷器，最后进入主冷器，被制冷循环所制得的冷能完全冷凝为液态，最后经由 1 号泵升压（流股 8）。为了实现能量的梯级利用，流股 8 并未直接进入余热锅炉，而是通过多级回热，对主冷器入口之前的透平排气进行预冷，同时自身升温，再返回余热锅炉，完成动力循环。制冷循环部分中，氨-水浓溶液（c_{10}）经过回热器 1 和加热器后生成气液混合物（c_1），该气液混合物经气液分离装置分离成高浓度的氨气（c_2）和稀溶液（c_3）。高浓度氨气在回热器 1 和水冷器 2 放热后全部冷凝成液态，经过节流阀 1 降压后，进入主冷器冷凝动力循环中的混合工质。由气液分离装置分离出来的稀溶液同样在回热器 1 放热后被节流阀 2 降压，进入吸收器吸收来自主冷器的氨蒸气。吸收终了的浓溶液被泵 2 升压后进入回热器 1 和加热器加热，开始新的制冷循环。

在计算过程中，设定工业余热温度为350℃，酸露点为80℃，即余热锅炉排烟温度必须高于80℃。透平初温为320℃，透平入口压力为4.8MPa。冷却水温度为15℃，各水冷器中最小换热温差为5℃。透平的等熵效率为80%，泵效率为70%。

该系统是混合工质中低温动力循环与制冷循环的有机结合，既充分发挥了吸收式制冷循环利用低温热源制冷的特点，又克服了混合工质冷凝温度远低于透平排气温度的弱点。结果表明，新的热力循环性能比常规混合工质动力循环有明显提高。相对于常规混合工质循环10.0%的热效率和40.8%的㶲效率，新混合工质热力循环的热效率和㶲效率分别为13.1%和53.3%，分别相对增长31.0%和30.6%。

▶ 10.5.3　高效（热管）余热锅炉

现有的余热锅炉产品绝大部分适用于高温烟气的余热回收，而中、低温烟气的余热锅炉和固态载热源余热锅炉产品开发较少。随着能源供需矛盾的突出，节能工作的日益重要，一些新型的节能技术被用于余热锅炉的开发中，如利用高效传热元件热管的工作原理来提高余热回收效率的热管余热锅炉。

热管余热锅炉实际上也是一种气-液式热管换热器，只不过在冷侧不是产生热水而是产生蒸汽，故又叫气-蒸汽式热管换热器。这种换热器的冷侧一般均为承受压力的汽包，在汽包上附设有安全阀、水位报警器、水位自动调节器等附属装置。普通的热管传热锅炉全套装置安装在一个钢制底座上，主要包括锅炉壳体、热管管束、管箱等。锅炉壳体是一个带椭圆形封头的圆筒形压力容器，热管管束受热段置于一个矩形管箱中。目前热管余热锅炉产生的蒸气压不超过1.7MPa。进入余热锅炉的烟气温度最高为650℃，为了获得较高的蒸气压，余热锅炉出口的烟气温度不低于260℃。某些场合，工业炉排出气体的温度可达200℃左右，此时仍可使用热管余热锅炉来回收排气中的余热产生低压蒸汽（0.22MPa），排气温度可降至130℃。

热管余热锅炉的最大特点是结构紧凑、体积小、质量轻。与一般烟管式余热锅炉相比，其质量仅为烟管式余热锅炉的1/5～1/3，外形尺寸只有烟管式余热锅炉的1/3～1/2。排气通过热管余热锅炉的压力损失一般为20～60Pa，故引风机的电耗很少。

热管余热锅炉的结构形式有重力式、轴向沟槽吸液芯式和桥式双流道式、水套式热管余热锅炉。

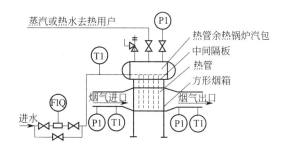

图 10-12　重力式热管余热锅炉

重力式热管余热锅炉的结构如图10-12所示。它由圆筒形汽包、方形烟箱、中间隔板和穿过中间隔板的热管管束组成。烟气侧热管装配有高频焊接翅片，热管水侧为光管。可单支装拆的热管元件与中间隔板之间可采用特殊的密封结构，如在热管热端的分界处焊带螺纹的热套，热管就可螺紧在压力容器（余热锅炉）的隔板上，使烟气与蒸汽双重隔离，保证压力水不会向烟气渗漏。根据需要可以选择合适的吹灰装置，如超声波吹灰器及固定式或移动式管排吹灰装置等。还可以配置自动进水装置和报警设施。

桥式双流道热管余热锅炉克服了清灰不利的情况，改善了锅筒受力的条件，其简图如图 10-13 所示。该锅炉采用双流道，热管分两组装入锅筒，翅片平面与烟气流方向一致，可以达到"自吹灰"的效果，整个流道为"V"字形，其进气段、出气段和连接通道均采用不同截面面积，达到强化传热的目的；连通段截面积较大，烟气速度下降，有利于灰尘的沉降，因此，该装置得到了较好的应用，比普通余热锅炉效率提高 50%，而压降却减小 50%。但其不能较好地适应脉冲式热负荷，仅能适用于稳定工况，这又限制了它的适用场合。

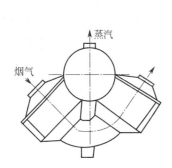

图 10-13　桥式双流道热管余热锅炉简图

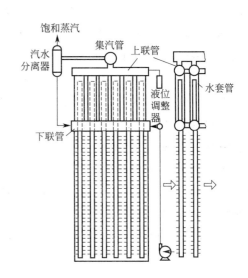

图 10-14　水套式热管余热锅炉

图 10-14 所示为水套式热管余热锅炉。在热管的冷侧用水套代替了汽包，结构简单，制造方便，适用于排气量 2.5m³（标）/s 的场合。这种设备大多是直立安装，热管全部是没有吸液芯的两相热虹吸管，所以造价低，组装方便。在排气量大的场合，可使用多台关联的方法。

下面以燃油锅炉为例说明热管余热锅炉的设计与计算。

（1）余热回收量计算

$$\Phi_r = K_1 B w c_p \Delta T \tag{10-21}$$

式中　Φ_r——单位时间的回收余热量，kJ/h；

K_1——系数，取 0.7；

B——锅炉耗油量，kg/h；

W——单位质量燃油的烟气量，m³/kg；

c_p——烟气压定比热容，取 1.40kJ/（m³·K）；

ΔT——余热回收前后的排烟温度差，℃。

计算结果见表 10-3 和表 10-4。

表 10-3 热水锅炉运行参数

参数	实际运行与计算数据				参数	实际运行与计算数据			
额定负荷/（GJ/h）	10	15	20	50	实际负荷/（GJ/h）	7.47	11.30	21.54	38.96
热效率/%	79.50	87.82	82.84	88.00	耗油量/（kg/h）	231.50	315.80	640.98	1090.8
烟气量/（m³/kg）	18.10	16.10	16.53	13.82	排烟温度/℃	268	224	215	228
回收后温度/℃	酸露点 128℃，回收后温度 150℃				回收热量/（kJ/h）	483502	367788	674932	1151481

表 10-4 蒸汽锅炉运行参数

参数	实际运行与计算数据				参数	实际运行与计算数据			
额定负荷/（GJ/h）	2.0	4.0	6.5	10.0	实际负荷/（GJ/h）	1.89	3.85	5.84	7.60
蒸汽温度/℃	147.9	143.6	150.3	180.0	蒸气压/MPa	0.45	0.40	0.48	1.00
热效率/%	78.7	82.0	83.9	80.5	耗油量/（kg/h）	109.69	227.2	398.14	439.23
烟气量/（m³/kg）	17.86	18.33	15.51	17.09	排烟温度/℃	290	216	236	245
回收后温度/℃	酸露点 128℃，回收后温度 150℃				回收热量/（kJ/h）	268783	269376	520441	698849

（2）热管换热器设计

热管的基本性能要求有使用温度、传热能力、热流密度、可靠性与寿命等。基于上述要求，考虑到热管工作温度在中温区（200～700℃）范围内，常选水作为热管工质。考虑到寿命、稳定性、工艺性、强度和造价等因素，热管采用碳素钢管作管壳。

空气侧为了加强换热，采用肋片，U 形焊接纵肋，其主要参数见表 10-5 所示。

表 10-5 热管主要结构和性能参数

热管内径 d_0/m	0.027	肋片翅化比 β	6.05
热管外径 D_0/m	0.032	肋片总效率 η_0	0.96
肋片外径 d_f/m	0.064	热管总热阻 R_f/（K/W）	0.12
受热段肋片高度/m	0.016	水侧换热系数 α_w/[W/（m²·K）]	907
肋片厚度 δ_f/m	0.0025	单热管平均换热量 Φ/kW	1.666

管束排列采用三角形排列，各参数分别为：

横向管子中心间距：$S_t = d_f = 0.0832$m

纵向间距：$S_i = 0.5\sqrt{3} S_t = 0.072$m

水侧热管长度：$L_c = 0.4$m

空气侧热管长度：$L_e = 1.5$m

隔板厚度：$L_a = 0.01$m

热管总长：$L = L_c + L_e + L_a = 1.91$m

空气侧外光管面积：$A = \pi d_0 L_e = 0.15$m²

文献取空气侧自然对流换热系数 $\alpha_a = 15$W/（m²·K）。参照锅炉排烟温度范围，平均对数温差 ΔT_m 取为 200℃，热管单管平均换热量 $\Phi_a = \dfrac{\Delta T_m}{R_f}$。

（3）锅炉参数设计

热管余热锅炉的进口水温为 20℃，出口可以是过热蒸汽或温度为 90℃ 左右的热水，热水可作为日常用或冬天取暖之用，也可以考虑作为夏天制冷热源，对于大型锅炉，可考虑余热发电。圆筒形锅炉直径 1000mm，长 1200mm，壁厚 10mm。热管束排列采用三角形排列，中间空一排作为吹灰通道。

▶ 10.5.4　经济分析

（1）固定资产投资 P 及维修管理费计算

① 每台热管余热锅炉的热管初投资 M_1（元）

$$M_1 = (1+k)NB_p \tag{10-22}$$

式中　k——价格综合系数，取 0.2；

　　　N——热管支数；

　　　B_p——热管单价，元/支。

② 锅炉设备投资 M_2（元）

$$M_2 = k_1 \Phi_r \tag{10-23}$$

式中　k_1——相关系数，生产热水时取 $k_1 = 0.1$ 元/（kJ·h）。

③ 维修管理费 $K = 5000$ 元/a。

（2）收益计算

① 节油收益 M_0

$$M_0 = \frac{B_0 t \Phi_r}{Q_1} \tag{10-24}$$

式中　M_0——节约资金，元/a。

　　　B_0——燃油单价，元/kg；

　　　t——每年使用时间，h；

　　　Q_1——燃油低发热值，取 42700kJ/kg。

② 发电收益 M_e

$$M_e = P_e t B_e \tag{10-25}$$

式中　M_e——发电收益，元；

　　　P_e——实际输出电功率，kW；

　　　B_e——当地电价，元/（kW·h）。

使用期内的净收益 M 也可表示为

$$M = 8760 C_1 C_2 C_3 (P_e + P_e') - I - C_3 K \tag{10-26}$$

式中　C_1——年利用率，取 0.9；

　　　C_2——电价，元/（kW·h）；

　　　C_3——使用年限，取 10a；

　　　P_e——实际输出净功率，kW；

　　　P_e'——未回收余热前为冷却余热所消耗的机泵动力功率（直接排放取 $P_e' = 0$），kW；

　　　I——设备费用，元；

　　　K——运行维修管理费，元/a。

（3）经济分析

固定资产投资为 P，假设银行利率为 i（$i = 8\%$），$n = 5$ 年还清，则每年还本息数 A 为

$$A = P \frac{i(1+i)^n}{(1+i)^n - 1} = 0.251P \qquad (10\text{-}27)$$

投资回收年限为

$$\tau = \frac{P}{M_0 + M_e - K - A} \qquad (10\text{-}28)$$

10.6 余热锅炉的应用

余热锅炉的应用非常广泛，主要的应用实例如下。

（1）硫酸生产系统的余热利用

图 10-15 所示为一硫酸生产系统的余热利用工艺流程，采用硫铁矿（FeS）燃烧生成 SO_2 气体而转化成硫酸的工艺来进行硫酸生产，将硫铁矿燃烧时产生的高温烟气作锅炉的能源，产生蒸汽进行余热利用。余热锅炉由四川东方锅炉厂设计制造，型号为 DG5.5/39-1，为立式四烟道全自然循环锅炉，室外露天布置，烟气在锅炉烟道的走向呈"W"形，分别从一烟道至四烟道，一烟道布置两级过热器蛇形管，二烟道和四烟道内各布置 $8 \times 8 = 64$ 根鳍片对流管，三烟道作为烟气通道没有布置受热面，各烟道隔墙为鳍片管焊接扁钢而形成。

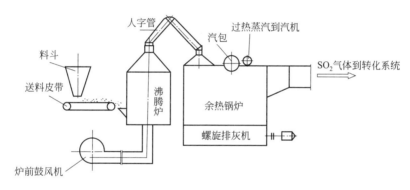

图 10-15　硫酸生产系统的余热利用

余热锅炉最重要的优点是余热回收率高。1000℃左右的烟气经余热锅炉回收后，排出温度可低至 200℃，可见回收得相当彻底。不过还不能因此就认为采用余热锅炉回收余热更好，这是因为余热锅炉产生的蒸汽能否被有效利用还受很多条件的限制，炉子运行出现故障时还会影响产汽。供与需的同步运行是保证余热锅炉回收热有效利用的必要条件。若能满足这一点，采用余热锅炉回收就较为有利。但如炉子的热工条件需要较高的燃烧温度时，则应首先考虑用余热预热助燃空气。

（2）轧钢加热炉烟气的余热利用

轧钢加热炉的热效率一般在 $30\% \sim 40\%$，在轧钢加热炉的热平衡中，烟气余热占整个炉子热负荷的 35% 左右。轧钢加热炉的排烟温度平均在 $500 \sim 700℃$，有的达 $800 \sim 900℃$，个别的还要高些。烧重油的炉子，一般每公斤燃油约产生 13 标准立方米的烟气量。

某一轧钢厂一年烧重油 4 万吨，按烟气所带走的热量占炉子供热量的 35% 计算，一年从烟气排掉的热量约合 14000t 重油。这部分热量虽然不可能全部收回来，但收回 50% 还是有可能的。

该轧钢厂对五座轧钢加热炉进行改造，在三座炉子上加装了空气预热器—余热锅炉联合装置，在每台加热炉上都装了余热的回收装置。每年回收的热量相当于 9000 多吨标准煤，折合重油约 6300t，效果比较显著。

一般轧钢加热炉的排烟温度在 500～700℃ 上下，根据已有的运行经验，当每吨钢的燃料单耗在 50kg 左右时，烟道余热锅炉的蒸发量为 0.1t/（t 钢·h）（即每小时产量为 20t 的炉子，增装余热锅炉每小时可产生 2t 蒸汽；小时产量 40t 的炉子，余热锅炉每小时可产生 4t 蒸汽），蒸汽的压力为 0.5～0.7MPa。一般可按烟气量进行简便的估算。

烧重油的炉子，空气过剩系数一般为 1.2，烟气生成量为 13m³（标）/kg 油。因此可按照炉子的燃料消耗量估算余热锅炉的蒸发量。

该轧钢厂在简易开坯车间加热炉上安装的余热锅炉的实际进口烟气温度为 700℃ 左右，烟气出口温度 430℃ 左右，锅炉蒸发量 3.5t/h，蒸汽压 0.5MPa。锅炉布置有旁通烟道，立式排管，锅炉采取卧式单行程，靠烟囱自然通风排烟，见图 10-16。

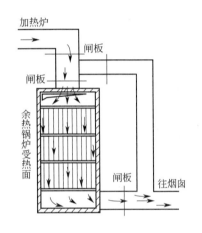

图 10-16　轧钢厂加热炉余热锅炉

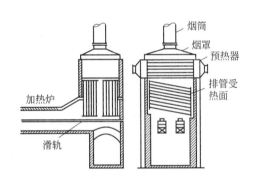

图 10-17　空气预热器与余热锅炉的联合装置

轧钢线材车间加热炉增装的余热回收设施为空气预热器与余热锅炉的联合装置，如图 10-17 所示。锅炉受热面有二组为水平倾斜的排管，集管上升，集管下降，自然循环。将原有炉子的下排烟通道改为备用，锅炉尾部改为上排烟。空气预热器的结构采用金属管束，管子为普通无缝钢管。预热空气在管内，单行程。锅炉汽包安放在厂房外的平台上。

加热炉的产量是 25t/h，炉子最大燃料单耗 50kg/t 钢，炉子炉料消耗量按 1.3t/h 设计，过剩空气系数取 1.2，最大空气量为 15600m³（标）/h，最大烟气量为 16900m³（标）/h，余热锅炉进口烟气温度为 700℃，出口烟气温度 350℃ 左右。余热锅炉二组受热面的面积为 228m²，空气预热器受热面 136m²。余热锅炉的蒸发量达 2.5t/h，蒸汽压为 0.4MPa，空气预热温度 200℃。

轧钢厂中型车间的无水冷滑轨加热炉也采用了空气预热器和余热锅炉的联合装置。由于这种方式统一考虑了空气预热和余热锅炉产生蒸汽，排烟余热的回收比较完全，结构布局紧凑合理，投资相对节省了许多，效果较好。见图 10-18。因进气口有余热锅炉的管束保护，可以延长空气预热器的使用寿命，空气预热器采用普通无缝钢管，不需渗铝处理。

（3）垃圾焚烧过程的余热利用

图 10-19 所示为一垃圾焚烧炉及其余热回收锅炉。与普通燃料锅炉不同的是，由于垃圾热值低、水分高，因此绝热燃烧温度低，在炉膛下部的水冷壁均被耐火材料覆盖，形成绝热燃烧炉膛，以保证足够高的燃烧温度，到喉部以上才是正常的水冷壁受热面。此外，由于垃圾中成分复杂，烟气中污染气体成分浓度高、水蒸气分压高，易腐蚀低温受热面，所以这种余热回收锅炉的空气预热器不是最后的换热器，而是外置用蒸汽加热，或者前移，最后的换热面是省煤器，烟气离开尾部受热面时仍有 240℃ 或以上的温度。受热面布置的另一特点是尽量利用水冷壁而少用对流管束，通常燃烧形成的高温烟气经过三回程的辐射受热面后再冲刷空气预热器、过热器，而很少设置对流管束，特别是工业废物或者医疗废弃物的焚烧。这主要是尽量避免受热面积灰并尽量使积灰容易清扫。受热面上设灰斗收集飞灰。

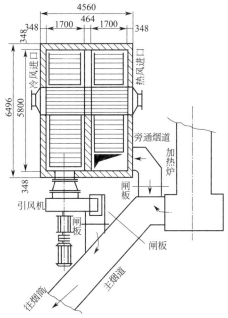

图 10-18　轧钢厂中型车间加热炉预热器与余热锅炉布置图

（4）燃气-蒸汽联合循环发电

图 10-20 所示为余热锅炉型的燃气-蒸汽联合循环汽水系统图。该联合循环发电机组是由燃气轮机发电机组、余热锅炉和蒸汽轮机发电机组组成，其中，余热锅炉是联合循环系统中的重要设备之一。燃气在燃气轮机中做功后排出的烟气温度相当高，一般在 400～600℃ 之间，且流量又非常大，因此通过余热锅炉将其热量回收生产蒸汽，再供蒸汽轮机机组发电或热电联产，可使整个循环系统的热效率大为提高，节约能源。

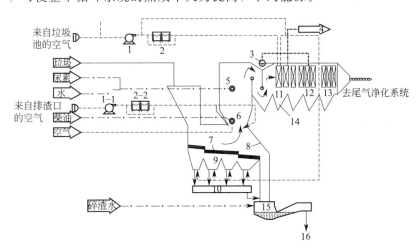

图 10-19　垃圾焚烧炉及其余热回收锅炉

1—鼓风机；1-1—二次风机；2—第一级空预器；2-2—二次风预热器；3—汽包；4—蒸汽；5—尿素喷口；
6—助燃燃烧器；7—炉排；8—耐火泥（砖）覆盖的水冷炉墙；9—风仓；10—漏渣；11—第二级空预器；
12—对流受热面（过热器）；13—省煤器；14—锅炉灰收集斗；15—马丁碎渣机；16—炉渣

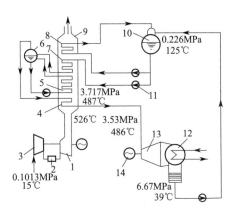

图 10-20　燃气-蒸汽联合循环汽水系统图

1—燃气轮机；2—燃烧室；3—压气机；

4—高压过滤器；5—高压蒸发器；6—锅筒；

7—高压省煤器；8—低压蒸发器；9—余热锅炉；

10—除氧器；11—给水泵；12—凝汽器；

13—蒸汽轮机；14—发电机

烟气-蒸汽联合循环发电是目前既能提高发电机组效率，又能满足环保要求，最有效的清洁燃烧技术之一。燃气轮机加余热锅炉系统的发电效率可达55％～60％，若采用热电联产型式，系统效率可达85％～90％。

联合循环发电的余热锅炉按烟气侧的热源形式可分为无辅助燃烧（无补燃）锅炉和有辅助燃烧（有补燃）锅炉两种。无补燃余热锅炉是利用燃气轮机排烟的余热生产驱动蒸汽轮机发电机组的蒸汽，其容量和蒸汽参数取决于燃气轮机的排烟参数，而且蒸汽轮机不能单独运行。但这种余热锅炉结构简单，造价较低，适用于改造旧式的小容量蒸汽动力设备。如果将余热锅炉设计成双压或多压级的，那么就可更有效地回收燃气轮机的排烟余热，特别是在燃用清洁燃料时，对余热锅炉的低温腐蚀少，从而可使余热锅炉的排烟温度降到100℃左右，结果使发电设备具有更高的效率。

采用有补燃余热锅炉，除了回收燃气轮机排烟的余热外，还在炉内加装补燃装置——燃烧器，通过喷入一定数量的燃料（天然气或者轻柴油）燃烧，使整个炉内烟气温度升高，一般余热锅炉受热面段的烟气温度控制在650～700℃范围内，炉内无需布设辐射受热面。这种余热锅炉的蒸发量大约可比无补燃余热锅炉的蒸发量增大一倍以上，从而大大提高了汽轮发电机组的出力。

目前，我国在热电联产型燃气-蒸汽联合循环中常用的便是这种有补燃的余热锅炉，既节能又环保，应用和发展前景十分广阔。

参 考 文 献

[1]　王政伟，林蒙．低温湿烟气热力特性及余热回收利用分析 [J]．热能动力工程，2015，30（2）：262～266.

[2]　李翠洁．天然气锅炉烟气余热回收系统优化配置研究 [D]．北京：北京建筑大学，2015.

[3]　曹浩森．浙江某印染企业废水余热回收系统设计及分析 [D]．上海：东华大学，2015.

[4]　刘小平，彭友谊，王雅伦，等．钛白尾气余热回收新技术 [J]．无机盐工业，2015，3：42～44.

[5]　杨东升．大型供热燃气锅炉烟气余热回收应用研究与分析 [D]．北京：北京建筑大学，2015.

[6]　陈莹．高温钢渣余热回收系统的数值模拟研究 [D]．济南：山东大学，2014.

[7]　杨石，顾中煊，罗淑湘，等．我国燃气锅炉烟气余热回收技术 [J]．建筑技术，2014，42（1）：976～980.

[8]　王波，王夕晨，袁益超，等．高炉炉渣余热回收技术的研究现状 [J]．热能动力工程，2014，29（2）：113～120，213.

[9]　刘军祥，于庆波，谢华清，等．冶金渣颗粒余热回收的实验研究 [J]．东北大学学报（自然科学版），2014，35（2）：245～248.

[10]　邓健玲，黄圣伟，徐钢，等．电站锅炉高效烟气余热回收系统 [J]．华东电力，2013，41（1）：200～204.

[11]　齐渊洪，干磊，王海风，等．高炉熔渣余热回收技术发展过程及趋势 [J]．钢铁，2012，47（4）：1～8.

[12]　刘磊．非催化部化氧化（POX）过程废热锅炉设计探讨 [J]．天然气化工（C1 化学与化工），2015，40（4）：54～56.

[13]　单志翔．余热锅炉设备与运行 [M]．北京：中国电力出版社，2015.

[14] 陶璐，赵伶玲，张长遂．余热锅炉入口烟道结构设计优化 [J]．锅炉技术，2015，46 (4)：12～17．

[15] 王非，赵桂凤，李召生．废热锅炉的设计 [J]．锅炉制造，2015，4：17～20，35．

[16] 乔雷．底吹熔炼炉余热锅炉流动与传热数值计算 [D]．成都：西南交通大学，2015．

[17] 乔雷，袁艳平，张冬洁，等．底吹熔炼炉余热锅炉流动与传热数值模拟及结构优化 [J]．中国有色冶金，2015，44 (4)：43～48．

[18] 项建伟．余热锅炉过热器鳍片管变形分析 [J]．锅炉技术，2015，46 (6)：60～63．

[19] 王艳．废热锅炉芯体的国产化制造 [J]．压力容器，2015，35 (5)：68～74．

[20] 陈宇昂．余热锅炉设计的若干研究 [J]．余热锅炉，2015，3：30～33．

[21] 贾庚，崔月，苏丰舟，等．烧结双压余热锅炉关键操作参数研究 [J]．工业炉，2015，37 (1)：1～5．

[22] 张进斌，曲晶．一种焚烧式 CO 余热锅炉的设计 [J]．工业锅炉，2015，3：10～14．

[23] 郑军如，孟祥龙，周川，等．催化裂化装置余热锅炉存在问题及改造措施 [J]．石油化工设备，2015，44 (A1)：83～86．

[24] 吉庆，郑军如，杨文兴．重油催化装置 CO 余热锅炉技术改造及效果 [J]．工业炉，2015，37 (1)：71～73．

[25] 金盈利，王建志，陈刚，等．烧结机余热锅炉多通道烟气流场数值研究 [J]．热能动力工程，2015，30 (2)：242～247，321．

[26] 金盈利．烧结机多通道余热锅炉烟气流场优化研究 [D]．北京：中国舰船研究院，2014．

[27] 韩金玲，张巨伟．重油裂化装置余热锅炉的技术改造 [J]．当代化工，2014，43 (2)：253～254．

[28] 黄洁．余热锅炉动态特性模拟研究 [D]．合肥：合肥工业大学，2014．

[29] 深圳能源集团月亮湾燃机电厂，中国电机工程学会燃气轮机发电专业委员会编．大型燃气-蒸汽联合循环电厂培训教材：余热锅炉分册 [M]．重庆：重庆大学出版社，2014．

[30] 聂宇宏，梁融，钱飞舟，等．高炉煤气余热锅炉数值模拟与传热系数的修正 [J]．江苏科技大学学报（自然科学版），2014，28 (1)：46～49．

[31] 聂宇宏，任祥翔，聂德云，等．余热锅炉通流结构的三维数值模拟及结构优化 [J]．锅炉技术，2014，45 (6)：7～11．

[32] 梁融．高炉煤气余热锅炉内的传热计算及分析 [D]．镇江：江苏科技大学，2014．

[33] 聂德云．高炉煤气余热锅炉内流动模拟及结构优化 [D]．镇江：江苏科技大学，2014．

[34] 曾纪进，段翠九，陈国艳．蒸汽空气预热器对余热锅炉有效输出热量的影响 [J]．锅炉技术，2014，45 (5)：1～3，40．

[35] 张建立，刘娜．废热锅炉改进方案 [J]．内蒙古石油化工，2014，40 (3)：70～71．

[36] 彭斯亮，侯玉林．自然循环余热锅炉的安装 [J]．能源与节能，2014，2：143～144．

[37] 严兵，谢错．铜合成余热锅炉热平衡测试与分析 [J]．热能动力工程，2013，28 (6)：606～610．

[38] 刘博，李辉，周屈兰，等．余热锅炉对流受热面积灰特性的实验研究 [J]．工程热物理学报，2013，34 (2)：290～293．

[39] 郭超．废热锅炉气体均布器优化研究 [D]．上海：华东理工大学，2013．

[40] 王晓瑜．余热锅炉流动与传热数值模拟及仿真平台开发 [D]．成都：西南交通大学，2013．

[41] 李磊磊，郭勇，秦娜娜．合成氨余热锅炉结构设计 [J]．机械设计与制造，2012，5：11～13．

[42] 林逸川，王兴平．余热锅炉热力性能的正确评估 [J]．锅炉技术，2012，43 (5)：10～13，45．

[43] 穆林，赵亮，尹洪超．废液焚烧余热锅炉内气固两相流动与飞灰沉积的数值模拟 [J]．中国电机工程学报，2012，32 (29)：30～37．

[44] 杨雷．管壳式废热锅炉的设计 [J]．石油和化工设备，2012，15 (3)：78～79，85．

[45] 刘军培．挠性薄管板废热锅炉的设计 [J]．科技风，2012，7：125～126．

[46] 向家发，洪强，周茂军．宝钢烧结余热锅炉热废气综合利用 [J]．烧结球团，2012，37 (3)：64～66．

[47] 董晨，付长明，屈伸，等．废热锅炉换热管爆裂分析 [J]．金属热处理，2011，36 (A1)：197～202．

[48] 周建炜，赵钦新，张知翔．余热锅炉通流结构数值分析 [J]．华北电力大学学报（自然科学版），2011，38 (2)：43～47．

[49] 王颖，邱朋华，吴少华，等．整体煤气化联合循环系统中废热锅炉特性研究 [J]．中国电机工程学报，2010，30 (5)：54～58．

[50]　赵钦新．余热锅炉研究与设计［M］．北京：中国标准出版社，2010.

[51]　冯殿义，李晓东．废热锅炉维修手册［M］．北京：化学工业出版社，2009.

[52]　李云福，陶昌勤，陈合亮，等．新型废热锅炉的设计［J］．压力容器，2009，26（5）：18～21.

[53]　程孝福．废热锅炉的结构设计［J］．压力容器，2009，26（6）：13～18.

[54]　袁绍华，蔡武昌．废热锅炉技术问答［M］．北京：化学工业出版社，2008.

[55]　朱文学．热风炉原理与技术［M］．北京：化学工业出版社，2005.

[56]　古大田，方子风．废热锅炉［M］．北京：化学工业出版社，2002.

[57]　张红伟，于学东．热管余热锅炉在回收工业余热中的优势探讨［J］．沈阳工业大学学报，2000，22（2）：178～180.